멀티 코어를
100% 활용하는

자바 병렬 프로그래밍

자바 병렬 프로그래밍

멀티 코어를 100% 활용하는

발 행 | 2008년 7월 25일

지은이 | 브라이언 게츠 · 더그 리 외
옮긴이 | 강철구

펴낸이 | 권 성 준
편집장 | 황 영 주
편 집 | 이 지 은
디자인 | 윤 서 빈

에이콘출판주식회사
서울특별시 양천구 국회대로 287 (목동)
전화 02-2653-7600, 팩스 02-2653-0433
www.acornpub.co.kr / editor@acornpub.co.kr

ISBN 978-89-6077-048-5
http://www.acornpub.co.kr/book/java-concurrency

Addison-Wesley
Pearson Education

이 도서의 국립중앙도서관 출판시도서목록(CIP)은 e-CIP 홈페이지(http://www.nl.go.kr/cip.php)에서
이용하실 수 있습니다. (CIP제어번호: 2008002266)

멀티 코어를
100% 활용하는

자바 병렬 프로그래밍

브라이언 게츠 · 더그 리 · 팀 피얼스
조셉 보우비어 · 데이빗 홈즈 · 조슈아 블로쉬 지음
강철구 옮김

에이콘

추천의 글

자바 5.0과 자바 6 버전에서 자바 플랫폼에 추가된 병렬 프로그래밍 기법을 설계하고 구현하는 멋진 팀에서 일할 수 있어서 너무나 행운이라고 생각합니다. 이제 그 멋진 팀에서 병렬 프로그램을 위한 새로운 기능뿐만 아니라 전반적인 병렬 프로그래밍 관련 내용까지 설명하고 있습니다. 병렬 프로그램은 더 이상 고급 개발자만이 할 수 있는 일이 아닙니다. 자바 개발자라면 반드시 읽어봐야 할 책입니다.

– 마틴 부시홀즈 / 썬 마이크로시스템즈 JDK 병렬 프로그래밍 전문가

지난 30년간 컴퓨터 프로그램의 성능은 무어의 법칙Moore's Law에 따라 성장해왔습니다. 하지만 이제부터는 암달의 법칙Amdahl's Law에 의해 발전하게 될 것입니다. 여러 개의 프로세서를 효율적으로 활용하는 프로그램을 작성한다는 건 굉장히 어려운 일입니다. 『자바 병렬 프로그래밍』은 최신 하드웨어 또는 앞으로 사용하게 될 미래의 시스템에서 안전하면서 확장성 높게 동작할 수 있는 자바 프로그램을 작성하는 데 꼭 필요한 개념과 기법을 소개합니다.

– 도런 레이원 / 인텔 연구 과학자

멀티스레드로 동작하는 자바 프로그램을 개발하거나 설계하거나 디버깅하고 있거나 유지보수하고 있거나 그냥 자세히 뜯어보고 있기라도 하다면 반드시 읽어야 할 책입니다. 메소드에 synchronized 키워드를 적어 넣으면서 왜 그래야만 하는지를 충분히 이해하지 못하고 있었다면 본인뿐 아니라 메소드를 사용하는 사용자도 함께 이 책을 처음부터 끝까지 읽어야 합니다.

– 테드 뉴워드 / 「Effective Enterprise Java」의 저자

저자인 브라이언은 병렬 프로그램과 관련된 원론적인 부분과 그 복잡성을 독보적인 명료함으로 담아내고 있다. 스레드를 사용하거나 성능에 신경을 써야 하는 모든 개발자가 반드시 읽어야 할 책이다.

– 커크 페퍼다인 / JavaPerformanceTuning.com의 CTO

이 책에서는 매우 심도있고 세밀한 내용까지 깔끔하고 명료하게 다루고 있으며, 자바 병렬 프로그래밍에 대한 완벽한 참고 매뉴얼이라고 할 수 있다. 개발자 입장에서 일상적으로 다뤄야 하는 다양한 문제점(뿐만 아니라 그 해결책까지)을 자세히 담았다. 무어의 법칙을 통해 더 빠른 프로세서를 만드는 대신 더 많은 프로세서를 사용하는 게 일반화되어 가고 있기 때문에 병렬 프로그램을 효과적으로 작성하는 방법이 점점 더 중요해지고 있으며, 이 책에서 바로 그런 방법을 소개하고 있다.

– 클리프 클릭 박사 / 아줄 시스템즈의 선임 소프트웨어 엔지니어

개인적으로 병렬 프로그래밍에 관심이 매우 높으며, 어떤 개발자보다도 더 많은 스레드 데드락을 경험해봤으며 동기화 기법을 잘못 사용해본 경험 역시 훨씬 많을지도 모릅니다. 자바에서의 스레드와 병렬 프로그래밍을 다룬 가장 읽을 만한 책이며, 어려운 주제를 놀랍도록 쉬운 예제로 풀어나가고 있습니다. 이 책은 재미있으면서 굉장히 유용하고 또한 자바 개발자라면 자주 맞닥뜨리는 문제를 직접 다루고 있기 때문에 The Java Specialists' Newsletter의 독자 모두에게 추천하고 싶은 책입니다.

– 하인즈 캐뷰츠 박사 / The Java Specialists' Newsletter

지금까지 단순한 문제를 단순화하는 일을 해왔지만, 이 책은 복잡하면서도 아주 중요한 주제인 병렬 프로그래밍에 대한 내용을 야심차게 게다가 효과적으로 간결하게 다루고 있습니다. 『자바 병렬 프로그래밍』의 접근 방법은 굉장히 혁신적이며 이해하기 쉽게 쓰여졌고, 적절한 시점에 필요한 내용을 담았습니다. 반드시 굉장히 중요한 책이 되리라고 생각합니다.

– 브루스 테이트 / 「Beyond Java」의 저자

자바 개발자에게 꼭 필요한 스레드 관련 노하우를 집대성한 위대한 책입니다. 자바 병렬 프로그래밍 API에 대한 훌륭한 가이드이기도 하지만, 어디에서도 찾아볼 수 없을 스레드 관련 전문 지식을 하나도 빼놓지 않으면서도 쉽게 접근할 수 있도록 다루고 있습니다.

– 빌 베너스 / 「Inside the Java Virtual Machine」의 저자

저자진 소개

저자진은 자바 커뮤니티 프로세스Java Community Process의 JSR-166 전문가 그룹Expert Group에 속해있으며, 다른 여러가지 JCP 전문가 그룹에서도 활동하고 있다. **브라이언 게츠**Brian Goetz는 IT 분야에서 20여 년간 활동한 경험을 바탕으로 소프트웨어 컨설팅을 하고 있으며, 자바 개발과 관련해 75개 이상의 글을 기고한 바 있다. **팀 피얼스**Tim Peierls는 BoxPop.biz 사이트와 음반 시장, 공연 분야 등에서 다양한 일을 하고 있는 그야말로 최신 멀티코어 프로세서의 모델이다. **조셉 보우비어**Joseph Bowbeer는 Apollo 컴퓨터 시절부터 IT 분야 일을 시작했으며 병렬 처리 프로그래밍에 꿈을 갖고 있는 자바 ME 전문가이다. **데이빗 홈즈**David Holmes는 『The Java Programming Language』의 공동 저자이며 썬 마이크로시스템즈에서 일하고 있다. **조슈아 블로쉬**Joshua Bloch는 구글의 최고 자바 아키텍트이며 『Effective Java』의 저자이면서 『Java Puzzlers』의 공동 저자이기도 하다. **더그 리**Doug Lea는 『Concurrent Programming in Java』의 저자이며, SUNY Oswego(뉴욕 주립 대학)의 컴퓨터 공학 전공 교수이다.

저자 서문

이 책을 쓰는 시점에도 일반적인 데스크탑 시스템에서조차 멀티코어 프로세서는 이제 가격이 점차 낮아지며 대중화되어 가고 있다. 우연찮게 수많은 개발팀이 진행하는 프로젝트에서 스레드와 관련된 버그가 자꾸만 늘어나고 있다는 사실을 쉽게 알 수 있다. 넷빈즈NetBeans 개발 사이트에 최근에 올라온 글을 보면, 단 하나의 클래스를 놓고 스레드 관련 문제점을 수정하기 위해 14번이나 코드를 수정했다는 사실을 핵심 유지보수 담당자가 알아차린 사례도 있다. TheServerSide의 편집장을 지냈던 디온 앨메어는 (결국 스레드 관련 문제라고 결론이 나왔던 고통스러운 디버깅 작업을 끝낸 이후에) 대부분의 자바 프로그램이 "어쩌다보니 실수로 동작하는" 것일 뿐이며 스레드 관련 버그가 굉장히 자주 발생한다는 내용의 블로그 글을 올린 적도 있다.

스레드 관련 오류는 예측 가능한 상태로 스스로를 드러내는 법이 거의 없기 때문에 스레드를 사용하는 프로그램을 개발하고 테스트하고 디버그하는 일은 실제로 엄청나게 어려운 일이 될 수 있다. 게다가 문제점은 항상 최악의 시점, 즉 실제 사용 환경에서 부하가 많이 걸릴 때 주로 나타난다.

자바로 병렬 프로그램을 작성할 때 넘어야 할 가장 큰 산중의 하나는 플랫폼에서 제공하는 병렬 프로그래밍 기법과 개발자가 자신의 프로그램에서 병렬 프로그래밍 기법을 어떻게 사용하려 하는지 간에 큰 차이가 있다는 점이다. 자바 언어에서는 동기화나 조건부 대기와 같은 저수준의 도구mechanism를 제공하지만, 이런 도구를 사용해 애플리케이션 수준의 규칙이나 정책policy을 일관적으로 구현할 수 있어야 한다. 컴파일 잘 되고 실행도 잘 된다고 생각되는 프로그램은 쉽게 작성할 수 있겠지만, 이런 정책이 없다면 오류가 금세 나타나고야 만다. 병렬 프로그래밍을 다룬 훌륭한 책들이 많지만 대부분 설계 수준의 정책이나 패턴에 대해서 다루기보다는 저수준의 API에 집중하고 있어 이와 같은 정책의 중요성에 대처하는 면이 부족했다고 생각된다.

자바 5.0은 고수준의 컴포넌트와 저수준의 도구를 모두 제공하기 때문에 초보자나 전문가 모두가 병렬 프로그램을 쉽게 작성할 수 있게 되었다는 점에서 큰 발전을 이뤘다고 볼 수 있다. 이런 기능을 실제로 구현하는 데 참여했던 JCP 전문가 그룹에서 이

책 집필을 많이 도왔다. 추가된 기능과 동작하는 구조를 설명하는 것뿐만 아니라 그 기반이 되는 디자인 패턴과 함께 플랫폼 라이브러리에 추가되는 데 중요한 역할을 했던 예상 활용 시나리오도 함께 소개한다.

독자들이 이 책을 읽고 여러 가지 설계상의 규칙을 이해하고, 또한 자바 클래스나 애플리케이션이 올바르게 높은 성능으로 동작하도록 작성하는 과정이 더 쉽고 재미있는 일이라고 느끼길 바란다.

『자바 병렬 프로그래밍』을 즐겁게 읽고 유익하게 활용하길 기대한다.

브라이언 게츠
버몬트 윌리스턴에서
2006년 3월

옮긴이의 말

학교를 졸업하고 처음 회사에 취직한 이후에 담당했던 개발 업무 가운데 상당 부분은 자바로 서버 프로그램을 작성하는 일이었습니다. 수십에서 수백 대에 이르는 클라이언트를 대상으로 24시간 동작하는 서버를 작성하는 업무는 꽤나 재미있었습니다. 몇 날 며칠을 고생해서 만든 서버 프로그램이 어딘가 누군가의 서버에 설치되어 24시간 동작하면서 맡은 바 역할을 수행하고 있는 모습을 보면 건방지게도 자식이 제 할 일을 잘 할 때 부모가 받았을 느낌을 느낄 수 있었다고도 생각합니다.

하지만 어려운 병렬 처리 이론만 배웠지 멀티스레드를 사용해 프로그램하는 실습 위주의 교육을 받은 적이 없는지라, 단순하게 멀티스레드로만 동작하는 '자식 같은' 프로그램이 알 수 없는 오류를 뿌리면서 곳곳에서 뻗어버리는 모습을 보면 참 안타까웠습니다 (오류라도 뿌리고 죽으면 그나마 다행입니다). 예전 버전의 자바는 운영체제마다 스레드의 동작 모습이 많이 달라서 어려운 점도 많았습니다. 운영체제마다 다른 스케줄링 문제를 해결하기 위해 전반적인 성능을 떨어뜨리면서 쓸모없는 I/O 구문을 추가하는 작업도 서슴치 않았습니다. 이후 스레드 풀을 적용해 서버의 안정성을 크게 높여주고, 스핀락spin-lock을 사용했던 부분에 `wait-notify` 구조를 적용해 CPU 부하를 크게 줄이기도 했습니다. 그러던 도중에 자바5.0이 발표되고, 병렬 프로그래밍을 위한 도구가 엄청나게 많이 제공되기 시작했습니다. 여기저기 찾아보며 만들고 안정화하느라 애를 먹었던 스레드 풀을 메소드 호출 한방으로 만들 수 있었으며, 훨씬 다양한 병렬 프로그래밍 기능을 더 안정적으로 제공받을 수 있게 되었죠.

이제 어느 프로그램에나 멀티스레드 구조를 활용하는 일은 거의 기본이 되어갑니다. 제가 요즘 맡은 개발 업무에서도 완전히 서로 다른 분야의 동떨어진 목표를 향해 개발하지만, 어느 곳 하나 스레드를 활용하지 않는 프로젝트가 없습니다. 서버에서는 한정된 컴퓨터 자원을 최대한 활용해 가장 효율적으로 서비스를 제공하고자 하고, 클라이언트 PC에서는 동적인 인터페이스와 함께 많은 정보를 실시간으로 얻고자 하죠. 단순히 언어와 관련된 문제는 아닙니다. 자바건 C#이건 PHP건 간에 항상 멀티스레드 환경을 생각해야 합니다. 직접 스레드를 만들지 않더라도 외부의 어디선가 반드시 스레드를 사용하는 부분이 있게 마련입니다.

이런 시점에 스레드를 활용한 병렬 처리에 대한 실제적인 예제와 패턴을 적용한 사용 예를 소개하는 너무나 반가운 책이 바로 『멀티코어를 100% 활용하는 자바 병렬 프로그래밍』입니다.

병렬 프로그램을 작성할 때 보통은 자바5.0부터 추가된 java.util.concurrent 패키지에 대한 여러 문서를 보면서 대충 이해하고 사용하곤 하지만, 『자바 병렬 프로그래밍』은 이런 기능을 충분히 이해한 상태에서 활용하도록 도와주고 있습니다. 아주 간단한 클래스를 담당해 개발하고 있다고 해도, 해당 클래스가 대규모 프로그램에서 기본적인 부분으로 널리 사용된다면 이 책에서 소개하는 기법을 적절히 적용해 전체 프로그램의 안전성을 확보하면서 성능을 크게 높일 수 있습니다. 그리고 병렬 프로그래밍에 대한 기초를 다지고 나면, 기존에 잊을 만하면 한 번씩 오류를 뱉어내면서 문제가 생기던 프로그램에 어떤 원인이 있을 수 있는지 쉽게 추적할 수도 있습니다. 『자바 병렬 프로그래밍』이 전문적인 이론서는 아니지만, 이론을 소홀하게 다루지도 않습니다. 또한 자바 언어를 기반으로 한다는 가정하에 쓰여진 책입니다만, 일반적인 병렬 처리 이론을 적용한 부분이 많으며 하드웨어나 시스템 구조와 관련된 부분도 적지 않기 때문에 다른 언어에도 쉽게 적용할 수 있는 내용이 많습니다.

한발 더 나아가 미래를 내다보는 개발자는 이미 단일 컴퓨터 내부에서의 병렬 처리를 넘어 여러 대의 컴퓨터에서 병렬로 동작하는 플랫폼을 찾고 있고, 이와 같은 분산 병렬 처리 플랫폼이 한창 인기를 얻는 요즘입니다. 이런 대규모 병렬 처리 플랫폼도 중요하긴 하지만, 그 안에서는 항상 단일 프로세스 내부에서 동작하는 여러 스레드가 안정적으로 실행되도록 하는 병렬 처리 기법이 적용되어 있음을 잊어서는 안될 것입니다.

재미있겠다고 생각은 했지만 내용이 어렵겠다고 지레 겁을 먹고 사양했던 번역 작업인데, 결국 이제야 끝마치게 되었습니다. 나름 서버 프로그래밍을 통해 경험을 많이 쌓았다고 생각했지만 책을 꼼꼼히 읽는 과정에서 배운 점이 더 많았습니다. 여러분 모두 이 책을 통해 자신있게 스레드를 널리 활용하고 결과물의 성능과 안전성을 높일 수 있게 되길 바랍니다.

참고로, 번역에 사용한 몇 가지 용어를 책 뒤편에 정리해뒀으니 참고하시기 바랍니다.

마지막으로 이 책을 번역할 수 있게 물심 양면으로 도움을 아끼지 않았던 아내 선영과 아들 강헌에게 고맙다는 인사를 전합니다. 가족은 항상 저를 든든하게 만드는 능력이 있습니다.

옮긴이 소개

강철구 appler@gmail.com

컴퓨터 비전(영상 인식)을 전공했으며 검색 엔진, 인공 지능, 모바일 등의 키워드에 관심이 많고, 현재 관심사와 관련된 새롭고 재미있는 비즈니스를 준비 중이다. 에이콘출판사에서 출간한 『루씬 인 액션』(2005년)과 『Ajax 인 액션』(2006년), 『알짜만 골라 배우는 안드로이드 프로그래밍』(2009년), 『아이폰북』(2009년), 『(개정판) 알짜만 골라 배우는 안드로이드 프로그래밍 2』(2010년), 『아이폰 개발자를 위한 아이패드 프로그래밍』(2010년), 『iOS 4 애플리케이션 개발』(2011년)을 번역했다.

목차

예제 목차

이 책을 잘 읽는 방법

자바에서 제공하는 저수준의 도구와 설계 수준의 정책 간 차이점을 극복할 수 있도록 병렬 프로그램을 작성하는 데 필요한 간결한 규칙을 소개한다. 아마도 전문가라면 간결한 규칙을 보고 "음.. 꼭 그렇지는 않을 텐데. 클래스 C는 규칙 R을 만족하지 못한다 해도 스레드 안전성을 확보할 수 있어"라고 말할 수도 있겠다. 물론 이 책에서 소개하는 규칙을 만족하지 않으면 올바르게 동작하는 프로그램을 만들 수 없다는 것은 아니지만 그러려면 자바 메모리 모델의 깊숙한 부분까지 충분히 이해하고 있어야 하고, 이 책에서는 그런 상세한 내용을 모르는 상태에서도 올바르게 동작하는 병렬 프로그램을 작성할 수 있도록 도와주려는 의도가 있다. 소개되어 있는 간결한 규칙을 잘 따라준다면 올바르면서 유지보수도 간편한 병렬 프로그램을 작성할 수 있을 것이다.

이 책을 읽는 독자는 자바에서 제공하는 아주 기본적인 동기화 기법에 대해 기본 지식이 있다고 가정했다. 『자바 병렬 프로그래밍』은 자바에서의 스레드 동기화를 위한 입문서가 아니다. 자바의 동기화 기능에 대한 입문서를 원한다면 『The Java Programming Language』(Arnold 외, 2005)와 같은 책의 스레드 관련 부분을 살펴보자. 또한 병렬 프로그래밍에 대한 모든 것을 담고 있는 참조 서적도 아니다. 이런 참조 서적을 원한다면 『Concurrent Programming in Java』(Lea, 2000)를 참고하자. 대신 여기에서는 올바르고 빠르게 동작하는 병렬 클래스를 작성하는 어려운 과정에 뛰어드는 개발자에게 도움을 줄 수 있는 실용적인 설계 규칙을 설명한다. 필요한 부분에서는 『The Java Programming Language』, 『Concurrent Programming in Java』, 『The Java Language Specification, 3rd Edition』(Gosling, 에이콘 출판 2007), 『Effective Java』(Bloch, 2001) 등의 책을 [JPL n.m], [CPJ n.m], [JLS n.m], [EJ Item n] 등의 형식으로 참조하고 있다. 소개를 담당하고 있는 1장을 제외한 나머지 부분은 모두 4부로 나뉘어 있다.

기본 원리: 1부(2장~5장)에서는 병렬 프로그래밍과 스레드 안전성에 대한 기본 개념을 설명하고, 자바 클래스 라이브러리에서 제공하는 스레드 안전한 클래스를 어떻게 활용해야 하는지를 소개한다. 1부에서 소개한 여러 규칙 가운데 가장 중요한 부분은 '요약' 부분에 정리해놓았다.

2장(스레드 안전성)과 3장(객체 공유)은 이 책에서 다루는 내용에 대한 기반을 다지는 부분이다. 병렬 프로그램에서 나타나는 문제점을 피하는 거의 모든 방법이나 스레드 안전한 클래스를 작성하는 방법이나 스레드 안전성을 확인할 수 있는 방법이 모두 여기에 담겨 있다. '이론' 보다 '실제'를 중시하는 독자라면 2부로 바로 뛰어 넘으려고 하겠지만 그런다고 해도 실제 병렬 프로그램을 작성하기 전에는 반드시 돌아와서 2장과 3장의 내용을 익히기 바란다.

4장(객체 구성)은 스레드 안전한 클래스를 모아서 기능이 많은 커다란 클래스를 만들어내는 방법을 소개한다. 5장(구성 단위)은 스레드 안전한 컬렉션 클래스나 동기화 클래스와 같이 자바 플랫폼 라이브러리에서 제공하는 병렬 프로그램의 기본 구성 요소라고 할 수 있는 부분을 살펴본다.

병렬 프로그램 구조 잡기: 6장에서 9장까지의 2부에서는 스레드를 어떻게 사용하면 병렬 애플리케이션의 성능과 응답성을 높일 수 있는지에 대한 내용을 다룬다. 6장(작업 실행)에서는 병렬화할 수 있는 작업을 구분하는 방법에 대해 소개하고, 병렬화한 결과를 작업 실행 프레임웍에서 실행시키는 방법도 살펴본다. 7장(중단 및 종료)에서는 작업과 스레드가 정상적으로 완료되기 이전에 종료시키는 방법에 대해 알아본다. 프로그램에서 취소와 종료 기능을 얼마나 원활하게 처리하느냐에 따라서 단순히 실행만 되는 프로그램과 매우 안정적인 병렬 애플리케이션으로 구분하는 기준이 되기도 한다. 8장(스레드 풀 활용)은 작업 실행 프레임웍에 있는 고급 기능을 소개한다. 9장(GUI 애플리케이션)에서는 단일 스레드 서브시스템에서 응답성을 향상시킬 수 있는 방법에 대해 살펴본다.

활동성, 성능, 테스트: 3부(10장~12장)에서는 개발자가 실제 하고자 했던 기능을 병렬 프로그램이 제대로 처리하는지를 확인하는 방법과 함께 적당한 시간 이내에 원하는 기능을 처리할 수 있는지 여부도 확인할 수 있는 방법을 살펴본다. 10장(활동성을 최대로 높이기)에서는 프로그램이 더 이상 실행되지 못하도록 막는 활동성 문제를 제거하는 방법에 대해 소개한다. 11장(성능, 확장성)에서는 병렬 프로그램에서 성능과 확장성을 높이는 방법에 대해 살펴본다. 12장(병렬 프로그램 테스트)은 병렬 프로그램이 올바르게 동작하는지와 적절한 성능으로 동작하는지 여부를 확인하는 방법을 소개한다.

고급 주제: 4부(13장~16장)에서는 명시적인 락, 단일 연산 변수, 넌블로킹 알고리즘, 입맛에 맞는 동기화 클래스를 작성하는 방법 등 어느 정도 경험을 쌓은 개발자가 관심을 가질 만한 고급 주제에 대해 살펴본다.

예제 코드

이 책에서 소개하는 대부분의 일반적인 개념은 자바 5.0 이전 버전의 자바나 심지어는 자바가 아닌 다른 프로그래밍 언어에도 적용할 수 있는 부분이 많다. 하지만 대부분의 예제 코드(자바 메모리 모델에 대해 언급한 부분 포함)는 자바 5.0이나 그 이후의 버전을 사용한다고 가정하고 작성되어 있다. 일부 예제는 자바 6에서 추가된 기능을 사용하기도 한다.

예제 코드는 대부분 본문과 관련된 부분을 집중적으로 볼 수 있도록 많은 부분을 생략해 압축된 모습으로 기재했다. 생략되지 않은 전체 예제 코드는 웹사이트 http://www.javaconcurrencyinpractice.com에서 내려 받을 수 있으며, 예제 코드 뿐만 아니라 추가적인 예제 프로그램과 정오표 등도 받아볼 수 있다.

예제 코드는 '훌륭한' 코드, '그저 그런' 코드, '좋지 않은' 코드 세 가지로 나뉘어 있다. 좋지 않은 코드는 절대 이런 형태의 코드를 작성해서는 안된다는 것을 말하고, 아래 예제 1과 같이 '미스터 육Mr. Yuk' 아이콘[1]을 사용해 눈에 띄게 표시했다. 그저 그런 예제 코드는 잘못된 코드는 아니지만 오류가 발생할 위험이 높거나 성능이 크게 떨어지는 코드라고 볼 수 있으며, 예제 2와 같이 '미스터 좀더 잘할 수 있을 텐데' 아이콘을 표시했다.

```
public <T extends Comparable<? super T>> void sort(List<T> list) {
    // 잘못된 결과라도 절대 리턴하지 않음!
    System.exit(0);
}
```

예제 1 목록을 정렬하는 잘못된 방법. 이런 코드는 금물!

일부 독자는 이 책에서 '좋지 않은' 코드가 하는 역할이 뭐냐고 물을지도 모르겠다. 물론 책에서는 일을 제대로 하는 방법을 소개해야지 일이 잘못되는 방법을 가르쳐서는 안되는게 맞다. 이 책에서 좋지 않은 코드를 소개하는 데는 두가지의 목표가 있다. 하나는 일반적인 오류를 소개하려는 목적이 있고, 더 중요한 하나는 스레드 안전성을 어떻게 분석할 것인지를 소개하려는 목적이다. 스레드 안전성을 분석하는 방법을 소개할 때 가장 좋은 방법 가운데 하나가 바로 스레드 안전성을 해치는 경우를 살펴보는 방법이다.

1. 미스터 육 아이콘은 피츠버그 어린이 병원(Children's Hospital of Pittsburgh)의 등록 상표이며, 이 책에서는 허가를 받아 사용하고 있다.

```java
public <T extends Comparable<? super T>> void sort(List<T> list) {
    for (int i=0; i<1000000; i++)
        doNothing();
    Collections.sort(list);
}
```

예제 2 목록을 정렬하는 그저 그런 방법

알리는 말씀

이 책은 자바 커뮤니티 프로세스Java Community Process의 JSR 166을 통해 만들어진 `java.util.concurrent` 패키지를 자바 5.0에 포함시키고자 개발하는 과정과 함께 쓰기 시작했다. JSR 166에는 코드를 JDK에 포함시키는 것과 관련된 일을 도맡아 처리해 준 마틴 부시홀즈, concurrent-interest 메일링 리스트에서 드래프트 API에 대한 제안과 다양한 피드백을 보내 준 독자들과 같이 다른 여러 사람도 함께 참여했다.

리뷰어나 고문이나 단순히 흥미를 잃지 않게 도와준 '치어리더'나 끊임없이 비평을 가해준 여러분이 보내준 다양한 제안과 도움 덕분에 이 책은 초기 상태에서 엄청나게 발전할 수 있었다. Dion Almaer, Tracy Bialik, Cindy Bloch, Martin Buchholz, Paul Christmann, Cliff Click, Stuart Halloway, David Hovemeyer, Jason Hunter, Michael Hunter, Jeremy Hylton, Heinz Kabutz, Robert Kuhar, Ramnivas Laddad, Jared Levy, Licole Lewis, Victor Luchangco, Jeremy Manson, Paul Martin, Berna Massingill, Michael Maurer, Ted Neward, Kirk Pepperdine, Bill Pugh, Sam Pullara, Russ Rufer, Bill Scherer, Jeffrey Siegal, Bruce Tate, Gil Tene, Paul Tyma, 그리고 여러 가지 흥미로운 기술 관련 대화를 통해 책 내용을 좋게 만들 수 있도록 가이드와 제안을 아끼지 않았던 실리콘 밸리 패턴 그룹Silicon Valley Patterns Group의 회원들에게도 감사의 말씀을 전한다.

또한 전체 원고를 너무나도 꼼꼼하게 살펴보면서 예제 코드의 버그도 찾아주고 다양한 부분에 제안을 해준 Cliff Biffle, Barry Hayes, Dawid Kurzyniec, Angelika Langer, Doron Rajwan, Bill Venners에게 특별히 감사하다는 말을 하지 않을 수 없다.

편집 업무를 훌륭하게 맡아준 Katrina Avery와 촉박한 시간에도 불구하고 색인 작업을 처리해 준 Rosemary Simpson에게도 고마운 마음을 전한다. 그리고 일러스트레이션을 맡아준 Ami Dewar에게도 감사의 뜻을 전한다.

이 책에 대한 기획안을 실제 책으로 만들 수 있도록 도와준 에디슨 웨슬리 출판사 관계자 여러분께 감사의 말씀을 드린다. 프로젝트를 시작하게 해준 Ann Sellers, 프로젝트를 끝까지 무리없이 마칠 수 있도록 도와준 Greg Doench, 실제 출판 과정을 진행하는 일을 도와준 Elizabeth Ryan에게도 고마운 마음을 전한다.
마지막으로 TeX, LaTeX, Adobe Acrobat, `pic`, `grap`, Adobe Illustrator, Perl, Apache Ant, IntelliJ IDEA, GNU Emacs, Subversion, TortoiseSVN, 그리고 자바 플랫폼과 클래스 라이브러리와 같이 이 책을 쓰는 데 사용한 소프트웨어를 작성해 직간접적으로 도움을 준 수천명의 개발자에게도 감사의 마음을 전한다.

01 개요

프로그램을 제대로 돌아가게 작성하는 일은 어렵다. 하지만 여러 작업을 동시에 실행하는 프로그램을 제대로 돌아가게 작성하기는 훨씬 더 어렵다. 다시 말해 여러 작업을 동시에 실행하는 프로그램은 순차적으로 실행하는 프로그램보다 오류 발생 가능성이 높다. 그럼에도 불구하고 왜 작업을 동시에 실행하는 문제에 신경을 써야 할까? 스레드는 자바 언어에서 피할 수 없는 특성이고, 복잡한 비동기 코드를 더 단순한 순차적 코드로 바꿔 복잡한 시스템을 단순하게 개발할 수 있게 해주기 때문이다. 게다가 스레드는 멀티프로세서 시스템의 능력을 최대한 끌어낼 수 있는 가장 쉬운 방법이다. 프로세서 개수가 늘어날수록 여러 작업을 동시에 실행하는 일이 더욱 중요하다.

1.1 작업을 동시에 실행하는 일에 대한 (아주) 간략한 역사

초창기에는 컴퓨터에 운영체제 자체가 없었다. 당시 컴퓨터는 처음부터 끝까지 하나의 프로그램을 실행하기만 했고 해당 프로그램은 컴퓨터 내 모든 자원을 직접 접근할 수 있었다. 하지만 운영체제 없이 하드웨어 위에서 바로 실행되는 프로그램은 작성하기도 힘들었을 뿐 아니라 한 번에 프로그램 하나만 실행하느라 그 비싼 컴퓨터 자원을 드문드문 사용하기 때문에 자원 대비 성능은 상당히 비효율적이었다.

운영체제는 여러 개의 프로그램을 각자의 프로세스 내에서 동시에 실행할 수 있도록 발전됐다. 프로세스는 각자가 서로 격리된 채로 독립적으로 실행되는 프로그램으로서 운영체제는 프로세스마다 메모리, 파일 핸들, 보안 권한security credential 등의 자원을 할당한다. 프로세스끼리는 서로 통신을 할 수도 있는데 소켓, 시그널 핸들러, 공유 메모리, 세마포어, 파일 등의 비교적 큰 단위의 다양한 통신 수단이 제공된다.

여러 프로그램을 동시에 실행할 수 있는 운영체제를 개발하게 된 몇 가지 요인을 살펴보면 다음과 같다.

자원 활용: 프로그램은 때로 입출력과 같이 외부 동작이 끝나기를 기다려야 하는 경우가 많은데 기다리는 동안은 유용한 일을 처리하지 못한다. 따라서 하나의 프로그램이 기다리는 동안 다른 프로그램을 실행하도록 지원하는 편이 더 효율적이다.

공정성: 여러 사용자와 프로그램이 컴퓨터 내 자원에 대해 동일한 권한을 가질 수 있다. 한 번에 프로그램 하나를 끝까지 실행해 종료된 이후에야 다른 프로그램을 시작하는 것보다는 더 작은 단위로 컴퓨터를 공유하는 방법이 바람직하다.

편의성: 때론 여러 작업을 전부 처리하는 프로그램 하나를 작성하는 것보다 각기 일을 하나씩 처리하고 필요할 때 프로그램 간에 조율하는 프로그램을 여러 개 작성하는 편이 더 쉽고 바람직하다.

초기 시분할 시스템에서는 각 프로세스가 가상적인 폰 노이만 컴퓨터였다. 각각 명령어와 데이터를 저장하는 메모리 공간을 가지고 기계어로 된 명령어를 순차적으로 수행하며, 운영체제가 제공하는 I/O 수단을 통해 컴퓨터 외부와 교류했다. 각 명령어마다 '다음 명령'이 명료하게 정의되어 있었고, 명령어 집합의 규칙에 따라 실행 흐름이 제어됐다. 현재 널리 사용되는 대부분의 프로그램 언어가 이러한 순차적 프로그래밍 방식을 따른다. 언어 명세를 보면 주어진 동작이 실행된 이후 "어떤 일이 일어나는가"가 명료하게 정의돼 있다.

순차적 프로그래밍 모델은 사람이 생각하는 방식과 같아서 직관적이고 자연스럽다. 대부분 경우 한 번에 한 가지씩 순서대로 처리한다. 침대에서 나와, 목욕 가운을 입고, 아래 층으로 내려가 커피를 준비한다. 프로그래밍 언어에서처럼 이런 생활 속의 동작 각각도 좀 더 세분화된 순차적인 동작들을 추상화한 것이다. 즉 찬장을 열고, 마시려는 커피의 종류를 선택하고, 적정량의 커피를 주전자에 넣은 다음, 주전자 안에 물이 충분히 있나 본다. 물이 부족하면 물을 더 넣어 렌지 위에 얹고, 렌지를 켠 후 물이 끓을 때까지 기다리는 등등. 물이 끓을 때까지 기다리는 마지막 단계는 어느 정도 비동기적인 성격이 있으며, 다시 말해 물이 데워지는 동안은 몇 가지 선택이 있다. 단순히 기다리거나, 곧 주전자에 신경을 써야 한다는 걸 잊지 않으면서, 토스트를 준비할 수도 있고(역시 비동기적 작업이다), 현관에서 신문을 집어올 수도 있다. 주전자나 토스터기를 만드는 회사는 제품이 비동기적으로 사용되는 경우가 많다는 걸 알기 때문에 뭔가 작업이 끝나면 소리를 내도록 만드는 게 보통이다. 일 머리가 있는 사람은 순차적으로 할 일과 비동기적으로 할 일 간에 적절히 균형을 찾아낸다. 프로그램에서도 마찬가지다.

자원 활용, 공정성, 편의성 등 프로세스 개념을 만들어내게 된 것과 같은 동기를 갖고 스레드가 고안됐다. 스레드로 인해 한 프로세스 안에 여러 개의 프로그램 제어

흐름이 공존할 수 있다. 스레드는 메모리, 파일 핸들과 같이 프로세스에 할당된 자원을 공유한다. 하지만 각 스레드는 각기 별도의 프로그램 카운터, 스택, 지역 변수를 갖는다. 또한, 프로그램을 스레드로 분리하면 멀티프로세서 시스템에서 자연스럽게 하드웨어 병렬성을 이용할 수 있다. 즉 한 프로그램 내 여러 스레드를 동시에 여러 개의 CPU에 할당해 실행시킬 수 있다.

스레드를 가벼운 프로세스lightweight process라고 부르기도 하며, 현대 운영체제의 대부분은 프로세스가 아니라 스레드를 기본 단위로 CPU 자원의 스케줄을 정한다. 의도적으로 조율하지 않는 한 하나의 스레드는 다른 스레드와 상관 없이 비동기적으로 실행된다. 스레드는 자신이 포함된 프로세스의 메모리 주소 공간을 공유하기 때문에 한 프로세스 내 모든 스레드는 같은 변수에 접근하고 같은 힙heap에 객체를 할당한다. 이 때문에 프로세스 때보다 더 세밀한 단위로 데이터를 공유할 수 있다. 하지만 공유된 데이터에 접근하는 과정을 적절하게 동기화하지 않으면 다른 스레드가 사용 중인 변수를 순간적으로 수정해서 예상치 못한 결과를 얻을 수도 있다.

1.2 스레드의 이점

스레드를 제대로만 사용하면 개발 및 유지 보수 비용을 줄이고 복잡한 애플리케이션의 성능을 향상시킬 수 있다. 비동기적인 일 흐름을 거의 순차적으로 바꿀 수 있어 사람이 일하고 상호 작용하는 방식을 모델링하기 쉬워진다. 또한 꼬인 코드를 새로 작성해 읽기 쉽고 유지 보수하기도 쉬운 명료한 코드로 만들 수도 있다.

스레드는 GUI 애플리케이션에서 사용자 인터페이스가 더 빨리 반응하게 만들기도 하고, 서버 애플리케이션에서 자원 활용도와 처리율을 높이는 데 유용하다. 또, JVM을 더 단순하게 구현할 수 있도록 도와주기도 한다. 가비지 컬렉터는 보통 하나 또는 두 개 이상의 전용 스레드에서 실행된다. 아주 단순한 자바 애플리케이션이 아닌 이상 어느 정도는 여러 개의 스레드를 사용한다.

1.2.1 멀티프로세서 활용

예전만 해도 멀티프로세서 시스템은 비싸고 드물어서 대규모 데이터 센터나 과학 계산 시설에서나 볼 수 있었다. 하지만 요즘은 싸고 흔해져서 심지어 저가 서버나 데스크탑 시스템에 멀티프로세서를 장착하는 경우도 있다. 이런 추세는 앞으로 계속될 것이다. 클럭 주파수를 올리는 일이 점점 힘들어지면서 프로세서 제조 업체는 칩 하나에

점차 더 많은 프로세서 코어를 넣으려고 하고 있다. 주요 칩 제조 업체는 예외 없이 이런 추세에 동참하고 있고, 이미 획기적으로 많은 프로세서를 탑재한 컴퓨터가 나와 있기도 하다.

프로세서 스케줄링의 기본 단위는 스레드이기 때문에 스레드 하나로 동작하는 프로그램은 한 번에 최대 하나의 프로세서만 사용한다. 프로세서가 두 개인 시스템에서 스레드가 하나뿐인 프로그램을 실행하면 CPU 자원의 50%를 낭비하는 셈이다. 또, 프로세서가 100개인 경우라면 99%를 낭비하게 된다. 반면에 활성 상태인 스레드가 여러 개인 프로그램은 여러 프로세서에서 동시에 실행될 수 있다. 제대로 설계하기만 한다면 멀티스레드 프로그램은 가용한 프로세서 자원을 더 효율적으로 이용해서 처리 속도를 높일 수 있다.

여러 개의 스레드를 사용하면 프로세서가 하나라 해도 처리 속도를 높일 수 있다. 프로그램이 스레드 하나로 구성되면 동기 I/O 작업이 완료될 때까지 기다리는 동안 프로세서가 놀게 된다. 멀티스레드 프로그램에선 스레드 하나가 I/O가 끝나길 기다리는 동안 다른 스레드가 계속 실행될 수 있다. 즉 I/O 때문에 대기 상태에 들어가는 동안에도 다른 스레드는 동작할 수 있기 때문에 애플리케이션이 계속 실행된다(이는 물이 모두 끓고 나서 신문을 읽기보다 물 끓기를 기다리면서 동시에 신문을 읽는 일에 비유할 수 있겠다).

1.2.2 단순한 모델링

보통 여러 종류의 일(예를 들어 버그를 고치고, 새로 채용할 시스템 관리 후임자를 인터뷰하고, 팀 성과를 평가하고, 다음 주에 있는 발표 자료를 준비하는 것처럼)을 처리해야 할 때보다 한 종류의 작업 여러 개를 처리하는 경우(예를 들어 버그 12개를 수정하는 경우)가 훨씬 쉽다. 할 일이 모두 같은 종류면 쌓여 있는 일 더미 맨 위에서부터 더 이상 할 일이 없어질 때까지 (또는 사람이 지칠 때까지) 계속하면 된다. 다음 뭘 할지 확인하기 위해 에너지를 소모할 필요가 없다. 반면 다양한 우선 순위에 기한 역시 제각각인 일을 관리하면서 이 일 저 일을 처리하다 보면 보통 작업 시간 이외에 어느 정도의 추가 부담이 있기 마련이다.

소프트웨어도 마찬가지다. 한 종류 일을 순차적으로 처리하는 프로그램은 작성하기 쉽고 오류도 별로 생기지 않는다. 또 여러 종류의 일을 동시에 처리하는 프로그램보다 테스트하기도 쉽다. 종류별 작업마다 또는 시뮬레이션 작업의 각 요소마다 스레드를 하나씩 할당하면 마치 순차적인 작업처럼 처리할 수 있고, 스케줄링, 교차 실행되는 작업, 비동기 I/O, 자원 대기 등의 세부적인 부분과 상위의 비즈니스 로직에 해당하는 부분을 분리할 수 있다. 다시 말해 복잡하면서 비동기적인 작업 흐름을 각기 별도 스레드에서 수행되는 더 단순하고 동기적인 작업 흐름 몇 개로 나눌 수 있다. 이런 작업 흐름에서는 특정한 동기화 시점에서만 상호 작용이 발생한다.

이런 장점은 서블릿servlet이나 RMI Remote Method Invocation와 같은 프레임웍에서 종종 활용된다. 프레임웍은 요청 관리, 스레드 생성, 로드 밸런싱, 그리고 작업 흐름 내에서 적절한 시점에 적절한 애플리케이션 컴포넌트에게 요청을 분배하는 등의 상세한 부분을 처리한다. 서블릿 개발자는 동시에 다른 요청이 얼마나 많이 처리되고 있는지, 소켓 입출력 스트림이 대기 상태에 들어갔는지에 대해서는 걱정할 필요가 없다. 웹 요청이 들어와서 서블릿의 `service` 메소드가 호출될 때 해당 요청을 마치 단일 스레드 프로그램인 것처럼 처리할 수 있다. 이 때문에 컴포넌트 개발 작업이 훨씬 단순해지고 프레임웍을 쉽게 익힐 수 있다.

1.2.3 단순한 비동기 이벤트 처리

여러 클라이언트 프로그램에서 소켓 연결을 받는 서버 애플리케이션의 경우 각 연결마다 스레드를 할당하고 동기 I/O를 사용하도록 하면 개발 작업이 쉬워진다.

읽을 데이터가 없을 때 소켓에서 읽으려고 하면 애플리케이션은 추가 데이터가 들어올 때까지 `read` 연산에서 대기한다. 이때 스레드가 하나뿐이라면 해당 요청에 대한 작업이 멈추는 것 뿐만 아니라 다른 모든 요청도 처리하지 못하고 멈춘다. 이런 문제를 피하려면 단일 스레드 서버 프로그램의 경우에는 훨씬 복잡하고 실수하기도 쉬운 넌블로킹 I/O 기능을 써야만 한다. 하지만 각 요청을 별개 스레드에서 처리하면 대기 상태에 들어가도 다른 스레드가 요청을 처리하는 데는 별 영향을 끼치지 않는다.

지금까지의 운영체제는 하나의 프로세스가 생성할 수 있는 스레드 개수에 상대적으로 제약이 심해 최대 수백 개 정도(더 적은 경우도 있다)만을 생성할 수 있었다. 그러다 보니 운영체제에서는 유닉스 시스템의 `select`나 `poll` 시스템 콜처럼 효율적인 다중화 I/O 수단을 개발했고, 표준 자바 API에도 대기 상태에 들어가지 않는 I/O를 지원할 수 있도록 `java.nio` 같은 패키지가 추가됐다. 하지만 시간이 지나면서 운영체제에서 더 많은 스레드를 지원할 수 있게 됨에 따라, 일부 플랫폼에서는 다수의 클라이언트에 대해서도 클라이언트마다 스레드를 하나씩 생성하는 일이 현실적인 경우가 많아지고 있다.[1]

---

1. 이제 대부분의 리눅스 배포판에 포함된 NPTL 스레드 패키지는 수십 만개의 스레드를 지원할 수 있게 설계됐다. 물론 넌블로킹 I/O 방법도 나름대로 장점이 있다. 하지만 운영체제에서 더 많은 스레드를 지원할 수 있기 때문에 반드시 넌블로킹 I/O를 써야만 하는 경우는 더 줄었다.

1.2.4 더 빨리 반응하는 사용자 인터페이스

GUI 애플리케이션은 보통 스레드 하나로 동작했다. 즉 코드 전반에 걸쳐 사용자 입력을 계속해서 점검하거나(입력과 관련 없는 부분에 코드가 끼어 들어 엉망이 된다) 모든 애플리케이션 코드를 '메인 이벤트 루프'를 통해 간접적으로 실행해야 했다. 만약 메인 이벤트 루프에서 직접 호출한 코드가 너무 오래 동안 실행되면 다음 이벤트를 처리할 수 없어 사용자 인터페이스가 멈춘 것처럼 보이기도 한다(freeze, 즉 얼었다고 표현한다).

AWT나 스윙과 같은 GUI 프레임웍은 메인 이벤트 루프를 이벤트 전달 스레드event dispatch thread(줄여서 EDT)로 대체했다. 버튼이 눌리는 등 사용자 인터페이스 이벤트가 발생하면 애플리케이션이 정의한 이벤트 핸들러가 이벤트 전달 스레드에서 호출된다. 대부분 GUI 프레임워크는 단일 스레드로 움직이도록 구현되어 있다. 따라서 사실상 메인 이벤트 루프가 여전히 남아있기는 하지만, 별도 스레드에서 애플리케이션이 아닌 GUI 툴킷 관할하에 실행된다.

이벤트 스레드에서 짧은 작업만 실행한다면, 사용자 인터페이스 반응 속도에는 별 영향이 없다. 이벤트 스레드가 사용자 입력을 충분히 빨리 처리할 수 있기 때문이다. 하지만 큰 문서의 맞춤법을 확인하거나 네트웍에서 파일을 받아 오는 것처럼 상대적으로 오래 걸리는 작업을 실행하면 반응 속도가 떨어진다. 긴 작업을 처리하는 동안 사용자가 어떤 동작을 하면 이벤트 스레드가 사용자 입력을 처리한다거나 혹은 입력을 받았다는 사실을 표시하는 일조차 많이 지연될 수 있다. 설상가상으로 UI만 늦게 반응하는 것이 아니고 UI상에 취소 버튼이 멀쩡히 있는데도 불구하고 취소해야 하고자 하는 작업을 취소할 수 없을 수도 있다. 이벤트 스레드가 다른 일을 하고 있어 취소 버튼이 눌렸다는 이벤트를 처리할 수 없기 때문이다. 하지만 이런 경우에 시간이 오래 걸릴 작업을 별도 스레드에서 실행했다면 이벤트 스레드는 계속 UI 이벤트를 처리할 수 있어 UI가 더 빨리 반응했을 것이다.

1.3 스레드 사용의 위험성

자바 자체에 스레드 관련 기능이 내장되어 있다는 점은 어떻게 보면 양날의 칼이라고 할 수 있다. 언어 및 라이브러리 측면에서의 스레드 지원과 플랫폼 독립적으로 정형화된 메모리 모델(병렬 애플리케이션 또한 한 번만 작성하면 어느 플랫폼에서나 실행될 수 있는 write-once, run-anywhere 목표를 만족시켜주는 바로 그 메모리 모델을 말한다) 때문에 병렬 프로그램을 개발하는 일이 쉽긴 하지만, 스레드를 사용해 작성하는 프로그램이 더 많아졌기 때문에 개발자에 대한 기대치도 높아지는 경향이 있다. 스레드가 소수만의 난해한 주제였을 때 병렬 문제는 '고급' 주제였다. 하지만 지금은 어떤가? 개발자라면 대부분 스레드 안전성thread safety에 대해 잘 알아야 한다.

1.3.1 안전성 위해 요소

스레드 안전성은 생각보다 미묘하기도 하다. 동기화를 충분히 해두지 않으면 여러 스레드에서 실행되는 연산의 순서가 때론 놀라울 만큼 예측하기가 어렵다. 예제 1.1의 UnsafeSequence는 일련의 유일한 정수를 생성하도록 만든 프로그램이다. 이를 통해 여러 스레드에서 실행되는 동작들이 뒤섞여 발생할 수 있는 문제에 어떤 것들이 있는지 살펴보자. 스레드가 하나일 때는 아무런 문제가 없다. 하지만 스레드가 여럿일 때는 제대로 동작하지 않는다.

```
@NotThreadSafe
public class UnsafeSequence {
    private int value;

    /** 유일한 값을 리턴 */
    public int getNext() {
        return value++;
    }
}
```

예제 1.1 스레드 안전하지 않은 일련번호 생성 프로그램

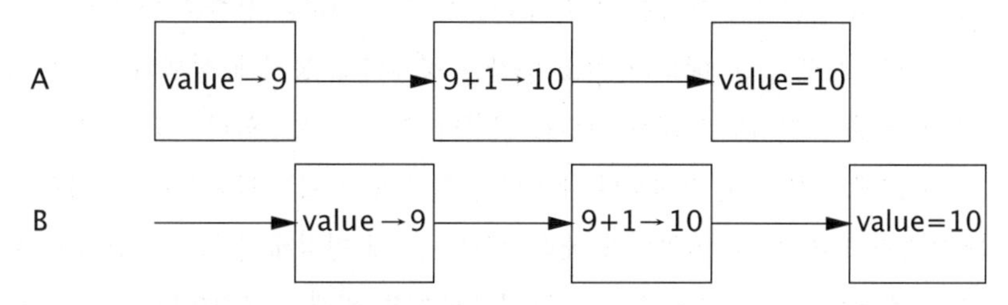

그림 1.1 UnsafeSequence.getNext 메소드가 잘못 동작하는 예

UnsafeSequence의 문제는 타이밍이 좋지 않은 시점에 두 개의 스레드가 getNext 메소드를 동시에 호출했을 때 같은 값을 얻을 가능성이 있다. 이와 같은 문제가 생길 수 있는 상황을 그림 1.1에 소개했다. 변수 값을 1 증가시키는 value++ 연산은 얼핏 하나

의 연산 같지만, 사실 별도의 3개 연산, 즉 값을 읽고, 읽은 값에 1을 더하고, 그 결과를 다시 기록하는 연산으로 구성되어 있다. 여러 스레드에서 실행되는 연산은 서로 간에 무작위로 끼어 들 수 있으므로 스레드 두 개가 동시에 같은 값을 읽고 각자 1을 더할 가능성이 있다. 따라서 서로 다른 스레드가 각기 getNext를 호출했다 하더라도 양쪽이 같은 값을 얻을 수 있다.

> 그림 1.1에서는 각 스레드에서 실행되는 연산들이 서로 사이에 끼어들어 실행되는 예를 표현하고 있다. 그림에서 시간은 좌측에서 우측으로 흐르고, 각 수평선은 각 스레드의 실행 흐름을 나타낸다. 이런 실행 순서 도면은 작업들이 특정 순서로 실행될 것이라고 잘못 가정하는 것이 얼마나 위험한 지를 보여줄 수 있도록 최악의 경우[2]를 나타내는 것이 일반적이다.

UnsafeSequence는 비표준 어노테이션annotation인 @NotThreadSafe를 사용한다. 이 어노테이션은 클래스나 클래스 멤버의 병렬성을 설명하고자 이 책에서 정의해 사용하는 어노테이션 중 하나다(같은 방식으로 쓰는 클래스 수준의 어노테이션으로는 @ThreadSafe와 @Immutable도 있다. 자세한 내용은 부록 A를 참조한다). 스레드 안전성을 문서화하는 어노테이션은 여러 사람에게 모두 유용하다. 만약 @ThreadSafe라고 표시하면 클래스를 사용하는 사람은 멀티스레드 환경에서 문제가 없다는 점을 명확히 알 수 있고, 유지보수하는 개발자는 스레드 안전성이 계속 보장돼야 한다는 점에 주의할 수 있다. 또 소프트웨어 분석 도구라면 해당 정보를 고려해 잠재적 코딩 오류를 찾아낼 수 있다.

UnsafeSequence는 경쟁 조건race condition이라고 하는 흔한 위험성을 보여주는 좋은 예제다. 원래 프로그램을 설계한 대로 getNext 메소드가 여러 스레드에서 호출된다 해도 계속 다른 값을 리턴해야 하지만, 사실은 실행 과정에서 연산이 어떻게 서로를 간섭하느냐에 따라 결과가 달라질 수 있기 때문에 결코 원하는 상황은 아닌 셈이다.

스레드는 서로 같은 메모리 주소 공간을 공유하고 동시에 실행되기 때문에 다른 스레드가 사용 중일지도 모르는 변수를 읽거나 수정할 수도 있다. 이는 상당히 편리한데, 다른 스레드 간 통신 방식보다 데이터 공유가 훨씬 쉽기 때문이다. 하지만 이 점은 위험 요소기도 하다. 즉 데이터가 예측 못한 시점에 변경돼 스레드가 혼동될 수도 있다. 여러 스레드가 같은 변수를 읽고 수정하게 하면 원래 순차적이던 프로그래밍 모델에 비순차적인 요소가 들어가 혼란스럽고 동작 과정을 추론하기 어려워질 수 있다. 멀티스레드 프로그램이 동작하는 모습을 예측하려면 스레드가 서로 간섭하지 않도록 공

2. 3장에서 살펴보겠지만 CPU가 명령어를 재배치할 가능성도 있으므로 사실 최악의 경우에는 그림에 소개한 경우보다 더 어이 없는 문제가 발생할 수도 있다.

유된 변수에 접근하는 시점에 적절하게 조율해야 한다. 다행히 자바에서는 공유 변수 접근을 조율하기 위한 동기화 수단이 제공된다.

UnsafeSequence를 바로 잡으려면 방법 가운데 하나로 예제 1.2의 Sequence처럼 getNext를 동기화된 메소드로 만들면 문제가 해결된다.[3] 이를 통해 그림 1.1에 소개한 것과 같은 문제를 방지할 수 있다(이렇게 하면 왜 제대로 동작하는지에 대해서는 2장과 3장에서 자세히 다룬다).

```
@ThreadSafe
public class Sequence {
    @GuardedBy("this") private int value;

    public synchronized int getNext() {
        return value++;
    }
}
```

예제 1.2 스레드 안전한 일련번호 생성 프로그램

동기화를 하지 않으면 컴파일러, 하드웨어, 실행 환경 각각에서 명령어의 실행 시점이나 실행 순서를 상당히 자유롭게 조정할 수 있다. 레지스터나 다른 스레드에 일시적으로(혹은 아예 영영) 보이지 않는 프로세서별 캐시 메모리에 변수를 캐시해둘 수도 있다. 이런 요령은 성능을 향상하는 데 도움이 되고 바람직하기도 하다. 하지만 프로그래머 입장에선 이런 최적화 작업 때문에 프로그램에 오류가 발생하지 않도록 스레드 간에 데이터가 공유되고 있는지를 명확하게 구분해 줘야 하는 부담을 떠 안아야 한다(정확히 JVM이 어떤 실행 순서를 보장하고 동기화가 실행 순서에 어떤 영향을 주는지에 대한 상세한 내용은 16장에서 다룬다. 하지만 2장과 3장에서 제시한 규칙만 따르면 이와 같은 저수준의 상세 내용은 알 필요가 없다).

1.3.2 활동성 위험

동시 수행 코드를 개발할 때는 반드시 스레드 안전성 문제를 신경 써야 한다. 즉 안전성은 양보할 수 없다. 안전성이 중요한 것은 멀티스레드 프로그램만이 아니다. 단일 스레드 프로그램도 안전성과 정확성을 유지하도록 작성돼야 한다. 하지만 멀티스레드

3. @GuardedBy는 2.4절에서 설명한다. 이 어노테이션은 Sequence 클래스의 동기화 정책을 나타낸다.

를 사용하면 단일 스레드 프로그램에서는 발생하지 않는 추가적인 안전성 위험에 노출될 수 있다. 비슷하게 스레드를 사용할 때는 단일 스레드 프로그램에서는 나타나지 않는 추가적인 형태의 활동성liveness 장애가 생길 수 있다.

안전성이 "잘못된 일이 생기지 않는다"는 것을 뜻하는 반면, 활동성은 "원하는 일이 결국 일어난다"는 보완적인 목표에 관한 것이다. 어떤 작업이 전혀 진전되지 못하는 상태에 빠질 때 활동성 장애가 발생했다고 한다. 순차적 프로그램에서 생길 수 있는 활동성 장애의 대표적인 형태는 실수로 무한 반복문을 만들어 반복문 다음에 놓인 코드가 절대 실행되지 않는 경우다. 스레드를 사용하면 활동성 관련 문제의 위험성이 더욱 높아진다. 예를 들어 스레드 A에서 스레드 B가 독점하고 있는 자원을 기다리고 있는데 스레드 B가 해당 자원을 절대 놓지 않는다면, 스레드 A는 영영 기다리기만 할 것이다. 10장에서는 데드락deadlock(10.1절), 소모상태starvation(10.3.1절), 라이브락livelock(10.3.3절) 등 여러 가지 활동성 장애 유형을 소개하고, 어떻게 하면 각 유형의 장애를 피할 수 있는지를 살펴본다. 대부분의 병렬 프로그램 오류가 그렇지만, 활동성 장애를 일으키는 오류 역시 초기에 파악하기가 무척 어렵다. 각기 다른 스레드에서 실행하는 작업의 상대적인 타이밍에 따라 활동성 문제점이 나타나기 때문에 개발이나 테스트 도중에 잘 드러나지는 않는다.

1.3.3 성능 위험

활동성과 함께 성능도 관련이 많다. 활동성은 뭔가 좋은 일이 반드시 일어난다는 것을 뜻한다. 일반적으로 좋은 일들은 빨리 일어나길 바라는데, 그에 비하면 결과는 별로 좋지 않을 수도 있다. 성능 문제는 형편없는 서비스 시간, 반응성, 처리율, 자원 소모, 규모에 따른 확장성 등 넓은 범위의 문제들을 포괄한다. 안전성과 활동성 문제에서 알 수 있듯이 멀티스레드 프로그램은 단일 스레드 프로그램에서 발생할 수 있는 모든 성능 위험뿐만 아니라, 스레드를 사용하기 때문에 생기는 추가 위험에도 노출된다.

잘 설계된 병렬 프로그램은 스레드를 사용해서 궁극적으로 성능을 향상시킬 수 있다. 하지만 스레드를 사용하면 실행 중에 어느 정도 부하가 생기는 것도 사실이다. 스레드가 많은 프로그램에서는 컨텍스트 스위칭(다른 스레드가 실행될 수 있게 스케줄러가 현재 실행 중인 스레드를 잠시 멈출 때)이 더 빈번하고, 그 때문에 상당한 부담이 생긴다. 즉, 실행중인 컨텍스트를 저장하고 다시 읽어들여야 하며, 메모리를 읽고 쓰는 데 있어 지역성locality이 손실되고, 스레드를 실행하기도 버거운 CPU 시간을 스케줄링하는 데 소모해야 한다. 또 스레드가 데이터를 공유할 때는 동기화 수단도 사용해야 한다. 이런 동기화는 컴파일러 최적화를 방해하고, 메모리 캐시를 지우거나 무효화하기도 한다.

그 밖에 공유 메모리 버스에 동기화 관련 트래픽을 유발한다. 이런 모든 요인은 성능 측면에서 추가적인 손실을 유발한다. 11장에서는 이런 손실을 분석하고 최소화하는 방법을 다룬다.

1.4 스레드는 어디에나

프로그램을 작성할 때 스레드를 직접 생성하지 않더라도 프로그램이 사용하는 프레임웍에서 스레드를 생성할 수도 있다. 따라서 그런 스레드에서 호출되는 코드는 스레드에 대해 안전해야 한다. 따라서 스레드에 안전한 클래스를 개발할 때는 더 세심하게 주의하고 분석해야 하며, 이런 면은 개발자 입장에서 볼 때 설계와 구현 어느 부분에서도 상당한 부담이 된다.

모든 자바 프로그램은 기본적으로 스레드를 사용한다. JVM을 시작시키면 main 메소드를 실행할 주 스레드 뿐 아니라 가비지 컬렉션이나 객체 종료object finalization와 같은 JVM 내부 작업을 담당할 스레드도 생성한다. AWTAbstract Window Toolkit와 스윙Swing 사용자 인터페이스 프레임웍은 사용자 인터페이스의 이벤트를 관리할 스레드를 생성하며, Timer는 대기 중인 작업을 실행할 스레드를 생성한다. 서블릿이나 RMI 같은 컴포넌트 프레임웍 역시 스레드를 관리하는 풀을 여러 개 생성하고 이 스레드를 사용해 컴포넌트의 메소드를 호출한다.

많은 개발자가 이미 그런 것처럼 이와 같은 편리한 수단을 사용한다면 병렬성과 스레드 안전성에 대해 잘 알아야 한다. 그런 프레임웍은 스레드를 생성해 컴포넌트를 호출하기 때문이다. 병렬성이 '선택' 혹은 '고급' 언어 기능이라고 믿는다 해도 상관없다. 하지만 현실에서는 거의 모든 자바 프로그램이 멀티스레드로 동작하는 프로그램이고, 외부에서 프로그램 내부의 상태에 접근하는 과정을 적절히 조율하지 않아도 될 만큼의 기본적인 조율 기능을 프레임웍이 담당해 주지는 않는다.

프레임웍 때문에 프로그램이 병렬로 실행되는 경우가 생기면 병렬로 실행된다는 사실을 프레임웍 뿐만 아니라 프로그램에서도 인식하고 적절히 대응해야 한다. 프레임웍의 특성상 프로그램 컴포넌트의 기능을 호출해 결과를 받아오는 형태로 동작하는데, 이런 과정에서 필수적으로 프로그램 내부의 상태를 사용하기 때문이다. 마찬가지로 프레임웍에 의해 호출되는 컴포넌트만 스레드에 안전해야 하는 것은 아니다. 해당 컴포넌트가 실행되는 과정에서 접근하는 코드 경로에 포함된 컴포넌트는 모두 마찬가지다. 이처럼 스레드 안전성에는 전염성이 있다.

> 프레임웍은 프로그램 컴포넌트를 호출할 때 프레임웍 내부의 스레드에서 호출하기 때문에 자동으로 프로그램이 스레드를 활용하는 것과 동일한 효과를 준다. 컴포넌트는 언제나 프로그램 내부의 상태에 접근하기 때문에 해당 상태에 접근하는 모든 코드 경로에 해당하는 컴포넌트 역시 스레드 안전해야 한다.

아래 설명한 편의 수단은 모두 프로그램이 관리하지 않는 외부의 스레드에서 프로그램 코드를 호출한다. 이와 같은 외부의 편의 수단 자체가 먼저 스레드에 안전해야겠지만 그것으로 충분하지는 않다. 스레드에 안전해야 한다는 필요성은 프로그램 전체로 퍼져 나간다.

타이머: Timer는 추후에 한 번 혹은 주기적으로 실행될 작업을 스케줄하기 위한 편의 수단이다. Timer를 사용하면 TimerTask에 지정된 작업이 프로그램이 아닌 Timer가 관리하는 스레드에서 실행되기 때문에 순차적인 프로그램을 복잡하게 만들 수도 있다. 만약 기본 프로그램의 스레드가 사용하는 데이터에 TimerTask의 작업이 접근하면, TimerTask 뿐 아니라 해당 데이터에 접근하는 다른 모든 클래스도 스레드에 안전하게 만들어야 한다. 이런 경우에 가장 쉬운 방법은 TimerTask가 접근하는 객체 자체를 스레드에 안전하게 만드는 것이다. 즉 공유된 데이터 객체 내부에 스레드 안전성을 캡슐화하는 것이다.

서블릿과 JSP: 서블릿 프레임웍은 웹 애플리케이션을 배치하고 원격 HTTP 클라이언트에서 오는 요청을 분배하기 위한 모든 기본 기능을 감당하도록 설계되어 있다. 서버에 도착하는 요청은 때론 순서대로 연결된 필터를 통해 결국 적절한 서블릿이나 JSP에 분배된다. 각 서블릿은 프로그램 논리를 구성하는 한 컴포넌트로, 대규모 웹 사이트에서는 여러 클라이언트가 동시에 같은 서블릿에 요청을 전송할 수도 있다. 서블릿 명세에 따르면 서블릿은 여러 스레드에서 동시에 호출될 수 있게 작성돼야 한다. 다시 말해 서블릿은 스레드에 안전해야 한다.

설사 서블릿이 한 번에 한 스레드에서 호출된다고 확신할 수 있어도 웹 애플리케이션을 작성할 때는 스레드 안전성에 신경 써야 한다. 서블릿은 프로그램 범위application-scoped 객체(ServletContext 객체에 저장된다)나 세션 범위session-scoped 객체(클라이언트별 HttpSession 객체에 저장된다)처럼 다른 서블릿과 공유하는 상태 정보에 접근할 때도 있다. 서블릿이 서블릿 간 혹은 요청들 간에 공유되는 객체에 접근할 때는 적절한 동기화 작업이 필요하다. 여러 요청 내에서 각기 다른 스레드로 동시에 접근하고 있을 수도 있기 때문이다. 서블릿 필터나 ServletContext와 HttpSession 같이 범위가 정해진 컨테이너에 저장된 객체뿐 아니라 서블릿과 JSP 자체도 스레드에 안전해야 한다.

원격 메소드 호출(Remote Method Invocation): RMI는 다른 JVM에서 실행 중인 객체의 메소드를 호출할 수 있게 해 준다. RMI로 원격 메소드를 호출하면, 메소드 인자는 바이트 스트림으로 변환marshaled되고 네트워크를 통해 원격 JVM으로 전달된다. 원격 JVM에서는 원래대로 변환되어unmarshaled 원격 메소드에 인자로 전달된다.

RMI 코드가 원격 객체를 호출할 때 어느 스레드에서 호출될까? 개발자는 알 수 없지만, 분명 개발자가 생성한 스레드는 아니다. 즉 RMI가 관리하는 스레드에서 호출된다. 그럼 RMI는 스레드를 몇 개나 생성할까? 동일한 원격 객체에 같은 메소드가 여러 RMI 스레드에서 동시에 호출될 수 있을까?[4]

원격 객체는 스레드 안전성에 대한 두 가지 위험에 대비해야 한다. 먼저 다른 객체와 공유될 수 있는 상태에 접근할 때 적절히 조율해야 하지만, 원격 객체 자체의 상태에 접근할 때도 마찬가지다(같은 객체가 여러 스레드에서 동시에 호출될 수 있기 때문이다). 서블릿처럼 RMI 객체도 동시에 여러 번 호출될 수 있게 작성해야 하며 스레드에 안전해야 한다.

스윙과 AWT: GUI 애플리케이션은 본질적으로 비동기적으로 동작한다. 사용자는 언제든지 메뉴를 선택하고 버튼을 누를 수도 있다. 또 애플리케이션이 다른 일을 하는 도중에도 즉각 반응하길 원한다. 이 때문에 스윙과 AWT는 사용자가 발생시킨 이벤트를 처리하거나 사용자가 보는 그래픽을 갱신하기 위해 별도 스레드를 생성해 작업을 맡긴다.

`JTable`과 같은 스윙 컴포넌트는 스레드에 안전하지 않다. 대신 스윙 프로그램에서는 이벤트 스레드에서만 GUI 컴포넌트에 접근할 수 있게 제한하는 방법으로 스레드 안전성을 얻는다. 이벤트 스레드 밖에서 GUI를 다뤄야 한다면, GUI를 다루는 코드가 해당 외부 스레드 대신 이벤트 스레드에서 실행되게 해야 한다.

사용자가 UI 동작을 하면 사용자가 요청한 동작을 수행하기 위해 이벤트 스레드에서 이벤트 핸들러를 호출한다. 물론 해당 이벤트 핸들러도 여러 스레드에서 접근해 사용하는 애플리케이션의 상태(편집 중인 문서 등)에 접근해야 할 수 있다. 만약 그렇다면 해당 상태에 접근하는 다른 스레드와 마찬가지로 이벤트 핸들러 역시 스레드 안전한 방법으로 해당 상태에 접근해야 한다.

---

4. 해답은 "그렇다"이다. 하지만, API 문서만 봐서는 알기 어렵고, RMI 명세를 읽어보면 알 수 있다.

1부

기본 원리

```
public class NoVisibility {
 private static boolean ready;
 private static int number;
 private static class ReaderThread extends Threa
  public void run() {
   while (!ready)
    Thread.yield();
   System.out.println(number);
  }
 }
 public static void main(String[] args) {
  new ReaderThread().start();
  number = 42;
  ready = true;
 }
}
```

02
스레드 안전성

토목 공학이 단순히 볼트와 I 빔만 신경 쓰는 것이 아닌 것처럼 병렬 프로그램 역시 단순하게 스레드와 락lock만 신경 써서 될 일은 아니다. 물론 다리를 무너지지 않게 지으려면 수많은 볼트와 I 빔을 제대로 써야 하듯, 병렬 프로그램을 작성하려면 스레드와 락을 잘 사용해야 한다. 하지만 스레드와 락은 그저 목적을 위한 도구일 뿐이다. 스레드에 안전한 코드를 작성하는 것은 근본적으로는 상태, 특히 공유되고 변경할 수 있는 상태에 대한 접근을 관리하는 것이다.

대략 말하면 객체의 상태는 인스턴스나 static 변수 같은 상태 변수에 저장된 객체의 데이터다. 객체의 상태에는 다른 객체의 필드에 대한 의존성이 포함될 수도 있다. HashMap의 상태 가운데 일부는 HashMap 자체에 저장돼 있지만, 상당량의 정보는 Map.Entry 객체에 저장돼 있다. 객체의 상태에는 밖에서 보이는 동작에 영향을 끼치는 모든 데이터가 포함된다.

공유됐다는 것은 여러 스레드가 특정 변수에 접근할 수 있다는 뜻이고, 변경할 수 있다mutable는 것은 해당 변수 값이 변경될 수 있다는 뜻이다. 스레드 안전성이 마치 코드를 보호하는 것처럼 이해하는 경우가 많지만, 실제로는 데이터에 제어 없이 동시 접근하는 걸 막으려는 의미임을 알아두자.

객체가 스레드에 안전해야 하느냐는 해당 객체에 여러 스레드가 접근할지의 여부에 달렸다. 즉 프로그램에서 객체가 어떻게 사용되는가의 문제지 그 객체가 뭘 하느냐와는 무관하다. 객체를 스레드에 안전하게 만들려면 동기화를 통해 변경할 수 있는 상태에 접근하는 과정을 조율해야 한다. 동기화가 제대로 되지 못하면 데이터가 손상되거나 기타 바람직하지 않은 여러 가지 결과가 생길 수 있다.

스레드가 하나 이상 상태 변수에 접근하고 그 중 하나라도 변수에 값을 쓰면, 해당 변수에 접근할 때 관련된 모든 스레드가 동기화를 통해 조율해야 한다. 자바에서 동기화를 위한 기본 수단은 synchronized 키워드로서 배타적인 락을 통해 보호 기능을 제공한다. 하지만 volatile 변수, 명시적 락, 단일 연산 변수atomic variable를 사용하는 경우에도 '동기화'라는 용어를 사용한다.

프로그램을 작성할 때는 공유된 상태에 대한 접근을 동기화해야 한다는 원칙에 '특별한' 경우의 예외가 있다고 생각하고 싶겠지만, 그런 유혹은 버려야 한다. 꼭 필요한 동기화 구문이 빠진 프로그램도 테스트를 통과하고 몇 년 동안 잘 동작하는 등 얼핏 제대로 동작하는 것처럼 보일 수도 있다. 하지만 잘못됐다는 사실에는 변함이 없고 언제든 오동작할 수 있다.

> 만약 여러 스레드가 변경할 수 있는 하나의 상태 변수를 적절한 동기화 없이 접근하면 그 프로그램은 잘못된 것이다. 이렇게 잘못된 프로그램을 고치는 데는 세 가지 방법이 있다.
>
> - 해당 상태 변수를 스레드 간에 공유하지 않거나
> - 해당 상태 변수를 변경할 수 없도록 만들거나
> - 해당 상태 변수에 접근할 땐 언제나 동기화를 사용한다.

클래스를 설계하면서 애당초 동시 접근을 염두에 두지 않았다면, 뒤늦게 위 세 가지 방법 중 일부를 적용하고자 할 때 설계를 상당히 많이 고쳐야 할 가능성이 높고, 한마디로 소개한 것처럼 쉬운 작업이 아닐 수도 있다. 스레드 안전성을 확보하기 위해 나중에 클래스를 고치는 것보다는 애당초 스레드에 안전하게 설계하는 편이 훨씬 쉽다.

프로그램의 규모가 커지면 특정 변수를 여러 스레드에서 접근하는지 파악하는 일조차 간단치 않을 수 있다. 다행히 클래스를 잘 구성하고 유지 보수가 쉽게 만드는 데 도움되도록 객체 지향 프로그래밍 기법에서 사용하는 캡슐화나 데이터 은닉data hiding 같은 기법이 스레드에 안전한 클래스를 작성하는 데도 도움이 될 수 있다. 특정 변수에 접근하는 코드가 적을수록 적절히 동기화가 사용됐는지 확인하기 쉬우며 어떤 조건에서 특정 변수에 접근하는지도 판단하기 쉽다. 자바 언어에서는 상태를 반드시 캡슐화해야 하는 건 아니다. 상태를 `public` 필드나 심지어 `public static` 필드에 저장해도 되고 내부 객체의 참조 값을 밖으로 넘겨도 된다. 하지만 프로그램 상태를 잘 캡슐화할수록 프로그램을 스레드에 안전하게 만들기 쉽고 유지 보수 팀에서도 역시 해당 프로그램이 계속해서 스레드에 안전하도록 유지하기 쉽다.

> 스레드 안전한 클래스를 설계할 땐, 바람직한 객체 지향 기법이 왕도다. 캡슐화와 불변 객체를 잘 활용하고, 불변 조건을 명확하게 기술해야 한다.

때론 바람직한 객체 지향 설계 기법이 실세계의 요구사항과 배치되는 경우도 있다. 이런 경우에는 성능이나 기존 코드와의 호환성 때문에 바람직한 설계 원칙을 양보할 수밖에 없다. 많은 개발자가 그렇게 생각하지는 않겠지만 때론 추상화와 캡슐화 기법이 성능과 배치되기도 한다. 하지만 이런 경우 항상 코드를 올바르게 작성하는 일이 먼저이고, 그 다음 필요한 만큼 성능을 개선해야 한다. 또 최적화는 성능 측정을 해본 이후에 요구 사항에 미달될 때만 하는 편이 좋고, 실제와 동일한 상황을 구현해 성능을 측정하고, 예상되는 수치가 목표 수치와 차이가 있을 때만 적용해야 한다.[1]

캡슐화 원칙을 깨뜨려야만 한다 해도 방법이 없는 건 아니고, 그럼에도 불구하고 여전히 프로그램을 스레드에 안전하게 만들 수 있다. 하지만 더 어려울 뿐 아니라 스레드 안전성이 깨지기도 더 쉬워지고 이는 개발 비용과 위험 부담 뿐 아니라 유지 보수 측면에서도 비용과 위험 부담을 증가시킨다. 4장에선 상태 변수 캡슐화를 완화해도 되는 상황에 대해 다룬다.

지금까진 '스레드 안전한 클래스'와 '스레드 안전한 프로그램'이란 용어를 구분 없이 사용했다. 그럼 스레드 안전한 프로그램은 스레드 안전한 클래스로만 구성된 프로그램일까? 꼭 그런 건 아니다. 스레드 안전한 클래스로만 구성된 프로그램이 스레드 안전하지 않을 수도 있다. 스레드 안전한 클래스를 조합하는 문제에 대해선 4장에 다룬다. 어느 경우든 클래스가 자신의 상태를 캡슐화해야만 스레드 안전한 클래스라는 개념이 의미가 있다. 스레드 안전성은 코드에 적용되는 용어일 수도 있지만 주로 상태에 대한 것이고, 상태를 캡슐화하는 코드 전체에 적용될 수 있으며, 적용되는 코드는 객체이거나 또는 프로그램 전체일 수도 있다.

2.1 스레드 안전성이란?

스레드 안전성을 정의하기는 굉장히 까다롭다. 더 정형화할 수는 있겠지만 복잡해서 실용적 참고나 직관적 이해 어디에도 도움이 안 된다. 남는 것은 계속해서 빙빙 도는 대략적인 설명뿐이다. 구글Google로 검색하면 다음과 같은 수많은 '정의'가 나온다.

> 여러 프로그램 스레드에서 스레드 간에 원치 않는 상호 작용 없이 호출할 수 있는...
>
> 호출하는 측에서 다른 작업을 하지 않고도 여러 스레드에서 동시에 호출할 수 있는...

이런 정의를 놓고 보면 스레드 안전성 개념이 헛갈리는 것도 무리가 아니다. 마치 "여러 스레드에서 안전하게 사용될 수 있으면 해당 클래스는 스레드 안전하다"라는 식의 말 같다. 이런 문장에 대해 실제 따지고 들 수는 없지만 문장 자체가 실질적으로 그

1. 병렬 처리 코드에선 이 원칙을 보통 때보다 엄격히 지켜야 한다. 병렬 프로그램의 오류는 재현하고 고치기 어렵기 때문에 자주 수행되지 않는 코드에서 성능을 조금 개선하기보단 프로그램이 현장에서 실패할 위험을 줄이는 편이 낫다.

리 도움이 되지 않는 것도 사실이다. 스레드 안전하지 않은 클래스와 안전한 클래스는 어떻게 구분할까? 또 '안전하다'는 것은 무슨 뜻일까?

스레드에 대한 납득할 만한 정의의 핵심은 모두 정확성correctness 개념과 관계 있다. 스레드 안전성에 대한 정의가 모호한 것은 정확성에 대한 명확한 정의가 없기 때문이다.

정확성이란 클래스가 해당 클래스의 명세에 부합한다는 뜻이다. 잘 작성된 클래스 명세는 객체 상태를 제약하는 불변조건invariants과 연산 수행 후 효과를 기술하는 후조건postcondition을 정의한다. 하지만 종종 클래스에 대한 명세를 충분히 작성하지 않는 상황에서 과연 작성한 코드가 클래스 명세에 부합하는지 알 수 있을까? 물론 알 수 없다. 하지만 일단 "특정 코드가 동작한다"고 확신하기만 하면 어쨌든 명세를 활용하지 못할 것도 없다. 이런 '코드 신뢰도code confidence'는 많은 사람이 생각하는 정확성과 대략 일치한다. 이런 맥락에서 단일 스레드에서의 정확성은 '척 보면 아는' 어떤 것이라고 가정하자. 낙관적으로 '정확성'을 인지할 수 있는 어떤 것으로 정의하면 스레드 안전성도 다소 덜 순환적으로 정의할 수 있다. 즉 여러 스레드가 클래스에 접근할 때 계속 정확하게 동작하면 해당 클래스는 스레드 안전하다.

> 여러 스레드가 클래스에 접근할 때, 실행 환경이 해당 스레드들의 실행을 어떻게 스케줄하든 어디에 끼워 넣든, 호출하는 쪽에서 추가적인 동기화나 다른 조율 없이도 정확하게 동작하면 해당 클래스는 스레드 안전하다고 말한다.

모든 단일 스레드 프로그램은 멀티스레드 프로그램의 한 종류라고 볼 수 있기 때문에, 애당초 단일 스레드 환경에서도 제대로 동작하지 않으면 스레드 안전할 수 없다.[2] 객체가 제대로 구현됐으면 어떤 일련의 작업(public 메소드를 호출하거나 public 필드를 읽고 쓰는 등의 작업)도 해당 객체의 불변조건이나 후조건에 위배될 수 없다. 스레드에 안전한 클래스 인스턴스에 대해서는 순차적이든 동시든 어떤 작업들을 행해도 해당 인스턴스를 잘못된 상태로 만들 수 없다.

> 스레드 안전한 클래스는 클라이언트 쪽에서 별도로 동기화할 필요가 없도록 동기화 기능도 캡슐화한다.

2. '정확성'을 너무 느슨한 의미로 사용하는 것 같아 맘이 편치 않다면, 스레드 안전한 클래스를 단일 스레드 환경에서보다 더 잘못되지는 않는 클래스라고 정의하는 편이 나을지도 모르겠다.

2.1.1 예제: 상태 없는 서블릿

1장에서는 스레드를 생성하고 해당 스레드에서 프로그램 컴포넌트를 호출하는 프레임웍을 몇 개 소개했으며, 이들 프레임웍에서는 프로그램 내부에서 프레임웍이 호출하는 컴포넌트를 스레드에 안전하게 만들어야 했다. 스레드 안전성이 필요한 경우는 직접 스레드를 생성하는 경우보다 서블릿 프레임웍 같은 수단을 사용하기 때문인 경우가 꽤 많다. 여기서 간단한 예제로 서블릿 기반 인수분해 서비스를 만들고, 스레드 안전성을 유지하면서 하나하나 기능을 추가해 보자.

예제 2.1에 간단한 인수분해 서블릿을 소개했다. 인수분해할 숫자를 서블릿 요청에서 빼내 인수분해하고, 결과를 서블릿 응답에 인코딩해 넣는다.

```
@ThreadSafe
public class StatelessFactorizer implements Servlet {
    public void service(ServletRequest req, ServletResponse resp) {
        BigInteger i = extractFromRequest(req);
        BigInteger[] factors = factor(i);
        encodeIntoResponse(resp, factors);
    }
}
```

예제 2.1 상태 없는 서블릿

StatelessFactorizer는 대부분의 서블릿처럼 상태가 없다. 즉 선언한 변수가 없고 다른 클래스의 변수를 참조하지도 않는다. 특정 계산을 위한 일시적인 상태는 스레드의 스택에 저장되는 지역 변수에만 저장하고, 실행하는 해당 스레드에서만 접근할 수 있다. 따라서 StatelessFactorizer에 접근하는 특정 스레드는 같은 StatelessFactorizer에 접근하는 다른 스레드의 결과에 영향을 줄 수 없다. 두 스레드가 상태를 공유하지 않기 때문에 사실상 서로 다른 인스턴스에 접근하는 것과 같다. 상태 없는 객체에 접근하는 스레드가 어떤 일을 하든 다른 스레드가 수행하는 동작의 정확성에 영향을 끼칠 수 없기 때문에 상태 없는 객체는 항상 스레드 안전하다.

> 상태 없는 객체는 항상 스레드 안전하다.

많은 서블릿을 상태 없이 구현할 수 있다는 점은 서블릿을 스레드 안전하게 만드는 부담을 줄여준다. 서블릿이 여러 요청 간에 뭔가를 기억할 필요가 있을 때에야 스레드 안전성이 문제가 된다.

2.2 단일 연산

상태 없는 객체에 상태를 하나 추가하면 어떻게 될까? StatelessFactorizer에 처리한 요청의 수를 기록하는 '접속 카운터'를 추가해 보자. 우선 long 필드를 서블릿에 추가하고 각 요청마다 값을 증가시키면 되겠다. 예제 2.2의 UnsafeCountingFactorizer에 그 코드를 소개했다.

```
@NotThreadSafe
public class UnsafeCountingFactorizer implements Servlet {
    private long count = 0;

    public long getCount() { return count; }

    public void service(ServletRequest req, ServletResponse resp) {
        BigInteger i = extractFromRequest(req);
        BigInteger[] factors = factor(i);
        ++count;
        encodeIntoResponse(resp, factors);
    }
}
```

예제 2.2 동기화 구문 없이 요청 횟수를 세는 서블릿. 이런 코드는 금물!

불행히도 UnsafeCountingFactorizer는 단일 스레드 환경에서는 잘 동작하겠지만 스레드에 안전하지 않다. 35쪽의 UnsafeSequence처럼 변경한 값을 잃어버리는 경우가 생길 수 있다. 값을 증가시키는 ++count는 한 줄짜리 간단한 코드인지라 단일 작업처럼 보이지만 실제로는 단일 연산이 아니다. 다시 말해 나눌 수 없는 최소 단위의 작업으로 실행되는 게 아니라는 뜻이다. 해당 문장은 현재 값을 가져와서, 거기에 1을 더하고, 새 값을 저장하는 별도의 3개 작업을 순차적으로 실행하는 것을 한 줄의 코드로 간략히 표현한 것이다. 이는 읽고 변경하고 쓰는 전형적인 연산의 모습을 갖추고 있으며, 이전 상태로부터 결과 상태를 도출한다.

35쪽의 그림 1.1에서는 두 스레드가 카운터를 증가시키려고 할 때 동기화돼 있지 않다면 어떤 문제가 발생할 수 있는지 소개했었다. 처음 카운터 값이 9일 때 운이 나쁘면, 양쪽 스레드가 모두 9를 읽고, 1을 더한 뒤, 카운터에 10을 기록할 수도 있다. 증가된 값 1이 없어졌고 접속 카운터는 영영 1만큼 틀리게 됐다.

혹자는 웹 기반 서비스에서 접속 카운트가 약간 부정확해도 큰 문제가 아니라고 생각할 수도 있고 그 말이 틀린 것은 아니다. 하지만 해당 카운터를 사용해 일련의 숫자나 유일한 객체 식별자를 생성하고자 한다면, 여러 번 호출했을 때 같은 값을 돌려주는 사소한 문제가 심각한 데이터 무결성 문제의 원인이 된다.[3] 병렬 프로그램의 입장에서 타이밍이 안 좋을 때 결과가 잘못될 가능성은 굉장히 중요한 개념이기 때문에 경쟁 조건race condition이라는 별도 용어로 정의한다.

2.2.1 경쟁 조건

UnsafeCountingFactorizer에는 여러 종류의 경쟁 조건이 발생할 수 있기 때문에 결과를 신뢰할 수 없다. 경쟁 조건은 상대적인 시점이나 또는 JVM이 여러 스레드를 교차해서 실행하는 상황에 따라 계산의 정확성이 달라질 때 나타난다. 다시 말하자면, 타이밍이 딱 맞았을 때만 정답을 얻는 경우를 말한다.[4] 가장 일반적인 경쟁 조건 형태는 잠재적으로 유효하지 않은 값을 참조해서 다음에 뭘 할지를 결정하는 점검 후 행동check-then-act 형태의 구문이다.

종종 실생활에서도 경쟁 조건에 맞닥뜨리곤 한다. 정오에 대학로에 있는 스타벅스에서 친구를 만나기로 했다고 해 보자. 하지만 막상 도착해 보니 대학로에 스타벅스가 2개 있다는 걸 알았다. 어디서 친구를 만나기로 했는지는 확실하지 않다. 12시 10분에 스타벅스 A에서 친구를 못 만났다. 그래서 친구가 다른 스타벅스에 있을까 해서 스타벅스 B로 가지만 거기도 없다. 이런 상황에서는 몇 가지 가능성이 있다. 우선 친구가 늦어서 양쪽 스타벅스에 없을 수도 있다. 또 내가 스타벅스 A를 떠나자마자 친구가 스타벅스 A에 도착했을 수도 있다. 그 외에 친구가 스타벅스 B에 이미 와 있었지만 역시 친구도 나를 찾아 다른 스타벅스로 갔고 지금 스타벅스 A로 가는 중일 수도 있다. 가장 최악의 경우를 가정하고 마지막 경우라고 생각해 보자. 이제 12시 15분이다. 둘 다 양쪽 스타벅스에 있었고 둘 다 여기에 상대가 있었는지 궁금해 하고 있다. 이제 뭘 할까? 다른 스타벅스로 돌아갈까? 몇 번이나 왔다갔다 할까? 어떤 절차를 정하지 않

---

3. UnsafeSequence와 UnsafeCountingFactorizer에서 사용하는 방식은 유효하지 않은 데이터 문제(3.1.1절) 등 다른 심각한 문제도 가지고 있다.

4. 경쟁 조건(race condition)이라는 용어는 종종 관련된 용어인 데이터 경쟁(data race)과 혼동되기도 한다. 데이터 경쟁은 공유된 final이 아닌 필드에 대한 접근을 동기화로 보호하지 않았을 때 발생한다. 스레드가 다음에 다른 스레드가 읽을 수 있는 변수에 값을 쓰거나 다른 스레드가 마지막에 수정했을 수도 있는 변수를 읽을 때 두 스레드 모두 동기화를 하지 않으면 데이터 경쟁이 생길 위험이 있다. 데이터 경쟁이 있는 코드는 자바 메모리 모델 하에선 유용한 정의된 의미가 없다. 모든 경쟁 조건이 데이터 경쟁인 건 아니고, 모든 데이터 경쟁이 경쟁 조건인 것도 아니다. 하지만 경쟁 조건이든 데이터 경쟁이든 병렬 프로그램을 예측할 수 없이 실패하게 만든다. UnsafeCountingFactorizer는 경쟁 조건과 데이터 경쟁 모두를 가지고 있다. 데이터 경쟁에 대한 자세한 설명은 16장을 참고하자.

으면 두 사람 다 낙담한 상태로 커피도 못 마신 채 하루 종일 대학로를 왔다갔다 걸어 다닐 수도 있을 것이다.

"빨리 걸어가서 친구가 다른 곳에 있나 볼 거야"라는 접근법의 문제는 한 사람이 거리를 걷는 동안 상대가 움직였을 수 있다는 것이다. 한 명이 스타벅스 A를 둘러보고 "그 친구 여기 없네"라고 생각하곤 다시 찾아 헤맨다. 스타벅스 B에서도 이번엔 다른 시각에 전과 똑같이 행동할 수 있다. 거리를 따라 걸어 올라가는 데는 몇 분이 걸린다. 그 동안 시스템 상태는 바뀌었을 수 있다.

스타벅스 예제는 경쟁 조건을 잘 보여준다. 원하는 결과(친구를 만나는 것)를 얻을 수 있을지의 여부는 여러 가지 사건(각 사람이 한쪽 스타벅스 혹은 다른 쪽에 도착하는 시간, 다른 쪽으로 옮기기까지 얼마나 기다리느냐 등)의 상대적인 시점에 따라 달라진다. 친구가 스타벅스 A에 없다고 관찰한 상태는 밖으로 걸어나가는 순간 잠재적으로 유효성을 잃게 된다. 친구가 뒷문으로 들어 왔는데 몰랐을 수도 있다. 대부분 경쟁 조건은 이런 관찰 결과의 무효화로 특징 지어진다. 즉 잠재적으로 유효하지 않은 관찰 결과로 결정을 내리거나 계산을 하는 것이다. 이런 류의 경쟁 조건을 점검 후 행동이라고 한다. 어떤 사실을 확인하고(파일 X가 없음) 그 관찰에 기반해 행동(X를 생성)을 한다. 하지만 해당 관찰은 관찰한 시각과 행동한 시각 사이에 더 이상 유효하지 않게 됐을 수도 있다(다른 누군가가 그 동안 파일 X를 생성했음). 이런 경우 문제가 발생한다(예기치 않은 예외가 발생하거나, 데이터를 덮어 쓰거나, 파일이 망가지는 등).

2.2.2 예제: 늦은 초기화 시 경쟁 조건

점검 후 행동하는 흔한 프로그래밍 패턴으로 늦은 초기화lazy initialization가 있다. 늦은 초기화는 특정 객체가 실제 필요할 때까지 초기화를 미루고 동시에 단 한 번만 초기화되도록 하기 위한 것이다. 예제 2.3의 LazyInitRace 클래스는 늦은 초기화 패턴을 구현하고 있다. getInstance 메소드는 먼저 ExpensiveObject가 이미 초기화됐는지를 점검한다. 이미 초기화됐다면 해당 객체를 리턴한다. 하지만 초기화되지 않았으면 새 인스턴스를 생성하고 그 다음부터는 작업 부담이 큰 초기화 부분을 실행하지 않도록 이미 생성했던 인스턴스의 참조값을 호출한 쪽에 리턴해준다.

```
@NotThreadSafe
public class LazyInitRace {
    private ExpensiveObject instance = null;

    public ExpensiveObject getInstance() {
```

```
        if (instance == null)
            instance = new ExpensiveObject();
        return instance;
    }
}
```

예제 2.3 늦은 초기화에서 발생한 경쟁 조건. 이런 코드는 금물!

LazyInitRace는 경쟁 조건 때문에 제대로 동작하지 않을 가능성이 있다. 스레드 A와 B가 동시에 getInstance를 수행한다고 하자. instance라는 변수가 null이라는 사실을 본 다음 스레드 A는 ExpensiveObject의 인스턴스를 새로 생성한다. 스레드 B도 instance 변수가 null인지 살펴본다. 이때 instance가 null의 여부는 스케줄이 어떻게 변경될지 또는 스레드 A가 ExpensiveObject 인스턴스를 생성하고 instance 변수에 저장하기까지 얼마나 걸리는지 등의 예측하기 어려운 타이밍에 따라 달라진다. 원래 getInstance는 항상 같은 인스턴스를 리턴하도록 설계돼 있는데, 스레드 B가 살펴보는 그 시점에 instance가 null이면 getInstance를 호출한 두 스레드가 각가 서로 다른 인스턴스를 가져갈 수도 있다.

UnsafeCountingFactorizer의 접속 횟수를 세는 부분은 또 다른 종류의 경쟁 조건을 가지고 있다. 카운터를 증가시키는 작업과 같은, 읽고 수정하고 쓰기read-modify-write 동작은 이전 상태를 기준으로 객체의 상태를 변경한다. 다시 말해 카운터를 증가시키려면 이전 값을 알아야 하고 카운터를 갱신하는 동안 다른 스레드에서 그 값을 변경하거나 사용하지 않도록 해야 한다.

대부분 병렬 처리 오류가 그렇듯, 경쟁 조건 때문에 프로그램에 오류가 항상 발생하지는 않으며, 운 나쁘게 타이밍이 꼬일 때만 문제가 발생한다. 하지만 경쟁 조건은 그 자체로 심각한 문제를 일으킬 수 있다. 만약 애플리케이션 수준의 데이터 저장 공간을 생성하는 부분에 LazyInitRace를 사용했다고 가정해보자. 여러 번 호출할 때 서로 다른 저장 공간 인스턴스를 받으면 저장된 내용을 잃거나 여러 스레드에서 객체 목록을 보려 할 때 일관성이 전혀 없을 수도 있다. 또한 지속 프레임웍persistence framework에서 객체 식별자를 생성하는 부분에 UnsafeSequence를 사용한다면, 서로 완전히 별개인 두 객체가 같은 식별자를 가질 수 있기 때문에 객체 유일성에 대한 제약이 깨질 수도 있다.

2.2.3 복합 동작

LazyInitRace와 UnsafeCountingFactorizer이 처리하는 일련의 작업은 외부 스레드에서 봤을 때 더 이상 나눠질 수 없는 단일 연산이어야 했다. 경쟁 조건을 피하려면 변수가 수정되는 동안 다른 스레드가 해당 변수를 사용하지 못하도록 막을 방법이 있어야 하며, 이런 방법으로 보호해두면 특정 스레드에서 변수를 수정할 때 다른 스레드는 수정 도중이 아닌 수정 이전이나 이후에만 상태를 읽거나 변경을 가할 수 있다.

> 작업 A를 실행 중인 스레드 관점에서 다른 스레드가 작업 B를 실행할 때 작업 B가 모두 수행됐거나 또는 전혀 수행되지 않은 두가지 상태로만 파악된다면 작업 A의 눈으로 볼 때 작업 B는 단일 연산이다. 단일 연산 작업은 자신을 포함해 같은 상태를 다루는 모든 작업이 단일 연산인 작업을 지칭한다.

UnsafeSequence 내부에서 사용한 증가 연산이 단일 연산이었다면 35쪽의 그림 1.1에 소개했던 경쟁 조건이 생길 수 없고, 각 증가 연산은 의도했던 대로 카운터를 정확히 1만큼 증가시켰을 것이다. 스레드 안전성을 보장하기 위해 (늦은 초기화 같은) 점검 후 행동과 (증가 작업 같은) 읽고 수정하고 쓰기 등의 작업은 항상 단일 연산이어야 한다. 점검 후 행동과 읽고 수정하고 쓰기 같은 일련의 동작을 복합 동작compound action이라고 한다. 즉, 스레드에 안전하기 위해서는 전체가 단일 연산으로 실행돼야 하는 일련의 동작을 지칭한다. 다음 절에선 연산의 단일성을 보장하기 위해 자바에서 기본적으로 제공하는 락lock에 대해 알아보겠다. 예제 2.4의 CountingFactorizer는 해당 문제점을 일단 스레드 안전한 기존 클래스를 이용해 다른 방법으로 고쳐본 예제이다.

```
@ThreadSafe
public class CountingFactorizer implements Servlet {
    private final AtomicLong count = new AtomicLong(0);

    public long getCount() { return count.get();}

    public void service(ServletRequest req, ServletResponse resp) {
        BigInteger i = extractFromRequest(req);
        BigInteger[] factors = factor(i);
        count.incrementAndGet();
        encodeIntoResponse(resp, factors);
    }
}
```

예제 2.4 AtomicLong 객체를 이용해 요청 횟수를 세는 서블릿

java.util.concurrent.atomic 패키지에는 숫자나 객체 참조 값에 대해 상태를 단일 연산으로 변경할 수 있도록 단일 연산 변수atomic variable 클래스가 준비돼 있다. 예제 2.4에서는 long으로 선언했던 카운터를 AtomicLong으로 바꿨으며, 이제 카운터에 접근하는 모든 동작이 단일 연산으로 처리된다.[5] 서블릿 상태가 카운터의 상태이고 카운터가 스레드에 안전하기 때문에 서블릿도 스레드에 안전하다.

인수분해 서블릿에 카운터를 추가할 수 있었고 카운터 상태를 관리하기 위해 이미 만들어져 있는 스레드 안전한 클래스를 사용해 스레드 안전성을 확보할 수 있었다. 상태 없는 클래스에 상태 요소를 하나 추가할 때 스레드 안전한 객체 하나로 모든 상태를 관리한다면 해당 클래스는 스레드에 안전하다. 하지만 다음 절에서 소개할 내용처럼 상태가 하나가 아닌 둘 이상이 될 때는 상태가 없다가 하나가 추가되는 경우만큼 간단하지 않을 수도 있다.

> 가능하면 클래스 상태를 관리하기 위해 AtomicLong처럼 스레드에 안전하게 이미 만들어져 있는 객체를 사용하는 편이 좋다. 스레드 안전하지 않은 상태 변수를 선언해두고 사용하는 것보다 이미 스레드 안전하게 만들어진 클래스가 가질 수 있는 가능한 상태의 변화를 파악하는 편이 훨씬 쉽고, 스레드 안전성을 더 쉽게 유지하고 검증할 수 있다.

2.3 락

앞서 서블릿 상태 전부를 스레드 안전한 객체를 써서 관리함으로써 스레드 안전성을 유지하면서도 예제 서블릿에 상태 변수를 하나 추가할 수 있었다. 하지만 더 많은 상태를 추가할 때에도 그저 스레드 안전한 상태 변수를 추가하기만 하면 충분할까?

서로 다른 클라이언트가 연이어 같은 숫자를 인수분해하길 원하는 경우를 고려해서, 가장 최근 계산 결과를 캐시에 보관해 인수분해 예제 서블릿의 성능을 향상시켜보자(사실 그리 효과적인 캐시 전략은 아니다. 5.6절에서 더 나은 캐시 전략을 다룬다). 이 전략을 구현하려면 서블릿은 두 가지 정보를 기억해야 한다. 하나는 가장 마지막으로 인수분해하기 위해 입력된 숫자이고 또 하나는 그 입력 값을 인수분해한 결과 값이다. 앞에서는 카운터 상태를 AtomicLong 변수에 보관해서 스레드 안전성을 확보했었다. 그렇다면 여기서 마지막 입력 값과 인수분해된 결과 값을 관리하기 위해 AtomicLong과 비슷한

5. CountingFactorizer는 카운터를 증가시키기 위해 incrementAndGet를 호출한다. 이 메소드는 원래 증가된 결과 값을 리턴하는데 이 예제에 리턴된 값은 그냥 무시했다.

AtomicReference[6] 클래스를 쓸 수 있지 않을까?

예제 2.5의 UnsafeCaching Factorizer에 AtomicReference를 사용해 봤다.

```
@NotTh readSafe
public class UnsafeCachingFactorizer implements Servlet {
    private final AtomicReference<BigInteger> lastNumber
         = new AtomicReference<BigInteger>();
    private final AtomicReference<BigInteger[]> lastFactors
        = new AtomicReference<BigInteger[]>();

    public void service(ServletRequest req, ServletResponse resp) {
        BigInteger i = extractFromRequest(req);
        if (i.equals(lastNumber.get()))
            encodeIntoResponse(resp, lastFactors.get());
        else {
            BigInteger[] factors = factor(i);
            lastNumber.set(i);
            lastFactors.set(factors);
            encodeIntoResponse(resp, factors);
        }
    }
}
```

예제 2.5 단일 연산을 적절히 사용하지 못한 상태에서 결과 값을 캐시하려는 서블릿. 이런 코드는 금물!

안됐지만 예제 2.5와 같은 접근법은 제대로 동작하지 않는다. 단일 연산 참조 변수 각각은 스레드에 안전하지만 UnsafeCachingFactorizer 자체는 틀린 결과를 낼 수 있는 경쟁 조건을 갖고 있다.

스레드 안전성의 정의에 따르면 여러 스레드에서 수행되는 작업의 타이밍이나 스케줄링에 따른 교차 실행와 관계 없이 불변조건이 유지돼야 스레드에 안전하다. UnsafeCachingFactorizer에는 인수분해 결과를 곱한 값이 lastNumber에 캐시된 값과 같아야 한다는 불변조건이 있으며, 이와 같은 불변조건이 항상 성립해야 서블릿이 제대로 동작한다고 볼 수 있다. 여러 개의 변수가 하나의 불변조건을 구성하고 있다면, 이 변수들은 서로 독립적이지 않다. 즉 한 변수의 값이 다른 변수에 들어갈 수

6. AtomicLong이 스레드에 안전한 long 정수를 담는 클래스인 것처럼, AtomicReference 역시 스레드 안전한 객체 참조값을 담는 클래스다. 단일 연산 변수와 그 장점에 대해선 15장에서 다룬다.

있는 값을 제한할 수 있다. 따라서 변수 하나를 갱신할 땐, 다른 변수도 동일한 단일 연산 작업 내에서 함께 변경해야 한다.

타이밍이 좋지 않았다면 UnsafeCachingFactorizer 클래스의 불변조건이 깨질 수 있다. 개별적인 각 set 메소드는 단일 연산으로 동작하지만 단일 연산 참조 클래스를 쓰더라도 lastNumber과 lastFactors라는 두 개의 값을 동시에 갱신하지는 못한다. 하나는 수정됐고 다른 하나는 수정되지 않은 그 시점에 여전히 취약점이 존재한다. 이 순간 다른 스레드가 값을 읽어가면 불변조건이 깨진 상태를 보게 된다. 반대로 두 값을 동시에 읽어올 수도 없다. 즉, 스레드 A가 두 값을 읽는 사이에 스레드 B가 변수들을 변경할 수 있어 A 입장에선 불변조건이 만족하지 않는 경우를 발견할 수도 있다.

> 상태를 일관성 있게 유지하려면 관련 있는 변수들을 하나의 단일 연산으로 갱신해야 한다.

2.3.1 암묵적인 락

자바에는 단일 연산 특성을 보장하기 위해 synchronized라는 구문으로 사용할 수 있는 락을 제공한다(락뿐만 아니라 다른 동기화 수단 모두 가시성이라는 중요한 특성을 갖고 있다. 가시성에 대해서는 3장에서 다룬다). synchronized 구문은 락으로 사용될 객체의 참조 값과 해당 락으로 보호하려는 코드 블록으로 구성된다. 메소드 선언 부분에 synchronized 키워드를 지정하면 메소드 내부의 코드 전체를 포함하면서 메소드가 포함된 클래스의 인스턴스를 락으로 사용하는 synchronized 블록을 간략하게 표현한 것으로 볼 수 있다(static으로 선언된 synchronized 메소드는 해당 Class 객체를 락으로 사용한다).

```
synchronized (lock) {
    // lock으로 보호된 공유 상태에 접근하거나 해당 상태를 수정한다.
}
```

모든 자바 객체는 락으로 사용할 수 있다. 이와 같이 자바에 내장된 락을 암묵적인 락intrinsic lock 혹은 모니터 락monitor lock이라고 한다. 락은 스레드가 synchronized 블록에 들어가기 전에 자동으로 확보되며 정상적으로든 예외가 발생해서든 해당 블록을 벗어날 때 자동으로 해제된다. 해당 락으로 보호된 synchronized 블록이나 메소드에 들어가야만 암묵적인 락을 확보할 수 있다.

자바에서 암묵적인 락은 뮤텍스mutexes, 또는 mutual exclusion lock(즉 상호 배제 락)로 동작한다. 즉 한 번에 한 스레드만 특정 락을 소유할 수 있다. 스레드 B가 가지고 있는 락을 스레드 A가 얻으려면, A는 B가 해당 락을 놓을 때까지 기다려야 한다. 만약 B가 락을 놓지 않으면, A는 영원히 기다릴 수밖에 없다.

특정 락으로 보호된 코드 블록은 한 번에 한 스레드만 실행할 수 있기 때문에 같은 락으로 보호되는 synchronized 서로 다른 블록 역시 서로 단일 연산으로 실행된다. 동시성 맥락에서 단일 연산 특성은 트랜잭션 프로그램에서 말하는 단일 연산 특성과 같은 의미다. 즉, 일련의 문장이 하나의 나눌 수 없는 단위로 실행되는 것처럼 보인다는 것이다. 한 스레드가 synchronized 블록을 실행 중이라면 같은 락으로 보호되는 synchronized 블록에 다른 스레드가 들어와 있을 수 없다.

동기화 수단을 쓰면 아주 쉽게 인수분해 서블릿을 스레드 안전하게 고칠 수 있다. 예제 2.6에서는 service 메소드에 synchronized 키워드를 추가해 한 번에 한 스레드만 실행할 수 있도록 만들었다. 이제 SynchronizedFactorizer는 스레드에 안전하다. 하지만 이 방법은 너무 극단적이라 인수분해 서블릿을 여러 클라이언트가 동시에 사용할 수 없고, 이 때문에 응답성이 엄청나게 떨어질 수 있다. 이 성능 문제는 (스레드 안전성 문제는 아니다) 2.5절에서 다시 다룬다.

```
@ThreadSafe
public class SynchronizedFactorizer implements Servlet {
    @GuardedBy("this") private BigInteger lastNumber;
    @GuardedBy("this") private BigInteger[] lastFactors;

    public synchronized void service(ServletRequest req,
                                     ServletResponse resp) {
        BigInteger i = extractFromRequest(req);
        if (i.equals(lastNumber))
            encodeIntoResponse(resp, lastFactors);
        else {
            BigInteger[] factors = factor(i);
            lastNumber = i;
            lastFactors = factors;
            encodeIntoResponse(resp, factors);
        }
    }
}
```

예제 2.6 마지막 결과를 캐시하지만 성능이 현저하게 떨어지는 서블릿. 이런 코드는 금물!

2.3.2 재진입성

스레드가 다른 스레드가 가진 락을 요청하면 해당 스레드는 대기 상태에 들어간다. 하지만 암묵적인 락은 재진입 가능reentrant하기 때문에 특정 스레드가 자기가 이미 획득한 락을 다시 확보할 수 있다. 재진입성은 확보 요청 단위가 아닌 스레드 단위로 락을 얻는다는 것을 의미한다.[7] 재진입성을 구현하려면 각 락마다 확보 횟수와 확보한 스레드를 연결시켜 둔다. 확보 횟수가 0이면 락은 해제된 상태이다. 스레드가 해제된 락을 확보하면 JVM이 락에 대한 소유 스레드를 기록하고 확보 횟수를 1로 지정한다. 같은 스레드가 락을 다시 얻으면 횟수를 증가시키고, 소유한 스레드가 `synchronized` 블록 밖으로 나가면 횟수를 감소시킨다. 이렇게 횟수가 0이 되면 해당 락은 해제된다.

재진입성 때문에 락의 동작을 쉽게 캡슐화할 수 있고, 객체 지향 병렬 프로그램을 개발하기가 단순해졌다. 재진입 가능한 락이 없으면 하위 클래스에서 `synchronized` 메소드를 재정의하고 상위 클래스의 메소드를 호출하는 예제 2.7과 같은 지극히 자연스러워 보이는 코드도 데드락에 빠질 것이다. `Widget`과 `LoggingWidget`의 `doSomething` 메소드는 둘 다 `synchronized`로 선언돼 있고, 각각 진행 전에 `Widget`에 대한 락을 얻으려고 시도한다. 하지만 암묵적인 락이 재진입 가능하지 않았다면, 이미 락을 누군가가 확보했기 때문에 `super.doSomething` 호출에서 락을 얻을 수 없게 되고, 결과적으로 확보할 수 없는 락을 기다리면서 영원히 멈춰 있었을 것이다. 재진입성은 이런 경우에 데드락에 빠지지 않게 해준다.

```java
public class Widget {
    public synchronized void doSomething() {
        ...
    }
}

public class LoggingWidget extends Widget {
    public synchronized void doSomething() {
        System.out.println(toString() + ": calling doSomething");
        super.doSomething();
    }
}
```

예제 2.7 암묵적인 락이 재진입 가능하지 않았다면 데드락에 빠졌을 코드

7. 이는 pthreads(POSIX 스레드)의 기본 락 동작과 다르다. pthreads에선 확보 요청 기준으로 락을 허용한다.

2.4 락으로 상태 보호하기

락은 자신이 보호하는 코드 경로에 여러 스레드가 순차적[8]으로 접근하도록 하기 때문에, 공유된 상태에 배타적으로 접근할 수 있도록 보장하는 규칙을 만들 때 유용하다. 이런 절차를 정확하게 따르면 항상 일관적인 상태를 유지할 수 있다.

경쟁 조건을 피하려면 접속 카운터를 증가시키거나(읽고 수정하고 쓰기) 늦게 초기화하는(확인 후 행동) 경우 하나의 공유된 상태에 대한 복합 동작을 단일 연산으로 만들어야 한다. 줄곧 락을 확보한 상태로 복합 동작을 실행하면 해당 복합 동작을 단일 연산으로 보이게 할 수 있다. 하지만 단순히 복합 동작 부분을 synchronized 블록으로 감싸는 것으로는 부족하다. 특정 변수에 대한 접근을 조율하기 위해 동기화할 때는 해당 변수에 접근하는 모든 부분을 동기화해야 한다. 또한 변수에 대한 접근을 조율하기 위해 락을 사용할 땐 해당 변수에 접근하는 모든 곳에서 반드시 같은 락을 사용해야 한다.

흔한 실수 중 하나는 공유 변수에 값을 쓸 때만 동기화가 필요하다고 생각하기 쉽다는 점인데, 당연하지만 잘못된 생각이다(3.1절의 내용을 보면 왜 그런지 명백히 알 수 있을 것이다).

> 여러 스레드에서 접근할 수 있고 변경 가능한 모든 변수를 대상으로 해당 변수에 접근할 때는 항상 동일한 락을 먼저 확보한 상태여야 한다. 이 경우 해당 변수는 확보된 락에 의해 보호된다고 말한다.

예제 2.6의 SynchronizedFactorizer에서 lastNumber와 lastFactors는 서블릿 객체의 암묵적인 락으로 보호돼 있으며, 락으로 보호돼 있다는 사실은 @GuardedBy 어노테이션으로 표시하고 있다.

객체의 암묵적인 락과 그 객체의 상태 사이에 원천적인 관계는 없다. 많은 클래스에서 그렇게 사용해온 락에 대한 관례이긴 해도 특정 객체의 변수를 항상 그 객체의 암묵적인 락으로 보호해야 하는 건 아니다. 특정 객체의 락을 얻는다고 해도 다른 스레드가 해당 객체에 접근하는 걸 막을 순 없다. 락을 얻으면 단지 다른 스레드가 동일한 락을 얻지 못하게 할 수 있을 뿐이다. 모든 객체에 내장된 락이 있다는 점 때문에 매번 별도로 락 객체를 생성할 필요가 없어 단지 편리할 뿐이다.[9] 공유 상태에 안전하

---

8. 특정 객체에 순차적으로 접근하게 만드는 것은 객체 직렬화(객체를 바이트 스트림으로 바꿈)와는 관계 없다(순차 접근은 serializing access이고 객체 직렬화는 object serialization이다 - 옮긴이). 접근을 순차적으로 한다는 것은 해당 객체에 동시에 접근하는 것이 아니라 하나씩 순서대로 배타적으로 접근한다는 뜻이다.

9. 돌이켜보면 이렇게 설계한 것이 잘못된 것이었을지도 모르겠다. 혼동되는 건 물론이고 JVM을 구현할 때 객체 크기와 락 성능 간에 타협해야만 한다.

게 접근할 수 있도록 락 규칙locking protocol이나 동기화 정책을 만들고 프로그램 내에서 규칙과 정책을 일관성 있게 따르는 건 순전히 개발자에게 달렸다.

> 모든 변경할 수 있는 공유 변수는 정확하게 단 하나의 락으로 보호해야 한다. 유지 보수하는 사람이 알 수 있게 어느 락으로 보호하고 있는지를 명확하게 표시하라.

락을 활용함에 있어 일반적인 사용 예는 먼저 모든 변경 가능한 변수를 객체 안에 캡슐화하고, 해당 객체의 암묵적인 락을 사용해 캡슐화한 변수에 접근하는 모든 코드 경로를 동기화함으로써 여러 스레드가 동시에 접근하는 상태에서 내부 변수를 보호하는 방법이다. 이 패턴은 Vector를 비롯해 동기화된 컬렉션 클래스와 같이 스레드에 안전한 여러 클래스에서 사용하는 방법이다. 이 때 객체의 상태를 나타내는 모든 변수는 객체의 암묵적인 락으로 보호된다. 하지만 이 패턴에는 전혀 특별한 부분이 없고, 컴파일러나 JVM 어느 쪽에서도 이와 같은 락 패턴(물론 다른 패턴도 마찬가지다)을 반드시 사용하도록 강요하지 않는다.[10] 락에 대한 이 규칙은 새로운 메소드나 코드 경로를 추가하면서 실수로 동기화하는 걸 잊기만 해도 쉽게 무너질 수 있다.

모든 데이터를 락으로 보호해야 하는 건 아니고, 변경 가능한 데이터를 여러 스레드에서 접근해 사용하는 경우에만 해당한다. 1장에서는 TimerTask처럼 간단한 비동기 기능을 추가했을 때, 특히 프로그램 상태가 올바르게 캡슐화되지 않았을 때, 스레드 안전성에 대한 필요성이 프로그램 전체로 어떻게 파급되는지를 살펴봤다. 많은 양의 데이터를 처리하는 단일 스레드 프로그램이 있다고 하자. 단일 스레드 프로그램에서는 스레드 간에 데이터가 공유되지 않으므로 동기화하지 않아도 된다. 이 상태에서 만약 프로그램이 깨지거나 중지해야 할 때 처음부터 다시 시작하지 않도록 주기적으로 진행 결과의 스냅샷을 저장해 두는 기능을 추가해 보자. 10분마다 실행되는 TimerTask로 프로그램 상태를 파일에 저장(스냅샷)하면 되겠다.

TimerTask는 다른 스레드(Timer가 관리하는 스레드)에서 호출되기 때문에 스냅샷에 포함될 데이터는 주 프로그램 스레드와 Timer 스레드 등 두 개의 스레드에서 동시에 접근한다. 이 말은 TimerTask 코드에서 프로그램 상태에 접근할 때는 물론이고 같은 데이터를 손대는 프로그램의 다른 부분도 동기화를 해야 한다는 뜻이다. 원래는 동기화가 전혀 필요 없었는데 이제 프로그램에 전반적으로 동기화가 필요해졌다.

특정 변수가 락으로 보호되면, 즉 해당 변수에 항상 락을 확보한 상태에서 접근하

10. 파인드버그(FindBugs)와 같은 분석 검증 도구를 사용하면 변수에 어떤 때는 락을 걸고 어떤 때는 락 없이 접근하는 경우를 찾아준다. 이런 경우 잠재적인 버그일 가능성이 높다.

도록 하면, 한 번에 한 스레드만 해당 변수에 접근할 수 있다는 점을 보장할 수 있다. 클래스에 여러 상태 변수에 대한 불변조건이 있으면 불변조건에 관련된 각 변수는 모두 같은 락으로 보호돼야 한다는 추가 요구사항이 따라 붙는다. 이렇게 하면 관련된 모든 변수를 하나의 단일 연산 작업 내에서 접근하거나 갱신할 수 있다. SynchronizedFactorizer가 이 규칙을 따른 예다. 캐시된 입력 값과 결과 모두 서블릿 객체의 암묵적인 락으로 보호된다.

> 여러 변수에 대한 불변조건이 있으면 해당 변수들은 모두 같은 락으로 보호해야 한다.

동기화가 경쟁 조건에 대한 해법이라면 왜 모든 메소드를 synchronized로 선언하지 않았을까? 무차별적으로 synchronized를 적용하면 동기화가 너무 과도하거나 심지어는 부족할 수 있다. Vector처럼 모든 메소드가 단순히 동기화돼 있긴 하지만 Vector를 사용하는 복합 동작까지 단일 연산으로 만들지는 못한다.

```
if (!vector.contains(element))
    vector.add(element);
```

위에 나타낸 없으면 추가하는put-if-absent 동작은 contains와 add가 단일 연산이라 해도 경쟁 조건을 갖고 있다. 메소드를 동기화하면 각 메소드의 작업을 단일 연산으로 만들지만, 여러 메소드가 하나의 복합 동작으로 묶일 땐 락을 사용해 추가로 동기화해야 한다(스레드에 안전한 객체에 단일 연산을 안전하게 추가하는 방법에 대해선 4.4절을 참고하라). 모든 메소드를 동기화하면 SynchronizedFactorizer처럼 활동성이나 성능에 문제가 생길 수도 있다.

2.5 활동성과 성능

UnsafeCachingFactorizer에선 성능 향상을 위해 인수분해 서블릿에 캐시 기능을 추가했다. 캐시를 구현하고자 공유되는 상태를 추가했고, 해당 상태의 무결성을 위해 동기화가 필요했다. 하지만 SynchronizedFactorizer처럼 동기화하면 성능이 떨어진다. 각 상태 변수를 서블릿 객체의 암묵적인 락으로 보호하는 것이 SynchronizedFactorizer의 동기화 정책인데, 이를 위해 service 메소드 전체를 동기화했다. 이처럼 단순하고 큰 단위로 접근하면 안전성을 확보할 순 있지만 치러야 할 대가가 너무 크다.

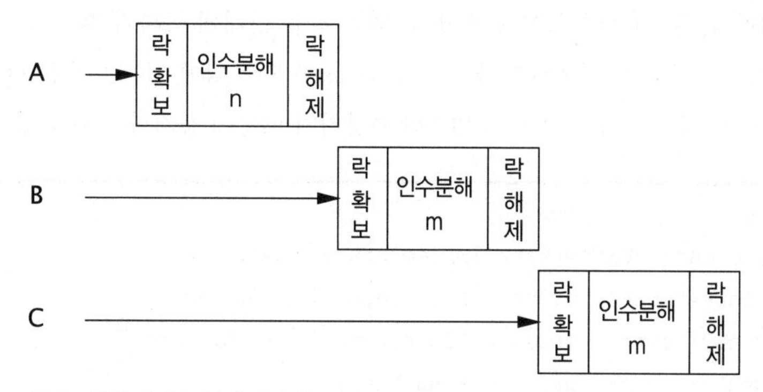

그림 2.1 병렬 처리 능력이 떨어지는 SynchronizedFactorizer

여기서 synchronized 키워드를 지정했기 때문에 service 메소드는 한 번에 한 스레드만 실행할 수 있다. 이는 동시에 여러 요청을 처리할 수 있게 설계된 서블릿 프레임웍의 의도와 배치되고, 요청이 많아졌을 경우 느린 속도 때문에 사용자 불만이 높아질 것이다. 서블릿이 큰 숫자를 인수분해하느라 바쁘면 다른 클라이언트는 현재 요청이 완료될 때까지 마냥 기다려야 한다. 만약 시스템에 CPU가 여러 개 있으면 부하가 높은데도 불구하고 프로세서를 놀려야 할 수도 있다. 심지어 결과가 이미 캐시돼 있어서 빨리 처리될 수 있는 요청도 오래 걸리는 이전 작업들 때문에 덩달아 처리가 늦어질 수 있다.

그림 2.1은 동기화된 인수 분해 서블릿에 여러 요청이 들어왔을 때 어떤 일이 생기는지를 나타낸 것이다. 보다시피 요청들이 큐에 쌓이고 순서대로 하나씩 처리된다. 이런 방법으로 동작하는 웹 애플리케이션은 병렬 처리 능력이 떨어진다고 말한다. 즉 처리할 수 있는 동시 요청의 개수가 자원의 많고 적음이 아닌 애플리케이션 자체의 구조 때문에 제약된다. 다행히 synchronized 블록의 범위를 줄이면 스레드 안전성을 유지하면서 쉽게 동시성을 향상시킬 수 있다. 이 때 synchronized 블록의 범위를 너무 작게 줄이지 않도록 조심해야 한다. 다시 말해 단일 연산으로 처리해야 하는 작업을 여러 개의 synchronized 블록으로 나누진 말아야 한다. 하지만 다른 스레드가 공유 상태에 접근할 수 있도록 오래 걸리는 작업을 synchronized 블록에서 최대한 뽑아 낼 필요는 있다.

예제 2.8의 CachedFactorizer는 전체 메소드를 동기화하는 대신 두 개의 짧은 코드 블록을 synchronized 키워드로 보호했다. 하나는 캐시된 결과를 갖고 있는지 검사하는 일종의 확인 후 동작check-and-act 부분이고, 또 하나는 캐시된 입력 값과 결과를 새로운 값으로 변경하는 부분이다. 덤으로 접속 카운터를 다시 넣고 "캐시가 사용된 횟수"를 세는 카운터도 추가했다. 두 개의 카운터 값은 첫 번째 synchronized 블록에서 변경한다. 두 카운터 역시 변경할 수 있는 공유 상태에 속하기 때문에 접근할 땐 항상 동기화 구문을 사용해야 한다. synchronized 블록 밖에 있는 코드는 다른 스레드와 공유되지 않는 지역 (스택 상의) 변수만 사용하기 때문에 동기화가 필요 없다.

```
@ThreadSafe
public class CachedFactorizer implements Servlet {
    @GuardedBy("this") private BigInteger lastNumber;
    @GuardedBy("this") private BigInteger[] lastFactors;
    @GuardedBy("this") private long hits;
    @GuardedBy("this") private long cacheHits;

    public synchronized long getHits() { return hits; }
    public synchronized double getCacheHitRatio() {
        return (double) cacheHits / (double) hits;
    }

    public void service(ServletRequest req, ServletResponse resp) {
        BigInteger i = extractFromRequest(req);
        BigInteger[] factors = null;
        synchronized (this) {
            ++hits;
            if (i.equals(lastNumber)) {
                ++cacheHits;
                factors = lastFactors.clone();
            }
        }
        if (factors == null) {
            factors = factor(i);
            synchronized (this) {
                lastNumber = i;
                lastFactors = factors.clone();
            }
        }
        encodeIntoResponse(resp, factors);
    }
}
```

예제 2.8 최근 입력 값과 그 결과를 캐시하는 서블릿

CachedFactorizer는 이제 접속 카운터로 AtomicLong 대신 예전 방식대로 long 필드를 쓴다. 여기서 AtomicLong 클래스를 써도 괜찮지만 CountingFactorizer 때에 비해 별다른 장점이 없다. 단일 연산 변수는 변수에 일반적인 변수에 단일 연산 작업을 수행할 때 유용하지만, 여기에서는 이미 synchronized 블록을 사용해 동기화하고 있다. 따라서 서로 다른 두 가지 동기화 수단을 사용해 봐야 혼동을 줄 뿐 성능이나 안전성 측면의 이점이 없다.

인수분해 서블릿의 구조를 CachedFactorizer처럼 고쳐 단순성(전체 메소드를 동기화)과 병렬 처리 능력(최대한 짧은 부분만 동기화) 사이에 균형을 맞췄다. 락을 얻고 놓는 작업만으로도 어느 정도의 부하가 따른다. 따라서 단일 연산 구조에 문제가 생기지 않는다 해도 synchronized 블록을 "너무 잘게" 쪼개는 일은 바람직하지 않다(예를 들어 ++hits 코드를 별도의 synchronized 블록으로 분리하는 경우). CachedFactorizer는 상태 변수에 접근할 때와 복합 동작을 수행하는 동안 락을 잡지만, 오래 걸릴 가능성이 있는 인수분해 작업을 시작하기 전에 락을 놓는다. 이렇게 함으로써 병렬 처리 능력에 심각한 영향을 주지 않으면서 스레드 안전성을 유지할 수 있다. 각 synchronized 블록 내의 코드 경로는 "충분히 짧다."

synchronized 블록의 크기를 적정하게 유지하려면 안전성(절대 타협할 수 없다), 단순성, 성능 등의 서로 상충하는 설계 원칙 사이에 적절한 타협이 필요할 수 있다. 때론 단순성과 성능이 서로 상충되는데, 일반적으로는 CachedFactorizer와 같이 적절한 타협점을 찾을 수 있다.

> 종종 단순성과 성능이 서로 상충할 때가 있다. 동기화 정책을 구현할 때는 성능을 위해 조급하게 단순성(잠재적으로 안전성을 훼손하면서)을 희생하고픈 유혹을 버려야 한다.

락을 사용할 땐 블록 안의 코드가 무엇을 하는지, 수행하는 데 얼마나 걸릴지를 파악해야 한다. 계산량이 많은 작업을 하거나 잠재적으로 대기 상태에 들어 갈 수 있는 작업을 하느라 락을 오래 잡고 있으면 활동성이나 성능 문제를 야기할 수 있다.

> 복잡하고 오래 걸리는 계산 작업, 네트웍 작업, 사용자 입출력 작업과 같이 빨리 끝나지 않을 수 있는 작업을 하는 부분에서는 가능한 한 락을 잡지 말아라.

03 객체 공유

병렬 프로그램 작성은, 상태가 바뀔 수 있는 내용을 프로그램 내부의 여러 부분에서 어떻게 잘 공유해 사용하도록 관리할 것인지에 대한 문제라는 점을 2장 첫 부분에서 언급한 바 있다. 2장에서는 공유하는 데이터를 여러 곳에서 사용하려 할 때 동기화 방법을 활용하는 모습을 살펴봤고, 이번 3장에서는 여러 개의 스레드에서 특정 객체를 동시에 사용하려 할 때 섞이지 않고 안전하게 동작하도록 객체를 공유하고 공개하는 방법을 살펴본다. 앞에서 살펴봤던 것과 함께 이번에 설명할 내용도 스레드 안전한 thread-safe 클래스를 작성하거나 `java.util.concurrent` 패키지를 활용해 병렬 프로그램을 작성할 때 중요한 지식 기반이 된다.

앞에서 `synchronized` 키워드를 사용해 동기화시킨 블록이 단일 연산인 것처럼 동작하게 할 수 있었다. 하지만 특정 블록을 단일 연산인 것처럼 동작시키거나 크리티컬 섹션critical section을 구성할 때 반드시 `synchronized` 키워드를 사용해야 하는 건 아니다. 소스코드의 특정 블록을 동기화시키고자 할 때는 항상 메모리 가시성memory visibility 문제가 발생하는데, 큰 문제일 경우도 있고 별로 문제가 되지 않을 수도 있다. 다시 말하자면 특정 변수의 값을 사용하고 있을 때 다른 스레드가 해당 변수의 값을 사용하지 못하도록 막아야 할 뿐만 아니라, 값을 사용한 다음 동기화 블록을 빠져나가고 나면 다른 스레드가 변경된 값을 즉시 사용할 수 있게 해야 한다는 뜻이다. 적절한 방법으로 동기화시키지 않으면 다른 스레드에서 값을 제대로 사용하지 못하는 경우도 생길 수 있다. 따라서 항상 특정 객체를 명시적으로 동기화시키거나, 객체 내부에 적절한 동기화 기능을 내장시켜야 한다.

3.1 가시성

가시성은 그다지 직관적으로 이해할 수 있는 문제가 아니기 때문에 흔히 무시하고 넘어가는 경우가 많다. 만약 단일 스레드만 사용하는 환경이라면 특정 변수에 값을 지정하고 다음번에 해당 변수의 값을 다시 읽어보면, 이전에 저장해뒀던 바로 그 값을 가져올 수 있다. 대부분 이런 경우가 정상적이라고 생각하게 된다. 한마디로 그렇다고 이해하기는 어려울 수 있지만, 특정 변수에 값을 저장하거나 읽어내는 코드가 여러 스레드에서 앞서거니 뒤서거니 실행된다면 반드시 그렇지 않을 수도 있다. 일반적으로 말하자면 특정 변수의 값을 가져갈 때 다른 스레드가 작성한 값을 가져갈 수 있다는 보장도 없고, 심지어는 값을 읽지 못할 수도 있다. 메모리상의 공유된 변수를 여러 스레드에서 서로 사용할 수 있게 하려면 반드시 동기화 기능을 구현해야 한다.

예제 3.1의 NoVisibility 클래스를 보면 동기화 작업이 되어 있지 않은 상태에서 여러 스레드가 동일한 변수를 사용할 때 어떤 문제가 생길 수 있는지를 알 수 있다. 예제 3.1에서는 메인 스레드와 읽기 스레드가 ready와 number라는 변수를 공유해 사용한다. 메인 스레드는 읽기 스레드를 실행시킨 다음 number 변수에 42라는 값을 넣고, ready 변수의 값을 true로 지정한다. 읽기 스레드는 ready 변수의 값이 true가 될 때까지 반복문에서 기다리다가 ready 값이 true로 변경되면 number 변수의 값을 출력한다. 일반적으로는 읽기 스레드가 42라는 값을 출력하리라고 생각할 수 있겠지만, 0이라는 값을 출력할 수도 있고, 심지어는 영원히 값을 출력하지 못하고 ready 변수의 값이 true로 바뀌기를 계속해서 기다릴 수도 있다. 말하자면 메인 스레드에서 number 변수와 ready 변수에 지정한 값을 읽기 스레드에서 사용할 수 없는 상황인데, 두 개 스레드에서 변수를 공유해 사용함에도 불구하고 적절한 동기화 기법을 사용하지 않았기 때문에 이런 일이 발생한다.

```
public class NoVisibility {
    private static boolean ready;
    private static int number;

    private static class ReaderThread extends Thread {
        public void run() {
            while (!ready)
                Thread.yield();
            System.out.println(number);
        }
    }

    public static void main(String[] args) {
        new ReaderThread().start();
        number = 42;
```

```
            ready = true;
        }
}
```

예제 3.1 변수를 공유하지만 동기화되지 않은 예제. 이런 코드는 금물!

NoVisibility 클래스의 소스코드를 보면, ready 변수의 값을 읽기 스레드에서 영영 읽지 못할 수도 있기 때문에 무한 반복에 빠질 수 있다. 더 이상하게는 읽기 스레드가 메인 스레드에서 number 변수에 지정한 값보다 ready 변수의 값을 먼저 읽어가는 상황도 가능하다. 흔히 '재배치reordering' 라고 하는 현상이다. 재배치 현상은 특정 메소드의 소스코드가 100% 코딩된 순서로 동작한다는 점을 보장할 수 없다는 점에 기인하는 문제이며, 단일 스레드로 동작할 때는 차이점을 전혀 알아챌 수 없지만 여러 스레드가 동시에 동작하는 경우에는 확연하게 나타날 수 있다.[1] 메인 스레드는 number 변수에 값을 먼저 저장하고 ready 변수에도 값을 지정하지만, 동기화되지 않은 상태이기 때문에 읽기 스레드 입장에서는 마치 ready 변수에 값이 먼저 쓰여진 이후에 number 변수에 값이 저장되는 것처럼 순서가 바뀌어 보일 수도 있고, 심지어는 아예 변경된 값을 읽지 못할 수도 있다.

> 동기화 기능을 지정하지 않으면 컴파일러나 프로세서, JVM(자바 가상 머신) 등이 프로그램 코드가 실행되는 순서를 임의로 바꿔 실행하는 이상한 경우가 발생하기도 한다. 다시 말하자면, 동기화 되지 않은 상황에서 메모리상의 변수를 대상으로 작성해둔 코드가 '반드시 이런 순서로 동작할 것이다' 라고 단정지을 수 없다.

앞에서 소개했던 NoVisibility 클래스는 두 개의 스레드와 두 개의 공유 변수가 만들어져 있는데, 병렬 프로그램으로서는 가장 단순한 구조라고 할 수 있다. 구조가 단순하긴 하지만 어떻게 동작하는지, 심지어 제대로 종료하긴 하는지에 대한 대답도 명확하게 할 수 없는 클래스이다. 이런 예에서 볼 수 있듯이, 병렬 프로그램에서 동기화가 완벽하게 맞춰지지 않았다면 정상적으로 작동할 것인지를 추측하기가 매우 어렵다.

말만 듣고 보면 나름대로 겁이 나기도 할 만한 말이고, 그에 맞춰 충분히 긴장해야만 한다. 이런 어려움을 쉽게 극복할 수 있는 방법이 있다. 바로 '여러 스레드에서 공동으로 사용하는 변수에는 항상 적절한 동기화 기법을 적용한다' 는 것이다.

1. 얼핏 생각해보면 이런 현상이 나타난다는 것이 설계상의 문제점이라고 볼 수도 있지만, 실제로는 JVM이 최신 컴퓨터 하드웨어가 제공하는 기능을 100% 활용할 수 있게 의도적으로 설계한 부분이다. 예를 들어 자바 메모리 모델(Java Memory Model)에서는 별다른 동기화 구조가 잡혀 있지 않은 경우에 컴파일러가 직접 코드 실행 순서를 조절하면서 하드웨어 레지스터에 데이터를 캐시하거나 CPU가 명령 실행 순서를 재배치하고 프로세서 내부의 캐시에 데이터를 보관하는 등의 작업을 할 수 있도록 되어 있다. 16장에서 이에 대한 좀더 자세한 내용을 볼 수 있다.

3.1.1 스테일 데이터

NoVisibility 예제에서는 제대로 동기화되지 않은 프로그램을 실행했을 때 나타날 수 있는 여러 종류의 어이없는 상황 가운데 스테일stale 데이터라는 결과를 체험했다. 읽기 스레드가 ready 변수의 값을 읽으려 할 때, 이미 최신 값이 아니었기 때문이다. 변수를 사용하는 모든 경우에 동기화를 시켜두지 않으면 해당 변수에 대한 최신 값이 아닌 다른 값을 사용하게 되는 경우가 발생할 수 있다. 게다가 더 큰 문제는 항상 스테일 데이터를 사용하게 될 때도 있고, 정상적으로 동작하는 경우도 있다는 점이다. 다시 말하자면 특정 스레드가 어떤 변수를 사용할 때 정상적인 최신 값을 사용할 '수' 도 있고, 올바르지 않은 값을 사용할 '수' 도 있다는 말이다.

음식은 유통 기한이 약간 지나거나 덜 싱싱한 경우에도 그다지 탐탁지는 않겠지만 대부분 먹을 수는 있는 경우가 많다. 하지만 프로그램의 입장에서 데이터의 유통 기한이 지났거나 덜 싱싱하다면 상대적으로 상당히 위험할 수 있다. 예를 들어 단순한 웹 페이지 방문 횟수 카운터 프로그램을 생각해보면, 내부의 데이터가 최신 값을 유지하지 못한다 해도 심각한 문제가 발생할 일은 별로 없다.[2] 하지만 안전에 심각한 문제를 유발하거나 프로그램이 멈추는 지경에 이를 수도 있다. NoVisibility 클래스에서 스테일 현상이 나타나면 단순히 화면에 올바르지 않은 값을 출력하기도 하지만, 프로그램이 종료하지 않고 계속해서 시스템 자원을 점유하기도 한다. 더군다나 연결 리스트linked list의 연결 포인터와 같은 객체 참조 변수의 값에서 스테일 현상이 발생한다면 상황이 훨씬 복잡해진다. 보다시피 어떤 변수에서건 스테일 현상이 발생하면 예기치 못한 예외 상황이 발생하기도 하고, 데이터를 관리하는 자료 구조가 망가질 수도 있고, 계산된 결과 값이 올바르지 않을 수도 있고, 무한 반복에 빠져들 수도 있다.

예제 3.2의 MutableInteger 클래스도 value라는 변수의 값을 get과 set 메소드에서 동시에 사용함에도 불구하고 동기화가 되어 있지 않기 때문에 여러 스레드에서 동시에 사용하면 문제가 발생할 소지가 많다. 예상할 수 있는 여러 가지 문제점 가운데 스테일 현상이 가장 눈에 띈다. 예를 들어 특정 스레드가 set 메소드를 호출하고 다른 스레드에서 get 메소드를 호출했을 때, set 메소드에서 지정한 값을 get 메소드에서 제대로 읽어가지 못할 가능성이 있다.

예제 3.3의 SynchronizedInteger 클래스를 보면 get 메소드와 set 메소드를 동

2. 동기화되어 있지 않은 상태에서 값을 읽는다는 사실은 데이터베이스에서 정확성에 약간 손해를 보더라도 성능을 높이기 위해 READ_UNCOMMITED 상태를 사용하는 것과 유사하다. 대신 동기화되지 않은 상태에서 읽기 작업을 할 때는 읽을 수 있는 값이 어떤 스테일 상태에 있을지 아무도 모르기 때문에 데이터베이스에 비해 정확성을 더 많이 포기하는 셈이다.

기화시켜 MutableInteger 클래스의 문제점을 제거했다. 만약 set 메소드만 동기화 시켰다면 어떨까? 그러면 get 메소드가 여전히 스테일 상황을 초래할 수 있기 때문에 별다른 효과가 없다.

```
@NotThreadSafe
public class MutableInteger {
    private int value;

    public int get() { return value; }
    public void set(int value) { this.value = value; }
}
```

예제 3.2 동기화되지 않은 상태로 정수 값을 보관하는 클래스

```
@ThreadSafe
public class SynchronizedInteger {
    @GuardedBy("this") private int value;

    public synchronized int get() { return value; }
    public synchronized void set(int value) { this.value = value; }
}
```

예제 3.3 동기화된 상태로 정수 값을 보관하는 클래스

3.1.2 단일하지 않은 64비트 연산

동기화되지 않은 상태에서 특정 스레드가 변수의 값을 읽으려 한다면 스테일 상태의 값을 읽어갈 가능성이 있긴 하지만, 그래도 전혀 엉뚱한 값을 가져가는 것이 아니라 바로 이전에 다른 스레드에서 설정한 값을 가져가게 된다. 말하자면 '전혀 난데 없는 값이 생기지는 않는다' 는 정도로 생각할 수 있겠다.

하지만 64비트를 사용하는 숫자형(double이나 long 등)에 volatile 키워드(3.1.4절을 참조하자)를 사용하지 않은 경우에는 난데없는 값마저 생길 가능성이 있다. 자바 메모리 모델은 메모리에서 값을 가져오고fetch 저장store하는 연산이 단일해야 한다고 정의하고 있지만, volatile로 지정되지 않은 long이나 double 형의 64비트 값에 대해서는 메모리에 쓰거나 읽을 때 두 번의 32비트 연산을 사용할 수 있도록 허용하고 있

다. 따라서 volatile을 지정하지 않은 long 변수의 값을 쓰는 기능과 읽는 기능이 서로 다른 스레드에서 동작한다면, 이전 값과 최신 값에서 각각 32비트를 읽어올 가능성이 생긴다.[3] 따라서 스테일 문제를 신경 쓰지 않는다 해도, volatile로 지정하지도 않고 락을 사용해 동기화하지도 않은 상태로 long이나 double 값을 동시에 여러 스레드에서 사용할 수 있다면 항상 이상한 문제를 만날 가능성이 있다.

3.1.3 락과 가시성

내장된 락lock을 적절히 활용하면 그림 3.1과 같이 특정 스레드가 특정 변수를 사용하려 할 때 이전에 동작한 스레드가 해당 변수를 사용하고 난 결과를 상식적으로 예측할 수 있는 상태에서 사용할 수 있다. 예를 들어, A라는 스레드가 synchronized 문으로 막혀 있는 코드를 실행하고 그 뒤를 이어 B라는 스레드가 같은 락을 사용하도록 synchronized로 막힌 코드를 실행하면, B 스레드가 락을 획득해 변수를 사용하려 할 때 락을 풀기 전에 A 스레드가 사용했던 변수의 값을 정확하게 가져갈 수 있다.

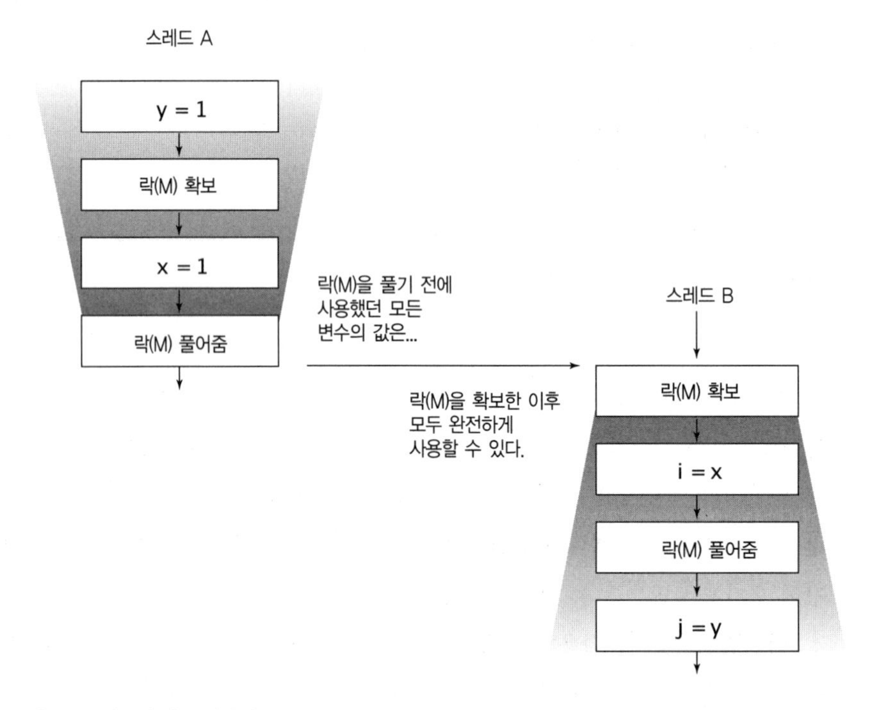

그림 3.1 동기화와 변수 가시성

3. JVM 스펙을 작성하던 즈음에 사용하던 대부분의 프로세서는 하드웨어적으로 64비트 단일 연산을 제대로 지원하지 않았었다.

다시 한번 설명하자면, synchronized로 둘러싸인 코드에서 스레드 A가 사용했던 모든 변수의 값은, 같은 락을 사용하는 synchronized로 둘러싸인 코드를 스레드 B가 실행할 때 안전하게 사용할 수 있다는 말이다. 만약 synchronized 등으로 동기화하지 않으면 변수의 값을 제대로 읽어간다고 절대로 보장할 수 없다.

값을 변경할 수 있는 변수를 여러 개의 스레드에서 동시에 사용한다면, 바로 이전 스레드에서 사용했던 변수의 값을 오류 없이 정상적으로 다음 스레드가 사용할 수 있게 하기 위해 동일한 락을 사용하는 synchronized 블록으로 막아줄 필요가 있다. 바꿔 말하자면, 여러 스레드에서 사용하는 변수를 적당한 락으로 막아주지 않는다면, 스테일 상태에 쉽게 빠질 수 있다.

> 락은 상호 배제(mutual exclusion)뿐만 아니라 정상적인 메모리 가시성을 확보하기 위해서도 사용한다. 변경 가능하면서 여러 스레드가 공유해 사용하는 변수를 각 스레드에서 각자 최신의 정상적인 값으로 활용하려면 동일한 락을 사용해 모두 동기화시켜야 한다.

3.1.4 volatile 변수

자바 언어에서는 volatile 변수로 약간 다른 형태의 좀더 약한 동기화 기능을 제공하는데, 다시 말해 volatile로 선언된 변수의 값을 바꿨을 때 다른 스레드에서 항상 최신 값을 읽어갈 수 있도록 해준다. 특정 변수를 선언할 때 volatile 키워드를 지정하면, 컴파일러와 런타임 모두 '이 변수는 공유해 사용하고, 따라서 실행 순서를 재배치해서는 안 된다' 고 이해한다. volatile로 지정된 변수는 프로세서의 레지스터에 캐시되지도 않고, 프로세서 외부의 캐시에도 들어가지 않기 때문에 volatile 변수의 값을 읽으면 항상 다른 스레드가 보관해둔 최신의 값을 읽어갈 수 있다.

volatile로 지정한 변수는 읽기와 쓰기 연산을 각각 get과 set 메소드에 비교해 보면 예제 3.3에서 살펴봤던 SynchronizedInteger 클래스와 대략 비슷한 형태로 작동한다고 이해할 수 있겠다.[4] volatile 변수를 사용할 때에는 아무런 락이나 동기화 기능이 동작하지 않기 때문에 synchronized를 사용한 동기화보다는 아무래도 강도가 약할 수 밖에 없다.[5]

---

4. 물론 이 내용이 완벽하게 정확한 내용은 아니다. 16장을 보면 자세한 설명이 나와 있지만, SynchronizedInteger 클래스에서 확보할 수 있는 메모리 가시성이 volatile 변수의 가시성보다 훨씬 확실한 방법이다.

5. 요즘 대부분의 프로세서에서는 volatile 변수를 읽는 연산이 volatile이 아닌 변수를 읽는 시간보다 아주 약간 더 느릴 뿐인 경우가 많다.

실제로 volatile 변수가 갖는 가시성 효과는 volatile로 지정된 변수 자체의 값에 대한 범위보다 약간 확장되어 있다. 스레드 A가 volatile 변수에 값을 써넣고 스레드 B가 해당 변수의 값을 읽어 사용한다고 할 때, 스레드 B가 volatile 변수의 값을 읽고 나면 스레드 A가 변수에 값을 쓰기 전에 볼 수 있었던 모든 변수의 값을 스레드 B도 모두 볼 수 있다는 점이다. 따라서 메모리 가시성의 입장에서 본다면 volatile 변수를 사용하는 것과 synchronized 키워드로 특정 코드를 묶는 게 비슷한 효과를 가져오고, volatile 변수의 값을 읽고 나면 synchronized 블록에 진입하는 것과 비슷한 상태에 해당한다. 어쨌거나 메모리 가시성에 효과가 있긴 하지만 그렇다고 volatile 변수에 너무 의존하지 않는 게 좋다. volatile 변수만 사용해 메모리 가시성을 확보하도록 작성한 코드는 synchronized로 직접 동기화한 코드보다 훨씬 읽기가 어렵고, 따라서 오류가 발생할 가능성도 높다.

> 동기화하고자 하는 부분을 명확하게 볼 수 있고, 구현하기가 훨씬 간단한 경우에만 volatile 변수를 활용하자. 반대로 작은 부분이라도 가시성을 추론해봐야 하는 경우에는 volatile 변수를 사용하지 않는 것이 좋다. volatile 변수를 사용하는 적절한 경우는, 일반적으로 변수에 보관된 클래스의 상태에 대한 가시성을 확보하거나 중요한 이벤트(초기화, 종료 등)가 발생했다는 등의 정보를 정확하게 전달하고자 하는 경우 등이 해당된다.

예제 3.4에서 volatile 키워드를 사용하는 일반적인 경우를 볼 수 있는데, 특정 변수의 값을 확인해 반복문을 빠져나갈 상황인지 확인하는 예이다. 예제 3.4의 스레드는 오래전부터 사람들이 잠이 오지 않을 때 양의 마리 수를 세던 방법을 사용하도록 코딩되어 있다. 우리가 원하는 양의 마리 수를 세는 기능이 제대로 동작하려면 asleep 변수가 반드시 volatile로 선언되어 있어야 한다. 만약 volatile로 지정하지 않으면 다른 스레드가 asleep 변수의 값을 바꿨을 때, 변경됐다는 상태를 확인하지 못할 수도 있다.[6] 물론 volatile을 지정하는 대신 synchronized를 사용해 락을 걸어도 같은 문제를 예방할 수 있지만, 코드가 그다지 보기 좋지 않을 게 분명하다.

---

6. 디버깅 팁: 서버 애플리케이션을 작성하고 있다면 구현이나 테스트 작업을 진행하는 도중에도 JVM을 실행할 때 JVM 자체가 제공하는 -server 옵션을 사용해보기 바란다. JVM에 -server 옵션을 지정하면 일반적인 상태(client 상태)보다 더 많은 최적화 방법을 동원하는데, 예를 들어 반복문 내부에서 전혀 값이 바뀌지 않는 내용을 반복문 밖으로 빼내는 등의 최적화 작업이 일어난다. 따라서 -server 옵션을 지정하지 않은 상태로 개발이나 테스트 과정을 진행하고 실 서버에 적용할 때에만 -server 옵션을 지정하면, 프로그램이 예상했던 대로 작동하지 않을 가능성이 있다. 예를 들어 예제 3.4에서 asleep 변수에 volatile 키워드를 지정해야 한다는 점을 깜빡 잊었다면, -server 옵션을 지정하지 않은 상태에서는 반복문이 원래대로 동작하겠지만 옵션이 지정된 상태에서는 JVM이 반복문을 변경해 다른 상황으로 동작한다. 개발 과정에서 아무리 찾기 어려운 무한 반복문이 생긴다 해도, 실 서버에 적용하고 난 다음에 발생하는 것보다는 훨씬 대응하기가 쉬운 법이다.

```
volatile boolean asleep;
...
    while (!asleep)
        countSomeSheep();
```

예제 3.4 양 마리 수 세기

보다시피 volatile 변수는 굉장히 간편하게 사용할 수 있는 반면 제약 사항도 있다. 일반적으로는 예제 3.4의 asleep과 같이 작업을 완료했다거나, 인터럽트가 걸리거나, 기타 상태를 보관하는 플래그 변수에 volatile 키워드를 지정한다. 주의를 좀더 기울여야 하긴 하지만, 다음과 같은 상황에도 volatile 변수를 사용해 효과를 볼 수 있다. 단 하나의 스레드에서만 사용한다는 보장이 없는 상태라면, volatile 연산자의 기본적인 능력으로는 증가 연산자(count++)를 사용한 부분까지 동기화를 맞춰 주지는 않는다(단일 연산 변수를 사용하면 읽고, 변경하고, 쓰는 부분에 모두 단일 연산을 보장하기 때문에 '좀더 나은 volatile 변수'로 사용할 수 있다. 자세한 내용은 15장을 참조하자).

> 락을 사용하면 가시성과 연산의 단일성을 모두 보장받을 수 있다. 하지만 volatile 변수는 연산의 단일성은 보장하지 못하고 가시성만 보장한다.

정리하자면, volatile 변수는 다음과 같은 상황에서만 사용하는 것이 좋다.

- 변수에 값을 저장하는 작업이 해당 변수의 현재 값과 관련이 없거나 해당 변수의 값을 변경하는 스레드가 하나만 존재
- 해당 변수가 객체의 불변조건을 이루는 다른 변수와 달리 불변조건에 관련되어 있지 않다.
- 해당 변수를 사용하는 동안에는 어떤 경우라도 락을 걸어 둘 필요가 없는 경우

3.2 공개와 유출

특정 객체를 현재 코드의 스코프 범위 밖에서 사용할 수 있도록 만들면 공개published되었다고 한다. 예를 들어 스코프 밖의 코드에서 볼 수 있는 변수에 스코프 내부의 객체에 대한 참조를 저장하거나, private이 아닌 메소드에서 호출한 메소드가 내부에서 생성한 객체를 리턴하거나, 다른 클래스의 메소드로 객체를 넘겨주는 경우 등이 해당된다. 일반적으로는 특정 객체는 물론이거니와 해당 객체 내부의 구조가 공개되지 않

도록 작업하는 경우가 많다. 아니면 특정 객체를 공개해서 여러 부분에서 공유해 사용할 수 있도록 만들기도 하는데, 이런 경우에는 반드시 해당 객체를 동기화시켜야 한다. 만약 클래스 내부의 상태 변수를 외부에 공개해야 한다면 객체 캡슐화 작업이 물거품이 되거나 내부 데이터의 안정성을 해칠 수 있다. 따라서 객체가 안정적이지 않은 상태에서 공개하면 스레드 안전성에 문제가 생길 수 있다. 이처럼 의도적으로 공개시키지 않았지만 외부에서 사용할 수 있게 공개된 경우를 유출 상태escaped라고 한다. 3.5절에서는 객체를 외부에 안전하게 공개하는 방법을 소개한다. 일단은 객체가 어떻게 유출될 수 있는지 살펴보자.

자바로 프로그램을 작성할 때 예제 3.5와 같이 public static 변수에 객체를 설정하면 가장 직접적인 방법으로 해당 객체를 모든 클래스와 모든 스레드에서 변수를 사용할 수 있도록 공개하는 셈이다. initialize 메소드는 HashSet 클래스의 인스턴스를 생성해 public static으로 지정된 knownSecrets 변수에 저장하고, knownSecrets 변수에 저장된 HashSet 객체는 스코프에 관계없이 완전히 공개된다.

```
public static Set<Secret> knownSecrets;

public void initialize() {
    knownSecrets = new HashSet<Secret>();
}
```

예제 3.5 객체 공개

특정 객체 하나를 공개한다고 해도, 그와 관련된 다른 객체까지 덩달아 공개하게 되는 경우도 있다. 만약 knownSecrets 변수에 Secret 객체의 인스턴스를 하나 추가한다면, 추가한 Secret 인스턴스도 함께 공개되는 셈이다. public static 키워드와 비슷하게 private이 아닌 메소드를 호출해 그 결과로 받아오는 과정으로도 객체가 공개된다. 예제 3.6의 UnsafeStates 클래스는 private으로 지정된 배열에 들어 있는 값을 공개하도록 만들어져 있다.

```
class UnsafeStates {
    private String[] states = new String[] {
        "AK", "AL" ...
    };
    public String[] getStates() { return states; }
}
```

예제 3.6 내부적으로 사용할 변수를 외부에 공개. 이런 코드는 금물!

private 키워드를 지정해 숨겨져 있는 states 변수를 예제 3.6과 같은 방법으로 공개하면 getStates 메소드를 호출하는 측에서 숨겨진 states 변수의 값을 직접 변경할 수 있기 때문에 권장할 만한 방법이 아니다. 다시 말하자면, 원래 private으로 선언되어 있던 states라는 변수가 private이 아닌 getStates 메소드를 통해 외부에 공개될 수 있기 때문에, states 변수는 유출 상태에 놓여 있다고 볼 수 있다.

물론 객체를 공개하면 private이 아닌 모든 변수 속성에 연결되어 있는 모든 객체가 함께 공개된다. 정리해보면, 객체를 공개했을 때 그 객체 내부의 private이 아닌 변수나 메소드를 통해 불러올 수 있는 모든 객체는 함께 공개된다는 점을 알아두자.

C라는 가상 클래스 하나를 예로 들어보자. C라는 클래스에 정의는 되어 있지만 그 기능이 만들어져 있지 않은 메소드가 있을 수 있는데, 이런 메소드를 에일리언 메소드라고 한다. 예를 들어 C라는 클래스를 상속받으면서 오버라이드할 수 있는 메소드가 바로 에일리언 메소드에 해당된다. 즉 final로 지정되지도 않고 private으로 지정되지도 않아야 한다. 어떤 객체를 이와 같은 에일리언 메소드에 인자로 넘겨주는 일도 결국에는 넘겨준 객체를 공개하는 과정이라고 생각해야 한다. 실제로 해당 에일리언 메소드의 내부를 누가 어떻게 구현할지 정확하게 알 수 없는 상황이기 때문에, 객체를 인자로 넘겨 받은 에일리언 메소드에서 넘겨 받은 객체를 다른 스레드에서 사용할 수 있도록 공개하지 않으리라는 보장이 없다.

다른 스레드에서 공개된 객체를 사용해 실제로 어떤 작업을 하지 않기 때문에 별 문제가 아니라고 생각할 수도 있겠지만, 항상 누군가는 의도했건 의도하지 않았건 공개된 객체를 잘못 사용할 가능성에 노출되는 셈이다.[7] 어떤 객체건 일단 유출되고 나면 다른 스레드가 유출된 클래스를 의도적이건 의도적이지 않건 간에 반드시 잘못 사용할 수 있다고 가정해야 한다. 객체가 유출되는 상황에서 어려운 문제점을 겪을 수도 있기 때문에 객체 내부는 캡슐화 해야 한다는 것이다. 객체 내부에서 사용하는 값이 적절하게 캡슐화되어 있다면 프로그램이 정상적으로 동작할 것이라고 쉽게 예측할 수 있고, 예상치 못한 상황에서 원래 설계했던 동작을 벗어나지 않도록 제한할 수 있다.

객체나 객체 내부의 상태 값이 외부에 공개되는 또 다른 예는 예제 3.7에서 보는 것과 같이 내부 클래스의 인스턴스를 외부에 공개하는 경우이다. 내부 클래스는 항상 부모 클래스에 대한 참조를 갖고 있기 때문에, ThisEscape 클래스가 EventListener

7. 만약 옆 사람이 여러분의 메일 암호를 알아내 alt.free-passwords라는 뉴스 그룹에 공개했다고 가정하자. 이런 상황을 객체의 관점에서 본다면 해당 객체가 유출됐다고 할 수 있겠다. 뉴스 그룹에 유출된 암호를 가지고 뭔가 당장 악의적인 일을 하지 않는다 해도 여러분의 메일 계정은 언제든지 외부 사람이 침입할 수 있는 위험한 상태에 놓인다. 객체를 공개하는 일도 객체가 유출되는 것과 비슷한 문제점을 일으킨다.

객체를 외부에 공개하면 EventListener 클래스를 포함하고 있는 ThisEscape 클래스도 함께 외부에 공개된다.

```
public class ThisEscape {
    public ThisEscape(EventSource source) {
        source.registerListener(
            new EventListener() {
                public void onEvent(Event e) {
                    doSomething(e);
                }
            });
    }
}
```

예제 3.7 this 클래스에 대한 참조를 외부에 공개하는 상황. 이런 코드는 금물!

3.2.1 생성 메소드 안전성

예제 3.7의 ThisEscape 클래스에서는 객체가 외부에 유출되는 상당히 특이한 상황을 살펴봤다. 바로 생성 메소드를 실행하는 과정에 this 변수가 외부에 유출됐다. EventListener 내부 클래스가 공개됐기 때문에, EventListener를 감싸고 있는 ThisEscape 클래스도 함께 공개됐다. 일반적으로 생성 메소드가 완전히 종료하고 난 이후가 되어야 객체의 상태가 개발자가 예상한 상태로 초기화되기 때문에 생성 메소드가 실행되는 도중에 해당 객체를 외부에 공개한다면 정상적이지 않은 상태의 객체를 외부에서 불러 사용할 가능성이 있다. 이런 일은 공개하는 코드가 생성 메소드의 가운데 부분에 있을 뿐만 아니라, 생성 메소드의 가장 마지막 부분에 공개하는 코드가 있다 해도 충분히 가능한 일이다. 생성 메소드 실행 도중에 this 변수가 외부에 공개된다면, 이론적으로 해당 객체는 정상적으로 생성되지 않았다고 말할 수 있다.[8]

> 생성 메소드를 실행하는 도중에는 this 변수가 외부에 유출되지 않게 해야 한다.

생성 메소드에서 this 변수를 유출시키는 가장 흔한 오류는 생성 메소드에서 스레

8. 좀더 정확하게 말하자면, 객체의 this 변수는 생성 메소드가 완전하게 종료되기 전까지는 외부에 절대 공개되면 안 된다. 이런 부분을 확실하게 할 수 있도록 생성 메소드를 실행하는 동안 this 변수를 한군데에 넣어두고, 생성 메소드가 종료될 때까지 다른 스레드에서 사용하지 못하도록 막을 수 있다. 예제 3.8의 SafeListener 클래스가 이런 기법을 사용하고 있으니 참고하자.

드를 새로 만들어 시작시키는 일이다. 생성 메소드에서 또 다른 스레드를 만들어 내면 대부분의 경우에는 생성 메소드의 클래스와 새로운 스레드가 this 변수를 직접 공유(스레드를 생성할 때 인자로 넘겨줌)하거나 자동으로 공유되기도 한다. 예를 들어 생성 메소드에서 만든 스레드(Thread를 상속받거나 Runnable 인터페이스를 구현)의 클래스가 원래 클래스의 내부 클래스라면 자동으로 원래 클래스의 this 변수를 공유하는 상태가 된다. 그러면 새로 만들어져 실행된 스레드에서 원래 클래스의 생성 메소드가 끝나기도 전에 원래 클래스에 정의되어 있는 여러 가지 변수를 직접 사용할 수 있게 된다. 필요한 기능이 있다면 생성 메소드에서 스레드를 '생성'하는 건 별 문제가 없는 일이지만, 스레드를 생성과 동시에 '시작'시키는 건 문제의 소지가 많은 일이다. 스레드를 생성하면서 바로 시작시키기보다는 스레드를 시작시키는 기능을 start나 initialize 등의 메소드로 만들어 사용하는 편이 좋다(서비스 생명주기에 대한 자세한 설명은 7장에서 다룬다). 생성 메소드에서 오버라이드 가능한 다른 메소드(private도 아니고 final도 아닌)를 호출하는 경우가 있다면 this 참조가 외부에 유출될 가능성이 있다.

새로 작성하는 클래스의 생성 메소드에서 이벤트 리스너를 등록하거나 새로운 스레드를 시작시키려면, 예제 3.8의 SafeListener 클래스와 같이 생성 메소드를 private으로 지정하고 public으로 지정된 팩토리 메소드를 만들어 사용하는 방법이 좋다.

```
public class SafeListener {
private final EventListener listener;

    private SafeListener() {
        listener = new EventListener() {
            public void onEvent(Event e) {
                doSomething(e);
            }
        };
    }

    public static SafeListener newInstance(EventSource source) {
        SafeListener safe = new SafeListener();
        source.registerListener (safe.listener);
        return safe;
    }
}
```

예제 3.8 생성 메소드에서 this 변수가 외부로 유출되지 않도록 팩토리 메소드를 사용하는 모습

3.3 스레드 한정

변경 가능한 객체를 공유해 사용하는 경우에는 항상 동기화시켜야 한다. 만약 동기화를 시키지 않아야 한다면, 기본적으로는 객체를 공유해 사용하지 않을 수밖에 없다. 특정 객체를 단일 스레드에서만 활용한다고 확신할 수 있다면 해당 객체는 따로 동기화할 필요가 없다. 이처럼 객체를 사용하는 스레드를 한정confine하는 방법으로 스레드 안전성을 확보할 수 있다. 객체 인스턴스를 특정 스레드에 한정시켜두면, 해당하는 객체가 [CPJ 2.3.2]가 아니라 해도 자동으로 스레드 안전성을 확보하게 된다.

예를 들어 스윙Swing에서 스레드 한정 기법을 굉장히 많이 사용하고 있다. 스윙의 화면 컴포넌트와 데이터 모델 객체는 스레드에 안전하지 않지만, 스윙 이벤트 처리 스레드에 컴포넌트와 모델을 한정시켜 스레드 안전성을 확보하고 있다. 스윙을 정상적으로 활용하고자 한다면 이벤트 스레드를 제외한 다른 스레드에서는 컴포넌트나 모델 객체를 사용하지 말아야 한다(이런 부분을 쉽게 처리하기 위해, 스윙에는 Runnable 클래스에 기능을 담아 이벤트 스레드에서 처리할 수 있도록 invokeLater 메소드가 들어 있다). 스윙을 사용하는 애플리케이션에서 발생하는 동기화 관련 오류를 살펴보면, 대부분 화면 컴포넌트나 모델 등의 한정된 객체를 이벤트 스레드가 아닌 다른 스레드에서 사용하다가 발생하는 경우가 많다.

스레드 한정 기법을 사용하는 또 다른 사례는 바로 JDBC(Java Database Connectivity)의 Connection 객체를 풀링해 사용하는 경우이다. JDBC 표준에 따르면 JDBC의 Connection 객체가 반드시 스레드 안전성을 확보하고 있어야 하는 건 아니다.[9] 일반적인 서버 애플리케이션을 보면 풀에서 DB 연결을 확보하고, 확보한 DB 연결로 요청 하나를 처리한 다음 사용한 연결을 다시 반환하는 과정을 거친다. 서블릿 요청이나 EJB(Enterprise JavaBeans) 호출 등의 요청은 대부분 단일 스레드에서 동기적으로 처리하며, DB 풀은 한쪽에서 DB 연결을 사용하는 동안에는 해당 연결을 다른 스레드가 사용하지 못하게 막기 때문에, 공유하는 Connection 객체를 풀로 관리하면 특정 Connection을 한 번에 하나 이상의 스레드가 사용하지 못하도록 한정할 수 있다.

언어적인 차원에서 특정 변수를 대상으로 락을 걸 수 있는 기능을 제공하지 않은 것처럼, 임의의 객체를 특정 스레드에 한정시키는 기능도 제공하지 않는다. 스레드 한정 기법은 프로그램을 처음 설계하는 과정부터 함께 다뤄야 하며, 프로그램을 구현하는 과정 내내 한정 기법을 계속해서 적용해야 한다. 하지만 언어 자체와 기본 라이브

---

9. 애플리케이션 서버에서 DB 연결을 다루는 기능으로 제공하는 풀은 스레드에 안전하다. 일반적으로 연결 풀은 거의 모든 경우에 여러 스레드에서 동시에 사용하기 때문에 스레드 안전성을 확보하지 못한다면 아무런 의미가 없다.

러리(로컬 변수와 ThreadLocal 클래스)만으로 스레드 한정 기법을 적용할 수도 있지만, 이런 방법을 사용했다 하더라도 개발자는 스레드에 한정된 객체가 외부로 유출되지 않도록 항상 신경 써야 한다.

3.3.1 스레드 한정 - 주먹구구식

스레드 한정 기법을 구현 단계에서 완전히 '알아서 잘' 처리해야 할 경우가 있을 수 있는데, 이런 경우에는 임시방편으로 스레드 한정 기법을 적용할 수 있다. 물론 로컬 변수를 사용하면서 가시성을 제어하는 등의 언어적인 방법으로는 객체를 특정 스레드에 한정할 수 없기 때문에 임시방편을 사용할 수밖에 없는데, 그러다 보니 오류가 발생할 가능성이 높다. 실제로 GUI 애플리케이션에서 사용하는 화면 컴포넌트나 데이터 모델과 같은 객체가 public 필드로 정의되어 있는 경우를 많이 볼 수 있다.

스레드 한정 기법을 사용할 것인지를 결정하는 일은 GUI 모듈과 같은 특정 시스템을 단일 스레드로 동작하도록 만들 것이냐에 달려 있다. 특정 모듈의 기능을 단일 스레드로 동작하도록 구현한다면, 언어적인 지원 없이 직접 구현한 스레드 한정 기법에서 나타날 수 있는 오류의 가능성을 최소화할 수 있다.[10]

특정 스레드에 한정하려는 객체가 volatile로 선언되어 있다면 약간 특별한 경우로 생각할 수 있다. 이전에 살펴본 것처럼 읽기와 쓰기가 모두 가능한 volatile 변수를 공유해 사용할 때에는 특정 단일 스레드에서만 쓰기 작업을 하도록 구현해야 안전하다. 이런 경우 경쟁 조건을 막기 위해 '변경' 작업은 특정 스레드 한 곳에서만 할 수 있도록 제한해야 하고, 읽기 작업이 가능한 다른 모든 스레드는 volatile 변수의 특성상 가장 최근에 업데이트된 값을 정확하게 읽어갈 수 있다.

임시방편적인 스레드 한정 기법은 안전성을 완벽하게 보장할 수 있는 방법은 아니기 때문에 꼭 필요한 곳에만 제한적으로 사용하는 게 좋다. 그리고 가능하다면 (스택 한정이나 ThreadLocal 클래스 등의) 좀더 안전한 스레드 한정 기법을 사용하자.

3.3.2 스택 한정

스택 한정 기법은 특정 객체를 로컬 변수를 통해서만 사용할 수 있는 특별한 경우의 스레드 한정 기법이라고 할 수 있다. 변수를 클래스 내부에 숨겨두면 변경 상태를 관리하기가 쉬운데, 또한 클래스 내부에 숨겨둔 변수는 특정 스레드에 쉽게 한정시킬 수

10. 특정 모듈을 단일 스레드로 동작하도록 구현하면 데드락을 미연에 방지할 수 있다는 장점이 있다. 데드락을 막을 수 있다는 점은 실제로 대부분의 GUI 프레임웍이 단일 스레드로 동작하도록 구현된 큰 이유이기도 하다. 단일 스레드로 모듈을 구현하는 부분에 대해서는 9장에서 자세히 다룬다.

도 있다. 로컬 변수는 모두 암묵적으로 현재 실행 중인 스레드에 한정되어 있다고 볼 수 있다. 즉 로컬 변수는 현재 실행 중인 스레드 내부의 스택에만 존재하기 때문이며, 스레드 내부의 스택은 외부 스레드에서 물론 볼 수 없다. 스택 한정 기법(스레드 내부 또는 스레드 로컬 기법이라고도 하지만, ThreadLocal 클래스와 혼동하지는 마라)은 사용하기도 간편하고 앞에서 살펴봤던 임시방편적인 스레드 한정 기법보다 더 안전하다.

예제 3.9의 loadTheArt 메소드에 정의되어 있는 numPairs와 같이 기본 변수형을 사용하는 로컬 변수는 일부러 하려고 해도 스택 한정 상태를 깰 수 없다. 기본 변수형은 객체와 같이 참조되는 값이 아니기 때문인데, 이처럼 기본 변수형을 사용하는 로컬 변수는 언어적으로 스택 한정 상태가 보장된다.

```
public int loadTheArk(Collection<Animal> candidates) {
    SortedSet<Animal> animals;
    int numPairs = 0;
    Animal candidate = null;

    //animals 변수는 메소드에 한정되어 있으며, 유출돼서는 안 된다.
    animals = new TreeSet<Animal>(new SpeciesGenderComparator());
    animals.addAll(candidates);
    for (Animal a : animals) {
        if (candidate == null || !candidate.isPotentialMate(a))
            candidate = a;
        else {
            ark.load(new AnimalPair(candidate, a));
            ++numPairs;
            candidate = null;
        }
    }
    return numPairs;
}
```

예제 3.9 기본 변수형의 로컬 변수와 객체형의 로컬 변수에 대한 스택 한정

객체형 변수가 스택 한정 상태를 유지할 수 있게 하려면 해당 객체에 대한 참조가 외부로 유출되지 않도록 개발자가 직접 주의를 기울여야 한다. 앞에서 살펴봤던 loadTheArk 메소드를 보면 TreeSet 클래스의 인스턴스를 만들고, 만들어진 인스턴스에 대한 참조를 animals라는 변수에 보관한다. 그러면 지금까지는 TreeSet 인스턴

스에 대한 참조가 정확하게 하나만 존재하며, 또한 로컬 변수에 보관하고 있기 때문에 현재 실행 중인 스레드의 스택에 안전하게 한정되어 있다. 하지만 만약 TreeSet 인스턴스에 대한 참조를 외부에 공개한다면, 스택 한정 상태가 깨질수 밖에 없다.

스레드에 안전하지 않은 객체라 해도 특정 스레드 내부에서만 사용한다면 동기화 문제가 없기 때문에 안전하다. 하지만 해당 객체를 현재 스레드에 한정해야 한다는 요구사항과 해당 객체가 스레드에 안전하지 않다는 점은 대부분 코드를 처음 작성했던 개발자만 인식할 뿐, 후임 개발자는 전달받지 못하는 경우가 많다. 따라서 이런 점을 명확하게 정리해 누구든지 알아볼 수 있도록 표시해 두는 것이 좋다. 그렇지 않으면 후임자가 바뀔 때마다 코드를 수정하면서 해당 객체를 외부에 공개할 가능성도 높아진다.

3.3.3 ThreadLocal

스레드 내부의 값과 값을 갖고 있는 객체를 연결해 스레드 한정 기법을 적용할 수 있도록 도와주는 좀더 형식적인 방법으로 ThreadLocal이 있다. ThreadLocal 클래스에는 get과 set 메소드가 있는데 호출하는 스레드마다 다른 값을 사용할 수 있도록 관리해준다. 다시 말해 ThreadLocal 클래스의 get 메소드를 호출하면 현재 실행 중인 스레드에서 최근에 set 메소드를 호출해 저장했던 값을 가져올 수 있다.

스레드 로컬 변수는 변경 가능한 싱글턴이나 전역 변수 등을 기반으로 설계되어 있는 구조에서 변수가 임의로 공유되는 상황을 막기 위해 사용하는 경우가 많다. 예를 들어 단일 스레드로 동작하는 애플리케이션에서 데이터베이스에 접속할 때 매번 Connection 인스턴스를 만들어 내는 부담을 줄이고자 프로그램 시작 시점에 Connection 인스턴스를 하나 만들어 전역 변수에 넣어두고 계속해서 사용하는 방법을 사용하기도 한다. 하지만 JDBC 연결은 스레드에 안전하지 않기 때문에 멀티스레드 애플리케이션에서 적절한 동기화 없이 연결 객체를 전역 변수로 만들어 사용하면 애플리케이션 역시 스레드에 안전하지 않다. 하지만 예제 3.10의 ConnectionHolder와 같이 JDBC 연결을 보관할 때 ThreadLocal을 사용하면 스레드는 저마다 각자의 연결 객체를 갖게 된다.

```
private static ThreadLocal<Connection> connectionHolder
    = new ThreadLocal<Connection>() {
        public Connection initialValue() {
            return DriverManager.getConnection (DB_URL);
        }
    };
```

```
public static Connection getConnection() {
    return connectionHolder.get();
}
```

예제 3.10 ThreadLocal을 사용해 스레드 한정 상태를 유지

이런 방법은 굉장히 자주 호출하는 메소드에서 임시 버퍼와 같은 객체를 만들어 사용해야 하는데, 임시로 사용할 객체를 매번 새로 생성하는 대신 이미 만들어진 객체를 재활용하고자 할 때 많이 사용한다. 예를 들어 자바 5.0 버전 이전에는 Integer.toString 메소드에서 Integer 클래스의 값을 문자열로 포매팅할 때 필요한 12바이트짜리 버퍼를 여러 스레드가 공유하는 static 변수에 만들거나 toString 메소드를 호출할 때마다 버퍼를 매번 생성하는 대신, ThreadLocal을 활용해 버퍼를 보관했었다.[11]

특정 스레드가 ThreadLocal.get 메소드를 처음 호출한다면 initialValue 메소드에서 값을 만들어 해당 스레드에게 초기 값으로 넘겨준다. 개념적으로 본다면 ThreadLocal<T> 클래스는 Map<Thread,T>라는 자료 구조로 구성되어 있고, Map<Thread,T>에 스레드별 값을 보관한다고 생각할 수 있겠다. 물론 ThreadLocal이 Map<Thread,T>를 사용해 구현되어 있다는 말은 아니다. 스레드별 값은 실제로 Thread 객체 자체에 저장되어 있으며, 스레드가 종료되면 스레드별 값으로 할당되어 있던 부분도 가비지 컬렉터가 처리한다.

만약 원래 단일 스레드에서 동작하던 기능을 멀티스레드 환경으로 구성해야 할 때, 그 의미에 따라 다르지만 공유된 전역 변수를 ThreadLocal을 활용하도록 변경하면 스레드 안전성을 보장할 수 있다. 단일 스레드 애플리케이션에서 프로그램 전체를 대상으로 사용하던 캐시를 멀티스레드 애플리케이션에서는 여러 개의 스레드별 캐시로 나눠 사용하는 편이 더 효과적일 것이다.

ThreadLocal 클래스는 애플리케이션 프레임웍을 구현할 때 상당히 많이 사용되는 편이다. 예를 들어 J2EE 컨테이너는 EJB를 사용하는 동안 해당 스레드와 트랜잭션 컨텍스트를 연결해 관리한다. 이처럼 스레드 단위로 트랜잭션 컨텍스트를 관리하고자 할 때는 static으로 선언된 ThreadLocal 변수에 트랜잭션 컨텍스트를 넣어두면 편리하다. 만약 프레임웍에서 현재 진행 중인 트랜잭션이 어느 것인지 확인하고 싶다면 트랜잭션이 보관되어 있는 ThreadLocal 클래스에서 쉽게 찾아낼 수 있다. 이런 방법을 사

---

11. 이런 기법은 해당 메소드가 굉장히 자주 호출되지 않거나 할당 작업이 성능에 직접적인 영향을 주지 않는 한 전체적인 성능 향상에 그다지 도움이 되지 않는다. 자바 5.0부터는 toString 메소드를 호출할 때마다 필요한 버퍼를 매번 새로 할당하는 방법으로 바뀌었는데, 임시로 사용할 버퍼와 같이 평범한 경우에는 성능에 그다지 영향이 없다고 생각할 수 있겠다.

용하면 메소드를 호출할 때마다 현재 실행 중인 스레드의 정보를 넘겨줘야 할 필요는 없지만, 이런 방법을 사용하는 코드는 해당 프레임웍에 대한 의존성을 갖게 된다.

이렇게 편리하긴 하지만, 전역 변수가 아니면서도 전역 변수처럼 동작하기 때문에 프로그램 구조상 전역 변수를 남발하는 결과를 가져올 수도 있고, 따라서 메소드에 당연히 인자로 넘겨야 할 값을 `ThreadLocal`을 통해 뒤로 넘겨주는 방법을 사용하면서 프로그램의 구조가 허약해질 가능성도 높다. 일반적인 전역 변수가 갖는 단점처럼 `ThreadLocal`를 사용할 때에도 재사용성reusability을 크게 떨어뜨릴 수 있고, 객체 간에 눈에 보이지 않는 연결 관계를 만들어내기 쉽기 때문에 애플리케이션에 어떤 영향을 미치는지 정확하게 알고 신경 써서 사용해야 한다.

3.4 불변성

직접적으로 객체를 동기화하지 않고도 안전하게 사용할 수 있는 방법 가운데 마지막으로 알아볼 내용은 바로 불변immutable 객체이다[EJ Item 13]. 지금까지 살펴봤던 것처럼 스테일 상태의 변수를 사용하게 되고, 새로 설정된 값을 사용하지 못하거나 객체가 안정적이지 않은 상태를 보게 되는 등 연산의 단일성이나 가시성에 대한 거의 모든 문제는 여러 개의 스레드가 예측할 수 없는 방향으로 변경 가능한 값을 동시에 사용하려 하기 때문에 발생한다. 그런데 만약 객체의 상태가 변하지 않는다고 가정하면 어떨까? 지금까지 발생했던 복잡하고도 다양한 문제가 일순간에 사라진다.

불변 객체는 맨 처음 생성되는 시점을 제외하고는 그 값이 전혀 바뀌지 않는 객체를 말한다. 다시 말해 불변 객체의 변하지 않는 값은 처음 만들어질 때 생성 메소드에서 설정되고, 상태를 바꿀 수 없기 때문에 맨 처음 설정된 값이 나중에도 바뀌지 않는다. 따라서 불변 객체는 그 태생부터 스레드에 안전한 상태이다.

불변 객체는 언제라도 스레드에 안전하다.

더군다나 불변 객체는 만들기도 쉽다. 불변 객체는 생성 메소드가 적절하게 맞춰 놓은 한 가지 상태만 유지한다. 일반적으로 프로그램의 구조를 설계할 때, 내부적으로 사용하는 객체가 복잡해질수록 객체가 가질 수 있는 가능한 상태들을 면밀하게 검토해야 하는 어려움이 있다. 하지만 해당 객체가 불변 객체라면 가질 수 있는 상태가 하나뿐이기 때문에 어려운 점이 없다.

그리고 불변 객체는 훨씬 안전하다. 객체 내부의 값을 마음대로 변경할 수 있다면,

객체를 제3자가 만든 코드에 넘겨주거나 외부의 라이브러리가 볼 수 있는 범위에 공개되어 있다면 굉장히 위험한 상태에 이를 수도 있다. 제3자의 코드나 외부 라이브러리가 객체 내부의 값을 변경할 수도 있고, 심지어는 내부 객체에 대한 참조를 보관하고 있다가 다른 스레드에서까지 객체를 임의로 가져다 쓰는 경우가 발생할 수 있다. 반대로 불변 객체는 제3자가 만들어 검증되지 않고 오류가 많거나 심지어는 악의를 갖고 만든 악성 코드가 가져다 사용한다 해도 값을 변경할 수 없다. 따라서 객체의 상태가 변경되는 경우에 따로 대비[EJ Item 24]할 필요 없이 어디에든 마음껏 공개하고 공유해 사용할 수 있다.

자바 언어 명세Java Language Specification나 자바 메모리 모델Java Memory Model 어디에서도 객체의 불변성에 대해 언급하지는 않는다. 그렇다고 해서 불변 객체를 구성할 때 내부의 모든 변수를 `final`로 설정할 필요도 없다. 객체 내부의 모든 변수를 `final`로 설정한다 해서 해당 객체가 불변이지는 않다. 변수에 참조로 연결되어 있는 객체가 불변 객체가 아니라면 내용이 바뀔 수 있기 때문이다.

> 다음 조건을 만족하면 해당 객체는 불변 객체다.
> - 생성되고 난 이후에는 객체의 상태를 변경할 수 없다.
> - 내부의 모든 변수는 final로 설정[12]돼야 한다.
> - 적절한 방법으로 생성돼야 한다(예를 들어 this 변수에 대한 참조가 외부로 유출되지 않아야 한다).

불변 객체라 해도 예제 3.11의 `ThreeStooges` 클래스와 같이 그 상태를 관리하기 위해서는 내부적으로 일반 변수나 객체를 사용할 수 있다. 이름을 저장해 두는 `Set` 변수는 변경 가능한 객체지만, `ThreeStooges` 클래스의 구조를 보면 생성 메소드를 실행한 이후에는 `Set` 변수의 값을 변경할 수 없도록 되어 있다. 그리고 `stooges` 변수는 `final`로 선언되어 있기 때문에 객체의 모든 상태는 `final` 변수를 통해 사용할 수밖에 없다. 마지막으로 생성 메소드에서 `this` 변수에 대한 참조가 외부로 유출될 만한, 즉 호출한 클래스나 생성 메소드 이외의 부분에서 참조를 가져갈 수 있는 일을 전혀 하고 있지 않기 때문에 `ThreeStooges` 클래스는 불변 객체라고 볼 수 있다.

---

12. 기술적으로 보자면 모든 변수를 final로 선언하지 않는다 해도 충분히 불변 객체를 만들 수 있다. java.lang.String 클래스가 대표적인 예이다. 하지만 이런 경우에는 자바 메모리 모델에 대해 충분히 이해하고 있어야 하며, 데이터를 사용하는 굉장히 세심한 부분까지 주의 깊게 신경 써야 한다. (String 클래스를 약간 들여다 보면 hashCode 메소드를 처음 호출할 때 객체의 해시 값을 처음 계산하고, 계산된 값은 final이 아닌 일반 변수에 저장된다. 이렇게 만들어도 정상적으로 동작하는 이유는 String 클래스의 해시 값이 불변의 상태, 즉 String 클래스가 갖고 있는 문자열을 기준으로 하기 때문이며, 따라서 여러 번 계산한다 해도 항상 같은 해시 값이 만들어지기 때문이다. 이런 방법은 꼭 필요한 경우에 전문적인 지식을 갖추고 사용하는 편이 좋다.)

```
@Immutable
public final class ThreeStooges {
    private final Set<String> stooges = new HashSet<String>();

    public ThreeStooges() {
        stooges.add("Moe");
        stooges.add("Larry");
        stooges.add("Curly");
    }

    public boolean isStooge(String name) {
        return stooges.contains(name);
    }
}
```

예제 3.11 일반 객체를 사용해 불변 객체를 구성한 모습

실행 중인 프로그램은 그 상태가 계속해서 바뀌고 또 바뀌어야 하기 때문에 불변 객체가 그다지 쓸모가 있을지에 대해 의문이 생길 수도 있지만, 불변 객체는 쓰임새가 참 다양하다. '객체'가 불변이라는 것과 '참조'가 불변이라는 것은 반드시 구분해서 생각해야 한다. 예를 들어 프로그램이 사용하는 데이터가 불변 객체에 들어있다 해도, 해당 객체를 가리키고 있는 참조 변수에 또 다른 불변 객체를 바꿔치기하면 프로그램의 데이터가 언제든지 바뀌는 셈이다. 다음 절에서는 이런 기법을 활용하는 다른 예를 살펴보자.[13]

3.4.1 final 변수

C++의 const 키워드보다 훨씬 강화된 기능을 갖고 있는 final 키워드는 불변 객체를 생성할 때도 도움을 준다. final을 지정한 변수의 값은 변경할 수 없는데(물론 변수가 가리키는 객체가 불변 객체가 아니라면 해당 객체에 들어 있는 값은 변경할 수 있다) 자바 메모리 모델을 놓고 보면 약간 특별한 의미를 찾을 수 있다. final 키워드를 적절하게 사용하면 초기화 안전성initialization safety(3.5.2절 참조)을 보장하기 때문에 별다른 동기화 작업 없이도 불변 객체를 자유롭게 사용하고 공유할 수 있다.

13. 대부분 개발자는 이런 기법을 활용하면 성능상의 문제가 생길 것이라고 걱정하지만 항상 걱정할 만큼 문제가 생기지는 않는다. 메모리를 할당하는 연산은 예상 외로 성능을 많이 깎아 내리지 않으며, 불변 객체를 사용하면 락이나 방어적인 복사본을 만들어 관리해야 할 필요가 없기 때문에 오히려 성능에 도움을 준다. 그리고 메모리를 반환하는 가비지 컬렉션에도 그다지 영향을 주지 않는다.

참조하는 객체가 불변 객체가 아니라 해도 변수를 final로 지정하면 해당 변수에 어떤 값이 들어갈 수 있는지에 대해 고려해야 할 범위가 줄어들기 때문에 프로그램을 작성할 때 편리하다. 완전한 불변 객체는 아니지만 상태 값이 하나 또는 두 개 정도로 바뀔 수 있는 '거의 불변인' 객체 역시 일반 객체보다는 훨씬 고려해야 할 범위를 줄여준다. 그리고 변수를 final로 선언해두면 후임자가 코드를 읽을 때에도 해당 변수에 지정된 값이 변하지 않는다는 점을 정확하게 이해할 수 있다.

> 외부에서 반드시 사용할 일이 없는 변수는 private으로 선언하는 게 괜찮은 방법인 만큼 [EJ Item 12], 나중에 변경할 일이 없다고 판단되는 변수는 final로 선언해두는 것도 좋은 방법이다.

3.4.2 예제: 불변 객체를 공개할 때 volatile 키워드 사용

앞에서 살펴봤던 UnsafeCachingFactorizer 클래스에서는 AtomicReference 두 개를 사용해 최근 입력 값과 최근 결과를 저장했었다. 그런데 이 방법은 계산하는 데 필요한 두 값을 단일 연산으로 읽거나 쓸 수 없었기 때문에 스레드에 안전하지 않았다. 이 두 개의 변수에 volatile 키워드를 지정한다 해도 문제점을 해결하지는 못하기 때문에 여전히 스레드에 안전하지 않다. 하지만 불변 객체를 활용하면 어느 정도까지는 연산의 단일성을 보장할 수 있다.

인수분해 서블릿에서는 단일 연산으로 처리해야 하는 작업이 두 가지가 있다. 하나는 캐시 값을 보관하는 작업이고, 또 하나는 캐시된 값이 요청한 값에 해당하는 경우 보관되어 있던 캐시 값을 읽어오는 작업이다. 만약 여러 개의 값이 단일하게 한꺼번에 행동해야 한다면 예제 3.12의 OneValueCache 클래스[14]와 같이 여러 개의 값을 한데 묶는 불변 클래스를 만들어 사용하는 방법이 좋다.

서로 관련되어 있는 여러 개의 변수 값을 서로 읽거나 쓰는 과정에 경쟁 조건이 발생할 수 있는데, 불변 객체에 해당하는 변수를 모두 모아두면 경쟁 조건을 방지할 수 있다. 여러 개의 변수를 묶어 사용하고자 할 때, 불변 객체가 아닌 일반 객체를 만들어 사용하면 락을 사용해야 연산의 단일성을 보장할 수 있다. 하지만 불변 객체에 변수를 묶어두면 특정 스레드가 불변 객체를 사용할 때 다른 스레드가 불변 객체 값을 변경하지 않을까 걱정하지 않아도 된다. 만약 불변 객체 내부에 들어 있는 변수 값을 변경하

---

14. OneValueCache 클래스는 get 메소드와 생성 메소드에서 copyOf 메소드를 호출하는 부분을 함께 사용해야 불변 객체라고 할 수 있다. 자바 6.0부터는 Arrays.copyOf 메소드가 추가되어 좀더 편리해졌지만, clone 메소드 역시 그대로 동작한다.

면 새로운 불변 객체가 만들어지기 때문에, 기존에 변수 값이 변경되기 전의 불변 객체를 사용하는 다른 스레드는 아무런 이상 없이 계속 동작한다.

```
@Immutable
class OneValueCache {
    private final BigInteger lastNumber;
    private final BigInteger[] lastFactors;

    public OneValueCache(BigInteger i,
                         BigInteger[] factors) {
        lastNumber = i;
        lastFactors = Arrays.copyOf(factors, factors.length);
    }

    public BigInteger[] getFactors(BigInteger i) {
        if (lastNumber == null || !lastNumber.equals(i))
            return null;
        else
            return Arrays.copyOf(lastFactors, lastFactors.length);
    }
}
```

예제 3.12 입력 값과 인수분해된 결과를 묶는 불변 객체

예제 3.13의 `VolatileCachedFactorizer` 클래스는 예제 3.12의 `OneValueCache` 클래스를 사용해 입력 값과 결과를 캐시한다. 스레드 하나가 volatile로 선언된 cache 변수에 새로 생성한 `OneValueCache` 인스턴스를 설정하면, 다른 스레드에서도 cache 변수에 설정된 새로운 값을 즉시 사용할 수 있다.

```
@ThreadSafe
public class VolatileCachedFactorizer implements Servlet {
    private volatile OneValueCache cache =
        new OneValueCache (null, null);

    public void service(ServletRequest req, ServletResponse resp) {
        BigInteger i = extractFromRequest(req);
        BigInteger[] factors = cache.getFactors(i);
```

```
        if (factors == null) {
            factors = factor(i);
            cache = new OneValueCache(i, factors);
        }
        encodeIntoResponse(resp, factors);
    }
}
```

예제 3.13 최신 값을 불변 객체에 넣어 volatile 변수에 보관

OneValueCache 클래스가 불변인데다 cache 변수를 사용하는 코드에서는 cache 변수를 정확하게 한 번씩만 사용하기 때문에 캐시와 관련된 연산은 전혀 혼동되거나 섞이지 않는다. VolatileCachedFactorizer 클래스는 변경할 수 없는 상태 값을 여러 개 갖고 있는 불변 객체인데다 volatile 키워드를 적용해 시간적으로 가시성을 확보하기 때문에 따로 락을 사용하지 않았다 해도 스레드에 안전하다.

3.5 안전 공개

지금까지는 객체를 특정 스레드에 한정하거나 다른 객체 내부에 넣을 때, 객체를 공개하지 않고 확실하게 숨기는 방법에 대해 살펴봤다. 물론 상황에 따라 객체를 숨기기만 해서는 프로그램을 제대로 작성할 수 없을 것이고 여러 스레드에서 공유하도록 공개해야 할 상황일 수 있는데, 이럴 때는 반드시 안전한 방법을 사용해야 한다. 아쉽게도 예제 3.14와 같이 객체에 대한 참조를 public 변수에 넣어 공개하는 것은 객체를 공개하는 그다지 안전한 방법이 아니다.

```
// 안전하지 않은 객체 공개
public Holder holder;

public void initialize() {
    holder = new Holder(42);
}
```

예제 3.14 동기화 하지 않고 객체를 외부에 공개. 이런 코드는 금물!

위의 코드를 보면 별 문제가 없어 보이지만, 이렇게 별 문제 없어 보이는 코드가 얼마나 큰 문제를 일으킬 수 있는지를 이해하게 되면 정말 놀랍다는 생각이 든다. 가시성 문제 때문에 Holder 클래스가 안정적이지 않은 상태에서 외부 스레드에게 노출될 수 있으며, 심지어는 생성 메소드에서 내부의 고정된 값을 정상적으로 설정한 이후에도 문제가 된다. 이렇게 단순한 방법으로 객체를 외부에 공개하면 생성 메소드가 채 끝나기도 전에 공개된 객체를 다른 스레드가 사용할 수 있다.

3.5.1 적절하지 않은 공개 방법: 정상적인 객체도 문제를 일으킨다

만약 객체의 생성 메소드가 제대로 완료되지 않은 상태라면 과연 그 객체를 제대로 사용할 수 있을까? 생성 메소드가 실행되고 있는 상태의 인스턴스를 다른 스레드가 사용하려 한다면 비정상적인 상태임에도 불구하고 그대로 사용하게 될 가능성이 있고, 나중에 생성 메소드가 제대로 끝나고 보니 공개한 이후에 값이 바뀐 적이 없음에도 불구하고 처음 사용할 때와는 값이 다른 경우도 생긴다. 실제로는 예제 3.15의 Holder 클래스를 예제 3.14와 같이 안전하지 않은 방법으로 공개하도록 코드를 작성하고, 객체를 공개하는 스레드가 아닌 다른 스레드에서 assertSanity 메소드를 호출하면 AssertionError가 발생할 수 있다.[15]

```
public class Holder {
    private int n;

    public Holder(int n) { this.n = n; }

    public void assertSanity() {
        if (n != n)
            throw new AssertionError("This statement is false.");
    }
}
```

예제 3.15 올바르게 공개하지 않으면 문제가 생길 수 있는 객체

Holder 객체를 다른 스레드가 사용할 수 있도록 코드를 작성하면서 적절한 동기화 방법을 적용하지 않았으므로, Holder 클래스는 올바르게 공개되지 않았다고 할 수 있다. 객

15. 여기에서 문제를 일으키는 원인은 Holder 클래스 자체가 아니라, Holder 객체를 안전하지 않은 방법으로 공개했다는 부분이다. 하지만 n 변수를 final로 설정하면 Holder 객체가 변경 불가능한 상태로 지정되기 때문에 안전하지 않은 방법으로 공개하더라도 문제가 생기지 않도록 막을 수 있다. 자세한 내용은 3.5.2절을 참조하자.

체를 올바르지 않게 공개하면 두 가지 문제가 발생할 수 있다. 첫 번째 문제는 holder 변수에 스테일 상태가 발생할 수 있는데, holder 변수에 값을 지정한 이후에도 null 값이 지정되어 있거나 예전에 사용하던 참조가 들어가 있을 수도 있다. 두 번째 문제는 훨씬 어려운데 다른 스레드는 모두 holder 변수에서 정상적인 참조 값을 가져갈 수 있지만 Holder 클래스의 입장에서는 스테일 상태에 빠질 수 있다.[16] 물론 특정 스레드에서 변수 값을 처음 읽을 때에는 스테일 값을 읽어가고 그 다음에 사용할 때는 정상적인 값을 가져갈 수 있기 때문에 assertSanity 메소드를 실행하면 AssertionError가 발생하기도 한다.

다시 한 번 강조하지만, 특정 데이터를 여러 개의 스레드에서 사용하도록 공유할 때 적절한 동기화 방법을 적용하지 않는다면 굉장히 이상한 일이 발생할 가능성이 높다는 점을 알아두자.

3.5.2 불변 객체와 초기화 안전성

데이터를 여러 스레드가 공유하는 환경에서는 불변 객체가 굉장히 중요한 위치를 차지하기 때문에, 자바 메모리 모델에는 불변 객체를 공유하고자 할 때 초기화 작업을 안전하게 처리할 수 있는 방법이 만들어져 있다. 앞에서 살펴봤던 것처럼 특정 객체에 대한 참조를 클래스 외부에서 볼 수 있다 해도 외부 스레드의 입장에서 항상 정상적인 참조 값을 사용한다는 보장이 없다. 외부 스레드에서 항상 정상적인 값을 참조하려면 동기화 방법이 필요하다.

반면에 불변 객체를 사용하면 객체의 참조를 외부에 공개할 때 추가적인 동기화 방법을 사용하지 않았다 해도 항상 안전하게 올바른 참조 값을 사용할 수 있다. 이와 같이 안전하게 초기화 과정을 진행하려면 몇 가지 불변 객체의 요구 조건을 만족시켜야 하는데, 요구 조건으로는 1) 상태를 변경할 수 없어야 하고, 2) 모든 필드의 값이 final로 선언돼야 하며, 3) 적절한 방법으로 생성해야 한다(예제 3.15에서 봤던 Holder 클래스가 불변 객체의 요구 조건을 만족시켰다면 Holder 클래스를 올바르지 않은 방법으로 공개했다 해도 assertSanity 메소드를 아무리 실행한들 AssertionError가 발생하지 않는다).

16. 생성 메소드에서 클래스의 특정 변수에 값을 설정하도록 되어 있다면, 생성 메소드에서 지정하는 값이 최초의 값이며 그와 동시에 '오래된' 값은 없기 때문에 이전에 사용하던 내용을 스테일 상태로 사용할 리가 없다고 생각하기 쉽다. 하지만 자바에서 모든 클래스는 Object 클래스를 상속받도록 되어 있는데, 상속받은 클래스의 생성 메소드가 실행되기 전에 Object 클래스의 생성 메소드가 실행되어 각 변수에 기본값을 채워넣게 되어 있다. 따라서 Object 클래스가 기본값으로 지정한 내용을 스테일 값으로 가져올 가능성이 있다.

> 불변 객체는 별다른 동기화 방법을 적용하지 않았다 해도 어느 스레드에서건 마음껏 안전하게 사용할 수 있다. 불변 객체를 공개하는 부분에 동기화 처리를 하지 않았다 해도 아무런 문제가 없다.

이처럼 불변 객체가 안전하다고 보장되는 내용은 올바른 방법으로 생성한 객체의 내부에 final로 선언된 모든 변수에 적용할 수 있다. 즉 final로 선언된 모든 변수는 별다른 동기화 작업 없이도 안전하게 사용할 수 있다. 하지만 final로 선언된 변수에 변경 가능한 객체가 지정되어 있다면 해당 변수에 들어 있는 객체의 값을 사용하려고 하는 부분을 모두 동기화시켜야 한다.

3.5.3 안전한 공개 방법의 특성

불변 객체가 아닌 객체는 모두 올바른 방법으로 안전하게 공개해야 하며, 대부분은 공개하는 스레드와 불러다 사용하는 스레드 양쪽 모두에 동기화 방법을 적용해야 한다. 여기에서는 먼저 공개한 값을 불러다 사용하는 스레드에서 공개한 스레드가 공개했던 상태를 정확하게 볼 수 있도록 만드는 방법을 살펴보자. 공개된 이후에 값이 변경된 내용을 정확하게 사용하도록 하는 부분에 대해서는 잠시 후에 살펴보자.

> 객체를 안전하게 공개하려면 해당 객체에 대한 참조와 객체 내부의 상태를 외부의 스레드에게 동시에 볼 수 있어야 한다. 올바르게 생성 메소드가 실행되고 난 객체는 다음과 같은 방법으로 안전하게 공개할 수 있다.
>
> - 객체에 대한 참조를 static 메소드에서 초기화시킨다.
> - 객체에 대한 참조를 volatile 변수 또는 AtomicReference 클래스에 보관한다.
> - 객체에 대한 참조를 올바르게 생성된 클래스 내부의 final 변수에 보관한다.
> - 락을 사용해 올바르게 막혀 있는 변수에 객체에 대한 참조를 보관한다.

예를 들어 Vector 객체나 synchronizedList 메소드를 사용해 동기화된 스레드 안전한 컬렉션을 만들어 객체를 보관하면 위의 방법 가운데 마지막 방법을 사용하는 셈이다. A라는 스레드가 객체 X를 스레드 안전한 컬렉션에 보관하고 스레드 B가 객체 X를 읽어가려는 상황을 생각해보면, 객체 X를 컬렉션에 보관하거나 읽어가는 스레드 A와 B에 별다른 동기화 코드를 작성하지 않았다 해도 스레드 B는 스레드 A가 저장한 객체 X를 정확하게 읽어갈 수 있다. 자바에서 기본으로 제공하는 스레드 안전한 컬렉션은 API 문서에도 정확하게 설명되어 있지 않은 경우도 있지만 다음과 같은 스레드 동기화 기능을 갖고 있다.

- Hashtable, ConcurrentMap, synchronizedMap을 사용해 만든 Map 객체를 사용하면 그 안에 보관하고 있는 키와 값 모두를 어느 스레드에서라도 항상 안전하게 사용할 수 있다.
- 객체를 Vector, CopyOnWriteArrayList, CopyOnWriteArraySet이나 synchronizedList 또는 synchronizedSet 메소드로 만든 컬렉션은 그 안에 보관하고 있는 객체를 어느 스레드에서라도 항상 안전하게 사용할 수 있다.
- BlockingQueue나 ConcurrentLinkedQueue 컬렉션에 들어 있는 객체는 어느 스레드라도 항상 안전하게 사용할 수 있다.

자바 라이브러리에서 제공하는 몇 가지 간단한 방법(Future 클래스나 Exchanger 클래스)을 적절하게 활용해도 객체를 안전하게 공개할 수 있기 때문에 이런 방법도 객체를 안전하게 공개할 수 있는 방법이라고 할 수 있다.

다음과 같이 static 변수를 선언할 때 직접 new 연산자로 생성 메소드를 실행해 객체를 생성할 수 있다면 가장 쉬우면서도 안전한 객체 공개 방법이다.

```
public static Holder holder = new Holder(42);
```

static 초기화 방법은 JVM에서 클래스를 초기화하는 시점에 작업이 모두 진행된다. 그런데 JVM 내부에서 동기화가 맞춰져 있기 때문에 이런 방법으로 객체를 초기화하면 객체를 안전하게 공개할 수 있다[JLS 12.4.2].

3.5.4 결과적으로 불변인 객체

처음 생성한 이후에 그 내용이 바뀌지 않도록 만들어진 클래스에 안전한 공개 방법을 사용하면 별다른 동기화 방법 없이도 다른 스레드에서 얼마든지 사용해도 아무런 문제가 발생하지 않는다. 다시 설명하자면, 특정 객체를 안전한 방법으로 공개했을 경우, 해당 객체에 대한 참조를 갖고 객체를 불러와 사용하는 시점에는 공개하는 시점의 객체 상태를 정확하게 사용할 수 있고, 해당 객체 내부의 값이 바뀌지 않는 한 여러 스레드에서 동시에 값을 가져다 사용해도 동기화 문제가 발생하지 않는다.

기술적으로만 본다면 특정 객체가 불변일 수 없다고 해도, 한 번 공개된 이후에는 그 내용이 변경되지 않는다고 하면 결과론적으로 봤을 때 해당 객체도 불변 객체라고 볼 수 있다. 이런 정도의 불변성이라고 하면 3.4절에서 불변 객체를 정의하면서 살펴봤던 여러 가지 요구 조건을 반드시 만족시켜야 할 필요는 없다. 대신 프로그램 내부에서 해당 객체를 한 번 공개한 이후에는 마치 불변 객체인 것처럼 사용하기만 하면 된다. 이와 같이 결과적인 불변 객체는 개발 과정도 훨씬 간편하고 동기화 작업을 할 필요가 없기 때문에 프로그램의 성능을 개선하는 데도 도움이 된다.

> 안전하게 공개한 결과적인 불변 객체는 별다른 동기화 작업 없이도 여러 스레드에서 안전하게 호출해 사용할 수 있다.

예를 들어 Date 클래스는 불변 객체가 아니라서[17] 여러 스레드에서 공유해 사용하려면 항상 락을 걸어야만 했다. 하지만 앞에서 설명한 것처럼 불변 객체인 것처럼 사용하면 동기화 작업을 하지 않아도 된다. 아래와 같이 사용자별로 최근 로그인한 시각을 Map에 저장해 두는 코드를 생각해보자.

```
public Map<String, Date> lastLogin =
    Collections.synchronizedMap(new HashMap<String, Date>());
```

위와 같은 코드에서 Map에 한 번 들어간 Date 인스턴스의 값이 더 이상 바뀌지 않는다면 synchronizedMap 메소드를 사용하는 것만으로 동기화 작업이 충분하며, 그 안의 값을 사용할 때에도 추가적인 동기화 코드를 만들어야 할 필요가 없다.

3.5.5 가변 객체

객체의 생성 메소드를 실행한 이후에 그 내용이 변경될 수 있다면, 안전하게 공개했다 하더라도 그저 공개한 상태를 다른 스레드가 볼 수 있다는 정도만 보장할 수 있다. 가변 객체mutable object를 사용할 때에는 공개하는 부분과 가변 객체를 사용하는 모든 부분에서 동기화 코드를 작성해야만 한다. 그래야 객체 내용이 바뀌는 상황을 정확하게 인식하고 사용할 수 있다. 가변 객체를 안전하게 사용하려면 안전하게 공개해야만 하고, 또한 동기화와 락을 사용해 스레드 안전성을 확보해야만 한다.

> 가변성에 따라 객체를 공개할 때 필요한 점을 살펴보면 다음과 같다.
> - 불변 객체는 어떤 방법으로 공개해도 아무 문제가 없다.
> - 결과적으로 불변인 객체는 안전하게 공개해야 한다.
> - 가변 객체는 안전하게 공개해야 하고, 스레드에 안전하게 만들거나 락으로 동기화시켜야 한다.

17. 아마도 자바 클래스 라이브러리를 설계할 때 실수한 것이 아닐까?

3.5.6 객체를 안전하게 공유하기

언제든 객체에 대한 참조를 가져다 사용하는 부분이 있다면, 그 객체로 어느 정도의 일을 할 수 있는지를 정확하게 알고 있어야 한다. 객체를 사용하기 전에 동기화 코드를 적용해 락을 확보해야 하는지? 객체 내부의 값을 바꿔도 괜찮은지, 아니면 값을 읽기만 해야 하는 것인지? 대부분의 동기화 오류는 이와 같이 일반적인 몇 가지 수칙을 이해하지 못하고 프로그램을 작성하는 데서 싹트기 시작한다. 또한, 반대로 객체를 외부에서 사용할 수 있도록 공개할 때에는 해당 객체를 어떤 방법으로 사용할 수 있고, 사용해야 하는지에 대해서 정확하게 설명해야 한다.

여러 스레드를 동시에 사용하는 병렬 프로그램에서 객체를 공유해 사용하고자 할 때 가장 많이 사용되는 몇 가지 원칙을 살펴보면 다음과 같다.

스레드 한정: 스레드에 한정된 객체는 완전하게 해당 스레드 내부에 존재하면서 그 스레드에서만 호출해 사용할 수 있다.

읽기 전용 객체를 공유: 읽기 전용 객체를 공유해 사용한다면 동기화 작업을 하지 않더라도 여러 스레드에서 언제든지 마음껏 값을 읽어 사용할 수 있다. 물론 읽기 전용이기 때문에 값이 변경될 수는 없다. 불변 객체와 결과적으로 불변인 객체가 읽기 전용 객체에 해당한다고 볼 수 있다.

스레드에 안전한 객체를 공유: 스레드에 안전한 객체는 객체 내부적으로 필수적인 동기화 기능이 만들어져 있기 때문에 외부에서 동기화를 신경 쓸 필요가 없고, 여러 스레드에서 마음껏 호출해 사용할 수 있다.

동기화 방법 적용: 특정 객체에 동기화 방법을 적용해두면 지정한 락을 획득하기 전에는 해당 객체를 사용할 수 없다. 스레드에 안전한 객체 내부에서 사용하는 객체나 공개된 객체 가운데 특정 락을 확보해야 사용할 수 있도록 막혀 있는 객체 등에 동기화 방법이 적용되어 있다고 볼 수 있다.

객체 구성 04

지금까지는 스레드 안전성과 동기화 문제에 대한 기본적인 내용을 살펴봤다. 프로그램을 작성할 때면 언제나 그렇지만, 만들어진 프로그램의 메모리 내부를 들여다 보면서 스레드 안전성을 확보하고 있는지 확인하는 것은 굉장히 어려운 일이다. 대신 스레드 안전성을 확보한 개별 컴포넌트를 가져다가 안전한 방법을 동원해 서로 연결해 사용한다면 규모 있는 컴포넌트나 프로그램을 좀더 쉽게 작성할 수 있다. 4장에서는 컴포넌트의 스레드 안전성을 안정적으로 확보할 수 있고, 이와 함께 개발자가 코드를 작성하는 과정에서 실수를 한다 해도 스레드 안전성을 해치지 않도록 도와주는 클래스 구성 방법을 살펴보자.

4.1 스레드 안전한 클래스 설계

프로그램에서 사용하는 모든 값을 public static 변수에 저장한다 해도 스레드 동기화가 맞춰진 프로그램을 작성할 수는 있다. 하지만 구조적인 캡슐화 없이 만들어 낸 결과물을 여러 스레드에서 사용해도 안전한지를 확인하기도 어려울 뿐더러 해당 객체를 나중에 변경해야 할 필요가 있을 때에도 스레드 동기화 문제 없이 변경하기란 더더욱 어려운 일이다. 객체가 갖고 있는 여러 가지 정보를 해당 객체 내부에 숨겨두면 전체 프로그램을 다 뒤져볼 필요 없이 객체 단위로 스레드 안전성이 확보되어 있는지 확인할 수 있다.

클래스가 스레드 안전성을 확보하도록 설계하고자 할 때에는 다음과 같은 세 가지를 고려해야 한다.

- 객체의 상태를 보관하는 변수가 어떤 것인가?
- 객체의 상태를 보관하는 변수가 가질 수 있는 값이 어떤 종류, 어떤 범위에 해당하는가?
- 객체 내부의 값을 동시에 사용하고자 할 때, 그 과정을 관리할 수 있는 정책

객체의 상태는 항상 객체 내부의 변수를 기반으로 한다. 객체 내부의 변수가 모두 기본 변수형으로 만들어져 있다면 해당 변수만으로 객체의 상태를 완전하게 표현할 수 있다. 예제 4.1에 나타나 있는 `Counter` 클래스는 `value`라는 단 하나의 변수를 갖고 있으며, 따라서 `Counter` 클래스의 상태는 `value` 변수만 보면 완벽하게 알 수 있다. 좀더 일반화 해보면, n개의 변수를 갖는 객체의 상태는 n개 변수가 가질 수 있는 값의 전체 조합이라고 생각할 수 있다. 예를 들어 이차원 공간의 점을 가리키는 `Point` 클래스는 (x, y) 값으로 그 상태를 완벽하게 정의할 수 있다. 하지만 A라는 객체 내부에 다른 객체 B를 가리키는 변수를 사용하고 있다면, A 객체 내부의 변수뿐만 아니라 B 객체 내부에 들어 있는 변수의 조합까지 A 객체가 가질 수 있는 전체 상태 범위에 포함시켜야 한다. 예를 들어, `LinkedList` 객체의 상태는 추가되어 있는 모든 객체의 상태를 포함하는 범위에 해당한다.

객체 내부의 여러 변수가 갖고 있는 현재 상태를 사용하고자 할 때 값이 계속해서 변하는 상황에서도 값을 안전하게 사용할 수 있도록 조절하는 방법을 동기화 정책이라고 한다. 동기화 정책에는 객체의 불변성, 스레드 한정, 락 등을 어떻게 적절하게 활용해 스레드 안전성을 확보할 수 있으며 어떤 변수를 어떤 락으로 막아야 하는지 등의 내용을 명시한다. 클래스를 유지보수하기 좋게 관리하려면 해당 객체에 대한 동기화 정책을 항상 문서로 작성해둬야 한다.

```
@ThreadSafe
public final class Counter {
    @GuardedBy("this") private long value = 0;

    public synchronized long getValue() {
        return value;
    }
    public synchronized long increment() {
        if (value == Long.MAX_VALUE)
            throw new IllegalStateException("counter overflow");
        return ++value;
    }
}
```

예제 4.1 자바 모니터 패턴을 활용해 스레드 안전성을 확보한 카운터 클래스

4.1.1 동기화 요구사항 정리

여러 스레드가 동시에 클래스를 사용하려 하는 상황에서 클래스 내부의 값을 안정적인 상태로 유지할 수 있다면 바로 스레드 안전성을 확보했다고 할 수 있다. 객체와 변수를 놓고 보면 항상 객체와 변수가 가질 수 있는 가능한 값의 범위를 생각할 수 있는데, 이런 값의 범위를 상태 범위state space라고 한다. 상태 범위가 좁으면 좁을수록 객체의 논리적인 상태를 파악하기가 쉽다. 예를 들어 사용할 수 있는 부분마다 final을 지정해두면 상태 범위를 크게 줄여주기 때문에 생각해야 할 논리의 범위를 줄일 수 있다(가장 확실한 예로는 불변 객체를 들 수 있는데, 불변 객체의 그 값이 변하지 않기 때문에 상태 범위에 단 하나의 값만 들어간다).

대부분의 클래스에는 특정 상태가 올바른 상태인지 올바르지 않은 상태인지를 확인할 수 있는 마지노선이 있다. 앞에서 봤던 Counter 클래스의 value 변수는 long 타입으로 선언되어 있었다. long으로 지정된 변수는 항상 가장 작은 Long.MIN_VALUE부터 가장 큰 Long.MAX_VALUE 사이의 값을 가질 수 있다. 더군다나 Counter 클래스는 동기화된 메소드를 사용해 value 변수에 음수 값이 지정될 수는 없다.

이런 논리적인 생각과 비슷하게 상태 변화가 올바른지 올바르지 않은지를 결정하는 조건도 생각해 볼 수 있겠다. 예를 들어 Counter 클래스의 value 변수에 현재 17이라는 값이 들어 있었다면, 상태가 바뀌었을 때 Counter 클래스가 가질 수 있는 값은 18 뿐이며 18이 아닌 다른 값은 가질 수 없다. 만약 클래스의 다음 상태가 현재의 값을 기반으로 바뀐다면 상태를 변화시키는 연산은 다중 연산일 수밖에 없다. 물론 클래스를 대상으로 하는 연산이 모두 이와 같이 이전 상태를 기반으로 이뤄진다는 상태 변환 조건을 만족할 필요는 없다. 예를 들어 현재 온도를 나타내는 클래스가 다음 상태에서 갖게 될 온도는 현재 온도와 별다른 상관 관계가 없으므로, 이전 값과 이후의 값이 아무런 제약을 받지 않는다.

클래스 내부의 상태나 상태 변화와 관련해 여러 가지 제약 조건이 있을 수 있는데, 이런 제약 조건에 따라 또 다른 동기화 기법이나 캡슐화 방법을 사용해야 할 수도 있다. 클래스가 특정 상태를 가질 수 없도록 구현해야 한다면, 해당 변수는 클래스 내부에 숨겨둬야만 한다. 변수를 숨겨두지 않으면 외부에서 클래스가 '올바르지 않다'고 정의한 값을 지정할 수 있기 때문이다. 그리고 특정한 연산을 실행했을 때 올바르지 않은 상태 값을 가질 가능성이 있다면 해당 연산은 단일 연산으로 구현해야 한다. 반대로 클래스에서 변수의 값에 별다른 제약 조건을 두지 않는다면 클래스의 유연성과 실행 성능을 높인다는 측면에서 이와 같은 동기화 방법이나 캡슐화 기법을 사용하지 않아도 되겠다.

클래스 내부에서 한 개의 상태 변수를 사용하기보다는 여러 개의 상태 변수를 사용할 일이 더 많을 것이다. 예제 4.10에 나타난 NumberRange 클래스와 같은 경우, 숫자의 범위를 표현하기 위해 최저 값과 최고 값을 각각 클래스 내부에 지정하고 있다. 여기에서 사용하는 최저 값과 최고 값을 보면, 최저 값은 항상 최고 값보다 작거나 같다는 조건을 만족해야 한다. 이처럼 여러 개의 변수를 통해 클래스의 상태가 올바른지 아닌지를 정의한다면 연산을 단일 연산으로 구현해야 한다. 다시 말하면, 서로 연관된 값은 단일 연산으로 한번에 읽거나 변경해야 한다는 말이다. 두 개의 변수가 있다고 볼 때, 1) 하나의 값을 변경하고, 2) 락을 해제한 다음, 3) 락을 확보하고, 4) 다른 값을 변경하는 절차를 거친다면 두 개의 값을 모두 변경했을 때 제약 조건을 만족하지 못하는 올바르지 않은 상태에 놓일 수 있다. 상태 범위에 두 개 이상의 변수가 연결되어 동시에 관여하고 있다면 이런 변수를 사용하는 모든 부분에서 락을 사용해 동기화를 맞춰야 한다.

객체가 가질 수 있는 값의 범위와 변동 폭을 정확하게 인식하지 못한다면, 스레드 안전성을 완벽하게 확보할 수 없다. 클래스의 상태가 정상적이라는 여러 가지 제약 조건이 있을 때 클래스의 상태를 정상적으로 유지하려면 여러 가지 추가적인 동기화 기법을 적용하거나 상태 변수를 클래스 내부에 적절히 숨겨야 한다.

4.1.2 상태 의존 연산

클래스가 가질 수 있는 값의 범위와 값이 변화하는 여러 가지 조건을 살펴보면 어떤 상황이라야 클래스가 정상적인지를 정의할 수 있다. 특정 객체는 상태를 기반으로 하는 선행 조건precondition을 갖기도 한다. 예를 들어 현재 아무것도 들어 있지 않은 큐에서는 값을 뽑아낼 수가 없다. 당연한 말이지만 큐에 뭔가 값이 들어 있어야 값을 뽑아낼 수 있기 때문이다. 현재 조건에 따라 동작 여부가 결정되는 연산을 상태 의존state-dependent 연산이라고 한다[CPJ 3].

단일 스레드로 동작하는 프로그램은 올바른 상태가 아닌 상황에서 실행되는 모든 부분에서 오류가 발생할 수밖에 없다. 하지만 여러 스레드가 동시에 움직이는 경우라면 실행하기 시작한 이후에 선행 조건이 올바른 상태로 바뀔 수도 있다. 따라서 병렬 프로그램을 작성할 때는 상태가 올바르게 바뀔 경우를 대비하고 기다리다가 실제 연산을 수행하는 방법도 생각할 수 있다.

자바에 내장된 wait와 notify 명령은 본질적으로 락을 사용하는 것과 굉장히 밀접한 관련이 있고, wait와 notify를 사용하면 특정 상태가 원하는 조건에 다다를 때까지 효율적으로 기다릴 수 있다. 하지만 올바르게 사용하기가 쉽지 않으니 주의해야 한다. 어떤 동작을 실행하기 전에 특정한 조건을 만족할 때까지 기다리도록 프로그램하고자 한다면, wait와 notify를 사용하는 대신 세마포어나 블로킹 큐와 같이 현재 알려져 있는 여러 가지 라이브러리를 사용하는 편이 훨씬 간단하고 안전하다. 5장에서는 동기화 기능을 담당하는 BlockingQueue, Semaphore나 기타 여러 가지 동기화 관련 클래스를 살펴볼 예정이다. 그리고 자바 플랫폼이나 기본 클래스 라이브러리에서 제공하는 저수준의 방법을 사용해 특정한 조건에 맞춰 동작하는 클래스를 구성하는 방법에 대해서는 14장에서 다룬다.

4.1.3 상태 소유권

객체의 상태는 해당 객체에 포함되는 모든 객체와 변수가 가질 수 있는 전체 상태의 부분 집합이라는 점을 4.1절에서 살펴봤었다. 그런데 왜 '부분 집합' 일까? 객체가 가질 수 있는 상태임에도 불구하고 실제로는 해당 객체의 상태에 속하지 않는 경우는 언제 나타나는가?

변수를 통해 객체의 상태를 정의하고자 할 때에는 해당 객체가 실제로 '소유하는' 데이터만을 기준으로 삼아야 한다. 소유권이라는 개념은 자바 언어 자체에 내장되어 있지는 않지만 클래스를 설계할 때에도 충분히 고려할 수 있는 부분이다. 예를 들어 HashMap 클래스 인스턴스를 하나 만들었다고 하면, 단순히 HashMap 객체 하나만을 만든 것이 아니고 HashMap 내부에서 기능을 구현하는 데 사용할 여러 개의 Map.Entry 객체와 기타 다양한 객체의 인스턴스가 만들어진다. 따라서 HashMap 객체의 논리적인 상태를 살펴보고자 한다면 HashMap 내부에 있는 모든 Map.Entry 객체의 상태와 기타 여러 가지 객체의 상태를 한꺼번에 다뤄야 한다. 물론 HashMap 내부의 객체가 HashMap과는 별개의 객체로 만들어져 있다고 해도 말이다.

좋은 건지 나쁜 건지는 모르겠지만 가비지 컬렉션 기능을 고려한다면 객체의 소유권 개념을 생각하기가 어렵다. C++ 언어에서 특정 메소드에 객체 인스턴스를 넘겨주는 상황을 생각해보면, 호출하는 메소드에 객체와 함께 객체에 대한 소유권도 함께 넘겨주는 것인지, 잠시만 사용하도록 빌려주는 형식인지, 아니면 메소드 인자로 넘겨주지만 계속해서 함께 사용하는 모양인지를 명확하게 정의할 수 있다. 물론 자바 언어로 프로그램을 작성할 때에도 이와 같은 객체 소유권의 문제를 대부분 조절할 수 있지만 객체를 공유하는 데 있어 오류가 발생하기 쉬운 부분을 가비지 컬렉터가 대부분 알아서 조절해주기 때문에 소유권 개념이 훨씬 불명확한 경우가 많다.

대부분의 경우 소유권과 캡슐화 정책은 함께 고려하는 경우가 많다. 캡슐화 정책은 내부에 객체와 함께 상태 정보를 숨기기 때문에 객체의 상태에 대한 소유권이 있다. 특정 변수에 대한 소유권을 갖고 있기 때문에 특정 변수의 상태가 올바르게 유지되도록 조절하는 락 구조가 어떻게 움직이는지에 대해서도 소유권을 갖는다. 보다시피 소유권이란 말은 통제권이라는 말과 비슷한 의미를 갖지만, 특정 변수를 객체 외부로 공개하고 나면 해당 변수에 대한 통제권을 어느 정도 잃는다. 다시 말해 객체를 공개하면 그저 '공동 소유권' 정도를 가질 뿐이다. 클래스는 일반 메소드나 생성 메소드로 넘겨받은 객체에 대한 소유권을 갖지 않는다는 게 일반적인 모양이지만, 넘겨받은 객체의 소유권을 확보하도록 메소드를 특별하게 작성하면 소유권을 확보할 수도 있다(동기화된 컬렉션 라이브러리에서 사용하는 팩토리 메소드가 전형적인 예이다).

컬렉션 클래스에서는 '소유권 분리'의 형태를 사용하는 경우도 많다. 소유권 분리는 컬렉션 클래스를 놓고 볼 때 컬렉션 내부의 구조에 대한 소유권은 컬렉션 클래스가 갖고, 컬렉션에 추가되어 있는 객체에 대한 소유권은 컬렉션을 호출해 사용하는 클라이언트 프로그램이 갖는 구조이다. 서블릿 프레임웍에서 볼 수 있는 ServletContext 클래스를 대표적인 예로 볼 수 있다. ServletContext 클래스는 Map과 비슷한 구조로 만들어져 있으며 ServletContext를 불러다 쓰는 프로그램은 setAttribute 메소드와 getAttribute 메소드를 사용해 원하는 객체를 등록하거나 뽑아 볼 수 있다. 이런 경우 ServletContext 객체는 여러 웹 브라우저가 동시에 접속하는 서블릿 컨테이너에서 환경에서 동작하기 때문에 반드시 스레드 안전성을 확보해야 한다. 물론 일반 서블릿에서는 setAttribute 메소드나 getAttribute 메소드를 호출해 값을 넣거나 뺄 때에는 동기화 작업을 거칠 필요가 없지만, ServletContext에 들어 있는 객체를 사용할 때에는 동기화 작업을 해야 한다. 앞에서 설명한 대로 ServletContext에 추가된 객체는 소유권이 ServletContext에 있지 않고 단지 보관만 하고 있을 뿐이기 때문이다. 따라서 ServletContext를 통해 여러 스레드에서 동시에 사용할 수 있으니 ServletContext에 넣어둔 객체를 사용할 때에는 반드시 스레드 안전성을 충분히 확보하거나, 불변 객체의 형태를 갖거나 아니면 지정된 락을 사용해 동시 사용을 막는 등의 동기화 작업을 거쳐야 한다.[1]

1. 재미있게도 서블릿 프레임웍에서 ServletContext와 유사한 기능을 담당하는 HttpSession 객체는 ServletContext보다 훨씬 엄격하게 동기화 요구사항을 만족시켜야 할 수도 있다. 서블릿 컨테이너에 따라 다르지만 HttpSession 클래스가 담당하는 세션 정보는 다른 서버로 복제하거나 저장소에 저장하는 등의 작업을 해야 할 필요가 있기 때문이다. 더군다나 서블릿 컨테이너 뿐만 아니라 웹 애플리케이션도 세션을 자주 사용하기 때문에 스레드 안전성을 완벽하게 갖춰야 한다(세션에 대한 복제나 저장소 보관 기능은 서블릿 컨테이너의 표준에는 들어 있지 않다. 하지만 흔히 사용하는 기능이기 때문에 앞에서 '할 수도 있다'고 표현했다).

4.2 인스턴스 한정

객체가 스레드 안전성을 확보하지 못하고 있다 하더라도, 몇 가지 기법을 활용하면 멀티스레드 프로그램에서 안전하게 사용할 수 있다. 스레드 한정 기법을 사용해 특정 스레드 내부에서만 사용하게 할 수도 있고, 해당 객체를 사용하고자 하는 부분에서 락을 사용해 동시 사용되는 경우를 막아줄 수도 있다.

객체를 적절하게 캡슐화하는 것으로도 스레드 안전성을 확보할 수 있는데, 이런 경우 흔히 '한정'이라고 단순하게 부르기도 하는 '인스턴스 한정' 기법을 활용하는 셈이다[CPJ 2.3.3]. 특정 객체가 다른 객체 내부에 완벽하게 숨겨져 있다면 해당 객체를 활용하는 모든 방법을 한눈에 확실하게 파악할 수 있고, 따라서 객체 외부에서도 사용할 수 있는 상황보다 훨씬 간편하게 스레드 안전성을 분석해 볼 수 있다. 이런 한정 기법과 락을 적절하게 활용한다면 스레드 안전성이 검증되지 않은 객체도 마음 놓고 안전하게 사용할 수 있다.

> 데이터를 객체 내부에 캡슐화해 숨겨두면 숨겨진 내용은 해당 객체의 메소드에서만 사용할 수 있기 때문에 숨겨진 데이터를 사용하고자 할 때에는 항상 지정된 형태의 락이 적용되는지 쉽고 정확하게 파악할 수 있다.

객체 내부에서 사용할 목적으로 한정되어 있는 데이터는 사용 범위 밖으로 유출되면 안 된다. 지금 본 것처럼 객체는 특정 클래스 인스턴스에 한정시키거나(클래스 내부에 private으로 지정된 변수), 문법적으로 블록 내부에 한정시킬 수도 있고 (블록 내부의 로컬 변수), 아니면 특정 스레드에 한정시킬 수도 있다(특정 스레드 내부에서는 이 메소드에서 저 메소드로 넘어다닐 수 있지만, 다른 스레드로는 넘겨주지 않는 객체). 이처럼 범위가 다르다 해도 한정된 객체는 제한된 범위를 벗어나서는 안 된다. 물론 객체가 알아서 한 곳에서만 있을 수는 없고 개발자가 충분히 주의를 기울여야 한다.

예제 4.2의 `PersonSet` 클래스는 그 내부에 정의되어 있는 변수가 스레드 안전한 객체가 아니라 해도 여러 가지 한정 기법과 락을 활용해 전체적으로 `PersonSet` 클래스를 스레드에 안전하게 구현할 수 있는지를 보여준다. `PersonSet` 클래스의 데이터는 모두 `HashSet` 클래스에 보관되어 있으며 `HashSet` 자체는 스레드 안전한 객체가 아니라는 점을 주의하자. 하지만 `HashSet`으로 만든 변수 `mySet`은 `private`으로 지정되어 있어서 외부에 직접적으로 유출되지 않는다. `mySet` 변수를 사용할 수 있는 유일한 방법은 `addPerson` 메소드나 `containsPerson` 메소드를 호출하는 방법뿐이며, 이 두 가지 메소드는 모두 `synchronized` 키워드를 통해 `PersonSet` 객체에 락이 걸려 있다.

PersonSet 내부에서 사용하는 모든 상태 정보가 락으로 막혀 있기 때문에 PersonSet 객체는 스레드 안전성을 확보했다고 볼 수 있다.

```
@ThreadSafe
public class PersonSet {
    @GuardedBy("this")
    private final Set<Person> mySet = new HashSet<Person>();

    public synchronized void addPerson(Person p) {
        mySet.add(p);
    }

    public synchronized boolean containsPerson(Person p) {
        return mySet.contains(p);
    }
}
```

예제 4.2 한정 기법으로 스레드 안전성 확보

예제 4.2에서는 PersonSet 외에 Person 객체도 등장하지만, Person 객체에 대한 스레드 안전성은 전혀 언급하지 않았다. 하지만 Person 객체가 갖고 있는 데이터가 변경될 수 있는 정보라면 PersonSet에서 Person 객체를 사용하고자 할 때 적절한 동기화 기법을 적용해야 한다. 물론 가장 효과적이고 좋은 방법은 Person 객체 자체에서 스레드 안전성을 확보하는 방법이고, 다른 방법으로는 Person 객체를 사용할 때마다 여러 가지 동기화 기법을 사용하도록 할 수도 있겠지만 그다지 추천할 만한 방법은 아니다.

인스턴스 한정 기법은 클래스를 구현할 때 스레드 안전성을 확보할 수 있는 가장 쉬운 방법이라고 해도 무리가 없다. 인스턴스 한정 기법을 사용하면 동기화를 위해 락을 적용하는 방법도 마음대로 선택할 수 있다. 앞에서 소개했던 PersonSet 클래스는 자바에 내장된 암묵적인 락을 활용해 변수에 대한 동시 접근을 조절했지만, 일정한 기준만 지킨다면 어떤 유형의 락을 사용하건 아무런 상관이 없다. 인스턴스 한정 기법을 사용하면 클래스 내부의 여러 가지 데이터를 여러 개의 락을 사용해 따로 동기화시킬 수 있다(객체에 대한 동시 접근을 제한하는 데 여러 개의 락을 사용하는 방법을 보려면 348쪽의 ServerStatus 예제를 참조하자).

자바 플랫폼의 클래스 라이브러리를 보면 인스턴스 한정 기법을 사용하는 예를 여럿 찾아볼 수 있고, 심지어는 스레드에 안전하지 않은 클래스의 스레드 안전성을 확보하기 위해 만들어져 있는 클래스도 있다. 예를 들어 기본적인 컬렉션 클래스인 ArrayList나 HashMap 같은 클래스는 스레드에 안전하지 않지만, 자바 플랫폼 라이브러리에는 이런 클래스를 멀티스레드 환경에서 안전하게 사용할 수 있도록 도와주는 Collections.synchronizedList와 같은 팩토리 메소드가 만들어져 있다. 이런 팩토리 메소드는 컬렉션의 기본 클래스에 스레드 안전성을 확보하는 방법으로 대부분 데코레이터 패턴Decorator Pattern을 활용하며(Gamma 외, 1995), 이런 팩토리 메소드의 결과로 만들어진 래퍼wrapper 클래스는 기본 클래스의 메소드를 호출하는 연동 역할만 하면서 그와 동시에 모든 메소드가 동기화되어 있다. 즉 래퍼 클래스를 거쳐야만 원래 컬렉션 클래스의 내용을 사용(다시 말하자면 원래 컬렉션 객체가 새로운 래퍼 객체 내부에 제한된 상태이다)할 수 있기 때문에 래퍼 클래스는 스레드 안전성을 확보할 수 있다. 자바 API 문서에도 보면 스레드 안전성을 제대로 확보하려면 래퍼 클래스를 통하지 않고 원래 객체에 직접 접근해 사용하는 일은 없어야 한다고 설명하고 있다.

하지만 한정됐어야 할 객체를 공개하는 바람에 한정 조건이 깨어질 가능성은 여전히 존재한다. 객체가 특정 코드 범위에 한정됐어야 하는데 해당 코드 범위를 넘어 유출된 경우는 버그이다. 반복 객체iterator나 내부 클래스 인스턴스를 사용하면서 공개한다면 한정됐어야 할 객체를 간접적으로 외부에 유출시킬 가능성이 있다.

> 인스턴스 한정 기법을 사용하면 전체 프로그램을 다 뒤져보지 않고도 스레드 안전성을 확보하고 있는지 쉽게 분석해 볼 수 있기 때문에 스레드에 안전한 객체를 좀 더 쉽게 구현할 수 있다.

4.2.1 자바 모니터 패턴

인스턴스 한정 기법에 대한 원리와 내용을 곱씹어보다 보면 결국 자바 모니터 패턴에 해당한다는 결론에 다다를 수 있다.[2] 자바 모니터 패턴을 따르는 객체는 변경가능한 데이터를 모두 객체 내부에 숨긴 다음 객체의 암묵적인 락으로 데이터에 대한 동시 접근을 막는다.

예제 4.1의 Counter 객체는 이와 같은 자바 모니터 패턴의 전형적인 예이다. Counter 클래스는 하나뿐인 value 변수를 클래스 내부에 숨기고, value를 사용하는 모든 메소드는 동기화되어 있다.

2. 자바 모니터 패턴은 모니터에 대한 Hoare의 연구 결과(Hoare, 1974)에서 유래한 것이다. 물론 원론적인 모니터와 지금 말하는 패턴에는 큰 차이점이 있기는 하다. 동기화된 블록에 들어가고 나오는 연산에 대한 자바 바이트코드 명령어는 각각 monitorenter와 monitorexit이고, 자바 언어에 내장된 암묵적인 락을 흔히 모니터(monitor) 또는 모니터 락(monitor lock)이라고 부르기도 한다.

자바 모니터 패턴은 자바에 들어 있는 Vector, Hashtable 등의 여러 가지 라이브러리 클래스에서도 널리 사용하고 있다. 간혹 이보다 정교하고 복잡한 동기화 방법을 사용해야 할 경우도 있는데, 11장에서는 확장성을 높일 수 있도록 훨씬 정교하게 동기화 방법을 적용하는 방법에 대해서 살펴볼 예정이다. 자바 모니터 패턴의 가장 큰 장점 가운데 하나는 바로 간결함이다.

자바 모니터 패턴은 단순한 관례에 불과하며 일정한 형태로 스레드 안전성을 확보할 수만 있다면 어떤 형태의 락을 사용해도 무방하다. 예제 4.3에서는 private과 final로 선언된 객체를 락으로 사용해 자바 모니터 패턴을 활용하는 모습을 볼 수 있다.

```
public class PrivateLock {
    private final Object myLock = new Object();
    @GuardedBy("myLock") Widget widget;

    void someMethod() {
        synchronized(myLock) {
            // widget 변수의 값을 읽거나 변경
        }
    }
}
```

예제 4.3 private이면서 final인 변수를 사용해 동기화

객체 자체의 암묵적인 락(또는 외부에서 사용할 수 있도록 공개되어 있는 락)을 사용하기 보다는 예제 4.3과 같이 락으로 활용하기 위한 private 객체를 준비해 두면 여러 가지 장점을 얻을 수 있다. 이런 락은 private으로 선언되어 있기 때문에 외부에서는 락을 건드릴 수 없는데, 만약 락이 객체 외부에 공개되어 있다면 다른 객체도 해당하는 락을 활용해 동기화 작업에 함께 참여할 수 있다. 물론 올바르게 참여할 수도 있지만, 잘못된 방법으로 참여한다면 큰일이다. 객체에서 사용하는 락을 외부에서 올바르지 않은 방법으로 활용한다면 원래 객체의 작동이 멈추느냐 마느냐 하는 문제까지 발생할 수 있으므로, 락을 객체 외부로 공개했다면 공개된 락을 사용하는 코드가 올바르게 의도한 대로 동작하는지 프로그램 전체를 모두 뒤져봐야 한다.

4.2.2 예제: 차량 위치 추적

예제 4.1에서 살펴봤던 Counter 클래스는 자바 모니터 패턴의 예제로 활용하기에 간결하긴 하지만 너무 작은 예제였다. 이제 약간 더 큰 예제를 살펴볼 때가 되었다. 바로

택시, 경찰차, 택배 트럭과 같은 차량의 위치를 추적하는 프로그램이다. 먼저 자바 모니터 패턴에 맞춰 프로그램을 작성하고, 나중에는 스레드 안전성을 보장하는 한도 내에서 객체 캡슐화 정도를 조금씩 낮추는 방법도 한번 찾아보자.

모든 차량은 String 형태의 ID로 구분하며 차량의 위치는 (x, y) 좌표로 표시한다. VehicleTracker 클래스는 차량의 ID와 위치 좌표를 객체 내부에 캡슐화해서 보관한다. 이런 구조는 GUI 애플리케이션에서 흔히 사용하는 MVC 패턴의 모델 부분에 해당한다고 볼 수 있고, 나중에 화면에 해당하는 뷰를 관리하는 스레드나 컨트롤러에 해당하는 여러 종류의 업데이터 스레드에서 동시 다발적으로 사용할 가능성이 높다. 뷰 스레드는 특정 차량의 ID와 위치를 읽어서 화면상의 특정 위치에 차량에 대한 정보를 표시한다.

```
Map<String, Point> locations = vehicles.getLocations();
for (String key : locations.keySet())
    renderVehicle(key, locations.get(key));
```

이와 유사하게 업데이터 스레드는 차량에 장착된 GPS 장치에서 읽어낸 위치 정보를 자동으로 입력하거나, GUI 화면에서 수동으로 입력한 내용을 새로운 위치 정보로 업데이트한다.

```
void vehicleMoved(VehicleMovedEvent evt) {
    Point loc = evt.getNewLocation();
    vehicles.setLocation(evt.getVehicleId(), loc.x, loc.y);
}
```

이런 구조라면 뷰 스레드와 업데이터 스레드가 동시 다발적으로 데이터 모델을 사용하기 때문에 데이터 모델에 해당하는 클래스는 반드시 스레드 안전성을 확보하고 있어야만 한다. 예제 4.4를 보면 차량의 위치를 담는 MutablePoint 클래스(예제 4.5)를 활용해 자바 모니터 패턴에 맞춰 만들어진 차량 추적 클래스가 나타나 있다.

예제 4.5에 구현되어 있는 MutablePoint 클래스가 스레드 안전하지는 않지만 차량 추적 클래스는 스레드 안전성을 확보하고 있다. 위치를 담고 있는 locations 변수나 위치를 나타내는 Point 인스턴스 모두 외부에 전혀 공개되지 않았다. 차량의 위치를 알고 싶어하는 클라이언트 프로그램에게 위치를 넘겨줄 때는 MutablePoint 클래스의 생성자를 통해 MutablePoint의 복사본을 만들거나 deepCopy 메소드를 사용해 완전히 새로운 locations 인스턴스 복사본을 만들어 넘겨준다. deepCopy는 원래 Map

인스턴스에 Map 인스턴스뿐만 아니라 그 안에 들어 있는 키와 값도 모두 복사해 완전히 새로운 인스턴스를 만든다.[3]

외부에서 변경 가능한 데이터를 요청할 경우 그에 대한 복사본을 넘겨주는 방법을 사용하면 스레드 안전성을 부분적이나마 확보할 수 있다. 일반적인 경우라면 그다지 문제가 되지는 않지만, 차량 추적 예제의 경우 추적하는 차량의 대수가 굉장히 많아진다면 성능에 문제가 발생할 수 있다.[4] getLocations 메소드를 호출할 때마다 데이터를 복사하도록 구현한다면 시간이 지나서 차량의 위치가 바뀐다 해도 외부에서 가져간 위치 정보는 바뀌지 않는다는 점을 알아둬야 한다. 이런 현상은 차량 추적 프로그램에서 데이터를 뽑아간 외부 프로그램에서 뭘 하려고 하는지에 따라 장점이 되거나 또는 단점이 될 수도 있다. 만약 데이터를 가져갈 때 '특정 시점의 전체 차량 위치에 대한 고정 값'을 원했다면 요구사항에 맞는 정확한 값으로 볼 수 있지만, 시시각각으로 변하는 차량의 위치를 계속 알고자 한다면 상태를 알고 싶은 시점마다 복사본을 매번 새로 만들어야 하기 때문에 단점이 될 수 있다.

4.3 스레드 안전성 위임

아주 간단한 몇 가지 객체를 제외하고는 대부분의 객체가 둘 이상의 객체를 조합해 사용하는 합성composite 객체이다. 클래스를 구현할 때 바닥부터 새로 만들거나 이미 만들어져 있지만 스레드 안전성이 없는 객체를 조합해 만들면서 스레드 안전성을 확보하고자 한다면 자바 모니터 패턴을 유용하게 사용할 수 있다. 그런데 만약 조합하고자 하는 클래스가 이미 스레드 안전성을 확보하고 있다면 어떨까? 조합해 만든 결과 클래스에서도 스레드 안전성을 확보하려면 스레드 동기화 관련 부분을 한 단계 거쳐야 할까? 정답은 '상황에 따라 다르다'이다. 스레드 안전한 객체를 모아 만든 클래스가 역시 스레드 안전성을 확보할 수도 있고(예제 4.7과 예제 4.9), 아니면 단순하게 좀 나은 출발점 정도로 봐야 할 수도 있다(예제 4.10).

23쪽에 소개했던 CountingFactorizer 클래스는 그 내부에 사용하고 있는 스레

3. 단순하게 Map 인스턴스를 Collections 클래스의 unmodifiableMap 메소드로 감싸는 것으로는 deepCopy의 기능을 다 하지 못하는데, unmodifiableMap은 컬렉션 자체만 변경할 수 없게 막아주며 그 안에 보관하고 있는 객체의 내용을 손대는 것은 막지 못하기 때문이다. HashMap의 생성자에 HashMap을 넘겨 복사하는 기능도 앞서 설명한 것과 동일하게, 즉 위치를 나타내는 point 값을 직접 복사하는 게 아니라 point를 가리키는 참조를 복사하기 때문에 올바른 결과를 얻을 수 없다.

4. synchronized 키워드가 지정된 메소드에서 deepCopy 메소드를 호출하기 때문에 복사 작업이 진행되는 동안 추적 프로그램에 대한 락이 걸린다. 따라서 추적하는 차량 대수가 많아지면 복사해야 할 정보가 많아지고, 그에 따라 복사 시간이 길어지기 때문에 사용자 화면의 응답 속도가 떨어질 우려가 있다.

드 안전한 AtomicLong 객체를 제외하고는 상태가 없으며, AtomicLong 하나만을 조합해 사용하기 때문에 스레드 안전하다. CountingFactorizer 클래스의 상태는 바로 스레드 안전한 AtomicLong 클래스의 상태와 같기 때문이고, AtomicLong에 보관하는 카운트 값에 아무런 제한 조건이 없기 때문이다. 이런 경우 CountingFactorizer는 스레드 안전성 문제를 AtomicLong 클래스에게 '위임delegate' 한다고 하며, AtomicLong 클래스가 스레드에 안전하기 때문에 AtomicLong에게 스레드 안전성을 위임했던 Counting Factorizer 역시 스레드 안전하다.[5]

```
@ThreadSafe
public class MonitorVehicleTracker {
    @GuardedBy("this")
    private final Map<String, MutablePoint> locations;

    public MonitorVehicleTracker (
            Map<String, MutablePoint> locations) {
            this.locations = deepCopy(locations);
    }

    public synchronized Map<String, MutablePoint> getLocations() {
        return deepCopy(locations);
    }

    public synchronized MutablePoint getLocation(String id) {
        MutablePoint loc = locations.get(id);
        return loc == null ? null : new MutablePoint(loc);
    }

    public synchronized void setLocation(String id, int x, int y) {
        MutablePoint loc = locations.get(id);
        if (loc == null)
            throw new IllegalArgumentException ("No such ID: " + id);
        loc.x = x;
```

5. 만약 count 변수를 final로 선언하지 않았다면 CountingFactorizer 클래스가 동기화되어 안전한지를 파악하는 일이 훨씬 어려웠을 것이다. final로 선언하지 않았다면 count 변수에 새로운 AtomicLong 인스턴스를 지정할 수 있으며, 그렇다면 카운트를 알고자 하는 모든 스레드가 새로 지정된 AtomicLong의 인스턴스를 정확하게 참조할 수 있도록 준비해야 한다. 더군다나 count 값을 참조하려 할 때 경쟁 조건(race condition)이 발생하지 않는지도 확인해야 한다. 이런 모든 문제에 대해 고민하느니, 되도록 final 키워드를 지정하는 편이 훨씬 낫다.

```
        loc.y = y;
    }
    private static Map<String, MutablePoint> deepCopy(
            Map<String, MutablePoint> m) {
        Map<String, MutablePoint> result =
                new HashMap<String, MutablePoint>();
        for (String id : m.keySet())
            result.put(id, new MutablePoint(m.get(id)));
        return Collections.unmodifiableMap (result);
    }
}

public class MutablePoint { /* 예제 4.5 */ }
```

예제 4.4 모니터 기반의 차량 추적 프로그램

```
@NotThreadSafe
public class MutablePoint {
    public int x, y;

    public MutablePoint() { x = 0; y = 0; }
    public MutablePoint(MutablePoint p) {
        this.x = p.x;
        this.y = p.y;
    }
}
```

예제 4.5 java.awt.Point와 유사하지만 변경 가능한 MutablePoint 클래스

4.3.1 예제: 위임 기법을 활용한 차량 추적

위임 기법을 활용하는 좀더 쓸 만한 예제를 살펴봐야 할 텐데, 앞에서 소개했던 차량 추적 프로그램에서 스레드 안전성 위임 기법을 활용해보자. 차량 추적 프로그램에서는 차량의 위치를 Map 클래스에 보관하는데, 여기에 적용할 수 있도록 ConcurrentHashMap 클래스를 만들어 볼 예정이다. 먼저 MutablePoint 대신 예제 4.6과 같이 값을 변경할 수 없는 Point 클래스를 사용하자.

```
@Immutable
public class Point {
    public final int x, y;

    public Point(int x, int y) {
        this.x = x;
        this.y = y;
    }
}
```

예제 4.6 값을 변경할 수 없는 Point 객체. DelegatingVehicleTracker에서 사용

Point 클래스는 불변이기 때문에 스레드 안전하다. 불변의 값은 얼마든지 마음대로 안전하게 공유하고 외부에 공개할 수 있으므로, 위치를 알려달라는 외부 프로그램에게 객체 인스턴스를 복사해 줄 필요가 없다.

예제 4.7의 DelegatingVehicleTracker 예제를 보면 어디에도 별다른 동기화 기법을 적용한 흔적이 보이지 않는다. 모든 동기화 작업은 ConcurrentHashMap에서 담당하고, Map에 들어 있는 모든 값은 불변 상태이다.

```
@ThreadSafe
public class DelegatingVehicleTracker {
    private final ConcurrentMap<String, Point> locations;
    private final Map<String, Point> unmodifiableMap ;

    public DelegatingVehicleTracker(Map<String, Point> points) {
        locations = new ConcurrentHashMap<String, Point>(points);
        unmodifiableMap = Collections.unmodifiableMap(locations);
    }

    public Map<String, Point> getLocations() {
        return unmodifiableMap ;
    }

    public Point getLocation(String id) {
        return locations.get(id);
    }
```

```
    public void setLocation(String id, int x, int y) {
        if (locations.replace(id, new Point(x, y)) == null)
            throw new IllegalArgumentException(
                "invalid vehicle name: " + id);
    }
}
```

예제 4.7 스레드 안전성을 ConcurrentHashMap 클래스에 위임한 추적 프로그램

예제 4.7에서 사용한 Point 대신 MutablePoint를 사용했다면 getLocations 메소드를 호출한 외부 프로그램에게 내부의 변경 가능한 상태를 그대로 공개하기 때문에 스레드 안전성이 깨지는 상황에 이를 수 있다. 보다시피 예제 4.7에서는 원래 만들었던 차량 추적 프로그램의 기능을 약간 변경했다. 앞서 소개했던 모니터 적용 버전은 현재 시점의 차량 위치 전부의 고정된 스냅샷을 알려줬지만, 위임 기능을 적용한 버전은 언제든지 가장 최신의 차량 위치를 실시간으로 확인할 수 있는 동적인 데이터를 넘겨준다. 다시 말하자면 스레드 A가 getLocations 메소드를 호출해 값을 가져간 다음, 스레드 B가 특정 차량의 위치를 변경하면 이전에 스레드 A가 받아갔던 Map에서도 스레드 B가 새로 변경한 값을 동일하게 사용할 수 있다는 것이다. 앞에서 언급한 적이 있지만 이런 현상은 프로그램의 기능 요구사항에 따라 장점일 수도 단점일 수도 있는데, 최신 정보를 계속해서 봐야 할 요구사항이 있다면 장점일 것이고, 고정된 정보를 보고자 하는 경우에는 단점이 될 수 있다.

만약 특정 시점의 차량 위치에 대한 고정된 데이터를 갖고 싶다면 getLocations 메소드에서 locations 변수에 들어 있는 Map 클래스에 대한 단순 복사본을 넘겨줄 수 있다. Map 내부에 들어 있는 내용이 모두 불변이기 때문에 예제 4.8과 같이 Map 내부의 데이터가 아닌 구조만 복사돼야 한다(예제 4.8에서는 일반 HashMap을 결과로 만들어 내는데, 일단 getLocations 메소드가 그 결과로 스레드 안전한 Map을 만들어 내도록 설계하지는 않았기 때문이다).

```
public Map<String, Point> getLocations() {
    return Collections.unmodifiableMap(
        new HashMap<String, Point>(locations));
}
```

예제 4.8 위치 정보에 대한 고정 스냅샷을 만들어 내는 메소드

4.3.2 독립 상태 변수

지금까지 살펴봤던 위임 기법의 예제는 모두 스레드 안전한 변수 하나에만 스레드 안전성을 위임했었다. 위임하고자 하는 내부 변수가 두 개 이상이라 해도 두 개 이상의 변수가 서로 '독립적'이라면 클래스의 스레드 안전성을 위임할 수 있는데, 독립적이라는 의미는 변수가 서로의 상태 값에 대한 연관성이 없다는 말이다.

예제 4.9의 VisualComponent 클래스는 클라이언트가 마우스와 키보드 이벤트를 처리하는 리스너를 등록할 수 있는 화면 컴포넌트이다. VisualComponent는 각 종류별로 등록된 이벤트 리스너의 목록을 관리하고, 이벤트가 발생하면 발생한 이벤트의 종류에 맞는 리스너를 호출하는 기능을 갖고 있다. 내부적으로 보면 마우스 이벤트 리스너를 관리하는 목록 변수와 키보드 이벤트를 관리하는 목록 변수는 서로 아무런 연관이 없으므로 서로 독립적이다. 따라서 VisualComponent 클래스는 스레드 안전한 두 개의 이벤트 리스너 목록에게 클래스의 스레드 안전성을 위임할 수 있다.

```
public class VisualComponent {
    private final List<KeyListener> keyListeners
        = new CopyOnWriteArrayList<KeyListener>();
    private final List<MouseListener> mouseListeners
        = new CopyOnWriteArrayList<MouseListener>();

    public void addKeyListener(KeyListener listener) {
        keyListeners.add(listener);
    }

    public void addMouseListener(MouseListener listener) {
        mouseListeners.add(listener);
    }

    public void removeKeyListener(KeyListener listener) {
        keyListeners.remove(listener);
    }

    public void removeMouseListener(MouseListener listener) {
        mouseListeners.remove(listener);
    }
}
```

예제 4.9 두 개 이상의 변수에게 스레드 안전성을 위임

보다시피 VisualComponent는 이벤트 리스너 목록을 CopyOnWriteArrayList 클래스에 보관한다. CopyOnWriteArrayList는 리스너 목록을 관리하기에 적당하게 만들어져 있는 스레드 안전한 List 클래스이다(5.2.3절 참조). VisualComponent에서 사용하는 두 가지 List가 모두 스레드 안전성을 확보하고 있고, 그 두 개의 변수를 서로 연동시켜 묶어주는 상태가 전혀 없기 때문에 VisualComponent는 스레드 안전성이라는 책임을 mouseListeners와 keyListeners 변수에게 완전히 위임할 수 있다.

4.3.3 위임할 때의 문제점

물론 대부분의 클래스가 VisualComponent처럼 간단하게 구성되어 있지는 않으며, 거의 모두가 내부의 상태 변수 간에 의존성을 가지고 있다. 예제 4.10의 NumberRange 클래스는 AtomicInteger 클래스 두 개를 사용해 스스로의 상태를 나타내는데 한 가지 조건이 있다. 바로 첫 번째 숫자가 두 번째 숫자보다 작거나 같아야 한다는 조건이다.

```
public class NumberRange {
    //의존성 조건 : lower <= upper
    private final AtomicInteger lower = new AtomicInteger(0);
    private final AtomicInteger upper = new AtomicInteger(0);

    public void setLower(int i) {
        // 주의 - 안전하지 않은 비교문
        if (i > upper.get())
            throw new IllegalArgumentException (
                    "can't set lower to " + i + " > upper");
        lower.set(i);
    }

    public void setUpper(int i) {
        // 주의 - 안전하지 않은 비교문
        if (i < lower.get())
            throw new IllegalArgumentException (
                    "can't set upper to " + i + " < lower");
        upper.set(i);
    }

    public boolean isInRange(int i) {
        return (i >= lower.get() && i <= upper.get());
    }
}
```

예제 4.10 숫자 범위를 나타내는 클래스. 의존성 조건을 정확하게 처리하지 못하고 있다위에 소개한 NumberRange 클래스는 스레드 안전성을 확보하지 못했으며, lower와 upper라는 변수의 의존성 조건을 100% 만족시키지 못한다. 물론 setLower 메소드와 setUpper 메소드는 의존성 조건을 확인하다고 하고는 있지만 제대로 동작하지 않을 수 있기 때문이다. 의존성을 확인할 때 setLower와 setUpper 메소드 양쪽 모두 비교문을 사용하지만 비교문을 단일 연산으로 처리할 수 있도록 동기화 기법을 적용하지 않았기 때문이다. 만약 현재 숫자 범위가 (0,10)인 상태에서 스레드 A가 setLower(5)를 호출했다고 하자. 불행히도 그와 동시에 스레드 B가 setUpper(4)를 호출했다고 하면 양쪽 스레드 모두 비교문을 통과해서 작은 숫자로 5를, 큰 숫자로 4를 지정하는 상태에 이를 수 있다. 따라서 결과적으로 (5,4)라는 숫자 범위를 가질 수 있으며, 이는 의존성 조건을 위배하는 상태이다. 이와 같이 각각의 변수가 모두 스레드 안전한 클래스라고 하더라도 전체적으로는 스레드 안전성을 잃을 수 있다. 내부 변수인 lower와 upper 간에 의존성이 있기 때문에 NumberRange 클래스는 내부 변수가 스레드 안전성을 갖고 있다고 해서 단순하게 안전성을 위임할 수 없다는 말이다.

NumberRange 클래스는 upper와 lower 변수 주변에 락을 사용하는 등의 방법을 적용해 동기화하면 쉽게 의존성 조건을 충족시킬 수 있다. 그리고 물론 lower나 upper 변수를 외부에 공개해 다른 프로그램에서 의존성 조건을 무시하고 값을 변경하는 사태가 일어나지 않도록 적절하게 캡슐화해야 한다.

지금 살펴봤던 NumberRange 클래스처럼 두 개 이상의 변수를 사용하는 복합 연산 메소드를 갖고 있다면 위임 기법만으로는 스레드 안전성을 확보할 수 없다. 이런 경우에는 내부적으로 락을 활용해서 복합 연산이 단일 연산으로 처리되도록 동기화해야 한다.

> 클래스가 서로 의존성 없이 독립적이고 스레드 안전한 두 개 이상의 클래스를 조합해 만들어져 있고 두 개 이상의 클래스를 한번에 처리하는 복합 연산 메소드가 없는 상태라면, 스레드 안전성을 내부 변수에게 모두 위임할 수 있다.

NumberRange가 스레드 안전한 클래스를 가져다 사용했음에도 불구하고 스레드 안전성을 확보하지 못한 이유는 3.1.4절에서 살펴봤던 volatile 변수에 대한 스레드 안전성 규칙과 굉장히 비슷하다. 바로 특정 변수가 다른 상태 변수와 아무런 의존성이 없는 상황이라면 해당 변수를 volatile로 선언해도 스레드 안전성에는 지장이 없다는 규칙이다.

4.3.4 내부 상태 변수를 외부에 공개

클래스의 스레드 안전성을 내부 상태 변수에 위임했다면, 안전성을 위임받은 상태 변수의 값을 외부 프로그램이 변경할 수 있도록 외부에 공개하고자 한다면 어떤 작업을 해줘야 할까? 해결책은 물론 개발하는 클래스가 공개하고자 하는 상태 변수에 어떤 의존성을 갖고 있는지에 따라 다르다. Counter 클래스의 value 필드에는 어떤 정수형의 값이라도 지정할 수 있지만, Counter 클래스는 내부적으로 0보다 크거나 같은 값만 지정할 수 있도록 제한하고 있고 카운트 값을 증가시키는 연산은 다음 값이 현재 상태에 의존성을 갖도록 만들어져 있다. 만약 value 변수를 public으로 선언해 외부에 공개한다면 외부 프로그램은 언제든지 value에 0보다 작은 값을 지정해 올바르지 않은 상태에 놓이게 할 수 있기 때문에 value 변수를 직접 공개하는건 올바른 방법이 아니다. 다시 말해 특정 변수가 현재 상태와 관련 없는 현재 기온이나 가장 마지막으로 로그인했던 사용자의 ID 등의 값을 갖는다면 외부 프로그램이 해당하는 값을 바꾼다 해도 클래스 내부의 상태 조건을 그다지 망가뜨리지는 않을 가능성이 높기 때문에 필요하다면 해당 변수를 공개해도 나쁘지는 않다(물론 이런 변수를 공개하면 나중에 하위 클래스를 구현하는 등의 작업이 필요할 때 곤란한 경우가 생길 수 있기 때문에 그다지 좋은 방법은 아니다. 하지만 공개한다고 해서 클래스의 스레드 안전성을 해치지는 않는다).

> **상태 변수가 스레드 안전하고, 클래스 내부에서 상태 변수의 값에 대한 의존성을 갖고 있지 않고, 상태 변수에 대한 어떤 연산을 수행하더라도 잘못된 상태에 이를 가능성이 없다면, 해당 변수는 외부에 공개해도 안전하다.**

예를 들어 VisualComponent 클래스를 보면 내부의 mouseListener나 keyListener 변수가 관리하는 리스너 목록에 어떤 요소도 제한하지 않는다. 따라서 VisualComponent의 mouseListener나 keyListener 변수는 외부에 공개해도 스레드 안전성을 걱정할 필요가 없다.

4.3.5 예제: 차량 추적 프로그램의 상태를 외부에 공개

이번에는 차량 추적 프로그램이 갖고 있는 변경 가능한 내부 상태를 외부에 공개하는 구조로 구현해보자. 이렇게 요구 사항이 변경됐기 때문에 차량 추적 프로그램의 메소드 모양도 바뀌어야 하며, 값을 변경할 수 있지만 스레드 안전하게 만들어진 새로운 위치 표현 클래스를 사용해 차량 위치를 관리한다.

```
@ThreadSafe
public class SafePoint {
    @GuardedBy("this") private int x, y;

    private SafePoint(int[] a) { this(a[0], a[1]); }

    public SafePoint(SafePoint p) { this(p.get()); }

    public SafePoint(int x, int y) {
        this.set(x, y);
    }

    public synchronized int[] get() {
        return new int[] { x, y };
    }

    public synchronized void set(int x, int y) {
        this.x = x;
        this.y = y;
    }
}
```

예제 4.11 값 변경이 가능하고 스레드 안전성도 확보한 SafePoint 클래스

예제 4.11의 SafePoint 클래스는 좌표의 x와 y 값을 두 칸짜리 배열로 한꺼번에 가져갈 수 있는 get 메소드도 갖고 있다.[6] 일반적인 모양처럼 x 값을 가져오는 get 메소드와 y 값을 가져오는 get 메소드가 따로 있다면, x 값을 가져오고 나서 y 값을 가져오기 전에 차량의 위치가 바뀌는 상황이 발생할 수 있다. 그러면 x와 y 값을 가져가는 외부 프로그램 입장에서는 엉뚱한 값을 가져갈 수도 있다. 위의 예제에서 소개한 SafePoint 클래스를 사용하면 예제 4.12의 PublishingVehicleTracker 클래스에 구현되어 있는 것처럼 스레드 안전성을 해치지 않으면서 클래스 내부의 변경 가능한 값을 외부에 공개하는 방법으로 차량 추적 프로그램을 구현할 수 있다.

6. 복사 생성 메소드가 this(p.x, p.y)와 같은 구현되어 있을 경우 발생할 수 있는 경쟁 조건을 방지할 수 있도록 private 생성 메소드가 준비되어 있다. 이런 경우는 private 생성 메소드 캡처(constructor capture) 구문의 한 예로 볼 수 있다(Bloch, Gafter, 2005).

```
@ThreadSafe
public class PublishingVehicleTracker {
    private final Map<String, SafePoint> locations;
    private final Map<String, SafePoint> unmodifiableMap;

    public PublishingVehicleTracker (
                            Map<String, SafePoint> locations) {
        this.locations
            = new ConcurrentHashMap<String, SafePoint>(locations);
        this.unmodifiableMap
            = Collections.unmodifiableMap(this.locations);
    }

    public Map<String, SafePoint> getLocations() {
        return unmodifiableMap;
    }

    public SafePoint getLocation(String id) {
        return locations.get(id);
    }

   public void setLocation(String id, int x, int y) {
        if (!locations.containsKey(id))
            throw new IllegalArgumentException (
                    "invalid vehicle name: " + id);
        locations.get(id).set(x, y);
    }
}
```

예제 4.12 내부 상태를 안전하게 공개하는 차량 추적 프로그램

PublishingVehicleTracker 클래스는 스레드 안전성을 ConcurrentHashMap 클래스에게 위임해서 전체적으로 스레드 안전성을 확보하는데, 이번에는 Map 내부에 들어 있는 값도 변경 불가능한 클래스 대신 스레드 안전하고 변경 가능한 SafePoint 클래스를 사용하고 있다. 외부에서 호출하는 프로그램은 차량을 추가하거나 삭제할 수는 없지만 Map 클래스를 가져가서 내부에 들어 있는 SafePoint의 값을 수정하면 차량의 위치를 변경할 수는 있다. 다시 한 번 언급하지만 이와 같이 Map이 동적으로 연동된다는 특성

은 고객이 요구하는 요구 사항에 따라 장점일 수도 단점일 수도 있다. 예제 4.12의 PublishingVehicleTracker 클래스는 스레드 안전성을 확보하고 있다. 하지만 만약 차량의 위치에 대해 제약 사항을 추가해야 한다면 스레드 안전성을 해칠 수 있다. 외부 프로그램이 차량의 위치를 변경하고자 할 때 변경 값을 반영하지 못하도록 거부하거나, 변경 사항을 반영하도록 선택할 수 있어야 한다면 앞의 PublishingVehicleTracker에서 사용했던 구현 방법으로는 충분하지 않다.

4.4 스레드 안전하게 구현된 클래스에 기능 추가

자바의 기본 클래스 라이브러리에는 여러 가지 유용한 기반 클래스가 많다. 이렇게 현재 만들어져 있는 클래스를 가져다 사용하는 게 대부분 적절한 방법이다. 이미 만들어져 있는 클래스를 재사용하면 개발에 필요한 시간과 자원을 절약할 수 있고, 개발할 때 오류가 발생할 가능성도 줄어들고(이미 사용 중인 기능은 충분히 테스트가 끝났다고 볼 수 있다), 유지보수 비용도 절감할 수 있다. 간혹 구현하고자 하는 기능을 모두 갖고 있으면서 스레드 안전성도 확보한 클래스가 있을 수도 있겠지만, 대부분 필요한 기능이 상당 부분 구현되어 있고 일부는 찾을 수 없는 정도에서 그치는 경우가 많다. 그러면 필요한 기능을 구현해 추가하면서 스레드 안전성도 계속해서 유지하는 방법을 찾아야 한다.

예를 들어 스레드 안전한 List 클래스에서 특정 항목이 목록에 없다면 추가하는 기능을 단일 연산으로 구현해야 한다고 생각해보자. 동기화된 List 인스턴스를 사용하면 필요로 하는 기능을 대부분 갖고 있기는 하지만, 특정 항목이 List에 들어 있는지를 확인하는 contains 메소드와 항목을 추가하는 add 메소드가 따로 분리되어 있다. 하지만 단일 연산으로 처리할 수는 없기 때문에 기능을 따로 추가해야 한다.

특정 항목이 목록에 없는 경우에 추가하는 기능은 굉장히 단순하다. 말 그대로 추가하고자 하는 항목이 목록에 있는지 확인해보고, 목록에 이미 들어 있다고 확인되면 추가하지 않으면 된다. 클래스가 스레드 안전성을 확보해야 한다는 요구사항이 있기 때문에 염두에 둬야 할 부분이 한가지 더 있다. 바로 목록에 들어 있지 않은 경우에만 추가하는 연산이 단일 연산이어야 한다는 조건이다. 대략 생각해본다면 X라는 객체를 갖고 있지 않은 List 인스턴스에 없을 때만 추가하는 연산을 두 번 호출해 X 객체를 추가한다 해도 List 인스턴스에는 X 객체가 하나만 존재해야 한다. 하지만 없을 때만 추가하는 연산이 단일 연산이 아니라면 메소드를 호출하는 타이밍이 절묘하게 맞아 떨어져 호출할 때 넘겨줬던 동일한 X 객체가 List에 두 번 추가될 가능성이 있다.

단일 연산 하나를 기존 클래스에 추가하고자 한다면 해당하는 단일 연산 메소드를 기존 클래스에 직접 추가하는 방법이 가장 안전하다. 하지만 외부 라이브러리를 가져다 사용하는 경우에는 라이브러리의 소스코드를 갖고 있지 않을 수도 있고, 소스코드를 갖고 있다 해도 자유롭게 고쳐 쓰지 못할 경우가 많다. 만약 소스코드를 갖고 있고, 수정할 수 있다고 해도 이미 만들어져 있는 클래스의 동기화 정책을 정확하게 이해하고 추가하고자 하는 메소드도 정확한 방법으로 동기화시켜야 한다. 어쨌거나 기능을 추가하고자 할 때 기존의 클래스에 새로운 메소드를 추가하면 단일 클래스 내부에서 동기화를 맞출 수 있기 때문에 구현이나 유지보수 입장에서 쉬운 것은 사실이다.

기능을 추가하는 또 다른 방법은 기존 클래스를 상속받는 방법인데, 이 방법은 기존 클래스를 외부에서 상속받아 사용할 수 있도록 설계했을 때나 사용할 수 있다. Vector 클래스를 상속받아 putIfAbsent 메소드를 추가한 BetterVector 클래스의 코드를 예제 4.13에서 볼 수 있다. Vector 클래스를 상속받는 일은 굉장히 단순한 작업이지만, 만약 다른 클래스를 상속받는다고 하면 Vector를 상속받은 것처럼 쉽게 작업할 수 있도록 만들어져 있지 않을 수도 있다.

기존 클래스를 상속받아 기능을 추가하는 방법은 기존 클래스에 직접 기능을 추가하는 방법보다 문제가 생길 위험이 훨씬 많다. 동기화를 맞춰야 할 대상이 두 개 이상의 클래스에 걸쳐 분산되기 때문이다. 만약 상위 클래스가 내부적으로 상태 변수의 스레드 안전성을 보장하는 동기화 기법을 약간이라도 수정한다면 그 하위 클래스는 본의 아니게 적절한 락을 필요한 부분에 적용하지 못할 가능성이 높기 때문에 쥐도 새도 모르게 동기화가 깨질 수 있다(Vector 클래스의 경우에는 동기화 기법이 클래스 정의 문서에 명시되어 있기 때문에 BetterVector 클래스는 이런 문제를 별로 걱정하지 않아도 된다).

```
@ThreadSafe
public class BetterVector<E> extends Vector<E> {
    public synchronized boolean putIfAbsent(E x) {
        boolean absent = !contains(x);
        if (absent)
            add(x);
        return absent;
    }
}
```

예제 4.13 기존의 Vector 클래스를 상속받아 putIfAbsent 메소드를 추가

4.4.1 호출하는 측의 동기화

Collections.synchronizedList 메소드를 사용해 동기화시킨 ArrayList에는 위에서 소개했던 두 가지 방법, 즉 기존 클래스에 메소드를 추가하거나 상속받은 하위 클래스에서 추가 기능을 구현하는 방법을 적용할 수 없다. 동기화된 ArrayList를 받아간 외부 프로그램은 받아간 List 객체가 synchronizedList 메소드로 동기화되었는지를 알 수 없기 때문이다. 클래스를 상속받지 않고도 클래스에 원하는 기능을 추가할 수 있는 세 번째 방법은 도우미 클래스를 따로 구현해서 추가 기능을 구현하는 방법이다.

이런 방법을 사용한 예를 예제 4.14에서 볼 수 있는데, 스레드 안전한 List 인스턴스에 synchronized 키워드를 추가해 putIfAbsent 메소드를 구현했지만 불행히도 스레드 안전성을 확보하지는 못했다.

```
@NotThreadSafe
public class ListHelper<E> {
    public List<E> list =
        Collections.synchronizedList(new ArrayList<E>());
    ...
    public synchronized boolean putIfAbsent(E x) {
        boolean absent = !list.contains(x);
        if (absent)
            list.add(x);
        return absent;
    }
}
```

예제 4.14 목록에 없으면 추가하는 기능을 잘못 구현한 예. 이런 코드는 금물!

예제 4.14의 코드는 왜 제대로 동작하지 않을까? putIfAbsent 메소드에는 synchronized 키워드도 지정되어 있지 않은가? 문제는 아무런 의미가 없는 락을 대상으로 동기화가 맞춰졌다는 점이다. List가 자체적으로 동기화를 맞추기 위해 어떤 락을 사용했건 간에 ListHelper 클래스와 관련된 락이 아닌 것은 분명하다. ListHelper 클래스에 만들어져 있는 putIfAbsent 메소드는 List 클래스의 다른 메소드와는 다른 차원에서 동기화되고 있기 때문에 List 입장에서 보면 단일 연산이라고 볼 수 없다. 단지 동기화되었다고 착각하는 정도에 불과하다. 결과적으로는 putIfAbsent 메소드가 실행되는 도중에 원래 List의 다른 메소드를 얼마든지 호출해서 내용을 변경할 수 있다는 말이다.

제3의 도우미 클래스를 만들어 사용하려는 방법을 올바르게 구현하려면 클라이언트 측 락client-side lock이나 외부 락external lock을 사용해 List가 사용하는 것과 동일한 락을 사용해야 한다. 클라이언트 측 락은 X라는 객체를 사용할 때 X 객체가 사용하는 것과 동일한 락을 사용해 스레드 안전성을 확보하는 방법이다. 물론 클라이언트 측 락 방법을 사용하려면 X 객체가 사용하는 락이 어떤 것인지를 알아야 한다.

눈으로 직접 코드를 확인하지는 못했지만 Vector 클래스와 Collections.synchronizedList 메소드에 대한 문서를 읽어보면 Vector 클래스 자체나 synchronizedList의 결과 List(동기화되기 이전의 원래 List가 아님)를 통해 클라이언트 측 락을 지원한다는 점을 알 수 있다. 예제 4.15에서는 클라이언트 측 락을 사용해 putIfAbsent 메소드를 스레드 안전한 방법으로 올바르게 구현한 예를 볼 수 있다.

```
@ThreadSafe
public class ListHelper<E> {
    public List<E> list =
        Collections.synchronizedList(new ArrayList<E>());
    ...
    public boolean putIfAbsent(E x) {
        synchronized (list) {
            boolean absent = !list.contains(x);
            if (absent)
                list.add(x);
            return absent;
        }
    }
}
```

예제 4.15 클라이언트 측 락을 사용해 putIfAbsent 메소드를 구현

특정 클래스를 상속받아 원하는 기능을 단일 연산으로 추가하는 방법은 락으로 동기화하는 기능을 여러 개의 클래스에 분산시키기 때문에 그다지 안정적이지 못한 방법이라고 한다면, 제3의 클래스를 만들어 클라이언트 측 락 방법으로 단일 연산을 구현하는 방법은 특정 클래스 내부에서 사용하는 락을 전혀 관계없는 제3의 클래스에서 갖다 쓰기 때문에 훨씬 위험해 보이는 방법이다. 락이나 동기화 전략에 대한 내용을 정확하게 구현하고 공지하지 않은 클래스를 대상으로 클라이언트 측 락을 적용하려면 충분히 주의를 기울여야 한다.

클라이언트 측 락은 클래스 상속과 함께 봤을 때 여러 가지 공통점, 예를 들어 클라이언트나 하위 클래스에서 새로 구현한 내용과 원래 클래스에 구현되어 있던 내용이 밀접하게 연관되어 있다는 등의 공통점이 있다. 하위 클래스에서 상위 클래스가 캡슐화한 내용을 공개해버리는 것처럼[EJ Item 14] 클라이언트 측 락을 구현할 때도 캡슐화되어 있는 동기화 정책을 무너뜨릴 가능성이 있다.

4.4.2 클래스 재구성

기존 클래스에 새로운 단일 연산을 추가하고자 할 때 좀더 안전하게 사용할 수 있는 방법이 있는데, 바로 재구성composition이다. 예제 4.16의 ImprovedList는 List 클래스의 기능을 구현할 때는 ImprovedList 내부의 List 클래스 인스턴스가 갖고 있는 기능을 불러와 사용하고, 그에 덧붙여 putIfAbsent 메소드를 구현하고 있다 (Collections.synchronizedList 메소드나 그외 여러 가지 팩토리 메소드와 비슷한 점이 있는데, ImprovedList의 생성 메소드에 한번 넘겨준 내용은 ImprovedList를 통해서만 접근할 수 있고, 원래 클래스를 직접 호출해 사용하는 일은 없어야 한다).

```
@ThreadSafe
public class ImprovedList<T> implements List<T> {
    private final List<T> list;

    public ImprovedList(List<T> list) { this.list = list; }

    public synchronized boolean putIfAbsent(T x) {
        boolean contains = list.contains(x);
        if (!contains)
            list.add(x);
        return !contains;
    }

    public synchronized void clear() { list.clear(); }
    // ... List 클래스의 다른 메소드도 clear와 비슷하게 구현
}
```

예제 4.16 재구성 기법으로 putIfAbsent 메소드 구현

ImprovedList 클래스는 그 자체를 락으로 사용해 그 안에 포함되어 있는 List와는 다른 수준에서 락을 활용하고 있다. 이런 방법으로 구현할 때에는 ImprovedList 클래

스를 락으로 사용해 동기화하기 때문에, 내부의 List 클래스가 스레드 안전한지 아닌지는 중요하지 않고 신경 쓸 필요도 없다. 심지어는 불러다 사용한 List 클래스가 내부적으로 동기화 정책을 뒤바꾼다 해도 신경 쓸 필요가 없다. 물론 이런 방법으로 동기화 기법을 한 단계 더 사용한다면 전체적인 성능의 측면에서는 약간 부정적인 영향[7]이 있을 수도 있지만, ImprovedList에서 사용한 동기화 기법은 이전에 사용했던 클라이언트 측 락 등의 방법보다 훨씬 안전하다. 실제로 보면 기존의 List 클래스를 가져다 자바 모니터 패턴을 활용해 새로운 클래스 내부에 캡슐화했다고 볼 수 있고, ImprovedList 클래스에 들어 있는 List 클래스가 외부로 공개되지 않는 한 스레드 안전성을 확보할 수 있다.

4.5 동기화 정책 문서화하기

클래스의 동기화 정책에 대한 내용을 문서로 남기는 일은 스레드 안전성을 관리하는데 있어 가장 강력한 방법 가운데 하나라고 볼 수 있다(그리고 가장 많이 배척하고 사용하지 않는 방법이기도 하다). 클래스를 가져다 사용하는 사용자의 입장에서는 사용하고자 하는 클래스가 동기화 되어 있는지를 확인할 때 개발할 때 작성한 문서를 가장 먼저 확인할 것이고, 유지보수를 담당하는 팀은 현재 사용하고 있는 프로그램이 안전성을 해치지 않을 수 있도록 동기화 전략을 파악하고자 할 때 역시 동기화 관련 개발 문서를 가장 먼저 참조한다. 하지만 위의 두 가지 가운데 어떤 상황이라도 동기화와 관련된 충분한 정보를 얻지 못하는 경우가 많다.

> 구현한 클래스가 어느 수준까지 스레드 안전성을 보장하는지에 대해 충분히 문서를 작성해둬야 한다. 동기화 기법이나 정책을 잘 정리해두면 유지보수 팀이 원활하게 관리할 수 있다.

synchronized, volatile 등의 키워드나 기타 여러 가지 동기화 관련 클래스를 사용하는 일은 모두 멀티스레드 환경에서 동작하는 클래스의 내부에 담겨 있는 데이터를 안전하게 사용할 수 있도록 동기화 정책synchronization policy을 정의하는 일이라고 볼 수 있다. 동기화 정책은 전체적인 프로그램 설계의 일부분이며 반드시 문서로 남겨야 한다. 당연한 말이지만 설계와 관련한 여러 가지 내용을 결정짓기에 가장 좋은 시

7. 내부적으로 사용하는 List 클래스에 적용하는 동기화 기법이 비경쟁적(uncontended)이기 때문에 부정적인 영향은 그다지 크지 않다. 자세한 내용은 11장을 참조하자.

점은 바로 설계 단계이다. 설계 미팅을 가진 지 한 달, 아니 일주일만 지나더라도 무슨 내용을 어떻게 결정했는지 기억에서 사라지기 시작한다. 잊혀지기 전에 반드시 기록으로 남겨두자.

동기화 정책을 구성하고 결정하고자 할 때에는 여러 가지 사항을 고려해야 한다. 어떤 변수를 `volatile`로 지정할 것인지, 어떤 변수를 사용할 때는 락으로 막아야 하는지, 어떤 변수는 불변 클래스로 만들고 어떤 변수를 스레드에 한정시켜야 하는지, 어떤 연산을 단일 연산으로 만들어야 하는지를 따져봐야 한다. 물론 이런 사항 가운데 일부분은 단순히 구현상의 문제라고 볼 수도 있으며, 이런 내용에 대해서는 유지보수 팀에서 봐야할 문서 정도만 필요할 수도 있다. 하지만 어떤 부분은 동기화 기법이 외부에도 영향을 미치기 때문에 클래스를 설계하는 문서에 그 내용을 명확하게 표시해야 한다.

최소한 클래스가 스레드 안전성에 대해서 어디까지 보장하는지는 문서로 남겨야 한다. 클래스가 스레드에 안전한가? 락이 걸린 상태에서 콜백 함수를 호출하는 경우가 있는가? 클래스의 동작 내용이 달라질 수 있는 락이 있는지? 이런 질문에 대해서 라이브러리 사용자가 아무렇게나 추측하는 위험한 상황을 만들지 않는 게 좋다. 만약 외부에서 여러분이 개발한 클래스를 놓고 클라이언트 측 락을 사용하지 못하게 하려면 그렇게 해도 좋다. 하지만 클라이언트 측 락을 사용할 수 없다고 적어놓아야 한다. 4.4절에서 예제로 살펴봤던 것처럼 여러분이 개발한 클래스에 단일 연산을 추가하고자 한다면 어떤 락으로 동기화해야 안전하게 구현할 수 있는지에 대해서 문서로 알려줘야 한다. 내부적으로 사용하는 특정 상태 변수를 락으로 동기화시켰다면 유지보수 인력이 알아볼 수 있도록 적어둬야 한다. 방법도 아주 간단하다. 자바 5부터 사용할 수 있는 `@GuardedBy` 등의 어노테이션annotation만 활용해도 훌륭하다. 동기화를 맞출 때 사용하는 아주 작은 기법이라도 반드시 적어두자. 후임자나 유지보수 인력에게는 굉장히 큰 도움이 된다.

하지만 자바 플랫폼 라이브러리의 문서를 포함해 요즘 개발 문서에 적혀 있는 동기화 관련 정보는 그다지 훌륭한 모습이 아니다. 특정 클래스가 스레드 안전한지 확인하고자 할 때 자바독Javadoc API 문서를 들여다 보고도 정확한 정보를 얻지 못해 갸우뚱거리던 기억이 있을 것이다.[8] 대부분의 클래스는 참조할 만한 정보를 하나도 제공하지 않는다. JDBC나 서블릿 등의 자바와 관련된 여러 가지 기술 표준을 보더라도 스레드 안전성을 어디까지 보장하고 어떤 요구사항을 갖춰야 하는지에 대해서는 별로 언급하는 부분이 없다.

8. 그런 경험이 없다면 굉장히 낙관적인 사람임에 분명하다.

완벽하게 생각하자면야 스펙에 정의되어 있지 않은 내용에 대해서는 섣불리 결론을 내려서는 안 되지만, 산더미처럼 쌓여 있는 업무에 밀리다 보면 정확한 답이나 결론 없이 적당히 편리한 쪽으로 되겠지 하는 마음으로 작업을 진행시키곤 한다. 클래스를 사용할 때 당연히 그럴 것이라는 생각에 스레드 안전성을 확보하고 있다고 가정해도 괜찮을까? 스레드 동기화를 맞추는데 락을 먼저 확보하기만 하면 동기화 작업이 충분하다고 가정해도 무리가 없는가?(이런 방법은 사용하고자 하는 객체를 사용하는 다른 코드를 자세히 알고 있다는 가정하에서만 효과가 있는 위험성 높은 방법이다) 위의 두 가지 가정 가운데 어느 것도 충분하지 않다.

스레드 안전성에 대해 섣불리 가정하는 일을 좀더 들여다보면, 직관적으로 봤을 때 '안전하겠다'고 생각하는 클래스가 실제로는 그렇지 않은 경우가 많다. 예를 들어 `java.text.SimpleDateFormat` 클래스는 스레드 동기화가 되어 있지 않은데, JDK 1.4 버전 이전에는 API 문서에 동기화가 되어 있지 않다는 언급이 전혀 없었다. 이렇게 사소한 부분조차 동기화되어 있지 않다는 점에 많은 개발자들이 자주 놀라곤 한다.[9] 지금도 전 세계의 많은 개발자가 멀티스레드 환경에서 스레드 안전성이 검증되지 않은 클래스를 사용하면서 부하가 조금만 늘어나면 엄청난 오류를 만들어 내는 프로그램을 작성하고 있을지 모른다.

앞에서 언급했던 `SimpleDateFormat` 문제는 API 문서에 스레드 동기화가 되어 있지 않으니 주의하라는 한 문장만 써 있었더라면 충분히 미연에 방지할 수 있었던 것이 아닌가. 다른 예로 서블릿 프로그램을 개발할 때 서블릿 컨테이너에서 가져와 사용하는 `HttpSession` 등의 클래스가 스레드 안전성을 확보하고 있는지에 대한 몇 가지 가정 없이는 프로그램 작성하기가 거의 불가능하다. 최소한 여러분의 프로그램을 사용하는 고객은 이런 난관에 처하지 않도록 충분히 신경을 써야 훌륭한 소프트웨어를 만들 수 있다.

4.5.1 애매한 문서 읽어내기

자바로 만들어진 여러 가지 기술을 정의하는 스펙을 보면 스레드 안전성에 대한 요구사항이나 보장 범위에 대한 언급이 별로 없다. 특히 `ServletContext`, `HttpSession`, `DataSource`[10]와 같은 상당수의 중요한 클래스나 인터페이스도 마찬가지다. 웹 애플

9. 역자 본인도 최근 프로젝트를 진행하면서 화면상에 날짜가 어이없게 깨져나오는 원인을 찾아 들어가다 보니 결국 동기화되지 않은 SimpleDateFormat 객체가 문제였다는 것을 발견하고, 간단한 동기화 방법을 적용해 문제를 해결한 사례가 있다. 스레드 동기화 문제를 발견하고 나면 흔히 허탈감과 어이가 없다는 느낌을 받는다. - 옮긴이

10. 메이저 버전 업그레이드가 몇 차례 있었음에도 불구하고 스레드 안전성과 관련한 부분의 문서가 개선되지 않았다는 점이 놀라울 따름이다.

리케이션을 개발할 때 서블릿 컨테이너가 이런 인터페이스를 구현하고, 데이터베이스 소프트웨어 업체가 JDBC 드라이버를 만들 때도 이런 표준 인터페이스에 맞춘 기능을 구현하지만 대부분의 코드는 해당 업체의 사적인 재산이기 때문에 어떻게 구현되어 있는지를 참조하기가 어렵다. 그것 말고도 프로그램을 구현할 때 특정 업체의 구현 방법에 의존성을 갖지 않도록 표준을 기준으로 작업하게 된다. 만약 '스레드'나 '병렬' 등의 단어가 JDBC 표준 문서에 전혀 나타나 있지 않다면 JDBC 드라이버를 사용하는 멀티스레드 애플리케이션을 작성할 때 JDBC 드라이버를 어떻게 사용해야 할까? 서블릿 표준도 상황은 마찬가지이다.

표준이 명확하지 않으면 개발자는 명확하지 않은 부분을 모두 '추측'할 수밖에 없다. 이왕 추측하는 김에 좀더 잘 추측하는 방법이 있지 않을까? 스펙에 명확하게 정의되어 있지 않은 부분을 좀더 근접하게 추측하려면 스펙을 작성하는 사람(서블릿 컨테이너를 만드는 업체나 데이터베이스 소프트웨어 업체)의 입장에서 생각해야 한다. 서블릿은 항상 컨테이너에서 관리하는 스레드가 호출하도록 되어 있기 때문에 거의 항상 두 개 이상의 스레드가 서블릿을 호출할 수 있을 것이고, 컨테이너는 어떤 스레드로 호출하는지 반드시 알고 있을 것이다. 서블릿 컨테이너는 여러 서블릿에서 동시에 사용할 수 있는 `HttpSession`이나 `ServletContext` 등의 공통 객체도 관리한다. 서블릿 컨테이너는 여러 개의 스레드를 만들어 `Servlet.service` 메소드를 호출하고, `Servlet.service` 메소드 내부에서는 `HttpSession`이나 `ServletContext` 등의 객체를 참조해 사용할 것이기 때문에 서블릿 컨테이너 입장에서는 `HttpSession`이나 `ServletContext` 등의 객체가 여러 스레드에서 동시에 사용된다는 걸 분명히 알고 있을 것이다.

단일 스레드 환경이라면 `HttpSession`이나 `ServletContext` 등의 객체를 만들 의미가 없기 때문에 설계 과정에서 멀티스레드 환경을 염두에 뒀다고 추측할 수 있고, 따라서 표준에서 직접적으로 언급하지는 않았지만 `HttpSession`이나 `ServletContext` 등의 객체는 스레드 안전성을 확보하도록 구현되어 있다고 추측할 수 있다. 만약 서블릿에서 `HttpSession`이나 `ServletContext`를 가져다 사용할 때 클라이언트 측 락을 적용해야 한다면 동기화하는 부분에서 어떤 락을 사용해야 하는가? 문서에는 어디에도 이런 내용이 나타나 있지 않고, 그렇다고 쉽게 추측할 수 있는 문제도 아니기 때문에 클라이언트 락을 섣불리 적용할 수 없다. 표준에 나타나 있는 예제 코드나 여러 곳에서 찾아볼 수 있는 공식 튜토리얼 등을 살펴보면 `ServletContext`나 `HttpSession` 클래스를 사용하는 부분 어디에도 동기화 기법을 적용한 사례를 찾아보기가 어렵고, 이런 측면에서 '논리적인 추측' 방법의 문제점을 확실하게 알 수 있다.

또한 `ServletContext`나 `HttpSession`에는 `setAttribute` 메소드를 사용해 원하

는 객체를 보관할 수 있는데, 이렇게 보관한 객체는 서블릿 컨테이너가 아니라 웹 애플리케이션에서 소유권을 갖는다. 서블릿 표준에 보면 어디에도 공용 속성을 동시에 접근해 사용하는 부분에 대한 아무런 방법이 나와있지 않다. 따라서 웹 애플리케이션이 서블릿 컨테이너에게 보관해두는 객체는 스레드 안전하거나 결론적으로 불변인 객체여야 한다. 서블릿 컨테이너는 웹 애플리케이션이 객체를 보관하고자 할 때 단순히 받아서 보관만 하는 정도라면 웹 애플리케이션에서 접근해 사용하는 시점에 적절한 락으로 막아주는 정도로도 충분할 것이다. 하지만 서블릿 컨테이너는 복제나 저장하기 위해 HttpSession에 보관되어 있는 내용을 직렬화serialize해야 할 필요도 있다. 이런 경우 서블릿 컨테이너는 웹 애플리케이션의 동기화 정책을 모를 것이 분명하기 때문에 HttpSession에 보관할 필요가 있는 객체는 반드시 스레드 안전성을 확보해 두는 것이 좋다.

JDBC에서 정의하는 DataSource 인터페이스에 대해서도 위의 HttpSession이나 ServletContext와 비슷한 과정을 거쳐 논리적으로 추측을 해볼 수 있겠다. DataSource 인터페이스 역시 클라이언트 애플리케이션에 뭔가 기능을 제공하도록 되어 있으니 단일 스레드 애플리케이션을 대상으로 한다면 앞뒤가 맞지 않는다. 또한 getConnection 메소드를 두 개 이상의 스레드에서 호출하지 않도록 만들어져 있는 프로그램 역시 상상하기 어렵다. 그리고 서블릿의 예에서 봤던 것처럼 JDBC 표준에 나와 있는 여러 가지 예제를 살펴보면 DataSource 인터페이스를 사용하는 모든 부분에서 클라이언트 측 락을 활용하는 경우를 찾아볼 수 없다. 따라서 JDBC 표준에서 직접적으로 DataSource가 스레드 안전하다거나 DataSource를 구현하는 업체에서 스레드 안전성을 확보해야 한다는 제약조건을 두지는 않았지만, '그렇게 하지 않는 것이 더 이상하다'는 수준에서 DataSource.getConnection 메소드를 사용할 때 별다른 동기화 방법을 적용할 필요가 없다고 추측할 수 있겠다.

그렇다고 해서 JDBC 표준에 정의되어 있는 Connection 객체에도 똑같은 결론을 적용할 수는 없다. Connection 클래스는 한군데에서 모두 사용하고 나면 원래 풀에 반환하는 형태로 사용하도록 되어 있고, 한 번에 여러 스레드에서 동시에 사용하도록 만들어지지 않았기 때문이다. 따라서 특정 프로그램에서 Connection 객체를 받아다 사용하는 일이 여러 스레드에서 동시에 일어난다면 해당 프로그램은 Connection 객체를 적절한 락으로 직접 동기화한 상태에서 사용해야 할 책임이 있다(대부분 애플리케이션은 JDBC Connection 클래스를 사용하는 모든 부분에서 Connection 객체가 해당 스레드에 한정되도록 구현되어 있다).

05 구성 단위

4장에서는 스레드 안전한 클래스를 프로그램하는 데 필요한 여러 가지 기법을 살펴봤다. 여러 가지 방법이 있었는데 특히 이미 스레드 안전하게 만들어져 있는 클래스에 스레드 안전성을 위임하는 방법도 있었다. 현업에서 작업하다 보면 위임 기법을 사용해 스레드 안전성을 확보하는 방법이 상당히 효과적이며 쓸 만한 방법이다. 이미 스레드 안전성을 확보한 클래스에 상태 변수를 관리하는 부분을 맡기고 신경을 끌 수 있기 때문이다.

자바 패키지에 포함되어 있는 기본 라이브러리를 보면 병렬 프로그램을 작성할 때 필요한 여러 가지 동기화 도구가 마련되어 있다. 스레드 안전하게 만들어져 있는 컬렉션 클래스를 예로 들 수 있고, 동시에 동작하는 스레드 간의 작업을 조율할 수 있도록 여러 가지 동기화 기법을 사용할 수도 있다. 5장에서는 병렬 프로그래밍 과정에서 유용하게 사용할 수 있는 몇 가지 도구를 살펴볼 것인데, 특히 자바 5.0과 자바 6에 포함된 클래스를 위주로 살펴본다. 그에 덧붙여 병렬 프로그램을 작성할 때 사용하기 좋은 몇 가지 디자인 패턴도 알아보자.

5.1 동기화된 컬렉션 클래스

동기화되어 있는 컬렉션 클래스의 대표 주자는 바로 `Vector`와 `Hashtable`이다. 이 두 개의 클래스는 JDK에 예전부터 포함되어 있었고, JDK 1.2 버전부터는 `Collections.synchronizedXxx` 메소드를 사용해 이와 비슷하게 동기화되어 있는 몇 가지 클래스를 만들어 사용할 수 있게 됐다. 이와 같은 클래스는 모두 `public`으로 선언된 모든 메소드를 클래스 내부에 캡슐화해 내부의 값을 한 번에 한 스레드만 사용할 수 있도록 제어하면서 스레드 안전성을 확보하고 있다.

5.1.1 동기화된 컬렉션 클래스의 문제점

동기화된 컬렉션 클래스는 스레드 안전성을 확보하고 있기는 하다. 하지만 여러 개의 연산을 묶어 하나의 단일 연산처럼 활용해야 할 필요성이 항상 발생한다. 두 개 이상의 연산을 묶어 사용해야 하는 예를 살펴보자면, 반복iteration(컬렉션 내부의 모든 항목을 차례로 가져다 사용함), 이동navigation(특정한 순서에 맞춰 현재 보고있는 항목의 다음 항목 위치로 이동함) 등의 기능이 있을 수 있고, '없는 경우에만 추가하는(컬렉션 내부에 추가하고자 하는 값이 있는지를 확인하고, 기존에 갖고 있지 않은 경우에만 새로운 값을 추가하는 기능)' 등의 연산도 빈번하게 사용하는 기능이다. 동기화된 컬렉션을 사용하면 따로 락이나 동기화 기법을 사용하지 않는다 해도 이런 대부분의 기능이 모두 스레드 안전하다. 하지만 여러 스레드가 해당 컬렉션 하나를 놓고 동시에 그 내용을 변경하려 한다면 컬렉션 클래스가 상식적으로 올바른 방법으로 동작하지 않을 수도 있다.

예제 5.1을 보면 `Vector` 하나를 놓고 동작하는 `getLast`와 `deleteLast` 메소드가 만들어져 있다. 두 가지 메소드 모두 확인하고 동작하는 형태로 구성되어 있으며, 매번 실행될 때마다 `size` 메소드를 호출해 뽑아내거나 삭제할 항목이 있는지를 확인하고, 확인한 결과에 맞춰서 각 메소드에 정해진 대로 동작한다.

```
public static Object getLast(Vector list) {
    int lastIndex = list.size() - 1;
    return list.get(lastIndex);
}

public static void deleteLast(Vector list) {
    int lastIndex = list.size() - 1;
    list.remove(lastIndex);
}
```

예제 5.1 올바르게 동작하지 않을 수 있는 상태의 메소드

그냥 눈으로 보기에는 두 개의 메소드 모두 그다지 문제가 없어 보일 수도 있고, `Vector` 클래스의 메소드만을 사용하기 때문에 몇 개의 스레드가 동시에 메소드를 호출한다 해도 `Vector` 내부의 데이터는 깨지지 않는다. 하지만 위의 두 가지 메소드를 호출해 사용하는 외부 프로그램의 입장에서 보면 상황이 달라진다. 만약 `Vector`에 10개의 값이 들어 있는 상태에서 스레드 B가 `getLast` 메소드를 호출하고, 스레드 A는 동시에 `deleteLast` 메소드를 호출한다고 하면 스레드 A와 스레드 B는 각각 그림 5.1에 나타난 것처럼 섞여 동작

할 수 있고, 그림 5.1과 같은 순서로 동작한다면 ArrayIndexOutOfBoundsException이 발생한다. getLast 메소드에서 Vector 클래스의 size 메소드를 호출하고 Vector의 get 메소드를 호출하기 전에 deleteLast 메소드가 실행되어 버리면 뽑아내려 했던 마지막 항목이 제거된 이후이기 때문에 예외 상황이 발생한다. 이런 문제가 있지만 Vector의 입장에서는 스레드 안전성에는 문제가 없는 상태다. 단순히 없는 항목을 요청했기 때문에 예외를 발생시킨 것뿐이다. 하지만 getLast 메소드를 호출하는 입장에서는 가져가고자 했던 '마지막' 값이 들어 있음에도 불구하고 가져가지 못했기 때문에 올바르지 않은 상황이다.

동기화된 컬렉션 클래스는 대부분 클라이언트 측 락을 사용할 수 있도록 만들어져 있기 때문에[1] 컬렉션 클래스가 사용하는 락을 함께 사용한다면 새로 추가하는 기능을 컬렉션 클래스에 들어 있는 다른 메소드와 같은 수준으로 동기화시킬 수 있다. 동기화된 컬렉션 클래스는 컬렉션 클래스 자체를 락으로 사용해 내부의 전체 메소드를 동기화시키고 있다. 따라서 컬렉션 클래스를 락으로 사용하면 getLast 메소드와 deleteLast 메소드도 안전하게 동기화시킬 수 있다. 예제 5.2와 같이 getLast와 deleteLast 메소드를 각각 동기화시키면 size 메소드와 get 메소드를 호출하는 사이에 해당 값이 없어지는 상황은 발생하지 않는다.

예제 5.3에 나타난 코드는 컬렉션 클래스에 들어 있는 모든 값을 반복적으로 가져오는 기능을 구현하고 있는데, 앞에서 size 메소드를 호출한 다음 get 메소드를 호출하는 부분을 올바르게 동기화하지 않았던 것과 같은 문제가 발생할 수 있다.

컬렉션 클래스에 구현되어 있는 반복 기능은 size와 get 메소드를 호출하는 사이에 변경 기능을 호출하지 않을 것이라는 어설픈 가정하에 만들어져 있다. 만약 단일 스레드로 동작하는 환경이라면 아무런 문제가 발생하지 않겠지만, Vector 내부의 값을 여러 스레드에서 마구 변경하는 상황에서 반복 기능을 사용한다면 문제가 발생한다. 앞의 getLast 메소드에서 문제가 발생했던 것처럼 반복 기능을 사용하는 도중에 값을 삭제하는데 타이밍이 적절하게 맞는다면 반복 기능 메소드에서 역시 ArrayIndexOutOfBoundsException이 발생할 수 있다.

1. 이 부분에 대한 설명은 자바 5.0에 와서야 API 문서에 '반복 기능을 올바르게 사용하는 방법'에 대한 내용으로 살짝 포함됐다.

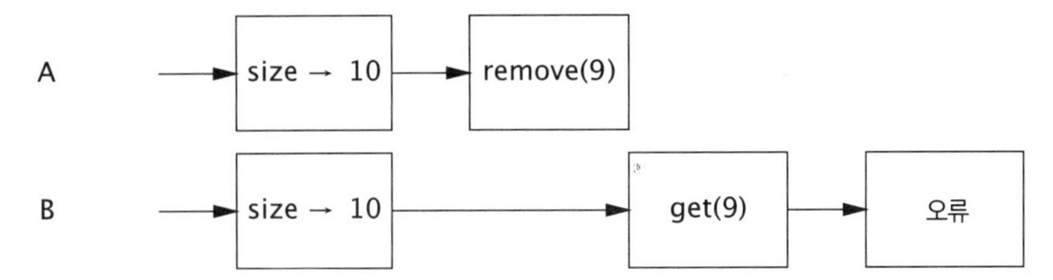

그림 5.1 getLast 메소드와 deleteLast 메소드가 절묘하게 겹쳐져 동작해 ArrayIndexOutOfBoundsException이 발생하는 모습

```
public static Object getLast(Vector list) {
    synchronized (list) {
        int lastIndex = list.size() - 1;
        return list.get(lastIndex);
    }
}

public static void deleteLast(Vector list) {
    synchronized (list) {
        int lastIndex = list.size() - 1;
        list.remove(lastIndex);
    }
}
```

예제 5.2 클라이언트 측 락을 활용해 getLast와 deleteLast를 동기화시킨 모습

```
for (int i = 0; i < vector.size(); i++)
    doSomething(vector.get(i));
```

예제 5.3 ArrayIndexOutOfBoundsException이 발생할 수 있는 반복문 코드

예제 5.3에 나타난 반복문이 예외 상황을 발생시킬 수 있기는 하지만, 그렇다고 해서 Vector 클래스가 스레드 안전하지 않다는 의미는 아니다. Vector 내부의 데이터는 예외 상황이 발생하는 것과 무관하게 안전한 상태이며 예외는 단지 Vector 클래스의 설계 방향에 의해 발생시키는 것일 뿐이다. 어쨌거나 Vector의 마지막 엘리먼트를 뽑아내는 기능이나 반복문을 실행하는 도중에 예외를 던져버리는 상황은 그다지 원하는 상태는 아닐 것이다.

반복문이 실행되는 도중에 예외 상황이 발생하는 경우 역시 클라이언트 측 락을 사용하면 예외 상황이 발생하지 않도록 정확하게 동기화시킬 수 있다. 하지만 성능의 측면에서 보자면 약간의 손해가 생길 가능성이 있다. 예제 5.4에 나타나 있는 코드처럼 반복문을 실행하는 동안 동기화시키기 위해 락을 사용하면 반복문이 실행되는 동안에는 Vector 클래스 내부의 값을 변경하는 모든 스레드가 대기 상태에 들어가기 때문이다. 다시 말하자면 반복문이 실행되는 동안 동시 작업을 모두 막아버리기 때문에 여러 스레드가 동시에 동작하는 병렬 프로그램의 큰 장점을 잃어버리는 셈이다.

```
synchronized (vector) {
    for (int i = 0; i < vector.size(); i++)
        doSomething(vector.get(i));
}
```

예제 5.4 클라이언트 측 락을 사용해 반복문을 동기화시킨 모습

5.1.2 Iterator와 ConcurrentModificationException

컬렉션 프레임웍보다 훨씬 오래전부터 사용됐기 때문에 여러 가지 관점에서 낡은 측면이 있지만 편의상 계속해서 Vector 클래스를 대상으로 예제를 살펴봤다. 하지만 새로 추가된 컬렉션 클래스 역시 다중 연산을 사용할 때에 발생하는 문제점을 해결하지는 못한다. Collection 클래스에 들어 있는 값을 차례로 반복시켜 읽어내는 가장 표준적인 방법은 바로 Iterator를 사용하는 방법이다(이런 방법은 Iterator를 직접 사용하건, 아니면 자바 5.0부터 사용할 수 있는 특별한 문법의 for 문을 사용하건 동일하다). Iterator를 사용해 컬렉션 클래스 내부의 값을 차례로 읽어다 사용한다 해도 반복문이 실행되는 동안 다른 스레드가 컬렉션 클래스 내부의 값을 추가하거나 제거하는 등의 변경 작업을 시도할 때 발생할 수 있는 문제를 막아주지는 못한다. 다시 말해 동기화된 컬렉션 클래스에서 만들어낸 Iterator를 사용한다 해도 다른 스레드가 같은 시점에 컬렉션 클래스 내부의 값을 변경하는 작업을 처리하지는 못하게 만들어져 있고, 대신 즉시 멈춤fail-fast의 형태로 반응하도록 되어 있다. 즉시 멈춤이란 반복문을 실행하는 도중에 컬렉션 클래스 내부의 값을 변경하는 상황이 포착되면 그 즉시 ConcurrentModificationException 예외를 발생시키고 멈추는 처리 방법이다.

즉시 멈춤 방법은 누구나 쉽게 사용할 수 있도록 만들어진 방법은 아니고, 병렬 프로그램를 작성하는 도중에 충분한 노력을 기울이면 멀티스레드 관련 오류를 발견할

수 있도록 준비된 것이기 때문에 멀티스레드 관련 오류가 있다는 경고 정도에 해당한다고 보는 게 좋다. 컬렉션 클래스는 내부에 값 변경 횟수를 카운트하는 변수를 마련해두고, 반복문이 실행되는 동안 변경 횟수 값이 바뀌면 hasNext 메소드나 next 메소드에서 ConcurrentModificationException을 발생시킨다. 더군다나 변경 횟수를 확인하는 부분이 적절하게 동기화되어 있지 않기 때문에 반복문에서 변경 횟수를 세는 과정에서 스테일 값을 사용하게 될 가능성도 있고, 따라서 변경 작업이 있었다는 것을 모를 수도 있다는 말이다. 이렇게 구현한 모습이 문제가 있기는 하지만 전체적인 성능을 떨어뜨릴 수 있기 때문에 변경 작업이 있었다는 상황을 확인하는 기능에 정확한 동기화 기법을 적용하지 않았다고 볼 수 있다.[2]

예제 5.5를 보면 for-each 반복문을 사용해 컬렉션 클래스의 값을 차례로 읽어들이는 코드가 나타나 있다. 예제 5.5에 적혀 있는 코드를 javac로 컴파일할 때, 자동으로 Iterator를 사용하면서 hasNext나 next 메소드를 매번 호출하면서 반복하는 방법으로 변경한다. 따라서 반복문을 실행할 때 ConcurrentModificationException이 발생하지 않도록 미연에 방지하는 방법은 Vector에서 반복문을 사용할 때처럼 반복문 전체를 적절한 락으로 동기화를 시키는 방법밖에 없다.

```
List<Widget> widgetList
    = Collections.synchronizedList(new ArrayList<Widget>());
...
// ConcurrentModificationException이 발생할 수 있다.
for (Widget w : widgetList)
    doSomething(w);
```

예제 5.5 Iterator를 사용해 List 클래스의 값을 반복해 뽑아내는 모습

하지만 반복문을 실행하는 코드 전체를 동기화시키는 방법이 그다지 훌륭한 방법이 아니라고 주장하는 여러 가지 이유를 생각해 볼 수 있다. 컬렉션에 엄청나게 많은 수의 값이 들어 있거나 값마다 반복하면서 실행해야 하는 작업이 시간이 많이 소모되는 작업일 수 있는데, 이런 경우에는 컬렉션 클래스 내부의 값을 사용하고자 하는 스레드가 상당히 오랜 시간을 대기 상태에서 기다려야 할 수 있다는 말이다. 또한 예제 5.4와 같이 반복문에서 락을 잡고 있는 상황에서 doSomething 메소드가 실행할 때 또 다른 락을 확보해야 한다면, 데드락deadlock(10장을 참조하자)이 발생할 가능성도 높아진다.

2. 단일 스레드 환경의 프로그램에서도 ConcurrentModificationException이 발생할 수 있다. 반복문 내부에서 Iterator.remove 등의 메소드를 사용하지 않고 해당하는 컬렉션의 값을 직접 제거하는 등의 작업을 하려 하면 예외 상황이 발생한다.

소모상태starvation나 데드락의 위험이 있는 상태에서 컬렉션 클래스를 오랜 시간 동안 락으로 막아두고 있는 상태라면 전체 애플리케이션의 확장성을 해칠 수도 있다. 반복문에서 락을 오래 잡고 있으면 있을수록, 락을 확보하고자 하는 스레드가 대기 상태에 많이 쌓일 수 있고, 대기 상태에 스레드가 적체되면 될수록 CPU 사용량이 급격하게 증가할 가능성이 높다(11장을 참조하자).

반복문을 실행하는 동안 컬렉션 클래스에 들어 있는 내용에 락을 걸어둔 것과 비슷한 효과를 내려면 clone 메소드로 복사본을 만들어 복사본을 대상으로 반복문을 사용할 수 있다. 이렇게 clone 메소드로 복사한 사본은 특정 스레드에 한정되어 있으므로 반복문이 실행되는 동안 다른 스레드에서 컬렉션 사본을 건드리기 어렵기 때문에 ConcurrentModificationException이 발생하지 않는다(물론 최소한 clone 메소드를 실행하는 동안에는 컬렉션의 내용을 변경할 수 없도록 동기화시켜야 한다). 어찌됐건 clone 메소드로 복사본을 만드는 작업에도 시간은 필요하기 마련이다. 따라서 반복문에서 사용할 목적으로 복사본을 만는 방법도 컬렉션에 들어 있는 항목의 개수, 반복문에서 개별 항목마다 실행해야 할 작업이 시간이 얼마나 오래 걸리는지, 컬렉션의 여러 가지 기능에 비해 반복 기능을 얼마나 빈번하게 사용하는지, 그리고 응답성과 실행 속도 등의 여러 가지 요구 사항을 충분히 고려해서 적절하게 적용해야 한다.

5.1.3 숨겨진 Iterator

락을 걸어 동기화시키면 Iterator를 사용할 때 ConcurrentModificationException이 발생하지 않도록 제어할 수는 있다. 하지만 컬렉션을 공유해 사용하는 모든 부분에서 동기화를 맞춰야 한다는 점을 잊어서는 안 된다. 좀 일반적이지 않다고 생각할 수도 있겠지만 예제 5.6의 HiddenIterator 클래스와 같이 Iterator가 숨겨져 있는 경우도 있다. HiddenIterator 클래스를 보면 어디에도 iterator 메소드로 Iterator를 뽑아 사용하는 부분은 없지만, 굵은 글씨체로 표시한 부분을 보면 내부적으로 Iterator를 사용하고 있다. 굵은 글씨체로 표시된 부분에서는 문자열 두 개를 + 연산으로 연결하는데, 컴파일러는 이 문장을 StringBuilder.append(Object) 메소드를 사용하는 코드로 변환한다. 그 과정에서 컬렉션 클래스의 toString 메소드를 호출하게 되어 있고, 컬렉션 클래스의 toString 메소드 소스코드를 들여다 보면 해당 컬렉션 클래스의 iterator 메소드를 호출해 내용으로 보관하고 있는 개별 클래스의 toString 메소드를 호출해 출력할 문자열을 만들어 내도록 되어 있다.

다시 설명하자면, HiddenIterator 클래스의 addTenThings 메소드를 실행하는 도중에 디버깅 메시지를 출력하기 위해 set 변수의 Iterator를 찾아 사용하기 때문에

ConcurrentModificationException이 발생할 가능성이 있다. 따라서 HiddenIterator 클래스는 스레드 안전성을 확보하지 못했다. 스레드 안전성을 확보하려면 println 메소드에서 set 변수를 사용하려 하기 전에 락을 확보해 동기화시켜야 한다. 하지만 단순히 디버깅 메시지를 출력하기 위해 락을 사용한다는 건 성능의 측면으로 볼 때 그다지 적절한 방법이 아닐 수 있다.

여기에서 다시 한 번 상기하고 넘어가야 할 것이 있다. 개발자는 상태 변수와 상태 변수의 동기화를 맞춰주는 락이 멀리 떨어져 있을수록 동기화를 맞춰야 한다는 필요성을 잊기 쉽다는 점이다. 만약 HiddenIterator 클래스에서 사용했던 것처럼 HashSet을 직접 사용하지 말고 synchronizedSet 메소드로 동기화된 컬렉션을 사용하면 동기화가 이미 맞춰져 있기 때문에 Iterator와 관련한 이런 문제가 발생하지 않는다.

> 클래스 내부에서 필요한 변수를 모두 캡슐화하면 그 상태를 보존하기가 훨씬 편리한 것처럼, 동기화 기법을 클래스 내부에 캡슐화하면 동기화 정책을 적용하기가 쉽다.

```
public class HiddenIterator {
    @GuardedBy("this")
    private final Set<Integer> set = new HashSet<Integer>();

    public synchronized void add(Integer i) { set.add(i); }
    public synchronized void remove(Integer i) { set.remove(i); }

    public void addTenThings() {
        Random r = new Random();
        for (int i = 0; i < 10; i++)
            add(r.nextInt());
        System.out.println("DEBUG: added ten elements to " + set);
    }
}
```

예제 5.6 문자열 연결 연산 내부에 iterator가 숨겨져 있는 상황. 이런 코드는 금물!

예제 5.6에서 봤던 것처럼 toString 메소드뿐만 아니라 컬렉션 클래스의 hashCode 메소드나 equals 메소드도 내부적으로 iterator를 사용한다(클래스의 hashCode나 equals 메소드는 해당 클래스를 컬렉션에 보관할 때 빈번하게 호출된다). 뿐만 아니라 containsAll, removeAll, retainAll 등의 메소드, 컬렉션 클래스를 넘겨받는 생성 메소드 등도 모두 내부적으로 iterator를 사용한다. 이렇게 내부적으로 iterator를 사용하는 모든 메소드에서 ConcurrentModificationException이 발생할 가능성이 있다.

5.2 병렬 컬렉션

자바 5.0은 여러 가지 병렬 컬렉션 클래스를 제공하면서 컬렉션 동기화 측면에서 많은 발전이 있었다. 동기화된 컬렉션 클래스는 컬렉션의 내부 변수에 접근하는 통로를 일련화해서 스레드 안전성을 확보했다. 하지만 이렇게 만들다 보니 여러 스레드가 한꺼번에 동기화된 컬렉션을 사용하려고 하면 동시 사용성은 상당 부분 손해를 볼 수밖에 없다.

하지만 병렬 컬렉션은 여러 스레드에서 동시에 사용할 수 있도록 설계되어 있다. 자바 5.0에는 해시 기반의 HashMap을 대치하면서 병렬성을 확보한 ConcurrentHashMap 클래스가 포함되어 있다. 그리고 CopyOnWriteArrayList는 추가되어 있는 객체 목록을 반복시키며 열람하는 연산의 성능을 최우선으로 구현한 List 클래스의 하위 클래스이다. 또한 새로 추가된 ConcurrentMap 인터페이스를 보면 추가하려는 항목이 기존에 없는 경우에만 새로 추가하는put-if-absent 연산, 대치replace 연산, 조건부 제거conditional remove 연산 등을 정의하고 있다.

> 기존에 사용하던 동기화 컬렉션 클래스를 병렬 컬렉션으로 교체하는 것만으로도 별다른 위험 요소 없이 전체적인 성능을 상당히 끌어 올릴 수 있다.

이에 덧붙여 자바 5.0은 Queue와 BlockingQueue라는 두 가지 형태의 컬렉션 인터페이스를 추가했다. Queue 인터페이스는 작업할 내용을 순서대로 쌓아둘 수 있는 구조로 되어 있다. Queue 인터페이스를 구현하는 클래스도 여러 종류가 제공된다. ConcurrentLinkedQueue는 널리 알려져 있는 전통적인 FIFOfirst-in, first-out 큐이고, PriorityQueue는 특정한 우선 순위에 따라 큐에 쌓여 있는 항목이 추출되는 순서가 바뀌는 특성을 갖고 있다. Queue 인터페이스에 정의되어 있는 연산은 동기화를 맞추느라 대기 상태에서 기다리는 부분이 없다. 큐에서 객체를 뽑아내는 연산을 호출했는데 큐에 뽑아낼 항목이 하나도 들어 있지 않았다면 단순히 null을 리턴한다. 예전에 사용하던 List를 사용해 Queue의 기능을 그대로 구현할 수도 있다. 하지만 목록에 들어 있는 특정 항목을 직접 지목해 사용하는 기능과 같이 List 클래스의 특징이면서 동시 사용성에 걸림돌이라고 할 만한 부분을 제거할 수 있기 때문에 큐의 관점에서 꼭 필요한 기능만을 Queue에 모아 두면 훨씬 효율적이면서 동시 사용성을 극대화시킬 수 있다.

Queue를 상속받은 BlockingQueue 클래스는 큐에 항목을 추가하거나 뽑아낼 때 상황에 따라 대기할 수 있도록 구현되어 있다. 예를 들어 큐가 비어 있다면 큐에서 항목을 뽑아내는 연산은 새로운 항목이 추가될 때까지 대기한다. 반대로 큐에 크기가 지정되어 있는 경우에 큐가 지정한 크기만큼 가득 차 있다면, 큐에 새로운 항목을 추가하는 연산은 큐에 빈 자리가 생길 때까지 대기한다. BlockingQueue 클래스는 프로듀서-컨슈머producer-consumer 패턴을 구현할 때 굉장히 편리하게 사용할 수 있으며, 5.3절에서 좀더 자세하게 다룬다.

ConcurrentHashMap 클래스가 해시 기반의 동기화된 Map의 발전된 형태인 것처럼, 자바 6에는 ConcurrentSkipListMap과 ConcurrentSkipListSet이라는 클래스가 있다. ConcurrentSkipListMap과 ConcurrentSkipListSet은 각각 SortedMap과 SortedSet 클래스의 병렬성을 높이도록 발전된 형태라고 볼 수 있다(SortedMap과 SortedSet은 TreeMap과 TreeSet을 synchronizedMap으로 처리해 동기화시킨 컬렉션과 같다고 볼 수 있다).

5.2.1 ConcurrentHashMap

동기화된 컬렉션 클래스는 각 연산을 수행하는 시간 동안 항상 락을 확보하고 있어야 한다. 그런데 HashMap.get 메소드나 List.contains와 같은 몇 가지 연산은 생각하는 것보다 훨씬 많은 양의 일을 해야 할 수도 있다. HashMap.get의 경우에는 내부적으로 관리하는 해시 테이블을 뒤져봐야 하고, List.contains의 경우에는 특정 객체가 들어 있는지 확인하기 위해 목록으로 갖고 있는 모든 객체를 순서대로 불러와서 equals 메소드를 호출해 봐야 한다(equals 메소드는 클래스의 복잡도에 따라 상당한 양의 CPU 시간을 소모할 수 있다). 해시를 기반으로 하는 모든 컬렉션 클래스는 담고 있는 객체들의 hashCode 값이 적절히 넓고 고르게 분포되어 있지 않다면 내부 해시 테이블에 한쪽이 치우친 상태로 저장된다. 최악의 상황을 고려한다면, 객체의 해시 값을 계산해 주는 hashCode 메소드가 잘못 만들어져 있는 경우 단순한 연결 리스트와 거의 동일한 상태에 이를 수 있다. List 클래스에 특정 객체가 포함되어 있는지를 찾아내는 연산 역시 최악의 상황에는 포함하고 있는 모든 객체를 대상으로 equals 메소드를 호출해 봐야 한다. 물론 전체 항목에 대해 equals 메소드를 호출해 확인하는 동안에는 다른 스레드가 List 내부의 값을 사용할 수 없다.

ConcurrentHashMap은 HashMap과 같이 해시를 기반으로 하는 Map이다. 하지만 내부적으로는 이전에 사용하던 것과 전혀 다른 동기화 기법을 채택해 병렬성과 확장성이 훨씬 나아졌다. 이전에는 모든 연산에서 하나의 락을 사용했기 때문에 특정 시점에 하나의 스레드만이 해당 컬렉션을 사용할 수 있었다. 하지만 ConcurrentHashMap은 락 스트라이핑lock striping(11.4.3절 참조)이라 부르는 굉장히 세밀한 동기화 방법을 사용해 여러 스레드에서 공유하는 상태에 훨씬 잘 대응할 수 있다. 값을 읽어가는 연산은 많은 수의 스레드라도 얼마든지 동시에 처리할 수 있고, 읽기 연산과 쓰기 연산도 동시에 처리할 수 있으며, 쓰기 연산은 제한된 개수만큼 동시에 수행할 수 있다. 속도를 보자면 여러 스레드가 동시에 동작하는 환경에서 일반적으로 훨씬 높은 성능 결과를 볼 수 있으며, 이와 함께 단일 스레드 환경에서도 성능상의 단점을 찾아볼 수 없다.

다른 병렬 컬렉션 클래스와 비슷하게 ConcurrentHashMap 클래스도 Iterator를 만들어 내는 부분에서 많이 발전했는데, ConcurrentHashMap이 만들어 낸 Iterator는 ConcurrentModificationException을 발생시키지 않는다. 따라서 ConcurrentHashMap의 항목을 대상으로 반복문을 실행하는 경우에는 따로 락을 걸어 동기화해야 할 필요가 없다. ConcurrentHashMap에서 만들어 낸 Iterator는 즉시 멈춤fail-fase 대신 미약한 일관성 전략을 취한다. 미약한 일관성 전략은 반복문과 동시에 컬렉션의 내용을 변경한다 해도 Iterator를 만들었던 시점의 상황대로 반복을 계속할 수 있다. 게다가 Iterator를 만든 시점 이후에 변경된 내용을 반영해 동작할 수도 있다(이 부분은 반드시 보장되지는 않는다).

이렇게 발전된 부분이 많지만 물론 신경을 더 써야 할 부분도 생겼다. 병렬성 문제 때문에 Map의 모든 하위 클래스에서 공통적으로 사용하는 size 메소드나 isEmpty 메소드의 의미가 약간 약해졌다. 예를 들어 size 메소드는 그 결과를 리턴하는 시점에 이미 실제 객체의 수가 바뀌었을 수 있기 때문에 정확히 말하자면 size 메소드의 결과는 정확한 값일 수 없고, 단지 추정 값일 뿐이다. 정확한 값이 아니라면 사용하는 데 어려움이 있을까 걱정이 되기도 하겠지만, 실제로는 size나 isEmpty의 결과가 추정 값이라 해도 그다지 문제되는 부분은 없다. 당연한 얘기지만 get, put, containsKey, remove 등의 핵심 연산의 병렬성과 성능을 높이기 위해서라면 size나 isEmpty의 의미가 약간 변할 수밖에 없다.

동기화된 Map에서는 지원하지만 ConcurrentHashMap에서는 지원하지 않는 기능이 있는데, 바로 맵을 독점적으로 사용할 수 있도록 막아버리는 기능이다. Hashtable과 synchronizedMap 메소드를 사용하면 Map에 대한 락을 잡아 다른 스레드에서 사용하지 못하도록 막을 수 있다. 이런 작업이 흔히 필요한 일은 아니지만, 단일 연산으로 여러 개의 값을 Map에 넣고자 한다거나 Map의 내용을 여러 번 반복시켜볼 때 반복되는 내용과 순서가 바뀌지 않아야 한다는 등의 특별한 상황이라면 필요할 수도 있다. 아무튼 이런 정도의 단점은 충분히 상식적으로 이해할 수 있다고 본다. 여러 스레드에서 동시에 사용할 수 있는 내용이라면 계속해서 바뀌는 게 정상이지 않을까?

지금까지 살펴본 것처럼 ConcurrentHashMap을 사용하면 Hashtable이나 synchronizedMap 메소드를 사용하는 것에 비해 단점이 있기는 하지만, 훨씬 많은 장점을 얻을 수 있기 때문에 대부분의 경우에는 Hashtable이나 synchronizedMap을 사용하던 부분에 ConcurrentHashMap을 대신 사용하기만 해도 별 문제 없이 많은 장점을 얻을 수 있다. 만약 작업 중인 애플리케이션에서 특정 Map을 완전히 독점해서 사용하는 경우가 있다면,[3] 그 부분에 ConcurrentHashMap을 적용할 때는 충분히 신경을 기울여야 한다.

5.2.2 Map 기반의 또 다른 단일 연산

ConcurrentHashMap 클래스는 독점적으로 사용할 수 있는 락이 없기 때문에 '없을 경우에만 추가하는' 연산과 같이 여러 개의 단일 연산을 모아 새로운 단일 연산을 만들고자 할 때 4.4.1절에서 Vector 클래스를 대상으로 살펴봤던 것처럼 클라이언트 측 락 기법을 활용할 수 없다. 하지만 ConcurrentHashMap 클래스에는 일반적으로 많이 사용하는 '없을 경우에만 추가하는put-if-absent' 연산, '동일한 경우에만 제거하는remove-if-equal' 연산, '동일한 경우에만 대치하는replace-if-equal' 연산과 같이 자주 필요한 몇 가지의 연산이 이미 구현되어 있다(예제 5.7에서 이와 같은 단일 연산의 목록을 볼 수 있다). 만약 이미 구현되어 있지 않은 기능을 사용해야 한다면, ConcurrentHashMap 보다는 ConcurrentMap을 사용해 보는 편이 낫겠다.

5.2.3 CopyOnWriteArrayList

CopyOnWriteArrayList 클래스는 동기화된 List 클래스보다 병렬성을 훨씬 높이고자 만들어졌다. 예를 들어 대부분의 일반적인 용도에 쓰일 때 병렬성이 향상됐고, 특히 List에 들어 있는 값을 Iterator로 불러다 사용하려 할 때 List 전체에 락을 걸거나 List를 복제할 필요가 없다(CopyOnWriteArrayList와 비슷하게 Set 인터페이스를 구현하는 CopyOnWriteArraySet도 있다).

'변경할 때마다 복사' 하는 컬렉션 클래스는 불변 객체를 외부에 공개하면 여러 스레드가 동시에 사용하려는 환경에서도 별다른 동기화 작업이 필요 없다는 개념을 바

3. 이런 경우뿐만 아니라, 동기화된 Map 클래스가 가지는 부수적인 특성을 교묘하게 활용하는 경우도 해당된다.

탕으로 스레드 안전성을 확보하고 있다. 하지만 컬렉션이라면 항상 내용이 바뀌어야 하기 때문에, 컬렉션의 내용이 변경될 때마다 복사본을 새로 만들어 내는 전략을 취한다. 만약 CopyOnWriteArrayList 컬렉션에서 Iterator를 뽑아내 사용한다면 Iterator를 뽑아내는 시점의 컬렉션 데이터를 기준으로 반복하며, 반복하는 동안 컬렉션에 추가되거나 삭제되는 내용은 반복문과 상관 없는 복사본을 대상으로 반영하기 때문에 동시 사용성에 문제가 없다. 물론 반복문에서 락을 걸어야 할 필요가 있기는 하지만, 반복할 대상 전체를 한번에 거는 대신 개별 항목마다 가시성을 확보하려는 목적으로 잠깐씩 락을 거는 정도면 충분하다. 변경할 때마다 복사하는 컬렉션에서 뽑아낸 Iterator를 사용할 때는 ConcurrentModificationException이 발생하지 않으며, 컬렉션에 어떤 변경 작업을 가한다 해도 Iterator를 뽑아내던 그 시점에 컬렉션에 들어 있던 데이터를 정확하게 활용할 수 있다.

```
public interface ConcurrentMap<K,V> extends Map<K,V> {
    // key라는 키가 없는 경우에만 value 추가
    V putIfAbsent(K key, V value);

    // key라는 키가 value 값을 갖고 있는 경우 제거
    boolean remove(K key, V value);

    // key라는 키가 oldValue 값을 갖고 있는 경우 newValue로 치환
    boolean replace(K key, V oldValue, V newValue);

    // key라는 키가 들어 있는 경우에만 newValue로 치환
    V replace(K key, V newValue);
}
```

예제 5.7 ConcurrentMap 인터페이스

물론 컬렉션의 데이터가 변경될 때마다 복사본을 만들어내기 때문에 성능의 측면에서 손해를 볼 수 있고, 특히나 컬렉션에 많은 양의 자료가 들어 있다면 손실이 클 수 있다. 따라서 변경할 때마다 복사하는 컬렉션은 변경 작업보다 반복문으로 읽어내는 일이 훨씬 빈번한 경우에 효과적이다. 이런 조건은 이벤트 처리 시스템에서 이벤트 리스너를 관리하는 부분에 유용하게 사용할 수 있다. 리스너를 활용해 이벤트를 처리하는 시스템에서는 이벤트가 발생하는 부분에 이벤트를 처리할 리스너를 등록하고, 특정 이벤트가 발생하면 등록된 리스너를 차례로 호출하도록 되어 있다. 이런 경우 리스너

를 등록하거나 해제하는 기능을 사용하는 빈도가 리스너 목록의 내용을 반복문으로 호출하는 기능의 발생 빈도보다 훨씬 낮기 때문에 변경할 때마다 복사하는 컬렉션을 사용하기에 적당한 상황이라고 할 수 있다([CPJ 2.4.4]에서 변경할 때마다 복사하는 컬렉션에 대해 좀더 상세한 정보를 찾아볼 수 있다).

5.3 블로킹 큐와 프로듀서-컨슈머 패턴

블로킹 큐blocking queue는 put과 take라는 핵심 메소드를 갖고 있고, 더불어 offer와 poll이라는 메소드도 갖고 있다. 만약 큐가 가득 차 있다면 put 메소드는 값을 추가할 공간이 생길 때까지 대기한다. 반대로 큐가 비어 있는 상태라면 take 메소드는 뽑아낼 값이 들어올 때까지 대기한다. 큐는 그 크기를 제한할 수도 있고 제한하지 않을 수도 있는데, 말 그대로 큐의 크기에 제한을 두지 않으면 항상 여유 공간이 있는 셈이기 때문에 put 연산이 대기 상태에 들어가는 일이 발생하지 않는다.

블로킹 큐는 프로듀서-컨슈머producer-consumer 패턴을 구현할 때 사용하기에 좋다. 프로듀서-컨슈머 패턴은 '해야 할 일' 목록을 가운데에 두고 작업을 만들어 내는 주체와 작업을 처리하는 주체를 분리시키는 설계 방법이다. 프로듀서-컨슈머 패턴을 사용하면 작업을 만들어 내는 부분과 작업을 처리하는 부분을 완전히 분리할 수 있기 때문에 개발 과정을 좀더 명확하게 단순화시킬 수 있고, 작업을 생성하는 부분과 처리하는 부분이 각각 감당할 수 있는 부하를 조절할 수 있다는 장점이 있다.

프로듀서-컨슈머 패턴을 적용해 프로그램을 구현할 때 블로킹 큐를 사용하는 경우가 많은데, 예를 들어 프로듀서는 작업을 새로 만들어 큐에 쌓아두고, 컨슈머는 큐에 쌓여 있는 작업을 가져다 처리하는 구조다. 프로듀서는 어떤 컨슈머가 몇 개나 동작하고 있는지에 대해 전혀 신경 쓰지 않을 수 있다. 단지 새로운 작업 내용을 만들어 큐에 쌓아두기만 하면 된다. 반대로 컨슈머 역시 프로듀서에 대해서 뭔가를 알고 있어야 할 필요가 없다. 프로듀서가 몇 개이건, 얼마나 많은 작업을 만들어 내고 있건 상관이 없다. 단지 큐에 쌓여 있는 작업을 가져다 처리하기만 하면 된다. 블로킹 큐를 사용하면 여러 개의 프로듀서와 여러 개의 컨슈머가 작동하는 프로듀서-컨슈머 패턴을 손쉽게 구현할 수 있다. 큐와 함께 스레드 풀을 사용하는 경우가 바로 프로듀서-컨슈머 패턴을 활용하는 가장 흔한 경우라고 볼 수 있다. 작업 큐와 스레드 풀을 사용하는 부분은 6장과 8장에서 살펴볼 Executor 프레임웍에서도 활용하고 있다.

주방에서 두 명이 접시를 닦는 모습이 가장 간단한 프로듀서-컨슈머 패턴에 해당

한다. 한 사람이 접시를 닦아 한쪽에 쌓아두면, 다른 사람은 쌓여 있는 접시를 가져다 건조시킨다. 여기에서는 접시를 쌓아두는 장소가 바로 블로킹 큐의 역할을 담당하는 셈이다. 쌓아두는 장소에 접시가 하나도 없다면 접시를 건조시키는 사람은 닦인 접시가 들어올 때까지 대기해야 한다. 반대로 더 이상 접시를 쌓을 수 없을 만큼 가득 차버리면 접시를 닦는 사람은 접시를 쌓을 공간이 생길 때까지 잠시 기다려야 한다. 이 광경에서 접시를 닦아 쌓아두는 프로듀서가 여러 명이라고 확장해 생각해 볼 수 있을 것이고, (물론 실제 세계에서는 물리적으로 싱크대가 모자랄 수도 있겠다) 접시를 가져다 말리는 사람이 여러 명이라고 가정해 볼 수 있겠다. 접시를 닦는 일을 하는 어느 누구도 접시를 닦는 사람이 몇 명인지 알아야 할 필요가 없고, 어느 접시를 누가 처리했는지 알아야 할 필요도 없다.

여기에서 '프로듀서'나 '컨슈머'라고 붙인 이름은 어디까지나 상대적인 개념이다. 한쪽에서는 컨슈머의 형태로 동작하는 객체라 해도 다른 측면에서 보면 프로듀서의 역할을 하고 있을 수 있다. 예를 들어 접시를 말리는 일은 젖은 접시를 가져가 사용한다는 측면에서는 컨슈머이지만, 마른 접시를 만들어 낸다는 측면에서는 프로듀서라고 볼 수 있다. 만약 마른 접시를 가져가 치우는 세 번째의 작업자가 있었다면 접시를 말리는 사람이 프로듀서를, 접시를 치우는 사람이 컨슈머의 역할을 하는 셈이다. 뿐만 아니라 프로듀서와 컨슈머를 연결하는 블로킹 큐도 하나 더 생겼다(접시를 말리는 사람은 양쪽 큐의 상황에 따라서 작업을 멈추거나 진행해야 한다).

블로킹 큐를 사용하면 값이 들어올 때까지 take 메소드가 알아서 멈추고 대기하기 때문에 컨슈머 코드를 작성하기가 편리하다. 프로듀서가 컨슈머가 감당하지 못할 만큼 일을 많이 만들어 내지 않는 한, 컨슈머는 작업을 끝내고 다음 작업이 들어올 때까지 기다리게 된다. 서버 애플리케이션을 놓고 보면 클라이언트의 수가 적거나 요청량이 많지 않아 이렇게 컨슈머가 '놀고 있는' 상황이 정상적일 수도 있다. 하지만 또 다른 경우에는 프로듀서와 컨슈머의 비율이 적절하지 않다고, 즉 하드웨어의 자원을 효율적으로 사용하지 못하는 것으로 판단할 수도 있다(웹 페이지를 수집하는 크롤러와 같이 특정한 조건을 만족하기 전까지는 무한히 동작하는 경우가 그렇다).

프로듀서가 컨슈머가 감당할 수 있는 것보다 많은 양의 작업을 만들어 내면 해당 애플리케이션의 큐에는 계속해서 작업이 누적되어 결국에는 메모리 오류가 발생하게 된다. 하지만 큐의 크기에 제한을 두면 큐에 빈 공간이 생길 때까지 put 메소드가 대기하기 때문에 프로듀서 코드를 작성하기가 훨씬 간편해진다. 그러면 컨슈머가 작업을 처리하는 속도에 프로듀서가 맞춰야 하며, 컨슈머가 처리하는 양보다 많은 작업을 만들어 낼 수 없다.

블로킹 큐에는 그 외에도 offer 메소드가 있는데, offer 메소드는 큐에 값을 넣을 수 없을 때 대기하지 않고 바로 공간이 모자라 추가할 수 없다는 오류를 알려준다. offer 메소드를 잘 활용하면 프로듀서가 작업을 많이 만들어 과부하에 이르는 상태를 좀더 효과적으로 처리할 수 있다. 예를 들어 부하를 분배하거나, 작업할 내용을 직렬화serialize해서 디스크에 임시로 저장하거나, 아니면 프로듀서 스레드의 수를 동적으로 줄이거나, 기타 여러 가지 방법을 사용해 프로듀서가 작업을 생성하는 양을 조절할 수 있겠다.

블로킹 큐는 애플리케이션이 안정적으로 동작하도록 만들고자 할 때 요긴하게 사용할 수 있는 도구이다. 블로킹 큐를 사용하면 처리할 수 있는 양보다 훨씬 많은 작업이 생겨 부하가 걸리는 상황에서 작업량을 조절해 애플리케이션이 안정적으로 동작하도록 유도할 수 있다.

프로듀서-컨슈머 패턴을 사용하면 각각의 프로그램 코드는 서로를 연결하는 큐를 기준으로 서로 분리되지만, 움직이는 동작 자체는 큐를 사이에 두고 서로 간접적으로 연결되어 있다. 생각하기에는 컨슈머가 항상 밀리지 않고 작업을 마쳐준다고 가정하고, 따라서 작업 큐에 제한을 둘 필요가 없을 것이라고 마음 편하게 넘어갈 수도 있다. 하지만 이런 가정을 하는 순간 나중에 프로그램 구조를 뒤집어 엎어야 하는 원인을 하나 남겨두는 것뿐이니 주의하자. 블로킹 큐를 사용해 설계 과정에서부터 프로그램에 자원 관리 기능을 추가하자. 나중에 닥쳤을 때 허겁지겁 자원 관리 기능을 추가하려 애쓰는 대신 간단한 작업으로 앞으로 다가올 큰 부하를 처리하도록 준비할 수 있으니 말이다. 대다수의 경우에는 블로킹 큐만 사용해도 원하는 기능을 쉽게 구현할 수 있다. 하지만 프로그램이 블로킹 큐를 쉽게 적용할 수 없는 모양새를 갖고 있다면 세마포어Semaphore(5.5.3절 참조)를 사용해 사용하기 적합한 데이터 구조를 만들어야 한다.

자바 클래스 라이브러리에는 BlockingQueue 인터페이스를 구현한 클래스 몇 가지가 들어 있다. LinkedBlockingQueue와 ArrayBlockingQueue는 FIFO 형태의 큐이며, 기존에 클래스 라이브러리에 포함되어 있던 LinkedList와 ArrayList에 각각 대응된다. 대신 병렬 프로그램 환경에서는 LinkedList나 ArrayList에서 동기화된 List 인스턴스를 뽑아 사용하는 것보다 성능이 좋다. PriorityBlockingQueue 클래스는 우선 순위를 기준으로 동작하는 큐이고, FIFO가 아닌 다른 순서로 큐의 항목을 처리해야 하는 경우에 손쉽게 사용할 수 있다. PriorityBlockingQueue 역시 항목의 순서를 정렬시켜 사용할 수 있는 여타 컬렉션 클래스와 동일하게 기본 정렬 순서(항목으로 추가되는 클래스가 Comparable 인터페이스를 구현하는 경우)로 정렬시키거나, 아니면 Comparator 인터페이스를 사용해 정렬시킬 수 있다.

마지막으로 SynchronousQueue 클래스도 BlockingQueue 인터페이스를 구현하는데, 큐에 항목이 쌓이지 않으며, 따라서 큐 내부에 값을 저장할 수 있도록 공간을 할당하지도 않는다. 대신 큐에 값을 추가하려는 스레드나 값을 읽어가려는 스레드의 큐를 관리한다. 앞에서 살펴봤던 접시 닦는 작업을 예로 들자면, 프로듀서와 컨슈머 사이에 접시를 쌓아 둘 공간이 전혀 없고 프로듀서는 컨슈머의 손에 접시를 직접 넘겨주는 구조이다. 큐를 구현하는 것치고는 굉장히 이상한 모양이라고 생각할 수 있지만, 프로듀서와 컨슈머가 직접 데이터를 주고받을 때까지 대기하기 때문에 프로듀서에서 컨슈머로 데이터가 넘어가는 순간은 굉장히 짧아진다는 특징이 있다(반면 일반적인 형태의 큐를 사용한다면 프로듀서가 하나의 작업을 컨슈머에게 넘기려 할 때 큐에 쌓이는 과정을 반드시 거치기 때문에 작업이 순차적으로 진행된다). 또한 컨슈머에게 데이터를 직접 넘겨주기 때문에 넘겨준 데이터와 관련되어 컨슈머가 갖고 있는 정보를 프로듀서가 쉽게 넘겨 받을 수도 있다. 예를 들어 접시를 컨슈머에게 넘겨 줬다면, 어느 컨슈머가 해당 접시에 대한 작업을 진행하는지도 알 수 있다. 만약 일반적인 큐를 사용하는 경우라면 프로듀서는 자신이 추가한 작업을 어느 컨슈머가 가져가 처리하는지 알기가 어렵다. 다른 예를 들어보자면 같은 팀 직원에게 문서를 하나 전달하고자 할 때, 직접 전달하는 방법이 있을 수 있겠고, 아니면 문서를 받아야 할 직원의 우편함에 문서를 넣어두고는 언제 가져가건 읽건 말건 계속 기다리는 방법도 있겠다. 앞에서 설명한 것처럼 SynchronousQueue에는 큐에 추가된 데이터를 보관할 공간이 없기 때문에 put 메소드나 take 메소드를 호출하면 호출한 메소드의 상대편 측에 해당하는 메소드를 다른 스레드가 호출할 때까지 대기한다. 이처럼 SynchronousQueue는 데이터를 넘겨 받을 수 있는 충분한 개수의 컨슈머가 대기하고 있는 경우에 사용하기 좋다.

5.3.1 예제: 데스크탑 검색

프로듀서-컨슈머 모델을 적용해 볼 수 있는 좋은 프로그램 예제로 데스크탑 검색 프로그램을 들 수 있겠다. 데스크탑 검색 프로그램은 로컬 하드 디스크에 들어 있는 문서를 전부 읽어들이면서 나중에 검색하기 좋게 색인을 만들어 두는 작업을 한다. 많이 알려진 구글 데스크탑 검색이나 윈도우 인덱싱 서비스 등이 이런 일을 하는 프로그램의 대표적인 예이다. 예제 5.8에 소개한 FileCrawler 프로그램은 디스크에 들어 있는 디렉토리 계층 구조를 따라가면서 검색 대상 파일이라고 판단되는 파일의 이름을 작업 큐에 모두 쌓아 넣는 프로듀서의 역할을 담당한다. 그리고 같은 예제 5.8에 소개한

Indexer 프로그램은 작업 큐에 쌓여 있는 파일 이름을 뽑아내어 해당 파일의 내용을 색인하는 컨슈머의 역할을 맡고 있다.

프로듀서-컨슈머 패턴을 사용하면 데스크탑 검색 프로그램을 구현하는 것과 같이 멀티스레드를 사용하는 경우에 프로그램의 세부 기능을 쉽게 컴포넌트화 할 수 있다. 디렉토리 구조를 따라가며 파일을 읽어들이고 파일의 내용을 색인하는 기능을 두 개의 클래스로 분리하면 코드 자체의 가독성이 높아질 뿐만 아니라, 두 개의 기능을 하나로 묶어서 구현하는 경우보다 재사용성도 훨씬 높아진다. 다시 말하자면 분리된 각 클래스는 자신이 담당하는 한 가지 일만 처리하고, 두 클래스 사이의 작업 흐름은 블로킹 큐가 조절하기 때문에 코드가 훨씬 간결하고 가독성도 높다.

프로듀서-컨슈머 패턴을 사용하면 성능의 측면에서도 이득을 많이 볼 수 있다. 알다시피 프로듀서와 컨슈머는 서로 독립적으로 실행된다. 따라서 예를 들어 프로듀서의 작업은 디스크나 네트웍 I/O에 시간을 많이 소모하고, 컨슈머는 CPU를 많이 사용하는 특성이 있다면 프로듀서와 컨슈머의 기능을 단일 스레드에서 순차적으로 실행하는 것보다 성능이 크게 높아질 수 있다. 더군다나 프로듀서와 컨슈머가 멀티스레드로 동작하는 수준에서 차이가 있다면, 프로듀서와 컨슈머가 긴밀하게 연결되어 있을수록 병렬 처리 성능이 떨어질 수밖에 없다.

예제 5.9의 프로그램은 문서 파일을 찾아내는 기능과 파일의 내용을 색인하는 모듈 여러 개를 각각의 스레드를 통해 동작시킨다. 프로그램 코드를 보면 알 수 있지만 색인을 담당하는 컨슈머 스레드는 계속해서 작업을 기다리느라 종료되지 않기 때문에, 파일을 모두 찾아내 처리했음에도 불구하고 프로그램이 종료되지 않는 상황이 발생한다. 이런 문제점을 해결할 수 있는 방법은 7장에서 다시 살펴본다. 이번 예제에서는 프로듀서와 컨슈머에 해당하는 스레드를 직접 관리하지만, 프로듀서-컨슈머 패턴을 사용하는 대부분의 경우는 Executor 작업 실행 프레임웍을 사용해 표현할 수 있는데, Executor 내부에서 프로듀서-컨슈머 패턴을 사용하고 있기 때문이다.

5.3.2 직렬 스레드 한정

java.util.concurrent 패키지에 들어 있는 블로킹 큐 관련 클래스는 모두 프로듀서 스레드에서 객체를 가져와 컨슈머 스레드에 넘겨주는 과정이 세심하게 동기화되어 있다.

프로듀서-컨슈머 패턴과 블로킹 큐는 가변 객체mutable object를 사용할 때 객체의 소유권을 프로듀서에서 컨슈머로 넘기는 과정에서 직렬 스레드 한정serial thread confinement 기법을 사용한다. 스레드에 한정된 객체는 특정 스레드 하나만이 소유권을 가질 수 있는데, 객체를 안전한 방법으로 공개하면 객체에 대한 소유권을 이전transfer 할 수 있다. 이렇게 소유권을 이전하고 나면 이전받은 컨슈머 스레드가 객체에 대한 유일한 소유권을 가지며, 프로듀서 스레드는 이전된 객체에 대한 소유권을 완전히 잃는다. 이렇게 안전한 공개 방법을 사용하면 새로운 소유자로 지정된 스레드는 객체의 상태를 완벽하게 볼 수 있지만 원래 소유권을 갖고 있던 스레드는 전혀 상태를 알 수 없게 되어, 새로운 스레드 내부에 객체가 완전히 한정된다. 물론 새로 소유권을 확보한 스레드가 객체를 마음껏 사용할 수 있다.

객체 풀object pool은 직렬 스레드 한정 기법을 잘 활용하는 예인데, 풀에서 소유하고 있던 객체를 외부 스레드에게 '빌려주는' 일이 본업이기 때문이다. 풀 내부에 소유하고 있던 객체를 외부에 공개할 때 적절한 동기화 작업이 되어 있고, 그와 함께 풀에서 객체를 빌려다 사용하는 스레드 역시 빌려온 객체를 외부에 공개하거나 풀에 반납한 이후에 계속해서 사용하는 등의 일을 하지 않는다면 풀 스레드와 사용자 스레드 간에 소유권이 원활하게 이전되는 모습을 볼 수 있다.

가변 객체의 소유권을 이전해야 할 필요가 있다면, 위에서 설명한 것과 다른 객체 공개 방법을 사용할 수도 있다. 하지만 항상 소유권을 이전받는 스레드는 단 하나여야 한다는 점을 주의하자. 블로킹 큐를 사용하면 이런 점을 정확하게 지킬 수 있다. 덧붙여 ConcurrentMap의 remove 메소드를 사용하거나 AtomicReference의 compareAndSet 메소드를 사용하는 경우에도 약간의 추가 작업만 해준다면 원활하게 처리할 수 있다.

```
public class FileCrawler implements Runnable {
    private final BlockingQueue<File> fileQueue;
    private final FileFilter fileFilter;
    private final File root;
    ...
    public void run() {
        try {
            crawl(root);
        } catch (InterruptedException e) {
            Thread.currentThread().interrupt();
        }
    }

    private void crawl(File root) throws InterruptedException {
        File[] entries = root.listFiles(fileFilter);
        if (entries != null) {
```

```
            for (File entry : entries)
                if (entry.isDirectory())
                    crawl(entry);
                else if (!alreadyIndexed(entry))
                    fileQueue.put(entry);
        }
    }
}

public class Indexer implements Runnable {
    private final BlockingQueue<File> queue;

    public Indexer(BlockingQueue<File> queue) {
        this.queue = queue;
    }

    public void run() {
        try {
            while (true)
                indexFile(queue.take());
        } catch (InterruptedException e) {
            Thread.currentThread().interrupt();
        }
    }
}
```

예제 5.8 프로듀서-컨슈머 패턴을 활용한 데스크탑 검색 애플리케이션의 구조

```
public static void startIndexing(File[] roots) {
    BlockingQueue<File> queue = new LinkedBlockingQueue<File>(BOUND);
    FileFilter filter = new FileFilter() {
        public boolean accept(File file) { return true; }
    };

    for (File root : roots)
        new Thread(new FileCrawler(queue, filter, root)).start();

    for (int i = 0; i < N_CONSUMERS; i++)
```

```
        new Thread(new Indexer(queue)).start();
}
```

예제 5.9 데스크탑 검색 애플리케이션 동작시키기

5.3.3 덱, 작업 가로채기

자바 6.0에서는 두 가지 컬렉션이 추가됐는데, 바로 Deque('덱' 이라고 읽는다)과 BlockingDeque이다. Deque과 BlockingDeque은 각각 Queue와 BlockingQueue를 상속받은 인터페이스이다. Deque은 앞과 뒤 어느 쪽에도 객체를 쉽게 삽입하거나 제거할 수 있도록 준비된 큐이며, Deque을 상속받은 실제 클래스로는 ArrayDeque과 LinkedBlockingDeque이 있다.

프로듀서-컨슈머 패턴에서 블로킹 큐의 기능을 그대로 가져다 사용하는 것처럼 작업 가로채기work stealing라는 패턴을 적용할 때에는 덱을 그대로 가져다 사용할 수 있다. 알다시피 프로듀서-컨슈머 패턴에서는 모든 컨슈머가 하나의 큐를 공유해 사용한다. 하지만 작업 가로채기 패턴에서는 모든 컨슈머가 각자의 덱을 갖는다. 만약 특정 컨슈머가 자신의 덱에 들어 있던 작업을 모두 처리하고 나면 다른 컨슈머의 덱에 쌓여있는 작업 가운데 맨 뒤에 추가된 작업을 가로채 가져올 수 있다. 작업 가로채기 패턴은 그 특성상 컨슈머가 하나의 큐를 바라보면서 서로 작업을 가져가려고 경쟁하지 않기 때문에 일반적인 프로듀서-컨슈머 패턴보다 규모가 큰 시스템을 구현하기에 적당하다. 더군다나 컨슈머가 다른 컨슈머의 큐에서 작업을 가져오려 하는 경우에도 앞이 아닌 맨 뒤의 작업을 가져오기 때문에 맨 앞의 작업을 가져가려는 원래 소유자와 경쟁이 일어나지 않는다.

작업 가로채기 패턴은 또한 컨슈머가 프로듀서의 역할도 갖고 있는 경우에 적용하기에 좋은데, 이를테면 하나의 작업을 처리하고 나면 더 많은 작업이 생길 수 있는 상황을 생각해 볼 수 있다. 예를 들어 웹 크롤러crawler가 웹 페이지를 하나 처리하고 나면 따라가야 할 또 다른 링크가 여러 개 나타날 수 있기 때문이다. 이와 유사하게 가비지 컬렉션 도중에 힙을 마킹하는 작업과 같이 대부분의 그래프 탐색 알고리즘을 구현할 때 작업 가로채기 패턴을 적용하면 멀티스레드를 사용해 손쉽게 병렬화할 수 있다. 스레드가 작업을 진행하는 도중에 새로 처리해야 할 작업이 생기면 자신의 덱에 새로운 작업을 추가한다(작업을 서로 공유하도록 구성하는 경우에는 다른 작업 스레드의 덱에 추가하기도 한다). 만약 자신의 덱이 비었다면 다른 작업 스레드의 덱을 살펴보고 밀린 작업이 있다면 가져다 처리해 자신의 덱이 비었다고 쉬는 스레드가 없도록 관리한다.

5.4 블로킹 메소드, 인터럽터블 메소드

스레드는 여러 가지 원인에 의해 블록 당하거나, 멈춰질 수 있다. 예를 들어 I/O 작업이 끝나기를 기다리는 경우도 있고, 락을 확보하기 위해 기다리는 경우도 있고, Thread.sleep 메소드가 끝나기를 기다리는 경우도 있고, 다른 스레드가 작업 중인 내용의 결과를 확인하기 위해 기다리는 경우도 있다. 스레드가 블록되면 동작이 멈춰진 다음 블록된 상태(BLOCKED, WAITING, TIMED_WAITING) 가운데 하나를 갖게 된다. 블로킹 연산은 단순히 실행 시간이 오래 걸리는 일반 연산과는 달리 멈춘 상태에서 특정한 신호(예를 들어 I/O 작업이 끝나기를 기다리거나, 기다리던 락을 확보했거나, 다른 스레드의 작업 결과를 받아오는 등의 신호)를 받아야 계속해서 실행할 수 있는 연산을 말한다. 이와 같이 기다리던 외부 신호가 확인되면 스레드의 상태가 다시 RUNNABLE 상태로 넘어가고 다시 시스템 스케줄러를 통해 CPU를 사용할 수 있게 된다.

BlockingQueue 인터페이스의 put 메소드와 take 메소드는 Thread.sleep 메소드와 같이 InterruptedException을 발생시킬 수 있다. 특정 메소드가 InterruptedException을 발생시킬 수 있다는 것은 해당 메소드가 블로킹 메소드라는 의미이고, 만약 메소드에 인터럽트가 걸리면 해당 메소드는 대기 중인 상태에서 풀려나고자 노력한다.

Thread 클래스는 해당 스레드를 중단시킬 수 있도록 interrupt 메소드를 제공하며, 해당 스레드에 인터럽트가 걸려 중단된 상태인지를 확인할 수 있는 메소드도 있다. 모든 스레드에는 인터럽트가 걸린 상태인지를 알려주는 불린 값이 있으며, 외부에서 인터럽트를 걸면 불린 변수에 true가 설정된다.

인터럽트는 스레드가 서로 협력해서 실행하기 위한 방법이다. 어떤 스레드라도 다른 스레드가 하고 있는 일을 중간에 강제로 멈추라고 할 수는 없다. 예를 들어 스레드 A가 스레드 B에 인터럽트를 건다는 것은 스레드 B에게 실행을 멈추라고 '요청'하는 것일 뿐이며, 인터럽트가 걸린 스레드 B는 정상적인 종료 시점 이전에 적절한 때를 잡아 실행 중인 작업을 멈추면 된다. 자바 API나 언어 명세 어디를 보더라도 인터럽트를 거는 것에 대한 명확한 의미를 설명하는 부분은 없지만, 일반적으로 인터럽트는 특정 작업을 중간에 멈추게 하려는 경우에 사용한다. 인터럽트를 원활하게 처리하도록 만들어진 메소드는 실행 시간이 너무 길어질 때 일정 시간이 지난 이후 실행을 중단할 수 있도록 구성하기 좋다.

여러분의 프로그램이 호출하는 메소드 가운데 InterruptedException이 발생할 수 있는 메소드가 있다면 그 메소드를 호출하는 여러분의 메소드 역시 블로킹 메소드이다. 따라서 InterruptedException이 발생했을 때 그에 대처할 수 있는 방법을 마련해둬야 한다. 라이브러리 형태의 코드라면 일반적으로 두 가지 방법을 사용할 수 있다.

InterruptedException을 전달: 받아낸 InterruptedException을 그대로 호출한 메소드에게 넘겨버리는 방법이다. 인터럽트에 대한 처리가 복잡하거나 귀찮을 때 쉽게 책임을 떠넘길 수 있다. 호출하는 메소드에서 발생할 수 있는 InterruptedException을 catch로 잡지 않는 방법도 있고, catch로 InterruptedException을 받은 다음 몇 가지 정리 작업을 진행한 이후 호출한 메소드에 throw하는 방법도 있다.

인터럽트를 무시하고 복구: 특정 상황에서는 InterruptedException을 throw할 수 없을 수도 있는데, 예를 들어 Runnable 인터페이스를 구현한 경우가 해당된다. 이런 경우에는 InterruptedException을 catch한 다음, 현재 스레드의 interrupt 메소드를 호출해 인터럽트 상태를 설정해 상위 호출 메소드가 인터럽트 상황이 발생했음을 알 수 있도록 해야 한다. 이런 예는 예제 5.10에서 볼 수 있다.

인터럽트를 잘 활용하면 훨씬 세밀하게 고급 기능을 구현할 수 있지만 위의 두 가지 방법을 사용하면 대부분의 경우에 대응할 수 있다. 하지만 InterruptedException을 처리함에 있어서 하지 말아야 할 일이 한 가지 있다. 바로 InterruptedException을 catch하고는 무시하고 아무 대응도 하지 않는 일이다. 이렇게 아무런 대응을 하지 않으면 인터럽트가 발생했었다는 증거를 인멸하는 것이며, 호출 스택의 상위 메소드가 인터럽트에 대응해 조치를 취할 수 있는 기회를 주지 않는다. 발생한 InterruptedException을 먹어버리고 더 이상 전파하지 않을 수 있는 경우는 Thread 클래스를 직접 상속하는 경우뿐이며, 이럴 때는 인터럽트에 필요한 대응 조치를 모두 취했다고 간주한다. 동작을 취소하거나 인터럽트로 중단하는 일에 대한 내용은 7장에서 좀더 상세하게 다룬다.

```
public class TaskRunnable implements Runnable {
    BlockingQueue<Task> queue;
    ...
    public void run() {
        try {
            processTask(queue.take());
        } catch (InterruptedException e) {
            // 인터럽트가 발생한 사실을 저장한다
            Thread.currentThread().interrupt();
        }
    }
}
```

예제 5.10 인터럽트가 발생했음을 저장해 인터럽트 상황을 잊지 않도록 한다

5·5 동기화 클래스

블로킹 큐는 다양한 컬렉션 클래스 가운데 특히나 눈에 띄는 특성이 많다. 단순히 객체를 담을 수 있는 컬렉션 클래스라는 것뿐만 아니라, 프로듀서와 컨슈머 사이에서 take와 put 등의 블로킹 메소드를 사용해 작업 흐름을 조절할 수 있기 때문이다.

상태 정보를 사용해 스레드 간의 작업 흐름을 조절할 수 있도록 만들어진 모든 클래스를 동기화 클래스synchronizer라고 한다. 블로킹 큐 역시 동기화 클래스의 역할을 충분히 맡을 수 있다. 또 다른 동기화 클래스의 예로는 세마포어semaphore, 배리어barrier, 래치latch 등이 있다. 자바 플랫폼 라이브러리에서도 여러 가지 동기화 클래스 클래스를 찾아볼 수 있다. 만약 이와 같은 동기화 클래스가 제공하는 것과 다른 기능이 필요하다면 14장에 설명된 것과 같이 필요한 기능을 직접 구현해야 한다.

모든 동기화 클래스는 구조적인 특징을 갖고 있다. 모두 동기화 클래스에 접근하려는 스레드가 어느 경우에 통과하고 어느 경우에는 대기하도록 멈추게 해야 하는지를 결정하는 상태 정보를 갖고 있고, 그 상태를 변경할 수 있는 메소드를 제공하고, 동기화 클래스가 특정 상태에 진입할 때까지 효과적으로 대기할 수 있는 메소드도 제공한다.

5.5.1 래치

래치는 스스로가 터미널terminal 상태[CPJ 3.4.2]에 이를 때까지의 스레드가 동작하는 과정을 늦출 수 있도록 해주는 동기화 클래스이다. 래치는 일종의 관문과 같은 형태로 동작한다. 즉 래치가 터미널 상태에 이르기 전에는 관문이 닫혀 있다고 볼 수 있으며, 어떤 스레드도 통과할 수 없다. 그리고 래치가 터미널 상태에 다다르면 관문이 열리고 모든 스레드가 통과한다. 래치가 한 번 터미널 상태에 다다르면 그 상태를 다시 이전으로 되돌릴 수는 없으며, 따라서 한 번 열린 관문은 계속해서 열린 상태로 유지된다. 이런 특성을 갖고 있는 래치는 특정한 단일 동작이 완료되기 이전에는 어떤 기능도 동작하지 않도록 막아내야 하는 경우에 요긴하게 사용할 수 있다. 예를 들어,

- 특정 자원을 확보하기 전에는 작업을 시작하지 말아야 하는 경우에 사용할 수 있다. 아주 간단한 이진binary 래치를 사용해 "자원 R을 확보했다"는 상태를 표현하고, 자원 R을 사용해야 하는 모든 작업은 이 래치의 관문이 열리기를 기다리도록 한다.

- 의존성을 갖고 있는 다른 서비스가 시작하기 전에는 특정 서비스가 실행되지 않도록 막아야 하는 경우에 사용할 수 있다. 각 서비스마다 이진 래치를 갖고 있으며, S라는 서비스를 시작하면 먼저 S가 의존성을 갖고 있는 모든 서비스의 래치가 열리기를 기

다린다. 기다리던 모든 래치가 열리고 나면 서비스 S는 자신의 래치를 열어, 자신이 시작되기를 기다리는 서비스가 실행될 수 있도록 한다.

- 특정 작업에 필요한 모든 객체가 실행할 준비를 갖출 때까지 기다리는 경우에도 사용할 수 있다. 예를 들어 여러 사용자가 동시에 참여하는 게임을 최초에 시작하기 전에, 모든 사용자가 게임을 시작할 준비가 끝났는지 확인하는 데 요긴하다. 이런 경우에는 모든 사용자가 준비됐다는 상태에 이르면 래치가 터미널 상태에 다다르게 구성할 수 있다.

CountDownLatch는 위에서 소개한 모든 경우에 쉽게 적용할 수 있는 유연한 구조를 갖고 있는데, 하나 또는 둘 이상의 스레드가 여러 개의 이벤트가 일어날 때까지 대기할 수 있도록 되어 있다. 래치의 상태는 양의 정수 값으로 카운터를 초기화하며, 이 값은 대기하는 동안 발생해야 하는 이벤트의 건수를 의미한다. CountDownLatch 클래스의 countDown 메소드는 대기하던 이벤트가 발생했을 때 내부에 갖고 있는 이벤트 카운터를 하나 낮춰주고, await 메소드는 래치 내부의 카운터가 0이 될 때까지, 즉 대기하던 이벤트가 모두 발생했을 때까지 대기하도록 하는 메소드이다. 외부 스레드가 await 메소드를 호출할 때 래치 내부의 카운터가 0보다 큰 값이었다면, await 메소드는 카운터가 0이 되거나, 대기하던 스레드에 인터럽트가 걸리거나, 대기 시간이 길어 타임아웃이 걸릴 때까지 대기한다.

예제 5.11의 TestHarness 클래스를 보면 래치를 사용하는 두 가지 경우가 나타나 있다. TestHarness는 먼저 여러 개의 스레드를 만들어 각 스레드가 동시에 실행되도록 한다. 그리고 TestHarness에는 두 개의 래치가 만들어져 있는데, 하나는 시작하는 관문이고 또 하나는 종료하는 관문이다. 시작하는 관문은 내부 카운트가 1로 초기화되고, 종료하는 관문은 내부 카운트가 전체 스레드의 개수에 해당하는 값으로 초기화된다. 작업 스레드가 시작되면 가장 먼저 하는 일은 시작하는 관문이 열리기를 기다리는 일이다. 이 과정을 통해 특정 이벤트가 발생한 이후에야 각 작업 스레드가 동작하도록 제어할 수 있다. 그리고 작업 스레드가 작업을 마치고 가장 마지막에 하는 일은 종료하는 관문의 카운트를 감소시키는 일이다. 종료하는 관문의 카운트를 계속해서 감소시키다 보면 모든 작업 스레드가 끝나는 시점이 올 것이고, 이 시점이 되면 메인 스레드는 모든 작업 스레드가 작업을 마쳤다는 것을 쉽게 알 수 있으며, 작업하는 데 걸린 시간도 쉽게 확인할 수 있다.

TestHarness 클래스에서는 왜 스레드가 만들어지는 대로 바로 작업을 시작하도록 놓아두지 않았을까? n개의 스레드가 동시에 동작할 때 전체 작업 시간이 얼마나 걸리는지를 확인하고 싶었기 때문이다. 만약 단순하게 스레드를 생성하면서 바로 작업을 시작시켜버렸다면 먼저 생성된 스레드는 나중에 생성된 스레드보다 몇 발짝 앞서 출발하는 것과 같다. 따라서 전체 스레드의 개수나 동작 중인 스레드의 수가 바뀔 때마다 서로 다른 통계 값이 나타날 수 있다. 이런 상황에서 시작하는 관문을 래치로 구현해 사용하면 메인 스레드에서 모든 작업 스레드가 동시에 작업을 시작하도록 제어할 수 있으며, 종료하는 관문을 담당하는 래치가 열리기만을 기다리면 각각의 작업 스레드가 모두 끝나기를 기다릴 필요가 없다.

5.5.2 FutureTask

FutureTask 역시 래치와 비슷한 형태로 동작한다(FutureTask는 Future 인터페이스를 구현하며, Future 인터페이스는 결과를 알려주는 연산 작업을 나타낸다[CPJ 4.3.3]). FutureTask가 나타내는 연산 작업은 Callable 인터페이스(Runnable 인터페이스와 유사한 역할을 하지만 작업의 결과 값을 알려줄 수 있다)를 구현하도록 되어 있는데, 시작 전 대기, 시작됨, 종료됨과 같은 세 가지 상태를 가질 수 있다. 종료된 상태는 정상적인 종료, 취소, 예외 상황 발생과 같이 연산이 끝나는 모든 종류의 상태를 의미한다. FutureTask가 한 번 종료됨 상태에 이르고 나면 더 이상 상태가 바뀌는 일은 없다.

Future.get 메소드의 동작하는 모습도 실행 상태에 따라 다르다. FutureTask의 작업이 종료됐다면 get 메소드는 그 결과를 즉시 알려준다. 종료 상태에 이르지 못했다면 get 메소드는 작업이 종료 상태에 이를 때까지 대기하고, 종료된 이후에 연산 결과나 예외 상황을 알려준다. FutureTask는 실제로 연산을 실행했던 스레드에서 만들어 낸 결과 객체를 실행시킨 스레드에게 넘겨준다. FutureTask 클래스에 명시된 것처럼 결과 객체는 안전한 공개 방법을 통해 넘겨주게 되어 있다.

```
public class TestHarness {
    public long timeTasks(int nThreads, final Runnable task)
            throws InterruptedException {
        final CountDownLatch startGate = new CountDownLatch(1);
        final CountDownLatch endGate = new CountDownLatch(nThreads);

        for (int i = 0; i < nThreads; i++) {
            Thread t = new Thread() {
                public void run() {
                    try {
                        startGate.await();
```

```
                    try {
                    task.run();
                    } finally {
                        endGate.countDown();
                    }
                } catch (InterruptedException ignored) { }
            }
        };
        t.start();
    }

    long start = System.nanoTime();
    startGate.countDown();
    endGate.await();
    long end = System.nanoTime();
    return end-start;
  }
}
```

예제 5.11 CountDownLatch를 사용해 스레드의 실행과 종료를 확인해 전체 실행 시간을 확인한다

FutureTask는 Executor 프레임웍에서 비동기적인 작업을 실행하고자 할 때 사용하며, 기타 시간이 많이 필요한 모든 작업이 있을 때 실제 결과가 필요한 시점 이전에 미리 작업을 실행시켜두는 용도로 사용한다. 예제 5.12의 Preloader 클래스는 FutureTask를 사용해 결과 값이 필요한 시점 이전에 시간이 많이 걸리는 작업을 미리 실행시켜둔다. 이렇게 시간이 많이 걸리는 작업을 미리 시작시켜두면 실제로 결과를 필요로 하는 시점이 됐을 때 기다리는 시간을 줄일 수 있다.

```
public class Preloader {
    private final FutureTask<ProductInfo> future =
        new FutureTask<ProductInfo>(new Callable<ProductInfo>() {
            public ProductInfo call() throws DataLoadException {
                return loadProductInfo();
            }
        });
    private final Thread thread = new Thread(future);
```

```
    public void start() { thread.start(); }

    public ProductInfo get()
            throws DataLoadException , InterruptedException {
        try {
            return future.get();
        } catch (ExecutionException e) {
            Throwable cause = e.getCause();
            if (cause instanceof DataLoadException)
                throw (DataLoadException) cause;
            else
                throw launderThrowable(cause);
        }
    }
}
```

예제 5.12 FutureTask를 사용해 추후 필요한 데이터를 미리 읽어들이는 모습

Preloader는 데이터베이스에서 제품 정보를 끌어오는 기능의 FutureTask를 하나 만들고, 그 FutureTask를 실제로 실행할 스레드도 하나 생성한다. Preloader 클래스를 동작시키려면 Preloader.start 메소드를 호출하면 되고, 스레드를 생성 메소드나 스태틱 초기화 영역에서 실행시키기보다는 이처럼 일반 메소드를 하나 만들어 실행시키는 방법을 추천한다. Preloader를 호출한 프로그램에서 실제 제품 정보가 필요한 시점이 되면 Preloader.get 메소드를 호출하면 되는데, get을 호출할 때 제품 정보를 모두 가져온 상태였다면 즉시 ProductInfo를 알려줄 것이고, 아직 데이터를 가져오는 중이라면 작업을 완료할 때까지 대기하고 결과를 알려준다.

Callable 인터페이스로 정의되어 있는 작업에서는 예외를 발생시킬 수 있으며, 어디에서든 Error도 발생시킬 수 있다. Callable의 내부 작업에서 어떤 예외를 발생시키건 간에 그 내용은 Future.get 메소드에서 ExecutionException으로 한 번 감싼 다음 다시 throw한다. 이 부분은 사실 오류 처리 과정을 약간 복잡하게 만드는 경향이 있는데, Future.get 메소드에서 발생하는 ExecutionException을 잡아서 처리해야 하고,(제대로 만들려면 RuntimeException의 일종인 CancellationException도 잡아야 한다) ExecutionException.getCause 메소드를 사용해 원인cause 예외를 가져올 때 Throwable로 받아와야 하기 때문에 실제로 어떤 예외가 발생했는지 확인하기가 쉽지 않다.

Preloader에서 사용한 Future.get 메소드에서 ExecutionException이 발생하면 그 원인은 세 가지 가운데 하나여야 한다. 첫 번째는 Callable이 던지는 예외, 두 번째는 RuntimeException, 세 번째는 Error이다. Preloader에서는 이 세 가지 경우를 구분해 처리해야 하지만, 편의상 예외를 처리하는 복잡한 내용을 하나로 묶어 둔 예제 5.13의 launderThrowable라는 유틸리티 메소드를 사용하기로 하자. Preloader에서는 launderThrowable 메소드를 호출하기 전에 자신이 처리할 수 있는 예외에 해당하는지를 먼저 확인한 다음, 그런 예외에 해당하면 즉시 상위 메소드에게 throw한다. 그러면 RuntimeException만 남는데, 이런 예외만 launderThrowable 메소드에게 넘겨 RuntimeException으로 캐스팅하고, 넘겨 받은 RuntimeException을 throw한다. launderThrowable 메소드에 넘겨진 예외가 Error였다면 launderThrowable 메소드 역시 전달받은 Error를 즉시 throw해버린다. RuntimeException이나 그 하위 클래스가 아니라면 처리할 대상이 아니기 때문에 IllegalStateException을 throw한다. 그리고 나면 RuntimeException만 남는데, launderThrowable이 결국 RuntimeException으로 캐스팅해서 호출했던 메소드에 다시 리턴해주고, launderThrowable을 호출했던 메소드는 넘겨 받은 RuntimeException을 다시 throw한다.

```
/** 변수 t의 내용이 Error라면 그대로 throw한다. 변수 t의 내용이
 * RuntimeException이라면 그대로 리턴한다. 다른 모든 경우에는
 * IllegalStateException을 throw한다.
 */
public static RuntimeException launderThrowable(Throwable t) {
    if (t instanceof RuntimeException )
        return (RuntimeException ) t;
    else if (t instanceof Error)
        throw (Error) t;
    else
        throw new IllegalStateException("RuntimeException이 아님", t);
}
```

예제 5.13 Throwable을 RuntimeException으로 변환

5.5.3 세마포어

카운팅 세마포어counting semaphore는 특정 자원이나 특정 연산을 동시에 사용하거나 호출할 수 있는 스레드의 수를 제한하고자 할 때 사용한다[CPJ 3.4.1]. 카운팅 세마포어

의 이런 기능을 활용하면 자원 풀pool이나 컬렉션의 크기에 제한을 두고자 할 때 유용하다.

Semaphore 클래스는 가상의 퍼밋permit을 만들어 내부 상태를 관리하며, Semaphore를 생성할 때 생성 메소드에 최초로 생성할 퍼밋의 수를 넘겨준다. 외부 스레드는 퍼밋을 요청해 확보(남은 퍼밋이 있는 경우)하거나, 이전에 확보한 퍼밋을 반납할 수도 있다. 현재 사용할 수 있는 남은 퍼밋이 없는 경우, acquire 메소드는 남는 퍼밋이 생기거나, 인터럽트가 걸리거나, 지정한 시간을 넘겨 타임아웃이 걸리기 전까지 대기한다. release 메소드는 확보했던 퍼밋을 다시 세마포어에게 반납하는 기능을 한다.[4] 카운팅 세마포어를 좀더 간단한 형태로 살펴보자면 이진 세마포어를 생각해 볼 수 있는데, 이진 세마포어는 초기 퍼밋 값이 1로 지정된 카운팅 세마포어이다. 이진 세마포어는 비재진입nonreentrant 락의 역할을 하는 뮤텍스mutex로 활용할 수 있다. 이진 세마포어의 퍼밋을 갖고 있는 스레드가 뮤텍스를 확보한 것이다.

세마포어는 데이터베이스 연결 풀과 같은 자원 풀에서 요긴하게 사용할 수 있다. 자원 풀을 만들 때, 모든 자원을 빌려주고 남아 있는 자원이 없을 때 요청이 들어오는 경우에 단순하게 오류를 발생시키고 끝나버리는 정도의 풀은 아주 쉽게 구현할 수 있다. 하지만 일반적으로 풀을 생각할 때는 객체를 요청했지만 남은 객체가 없을 때, 다른 스레드가 확보했던 객체를 반납받아 사용할 수 있을 때까지 대기하도록 하는 방법이 옳은 방법일 것이다. 이럴 때 카운팅 세마포어를 만들면서 최초 퍼밋의 개수로 원하는 풀의 크기를 지정해보자. 그리고 풀에서 자원을 할당받아 가려고 할 때에는 먼저 acquire를 호출해 퍼밋을 확보하도록 하고, 다 사용한 자원을 반납하고 난 다음에는 항상 release를 호출해 퍼밋도 반납하도록 한다. 그러면 풀에 자원이 남아 있지 않은 경우에 acquire 메소드가 대기 상태에 들어가기 때문에 객체가 반납될 때까지 자연스럽게 대기하게 된다. 이런 기법은 12장에서 소개할 길이가 제한된bounded 버퍼 클래스에서도 사용한다(물론 이와 같이 크기가 제한된 객체 풀이 필요한 경우에는 BlockingQueue 컬렉션 클래스를 사용하는 것도 간편한 방법이다).

이와 유사하게 세마포어를 사용하면 어떤 클래스라도 크기가 제한된 컬렉션 클래스로 활용할 수 있다. 예를 들어 예제 5.14에서 소개한 BoundedHashSet도 세마포어를 사용하고 있다. 세마포어는 해당하는 컬렉션 클래스가 가질 수 있는 최대 크기에

---

4. 실제 구현된 내용을 보면 퍼밋이라는 객체는 존재하지 않는다. 그리고 세마포어가 실제로 퍼밋을 나눠주지도 않는다. 따라서 스레드 A에서 확보한 퍼밋을 스레드 B에서 반납할 수도 있다. 결국 acquire 메소드는 퍼밋을 '소모' 하는 것이라고 생각하고, release는 퍼밋을 새로 '생성' 하는 것으로 생각할 수도 있겠다. 참고로 세마포어는 처음 생성할 때 지정한 숫자 이외의 퍼밋을 관리할 수도 있다.

해당하는 숫자로 초기화한다. add 메소드는 객체를 내부 데이터 구조에 추가하기 전에 acquire를 호출해 추가할 여유가 있는지 확인한다. 만약 add 메소드가 내부 데이터 구조에 실제로 값을 추가하지 못했다면, 그 즉시 release를 호출해 세마포어에 퍼밋을 반납해야 한다. 이와 비슷하게 remove 메소드는 객체를 삭제한 다음 퍼밋을 하나 반납해 남은 공간에 객체를 추가할 수 있도록 해준다. BoundedHashSet의 내부에서 사용하는 Set은 크기가 제한되어 있다는 사실조차 알 필요가 없다. 크기와 관련된 내용은 모두 BoundedHashSet에서 세마포어를 사용해 관리하기 때문이다.

5.5.4 배리어

래치를 사용하면 여러 작업을 하나로 묶어 다음 작업으로 진행할 수 있는 관문과 같이 사용할 수 있다는 점을 이미 살펴봤다. 모두 알다시피 래치는 일회성 객체이다. 즉 래치가 한 번 터미널 상태에 다다르면 다시는 이전 상태로 회복할 수가 없다.

배리어barrier는 특정 이벤트가 발생할 때까지 여러 개의 스레드를 대기 상태로 잡아둘 수 있다는 측면에서 래치와 비슷하다고 볼 수 있다[CPJ 4.4.3]. 래치와의 차이점은 모든 스레드가 배리어 위치에 동시에 이르러야 관문이 열리고 계속해서 실행할 수 있다는 점이 다르다. 래치는 '이벤트'를 기다리기 위한 동기화 클래스이고, 배리어는 '다른 스레드'를 기다리기 위한 동기화 클래스이다. 배리어는 사람들이 어딘가에서 만날 약속을 하는 것과 비슷한 형태로 동작한다. 예를 들어 "모두들 오후 6시 정각에 출판사 앞에서 만나자. 일단 약속 장소에 도착하면 모두 도착할 때까지 대기하고, 모두 도착하면 어디로 이동할지는 모두 모인 이후에 생각해보자"는 것과 같다.

CyclicBarrier 클래스를 사용하면 여러 스레드가 특정한 배리어 포인트에서 반복적으로 서로 만나는 기능을 모델링할 수 있고, 커다란 문제 하나를 여러 개의 작은 부분 문제로 분리해 반복적으로 병렬 처리하는 알고리즘을 구현하고자 할 때 적용하기 좋다. 스레드는 각자가 배리어 포인트에 다다르면 await 메소드를 호출하며, await 메소드는 모든 스레드가 배리어 포인트에 도달할 때까지 대기한다. 모든 스레드가 배리어 포인트에 도달하면 배리어는 모든 스레드를 통과시키며, await 메소드에서 대기하고 있던 스레드는 대기 상태가 모두 풀려 실행되고, 배리어는 다시 초기 상태로 돌아가 다음 배리어 포인트를 준비한다. 만약 await를 호출하고 시간이 너무 오래 지나 타임아웃이 걸리거나 await 메소드에서 대기하던 스레드에 인터럽트가 걸리면 배리어는 깨진 것으로 간주하고, await에서 대기하던 모든 스레드에 BrokenBarrierException이 발생한다. 배리어가 성공적으로 통과하면 await 메소드는 각 스레드별로 배리어 포인트에 도착한 순서를 알려주며, 다음 배리어 포인트로 반복 작업을 하는 동안 뭔가 특별한 작업을 진행할 일종의 리더를 선출하는 데 이 값을 사용할 수 있다. CyclicBarrier는 생성 메소드를 통해 배리어 작업을 넘겨받을 수 있도록 되어 있다. 배리어 작업은 Runnable 인터페이스를 구현한 클래스인데, 배리어 작업은 배리어가 성공적으로 통과된 이후 대기하던 스레드를 놓아주기 직전에 실행된다.

```
public class BoundedHashSet<T> {
    private final Set<T> set;
    private final Semaphore sem;

    public BoundedHashSet(int bound) {
        this.set = Collections.synchronizedSet(new HashSet<T>());
        sem = new Semaphore(bound);
    }

    public boolean add(T o) throws InterruptedException {
        sem.acquire();
        boolean wasAdded = false;
        try {
            wasAdded = set.add(o);
            return wasAdded;
        }
        finally {
            if (!wasAdded)
                sem.release();
        }
    }

    public boolean remove(Object o) {
        boolean wasRemoved = set.remove(o);
        if (wasRemoved)
            sem.release();
        return wasRemoved;
    }
}
```

5.14 세마포어를 사용해 컬렉션의 크기 제한하기

배리어는 대부분 실제 작업은 모두 여러 스레드에서 병렬로 처리하고, 다음 단계로 넘어가기 전에 이번 단계에서 계산해야 할 내용을 모두 취합해야 하는 등의 작업이 많이 일어나는 시뮬레이션 알고리즘에서 유용하게 사용할 수 있다. 예를 들어 n-body 파티클 시뮬레이션 알고리즘을 보면, 각 단계에서는 각 파티클의 이전 위치와 여러 가지 속성을 바탕으로 파티클의 새로운 위치를 계산한다. 배리어를 사용하면 k+1번째 단계로 넘어가기 전에 k번째 단계에 해당하는 각 파티클의 위치가 모두 계산될 때까지 대기하는 작업을 간단하게 구현할 수 있다.

예제 5.15의 CellularAutomata 클래스는 배리어를 사용해 콘웨이의 생명 게임 Conway's Life game(Gardner, 1970)과 같은 셀룰러 오토마타를 시뮬레이션하는 모습을 보여준다. 시뮬레이션 과정을 병렬화할 때, 일반적으로는 항목별(생명 게임의 경우에는 셀 하나)로 연산할 내용을 스레드 단위로 모두 분리시키는 일은 그다지 효율적이지 않다. 셀의 개수가 많은 경우가 대부분이므로 스레드 역시 굉장히 많이 만들어 질 수 있기 때문이다. 이런 경우 오히려 그 많은 스레드를 관리하느라 전체적인 속도가 크게 떨어질 수 있다. 셀 단위로 처리하는 대신 전체 면적을 특정한 크기의 부분으로 나누고, 각 스레드가 전체 면적의 일부분을 처리하고, 처리가 끝난 결과를 다시 하나로 뭉쳐 전체 결과를 재구성할 수 있겠다. CellularAutomata 클래스는 전체 면적을 N_{cpu} 개의 부분으로 나누고 (N_{cpu}는 실행할 하드웨어에서 사용할 수 있는 CPU의 개수이다), 각 부분에 대한 연산을 개별 스레드에게 맡긴다.[5] 각 단계에서 작업하는 스레드는 전체 면적의 일부분에 해당하는 구역에서 각 셀의 새로운 위치를 계산한다. 작업 스레드 모두가 계산 작업을 마치고 나면 배리어 포인트에 도달하고, 배리어 작업이 그 동안 모인 부분 결과를 하나로 묶어 전체 결과를 만들어 낸다. 배리어 작업이 모두 끝나고 나면 작업 스레드는 모두 대기 상태가 풀려 다음 단계의 연산을 시작한다. 더 이상 작업할 단계가 없는 시점에 이르렀는지 확인할 때에는 isDone이라는 메소드를 사용한다.

배리어와 약간 다른 형태로 Exchanger 클래스를 살펴보자. Exchanger는 두 개의 스레드가 연결되는 배리어이며, 배리어 포인트에 도달하면 양쪽의 스레드가 서로 갖고 있던 값을 교환한다[CPJ 3.4.3]. Exchanger 클래스는 양쪽 스레드가 서로 대칭되는 작업을 수행할 때 유용하다. 예를 들어 한쪽 스레드는 데이터 버퍼에 값을 채워 넣는 일을 하고, 다른 스레드는 데이터 버퍼에 있는 값을 빼내어 사용하는 일을 한다고 해보자. 이 두 개의 스레드를 Exchanger로 묶고 배리어 포인트에 도달할 때마다 데이

5. 이와 같이 I/O 작업이 없고 공유된 데이터를 사용하지 않는 경우에는 Ncpu개나 Ncpu+1개의 스레드를 만들어 실행할 때 일반적으로 가장 성능이 좋다. 스레드가 너무 많은 것도 좋지 않은 결과를 가져올 수 있는데, 각 스레드가 서로 CPU와 메모리 자원을 사용하려고 경쟁하기 때문이다.

터 버퍼를 교환하도록 할 수 있다. Exchanger 객체를 통해 양쪽의 스레드가 각자의 값을 교환하는 과정에서 서로 넘겨지는 객체는 안전한 공개 방법으로 넘겨주기 때문에 동기화 문제를 걱정할 필요가 없다.

교환이 일어나는 타이밍은 전적으로 해당 애플리케이션의 반응성에 대한 요구 사항에 따라 결정된다. 가장 간단한 방법은 보자면, 데이터를 채우는 스레드는 데이터를 모두 채우고 나면 교환하고, 데이터를 소모하는 스레드는 데이터를 모두 소모한 이후에 교환한다. 이런 방법은 교환 횟수를 최소한으로 줄일 수 있다는 장점이 있지만, 양쪽의 스레드가 동작하는 기간을 충분히 예측할 수 없다면 전체적인 데이터 처리 속도를 늦추는 결과를 가져올 수 있다. 또 다른 방법으로, 데이터가 모두 채워지면 교환하는 것은 그대로지만, 특정 시간이 지나면 데이터가 모두 채워지지 않았더라도 즉시 교환하는 방법도 있다.

5.6 효율적이고 확장성 있는 결과 캐시 구현

거의 대부분의 서버 애플리케이션은 모두 어떤 형태이건 캐시를 사용한다. 이전에 처리했던 작업의 결과를 재사용할 수 있다면, 메모리를 조금 더 사용하기는 하지만 대기 시간을 크게 줄이면서 처리 용량을 늘릴 수 있다.

```
public class CellularAutomata {
    private final Board mainBoard;
    private final CyclicBarrier barrier;
    private final Worker[] workers;

    public CellularAutomata(Board board) {
        this.mainBoard = board;
        int count = Runtime.getRuntime().availableProcessors ();
        this.barrier = new CyclicBarrier(count,
                new Runnable() {
                    public void run() {
                        mainBoard.commitNewValues();
                }});
        this.workers = new Worker[count];
        for (int i = 0; i < count; i++)
            workers[i] = new Worker(mainBoard.getSubBoard(count, i));
    }
```

```
    private class Worker implements Runnable {
        private final Board board;

        public Worker(Board board) { this.board = board; }
        public void run() {
            while (!board.hasConverged()) {
                for (int x = 0; x < board.getMaxX(); x++)
                    for (int y = 0; y < board.getMaxY(); y++)
                        board.setNewValue(x, y, computeValue(x, y));
                try {
                    barrier.await();
                } catch (InterruptedException ex) {
                    return;
                } catch (BrokenBarrierException ex) {
                    return;
                }
            }
        }
    }

    public void start() {
        for (int i = 0; i < workers.length; i++)
            new Thread(workers[i]).start();
        mainBoard.waitForConvergence();
    }
}
```

예제 5.15 CyclicBarrier를 사용해 셀룰러 오토마타의 연산을 제어

했던 일을 다시 반복하던 여러 사례에서 알 수 있지만, 캐시 기능은 만들기가 굉장히 쉬워 보이는 게 사실이다. 하지만 캐시를 대충 만들면 단일 스레드로 처리할 때 성능이 높아질 수는 있겠지만, 나중에는 성능의 병목 현상을 확장성의 병목으로 바꾸는 결과를 얻을 수 있다. 이 절에서는 연산이 오래 걸리는 작업에 적용할 수 있는, 효율적이면서 쉽게 확장할 수 있는 결과 캐시를 구현해 본다. 먼저 가장 쉽게 생각할 수 있는 방법(단순한 HashMap으로 구현)으로 만들어 보자. 이렇게 구현한 캐시가 병렬 처리 환경에서 어떤 문제가 있을지 살펴보고, 그 문제점을 보완해보자.

예제 5.16의 Computable<A,V> 인터페이스는 A라는 입력 값과 V라는 결과 값에

대한 메소드를 정의하고 있다. Computable 인터페이스를 구현한 ExpensiveFunction 클래스는 결과를 뽑아 내는 데 상당한 시간이 걸린다. 이런 상황에서 Computable에 한 겹을 덧씌워 이전 결과를 기억하는 캐시 기능을 추가해보자. 이런 방법을 흔히 메모이제이션memoization이라고 한다.

```
public interface Computable<A, V> {
    V compute(A arg) throws InterruptedException;
}

public class ExpensiveFunction
        implements Computable<String, BigInteger> {
    public BigInteger compute(String arg) {
        // 잠시 생각 좀 하고...
        return new BigInteger(arg);
    }
}

public class Memoizer1<A, V> implements Computable<A, V> {
    @GuardedBy("this")
    private final Map<A, V> cache = new HashMap<A, V>();
    private final Computable<A, V> c;

    public Memoizer1(Computable<A, V> c) {
        this.c = c;
    }

    public synchronized V compute(A arg) throws InterruptedException {
        V result = cache.get(arg);
        if (result == null) {
            result = c.compute(arg);
            cache.put(arg, result);
        }
        return result;
    }
}
```

예제 5.16 HashMap과 동기화 기능을 사용해 구현한 첫 번째 캐시

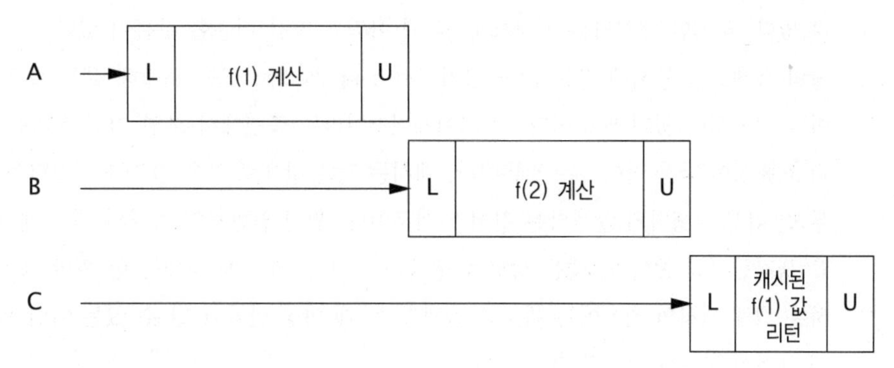

그림 5.2 Memoizer1은 병렬성이 좋지 않다

예제 5.16의 Memoizer1은 이번에 만들고자 하는 캐시의 첫 번째 버전이다. 보다시피 결과를 저장해두는 저장소로는 HashMap을 사용했다. compute 메소드는 먼저 원하는 결과가 저장소에 저장되어 있는지를 확인하고, 저장소에 결과가 들어 있다면 그 값을 가져다 리턴해준다. 저장소에 결과가 없다면 결과를 새로 계산하고, 값을 리턴하기 전에 결과 값을 저장소에 넣어둔다.

HashMap은 스레드에 안전하지 않기 때문에 Memoizer1은 두 개 이상의 스레드가 HashMap에 동시에 접근하지 못하도록 compute 메소드 전체를 동기화시켜 버리는 가장 단순한 정책을 취했다. 이 방법을 사용하면 스레드 안전성을 쉽게 확보할 수 있지만 확장성의 측면에서 문제가 생긴다. 특정 시점에 여러 스레드 가운데 하나만이 compute 메소드를 실행할 수 있기 때문이다. 스레드 하나가 compute 메소드를 실행했는데 연산 시간이 오래 걸린다면, compute 메소드를 실행하고자 대기하고 있는 다른 스레드는 상당한 시간을 기다려야 한다. 여러 개의 스레드가 compute를 호출하려고 대기하고 있다면 메모이제이션을 적용하기 전의 상태보다 훨씬 낮은 성능을 보여줄 것이다. 그림 5.2를 보면 여러 스레드가 compute 메소드를 실행하려는 상황을 잘 표현하고 있다. 캐시를 사용하기 위해 이 정도 결과를 얻게 된다면 캐시를 적용하지 않으니만 못하다.

예제 5.17의 Memoizer2는 Memoizer1에서 사용했던 HashMap 대신 ConcurrentHashMap을 사용하는데, Memoizer1에 비해 병렬 프로그래밍의 입장에서 엄청나게 개선됐다. ConcurrentHashMap은 이미 스레드 안전성을 확보하고 있기 때문에 그 내부의 Map을 사용할 때 별다른 동기화 방법을 사용하지 않아도 된다. 따라서 Memoizer1에서 compute 메소드 전체를 동기화하느라 생겼던 성능상의 큰 문제점을 일거에 해소하는 셈이다.

Memoizer2는 분명 Memoizer1에 비해 훨씬 개선된 병렬 프로그램의 모양새를 갖추고 있다. 여러 개의 스레드가 Memoizer2를 실제로 동시 다발적으로 마음껏 사용할 수 있다. 하지만 캐시라는 기능으로 볼 때 아직도 약간 미흡한 부분이 있다. 두 개 이상의 스레드가 동시에 같은 값을 넘기면서 compute 메소드를 호출해 같은 결과를 받아갈 가능성이 있기 때문이다. 메모이제이션이라는 측면에서 보면 이런 상황은 단순히 효율성이 약간 떨어지는 것뿐이다. 캐시는 같은 값으로 같은 결과를 연산하는 일을 두 번 이상 실행하지 않겠다는 것이기 때문이다. 훨씬 일반적인 형태의 캐시 메커니즘을 생각한다면 좀더 안 좋은 상황을 생각해야 한다. 캐시할 객체를 한 번만 생성해야 하는 객체 캐시의 경우에는 똑같은 결과를 두 개 이상 만들어 낼 수 있는 이런 문제점이 안전성 문제로 이어질 수도 있다.

Memoizer2의 문제는 특정 스레드가 compute 메소드에서 연산을 시작했을 때, 다른 스레드는 현재 어떤 연산이 이뤄지고 있는지 알 수 없기 때문에 그림 5.3과 같이 동일한 연산을 시작할 수 있다는 점이다. 여기에서 필요한 점은 특정 스레드가 f(27)이라는 값을 알고 싶을 때 "스레드 X가 현재 f(27)이라는 연산을 하고 있다"는 것을 알고 싶다는 것이고, f(27)을 다른 스레드가 계산하고 있을 때 f(27) 값을 얻을 수 있는 가장 효과적인 방법은 스레드 X가 작업을 모두 끝낼 때까지 대기하고 있다가 작업이 끝나면 "f(27)의 결과 값으로 무엇을 얻었는가?"라고 물어보는 것이다.

```
public class Memoizer2<A, V> implements Computable<A, V> {
    private final Map<A, V> cache = new ConcurrentHashMap<A, V>();
    private final Computable<A, V> c;

    public Memoizer2(Computable<A, V> c) { this.c = c; }

    public V compute(A arg) throws InterruptedException {
        V result = cache.get(arg);
        if (result == null) {
            result = c.compute(arg);
            cache.put(arg, result);
        }
            return result;
    }
}
```

예제 5.17 HashMap 대신 ConcurrentHashMap을 적용

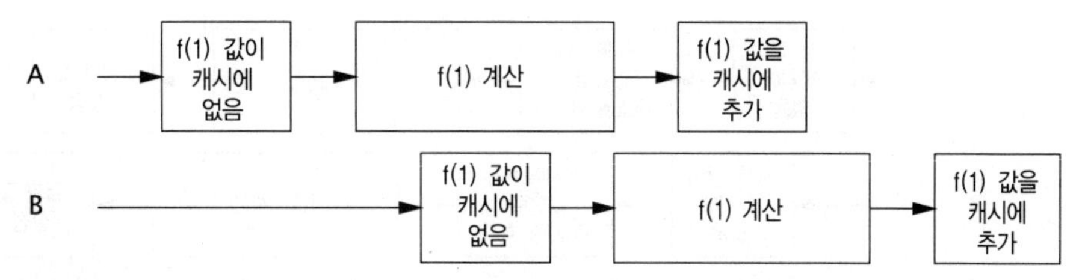

그림 5.3 Memoizer2에서 두 개의 스레드가 같은 값을 계산하고자 하는 경우

이런 일을 잘 처리하는 클래스를 이미 알아본 바가 있다. 바로 FutureTask 클래스이다. 앞에서 살펴봤던 것처럼 FutureTask는 이미 끝났거나 끝날 예정인 연산 작업을 표현한다. FutureTask.get 메소드는 연산 작업이 끝나는 즉시 연산 결과를 리턴해준다. 만약 결과를 연산하는 도중이라면 작업이 끝날 때까지 기다렸다가 그 결과를 알려준다.

예제 5.18의 Memoizer3은 결과를 저장하는 Map을 기존의 ConcurrentHashMap<A,V> 대신 ConcurrentHashMap<A,Future<V>>라고 정의한다. Memoizer3는 먼저 원하는 값에 대한 연산 작업이 시작됐는지를 확인해본다(Memoizer2에서는 연산이 끝난 결과가 있는지를 확인했다는 점을 기억해보자). 시작된 작업이 없다면 FutureTask를 하나 만들어 Map에 등록하고, 연산 작업을 시작한다. 시작된 작업이 있었다면 현재 실행 중인 연산 작업이 끝나고 결과가 나올 때까지 대기한다. 결과 값은 원하는 즉시 찾을 수 있거나, 아직 연산이 진행 중인 경우에는 작업이 끝날 때까지 대기해야 할 수도 있다. 어쨌거나 이런 작업은 Future.get 메소드의 기능을 활용하면 간단하게 처리할 수 있다.

Memoizer3 클래스는 캐시라는 측면에서 이제 거의 완벽한 모습을 갖췄다. 상당한 수준의 동시 사용성도 갖고 있고(ConcurrentHashMap이 제공하는 병렬성을 100% 활용한다), 결과를 이미 알고 있다면 계산 과정을 거치지 않고 결과를 즉시 가져갈 수 있고, 특정 스레드가 연산 작업을 진행하고 있다면 뒤이어 오는 스레드는 진행 중인 연산 작업의 결과를 기다리도록 되어 있다. 하지만 아직도 미흡한 점이 있는데, 여전히 여러 스레드가 같은 값에 대한 연산을 시작할 수 있다. Memoizer3의 이런 허점은 Memoizer2보다 훨씬 작긴 하다. 하지만 compute 메소드의 if 문이 비교하고 동작하는 두 단계의 연산이기 때문에, 여러 스레드가 compute 메소드의 if 문을 거의 동시에 실행한다면 모두 계산된 값이 없다고 판단하고 새로운 연산을 시작한다. 이런 타이밍으로 동작하는 모습을 그림 5.4에서 볼 수 있다.

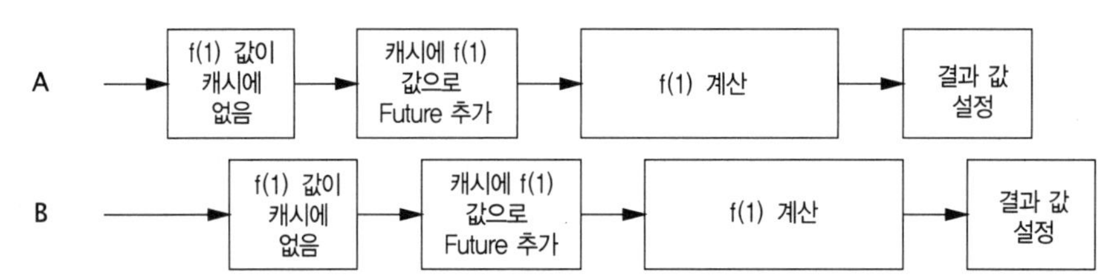

그림 5.4 Memoizer3에서 타이밍이 좋지 않아 같은 값을 두 번 계산하는 경우

```
public class Memoizer3<A, V> implements Computable<A, V> {
    private final Map<A, Future<V>> cache
            = new ConcurrentHashMap<A, Future<V>>();
    private final Computable<A, V> c;

    public Memoizer3(Computable<A, V> c) { this.c = c; }

    public V compute(final A arg) throws InterruptedException {
        Future<V> f = cache.get(arg);
        if (f == null) {
            Callable<V> eval = new Callable<V>() {
                public V call() throws InterruptedException {
                    return c.compute(arg);
                }
            };
            FutureTask<V> ft = new FutureTask<V>(eval);
            f = ft;
            cache.put(arg, ft);
            ft.run(); // c.compute는 이 안에서 호출
        }
        try {
            return f.get();
        } catch (ExecutionException e) {
            throw launderThrowable(e.getCause());
        }
    }
}
```

예제 5.18 FutureTask를 사용한 결과 캐시

Memoizer3가 갖고 있는 허점은 Map에 결과를 추가할 때 단일 연산이 아닌 복합 연산(없으면 추가하라)을 사용하기 때문이며, 락을 사용해서는 단일 연산으로 구성할 수가 없다. 예제 5.19의 Memoizer는 ConcurrentMap 클래스의 putIfAbsent라는 단일 연산 메소드를 사용해 결과를 저장한다. 이것으로 Memoizer3에서 발생하던 허점은 완벽하게 보완할 수 있다.

실제 결과 값 대신 Future 객체를 캐시하는 방법은 이른바 캐시 공해를 유발할 수 있다. 예를 들어 특정 시점에 시도했던 연산이 취소되거나 오류가 발생했었다면 Future 객체 역시 취소되거나 오류가 발생했던 상황을 알려줄 것이다. 이런 문제를 해소하기 위해 Memoizer 클래스는 연산이 취소된 경우에는 캐시에서 해당하는 Future 객체를 제거한다. 덧붙여 RuntimeException이 발생한 경우에도 Future 객체를 제거하면 나중에 다시 같은 연산을 시도했을 때 혹시나 성공해 결과를 가져올 수 있도록 할 수 있겠다. 거의 모든 문제가 해결됐지만 Memoizer는 아직 캐시된 내용이 만료되는 기능을 갖고 있지 않은데, 이 부분은 FutureTask 클래스를 상속받아 만료된 결과인지 여부를 알 수 있는 새로운 클래스를 만들어 사용하고, 결과 캐시를 주기적으로 돌아다니면서 만료된 결과 항목이 있는지 조사해 제거하는 기능을 구현하는 것으로 간단하게 해결할 수 있다(만료 기능과 유사하게 캐시에 저장되는 항목의 개수나 크기 등을 제한해 너무 많은 메모리를 소모하지 않도록 제한하는 기능도 아직 담고 있지 않다).

이번에 구현한 병렬 캐시가 마무리되고 나면 앞서 약속했던 대로 2장에서 살펴봤던 인수분해 서블릿에 실제 캐시 기능을 연결할 수 있다. 예제 5.20의 Factorizer 클래스는 Memoizer를 사용해 이전에 계산했던 값을 효율적이면서 확장성 있게 관리한다.

```
public class Memoizer<A, V> implements Computable<A, V> {
    private final ConcurrentMap<A, Future<V>> cache
        = new ConcurrentHashMap<A, Future<V>>();
    private final Computable<A, V> c;

    public Memoizer(Computable<A, V> c) { this.c = c; }

    public V compute(final A arg) throws InterruptedException {
        while (true) {
            Future<V> f = cache.get(arg);
            if (f == null) {
                Callable<V> eval = new Callable<V>() {
                    public V call() throws InterruptedException {
                        return c.compute(arg);
```

```
                }
            };
            FutureTask<V> ft = new FutureTask<V>(eval);
            f = cache.putIfAbsent(arg, ft);
            if (f == null) { f = ft; ft.run(); }
        }
        try {
            return f.get();
        } catch (CancellationException e) {
            cache.remove(arg, f);
        } catch (ExecutionException e) {
            throw launderThrowable(e.getCause());
        }
    }
  }
}
```

예제 5.19 Memoizer 최종 버전

```
@ThreadSafe
public class Factorizer implements Servlet {
    private final Computable<BigInteger, BigInteger[]> c =
        new Computable<BigInteger, BigInteger[]>() {
            public BigInteger[] compute(BigInteger arg) {
                return factor(arg);
            }
        };
    private final Computable<BigInteger, BigInteger[]> cache
        = new Memoizer<BigInteger, BigInteger[]>(c);

    public void service(ServletRequest req,
                        ServletResponse resp) {
        try {
            BigInteger i = extractFromRequest(req);
            encodeIntoResponse(resp, cache.compute(i));
        } catch (InterruptedException e) {
            encodeError(resp, "factorization interrupted");
        }
```

```
        }
}
```

예제 5.20 Memoizer를 사용해 결과를 캐시하는 인수분해 서블릿

1부 요약

지금까지 엄청나게 많은 양의 내용을 살펴봤다. 아래에 적어둔 내용만 보면 1부에서 살펴봤던 내용을 모두 기억할 수 있을 것이다.

- 상태가 바뀔 수 있단 말이다![6]
  병렬성과 관련된 모든 문제점은 변경 가능한 변수에 접근하려는 시도를 적절하게 조율하는 것으로 해결할 수 있다. 변경 가능성이 낮으면 낮을수록 스레드 안전성을 확보하기가 쉽다.
- 변경 가능한 값이 아닌 변수는 모두 final로 선언하라.
- 불변 객체는 항상 그 자체로 스레드 안전하다.
  불변 객체는 병렬 프로그램을 엄청나게 간편하게 작성할 수 있도록 해준다. 불변 객체는 간결하면서 안전하고, 락이나 방어적 복사 과정을 거치지 않고도 얼마든지 공유해 사용할 수 있다.
- 캡슐화하면 복잡도를 손쉽게 제어할 수 있다.
  모든 값을 전역 변수에 넣어 두더라도 프로그램을 스레드 안전하게 작성할 수는 있다. 하지만 도대체 무엇 때문에 그런 짓을 하는가? 데이터를 객체 내부에 캡슐화하면 값이 변경되는 자유도를 쉽게 제어할 수 있다. 객체 내부에서 동기화하는 기법을 캡슐화하면 동기화 정책을 손쉽게 적용할 수 있다.
- 변경 가능한 객체는 항상 락으로 막아줘야 한다.
- 불변 조건 내부에 들어가는 모든 변수는 같은 락으로 막아줘야 한다.
- 복합 연산을 처리하는 동안에는 항상 락을 확보하고 있어야 한다.
- 여러 스레드에서 변경 가능한 변수의 값을 사용하도록 되어 있으면서 적절한 동기화 기법이 적용되지 않은 프로그램은 올바른 결과를 내놓지 못한다.
- 동기화할 필요가 없는 부분에 대해서는 일부러 머리를 써서 고민할 필요가 없다(동기화할 필요가 없다고 이래저래 추측한 결론에 의존해서는 안 된다).
- 설계 단계부터 스레드 안전성을 염두에 두고 있어야 한다. 아니면 최소한 결과물로 작성된 클래스가 스레드에 안전하지 않다고 반드시 문서로 남겨야 한다.
- 프로그램 내부의 동기화 정책에 대한 문서를 남겨야 한다.

---

6. 1992년 미국 대통령 선거 당시 선거 전략을 담당했던 제임스 카빌(James Carville)은 빌 클린턴(Bill Clinton)의 선거 본부 사무실 앞에 선거 운동 팀이 항상 볼 수 있도록 "경제를 생각하란 말이다! (The economy, stupid)"라는 문구를 걸어뒀었다.

2부
병렬 프로그램 구조 잡기

```
public class NoVisibility {
 private static boolean ready;
 private static int number;
 private static class ReaderThread extends Thread {
  public void run() {
   while (!ready)
    Thread.yield();
   System.out.println(number);
  }
 }
 public static void main(String[] args) {
  new ReaderThread().start();
  number = 42;
  ready = true;
 }
}
```

06 작업 실행

대부분의 병렬 애플리케이션은 '작업task'을 실행하는 구조가 효율적으로 구성되어 있다. 여기서 작업이란 추상적이면서 명확하게 구분된 업무의 단위를 말한다. 애플리케이션이 해야 할 일을 작업이라는 단위로 분할하면 프로그램의 구조를 간결하게 잡을 수 있고, 트랜잭션의 범위를 지정함으로써 오류에 효과적으로 대응할 수 있고, 작업 실행 부분의 병렬성을 자연스럽게 극대화할 수 있다.

6.1 스레드에서 작업 실행

프로그램에서 일어나는 일을 작업이라는 단위로 재구성하고자 한다면 가장 먼저 해야 할 일은 작업의 범위를 어디까지로 할 것인지 정하는 일이다. 원론적으로 보자면 작업은 완전히 독립적인 동작을 말한다. 말하자면 다른 작업의 상태, 결과, 부수 효과 등에 영향을 받지 않아야 한다. 이런 독립성이 갖춰져 있어야 병렬성을 보장할 수 있는데, 독립적인 작업이라야 적절한 자원이 확보된 상태에서 병렬로 실행될 수 있다. 작업을 스케줄링하거나 부하 분산load balancing을 하고자 할 때 폭넓은 유연성을 얻으려면 각 작업이 애플리케이션의 전체적인 업무 내용 가운데 충분히 작은 부분을 담당하도록 구성되어 있어야 한다.

서버 애플리케이션은 부하가 걸리지 않은 일반적인 상황에서는 항상 충분한 속도와 빠른 반응 속도를 보여줘야 한다. 애플리케이션을 제작하는 사람들은 사용자별 서비스 비용을 낮추기 위해 가능한 한 많은 사용자를 처리할 수 있기를 원한다. 그리고 사용자는 물론 원하는 서비스를 즉각적으로 받을 수 있기를 원한다. 이에 덧붙여 애플리케이션에 부하가 가해지는 상황에서 그냥 죽어버려서는 안 되고, 부하에 따라 성능이 점진적으로 떨어지도록 설계돼 있어야 한다. 애플리케이션이 위와 같은 특성을 갖게 하려면 작업 단위의 범위를 적절하게 설정하고, 작업을 실행하는 정책task execution policy(6.2.2절)을 면밀하게 구성해 둘 필요가 있다.

대부분의 서버 애플리케이션은 가장 쉽게 생각할 수 있는 작업의 단위가 있다. 바로 클라이언트의 요청 하나를 작업 하나로 볼 수 있다. 웹 서버, 메일 서버, 파일 서버, EJB 컨테이너, 데이터베이스 서버 등과 같은 모든 서버는 해당 서비스에 대한 원격지의 클라이언트로부터 네트웍으로 요청을 받는다. 클라이언트의 개별 요청 단위를 작업의 범위로 지정한다면 대략 독립성을 보장받으면서 작업의 크기를 적절하게 설정하는 것이라고 볼 수 있다. 예를 들어 메일 서버에 메시지 하나를 전송하고 그 결과를 받는 작업은 다른 클라이언트가 동시에 메시지를 주고받는 일과 아무런 관련 없이 처리될 수 있다. 뿐만 아니라 메일 서버의 입장에서는 단일 메시지를 처리하는 작업이 전체 사용 가능한 용량 가운데 아주 작은 일부분만을 차지할 뿐이다.

6.1.1 작업을 순차적으로 실행

애플리케이션 내부에서 작업을 실행시키는 순서를 지정하는 스케줄링 방법으로 여러 가지 종류의 정책을 생각해 볼 수 있으며, 일부 정책은 병렬성을 적용해 동시에 처리하기에 좋은 구조를 갖기도 한다. 작업을 실행하는 가장 간단한 방법은 단일 스레드에서 작업 목록을 순차적으로 실행하는 방법이다. 예제 6.1의 SingleThreadWebServer 클래스가 바로 이런 방법으로, 즉 80 포트에 접속하는 클라이언트 요청을 순차적으로 처리하는 모습으로 동작한다. 물론 이 예제에서 클라이언트의 요청에 대한 처리 결과는 그다지 중요하지 않고, 여러 가지 스케줄링 정책이 병렬성의 측면에서 어떤 특징을 갖는지에 초점을 맞춰보자.

```
class SingleThreadWebServer {
    public static void main(String[] args) throws IOException {
        ServerSocket socket = new ServerSocket(80);
        while (true) {
            Socket connection = socket.accept();
            handleRequest(connection);
        }
    }
}
```

예제 6.1 순차적으로 처리하는 웹서버

SingleThreadWebServer 클래스는 아주 단순하고 이론적으로는 틀린 부분이 없다. 하지만 한 번에 하나의 요청만을 처리할 수 있기 때문에 실제 상황에 적용해보면 그 성능이 엄청나게 떨어지는 것을 볼 수 있다. 기본 스레드는 네트웍 소켓 연결을 기다리고 있다가 클라이언트가 보내 온 요청을 처리하는 과정을 반복한다. 만약 웹서버가 이전 클라이언트의 요청을 처리하는 도중이라면 다음에 요청을 전송한 클라이언트는 웹서버가 이전 작업을 끝내기만을 기다려야 한다. 만약 요청을 처리해 결과를 넘겨주는 작업이 엄청나게 빨라서 `handleRequest` 메소드가 거의 즉시 처리를 끝낸다면 웹서버가 어느 정도 역할을 할 수도 있을 것이지만, 그런 환경은 실제로는 거의 볼 수 없는 모습이라고 할 수 있다.

웹서버에 대한 클라이언트의 요청을 처리하는 과정에는 대부분 약간의 연산과 I/O 작업이 대부분을 차지한다. 서버는 네트웍 소켓 I/O를 통해 요청하는 내용을 읽어들이고 결과를 클라이언트에게 넘겨준다. 작업 도중에 파일을 읽거나 쓸 수도 있고, 데이터베이스 서버에 요청을 날릴 수도 있는데, 이런 작업은 모두 대기 상태로 들어갈 가능성이 있는 기능이다. 단일 스레드로 처리하는 도중에는 어떤 작업에건 대기 상태에 들어간다는 의미가 단지 처리 시간이 길어진다는 문제뿐만 아니라 다른 요청을 전혀 처리하지 못한다는 문제가 발생한다. 만약 특정 요청에 대한 처리 과정에 대기 시간이 유난히 길어지는 경우가 발생한다면 아마도 클라이언트나 사용자는 서버가 전혀 응답하지 않는 모습을 보고는 서버가 죽어 있다고 판단할 수 있다. 이와 함께 단일 스레드에서 I/O 작업을 하는 동안 CPU가 대기하고 있어야 하는 등 서버 하드웨어 자원을 제대로 활용하지 못한다는 문제도 있다.

서버 애플리케이션의 경우를 본다면 순차적인 처리 방법을 사용했을 때 앞에서 언급했던 높은 처리량과 빠른 반응 속도 가운데 어느 것도 제대로 만족하지 못할 가능성이 높다. 물론 예외가 있을 수 있는데, 작업의 개수가 아주 적으면서 하나의 작업을 처리하는 데 오래 걸리는 경우나 한 번에 하나의 요청만을 전송하는 클라이언트 하나만을 상대하는 경우에는 성능과 반응 속도가 잘 나올 수 있겠다. 하지만 대부분의 서버는 이런 환경에서 사용하지 않는다고 봐야 한다.[1]

6.1.2 작업마다 스레드를 직접 생성

반응 속도를 훨씬 높일 수 있는 방법 가운데 하나는 요청이 들어올 때마다 새로운 스레드를 하나씩 만들어 실행시키는 방법이다. 예제 6.2의 `ThreadPerTaskWebServer` 클래스가 이렇게 구현되어 있다.

1. 특정 상황에서는 순차적인 처리 방법을 사용해 간결함과 안전성이라는 장점을 얻을 수도 있다. 예를 들어 대부분의 GUI 프레임웍에서 사용자의 이벤트를 처리할 단일 스레드에서 순차적으로 처리한다. 이런 순차적인 처리 방법에 대해서는 9장에서 다시 살펴본다.

```
class ThreadPerTaskWebServer {
    public static void main(String[] args) throws IOException {
        ServerSocket socket = new ServerSocket(80);
        while (true) {
            final Socket connection = socket.accept();
            Runnable task = new Runnable() {
                    public void run() {
                        handleRequest(connection);
                    }
                };
            new Thread(task).start();
        }
    }
}
```

예제 6.2 요청이 들어올 때마다 스레드를 생성하는 웹서버

ThreadPerTaskWebServer 클래스는 구조만 본다면 단일 스레드로 처리하던 이전 버전과 크게 다르지 않다. 메인 스레드는 여전히 클라이언트의 접속을 대기하다가 요청이 들어오면 적절하게 처리하는 과정을 반복한다. 하지만 클라이언트의 요청 내용을 메인 스레드에서 직접 처리하지 않고, 클라이언트가 접속할 때마다 반복문에서 해당 클라이언트의 요청 처리를 담당하는 새로운 스레드를 매번 생성한다는 차이점이 있다. 이렇게 변경하면 크게 세 가지 결과를 얻을 수 있다.

- 작업을 처리하는 기능이 메인 스레드에서 떨어져 나온다. 따라서 메인 반복문은 다음 클라이언트의 접속을 기다리는 부분으로 굉장히 빨리 넘어갈 수 있다. 서버가 이렇게 구성되어 있으면 클라이언트는 이전 작업이 끝나기 이전에라도 언제든지 서버에 접속해 요청을 전송할 수 있기 때문에 서버의 응답 속도를 높여준다.
- 동시에 여러 작업을 병렬로 처리할 수 있기 때문에 두 개 이상의 요청을 받아 동시에 처리할 수 있다. 만약 서버의 하드웨어에 여러 개의 프로세서(CPU)가 장착되어 있다면 전반적으로 처리 속도를 향상시킬 수 있고, 각 작업에서 I/O 기능이 실행되기를 기다리는 부분이 있거나 락을 확보하기 위해 대기하는 부분 또는 기타 특정 자원을 사용하기 위해 대기하는 부분이 있는 경우에 서버의 처리 속도를 높여줄 수 있다.
- 실제 작업을 처리하는 스레드의 프로그램은 여러 클라이언트가 접속하는 경우 동시에 동작할 가능성이 매우 높기 때문에 스레드 안전성을 확보해야 한다.

위와 같이 작업별로 스레드를 생성해 처리하는 방법으로 웬만한 부하까지는 견딜 수 있으며, 순차적인 실행 방법에 비하면 속도가 크게 향상된다. 다만 클라이언트가 접속해 요청을 전송하는 속도에 비해 요청을 처리해 응답을 넘겨주는 속도가 빨라야 한다는 제약이 있으며, 이런 제약 사항이 지켜지는 한 괜찮은 응답 속도와 성능을 보여준다.

6.1.3 스레드를 많이 생성할 때의 문제점

작업마다 스레드를 생성하는 정책은 상용 서비스에서 사용하기에는 무리가 있다. 왜냐하면 특정 상황에서 엄청나게 많은 대량의 스레드가 생성될 수도 있는데, 이럴 때는 아래와 같은 단점이 발생한다.

스레드 라이프 사이클 문제: 스레드를 생성하고 제거하는 작업에도 자원이 소모된다. 스레드를 생성하고 제거하는 데 실제로 얼마만큼의 자원을 소모하는지는 운영체제에 따라 다르지만, 어쨌거나 스레드를 생성하는 과정에는 일정량의 시간이 필요하다. 따라서 클라이언트의 요청을 처리할 때 기본적인 딜레이가 생기고, 그 동안 JVM과 운영체제는 몇 가지 기초적인 작업을 진행한다. 만약 클라이언트의 요청 내용이 간단하면서 자주 발생하는 유형이라면 요청이 들어올 때마다 매번 새로운 스레드를 생성하는 일이 상대적으로 전체 작업에서 많은 부분을 차지할 수 있다.

자원 낭비: 실행 중인 스레드는 시스템의 자원, 특히 메모리를 소모한다. 하드웨어에 실제로 장착되어 있는 프로세서보다 많은 수의 스레드가 만들어져 동작 중이라면, 실제로는 대부분의 스레드가 대기(idle) 상태에 머무른다. 이렇게 대기 상태에 머무르는 스레드가 많아지면 많아질수록 많은 메모리를 필요로 하며, JVM의 가비지 콜렉터에 가해지는 부하가 늘어날 뿐만 아니라 CPU를 사용하기 위해 여러 스레드가 경쟁하는 모양이 되기 때문에 메모리 이외에도 많은 자원을 소모한다. 만약 시스템에 꽂혀 있는 CPU의 개수에 해당하는 스레드가 동작 중이라면, 스레드를 더 만들어 낸다 해도 성능이 직접적으로 개선되지 않을 수 있으며 오히려 악영향을 미칠 가능성도 있다.

안정성 문제: 모든 시스템에는 생성할 수 있는 스레드의 개수가 제한되어 있다. 몇 개까지 만들 수 있는지는 플랫폼과 운영체제마다 다르고, JVM을 실행할 때 지정하는 인자나 `Thread` 클래스에 필요한 스택의 크기에 따라서 달라지기도 한다.[2] 만약 제한된 양을

---

2. 32비트 시스템이라면 가장 큰 제약 요소는 바로 스레드 스택에 적용되는 주소 공간이다. 자바 코드와 네이티브 코드를 실행할 수 있도록 모든 스레드는 두 개의 스택을 갖는다. 일반적인 JVM의 기본값으로 보면 두 개의 스택을 더한 용량이 대략 0.5MB 정도 된다(이 값은 JVM을 실행할 때 -Xss 옵션을 지정하거나 Thread 클래스를 생성할 때 생성 메소드에 지정하는 값으로 변경할 수 있다). 예를 들어 스레드별 스택 크기를 2^{32}로 나눈 값으로 설정하면, 수천 개나 수만 개의 스레드를 사용할 수 있다. 운영체제 등에서 제한하는 여러 가지 제약 조건은 훨씬 엄격하게 적용될 수 있다.

모두 사용하고 나면 아마도 OutOfMemoryError가 발생한다. 이처럼 OutOfMemoryError가 발생한 상황에서 해당하는 오류를 바로잡을 수 있는 방법은 별로 없으며, 가능하다 해도 안정적으로 처리하기가 어렵다. 결국 프로그램이 제한된 값 안에서 동작하도록 작성해 OutOfMemoryError가 발생하지 않도록 미연에 방지하는 방법이 훨씬 쉽다.

일정한 수준까지는 스레드를 추가로 만들어 사용해서 성능상의 이점을 얻을 수 있지만, 특정 수준을 넘어간다면 성능이 떨어지게 마련이다. 더군다나 스레드 하나를 계속해서 생성한다면 애플리케이션이 제대로 다운되는 모습을 보게 될 것이다. 이런 위험한 상황에서 벗어나고자 한다면 애플리케이션이 만들어 낼 수 있는 스레드의 수에 제한을 두는 것이 현명한 방법이고, 애플리케이션이 제한된 수의 스레드만으로 동작할 때 용량에 넘치는 요청이 들어오는 상황에서도 자원이 고갈되어 멈추는 경우가 발생하지 않는지를 세심하게 테스트해야 한다.

이런 측면에서 볼 때 앞에서 소개했던 작업별로 스레드를 생성하는 방법은 스레드의 개수를 제한할 수 있는 방법이 전혀 없었다. 물론 클라이언트가 HTTP 요청을 천천히 하면 되긴 하지만, 그건 방법이라고 할 수 없다. 대부분의 병렬 프로그램에서 발생하는 문제점이 그런 것처럼 스레드를 제한 없이 생성할 수 있다 하더라도 애플리케이션의 프로토타입을 만들거나 실제 개발하는 과정에서도 문제가 없을 수 있다. 이런 문제는 실제 상황에서 엄청난 부하가 가해졌을 때만 발생하기 때문이다. 따라서 악의적인 사용자뿐만 아니라 일반적이라고 생각할 수 있는 사용자도 요청량을 늘려서 특정 수준이 넘어가도록 하면 웹서버를 다운시킬 수 있다. 항상 높은 가용성을 유지하고 부하가 걸리는 상황에서도 성능이 점진적으로 떨어지도록 만들어야 할 서버 애플리케이션에서 위와 같은 문제가 발생한다면 굉장히 치명적인 오류라고 볼 수 있다.

6.2 Executor 프레임웍

작업task은 논리적인 업무의 단위이며, 스레드는 특정 작업을 비동기적으로 동작시킬 수 있는 방법을 제공한다. 이미 앞에서 스레드를 사용해 작업을 실행시키는 두 가지 방법을 살펴본 바가 있다. 첫 번째는 하나의 스레드에서 여러 작업을 순차적으로 실행하는 방법이고, 두 번째는 각 작업을 각각의 스레드에서 실행시키는 방법이다. 하지만 두 가지 방법 모두 상당한 문제점을 안고 있다. 순차적인 방법은 응답 속도와 전체적인 성능이 크게 떨어지는 문제점이 있고, 작업별로 스레드를 만들어 내는 방법은 자원 관리 측면에서 허점이 있다.

5장에서 크기가 제한된 큐bounded queue를 사용해 부하가 크게 걸리는 애플리케이션에서 메모리를 모두 소모해 버리지 않도록 통제하는 방법을 살펴봤었다. 스레드 풀thread pool은 스레드를 관리하는 측면에서 이와 같은 통제력을 갖출 수 있도록 해주며, java.util.concurrent 패키지에 보면 Executor 프레임웍의 일부분으로 유연하게 사용할 수 있는 스레드 풀이 만들어져 있다. 자바 클래스 라이브러리에서 작업을 실행하고자 할 때는 Thread보다 예제 6.3에서 볼 수 있는 Executor가 훨씬 추상화가 잘 되어 있으며 사용하기 좋다.

```
public interface Executor {
    void execute(Runnable command);
}
```

예제 6.3 Executor 인터페이스

Executor는 굉장히 단순한 인터페이스로 보이지만, 아주 다양한 여러 가지 종류의 작업 실행 정책을 지원하는 유연하면서도 강력한 비동기적 작업 실행 프레임웍의 근간을 이루는 인터페이스다. Executor는 작업 등록task submission과 작업 실행task execution을 분리하는 표준적인 방법이며, 각 작업은 Runnable의 형태로 정의한다. Executor 인터페이스를 구현한 클래스는 작업의 라이프 사이클을 관리하는 기능도 갖고 있고, 몇 가지 통계 값을 뽑아내거나 또는 애플리케이션에서 작업 실행 과정을 관리하고 모니터링하기 위한 기능도 갖고 있다.

Executor의 구조는 프로듀서-컨슈머 패턴에 기반하고 있으며, 작업을 생성해 등록하는 클래스가 프로듀서(처리해야 할 작업을 생성하는 주체)가 되고 작업을 실제로 실행하는 스레드가 컨슈머(생성된 작업을 처리하는 주체)가 되는 모양을 갖추고 있다. 일반적으로 프로듀서-컨슈머 패턴을 애플리케이션에 적용해 구현할 수 있는 가장 쉬운 방법이 바로 Executor 프레임웍을 사용하는 방법이다.

6.2.1 예제: Executor를 사용한 웹서버

웹서버를 구현할 때 Executor를 적용하면 작업이 굉장히 간단해진다. 예제 6.4의 TaskExecutorWebServer 클래스를 보면 스레드를 직접 생성하던 부분에 Executor를 사용하도록 변경했다. 여기에서는 몇 가지 표준 Executor 가운데 100개의 고정된 스레드를 확보하는 풀을 사용했다.

TaskExecutionWebServer 클래스를 보면 요청 처리 작업을 등록하는 부분과 실제로 처리 기능을 실행하는 부분이 Executor를 사이에 두고 분리되어 있고, Executor를 다른 방법으로 구현한 클래스를 사용하면 비슷한 기능에 다른 특성으로 동작하도록 손쉽게 변경할 수 있다. 스레드를 직접 생성하도록 구현되어 있는 상태에서는 서버의 동작 특성을 쉽게 변경할 수 없었지만, Executor를 사용하면 Executor의 설정을 변경하는 것만으로 쉽게 변경된다. Executor에 필요한 설정은 대부분 초기에 한 번 지정하는 것이 보통이며 처음 실행하는 시점에 설정 값을 지정하는 편이 좋다. 하지만 Executor를 사용해 작업을 등록하는 코드는 전체 프로그램의 여기저기에 퍼져있는 경우가 많기 때문에 한눈에 보기가 어렵다.

```
class TaskExecutionWebServer {
    private static final int NTHREADS = 100;
    private static final Executor exec
        = Executors.newFixedThreadPool(NTHREADS);

    public static void main(String[] args) throws IOException {
        ServerSocket socket = new ServerSocket(80);
        while (true) {
            final Socket connection = socket.accept();
            Runnable task = new Runnable() {
                public void run() {
                    handleRequest(connection);
                }
            };
            exec.execute(task);
        }
    }
}
```

예제 6.4 스레드 풀을 사용한 웹서버

만약 예제 6.4에서 구현한 TaskExecutionWebServer의 구조를 그대로 유지하면서 들어오는 요청마다 새로운 스레드를 생성해 실행하도록 변경할 수 있을까? 이처럼 Executor를 상속받아 또 다른 모양으로 동작하는 클래스를 쉽게 구현할 수 있다. 예제 6.5와 같이 ThreadPerTaskExecutor를 구현해 적용하면 TaskExecutionWebServer를 간단하게 ThreadPerTaskWebServer로 변경할 수 있다.

```
public class ThreadPerTaskExecutor implements Executor {
    public void execute(Runnable r) {
        new Thread(r).start();
    };
}
```

예제 6.5 작업마다 스레드를 새로 생성시키는 Executor

이와 유사하게 TaskExecutionWebServer가 작업을 순차적으로 처리하도록 만드는 일도 아주 간단하다. 예를 들어 예제 6.6의 WithinThreadExecutor와 같이 execute 메소드 안에서 요청에 대한 처리 작업을 모두 실행하고, 처리가 끝나면 executor에서 리턴되도록 구현하면 된다.

```
public class WithinThreadExecutor implements Executor {
    public void execute(Runnable r) {
        r.run();
    };
}
```

예제 6.6 작업을 등록한 스레드에서 직접 동작시키는 Executor

6.2.2 실행 정책

작업을 등록하는 부분과 실행하는 부분을 서로 분리시켜두면 특정 작업을 실행하고자 할 때 코드를 많이 변경하거나 기타 여러 가지 어려운 상황에 맞닥뜨리지 않으면서도 실행 정책execution policy을 언제든지 쉽게 변경할 수 있다는 장점이 있다. 실행 정책은 다음과 같이 '무엇을, 어디에서, 언제, 어떻게' 실행하는지를 지정할 수 있다.

- 작업을 어느 스레드에서 실행할 것인가?
- 작업을 어떤 순서로 실행할 것인가?(FIFO, LIFO, 기타 다양한 우선순위 정책)
- 동시에 몇 개의 작업을 병렬로 실행할 것인가?
- 최대 몇 개까지의 작업이 큐에서 실행을 대기할 수 있게 할 것인가?
- 시스템에 부하가 많이 걸려서 작업을 거절해야 하는 경우, 어떤 작업을 희생양으로 삼아야 할 것이며, 작업을 요청한 프로그램에 어떻게 알려야 할 것인가?
- 작업을 실행하기 직전이나 실행한 직후에 어떤 동작이 있어야 하는가?

실행 정책은 일종의 자원 관리 도구라고도 할 수 있다. 가장 최적화된 실행 정책을 찾으려면 하드웨어나 소프트웨어적인 자원을 얼마나 확보할 수 있는지 확인해야 하고, 더불어 애플리케이션의 성능과 반응 속도가 요구사항에 얼마만큼 명시되어 있는지도 알아야 한다. 병렬로 실행되는 스레드의 수를 제한한다면 아마도 애플리케이션에서 자원이 모자라는 상황에 다다르거나 제한된 자원을 서로 사용하기 위해 각 작업이 경쟁하느라 애플리케이션의 성능이 떨어지는 일은 별로 보기 어려울 것이다.[3] 실행 정책과 작업 등록 부분을 명확하게 분리시켜두면 애플리케이션을 실제 상황에 적용하려 할 때 설치할 하드웨어와 기타 자원의 양에 따라 적절한 실행 정책을 임의로 지정할 수 있다.

> 프로그램 어디에서든 간에
>
> ```
> new Thread(runnable).start()
> ```
>
> 와 같은 코드가 남아 있다면 조만간 이런 부분에 유연한 실행 정책을 적용할 준비를 해야 할 것이며, 나중을 위해서 Executor를 사용해 구현하는 방안을 심각하게 고려해봐야 한다.

6.2.3 스레드 풀

스레드 풀thread pool은 이름 그대로 작업을 처리할 수 있는 동일한 형태의 스레드를 풀의 형태로 관리한다. 그리고 일반적으로 스레드 풀은 풀 내부의 스레드로 처리할 작업을 쌓아둬야 하기 때문에 작업 큐work queue와 굉장히 밀접한 관련이 있다. 작업 스레드는 아주 간단한 주기로 동작하는데, 먼저 작업 큐에서 실행할 다음 작업을 가져오고, 작업을 실행하고, 가져와 실행할 다음 작업이 나타날 때까지 대기하는 일을 반복한다.

풀 내부의 스레드를 사용해 작업을 실행하는 방법을 사용하면, 작업별로 매번 스레드를 생성해 처리하는 방법보다 굉장히 많은 장점이 있다. 매번 스레드를 생성하는 대신 이전에 사용했던 스레드를 재사용하기 때문에 스레드를 계속해서 생성할 필요가 없고, 따라서 여러 개의 요청을 처리하는 데 필요한 시스템 자원이 줄어드는 효과가 있다. 더군다나 클라이언트가 요청을 보냈을 때 해당 요청을 처리할 스레드가 이미 만들어진 상태로 대기하고 있기 때문에 작업을 실행하는 데 딜레이가 발생하지 않아 전체적인 반응 속도도 향상된다. 스레드 풀의 크기를 적절히 조절해두면 하드웨어 프로

3. 이런 일은 엔터프라이즈급 애플리케이션에서 트랜잭션 모니터가 담당하는 부분과 유사하다. 트랜잭션 모니터는 트랜잭션이 처리되는 속도에 제한을 가할 수 있으며, 따라서 제한된 자원을 사용하면서 자원 부족 상황이나 부하에 시달리지 않도록 해준다.

세서가 쉬지 않고 동작하도록 할 수 있으며, 하드웨어 프로세서가 바쁘게 동작하는 와중에도 메모리를 전부 소모하거나 여러 스레드가 한정된 자원을 두고 서로 경쟁하느라 성능을 까먹는 현상도 없앨 수 있다.

자바 클래스 라이브러리에서는 흔히 사용하는 여러 가지 설정 상태에 맞춰 몇 가지 종류의 스레드 풀을 제공하고 있다. 미리 정의되어 있는 스레드 풀을 사용하려면 Executors 클래스에 만들어져 있는 다음과 같은 메소드를 호출하자.

newFixedThreadPool: 처리할 작업이 등록되면 그에 따라 실제 작업할 스레드를 하나씩 생성한다. 생성할 수 있는 스레드의 최대 개수는 제한되어 있으며 제한된 개수까지 스레드를 생성하고 나면 더 이상 생성하지 않고 스레드 수를 유지한다(만약 스레드가 작업하는 도중에 예상치 못한 예외가 발생해서 스레드가 종료되거나 하면 하나씩 더 생성하기도 한다).

newCachedThreadPool: 캐시 스레드 풀은 현재 풀에 갖고 있는 스레드의 수가 처리할 작업의 수보다 많아서 쉬는 스레드가 많이 발생할 때 쉬는 스레드를 종료시켜 훨씬 유연하게 대응할 수 있으며, 처리할 작업의 수가 많아지면 필요한 만큼 스레드를 새로 생성한다. 반면에 스레드의 수에는 제한을 두지 않는다.

newSingleThreadExecutor. 단일 스레드로 동작하는 Executor로서 작업을 처리하는 스레드가 단 하나뿐이다. 만약 작업 중에 Exception이 발생해 비정상적으로 종료되면 새로운 스레드를 하나 생성해 나머지 작업을 실행한다. 등록된 작업은 설정된 큐에서 지정하는 순서(FIFO, LIFO, 우선순위)에 따라 반드시 순차적으로 처리된다.[4]

newScheduledThreadPool. 일정 시간 이후에 실행하거나 주기적으로 작업을 실행할 수 있으며, 스레드의 수가 고정되어 있는 형태의 Executor.Timer 클래스의 기능과 유사하다(6.2.5절 참조).

newFixedThreadPool과 newCachedThreadPool 팩토리 메소드는 일반화된 형태로 구현되어 있는 ThreadPoolExecutor 클래스의 인스턴스를 생성한다. 생성된 ThreadPoolExecutor 인스턴스에 설정 값을 조절해 필요한 형태를 갖추고 사용할 수도 있다. 이와 같은 스레드 풀에 대한 설정 방법에 대해서는 8장에서 자세히 살펴본다.

TaskExecutionWebServer 예제에서 구현했던 웹서버는 제한된 개수의 스레드로 동작하는 Executor를 사용했었다. 처리할 작업을 execute 메소드로 등록해 두면

---

4. 단일 스레드로 실행되는 Executor 역시 내부적으로 충분한 동기화 기법을 적용하고 있으며, 따라서 특정 작업이 진행되는 동안 메모리에 남겨진 기록을 다음에 실행되는 작업에서 가져다 사용할 수 있다. 이것은 여러 작업이 모두 하나의 스레드에 제한된 상태로 실행되기 때문에 가능하며, 간혹 작업 실행 스레드가 종료되어 새로운 스레드를 만들어 실행하는 경우에도 똑같이 적용된다.

Executor 내부의 큐에 쌓이고, Executor 내부의 풀에 있는 스레드가 큐에 쌓여 있는 작업을 하나씩 뽑아내 처리하게 되어 있다.

이처럼 작업별로 스레드를 생성하는 전략thread-per-task에서 풀을 기반으로 하는 전략pool-based으로 변경하면 안정성 측면에서 엄청난 장점을 얻을 수 있다. 바로 웹서버에 부하가 걸리더라도 더 이상 메모리가 부족해 죽는 일이 발생하지 않는다는 점이다.[5] 더군다나 부하에 따라 수천 개의 스레드를 생성해 제한된 양의 CPU와 메모리 자원을 서로 사용하려고 경쟁시키는 상황에 이르지 않기 때문에 성능이 떨어질 때도 점진적으로 서서히 떨어지는 특징을 갖는다. 또한 Executor를 사용하면 사용하지 않을 때보다 성능을 튜닝하거나, 실행 과정을 관리하거나, 실행 상태를 모니터링하거나, 실행 기록을 로그로 남기거나, 오류가 발생했을 때 처리하고자 할 때 여러 가지 방법을 동원해 쉽고 효과적으로 처리하기가 좋다.

6.2.4 Executor 동작 주기

앞에서 Executor를 생성하는 방법에 대해서는 살펴봤지만, Executor를 어떻게 종료하는지에 대한 내용은 아직 살펴보지 않았다. Executor를 구현하는 클래스는 대부분 작업을 처리하기 위한 스레드를 생성하도록 되어 있다. 하지만 JVM은 모든 스레드가 종료되기 전에는 종료하지 않고 대기하기 때문에 Executor를 제대로 종료시키지 않으면 JVM 자체가 종료되지 않고 대기하기도 한다.

Executor는 작업을 비동기적으로 실행하기 때문에 앞서 실행시켰던 작업의 상태를 특정 시점에 정확하게 파악하기 어렵다. 어떤 작업은 이미 완료됐을 수도 있고, 또 몇 개의 작업은 아직 실행 중일 수 있고, 또 다른 작업은 아직 큐에서 대기 상태에 머물러 있을 수도 있다. 애플리케이션을 종료하는 과정을 보면 안전한 종료 방법(graceful, 작업을 새로 등록하지는 못하고 시작된 모든 작업을 끝낼 때까지 기다림)이 있겠고, 또 한편으로는 강제적인 종료(abrupt, 예를 들어 플러그가 빠져 전원이 꺼지는 경우) 방법이 있겠다. 물론 안전한 종료 방법과 강제 종료 사이에 위치시킬 수 있는 여러 가지 종료 방법이 있다. Executor가 애플리케이션에 스레드 풀 등의 서비스를 제공한다는 관점으로 생각해 본다면, Executor 역시 안전한 방법이건 강제적인 방법이건 종료 절차를 밟아야 할 필요가 있다. 그리고 종료 절차를 밟는 동안 실행 중이거나 대기 중이던 작업을 어떻게 처리했는지를 작업을 맡겼던 애플리케이션에게 알려줄 의무가 있다.

---

5. 여기에서 죽지 않는다는 것은 스레드를 계속 생성하느라 메모리가 모자라 죽는 경우를 말한다. 물론 요청을 처리하는 속도보다 요청이 새로 추가되는 속도가 더 빨라 처리하지 못하고 쌓여 있는 작업의 수가 계속해서 늘어난다면 여전히 메모리가 모자라 웹서버가 다운될 가능성이 있다(물론 스레드의 경우보다는 일반적으로 가능성이 낮은 편이다). 이렇게 작업이 적체될 수 있는 문제점은 작업 큐의 크기를 제한하는 것으로 해결할 수 있으며, 이에 대한 자세한 내용은 8.3.2절에서 살펴본다.

이처럼 서비스를 실행하는 동작 주기와 관련해 Executor를 상속받은 ExecutorService 인터페이스에는 동작 주기를 관리할 수 있는 여러 가지 메소드가 추가되어 있다(이와 함께 작업을 등록하는 방법도 몇 가지 더 갖고 있다). ExecutorService 인터페이스의 동작 주기 관리 관련 메소드를 예제 6.7에서 볼 수 있다.

```
public interface ExecutorService extends Executor {
    void shutdown();
    List<Runnable> shutdownNow();
    boolean isShutdown();
    boolean isTerminated();
    boolean awaitTermination(long timeout, TimeUnit unit)
        throws InterruptedException;
    // ... 작업을 등록할 수 있는 몇 가지 추가 메소드
}
```

예제 6.7 ExecutorService 인터페이스의 동작 주기 관리

내부적으로 ExecutorService가 갖고 있는 동작 주기에는 실행 중running, 종료 중shutting down, 종료terminated의 세 가지 상태가 있다. ExecutorService를 처음 생성했을 때에는 실행 중 상태로 동작한다. 어느 시점엔가 shutdown 메소드를 실행하면 안전한 종료 절차를 진행하며 종료중 상태로 들어간다. 이 상태에서는 새로운 작업을 등록받지 않으며, 이전에 등록되어 있던 작업(실행되지 않고 대기 중이던 작업도 포함)까지는 모두 끝마칠 수 있다. shutdownNow 메소드를 실행하면 강제 종료 절차를 진행한다. 현재 진행 중인 작업도 가능한 한 취소시키고, 실행되지 않고 대기 중이던 작업은 더 이상 실행시키지 않는다.

ExecutorService의 하위 클래스인 ThreadPoolExecutor는 이미 종료 절차가 시작되거나 종료된 이후에 새로운 작업을 등록하려 하면 실행 거절 핸들러rejected execution handler(8.3.3절 참조)를 통해 오류로 처리한다. 실행 거절 핸들러에 따라 다르지만 등록하려했던 작업을 조용히 무시할 수도 있고, RejectedExecutionException을 발생시켜 오류로 처리하도록 할 수도 있다. 종료 절차가 시작된 이후 실행 중이거나 대기 중이던 작업을 모두 끝내고 나면 ExecutorService는 종료 상태로 들어간다. ExecutorService가 종료 상태로 들어갈 때까지 기다리고자 한다면 awaitTermination 메소드로 대기할 수도 있고, isTerminated 메소드를 주기적으로 호출해 종료 상태로 들어갔는지 확인할 수도 있다. 일반적으로는 shutdown 메소드를 실행한 이후 바로 awaitTermination을

실행하면 마치 ExecutorService를 직접 종료시키는 것과 비슷한 효과를 얻을 수 있다 (Executor를 종료하고 작업을 취소하는 등의 부분에 대해서는 7장에서 좀더 상세하게 다룬다).

예제 6.8의 LifecycleWebServer 클래스에는 앞서 작업했던 웹서버에 동작 주기에 대한 지원 부분을 추가했다. LifecycleWebServer는 두 가지 방법으로 종료시킬 수 있는데, 첫 번째는 stop 메소드를 호출하는 방법이고, 두 번째는 클라이언트 측에서 특정한 형태의 HTTP 요청을 전송하는 방법이다.

```
class LifecycleWebServer {
    private final ExecutorService exec = ...;

    public void start() throws IOException {
        ServerSocket socket = new ServerSocket(80);
        while (!exec.isShutdown()) {
            try {
                final Socket conn = socket.accept();
                exec.execute(new Runnable() {
                    public void run() { handleRequest(conn); }
                });
            } catch (RejectedExecutionException e) {
                if (!exec.isShutdown())
                    log("task submission rejected", e);
            }
        }
    }

    public void stop() { exec.shutdown(); }

    void handleRequest(Socket connection) {
        Request req = readRequest(connection);
        if (isShutdownRequest(req))
            stop();
        else
            dispatchRequest(req);
    }
}
```

예제 6.8 종료 기능을 추가한 웹서버

6.2.5 지연 작업, 주기적 작업

자바 라이브러리에 포함된 Timer 클래스를 사용하면 특정 시간 이후에 원하는 작업을 실행("이 작업을 100밀리초 이후에 실행하라")하는 지연 작업이나 주기적인 작업("매 10밀리초마다 이 작업을 실행하라")을 실행할 수 있다. 하지만 Timer는 그 자체로 약간의 단점이 있기 때문에 가능하다면 ScheduledThreadPoolExecutor를 사용하는 방법을 생각해 보는 것이 좋겠다.[6] ScheduledThreadPoolExecutor를 생성하려면 직접 ScheduledThreadPoolExecutor 클래스의 생성 메소드를 호출해 생성하는 방법이 있고, 아니면 newScheduledThreadPool 팩토리 메소드를 사용해 생성하는 방법이 있다.

Timer 클래스는 등록된 작업을 실행시키는 스레드를 하나만 생성해 사용한다. 만약 Timer에 등록된 특정 작업이 너무 오래 실행된다면 등록된 다른 TimerTask 작업이 예정된 시각에 실행되지 못할 가능성이 높다. 예를 들어 주기적으로 10밀리초마다 실행되도록 등록된 작업이 있고, 실행하는 데 40밀리초 이상 걸리는 또 다른 작업이 등록되어 있었다면, 40밀리초가 걸리는 작업이 실행된 이후 주기적으로 실행되는 작업 4건이 연달아 실행될 수도 있고, 정책에 따라 시간을 놓친 작업은 실행되지 못하는 경우도 있다. ScheduledThreadPoolExecutor를 사용하면 지연 작업과 주기적 작업마다 여러 개의 스레드를 할당해 작업을 실행하느라 각자의 실행 예정 시각을 벗어나는 일이 없도록 조절해준다.

Timer 클래스의 또 다른 단점을 들자면, TimerTask가 동작하던 도중에 예상치 못한 Exception을 던져버리는 경우에 예측하지 못한 상태로 넘어갈 수 있다는 점이다. Timer 스레드는 예외 상황을 전혀 처리하지 않기 때문에 TimerTask가 Exception을 던지면 Timer 스레드 자체가 멈춰 버릴 가능성도 있다. 더군다나 Timer 클래스는 오류가 발생해 스레드가 종료된 상황에서도 자동으로 새로운 스레드를 생성해주지 않는다. 이런 상황에 다다르면 해당 Timer에 등록되어 있던 모든 작업이 취소된 상황이라고 간주해야 하며, 그 동안 등록됐던 TimerTask는 전혀 실행되지 않고 물론 새로운 작업을 등록할 수도 없다(이와 같은 '스레드 유출' 문제는 7.3절에서 좀더 상세하게 다루며, 이런 상황을 피해갈 수 있는 방법도 소개한다).

예제 6.9의 OutOfTime 클래스는 앞에서 설명한 것처럼 Timer 클래스가 내부적으로 어떻게 꼬일 수 있는지를 보여주고, 혼란은 또 다른 혼란을 낳는다는 말처럼 한 번 문제가 발생하면 작업을 등록하려는 애플리케이션에서 어떤 문제가 발생하는지도 보여준다. 프

---

6. Timer 클래스는 상대 시각만 지원할 뿐만 아니라 절대 시각도 지원한다. 따라서 절대 시각을 사용하는 경우 시스템 하드웨어의 시각을 변경시키면 Timer에 스케줄된 작업도 함께 변경된다. 하지만 ScheduledThreadPoolExecutor는 상대 시각만 지원한다는 점을 주의하자.

로그램 코드만 보자면 6초 동안 실행되다가 종료될 것이라고 예상할 수 있겠지만, 실제로는 1초만 실행되다가 "Timer already cancelled"라는 메시지의 IllegalStateException을 띄우면서 바로 종료된다. ScheduledThreadPoolExecutor는 이와 같이 오류가 발생하는 경우를 훨씬 안정적으로 처리해 주기 때문에 자바 5.0 이후의 버전을 사용하는 경우에는 일부러 Timer를 사용할 필요는 없다고 생각된다.

만약 특별한 스케줄 방법을 지원하는 스케줄링 서비스를 구현해야 할 필요가 있다면, BlockingQueue를 구현하면서 ScheduledThreadPoolExecutor와 비슷한 기능을 제공하는 DelayQueue 클래스를 사용해 보는 것이 좋겠다. DelayQueue는 큐 내부에 여러 개의 Delayed 객체로 작업을 관리하며, 각각의 Delayed 객체는 저마다의 시각을 갖고 있다. DelayQueue를 사용하면 Delayed 내부의 시각이 만료된 객체만 take 메소드로 가져갈 수 있다. DelayQueue에서 뽑아내는 객체는 객체마다 지정되어 있던 시각 순서로 정렬되어 뽑아진다.

```
public class OutOfTime {
    public static void main(String[] args) throws Exception {
        Timer timer = new Timer();
        timer.schedule(new ThrowTask(), 1);
        SECONDS.sleep(1);
        timer.schedule(new ThrowTask(), 1);
        SECONDS.sleep(5);
    }

    static class ThrowTask extends TimerTask {
        public void run() { throw new RuntimeException(); }
    }
}
```

예제 6.9 Timer를 사용할 때 발생할 수 있는 오류 상황

6.3 병렬로 처리할 만한 작업

Executor 프레임웍을 보면 실행 정책은 쉽게 지정할 수 있도록 되어 있지만, Executor를 사용하려면 실행하려는 작업을 항상 Runnable 인터페이스에 맞춰 구현해야만 한다. 대부분의 서버 애플리케이션에서는 일반적으로 작업의 범위를 일정하게 나눌 수 있는데, 가장 기본적인 예는 클라이언트의 요청 한 건을 처리하는 작업이라고

볼 수 있다. 하지만 이런 내용이 모든 애플리케이션에 적절할 수는 없으며, 그런 예도 쉽게 찾을 수 있다. 뿐만 아니라 서버 애플리케이션에서 클라이언트의 요청 한 건을 처리하는 과정에서도 병렬화해 처리하는 모습을 볼 수 있다. 특히 데이터베이스 서버 같은 경우에 이런 기법을 많이 사용한다([CPJ 4.4.1.1]에서 작업의 범위를 정하는 과정에 고려해야 할 사항과 그에 대한 몇 가지 토론 내용을 참조할 수 있다).

이 절에서는 여러 가지 방법을 사용해 다양한 수준에서 병렬로 동작하는 몇 가지 버전의 컴포넌트를 만들어 볼 예정이다. 예제 컴포넌트는 브라우저 애플리케이션에서 웹 페이지를 그려내는 기능을 담당하는 부분인데, HTML 페이지를 입력받아 이미지 버퍼에 그림을 그려넣는 방법으로 동작한다. 예제를 간단하게 살펴볼 수 있도록 HTML 페이지는 주로 텍스트로 이뤄져 있으며, 이미지 파일은 URL과 크기를 알고 있는 것만을 사용하도록 하자.

6.3.1 예제: 순차적 페이지 렌더링

가장 간단한 방법은 HTML 문서의 내용을 순차적으로 그려가는 방법이다. 텍스트 마크업 부분을 만나면 해당하는 문자열을 이미지 버퍼에 그려 넣고, 이미지 파일에 대한 링크를 만나면 해당 이미지를 네트웍으로 다운받아서 역시 이미지 버퍼에 그려 넣는다. 이 방법은 상당히 간단하며 입력되는 내용을 한 번씩만 처리하는 것으로 충분하다(HTML 문서 내용을 버퍼링할 필요조차 없다). 하지만 사용자 입장에서는 HTML 페이지 내용이 전부 표시될 때까지 상대적으로 많은 시간이 걸리기 때문에 짜증이 날 수도 있다.

똑같이 순차적으로 처리하지만 약간 덜 짜증스러운 방법을 생각해볼 수도 있겠는데, 예를 들어 먼저 텍스트 부분을 전부 처리하고, 텍스트 사이에 들어 있는 이미지에 해당하는 부분은 실제 이미지 없이 네모난 박스로만 표현하고 넘어간다. 이렇게 텍스트를 먼저 그려내고 나면 다음 순서로 이미지를 차례로 다운로드 받아 비워뒀던 공간에 그려 넣는다. 예제 6.10에서 볼 수 있는 `SingleThreadRenderer`에서 이런 방법을 사용한다.

이미지를 다운로드 받는 작업은 I/O 작업이며, 요청한 데이터를 전송받을 때까지 대기하는 시간이 상당히 많이 걸리지만 대기하는 시간 동안 실제로 CPU가 하는 일은 별로 없다. 따라서 이와 같은 순차적인 방법은 CPU의 능력을 제대로 활용하지 못하는 경우가 많으며, 사용자는 똑같은 내용을 보기 위해 불필요하게 많은 시간을 기다려야 한다. 여기에서 처리해야 할 큰 작업(HTML 페이지 렌더링)을 작은 단위의 작업으로 쪼개서 동시에 실행할 수 있도록 한다면 CPU도 훨씬 잘 활용할 수 있고, 처리 속도와 응답 속도 역시 많이 개선할 수 있겠다.

```
public class SingleThreadRenderer {
    void renderPage(CharSequence source) {
        renderText(source);
        List<ImageData> imageData = new ArrayList<ImageData>();
        for (ImageInfo imageInfo : scanForImageInfo(source))
            imageData.add(imageInfo.downloadImage());
        for (ImageData data : imageData)
            renderImage(data);
    }
}
```

예제 6.10 페이지 내용을 순차적으로 렌더링

6.3.2 결과가 나올 때까지 대기: Callable과 Future

Executor 프레임웍에서는 작업을 표현하는 방법으로 Runnable 인터페이스를 사용한다. Runnable을 들여다 보면 충분한 기능을 제공하지 못하는 경우가 많다. run 메소드는 실행이 끝난 다음 뭔가 결과 값을 리턴해 줄 수도 없고, 예외가 발생할 수 있다고 throws 구문으로 표현할 수도 없다. 만약 결과 값을 만들어 냈다면 어딘가 공유된 저장소에 저장해야 하고, 오류가 발생했다면 로그 파일에 오류 내용을 기록하는 정도가 일반적인 처리 방법이다.

결과를 받아올 때까지 시간이 걸리는 작업이 꽤나 많다. 데이터베이스에 쿼리를 보내 결과를 받는 경우도 그렇고, 네트웍상의 데이터를 받아오는 경우도 그렇고, 물론 아주 복잡한 계산을 하는 경우에도 그렇다. 이와 같이 결과를 얻는 데 시간이 걸리는 기능은 Runnable 대신 Callable을 사용하는 게 모양새가 좋다. Callable 인터페이스에서는 핵심 메소드인 call을 실행하고 나면 결과 값을 돌려받을 수 있으며, Exception도 발생시킬 수 있도록 되어 있다.[7] Executor에는 Callable뿐만 아니라 Runnable이나 java.security.PrivilegedAction 등 여러 가지 유형의 작업을 실행할 수 있는 기능이 들어 있다.

Runnable과 Callable은 둘 다 어떤 작업을 추상화하기 위한 도구이다. 작업은 일반적으로 유한한 성격을 갖고 있다. 다시 말해 시작하는 지점이 명확하고, 언젠가는 작업이 끝나게 되어 있다. Executor에서 실행한 작업은 생성created, 등록submitted, 실

7. 결과 값을 리턴하지 않는 작업을 Callable로 지정하려면 Callable⟨Void⟩와 같이 표현할 수 있다.

행started, 종료completed와 같은 네 가지의 상태를 통과한다. 작업은 상당한 시간 동안 실행되기 마련이므로 작업을 중간에 취소할 수 있는 기능이 있어야 한다. Executor 프레임웍에서는 먼저 등록됐지만 시작되지 않은 작업은 언제든지 실행하지 않도록 취소시킬 수 있다. 그리고 이미 시작한 작업은 그 내부 구조가 인터럽트를 처리하도록 잘 만들어져 있는 경우에 한해 취소시킬 수 있다. 물론 이미 끝난 작업을 취소하는 것은 아무런 의미가 없는 행동이다(작업 취소에 관한 내용은 7장에서 훨씬 자세하게 다룬다).

Future는 특정 작업이 정상적으로 완료됐는지, 아니면 취소됐는지 등에 대한 정보를 확인할 수 있도록 만들어진 클래스이다. Callable과 Future를 사용하는 모습을 예제 6.11에서 볼 수 있다. Future가 동작하는 사이클에서 염두에 둬야 할 점은, 한 번 지나간 상태는 되돌릴 수 없다는 점이다. 이렇게 사이클을 되돌릴 수 없다는 것은 ExecutorService와 동일하다. 일단 완료된 작업은 완료 상태에 영원히 머무른다.

get 메소드는 작업이 진행되는 상태(시작되지 않은 상태, 시작한 상태, 완료된 상태 등)에 따라 다른 유형으로 동작한다. 작업이 완료 상태에 들어가 있다면 get 메소드를 호출했을 때 즉시 결과 값을 리턴하거나 Exception을 발생시킨다. 반면 아직 작업을 시작하지 않았거나 작업이 실행되고 있는 상태라면 작업이 완료될 때까지 대기한다. 작업 실행이 모두 끝난 상태에서 Exception이 발생했었다면 get 메소드는 원래 발생했던 Exception을 ExecutionException이라는 예외 클래스에 담아 던진다. 작업이 중간에 취소됐다면 get 메소드에서 CancellationException이 발생한다. get 메소드에서 ExecutionException이 발생한 경우 원래 발생했던 오류는 ExecutionException의 getCause 메소드로 확인할 수 있다.

```
public interface Callable<V> {
    V call() throws Exception;
}

public interface Future<V> {
    boolean cancel(boolean mayInterruptIfRunning);
    boolean isCancelled();
    boolean isDone();
    V get() throws InterruptedException, ExecutionException,
                   CancellationException;
    V get(long timeout, TimeUnit unit)
        throws InterruptedException, ExecutionException,
```

```
                    CancellationException, TimeoutException;
}
```

예제 6.11 Callable과 Future 인터페이스

실행하고자 하는 작업을 나타내는 Future 클래스는 여러 가지 방법으로 만들어 낼 수 있다. ExecutorService 클래스의 submit 메소드는 모두 Future 인스턴스를 리턴한다. 따라서 Executor에 Runnable이나 Callable을 등록하면 Future 인스턴스를 받을 수 있고, 받은 Future 인스턴스를 사용해 작업의 결과를 확인하거나 실행 도중에 작업을 취소할 수도 있다. 아니면 Runnable이나 Callable을 사용해 직접 FutureTask 인스턴스를 생성하는 방법도 있다(알고보면 FutureTask 자체가 Runnable을 상속받고 있기 때문에 Executor에 넘겨 바로 실행시킬 수도 있고, 아니면 run 메소드를 직접 호출해 실행시킬 수도 있다).

자바 6부터는 ExecutorService를 구현하는 클래스에서 AbstractExecutorService에 정의된 newTaskFor라는 메소드를 오버라이드할 수 있도록 되어 있으며, newTaskFor를 오버라이드해 등록된 Runnable이나 Callable에 따라 Future를 생성하는 기능에 직접 관여할 수 있다. 물론 기본 설정으로는 예제 6.12와 같이 새로운 FutureTask 인스턴스를 하나 생성한다.

```
protected <T> RunnableFuture<T> newTaskFor(Callable<T> task) {
    return new FutureTask<T>(task);
}
```

예제 6.12 ThreadPoolExecutor.newTaskFor 메소드의 기본 구현 내용

Executor에 Runnable이나 Callable을 넘겨 등록하는 것은 Runnable이나 Callable을 처음 생성했던 스레드에서 실제 작업을 실행할 스레드로 안전하게 공개(3.5절을 참조하자)하는 과정을 거치도록 되어 있다. 이와 유사하게 Future에 결과 값을 설정하는 부분 역시 작업을 실행했던 스레드에서 get 메소드로 결과 값을 가져가려는 스레드로 결과 객체를 안전하게 공개하도록 되어 있다.

6.3.3 예제: Future를 사용해 페이지 렌더링

앞서 소개했던 HTML 페이지 렌더링 프로그램의 병렬성을 높여 동작하도록 만들기 위한 첫 번째 단계로 먼저 프로그램 내부에서 진행되는 작업을 둘로 나눠보자. 첫 번째 작업은 텍스트를 이미지로 그려내는 작업이고, 두 번째는 HTML 페이지에서 사용

한 이미지 파일을 다운로드 받는 작업이다(여기에서 텍스트를 그려넣는 작업은 CPU를 많이 사용하고, 이미지를 다운로드 받는 작업은 I/O 부분을 많이 사용한다. 따라서 작업을 이와 같이 둘로 나누면 단일 CPU를 사용하는 시스템에서도 성능을 향상시킬 수 있다).

Callable과 Future 인터페이스를 사용하면 HTML 페이지를 렌더링하는 프로그램과 같이 여러 스레드가 서로 상대방을 살펴가며 동작하는 논리 구조를 쉽게 설계할 수 있다. 예제 6.13의 FutureRenderer 클래스에서는 먼저 이미지를 다운로드 받는 기능의 Callable을 만들어 ExecutorService에 등록시키며, Callable이 등록되는 즉시 해당하는 작업에 대한 Future 인스턴스를 받을 수 있다. 그리고 메인 작업이 실행되는 과정에서 이미지 파일을 표현해야 하는 시점이 되면 Future.get 메소드를 호출해 해당하는 이미지 파일을 확보한다. 가장 낙관적으로 본다면 get 메소드를 호출하기 전에 이미지를 모두 다운로드했을 것이며, 메인 스레드는 필요한 이미지를 즉시 사용할 수 있다. 이상적이지 못한 경우라 해도 이미지를 다운로드 받는 기능이 이미 모두 시작된 상태이기 때문에 순차적인 방법보다 효율적이다.

작업의 진행 상태에 따라 다르게 동작하는 get 메소드의 특징을 설명하긴 했지만, 그렇다고 해서 작업 결과를 기다리는 코드가 작업 진행 상태를 반드시 알아야 할 필요는 없다. 그리고 작업을 등록할 때 안전한 공개 방법을 사용하고 결과를 받아올 때 역시 안전한 공개 방법을 사용하기 때문에 Future를 활용하는 작업이 스레드 안전성을 확보했다고 할 수 있다. Future.get 메소드를 감싸고 있는 오류 처리 구문에서는 발생할 수 있는 두 가지 가능성에 모두 대응할 수 있어야 한다. 첫 번째는 Exception이 발생하는 경우이고, 두번째는 결과 값을 얻기 전에 get 메소드를 호출해 대기하던 메인 스레드가 인터럽트되는 경우이다(5.5.2절과 5.4절을 참조하자).

FutureRenderer에서는 이미지 파일을 다운로드 하면서 그와 동시에 텍스트 본문을 이미지로 그려 넣는다. 이미지 파일을 모두 다운로드하고 나면 HTML 페이지의 적절한 위치에 해당 이미지를 위치시킬 수 있다. 이렇게만 구성해도 사용자 입장에서는 페이지가 훨씬 빠르게 그려진다고 느낄 수 있으며, 병렬 처리의 장점도 느낄 수 있다. 하지만 아직 개선할 수 있는 부분이 상당히 많다. 예를 들어 사용자는 이미지 파일 '전체'를 모두 다운로드 받을 때까지 기다려야 할 필요가 없으며, 여러 개의 이미지 파일 가운데 먼저 다운로드 받는 순서대로 화면에서 보기를 원할 것이다.

6.3.4 다양한 형태의 작업을 병렬로 처리하는 경우의 단점

최근에 들었던 예제에서는 두 가지 종류의 작업을 병렬로 처리했었다. 바로 텍스트를 이미지로 그려 넣는 작업과 이미지 파일을 다운로드 받는 작업이었다. 하지만 순차적으로 동작하던 다양한 형태의 작업을 병렬로 처리해 성능상의 큰 이점을 얻고자 한다면 약간의 편법을 써야 할 수 있다.

주방에서 접시를 닦는 일을 두 명이 처리한다고 한다면, 접시를 닦는 작업은 상당히 효율적인 방법으로 둘로 구분할 수 있다. 한쪽에서는 접시를 닦고, 다른 한쪽에서는 접시를 말리면 된다. 하지만 특정 스레드에 일정한 유형의 작업을 모두 맡겨버리는 정책은 그다지 확장성이 좋지 않다. 만약 주방에 일할 사람 여럿이 추가로 투입되면 작업 방법을 재구성하지 않는 한 모든 사람이 최대한 바쁘게 효과적으로 일 할 수 있도록 만들기가 어렵다. 유사한 작업 가운데 훨씬 세부적인 작업으로 병렬성을 높이지 못할 바에야, 이런 방법은 전체적인 성능을 떨어뜨리는 결과를 가져올 수 있다.

다양한 종류의 작업을 여러 작업 스레드에서 나눠 처리하도록 할 때는 나눠진 작업이 일정한 크기를 유지하지 못할 수 있다는 단점도 있다. 예를 들어 두 개의 작업 스레드에서 작업 A와 작업 B를 나눠 가졌는데, 작업 A를 실행하는 데 작업 B보다 10배의 시간이 걸린다고 한다면, 전체적인 실행 시간의 측면에서 겨우 9% 정도의 이득이 있을 뿐이다. 결과적으로 여러 개의 작업 스레드가 하나의 작업을 나눠 실행시킬 때는 항상 작업 스레드 간에 필요한 내용을 조율하는 데 일부 자원을 소모하게 된다. 따라서 작업을 잘게 쪼개는 의미를 찾으려면 병렬로 처리해서 얻을 수 있는 성능상의 이득이 이와 같은 부하를 훨씬 넘어서야 한다.

```
public class FutureRenderer {
    private final ExecutorService executor = ...;

    void renderPage(CharSequence source) {
        final List<ImageInfo> imageInfos = scanForImageInfo(source);
        Callable<List<ImageData>> task =
                new Callable<List<ImageData>>() {
                    public List<ImageData> call() {
                        List<ImageData> result
                                = new ArrayList<ImageData>();
                        for (ImageInfo imageInfo : imageInfos)
                            result.add(imageInfo.downloadImage());
                        return result;
                    }
                    };

        Future<List<ImageData>> future = executor.submit(task);
        renderText(source);
```

```
        try {
            List<ImageData> imageData = future.get();
            for (ImageData data : imageData)
                renderImage(data);
        } catch (InterruptedException e) {
            // 스레드의 인터럽트 상태를 재설정
            Thread.currentThread().interrupt();
            // 결과는 더 이상 필요없으니 해당 작업도 취소한다.
            future.cancel(true);
        } catch (ExecutionException e) {
            throw launderThrowable(e.getCause());
        }
    }
}
```

예제 6.13 Future를 사용해 이미지 파일 다운로드 작업을 기다림

FutureRenderer는 두 종류의 작업을 사용한다. 하나는 텍스트를 그려 넣는 작업을 처리하고, 또 하나는 이미지 파일을 다운로드 받는 작업을 처리한다. 만약 텍스트를 렌더링하는 작업이 이미지를 다운로드하는 작업보다 훨씬 빠르게 처리된다고 하면, 결과만 놓고 볼 때 전체적인 실행 시간은 순차적으로 실행되는 버전보다 그다지 빠르지 않을 것이고, 프로그램의 구조만 훨씬 복잡해질 수 있다. 더군다나 스레드 두 개를 갖고 해본다 해도 가장 성능이 높아질 수 있는 수준은 2배에 불과하다. 이처럼 여러 종류의 작업을 병렬로 처리해 병렬성을 높이고자 노력하는 것은 상당한 양의 업무 부하가 될 수 있지만, 그 업무의 결과로 얻을 수 있는 이득에는 한계가 있음을 알아야 한다(11.4.2절과 11.4.3절에서 이와 비슷한 현상을 보이는 예제를 참고하자).

> 프로그램이 해야 할 일을 작은 작업으로 쪼개 실행할 때 실제적인 성능상의 이점을 얻으려면, 프로그램이 하는 일을 대량의 동일한 작업으로 재정의해 병렬로 처리할 수 있어야 한다.

6.3.5 CompletionService: Executor와 BlockingQueue의 연합

처리해야 할 작업을 갖고 있고, 이 작업을 모두 Executor에 등록해 실행시킨 다음 각 작업에서 결과가 나오는 즉시 그 값을 가져다 사용하고자 한다면, 등록한 각 작업별로 Future 객체를 정리해두고, 타임아웃에 0을 지정해 get 메소드를 호출하면서 결과가

나왔는지를 폴링polling해 결과를 찾아올 수 있겠다. 물론 이렇게 해도 동작하기는 하지만, 깔끔한 방법은 아니다. 다행스럽게도 이런 작업을 위해 미리 만들어져 있는 방법이 있다. 바로 완료 서비스completion service이다.

CompletionService는 Executor의 기능과 BlockingQueue의 기능을 하나로 모은 인터페이스이다. 필요한 Callable 작업을 등록해 실행시킬 수 있고, take나 poll과 같은 큐 메소드를 사용해 작업이 완료되는 순간 완료된 작업의 Future 인스턴스를 받아올 수 있다. CompletionService를 구현한 클래스로는 ExecutorCompletionService가 있는데, 등록된 작업은 Executor를 통해 실행한다.

ExecutorCompletionService의 구현 내용을 보면 굉장히 직관적이다. 생성 메소드에서 완료된 결과 값을 쌓아 둘 BlockingQueue를 생성한다. FutureTask에는 done 메소드가 있는데, FutureTask의 작업이 모두 완료되면 done 메소드가 한 번씩 호출된다. 예제 6.14에서 보다시피 작업을 처음 등록하면 먼저 FutureTask를 상속받은 QueueingFuture라는 클래스로 변환하는데 QueueingFuture의 done 메소드에서는 결과를 BlockingQueue에 추가하도록 되어 있다. take와 poll 메소드를 호출하면 그대로 BlockingQueue의 해당 메소드로 넘겨 처리한다.

```
private class QueueingFuture<V> extends FutureTask<V> {
    QueueingFuture(Callable<V> c) { super(c); }
    QueueingFuture(Runnable t, V r) { super(t, r); }

    protected void done() {
        completionQueue.add(this);
    }
}
```

예제 6.14 ExecutorCompletionService에서 사용하는 QueueingFuture 클래스

6.3.6 예제: CompletionService를 활용한 페이지 렌더링

CompletionService를 잘 활용하면 앞서 소개했던 HTML 페이지 렌더링 프로그램의 성능을 두 가지 측면에서 훨씬 개선할 수 있다. 먼저 전체 실행되는 시간을 줄일 수 있고, 응답 속도도 높일 수 있다. 각각의 이미지 파일을 다운로드 받는 작업을 생성하고, Executor를 활용해 다운로드 작업을 실행한다. 이렇게 하면 이전에 순서대로 다운로드하던 부분을 병렬화하는 것이고, 이미지 파일을 전부 다운로드 받는 데 걸리는 전체

시간을 줄일 수 있다. 그리고 다운로드 받은 이미지는 `CompletionService`를 통해 찾아가도록 하면, 이미지 파일을 다운로드 받는 순간 해당하는 위치에 그림을 그려 넣을 수 있다. 이렇게 구조를 변경하면 사용자 입장에서는 페이지가 동적으로 최대한 빠르게 업데이트 되는 모습을 볼 수 있다. `CompletionService`를 사용한 구현 방법이 예제 6.15에 나타나 있다.

```
public class Renderer {
    private final ExecutorService executor;

    Renderer(ExecutorService executor) { this.executor = executor; }

    void renderPage(CharSequence source) {
        final List<ImageInfo> info = scanForImageInfo(source);
        CompletionService<ImageData> completionService =
            new ExecutorCompletionService<ImageData>(executor);
        for (final ImageInfo imageInfo : info)
            completionService.submit( new Callable<ImageData>() {
                public ImageData call() {
                    return imageInfo.downloadImage();
                }
            });

        renderText(source);

        try {
            for (int t = 0, n = info.size(); t < n; t++) {
                Future<ImageData> f = completionService.take();
                ImageData imageData = f.get();
                renderImage(imageData);
            }
        } catch (InterruptedException e) {
            Thread.currentThread().interrupt();
        } catch (ExecutionException e) {
            throw launderThrowable(e.getCause());
        }
    }
}
```

예제 6.15 CompletionService를 사용해 페이지 구성 요소를 받아오는 즉시 렌더링 여러 개의 ExecutorCompletionService에서 동일한 Executor를 공유해 사용할 수도 있다. 따라서 실행을 맡은 Executor는 하나만 두고 동일한 작업을 처리하는 여러 가지 ExecutorCompletionService를 생성해 사용하는 일도 충분히 가능하다. 이런 방법으로 사용하다 보면 Future가 단일 작업 하나에 대한 진행 과정을 관리한다고 할 때, CompletionService는 특정한 배치batch(일괄) 작업을 관리하는 모습을 띤다고 볼 수 있다. 물론 CompletionService에 전체 몇 개의 작업을 등록했는지와 그 가운데 몇 개의 결과를 받아왔는지를 관리한다면, 해당 배치 작업이 모두 끝났는지도 쉽게 확인할 수 있다.

6.3.7 작업 실행 시간 제한

간혹 실행 중인 작업이 일정한 시간이 지난 이후에도 종료되지 않고 결과를 받지 못했다면, 결과를 사용할 시간이 지나 더 이상 작업의 의미가 없을 경우도 있다. 이럴 때는 작업 결과를 그냥 버릴 수밖에 없다. 예를 들어 웹 페이지의 한쪽에 올려진 광고를 표시할 때는 보통 외부의 광고 서버에서 광고 내용을 받아오도록 되어 있다. 그런데 페이지가 로딩된 이후 대략 2초 안에 광고가 뜨지 않으면 사이트 전체의 응답 속도 요구사항이 미치지 못하기 때문에 동적인 실제 광고 대신 기본 광고를 보여줘야 할 수 있다. 이와 비슷하게 포털 사이트 역시 여러 군데의 서버에서 필요한 데이터를 동적으로 가져다 사용하는 부분이 많은데, 원하는 데이터를 가져올 때까지 일정 시간 동안만 기다려 보고, 시간이 지나버리면 해당하는 내용 없이 페이지를 그려내도록 할 수도 있다.

일정한 시간 이내에만 작업을 처리하도록 만들고자 할 때 가장 중요한 부분은 결과를 만들어 내지 못하건 결과를 만들어 낼 수 없다고 결론을 내리건 간에 지정된 시간이 지나면 더 이상 기다려 줄 수 없다는 점이다. 타임아웃을 지정할 수 있는 Future.get 메소드를 사용하면 이와 같은 시간 제한 요구사항을 만족할 수 있다. 즉 결과가 나오는 즉시 리턴되는 것은 타임아웃을 지정하지 않는 경우와 같지만, 지정한 시간이 지나도 결과를 만들어 내지 못하면 TimeoutException을 던지면서 실행이 멈추게 되어 있다.

시간이 제한된 상태에서 작업을 실행할 때 발생하는 두 번째 문제는 제한된 시간을 넘었을 때 해당 작업을 실제로 멈추도록 해서 더 이상 시스템의 자원을 소모하지 않도록 해야 한다는 점이다. 이 부분은 해당 작업 내부에서 스스로 얼마의 시간 안에 결과를 만들어 내야 하는지를 관리하고, 제한된 시간이 되면 스스로 작동을 멈추도록 해야 한다. 그렇지 않다면 제한된 시간이 넘었을 때 강제로 취소시키는 방법도 있다. 여기에서도 Future를 유용하게 사용할 수 있는데, 시간 제한을 걸어둔 get 메소드에서 TimeoutException이 발생하면, 해당 Future의 작업을 직접 취소시킬 수 있다. 애초에 작업을 구현할 때 취소할 수 있도록 만들었다면, 취소하는 즉시 더 이상 시스템 자원을 잡아먹지 않고 깔끔하게 멈춘다. 작업을 이렇게 구현하는 모습은 이미 예제 6.13에서 봤었고, 예제 6.16에서도 이렇게 구현하고 있다.

예제 6.16에서 실행 시간이 제한된 Future.get 메소드를 사용하는 일반적인 예를 볼 수 있다. 예제의 프로그램은 요청한 실제 내용과 독립 서버에서 내용을 받아오는 광고를 묶은 웹 페이지를 하나 생성한다. 광고 내용을 불러오는 작업은 Executor를 통해 등록해두고, 페이지의 원래 내용을 처리한다. 페이지 원래 내용을 처리하는 작업이 모두 끝나면 광고를 받아왔는지 확인하고, 만약 광고를 아직 받아오지 못했다면 지정된 제한 시간까지 기다린다.[8] 만약 제한 시간이 지나버리면 광고를 가져오는 작업을 취소[9]시키고, 가져오려 했던 광고 대신 기본 광고를 사용한다.

```
Page renderPageWithAd() throws InterruptedException {
    long endNanos = System.nanoTime() + TIME_BUDGET;
    Future<Ad> f = exec.submit(new FetchAdTask());
    // 광고 가져오는 작업을 등록했으니, 원래 페이지를 작업한다
    Page page = renderPageBody();
    Ad ad;
    try {
        // 남은 시간 만큼만 대기한다
        long timeLeft = endNanos - System.nanoTime();
        ad = f.get(timeLeft, NANOSECONDS);
    } catch (ExecutionException e) {
        ad = DEFAULT_AD;
    } catch (TimeoutException e) {
        ad = DEFAULT_AD;
        f.cancel(true);
    }
    page.setAd(ad);
    return page;
}
```

예제 6.16 제한된 시간 안에 광고 가져오기

8. get 메소드에 넘긴 제한 시간은 결과를 받아와야 할 시각에서 현재 시각을 뺀 값이다. 물론 경우에 따라서 이 값이 음수로 나올 수도 있지만, java.util.concurrent 패키지에 들어 있는 모든 타임아웃 관련 메소드는 음수인 제한 시간을 0으로 간주하고 처리한다. 따라서 제한 시간이 음수가 나온다 해도 따로 처리해야 할 일은 없다.

9. Future.cancel 메소드에 true 인자를 넘겨주면, 해당 작업이 현재 실행 중일 때 작업에 인터럽트를 걸어도 좋다는 의미이다. 이에 대한 자세한 내용은 7장을 참조하자.

6.3.8 예제: 여행 예약 포털

앞에서 소개했던 작업 시간 제한 방법은 작업 개수가 몇 개가 되더라도 얼마든지 적용할 수 있도록 쉽게 일반화할 수 있다. 여행 예약 포털 사이트를 예를 들어보자. 사용자가 여행 일자와 필요한 내용을 입력하면 포털 사이트에서 항공사, 호텔, 렌트카 등의 업체가 입력한 입찰 정보를 한군데에 모아 보여준다. 업체에 따라 다르지만, 입찰 정보를 받아오는 작업은 이를테면 웹서비스의 형태로 구현되어 있을 수도 있고, 데이터베이스에 직접 접속해서 받아와야 할 수도 있고, EDI 형태의 트랜잭션을 처리해야 할 수도 있고, 기타 다른 방법을 활용해야 할 수도 있다. 이런 상황에서 입찰 정보를 표시하는 페이지가 여러 업체 가운데 응답을 가장 늦게 보여주는 속도에 맞춰 뜨도록 하기보다는, 일정 시간 안에 입찰 정보를 넘겨주는 업체에 한해서 목록을 보여주는 방법이 효과적이다. 입찰 정보를 넘겨야 할 응답 시간을 맞추지 못한 업체는 해당 내용을 아예 페이지에서 빼버리거나, 아니면 "Java 항공에서는 응답을 받지 못했습니다"라는 상태 메시지를 보여주는 것도 좋다.

업체별로 입찰 정보를 가져오는 작업은 업체를 단위로 완전히 독립적인 작업이다. 따라서 단일 입찰 정보를 가져오는 일이 작업의 단위로써 적절하다고 볼 수 있고, 입찰 정보를 가져오는 작업을 병렬로 처리할 수 있다. 입찰 정보를 가져오는 작업 n개를 생성해 스레드 풀에 등록하고, 등록한 작업마다 `Future` 객체를 확보하고, 타임아웃을 지정한 `get` 메소드로 각각의 입찰 정보를 가져오도록 할 수 있다. 게다가 이런 작업을 더 쉽게 만들어 주는 기능이 있는데, 바로 `invokeAll` 메소드이다.

예제 6.17에서는 여러 개의 작업을 `ExecutorService`에 등록해 실행시키고 결과를 받아오는 부분에 타임아웃을 지정한 `invokeAll` 메소드를 활용하고 있다. `invokeAll` 메소드는 작업 객체가 담긴 컬렉션 객체를 넘겨받으며, 그에 해당하는 `Future` 객체가 담긴 컬렉션 객체를 리턴한다. 물론 인자로 넘긴 작업 컬렉션과 결과로 받은 `Future` 컬렉션은 그 구조가 같다. `invokeAll` 메소드는 넘겨받은 작업 컬렉션의 `iterator`가 뽑아주는 순서에 따라 결과 컬렉션에 `Future` 객체를 쌓는다. 넘겨준 컬렉션과 결과로 받은 컬렉션의 구조가 동일하기 때문에 작업을 등록한 모듈은 어떤 작업에서 어떤 결과가 나오는지 알 수 있다. 시간 제한이 있는 `invokeAll` 메소드는 등록된 모든 작업이 완료됐거나, 작업을 등록한 스레드에 인터럽트가 걸리거나, 지정된 제한 시간이 지날 때까지 대기하다가 리턴된다. 제한 시간이 지날 때까지 실행 중이던 작업은 모두 실행이 취소된다. `invokeAll` 메소드가 리턴되면 등록된 모든 작업은 완료되어 결과 값을 가지고 있거나 취소되거나 두 가지 상태 가운데 하나이다. 작업을 등록했던 스레드는 모든 작업을 대상으로 `get` 메소드를 호출하거나 `isCancelled` 메소드를 사용해 작업이 완료되거나 취소된 상태를 확인할 수 있다.

요약

애플리케이션을 작업이라는 단위로 구분해 실행할 수 있도록 구조를 잡으면 개발 과정을 간소화하고 병렬성을 확보해 병렬성을 높일 수 있다. Executor 프레임웍을 사용하면 작업을 생성하는 부분과 작업을 실행하는 부분을 분리해 실행 정책을 수립할 수 있으며, 원하는 형태의 실행 정책을 쉽게 만들어 사용할 수 있다. 작업을 처리하는 부분에서 스레드를 생성하도록 되어 있다면, 스레드를 직접 사용하는 대신 Executor를 사용해보자. 애플리케이션이 하는 일을 개별 작업으로 구분해 처리할 때는 작업의 범위를 적절하게 잡아야 한다. 웬만한 애플리케이션에서는 일반적인 작업 범위가 잘 적용되지만, 일부 애플리케이션에서는 스레드를 사용해 병렬로 처리시킨 이득을 보려면 약간의 분석을 통해 병렬로 처리할 작업을 찾아낼 필요가 있다.

```
private class QuoteTask implements Callable<TravelQuote> {
    private final TravelCompany company;
    private final TravelInfo travelInfo;
    ...
    public TravelQuote call() throws Exception {
        return company.solicitQuote(travelInfo);
    }
}

public List<TravelQuote> getRankedTravelQuotes(
        TravelInfo travelInfo, Set<TravelCompany> companies,
        Comparator<TravelQuote> ranking, long time, TimeUnit unit)
        throws InterruptedException {
    List<QuoteTask> tasks = new ArrayList<QuoteTask>();
    for (TravelCompany company : companies)
        tasks.add(new QuoteTask(company, travelInfo));

    List<Future<TravelQuote>> futures =
        exec.invokeAll(tasks, time, unit);

    List<TravelQuote> quotes =
        new ArrayList<TravelQuote>(tasks.size());
    Iterator<QuoteTask> taskIter = tasks.iterator();
    for (Future<TravelQuote> f : futures) {
```

```
            QuoteTask task = taskIter.next();
            try {
                quotes.add(f.get());
            } catch (ExecutionException e) {
                quotes.add(task.getFailureQuote(e.getCause()));
            } catch (CancellationException e) {
                quotes.add(task.getTimeoutQuote(e));
            }
        }

        Collections.sort(quotes, ranking);
        return quotes;
}
```

예제 6.17 제한된 시간 안에 여행 관련 입찰 정보를 가져오도록 요청하는 코드

07 중단 및 종료

작업이나 스레드를 시작시키기는 쉽다. 하지만 대부분의 경우 시작된 작업이 언제 멈출지는 그 작업이 끝까지 실행돼 봐야 알 수 있게 되어 있다. 애플리케이션을 작성하다 보면 작업이나 스레드가 알아서 멈추기 전에 미리 멈추도록 해야 할 필요가 생긴다. 사용자가 작업을 멈추라고 지시했을 수도 있고, 애플리케이션이 얼른 종료해야 하는 경우도 있다.

작업이나 스레드를 안전하고 빠르고 안정적으로 멈추게 하는 것은 어려운 일이다. 더군다나 자바에는 스레드가 작업을 실행하고 있을 때 강제로 멈추도록 하는 방법이 없다.[1] 대신 인터럽트interrupt라는 방법을 사용할 수 있게 되어 있는데, 인터럽트는 특정 스레드에게 작업을 멈춰 달라고 요청하는 형태이다.

실제 상황에서 특정 스레드나 서비스를 '즉시' 멈춰야 할 경우는 거의 없고, 강제로 종료하면 공유되어 있는 여러 가지 상태가 비정상적인 상태에 놓을 수 있기 때문에 스레드 간의 협력을 통한 접근 방법이 올바르다고 할 수 있다. 다시 말하면 작업이나 서비스를 실행하는 부분의 코드를 작성할 때 멈춰달라는 요청을 받으면 진행 중이던 작업을 모두 정리한 다음 종료하도록 만들어야 한다. 실행 중이던 일을 중단할 때 정상적인 상태에서 마무리하려면 작업을 진행하던 스레드가 직접 마무리하는 것이 가장 적절한 방법이다. 따라서 작업이나 스레드가 스스로 작업을 멈출 수 있도록 구성해두면 시스템의 유연성이 크게 늘어날 것이다.

실행 사이클을 종료하는 문제를 제대로 구현하려면 작업이나 서비스, 애플리케이션 등의 설계가 굉장히 복잡해질 수 있기 때문에 굉장히 중요한 부분임에도 불구하고 무시해 버리는 경우가 많다. 오류가 발생하는 경우, 종료하는 경우, 작업을 취소하는 경우에 적절하게 대응하는 프로그램은 그렇지 못하고 그저 동작하는 수준의 프로그램

1. 예전에 있었지만 지금은 사용하지 않는 Thread.stop과 Thread.suspend 메소드는 이런 기능을 제공하려고 시도했던 기능이다. 하지만 기능을 만든 지 얼마 되지 않아 문제가 많다는 사실을 깨달았고, 이제는 사용하지 말아야 할 기능이 됐다. http://java.sun.com/j2se/1.5.0/docs/guide/misc/threadPrimitiveDeprecation.html 페이지에 들어가면 위의 메소드를 사용할 때 어떤 문제가 발생하는지 알 수 있다.

과 비교할 때 품질의 차이가 현저하게 나타난다. 7장에서는 작업을 취소하고 인터럽트를 거는 부분에 대한 개념을 설명하고, 작업이나 서비스가 취소 요청에 잘 반응하도록 프로그램하는 방법을 살펴본다.

7.1 작업 중단

외부 프로그램이 특정 작업의 정상적인 실행 상태 진행 순서를 뛰어 넘어 종료 상태에 이르도록 할 수 있다면, 해당 작업은 취소 가능하다고 한다. 실행 중인 작업을 취소하고자 하는 요구 사항은 여러 가지 경우에 나타난다.

사용자가 취소하기를 요청한 경우: 사용자가 GUI 화면에서 '취소' 버튼을 클릭하거나, JMX Java Management Extension 등의 관리 인터페이스를 통해 작업을 취소하도록 요청한 경우

시간이 제한된 작업: 일정한 시간 이내에 답이 될만한 결과를 계속해서 찾고 있다가, 제한된 시간이 지나면 그 동안 찾았던 결과 가운데 가장 좋은 값을 사용하도록 프로그램을 작성하는 경우도 있다. 제한된 시간이 지나면 그 시점에 계속 동작 중이던 작업은 모두 취소된다.

애플리케이션 이벤트: 원하는 결과를 얻기 위해 다양한 조건을 지정해 여러 작업을 동시에 실행시킨다. 특정 작업 결과로 딱 원하던 값을 얻었다면, 나머지 실행중이던 작업은 모두 취소된다.

오류: 웹 크롤러는 관련된 페이지를 계속해서 찾아 나가면서 수집한 페이지나 페이지 내용의 요약본을 디스크에 저장한다. 크롤러가 진행하던 특정 작업에서 오류(예를 들어 디스크가 가득 차서 파일을 저장할 수 없는 경우)가 발생하면, 다른 작업도 모두 취소시켜야 한다. 물론 나중에 오류 상황을 정리하고 계속해서 실행할 수 있도록 현재 진행 중이던 작업이 무엇인지 기록하는 작업은 필요할 수도 있다.

종료: 애플리케이션이나 서비스를 종료할 때에는 현재 처리하는 중이었던 작업에 대한 내용이건, 아니면 처리하기 위해 큐에서 대기하던 항목이건 간에 마무리하는 절차가 필요하다. 종료 절차가 안전하게 진행되려면 현재 실행되고 있던 작업은 모두 종료될 때까지 기다려야 할 수 있다. 훨씬 급하게 종료해야 하는 경우라면 실행 중이던 작업을 모두 취소시켜야 할 수도 있다.

앞서 소개했던 것처럼 자바 언어에서 특정 스레드를 명확하게 종료시킬 수 있는 방법은 없으며, 다시 말해서 특정 작업을 임의로 종료시킬 수 있는 방법이 없다는 말이다. 결국 작업을 실행하는 스레드와 작업을 취소했으면 한다고 요청하는 스레드가 함께 작업을 멈추는 협력적인 방법을 사용해야만 한다.

협력적인 방법 가운데 가장 기본적인 형태는 바로 '취소 요청이 들어왔다'는 플래그를 설정하고, 실행 중인 작업은 취소 요청 플래그를 주기적으로 확인하는 방법이다. 실행 중인 상태에서 취소 요청이 들어왔다는 플래그가 설정되면, 실행하던 작업을 멈추도록 프로그램되어 있다. 예제 7.1의 `PrimeGenerator` 클래스는 취소 요청이 들어올 때까지 계속해서 소수를 찾아내는 작업을 진행하며, 취소 요청 플래그를 사용해 작업을 멈추는 방법을 사용하고 있다. `cancel` 메소드를 호출하면 `cancelled` 플래그에 `true` 값이 설정되며, 반복문이 반복될 때마다 다음 소수를 계산하기 전에 `cancelled` 값을 확인하도록 되어 있다(이런 방법이 안정적으로 동작하도록 하려면 `cancelled` 변수를 반드시 `volatile` 형식으로 선언해야 한다).

예제 7.2에는 소수 계산 작업 스레드를 실행시킨 다음 1초 후에 소수 계산 작업을 멈추도록 하는 예제가 나타나 있다. 그렇다고 해서 소수를 계산하는 작업이 정확하게 1초 후에는 멈춰 있으리라는 보장은 없다. 취소를 요청하는 시점 이후에 `run` 메소드 내부의 반복문이 `cancelled` 플래그를 확인할 때까지 최소한의 시간이 흘러야 하기 때문이다. `cancel` 메소드는 `finally` 구문에서 호출하도록 되어있기 때문에 `sleep` 메소드를 호출해 대기하던 도중에 인터럽트가 걸린다 해도 소수 계산 작업은 반드시 멈출 수 있다. 어떤 이유에서건 `cancel` 메소드가 호출되지 않으면 소수 계산 작업은 멈추지 않고 계속해서 동작할 것이며, CPU 자원을 계속 잡아먹고 JVM도 종료되지 않도록 막는 결과를 볼 수 있다.

작업을 쉽게 취소시킬 수 있도록 만들려면 작업을 취소하려 할 때 '어떻게', '언제', '어떤 일'을 해야 하는지, 이른바 취소 정책cancellation policy을 명확히 정의해야 한다. 다시 말하면 외부 프로그램에서 작업을 취소하려 할 때 어떤 방법으로 취소 요청을 보낼 수 있는지, 작업 내부에서 취소 요청이 들어 왔는지를 언제 확인하는지, 취소 요청이 들어오면 실행 중이던 작업이 어떤 형태로 동작하는지 등에 대한 정보를 제공해야 안전하게 사용할 수 있다.

수표에 대한 지급을 중단하는 것과 같은 실생활에서의 예를 들어보자. 은행에서는 수표에 대한 지급을 중단해 달라는 요청을 어떻게 보내야 하는지 명확하게 설명하며, 요청이 들어온 이후 얼마만의 시간 안에 처리해줄 수 있는지도 명시하고 있고, 실제로 지급이 중지되면 어떤 절차가 진행되는지도 설명하고 있다(예를 들어 해당 작업에 관련되어 있는 다른 은행에 사건이 발생했음을 알리고, 지급자의 계정에 대한 수수료가 얼마나 될지 계산하기도 한다). 다시 말하자면, 이와 같은 작업 절차와 진행될 일에 대해 설명하는 일이 바로 수표 지급에 대한 취소 정책이라고 할 수 있다.

```
@ThreadSafe
public class PrimeGenerator implements Runnable {
    @GuardedBy("this")
    private final List<BigInteger> primes
            = new ArrayList<BigInteger>();
    private volatile boolean cancelled;

    public void run() {
        BigInteger p = BigInteger.ONE;
        while (!cancelled) {
            p = p.nextProbablePrime ();
            synchronized (this) {
                primes.add(p);
            }
        }
    }

    public void cancel() { cancelled = true; }

    public synchronized List<BigInteger> get() {
        return new ArrayList<BigInteger>(primes);
    }
}
```

예제 7.1 volatile 변수를 사용해 취소 상태를 확인

```
List<BigInteger> aSecondOfPrimes() throws InterruptedException {
    PrimeGenerator generator = new PrimeGenerator();
    new Thread(generator).start();
    try {
        SECONDS.sleep(1);
    } finally {
        generator.cancel();
    }
    return generator.get();
}
```

예제 7.2 1초간 소수를 계산하는 프로그램

PrimeGenerator 클래스는 가장 기본적인 취소 정책을 사용하고 있다. 외부 프로그램에서는 cancel 메소드를 호출해 취소 요청을 보낼 수 있고, PrimeGenerator는 소수를 하나 찾아낼 때마다 취소 요청이 들어 왔는지를 확인할 것이며, 취소 요청이 들어오면 즉시 작업을 멈춘다.

7.1.1 인터럽트

PrimeGenerator 클래스의 작업 취소 방법은 결국에는 소수를 찾는 작업을 멈추게 할 수 있겠지만, 때에 따라 실제로 종료하는 데 시간이 꽤 걸릴 수도 있다. 더군다나 이와 같은 취소 방법을 사용하는 작업 내부에서 BlockingQueue.put과 같은 블로킹 메소드를 호출하는 부분이 있었다면 훨씬 큰 문제가 발생할 수 있다. 심지어는 작업 내부에서 취소 요청이 들어 왔는지를 확인하지 못하는 경우도 생길 수 있을 것이며, 그런 상황에서는 작업이 영원히 멈추지 않을 수도 있다.

예제 7.3의 BrokenPrimeProducer 클래스에서 이와 같은 문제점을 소개하고 있다. 프로듀서 스레드는 소수를 찾아내는 작업을 진행하고, 찾아낸 소수는 블로킹 큐에 집어 넣는다. 그런데 컨슈머가 가져가는 것보다 프로듀서가 소수를 찾아내는 속도가 더 빠르다면 큐는 곧 가득 찰 것이며 큐의 put 메소드는 블록될 것이다. 이런 상태에서 부하가 걸린 컨슈머가 큐에 put 하려고 대기 중인 프로듀서의 작업을 취소시키려 한다면 어떤 일이 벌어질까? cancel 메소드를 호출해 cancelled 플래그를 설정할 수는 있겠지만, 프로듀서는 put 메소드에서 멈춰있고, put 메소드에서 멈춘 작업을 풀어줘야 할 컨슈머가 더 이상 작업을 처리하지 못하기 때문에 cancelled 변수를 확인할 수 없다.

5장에서 약간 언급했던 것처럼 블로킹 될 수 있는 라이브러리 가운데 일부는 인터럽트를 걸 수 있다. 스레드에 거는 인터럽트는 특정 스레드에게 적당한 상황이고 작업을 멈추려는 의지가 있는 상황이라면, 현재 실행 중이던 작업을 멈추고 다른 일을 할 수 있도록 해야 한다고 신호를 보내는 것과 같다.

> API나 언어 명세 어디를 보더라도 인터럽트가 작업을 취소하는 과정에 어떤 역할을 하는지에 대해 명시되어 있는 부분은 없다. 하지만 실제 상황에서는 작업을 중단하고자 하는 부분이 아닌 다른 부분에 인터럽트를 사용한다면 오류가 발생하기 쉬울 수밖에 없으며, 애플리케이션 규모가 커질수록 관리하기도 어려워진다.

모든 스레드는 불린 값으로 인터럽트 상태를 갖고 있다. 스레드에 인터럽트를 걸면 인터럽트 상태 변수의 값이 true로 설정된다. 예제 7.4에 나타난 것과 같이

Thread 클래스에는 해당 스레드에 인터럽트를 거는 메소드를 갖고 있으며, 인터럽트가 걸린 상태인지를 확인할 수 있는 메소드도 있다. interrupt 메소드는 해당하는 스레드에 인터럽트를 거는 역할을 하고, isInterrupted 메소드는 해당 스레드에 인터럽트가 걸려 있는지를 알려준다. 스태틱으로 선언된 interrupted 메소드를 호출하면 현재 스레드의 인터럽트 상태를 해제하고, 해제하기 이전의 값이 무엇이었는지를 알려준다 (interrupted라는 이름으로는 유추하기 어려운 기능이다). interrupted 메소드는 인터럽트 상태를 해제할 수 있는 유일한 방법이다.

Thread.sleep이나 Object.wait 메소드와 같은 블로킹 메소드는 인터럽트 상태를 확인하고 있다가 인터럽트가 걸리면 즉시 리턴된다. Thread.sleep이나 Object.wait 메소드에서 대기하던 중에 인터럽트가 갈리면 인터럽트 상태를 해제하면서 InterruptedException을 던진다. 여기서 던지는 InterruptedException은 인터럽트가 발생해 대기 중이던 상태가 예상보다 빨리 끝났다는 것을 뜻한다. Thread.sleep이나 Object.wait 메소드에서 인터럽트가 걸렸을 때, 인터럽트가 걸렸다는 사실을 얼마나 빠르게 확인하는지는 JVM에서도 아무런 보장을 하지 않는다. 하지만 일반적으로 볼 때 무리하게 늦게 반응하는 경우는 없다고 본다.

```
class BrokenPrimeProducer extends Thread {
    private final BlockingQueue<BigInteger> queue;
    private volatile boolean cancelled = false;

    BrokenPrimeProducer(BlockingQueue<BigInteger> queue) {
        this.queue = queue;
    }

    public void run() {
        try {
            BigInteger p = BigInteger.ONE;
            while (!cancelled)
                queue.put(p = p.nextProbablePrime());
        } catch (InterruptedException consumed) { }
    }

    public void cancel() { cancelled = true; }
}
void consumePrimes() throws InterruptedException {
```

```
        BlockingQueue<BigInteger> primes = ...;
        BrokenPrimeProducer producer = new BrokenPrimeProducer(primes);
        producer.start();
        try {
            while (needMorePrimes())
                consume(primes.take());
        } finally {
            producer.cancel();
        }
    }
```

예제 7.3 프로듀서가 대기 중인 상태로 계속 멈춰 있을 가능성이 있는 안전하지 않은 취소 방법의 예. 이런 코드는 금물!

```
public class Thread {
    public void interrupt() { ... }
    public boolean isInterrupted() { ... }
    public static boolean interrupted() { ... }
    ...
}
```

예제 7.4 Thread 클래스의 인터럽트 관련 메소드

스레드가 블록되어 있지 않은 실행 상태에서 인터럽트가 걸린다면, 먼저 인터럽트 상태 변수가 설정되긴 하지만 인터럽트가 걸렸는지 확인하고, 인터럽트가 걸렸을 경우 그에 대응하는 일은 해당 스레드에서 알아서 해야 한다. 말하자면 잊지 말아야 할 일을 책상 앞에 메모해 붙여 둔 것과 같다. InterruptedException이 발생하거나 하지 않기 때문에 해야 할 일을 확인하고 처리하는 것은 당사자가 알아서 할 일이며, 누군가 메모지를 몰래 떼어간다면 해야 할 일이 있는지조차 알지 못할 수 있다.

> 특정 스레드의 interrupt 메소드를 호출한다 해도 해당 스레드가 처리하던 작업을 멈추지는 않는다. 단지 해당 스레드에게 인터럽트 요청이 있었다는 메시지를 전달할 뿐이다.

인터럽트를 이해하고자 할 때 중요한 사항이 있는데, 바로 실행 중인 스레드에 실제적인 제한을 가해 멈추도록 하지 않는다는 것이다. 단지 해당하는 스레드가 상황을 봐서 스스로 멈춰주기를 요청하는 것뿐이다(스레드가 멈추기 좋은 상황을 취소 포인트

cancellation point라고 한다). wait, sleep, join과 같은 메소드는 인터럽트 요청을 굉장히 심각하게 처리하는데, 실제로 인터럽트 요청을 받거나 실행할 때 인터럽트 상태라고 지정했던 시점이 되는 순간 예외를 띄운다. 인터럽트에 잘 대응하도록 만들어져 있는 메소드는 인터럽트가 걸리는 상황을 정확하게 기록해뒀다가 자신을 호출한 메소드가 인터럽트 상태에 따라서 다른 방법으로 동작할 수 있도록 정보를 제공하기도 한다. 하지만 인터럽트에 제대로 대응하지 못하는 메소드는 인터럽트 요청을 통채로 삼켜버리고는, 호출한 메소드에서도 인터럽트 상황을 전혀 알지 못하게 막아버리기도 한다.

static interrupted 메소드는 현재 스레드의 인터럽트 상태를 초기화하기 때문에 사용할 때에 상당히 주의를 기울여야 한다. interrupted 메소드를 호출했는데 결과 값으로 true가 넘어왔다고 해보자. 만약 인터럽트 요청을 꿀꺽 삼켜버릴 생각이 아니라면 인터럽트에 대응하는 어떤 작업을 진행해야 한다. 예를 들어 151쪽의 예제 5.10처럼 InterruptedException을 띄우거나 interrupt 메소드를 호출해 인터럽트 상태를 다시 되돌려둬야 한다.

BrokenPrimeProducer 클래스를 보면 각자 작성한 스레드 종료 방법이 자바 라이브러리 가운데 블록될 수 있는 메소드와 항상 원활하게 연동되지는 않는다는 사실을 알 수 있다. 직접 작성한 작업 스레드가 인터럽트 요청에 빠르게 반응하도록 하려면 먼저 인터럽트를 사용해 작업을 취소할 수 있도록 준비해야 하고, 다양한 자바 라이브러리 클래스에서 제공하는 인터럽트 관련 기능을 충분히 지원해야 한다.

> 작업 취소 기능을 구현하고자 할 때는 인터럽트가 가장 적절한 방법이라고 볼 수 있다.

앞서 소개했던 BrokenPrimeProducer 클래스는 불린 변수를 하나 사용해 작업을 멈춰야 하는지를 확인했었는데, 예제 7.5와 같이 인터럽트를 사용하면 작업 취소 기능을 훨씬 쉽고 간결하게 구현할 수 있다. run 메소드의 반복문에서 인터럽트 상태를 확인할 수 있는 부분이 두 군데 있는데, 큐의 put 메소드를 호출하는 부분과 반복문의 조건 확인 부분에서 인터럽트 상태를 직접 확인하는 부분이다. 예제 7.5의 PrimeProducer와 같은 경우 인터럽트가 걸렸을 때 InterruptedException을 띄우는 put 메소드만을 사용하기 때문에 인터럽트 상태를 직접 확인하는 부분을 꼭 둬야 할 필요는 없다. 하지만 반복문의 맨 앞에서 인터럽트 상태를 확인하면 소수를 계산하는 것처럼 시간이 오래 걸리는 작업을 시작조차 하지 않도록 할 수 있기 때문에 PrimeProducer 클래스가 취소되는 시점에 CPU 등의 자원을 덜 사용하게 되어 그 의미를 충분히 찾을 수 있다. 다시 말해 인터럽트에 반응하는 블로킹 메소드를 상대적으로 적게 사용하고 있다면, 반복문의 조건 확인 부분에서 인터럽트 여부를 확인하는 방법으로 응답 속도를 개선할 수 있다.

```
class PrimeProducer extends Thread {
    private final BlockingQueue<BigInteger> queue;

    PrimeProducer(BlockingQueue<BigInteger> queue) {
        this.queue = queue;
    }

    public void run() {
        try {
            BigInteger p = BigInteger.ONE;
            while (!Thread.currentThread().isInterrupted())
                queue.put(p = p.nextProbablePrime());
        } catch (InterruptedException consumed) {
            /* 스레드를 종료한다. */
        }
    }
    public void cancel() { interrupt(); }
}
```

예제 7.5 인터럽트를 사용해 작업을 취소

7.1.2 인터럽트 정책

단일 작업마다 해당 작업을 멈출 수 있는 취소 정책이 있는 것처럼 스레드 역시 인터럽트 처리 정책이 있어야 한다. 인터럽트 처리 정책은 인터럽트 요청이 들어 왔을 때, 해당 스레드가 인터럽트를 어떻게 처리해야 하는지에 대한 지침이다. 예를 들어 인터럽트가 걸렸다는 사실을 확인하고 나면, 어디에서 무슨 일을 하고, 인터럽트에 대비해 단일 연산으로 보호할 수 있는 범위가 어디까지인지도 확인해야 하며, 인터럽트가 발생했을 때 해당하는 인터럽트에 어떻게 재빠르게 대응할 지의 지침을 뜻한다.

일반적으로 가장 범용적인 인터럽트 정책은 스레드 수준이나 서비스 수준에서 작업 중단 기능을 제공하는 것이다. 실질적인 수준에서 최대한 빠르게 중단시킬 수 있고, 사용하던 자원은 적절하게 정리하고, 심지어는 가능하다면 작업 중단을 요청한 스레드에게 작업을 중단하고 있다는 사실을 어떻게든 알려줄 수 있다면 가장 좋겠다. 물론 작업을 멈췄다가 다시 재시작할 수 있는 등의 다른 인터럽트 정책을 정의해 사용할 수 있겠지만, 스레드나 스레드풀에서 이와 같이 덜 표준적인 인터럽트 정책을 사용하려 할 때에는 이런 특이한 인터럽트 정책에 맞도록 만들어진 작업만 처리할 수 있을 가능성이 높다.

그리고 작업task과 스레드thread가 인터럽트 상황에서 서로 어떻게 동작해야 하는지를 명확히 구분할 필요가 있다. 인터럽트 요청 하나로 중단시키고자 하는 대상이 여럿일 수 있는데, 예를 들어 스레드 풀에서 작업을 실행하는 스레드에 인터럽트를 거는 것은 '현재 작업을 중단하라'는 의미일 수도 있고, '작업 스레드를 중단시켜라'는 뜻일 수도 있다.

작업은 그 작업을 소유하는 스레드에서 실행되지 않고, 스레드 풀과 같이 실행만 전담하는 스레드를 빌려 사용하게 된다. 실제로 작업을 실행하는 스레드를 갖고 있지 않은 프로그램(스레드 풀을 예로 들자면 스레드 풀에 작업을 넘기는 모든 클래스)은 작업을 실행하는 스레드의 인터럽트 상태를 그대로 유지해 스레드를 소유하는 프로그램이 인터럽트 상태에 직접 대응할 수 있도록 해야 한다. 스레드에서 실행되는 작업이 인터럽트를 처리하도록 되어 있다 해도 말이다(누군가 집을 비웠을 때 그 집을 잠시 봐주는 상황을 생각해보자. 원래 주인이 자리를 비웠을 때 우편물이 배달되면 우편물을 고이 모아뒀다가 주인이 돌아왔을 때 전달하는 게 상식적인 행동이다. 만약 잡지 등을 미리 읽어봤다고 해도, 결국에는 주인이 볼 수 있게 전달해줘야 한다).

대부분의 블로킹 메소드에서 인터럽트가 걸렸을 때 InterruptedException을 던지도록 되어 있는 이유가 바로 이것 때문이다. 블로킹 메소드를 스스로의 스레드에서 실행하는 일은 전혀 없기 때문에 외부 작업이나 자바 내부의 라이브러리 메소드에서 동시에 적용할 수 있는 가장 적절한 인터럽트 정책, 즉 실행 중에 최대한 빨리 작업을 중단하고 자신을 호출한 스레드에게 전달받은 인터럽트 요청을 넘겨 인터럽트에 대응해 추가적인 작업을 할 수 있도록 배려하는 정책을 구현하고 있다.

그렇다고 해서 인터럽트가 발생했을 때 실행되고 있던 작업이 모든 것을 포기하고 작업을 중단해야만 하는 것은 아니다. 일단 인터럽트 요청을 받았다는 사실을 기억해두고, 실행 중이던 작업을 끝까지 마친 다음 요청받은 인터럽트에 대해 InterruptedException을 던지거나 기타 다른 방법으로 인터럽트에 대응할 수도 있다. 이런 기법을 활용하면 작업을 실행하는 과정에서 비정상적으로 작업을 종료하느라 처리하던 데이터가 깨지거나 날아가는 오류 상황을 예방할 수 있다.

개별 작업은 스스로가 특별한 인터럽트 정책에 대응하도록 만들어져 있지 않은 한 자신을 실행하는 스레드에서 적용하고 있는 인터럽트 정책에 대해 어떠한 가정도 해서는 안 된다. 작업 실행 도중에 인터럽트가 걸렸을 때 인터럽트 상황을 작업 중단이라는 의미로 해석할 수도 있고 아니면 인터럽트에 대응해 뭔가 작업을 처리할 수도 있는데, 어찌 됐건 작업을 실행중인 스레드의 인터럽트 상태는 그대로 유지시켜야 한다. 가장 일반적인 방법은 InterruptedException을 던지는 것인데, 그렇게 하지 못한다 해도 다음과 같은 코드를 실행해 스레드의 인터럽트 상태를 유지해야 한다.

```
Thread.currentThread().interrupt();
```

작업을 실행하는 스레드에서 인터럽트가 발생했을 때 어떤 의미를 갖는지를 작업 클래스의 코드에서 아무렇게나 가정해서는 안 되는 것처럼, 작업 취소 기능을 담당하는 코드 역시 각종 스레드에 대한 인터럽트 정책이 어떻다고 섣불리 가정하면 안 된다. 스레드에는 해당 스레드를 소유하는 클래스에서만 인터럽트를 걸어야 한다. 스레드를 소유하는 클래스는 shutdown과 같은 메소드에서 적절한 작업 중단 방법과 함께 스레드의 인터럽트 정책을 확립해 내부적으로 적용하고 있기 때문이다.

> 각 스레드는 각자의 인터럽트 정책을 갖고 있다. 따라서 해당 스레드에서 인터럽트 요청을 받았을 때 어떻게 동작할지를 정확하게 알고 있지 않은 경우에는 함수로 인터럽트를 걸어서는 안 된다.

자바에서 제공하는 인터럽트 기능과 관련해서 여러 가지 비판적인 의견이 있었는데, 선점형preemptive 인터럽트 기능을 제공하지 않을 뿐더러 개발자로 하여금 직접 InterruptedException을 처리하도록 강요하고 있기 때문이다. 비판적인 의견에도 불구하고 인터럽트에 대한 실제적인 중단 시점을 개발자가 임의로 늦출 수도 있도록 하는 것은 프로그램의 요구사항에 지정되어 있는 응답성과 안정성을 능동적으로 관리할 수 있는 기회를 제공하는 셈이다.

7.1.3 인터럽트에 대한 대응

5.4절에서 언급했던 것처럼 Thread.sleep이나 BlockingQueue.put 메소드와 같이 인터럽트를 걸 수 있는 블로킹 메소드를 호출하는 경우에 InterruptedException이 발생했을 때 처리할 수 있는 실질적인 방법에는 대략 두 가지가 있다.

- 발생한 예외를 호출 스택의 상위 메소드로 전달한다(물론 최소한의 마무리 작업을 거쳐도 좋다). 이 방법을 사용하는 메소드 역시 인터럽트를 걸 수 있는 블로킹 메소드가 된다.

• 호출 스택의 상단에 위치한 메소드가 직접 처리할 수 있도록 인터럽트 상태를 유지한다.

InterruptedException을 호출 스택의 상위 메소드에 전달하도록 처리하는 방법은 해당 메소드의 throws 부분에 InterruptedException을 지정하는 것만으로 충분하다. 예제 7.6의 getNextTask 메소드를 보자.

```
BlockingQueue<Task> queue;
...
public Task getNextTask() throws InterruptedException {
    return queue.take();
}
```

예제 7.6 InterruptedException을 상위 메소드로 전달

InterruptedException을 상위 메소드로 전달할 수 없거나(Runnable 인터페이스를 구현해 작업을 정의한 경우) 전달하지 않고자 하는 상황이라면 인터럽트 요청이 들어왔다는 것을 유지할 수 있는 다른 방법을 찾아야 한다. 인터럽트 상태를 유지할 수 있는 가장 일반적인 방법은 interrupt 메소드를 다시 한 번 호출하는 것이다. 반대로 catch 블록에서 InterruptedException을 잡아낸 다음 아무런 행동을 취하지 않고 말 그대로 예외를 먹어버리는 일은 하지 말아야 한다(만약 스레드의 인터럽트 정책을 개별 작업에서 정확하게 구현하고 있다면 아무 일도 하지 않아도 좋다). PrimeProducer 클래스는 인터럽트 요청을 꿀꺽 삼켜 버리지만, 해당 스레드는 그대로 종료될 예정이며 상위 메소드에서 해당 스레드가 인터럽트에 걸렸다는 사실을 알아야 할 필요가 없기 때문에 큰 이상은 없다. 대부분의 프로그램 코드는 자신이 어느 스레드에서 동작할지 모르기 때문에 인터럽트 상태를 최대한 그대로 유지해야 한다.

> 스레드의 인터럽트 처리 정책을 정확하게 구현하는 작업만이 인터럽트 요청을 삼켜버릴 수 있다. 일반적인 용도로 작성된 작업이나 라이브러리 메소드는 인터럽트 요청을 그냥 삼켜버려서는 안 된다.

작업 중단 기능을 지원하지 않으면서 인터럽트를 걸 수 있는 블로킹 메소드를 호출하는 작업은 인터럽트가 걸렸을 때 블로킹 메소드의 기능을 자동으로 재시도하도록 반복문 내부에서 블로킹 메소드를 호출하도록 구성하는 것이 좋다. 이런 경우 InterruptedException이 발생하는 즉시 인터럽트 상태를 지정하는 대신 예제 7.7과 같이 인터럽트 상태를 내부적으로 보관하고 있다가 메소드가 리턴되기 직전에 인터럽

트 상태를 원래대로 복구하고 리턴되도록 해야 한다. 인터럽트를 걸 수 있는 블로킹 메소드는 대부분 실행되자마자 가장 먼저 인터럽트 상태를 확인하며 인터럽트가 걸린 상태라면 즉시 InterruptedException을 던지는 경우가 많기 때문에, 인터럽트 상태를 너무 일찍 지정하면 반복문이 무한반복에 빠질 수 있다(인터럽트가 걸릴 수 있는 메소드는 일반적으로 대기 상태에 들어가기 전이나 복잡한 작업을 시작하기 전에 인터럽트 상태를 확인하도록 되어 있는데, 시간이 오래 걸리는 작업 이전에 인터럽트 상태를 한 번 확인해야 인터럽트에 대한 응답 속도를 최대한 높일 수 있기 때문이다).

작업 코드에서 인터럽트가 걸릴 수 있는 블로킹 메소드를 전혀 사용하지 않는다 해도 작업이 진행되는 과정 곳곳에서 현재 스레드의 인터럽트 상태를 확인해준다면 인터럽트에 대한 응답 속도를 크게 높일 수 있다. 인터럽트 상태를 얼마만에 한 번씩 확인할 것인지 주기를 결정할 때에는 응답 속도와 효율성 측면에서 적절한 타협점을 찾아야 한다. 만약 응답 속도가 굉장히 중요한 애플리케이션을 만들고 있다면 인터럽트에 재빠르게 응답하지 않으면서 오래 실행되는 메소드를 호출하지 않는 것이 좋은데, 이런 요구 사항을 필요한 만큼 충족시키려다 보면 자바 라이브러리 메소드 가운데에서도 호출하지 않아야 할 것들이 눈에 띌 수 있다.

작업 중단 기능은 인터럽트 상태뿐만 아니라 여러 가지 다른 상태와 관련이 있을 수 있다. 인터럽트는 해당 스레드의 주의를 끄는 정도로만 사용하고, 인터럽트를 요청하는 스레드가 갖고 있는 다른 상태 값을 사용해 인터럽트가 걸린 스레드가 어떻게 동작해야 하는지를 지정하는 경우도 있다(물론 자신의 상태 값을 다른 스레드가 읽어가도록 열어둘 때에는 해당 상태 값의 동기화에 신경 써야 한다).

```
public Task getNextTask(BlockingQueue<Task> queue) {
    boolean interrupted = false;
    try {
        while (true) {
            try {
                return queue.take();
            } catch (InterruptedException e) {
                interrupted = true;
                // 그냥 넘어가고 재시도
            }
        }
    } finally {
        if (interrupted)
```

```
            Thread.currentThread().interrupt();
        }
    }
```

예제 7.7 인터럽트 상태를 종료 직전에 복구시키는 중단 불가능 작업

예를 들어 ThreadPoolExecutor 내부의 풀에 등록되어 있는 스레드에 인터럽트가 걸렸다면, 인터럽트가 걸린 스레드는 전체 스레드 풀이 종료되는 상태인지를 먼저 확인한다. 스레드 풀 자체가 종료되는 상태였다면 스레드를 종료하기 전에 스레드 풀을 정리하는 작업을 실행하고, 스레드 풀이 종료되는 상태가 아니라면 스레드 풀에서 동작하는 스레드의 수를 그대로 유지시킬 수 있도록 새로운 스레드를 하나 생성해 풀에 등록시킨다.

7.1.4 예제: 시간 지정 실행

예를 들어 모든 소수를 찾아내는 문제와 같이 원하는 답을 얻으려면 영원히 실행해야 할 수밖에 없는 문제들이 있다. 물론 오랜 시간 동안 실행할 수 있는 가능성이 있는 문제라 하더라도, 적절한 시간 이내에 원하는 답을 찾아낼 가능성도 없지는 않다. 이를테면, "최대 10분까지 답을 찾을 수 있다"거나 "10분 안에 할 수 있는 모든 답을 찾아내라"는 경우가 해당된다.

예제 7.2의 aSecondOfPrime 메소드는 PrimeGenerator를 실행시킨 다음 1초가 지나면 인터럽트를 건다. PrimeGenerator가 실제로 멈출 때까지 1초가 넘게 걸릴 수도 있지만, 어쨌거나 일정 시점이 되면 인터럽트가 걸렸다는 것을 파악하고 멈출 것이며, 해당 작업을 실행하던 스레드 역시 종료될 것이다. 이와 약간 다르지만 작업을 실행할 때 실행 도중에 예외를 띄우는 경우가 있는지를 확인하고자 작업을 실행시킬 때도 있다. PrimeGenerator에서 지정된 시간이 다 되기 전에 확인되지 않은 예외를 띄운다면, 해당 예외는 예측하지 못한 상태 그대로 넘어가버릴 것이다. 왜냐하면 PrimeGenerator는 예외를 따로 처리하지 않도록 구현된 스레드에서 동작하기 때문이다.

예제 7.8을 보면 Runnable을 구현한 임의의 작업을 일정 시간 동안만 실행하도록 작성된 코드가 나타나 있다. 실제 작업을 호출하는 스레드 내부에서 실행시키고, 일정 시간이 지난 이후에 인터럽트를 걸도록 되어 있는 작업 중단용 스레드를 따로 실행시킨다. 이렇게 구현하면 timedRun 메소드를 호출한 메소드의 catch 구문에서 예외를 잡기 때문에 작업을 실행하는 도중에 확인되지 않은 예외가 발생하는 상황에 대응할 수 있다.

위에 소개한 방법은 이해하기도 쉽고 구현도 간단하지만, 스레드에 인터럽트를 걸 때 대상 스레드의 인터럽트 정책을 알고 있어야 한다는 규칙을 어기고 있다. timedRun 메소드는 외부의 어떤 스레드에서도 호출할 수 있게 되어 있는데, 호출하는 스레드의 인터럽트 정책은 알 수가 없기 때문이다. 지정한 시간이 다 되기 전에 작업이 끝난다면 timedRun 메소드를 호출했던 스레드는 timedRun 메소드 실행을 모두 끝마치고 그 다음 작업을 실행하고 있을 텐데, 작업 중단 스레드는 다음 작업을 실행하는 도중에 인터럽트를 걸게 된다. 인터럽트가 걸리는 시점에 어떤 코드가 실행되고 있을지는 전혀 알 수 없지만, 결과가 정상적이지 않을 것이라는 점은 쉽게 예측할 수 있다(schedule 메소드를 사용해 ScheduledFuture를 리턴받고 작업이 끝났을 때 ScheduledFuture를 직접 취소시키는 방법을 사용할 수도 있겠지만, 그다지 일반적이지 않은 편법이라고 볼 수 있다).

```
private static final ScheduledExecutorService cancelExec = ...;

public static void timedRun(Runnable r,
                            long timeout, TimeUnit unit) {
    final Thread taskThread = Thread.currentThread();
    cancelExec.schedule(new Runnable() {
        public void run() { taskThread.interrupt(); }
    }, timeout, unit);
    r.run();
}
```

예제 7.8 임시로 빌려 사용하는 스레드에 인터럽트 거는 방법. 이런 코드는 금물!

더군다나 작업 내부가 인터럽트에 제대로 반응하지 않도록 만들어져 있다면 timedRun 메소드는 작업이 끝날 때까지 리턴되지 않고 계속 실행될 것이며, 그러다 보면 지정된 실행 시간을 훨씬 넘겨버릴 가능성이 많다(아예 멈추지 않고 끝까지 실행될 수도 있다). 일정 시간 동안만 실행하라고 메소드를 호출했는데, 지정된 시간 이상 실행되면 원래 스레드의 입장에서는 문제가 될 수도 있는 상황이다.

aSecondOfPrimes 메소드의 예외 처리 부분에서 있었던 문제를 해결하면서, 동시에 앞에서 시도했던 방법의 문제점까지 함께 해결하는 방법을 예제 7.9에서 볼 수 있다. 작업을 실행하도록 생성한 스레드에는 적절한 실행 정책을 따로 정의할 수도 있고, 작업이 인터럽트에 응답하지 않는다 해도 시간이 제한된 메소드 자체는 호출한 메소드에게 리턴된다. timedRun 메소드는 작업 실행 스레드를 실행한 다음 실행 스레드를 대상으로 시간 제한이 설정된 join 메소드를 호출한다. join 메소드가 리턴되고 나면 timedRun 메소드에서는 먼저 작업을 실행하는 과정에 발생한 예외가 있는지 확인하고, 예외가 발생했었다면 해당 예외를 상위 메소드에게 다시 던진다. Throwable 클래스는 일단 저장해두고 호출 스레드와 작업 스레드가 서로 공유하는데, 예외를 작업 스레드에서 호출 스레드로 안전하게 공개할 수 있도록 volatile로 선언하고 있다.

이번 버전에서는 이전 버전에서 나타났던 문제점을 해결하고는 있지만, 문제점을 해결하는 방법으로 시간 제한이 걸린 join 메소드를 사용하기 때문에 join 메소드의 단점, 즉 timedRun 메소드가 리턴됐을 때 정상적으로 스레드가 종료된 것인지 join 메소드에서 타임아웃이 걸린 것인지를 알 수 없다는 단점을 그대로 갖고 있다.[2]

7.1.5 Future를 사용해 작업 중단

지금까지 Future를 사용해 작업이 어떤 과정을 통해 실행되는지에 대한 추상화 모델을 사용해 봤고, 예외 처리는 어떻게 하는지, 작업을 중단할 때는 어떻게 해야 하는지도 살펴봤다. 라이브러리에 필요한 기능을 제공하는 클래스가 있다면 직접 해당 기능을 구현하는 것보다 라이브러리 클래스를 사용하는 게 좋다는 것은 당연한 일이다. 자바 라이브러리에서 제공하는 작업 실행 프레임웍과 Future 인터페이스를 사용해 timedRun 메소드를 새로 구현해보자.

```
public static void timedRun(final Runnable r,
                            long timeout, TimeUnit unit)
                            throws InterruptedException {
    class RethrowableTask implements Runnable {
        private volatile Throwable t;
        public void run() {
            try { r.run(); }
            catch (Throwable t) { this.t = t; }
        }
        void rethrow() {
            if (t != null)
                throw launderThrowable(t);
        }
```

2. 이 부분은 스레드 관련 API에서 제대로 처리하지 못하는 부분이라고 볼 수 있는데, join 메소드가 성공적으로 종료됐는지 아닌지에 따라 자바 메모리 모델에 메모리 가시성 문제로 영향이 있기 때문이다. 하지만 join 메소드는 성공적으로 스레드가 종료됐는지에 대한 상태를 리턴해주지 않는다.

```
    }

    RethrowableTask task = new RethrowableTask();
    final Thread taskThread = new Thread(task);
    taskThread.start();
    cancelExec.schedule(new Runnable() {
        public void run() { taskThread.interrupt(); }
    }, timeout, unit);
    taskThread.join(unit.toMillis(timeout));
    task.rethrow();
}
```

예제 7.9 작업 실행 전용 스레드에 인터럽트 거는 방법

ExecutorService.submit 메소드를 실행하면 등록한 작업을 나타내는 Future 인스턴스를 리턴받는다. Future에는 cancel 메소드가 있는데 mayInterruptIfRunning 이라는 불린 값을 하나 넘겨 받으며, 취소 요청에 따른 작업 중단 시도가 성공적이었는지를 알려주는 결과 값을 리턴받을 수 있다(여기에서 작업 중단 시도가 성공적이었다는 의미는 인터럽트를 제대로 걸었다는 의미이며, 해당 작업이 인터럽트에 반응해 실제로 작업을 중단했다는 것을 뜻하지는 않는다). cancel 메소드를 호출할 때 mayInterruptIfRunning 값으로 true를 넘겨줬고 작업이 어느 스레드에서건 실행되고 있었다면, 해당 스레드에 인터럽트가 걸린다. mayInterruptIfRunning 값으로 false를 넘겨주면 "아직 실행하지 않았다면 실행시키지 말아라"는 의미로 해석되며 인터럽트에 대응하도록 만들어지지 않은 작업에는 항상 false를 넘겨줘야 한다.

앞에서 특정 스레드의 인터럽트 정책을 잘 알고 있지 않은 상태라면 해당 스레드에 인터럽트를 걸어서는 안 된다는 점을 언급했었는데, 그렇다면 cancel 메소드에 true 인자를 넣어 호출해도 좋은 경우는 어떤 경우일까? Executor에서 기본적으로 작업을 실행하기 위해 생성하는 스레드는 인터럽트가 걸렸을 때 작업을 중단할 수 있도록 하는 인터럽트 정책을 사용한다. 따라서 기본 Executor에 작업을 등록하고 넘겨받은 Future에서는 cancel 메소드에 mayInterruptIfRunning 값으로 true를 넘겨 호출해도 아무런 문제가 없다. 물론 스레드 풀에 들어 있는 스레드에 함부로 인터럽트를 거는 일은 여전히 안 되는데, 해당 스레드에 인터럽트가 걸리는 시점에 어떤 작업을 실행하고 있을지 알 수 없기 때문이다. 따라서 작업을 중단하려 할 때는 항상 스레드에 직접 인터럽트를 거는 대신 Future의 cancel 메소드를 사용해야 한다. 작업을 구현할 때 인터럽트가 걸리면 작업을 중단하라는 요청으로 해석하고 그에 따라 행동

하도록 만들어야 하는 또 다른 이유라고 볼 수 있는데, 그러면 Future를 통해 쉽게 작업을 중단시킬 수 있기 때문이다.

예제 7.10에서는 필요한 작업을 ExecutorService를 통해 실행하고, 실행한 결과를 Future.get 메소드로 찾아오도록 구현된 또 다른 버전의 timedRun 메소드를 볼 수 있다. get 메소드가 TimeoutException을 띄우면서 멈췄다면 해당 작업은 Future를 통해 작업이 중단된 것이라고 볼 수 있다(여기에서는 예제를 간결하게 구현하고자 finally 블록에서 Future.cancel 메소드를 무조건 호출하도록 했다. 작업이 정상적으로 종료됐다면 cancel 메소드를 호출할 필요가 없지만, 이미 종료된 작업에 대해 cancel 메소드를 호출해도 아무런 이상이 없기 때문에 문제 없이 동작한다). 작업 내부에서 취소 요청을 받기 전에 어떤 예외 상황이 발생했다면, 상위 메소드에서 오류를 직접 처리할 수 있도록 발생한 예외을 timedRun 메소드에서 상위 메소드로 다시 던지게 되어 있다. 예제 7.10에서는 또 다른 좋은 예를 찾아볼 수 있는데, 결과가 더 이상 소용없게 된 작업을 취소하는 모습이다(이와 같은 기법은 196쪽의 예제 6.13과 201쪽의 예제 6.16에서도 사용했다).

```
public static void timedRun(Runnable r,
                            long timeout, TimeUnit unit)
                            throws InterruptedException {
    Future<?> task = taskExec.submit(r);
    try {
        task.get(timeout, unit);
    } catch (TimeoutException e) {
        // finally 블록에서 작업이 중단될 것이다.
    } catch (ExecutionException e) {
        // 작업 내부에서 예외 상황 발생. 예외을 다시 던진다.
        throw launderThrowable(e.getCause());
    } finally {
        // 이미 종료됐다 하더라도 별다른 악영향은 없다.
        task.cancel(true); // 실행중이라면 인터럽트를 건다.
    }
}
```

예제 7.10 Future를 사용해 작업 중단하기

> Future.get 메소드에서 InterruptedException이 발생하거나 TimeoutException이 발생했을 때, 만약 예외 상황이 발생한 작업의 결과는 필요가 없다고 한다면 해당 작업에 대해 Future.cancel 메소드를 호출해 작업을 중단시키자.

7.1.6 인터럽트에 응답하지 않는 블로킹 작업 다루기

자바 라이브러리에 포함된 여러 블로킹 메소드는 대부분 인터럽트가 발생하는 즉시 멈추면서 InterruptedException을 띄우도록 되어 있으며, 따라서 작업 중단 요청에 적절하게 대응하는 작업을 쉽게 구현할 수 있다. 그런데 잘 살펴보면 모든 블로킹 메소드가 인터럽트에 대응하도록 되어 있지는 않다. 예를 들어 동기적인 소켓 I/O를 실행하는 도중에 스레드가 멈춰 있는 경우라던가 암묵적인intrinsic 락을 확보하기 위해 대기하는 등의 작업에 멈춰있는 경우라면, 인터럽트를 거는 것이 인터럽트 상태 변수의 값을 설정하는 것 말고는 아무런 실제적 효과가 없다. 일부 상황에서는 인터럽트와 유사한 기법을 활용해 인터럽트에 반응하지 않는 블로킹 메소드에서 대기 중인 스레드가 작업을 멈추도록 할 수 있긴 하지만, 이런 작업을 하고자 할 때에는 해당 스레드가 대기 상태에 멈춰 있는 이유가 무엇인지를 훨씬 정확하게 이해해야 한다.

java.io 패키지의 동기적 소켓 I/O: 서버 애플리케이션에서 가장 대표적인 블로킹 I/O의 예는 바로 소켓에서 데이터를 읽어오거나 데이터를 쓰는 부분이다. InputStream 클래스의 read 메소드와 OutputStream의 write 메소드가 인터럽트에 반응하지 않도록 되어 있다는 단점이 있지만, 해당 스트림이 연결된 소켓을 직접 닫으면 대기 중이던 read나 write 메소드가 중단되면서 SocketException이 발생한다.

java.nio 패키지의 동기적 I/O: InterruptibleChannel에서 대기하고 있는 스레드에 인터럽트를 걸면 ClosedByInterruptException이 발생하면서 해당 채널이 닫힌다 (더불어 해당 채널에서 대기하고 있던 모든 스레드에서 ClosedByInterruptException이 발생한다). InterruptibleChannel을 닫으면 해당 채널로 작업을 실행하던 스레드에서 AsynchronousCloseException이 발생한다. 대부분의 표준 Channel은 모두 InterruptibleChannel을 구현한다.

Selector를 사용한 비동기적 I/O: 스레드가 Selector 클래스(java.nio.channels 패키지)의 select 메소드에서 대기 중인 경우, close 메소드를 호출하면 ClosedSelectorException을 발생시키면서 즉시 리턴된다.

락 확보: 스레드가 암묵적인 락을 확보하기 위해 대기 상태에 들어가 있는 경우 언젠가 락을 확보할 수 있을 것이라는 보장을 하지 못할 뿐더러 어떤 방법으로든 다음 상태로 진행시켜 스레드의 주의를 끌 수 없기 때문에 어떻게 해 볼 방법이 없다. 하지만 Lock 인터페이스를 구현한 락 클래스의 lockInterruptibly 메소드를 사용하면 락을 확보할 때까지 대기하면서 인터럽트에도 응답하도록 구현할 수 있다. 자세한 내용은 13장을 참조하자.

예제 7.11의 ReaderThread 클래스는 표준적이지 않은 방법으로 작업을 중단하는 기능을 속으로 감춰버리는 방법을 소개하고 있다. ReaderThread는 소켓 하나를 연결해서 사용하는데 소켓으로 들어오는 내용을 동기적으로 읽어들이고, 읽은 내용을 모두 processBuffer 메소드에 넘긴다. ReaderThread 클래스는 사용자가 접속해 연결되어 있는 소켓을 닫아버리거나 프로그램을 종료시킬 수 있도록 interrupt 메소드를 오버라이드해 인터럽트를 요청하는 표준적인 방법과 함께 추가적으로 열려있는 소켓을 닫는다. 이렇게 하면 ReaderThread 클래스에 인터럽트를 걸었을 때 read 메소드에서 대기 중인 상태이거나 기타 인터럽트에 응답할 수 있는 블로킹 메소드에 멈춰 있을 때에도 작업을 중단시킬 수 있다.

7.1.7 newTaskFor 메소드로 비표준적인 중단 방법 처리

표준을 따르지 않는 중단 방법을 표준의 범주 내에서 사용할 수 있도록 ReaderThread에서 사용했던 기법은 자바 6 버전의 ThreadPoolExecutor 클래스에 newTaskFor라는 메소드로 정리해 추가됐다. ExecutorService 클래스에 Callable 인스턴스를 등록할 때 submit 메소드를 호출하면 그 결과로 해당하는 작업을 취소시킬 수 있는 Future 객체를 받아온다. newTaskFor 메소드 역시 등록된 작업을 나타내는 Future 객체를 리턴해주는데, 이전과는 다른 RunnableFuture 객체를 리턴한다. RunnableFuture 인터페이스는 Future와 Runnable 인터페이스를 모두 상속받으며, FutureTask는 자바 5에서 Future를 구현했었지만 자바 6에서는 RunnableFuture를 구현한다.

Future.cancel 메소드를 오버라이드하면 작업 중단 과정을 원하는 대로 변경할 수 있다. 이를테면 작업 중단 과정에서 필요한 내용을 로그 파일로 남긴다거나 몇 가지 통계 값을 보관하는 등의 작업을 할 수 있고, 인터럽트에 제대로 대응하지 않는 작업을 중단하도록 할 수도 있다. ReaderThread는 소켓을 사용하는 스레드의 작업을 중단시키기 위해 interrupt 메소드를 오버라이드했었는데, Future.cancel 메소드를 오버라이드해도 이와 같은 기능을 구현할 수 있다.

예제 7.12에서는 Callable 인터페이스를 상속받는 CancellableTask 인터페이스를 구현하고 있는데, cancel 메소드와 RunnableFuture를 생성해주는 newTask 팩토리 메소드를 추가적으로 갖고 있다. CancellingExecutor는 ThreadPoolExecutor 클래스를 상속받는데, newTaskFor 메소드를 오버라이드해 CancellableTask에 추가된 기능을 활용할 수 있도록 했다.

```
public class ReaderThread extends Thread {
    private final Socket socket;
    private final InputStream in;

    public ReaderThread(Socket socket) throws IOException {
        this.socket = socket;
        this.in = socket.getInputStream();
    }

    public void interrupt() {
        try {
            socket.close();
        }
        catch (IOException ignored) { }
        finally {
            super.interrupt();
        }
    }

    public void run() {
        try {
            byte[] buf = new byte[BUFSZ];
            while (true) {
                int count = in.read(buf);
                if (count < 0)
                    break;
                else if (count > 0)
                    processBuffer(buf, count);
            }
        } catch (IOException e) { /* 스레드를 종료한다 */ }
    }
}
```

예제 7.11 interrupt 메소드를 오버라이드해 표준에 정의되어 있지 않은 작업 중단 방법을 구현

SocketUsingTask 클래스는 CancellableTask를 상속받으며 Future.cancel 메소드에서 super.cancel 메소드를 호출하고 더불어 소켓도 닫도록 구현했다. Future 클래스를 통해 SocketUsingTask의 작업을 중단하면 소켓이 닫히는 것은 물론 실행 중인 스레드 역시 인터럽트가 걸린다. 이렇게 구현해두면 실행 중인 작업에 중단 요청이 있을 때 대응하는 속도를 크게 개선할 수 있다. 다시 말해 작업을 중단하는 과정에서도

응답 속도를 떨어뜨리지 않으면서 인터럽트에 대응하는 블로킹 메소드를 안전하게 호출할 수 있을 뿐만 아니라, 대기 상태에 들어갈 수 있는 소켓 I/O 메소드와 같은 기능도 호출할 수 있다.

7.2 스레드 기반 서비스 중단

스레드 풀과 같이 내부적으로 스레드를 생성하는 스레드 기반의 서비스를 사용하는 일은 애플리케이션을 제작할 때 흔히 발생하는 일이고, 이와 같은 서비스는 서비스를 시작시킨 메소드보다 오랜 시간 동안 실행되는 경우가 일반적이다. 애플리케이션을 깔끔하게 종료시키려면 이와 같은 스레드 기반의 서비스 내부에 생성되어 있는 스레드를 안전하게 종료시킬 필요가 있다. 그런데 스레드를 선점적인 방법으로 강제로 종료시킬 수는 없기 때문에 스레드에게 알아서 종료해달라고 부탁할 수밖에 없다.

스레드를 활용하는 여러 가지 애플리케이션의 예를 보면서 얻을 수 있는 교훈 가운데 하나는 바로 스레드를 직접 소유하고 있지 않는 한 해당 스레드에 인터럽트를 걸거나 우선 순위를 조정하는 등의 작업을 해서는 안 된다는 것이다. 하지만 현재 만들어져 있는 스레드 API 수준에서 볼 때 스레드 소유권에 대한 별 다른 준비는 되어 있지 않은 상태이다. 스레드는 `Thread`라는 클래스로 표현할 수 있으며, `Thread` 클래스의 인스턴스는 다른 어떤 객체에서건 자유롭게 소유할 수 있다. 지금 상태는 그렇지만 스레드 하나가 외부의 특정 객체에 소유된다는 개념을 사용할 수 있다면 상당한 도움을 얻을 수 있으며, 스레드를 소유하는 객체는 대부분 해당 스레드를 생성한 객체라고 볼 수 있다. 스레드 풀을 예로 들면, 스레드 풀에 들어 있는 모든 작업 스레드는 해당하는 스레드 풀이 소유한다고 볼 수 있고, 따라서 개별 스레드에 인터럽트를 걸어야 하는 상황이 된다면 그 작업은 스레드를 소유한 스레드 풀에서 책임을 져야 한다.

기능을 모아 캡슐화한 객체를 보면 스레드 소유권은 이전할 수 없다는 것을 알 수 있다. 애플리케이션은 스레드 기반 서비스를 생성해 사용하며 스레드 기반 서비스는 필요한 개별 스레드를 생성해 사용하지만, 애플리케이션은 개별 스레드를 직접 소유하고 있지 않기 때문에 개별 스레드를 직접 조작하는 일이 없어야 한다. 애플리케이션이 개별 스레드에 직접 액세스하는 대신 스레드 기반 서비스가 스레드의 시작부터 종료까지 모든 기능에 해당하는 메소드를 직접 제공해야 한다. 그러면 애플리케이션이 스레드 기반 서비스만 종료시키면 스레드 기반 서비스는 스스로가 소유한 모든 작업 스레드를 종료시키게 된다. `ExecutorService` 인터페이스는 `shutdown` 메소드와

shutdownNow 메소드를 제공하고 있으며, 다른 스레드 기반의 서비스 역시 이와 같은 종료 기능을 제공해야 한다.

> 스레드 기반 서비스를 생성한 메소드보다 생성된 스레드 기반 서비스가 오래 실행될 수 있는 상황이라면, 스레드 기반 서비스에서는 항상 종료시키는 방법을 제공해야 한다.

7.2.1 예제: 로그 서비스

코드의 필요한 부분마다 println 메소드를 추가하는 것부터 시작해 대부분의 서버 애플리케이션은 저마다 적절한 로그 서비스를 갖고 있다. PrintWriter와 같은 스트림 기반 클래스는 스레드에 안전하기 때문에 println으로 필요한 내용을 출력하는 기능을 사용할 때 별다른 동기화 기법이 필요하지는 않다.[3] 어쨌거나 11.6절에서 보게 될 인라인 로깅 기능은 대용량 애플리케이션에서 사용하기에는 성능의 측면에서 적절하지 않은 부분이 있을 수 있다. 아니면 log 메소드를 호출했을 때 전달된 출력 메시지를 큐에 쌓아두고, 큐에 쌓인 메시지를 로그 출력용 스레드에서 가져다 출력하는 방법도 있겠다.

```
public interface CancellableTask<T> extends Callable<T> {
    void cancel();
    RunnableFuture<T> newTask();
}

@ThreadSafe
public class CancellingExecutor extends ThreadPoolExecutor {
    ...
    protected<T> RunnableFuture<T> newTaskFor(Callable<T> callable) {
        if (callable instanceof CancellableTask)
            return ((CancellableTask<T>) callable).newTask();
        else
            return super.newTaskFor(callable);
    }
```

3. 단일 로그 메시지에 여러 줄에 해당하는 긴 내용을 출력하려 한다면, 클라이언트 측 락을 사용해 여러 스레드에서 출력하는 내용이 줄이 겹쳐 나오는 현상을 방지해야 할 수도 있다. 예를 들어 두 개의 스레드에서 여러 줄에 걸친 스택 트레이스 문자열을 화면에 출력하는 경우, println 메소드를 사용해 한 줄씩 출력하도록 만들어져 있다면 전혀 예상치 못하는 순서로 출력 결과가 섞여 나올 수 있으며, 이렇게 출력된 내용은 거의 쓸모가 없을 가능성이 높다.

```
}

public abstract class SocketUsingTask<T>
        implements CancellableTask<T> {
    @GuardedBy("this") private Socket socket;

    protected synchronized void setSocket(Socket s) { socket = s; }

    public synchronized void cancel() {
        try {
            if (socket != null)
                socket.close();
        } catch (IOException ignored) { }
    }

    public RunnableFuture<T> newTask() {
        return new FutureTask<T>(this) {
            public boolean cancel(boolean mayInterruptIfRunning) {
                try {
                    SocketUsingTask.this.cancel();
                } finally {
                    return super.cancel(mayInterruptIfRunning);
                }
            }
        };
    }
}
```

예제 7.12 newTaskFor를 사용해 표준을 따르지 않은 작업 중단 방법 적용

예제 7.13의 LogWriter 클래스에서는 이와 같이 로그 출력 기능을 독립적인 스레드로 구현하는 모습을 보여주고 있다. 로그 메시지를 실제로 생성하는 스레드가 직접 스트림으로 메시지를 출력하는 대신 LogWriter에서는 BlockingQueue를 사용해 메시지를 출력 전담 스레드에게 넘겨주며, 출력 전담 스레드는 큐에 쌓인 메시지를 가져다 화면에 출력한다. 이런 구조는 전형적인 다수의 프로듀서와 단일 컨슈머가 동작하는 패턴이라고 볼 수 있다. 즉 로그를 남기기 위해 log 메소드를 호출하는 모든 스레드가 프로듀서가 되고, 로그 출력 전담 스레드가 바로 컨슈머의 역할을 한다. 만약 로그 출력 전

담 스레드에 문제가 생기면, 출력 스레드가 올바로 동작하기 전까지 BlockingQueue가 막혀버리는 경우가 발생할 수 있다.

```
public class LogWriter {
    private final BlockingQueue<String> queue;
    private final LoggerThread logger;

    public LogWriter(Writer writer) {
        this.queue = new LinkedBlockingQueue<String>(CAPACITY);
        this.logger = new LoggerThread(writer);
    }

    public void start() { logger.start(); }

    public void log(String msg) throws InterruptedException {
        queue.put(msg);
    }

    private class LoggerThread extends Thread {
        private final PrintWriter writer;
    ...
        public void run() {
            try {
                while (true)
                    writer.println(queue.take());
            } catch(InterruptedException ignored) {
            } finally {
                writer.close();
            }
        }
    }
}
```

예제 7.13 종료 기능이 구현되지 않은 프로듀서-컨슈머 패턴의 로그 서비스

LogWriter와 같은 서비스를 실제 상용 제품에 활용하려면 애플리케이션을 종료하려할 때 로그 출력 전담 스레드가 계속 실행되느라 JVM이 정상적으로 멈추지 않는 현상

을 방지해야 한다. 로그 출력 스레드는 계속해서 인터럽트에 대응하도록 만들어져 있는 BlockingQueue의 take 메소드를 호출하기 때문에 로그 출력 스레드를 종료하는 일은 굉장히 쉽다. 따라서 로그 출력 스레드에서 작업 도중에 인터럽트가 걸렸을 때 InterruptedException을 잡아서 그냥 리턴되도록 구현해 버리면 로그 출력 스레드는 쉽게 종료시킬 수 있다.

그런데 로그 출력 스레드가 그냥 멈춰 버리도록 구현하는 것은 그다지 만족스러운 방법이 아니라는 생각이 든다. 이렇게 단순히 멈춰버리기만 하면 그 동안 출력시키려고 큐에 쌓여 있던 로그 메시지를 모두 잃어버릴 것이며, 더더욱 큰 문제는 로그 메시지를 출력하기 위해 log 메소드를 호출했는데 큐가 가득 차서 메시지를 큐에 넣을 때까지 대기 상태에 들어가 있던 스레드는 영원히 대기 상태에 머물게 된다. 프로듀서-컨슈머 패턴으로 구현된 프로그램을 중단시키려면 프로듀서와 컨슈머 모두 중단시켜야 한다. 그런데 로그 출력 스레드를 중단하는 것은 컨슈머 부분만을 중단시키는 것이며, 프로듀서는 전용 스레드에서 동작하는 것이 아니기 때문에 프로듀서를 중단시키는 일이 간단하지 않다.

LogWriter 클래스를 종료시키고자 할 때 생각해 볼 수 있는 또 다른 방법으로 예제 7.14와 같이 LogWriter 내부에 "종료 요청이 들어 왔다"는 플래그를 마련해두고, 플래그가 설정되어 있는 경우에는 더 이상 로그 메시지를 큐에 넣을 수 없도록 하는 것이다. 그러면 컨슈머 부분에서는 종료 요청이 들어 왔을 때 큐에 있는 메시지를 모두 가져가 쌓여 있던 메시지를 모두 출력할 기회를 얻는다. 더불어 log 메소드에서 대기 중이던 스레드는 모두 대기 상태가 풀리게 된다. 그런데 이런 방법도 완전히 신뢰할 만한 방법은 아닌 것이 실행 도중 경쟁 조건에 들어갈 수 있다. log 메소드를 구현한 모습을 보면 확인하고 동작하는 과정을 거친다. 프로듀서는 로그 출력 서비스가 아직 종료되지 않았다고 판단하고 실제로 종료된 이후에도 로그 메시지를 큐에 쌓으려고 대기 상태에 들어갈 가능성이 있다. 그러면 해당 프로듀서 스레드는 log 메소드에서 영원히 대기 상태에 머무를 위험이 있다. 이런 위험을 낮출 수 있는 편법(이를테면 컨슈머 측에서 큐를 쓸 수 없다고 선언하기 전에 몇 초 동안 기다리는 등의 방법)이 있기는 하지만, 위험한 상황을 원천 봉쇄하지는 못하기 때문에 대기 상태에 영원히 머무르는 경우가 발생할 수 있다.

```
public void log(String msg) throws InterruptedException {
    if (!shutdownRequested)
        queue.put(msg);
    else
```

```
        throw new IllegalStateException("logger is shut down");
}
```

예제 7.14 로그 서비스에 종료 기능을 덧붙이지만 안정적이지 않은 방법

LogWriter 클래스에 안정적인 종료 방법을 추가하려면 경쟁 조건에 들어가지 않는 방법을 찾아야 하는데, 다시 말하자면 로그 메시지를 추가하는 부분을 단일 연산으로 구현해야 한다는 뜻이다. 그렇다고 해서 로그 메시지를 추가하는 과정에서 락을 확보하도록 만들면 put 메소드에서 대기 상태에 들어갈 수 있기 때문에 그다지 좋은 방법이 아니다. 그보다는 예제 7.15의 LogService 클래스와 같이 단일 연산으로 종료됐는지를 확인하며 로그 메시지를 추가할 수 있는 권한이라고 볼 수 있는 카운터를 하나 증가시키는 방법을 사용해보자.

7.2.2 ExecutorService 종료

6.2.4절에서 ExecutorService를 종료하는 두 가지 방법에 대해 살펴봤었다. 하나는 shutdown 메소드를 사용해 안전하게 종료하는 방법이고, 또 하나는 shutdownNow 메소드를 사용해 강제로 종료하는 방법이었다. shutdownNow를 사용해 강제로 종료시키고 나면 먼저 실행 중인 모든 작업을 중단하도록 한 다음 아직 시작하지 않은 작업의 목록을 그 결과로 리턴해준다.

```
public class LogService {
    private final BlockingQueue<String> queue;
    private final LoggerThread loggerThread;
    private final PrintWriter writer;
    @GuardedBy("this") private boolean isShutdown;
    @GuardedBy("this") private int reservations;

    public void start() { loggerThread.start(); }

    public void stop() {
        synchronized (this) { isShutdown = true; }
        loggerThread.interrupt();
    }

    public void log(String msg) throws InterruptedException {
```

```
        synchronized (this) {
            if (isShutdown)
                throw new IllegalStateException(...);
            ++reservations;
        }
        queue.put(msg);
    }

    private class LoggerThread extends Thread {
        public void run() {
            try {
                while (true) {
                    try {
                        synchronized (LogService.this) {
                            if (isShutdown && reservations == 0)
                                break;
                        }
                        String msg = queue.take();
                        synchronized (LogService.this) {
                            --reservations ;
                        }
                        writer.println(msg);
                    } catch (InterruptedException e) { /* 재시도 */ }
                }
            } finally {
                writer.close();
            }
        }
    }
}
```

예제 7.15 LogWriter에 추가한 안정적인 종료 방법

위에서 언급한 두 가지 종료 방법은 안전성과 응답성의 측면에서 서로 장단점을 갖고 있다. 강제로 종료하는 방법은 응답이 훨씬 빠르지만 실행 도중에 스레드에 인터럽트를 걸어야 하기 때문에 작업이 중단되는 과정에서 여러 가지 문제가 발생할 가능성이 있고, 안전하게 종료하는 방법은 종료 속도가 느리지만 큐에 등록된 모든 작업을 처리

할 때까지 스레드를 종료시키지 않고 놔두기 때문에 작업을 잃을 가능성이 없어 안전하다. 내부적으로 스레드를 소유하고 동작하는 서비스를 구현할 때에는 이와 비슷하게 종료 방법을 선택할 수 있도록 준비하는 것이 좋다.

단순한 프로그램의 경우에는 main 메소드에서 전역 변수의 형태로 잡아 둔 ExecutorService 인스턴스를 시작하고 종료하는 부분까지 모두 직접 사용할 수도 있다. 그리고 좀더 복잡한 고급 프로그램에서는 ExecutorService를 직접 활용하는 대신 다른 클래스의 내부에 캡슐화해서 시작과 종료 등의 기능을 연결해 호출할 수 있다. 예를 들어 예제 7.16의 LogService 클래스에서 스레드를 사용해야 하는 부분에서 스레드를 직접 갖다 쓰기보다는 ExecutorService를 사용해 스레드의 기능을 활용했던 사례를 들 수 있다. ExecutorService를 특정 클래스의 내부에 캡슐화하면 애플리케이션에서 서비스와 스레드로 이어지는 소유 관계에 한 단계를 더 추가하는 셈이고, 각 단계에 해당하는 클래스는 모두 자신이 소유한 서비스나 스레드의 시작과 종료에 관련된 기능을 관리한다.

```
public class LogService {
    private final ExecutorService exec = newSingleThreadExecutor();
    ...
    public void start() { }

    public void stop() throws InterruptedException {
        try {
            exec.shutdown();
            exec.awaitTermination(TIMEOUT, UNIT);
        } finally {
            writer.close();
        }
    }
    public void log(String msg) {
        try {
            exec.execute(new WriteTask(msg));
        } catch (RejectedExecutionException ignored) { }
    }
}
```

예제 7.16 ExecutorService를 활용한 로그 서비스

7.2.3 독약

프로듀서-컨슈머 패턴으로 구성된 서비스를 종료시키도록 종용하는 또 다른 방법으로 독약poison pill이라고 불리는 방법이 있다. 이 방법은 특정 객체를 큐에 쌓도록 되어 있으며, 이 객체는 "이 객체를 받았다면, 종료해야 한다"는 의미를 갖고 있다. FIFO 유형의 큐를 사용하는 경우에는 독약 객체를 사용했을 때 컨슈머가 쌓여 있던 모든 작업을 종료하고 독약 객체를 만나 종료되도록 할 수 있다. FIFO 큐에서는 객체의 순서가 유지되기 때문에 독약 객체보다 먼저 큐에 쌓인 객체는 항상 독약 객체보다 먼저 처리된다. 그리고 물론 프로듀서 측에서는 독약 객체를 한 번 큐에 넣고 나면 더 이상 다른 작업을 추가해서는 안 된다. 예제 7.17, 7.18, 7.19에서 소개할 `IndexingService` 클래스는 예제 5.8에서 소개했던 데스크탑 검색 애플리케이션의 또 다른 버전으로 단일 프로듀서, 단일 컨슈머를 사용하면서 독약 객체를 사용해 작업을 종료하도록 만들었다.

```
public class IndexingService {
    private static final File POISON = new File("");
    private final IndexerThread consumer = new IndexerThread();
    private final CrawlerThread producer = new CrawlerThread();
    private final BlockingQueue<File> queue;
    private final FileFilter fileFilter;
    private final File root;

    class CrawlerThread extends Thread { /* 예제 7.18 */ }
    class IndexerThread extends Thread { /* 예제 7.19 */ }

    public void start() {
        producer.start();
        consumer.start();
    }

    public void stop() { producer.interrupt(); }

    public void awaitTermination() throws InterruptedException {
        consumer.join();
    }
}
```

예제 7.17 독약 객체를 사용해 서비스를 종료 독약 객체는 프로듀서의 개수와 컨슈머의 개수를 정확히 알고 있을 때에만 사용할 수 있다. IndexingService 예제에서 사용했던 방법을 그대로 사용하면서 다수의 프로듀서를 사용하는 버전으로 확장할 수도 있는데, 이런 경우에는 각 프로듀서가 작업을 모두 생성하고 나면 각자 하나씩의 독약 객체를 큐에 넣고, 컨슈머는 프로듀서 개수만큼의 독약 객체를 받고 나면 종료하도록 할 수 있다. 또한 컨슈머가 여럿인 경우에도 쉽게 적용할 수 있는데, 프로듀서가 컨슈머 개수만큼의 독약 객체를 만들어 큐에 쌓는 것으로 해결된다. 어쨌거나 그 구조를 보면 구현은 가능하겠지만, 많은 수의 프로듀서와 컨슈머를 사용하는 경우에는 허술하게 보일 수밖에 없다. 그리고 독약 객체 방법은 크기에 제한이 없는 큐를 사용할 때 효과적으로 동작한다.

7.2.4 예제: 단번에 실행하는 서비스

일련의 작업을 순서대로 처리해야 하며, 작업이 모두 끝나기 전에는 리턴되지 않는 메소드를 생각해보자. 이런 메소드는 내부에서만 사용할 Executor 인스턴스를 하나 확보할 수 있다면 서비스의 시작과 종료를 쉽게 관리할 수 있다(이런 상황에서는 invokeAll 메소드와 invokeAny 메소드가 유용하겠다).

예제 7.20의 checkMail 메소드는 여러 서버를 대상으로 새로 도착한 메일이 있는지를 병렬로 확인한다. checkMail 메소드는 먼저 메소드 내부에 Executor 인스턴스를 하나 생성하고, 각 서버별로 구별된 작업을 실행시킨다. 그리고 Executor 서비스를 종료시킨 다음, 각 작업이 모두 끝나고 Executor가 종료될 때까지 대기한다.[4]

```
public class CrawlerThread extends Thread {
    public void run() {
        try {
            crawl(root);
        } catch (InterruptedException e) { /* 통과 */ }
        finally {
            while (true) {
                try {
                    queue.put(POISON);
                    break;
                } catch (InterruptedException e1) { /* 재시도 */ }
```

4. volatile로 선언한 boolean 변수 대신 AtomicBoolean 클래스를 사용한 이유가 있다. 내부에서 사용하는 Runnable 인스턴스에서 hasNewMail 플래그를 사용하기 때문에 hasNewMail 변수를 final로 선언해야 하지만, final로 선언하면 그 값을 변경할 수 없기 때문에 대신 AtomicBoolean을 사용해 안전성을 확보한다.

```
            }
        }
    }

    private void crawl(File root) throws InterruptedException {
        ...
    }
}
```

예제 7.18 IndexingService의 프로듀서 스레드

```
public class IndexerThread extends Thread {
    public void run() {
        try {
            while (true) {
                File file = queue.take();
                if (file == POISON)
                    break;
                else
                    indexFile(file);
            }
        } catch (InterruptedException consumed) { }
    }
}
```

예제 7.19 IndexingService의 컨슈머 스레드

```
boolean checkMail(Set<String> hosts, long timeout, TimeUnit unit)
        throws InterruptedException {
    ExecutorService exec = Executors.newCachedThreadPool();
    final AtomicBoolean hasNewMail = new AtomicBoolean(false);
    try {
        for (final String host : hosts)
            exec.execute(new Runnable() {
                public void run() {
                    if (checkMail(host))
                        hasNewMail.set(true);
```

```
                }
            });
    } finally {
        exec.shutdown();
        exec.awaitTermination(timeout, unit);
    }
    return hasNewMail.get();
}
```

예제 7.20 메소드 내부에서 Executor를 사용하는 모습

7.2.5 shutdownNow 메소드의 약점

shutdownNow 메소드를 사용해 ExecutorService를 강제로 종료시키는 경우에는 현재 실행 중인 모든 스레드의 작업을 중단시키도록 시도하고, 등록됐지만 실행은 되지 않았던 모든 작업의 목록을 리턴해준다. 그러면 ExecutorService를 사용했던 클래스는 리턴받은 작업에 대한 로그 메시지를 출력하거나 나중에 다시 작업하도록 보관해 둘 수도 있다.[5]

그런데 실행되기 시작은 했지만 아직 완료되지 않은 작업이 어떤 것인지를 알아볼 수 있는 방법은 없다. 따라서 개별 작업 스스로가 작업 진행 정도 등의 정보를 외부에 알려주기 전에는 서비스를 종료하라고 했을 때 실행 중이던 작업의 상태를 알아볼 수 없다. 종료 요청을 받았지만 아직 종료되지 않은 작업이 어떤 작업인지 확인하려면 실행이 시작되지 않은 작업도 알아야 할 뿐더러 Executor가 종료될 때 실행 중이던 작업이 어떤 것인지도 알아야 한다.[6]

예제 7.21의 TrackingExecutor 클래스는 Executor를 종료할 때 작업이 진행 중이던 스레드가 어떤 것인지 알아내는 방법을 보여주고 있다. ExecutorService를 내부에 캡슐화해 숨기고, execute 메소드를 정교하게 호출하면서 종료 요청이 발생한 이후에 중단된 작업을 기억해둔다. 따라서 TrackingExecutor는 시작은 됐지만 정상적으로 종료되지 않은 작업이 어떤 것인지를 정확하게 알 수 있다. Executor가 종료

5. shutdownNow에서 리턴받은 Runnable 객체는 ExecutorService에 등록했던 것과 '동일한' 객체가 아닐 수도 있고, 등록한 작업을 ExecutorService에서 내부적으로 다른 클래스로 덮어 씌워 사용했을 수 있으며, 그럴 때는 덮어 씌운 객체를 넘겨 받을 수도 있다.

6. 공교롭게도 종료 메소드에는 실행이 시작되지 않은 작업을 리턴받을 것인지, 실행 중이던 작업은 계속 실행해도 좋은지에 대한 선택의 여지가 없다. 이런 세밀한 부분까지 선택 사항을 고를 수 있다면 어정쩡한 상태를 최대한 피할 수 있을 것이다.

요청을 받고 나면 getCancelledTasks 메소드를 호출해 실행이 중단된 작업의 목록을 확보할 수 있다. 이런 기법이 제대로 동작하도록 하려면 개별 작업이 리턴될 때 자신을 실행했던 스레드의 인터럽트 상태를 유지시켜야 한다. 잘 설계된 작업이라면 아마도 이렇게 동작하도록 되어 있을 것이다.

```
public class TrackingExecutor extends AbstractExecutorService {
    private final ExecutorService exec;
    private final Set<Runnable> tasksCancelledAtShutdown =
        Collections.synchronizedSet(new HashSet<Runnable>());
    ...
    public List<Runnable> getCancelledTasks() {
        if (!exec.isTerminated())
            throw new IllegalStateException(...);
        return new ArrayList<Runnable>(tasksCancelledAtShutdown);
    }

    public void execute(final Runnable runnable) {
        exec.execute(new Runnable() {
            public void run() {
                try {
                    runnable.run();
                } finally {
                    if (isShutdown()
                        && Thread.currentThread().isInterrupted())
                        tasksCancelledAtShutdown.add(runnable);
                }
            }
        });
    }

    // ExecutorService의 다른 메소드는 모두 exec에게 위임
}
```

예제 7.21 종료된 이후에도 실행이 중단된 작업이 어떤 것인지 알려주는 ExecutorService

예제 7.22의 WebCrawler 클래스에서 TrackingExecutor를 활용하는 모습을 직접 볼 수 있다. 웹 문서 수집기가 동작하는 모습을 보면 대부분 끝이 없는 작업을 하기 때문

에 웹 문서 수집기는 특정 시점에 종료시킬 수밖에 없으며, 따라서 다음에 수집 작업을 계속하려면 중단되는 시점에 작업 중이던 내용을 알아둬야 할 필요가 있다. CrawlTask에는 현재 작업 중인 페이지가 어떤 것인지를 알려주는 getPage 메소드가 마련되어 있다. 작업 도중에 문서 수집기를 종료시키면 아직 시작하지 않은 작업과 실행 도중에 중단된 작업이 어떤 것인지를 찾아내며, 찾아낸 작업이 처리하던 URL을 기록해 둔다. 이렇게 기록해 둔 URL을 보면 문서 수집기를 다시 시작했을 때 처리해야 할 페이지 목록으로 쉽게 등록할 수 있다.

TrackingExecutor 클래스는 특정 경쟁 조건에 빠지는 일을 피할 수가 없는데, 이런 경우 때문에 실제로는 작업이 취소됐지만 겉으로는 해당 작업이 완료됐다고 잘못된 판단을 할 가능성이 있다. 이런 현상은 실행 중이던 작업의 마지막 명령어를 실행하는 시점과 해당 작업이 완료됐다고 기록해두는 시점의 가운데에서 스레드 풀을 종료시키도록 하면 발생하게 된다. 만약 작업이 멱등(idempotent, 작업을 여러번 실행하는 것과 한 번 실행하는 것이 결국 같은 결과를 내는) 조건을 만족했다면 별로 문제가 되지 않을텐데, 웹 문서 수집기 프로그램에서는 일반적으로 작업이 모두 멱등 조건을 만족한다. 아니면 실행이 중단된 작업의 목록을 가져가려는 애플리케이션은 이와 같은 문제가 발생할 수 있다는 점을 확실히 하고, 이와 같이 잘못 판단한 경우에 어떻게 대응할지 대책을 갖고 있어야 한다.

```
public abstract class WebCrawler {
    private volatile TrackingExecutor exec;
    @GuardedBy("this")
    private final Set<URL> urlsToCrawl = new HashSet<URL>();
    ...
    public synchronized void start() {
        exec = new TrackingExecutor(
                Executors.newCachedThreadPool());
        for (URL url : urlsToCrawl) submitCrawlTask(url);
        urlsToCrawl.clear();
    }

    public synchronized void stop() throws InterruptedException {
        try {
            saveUncrawled(exec.shutdownNow());
            if (exec.awaitTermination(TIMEOUT, UNIT))
                saveUncrawled(exec.getCancelledTasks());
```

```
        } finally {
            exec = null;
        }
    }

    protected abstract List<URL> processPage(URL url);

    private void saveUncrawled(List<Runnable> uncrawled) {
        for (Runnable task : uncrawled)
            urlsToCrawl.add(((CrawlTask) task).getPage());
    }
    private void submitCrawlTask(URL u) {
        exec.execute(new CrawlTask(u));
    }
    private class CrawlTask implements Runnable {
        private final URL url;
        ...
        public void run() {
            for (URL link : processPage(url)) {
                if (Thread.currentThread().isInterrupted())
                    return;
                submitCrawlTask(link);
            }
        }
        public URL getPage() { return url; }
    }
}
```

예제 7.22 TrackingExecutorService를 사용해 중단된 작업을 나중에 사용할 수 있도록 보관하는 모습

7.3 비정상적인 스레드 종료 상황 처리

단일 스레드로 동작하는 콘솔 애플리케이션에서 예외 상황이 발생했는데 제대로 처리하지 못했다면 예외 상황의 결과는 상당히 단순한데, 프로그램 실행이 멈추면서 일반적인 프로그램 출력 내용과는 사뭇 다른 스택 트레이스를 출력하게 된다. 하지만 많은 수의 스레드를 사용하는 병렬 애플리케이션에서 예외가 발생했을 때에는 단일 스레드

애플리케이션처럼 단순한 상태로 넘어가지 않는 경우가 많다. 스택 트레이스를 콘솔에 출력하는 경우도 있겠지만, 아무도 콘솔을 쳐다보고 있지 않을 수도 있다. 더군다나 오류 때문에 스레드가 멈춘 경우에도 전체 애플리케이션은 마치 오류 없이 계속해서 동작하는 것처럼 보일 수도 있다. 다행스럽게도 애플리케이션의 스레드에서 오류가 발생해 멈추지 않도록 예방할 수도 있고, 멈춘 스레드를 찾아내는 방법도 있다.

스레드를 예상치 못하게 종료시키는 가장 큰 원인은 바로 RuntimeException이다. RuntimeException은 대부분 프로그램이 잘못 짜여져서 발생하거나 기타 회복 불능의 문제점을 나타내는 경우가 많기 때문에 try-catch 구문으로 잡지 못하는 경우가 많다. RuntimeException은 호출 스택을 따라 상위로 전달되기보다는 현재 실행되는 시점에서 콘솔에 스택 호출 추적 내용을 출력하고 해당 스레드를 종료시키도록 되어 있다.

스레드가 비정상적으로 종료됐을 때 나타나는 현상은 해당 스레드의 역할에 따라 다르지만 아주 사소한 것부터 시작해서 애플리케이션 입장에서 엄청나게 큰 문제가 되는 경우도 있다. 스레드 풀에서 스레드가 하나 죽어버리면 성능이 떨어지는 상황이 올 수 있지만, 50개의 스레드를 사용해서 동작하던 애플리케이션이 49개 스레드로 동작한다 해도 그다지 큰 문제가 되지는 않을 것으로 예상할 수 있다. 하지만 예를 들어 GUI가 중요한 부분을 차지하는 애플리케이션에서 이벤트 처리 스레드가 종료되거나 하면 GUI 화면이 멈추는 등의 상황이 나타나면서 심각한 오류 상황이 될 수 있다. 190쪽의 OutOfTime 클래스를 보면 스레드가 비정상적으로 종료됐을 때 발생할 수 있는 심각한 문제의 예를 볼 수 있는데, Timer에서 정의한 서비스가 전혀 동작하지 않는 상황이 생긴다.

RuntimeException은 어디에서건 발생할 수 있다. 프로그램에서 다른 메소드를 호출할 때는 정상적으로 결과 값을 받아오거나, 아니면 발생할 수 있다고 예정된 예외 상황이 발생하면서 메소드가 리턴될 것이라고 예상하고, 또 그렇게 믿고 호출한다. 만약 호출해야 할 메소드를 자주 사용하거나 잘 이해하고 있지 않다고 하면, 항상 그 메소드가 예상대로 동작하지 않을 수 있다고 생각하고 프로그램을 작성해야 한다.

스레드 풀에서 사용하는 작업용 스레드나 스윙Swing의 이벤트 처리 스레드와 같은 작업 처리용 스레드는 항상 Runnable 등의 인터페이스를 통해 남이 정의하고 그래서 그 내용을 알 수 없는 작업을 실행하느라 온 시간을 보낸다. 따라서 이런 작업 처리 스레드는 자신이 실행하는 남의 작업이 제대로 동작하지 않을 수 있다고 가정하고 조심스럽게 실행해야 한다. 예를 들어 허술하게 만들어진 이벤트 처리 메소드에서 NullPointerException을 자꾸 띄워 이벤트 처리 스레드가 죽는 일이 발생한다면 큰 문제가 된다. 따라서 이와 같은 작업 처리 스레드는 실행할 작업을 try-catch 구문 내부에서 실행해 예상치 못한 예외 상황에 대응할 수 있도록 준비하거나, try-finally 구문을 사용해 스레드가 피치 못할 사정으로 종료되는 경우에도 외부에 종료된다는 사실을 알려 프로그램의 다른 부분에서라도 대응할 수 있도록 해야 한다.

RuntimeException을 catch 구문에서 잡아 처리해야 할 상황은 그다지 많지 않은데, 몇 안 되는 상황 가운데 하나가 바로 남이 Runnable 등으로 정의해 둔 작업을 실행하는 프로그램을 작성하는 경우이다.[7]

예제 7.23에서는 스레드 풀에서 사용할 작업 스레드를 작성하는 방법의 예를 볼 수 있다. 만약 실행 중이던 작업에서 정의되지 않은 예외 상황이 발생한다면, 결국 해당 스레드가 종료되기는 하지만 종료되기 직전에 스레드 풀에게 스스로가 종료된다는 사실을 알려주고 멈춘다. 그러면 스레드 풀은 종료된 스레드를 삭제하고 새로운 스레드를 생성해 작업을 계속하도록 할 수 있고, 스레드 풀 자체가 종료되는 중이거나 아니면 현재 등록된 작업을 모두 처리할 만한 충분한 수의 스레드가 작동되고 있는 상황이라면 따로 스레드를 생성하지 않고 놔둘 수도 있다. 스윙에서는 ThreadPoolExecutor를 활용해 잘못 만들어 제대로 동작하지 않는 작업을 처리하느라 다음 작업을 처리하는 데 방해가 되는 경우가 없도록 하고 있다. 따라서 등록된 작업을 실행하는 작업용 스레드를 코딩하고 있거나 신뢰성이 떨어지는 외부 라이브러리의 메소드를 호출하는 작업을 하고자 한다면 앞에서 소개한 몇 가지 방법 가운데 하나를 택해 허술한 작업이나 플러그인 등으로 인해 작업용 스레드가 멈추고 종료되는 상황을 예방할 수 있겠다.

```
public void run() {
    Throwable thrown = null;
    try {
        while (!isInterrupted())
            runTask(getTaskFromWorkQueue());
    } catch (Throwable e) {
        thrown = e;
    } finally {
        threadExited(this, thrown);
```

7. 이런 기법으로 프로그램을 작성할 때의 안전성에 대해서는 여러 가지 비판적인 의견도 많다. 특정 스레드에서 정의되지 않은 예외 상황이 발생한다면 전체 애플리케이션이 전부 꼬여버리는 경우도 생길 수 있다. 오류가 발생했을 때 전체 애플리케이션을 종료시켜 버리는 등의 다른 방법도 생각해 볼 수 있겠지만, 그다지 일반적으로 사용하기에 좋은 방법은 아니다.

```
        }
    }
```

예제 7.23 스레드 풀에서 사용하는 작업용 스레드의 일반적인 모습

7.3.1 정의되지 않은 예외 처리

앞 절에서는 정의되지 않은 예외 상황이 발생했을 때 이를 처리하는 기본적인 방법에 대해 살펴봤다. 그런데 스레드 API를 보면 `UncaughtExceptionHandler`라는 기능을 제공하는데, 이 기능을 사용하면 처리하지 못한 예외 상황으로 인해 특정 스레드가 종료되는 시점을 정확히 알 수 있다. 이 두 가지 방법은 서로 상호 보완적인 측면이 있으므로, 두 가지 방법을 모두 사용하면 스레드를 잃을 수 있는 경우에 대해 좀더 효과적으로 대응할 수 있다.

처리하지 못한 예외 상황 때문에 스레드가 종료되는 경우에 JVM이 애플리케이션에서 정의한 `UncaughtExceptionHandler`를 호출하도록 할 수 있다(예제 7.24). 만약 핸들러가 하나도 정의되어 있지 않다면 기본 동작으로 스택 트레이스를 콘솔을 `System.err` 스트림에 출력한다.[8]

```
public interface UncaughtExceptionHandler {
    void uncaughtException(Thread t, Throwable e);
}
```

예제 7.24 UncaughtExceptionHandler 인터페이스

`UncaughtExceptionHandler`에서 어떤 일을 해야 하는지는 작성 중인 프로그램의 요구 사항에 따라 다르다. 대부분의 대응 방법은 예제 7.25와 같이 화면에 오류 메시지를 출력하고, 애플리케이션에서 작성하는 로그 파일에 스택 트레이스를 출력하는 등

8. 자바 5.0 버전 이전까지는 UncaughtExceptionHandler를 사용하려면 ThreadGroup을 상속받는 방법밖에 없었다. 하지만 자바 5.0 버전 이후부터는 Thread의 setUncaughtExceptionHandler 메소드를 사용해 스레드별로 UncaughtExceptionHandler를 지정할 수 있고, 이와 함께 setDefaultUncaughtExceptionHandler 메소드를 사용해 기본적으로 사용할 UncaughtExceptionHandler를 지정할 수도 있게 됐다. 이렇게 여러 단계로 UncaughtExceptionHandler를 지정할 수 있지만 실제 상황에서는 이 가운데 하나만이 실행된다. 예상치 못한 예외 상황이 발생했을 때 JVM은 먼저 스레드별로 지정된 핸들러가 있는지를 확인하고, 그 다음에야 ThreadGroup에 설정된 내용이 있는지 살펴본다. ThreadGroup에 정의되어 있는 기본적인 처리 방법은 먼저 상위 ThreadGroup에게 처리 기회를 넘기는 일이고, 가장 최상위 ThreadGroup까지 올라가는 과정에서 핸들러가 지정된 경우가 있는지를 확인하게 된다. 최상위 ThreadGroup에서는 기본 시스템 핸들러에 처리를 넘기거나, 지정된 기본 시스템 핸들러가 없다면 그냥 콘솔에 스택 트레이스를 출력해버린다.

의 작업이 일반적이다. 아니면 이보다 훨씬 직접적인 작업을 할 수도 있는데, 예를 들어 종료된 스레드가 작업을 다시 할 수 있도록 시도해보거나, 애플리케이션을 종료시키거나, 관리자에게 문자 메시지를 발송하거나, 기타 문제를 해결할 수 있는 여러 가지 방법을 시도할 수 있다.

```
public class UEHLogger implements Thread.UncaughtExceptionHandler {
    public void uncaughtException(Thread t, Throwable e) {
        Logger logger = Logger.getAnonymousLogger();
        logger.log(Level.SEVERE,
              "Thread terminated with exception: " + t.getName(),
               e);
    }
}
```

예제 7.25 예외 내용을 로그 파일에 출력하는 UncaughtExceptionHandler

> 잠깐 실행하고 마는 애플리케이션이 아닌 이상, 예외가 발생했을 때 로그 파일에 오류를 출력하는 간단한 기능만이라도 확보할 수 있도록 모든 스레드를 대상으로 UncaughtExceptionHandler를 활용해야 한다.

스레드 풀의 작업 스레드를 대상으로 UncaughtExceptionHandler를 설정하려면 ThreadPoolExecutor를 생성할 때 작업용 스레드 생성을 담당하는 ThreadFactory 클래스를 별도로 넘겨주면 된다(스레드를 처리할 때 항상 염두에 둬야 하는 부분이지만, 스레드의 UncaughtExceptionHandler를 지정하는 일도 해당 스레드의 소유자만이 하도록 해야 한다). 자바에서 기본적으로 제공하는 스레드 풀에서는 작업에서 예상치 못한 예외가 발행했을 때 해당 스레드가 종료되도록 하면서, try-finally 구문을 사용해 스레드가 종료되기 전에 스레드 풀에 종료된다는 사실을 알려 다른 스레드를 대체해 실행할 수 있도록 하고 있다. 이런 곳에 UncaughtExceptionHandler를 지정하지 않거나 기타 다른 오류 확인 방법을 전혀 사용하지 않는다면, 오류가 생긴 작업이 아무 소리 없이 조용히 종료되어 개발자나 운영자를 혼란스럽게 할 수도 있다. 작업을 실행하는 도중에 예외가 발생해 작업이 중단되는 경우가 생길 때 오류가 발생했다는 사실을 즉시 알고자 한다면, Runnable이나 Callable 인터페이스를 구현하면서 run 메소드에서 try-catch 구문으로 오류를 처리하도록 되어 있는 클래스를 거쳐 실제 작업을 실행하도록 하거나, ThreadPoolExecutor 클래스에 마련되어 있는 afterExecute 메소드를 오버라이드하는 방법으로 오류 상황을 알리도록 하자.

상당히 혼동된다고 느낄만한 부분이 있는데, 예외 상황이 발생했을 때 UncaughtExceptionHandler가 호출되도록 하려면 반드시 execute를 통해서 작업을 실행해야 한다. 만약 submit 메소드로 작업을 등록했다면, 그 작업에서 발생하는 모든 예외 상황은 모두 해당 작업의 리턴 상태로 처리해야 한다. 다시 말하자면 submit 메소드로 등록된 작업에서 예외가 발생하면 Future.get 메소드에서 해당 예외가 ExecutionException에 감싸진 상태로 넘어온다.

7.4 JVM 종료

JVM이 종료되는 두 가지 경우를 생각할 수 있는데, 하나는 예정된 절차대로 종료되는 경우이고, 또 하나는 예기치 못하게 임의로 종료되는 경우이다. 절차에 맞춰 종료되는 경우에는 '일반'(데몬이 아닌) 스레드가 모두 종료되는 시점, 또는 어디에선가 System.exit 메소드를 호출하거나 기타 여러 가지 상황(예를 들면 SIGINT 시그널을 받거나 CTRL+C 키를 입력한 경우)에 JVM 종료 절차가 시작된다. 이런 방법이 JVM을 종료하는 가장 적절한 방법이며, 그 외에 Runtime.halt 메소드를 호출하거나 운영체제 수준에서 JVM 프로세스를 강제로 종료하는 방법(예를 들어 SIGKILL 시그널을 보내는 경우) 등으로 종료시킬 수도 있다.

7.4.1 종료 훅

예정된 절차대로 종료되는 경우에 JVM은 가장 먼저 등록되어 있는 모든 종료 훅 shutdown hook을 실행시킨다. 종료 훅은 Runtime.addShutdownHook 메소드를 사용해 등록된 아직 시작되지 않은 스레드를 의미한다. 하나의 JVM에 여러 개의 종료 훅을 등록할 수도 있으며, 두 개 이상의 종료 훅이 등록되어 있는 경우에 어떤 순서로 훅을 실행하는지에 대해서는 아무런 규칙이 없다. JVM 종료 절차가 시작됐는데 (데몬이건 데몬이 아니건 간에) 애플리케이션에서 사용하던 스레드가 계속해서 동작 중이라면 종료 절차가 진행되는 과정 내내 기존의 스레드도 계속해서 실행되기도 한다. 종료 훅이 모두 작업을 마치고 나면 JVM은 runFinalizersOnExit 값을 확인해 true라고 설정되어 있으면 클래스의 finalize 메소드를 모두 호출하고 종료한다. JVM은 종료 과정에서 계속해서 실행되고 있는 애플리케이션 내부의 스레드에 대해 중단 절차를 진행하거나 인터럽트를 걸지 않는다. 계속해서 실행되던 스레드는 결국 종료 절차가 끝나는 시점에 강제로 종료된다. 만약 종료 훅이나 finalize 메소드가 작업을 마치지 못하고 계속 해서 실행된다면 종료 절차가 멈추는 셈이며, JVM은 계속해서 대기 상태로 머무르기 때문에 결국 JVM을 강제로 종료하는 수밖에 없다. JVM을 강제로 종료시킬 때는 JVM이 스스로 종료되는 것 이외에 종료 훅을 실행하는 등의 어떤 작업도 하지 않는다.

따라서 종료 훅은 스레드 안전하게 만들어야만 한다. 공유된 자료를 사용해야 하는 경우에는 반드시 적절한 동기화 기법을 적용해야 한다. 이에 더해 애플리케이션의 상태에 대해 어떤 가정(예를 들어 애플리케이션에서 사용한 서비스는 이미 종료됐을 것이고, 일반 스레드는 모두 종료됐을 것이라는 가정)도 해서는 안 되며, JVM이 종료되는 원인에 대해서도 생각해서는 안 되는 등 어떤 상황에서도 아무런 가정 없이 올바로 동작할 수 있도록 굉장히 방어적인 형태로 만들어야 한다. 마지막으로 JVM이 종료될 때 종료 훅의 작업이 끝나기를 기다리기 때문에 마무리 작업을 최대한 빨리 끝내고 바로 종료돼야 한다. 종료 훅이 실행되는 시간이 오래 걸린다면, 사용자는 애플리케이션이 종료될 때까지 한참을 기다려야 하기 때문에 역시 프로그램의 응답 속도를 늦추는 결과가 된다.

종료 훅은 어떤 서비스나 애플리케이션 자체의 여러 부분을 정리하는 목적으로 사용하기 좋다. 예를 들어 임시로 만들어 사용했던 파일을 삭제하거나, 운영체제에서 알아서 정리해주지 않는 모든 자원을 종료 훅에서 정리해야 한다. 예제 7.26에서는 예제 7.16에서 소개했던 LogService의 start 메소드에 종료 훅 등록 부분을 추가했으며, LogService를 사용했던 JVM이 종료될 때 자동으로 로그 출력 파일을 닫는 기능을 담당하고 있다.

종료 훅이 여러 개 등록되어 있는 경우에는 여러 개의 종료 훅이 서로 동시에 실행되기 때문에 다른 종료 훅에서 해당 LogService를 사용하고 있었다면 로그를 남기고자 할 때 이미 LogService가 종료되어 문제가 발생할 수 있다. 이런 경우를 예방하려면 종료 훅에서는 애플리케이션이 종료되거나 다른 종료 훅이 종료시킬 수 있는 서비스는 사용하지 말아야 한다. 이런 문제를 쉽게 해결하려면 서비스별로 각자 종료 훅을 만들어 등록하기보다는 모든 서비스를 정리할 수 있는 하나의 종료 훅을 사용해 각 서비스를 의존성에 맞춰 순서대로 정리하는 것도 방법이다. 이런 방법으로 각 서비스를 차례대로 정리하도록 하면 종료 훅의 작업이 단일 스레드에서 순차적으로 일어나기 때문에 종료 훅 간에 혹시나 발생할 수 있는 경쟁 조건나 데드락 등의 상황을 미연에 방지할 수 있다. 이와 같은 기법은 종료 훅을 사용하건 사용하지 않건 언제든지 적용할 수 있으며, 어떤 방법을 사용하건 종료할 때 마무리 절차를 여러 개의 스레드를 사용해 동시에 처리하는 것보다는 순차적인 방법으로 차례대로 처리하면 문제점이 발생하는 경우를 줄일 수 있다. 실제로 서비스 간의 종속성이 명확히 눈에 보이는 애플리케이션의 경우, 종료 시점의 마무리 절차를 순차적으로 처리하도록 하면 올바른 순서대로 서비스를 종료하고 마무리할 수 있다.

```
public void start() {
    Runtime.getRuntime().addShutdownHook(new Thread() {
        public void run() {
            try { LogService.this.stop(); }
            catch (InterruptedException ignored) {}
        }
    });
}
```

예제 7.26 로그 서비스를 종료하는 종료 훅을 등록

7.4.2 데몬 스레드

애플리케이션을 작성하다 보면 스레드를 하나 만들어 부수적인 기능을 처리하도록 하고는 싶지만, 그렇다고 해서 해당 스레드가 떠 있다는 이유로 JVM이 종료되지 않게 하고 싶지는 않을 경우가 있다. 이럴 때 사용할 수 있는 것이 바로 데몬daemon 스레드이다.

스레드는 두 가지 종류로 나눠볼 수 있는데, 하나는 일반 스레드이고 다른 하나는 데몬 스레드이다. JVM이 처음 시작할 때 main 스레드를 제외하고 JVM 내부적으로 사용하기 위해 실행하는 스레드(가비지 컬렉터 스레드나 기타 여러 가지 부수적인 스레드)는 모두 데몬 스레드이다. 새로운 스레드가 생성되면 자신을 생성해 준 부모 스레드의 데몬 설정 상태를 확인해 그 값을 그대로 사용하며, 따라서 main 스레드에서 생성한 모든 스레드는 기본적으로 데몬 스레드가 아닌 일반 스레드이다.

일반 스레드와 데몬 스레드는 종료될 때 처리 방법이 약간 다를 뿐 그 외에는 모든 것이 완전히 동일하다. 스레드 하나가 종료되면 JVM은 남아있는 모든 스레드 가운데 일반 스레드가 있는지를 확인하고, 일반 스레드는 모두 종료되고 남아있는 스레드가 모두 데몬 스레드라면 즉시 JVM 종료 절차를 진행한다. JVM이 중단halt될 때는 모든 데몬 스레드가 버려지는 셈이다. finally 블록의 코드도 실행되지 않으며, 호출 스택도 원상 복구되지 않는다.

이런 특성을 갖고 있기 때문에 데몬 스레드는 보통 부수적인 용도로 사용하는 경우가 많다. 데몬 스레드에 사용했던 자원을 꼭 정리해야 하는 일을 시킨다면, JVM이

종료될 때 자원을 정리하지 못할 수 있기 때문에 적절하지 않다. 예를 들어 I/O와 관련된 기능을 데몬 스레드에 맡기는 것은 그다지 좋은 방법이 아니다. 다시 말하지만 데몬 스레드는 예를 들어 메모리 내부에 관리하고 있는 캐시에서 기한이 만료된 항목을 주기적으로 제거하는 등의 부수적인 단순 작업을 맡기기에 적절한 스레드이다.

> 데몬 스레드는 예고 없이 종료될 수 있기 때문에 애플리케이션 내부에서 시작시키고 종료시키며 사용하기에는 그다지 좋은 방법이 아니다.

7.4.3 finalize 메소드

애플리케이션 내부에서 더 이상 사용하지 않는 객체가 있다면 대부분 가비지 컬렉터가 알아서 수집해 제거하고 메모리를 확보하는 일을 잘 수행해준다. 하지만 파일이나 소켓과 같은 일부 자원은 더 이상 사용하지 않을 때 운영체제에게 되돌려 주려면 반드시 자원을 명시적으로 정리해야 한다. 가비지 컬렉터는 `finalize` 메소드에 기능이 추가되어 있는 객체를 좀더 특별한 방법으로 처리해 이런 과정이 효과적으로 움직이도록 하고 있다. `finalize` 메소드가 정의되어 있는 객체는 명시적으로 풀어줘야 하는 자원을 정리할 수 있도록 가비지 컬렉터에 수집될 때 `finalize` 메소드를 호출해 실행시킨다.

`finalize` 메소드는 JVM이 관리하는 스레드에서 직접 호출하기 때문에 `finalize` 메소드에서 사용하는 모든 애플리케이션 상태 변수를 다른 스레드에서도 얼마든지 동시에 사용할 수 있으며, 따라서 동기화 작업이 필수적으로 필요하다. 하지만 `finalize` 메소드는 과연 실행이 될 것인지 그리고 언제 실행될지에 대해서 아무런 보장이 없고, `finalize` 메소드를 정의한 클래스를 처리하는 데 상당한 성능상의 문제점이 생길 수 있다. 게다가 `finalize` 메소드를 올바른 방법으로 구현하기도 쉬운 일이 아니다.[9] 대부분의 경우에는 `finalize` 메소드를 사용하는 대신 `try-finally` 구문에서 각종 `close` 메소드를 적절하게 호출하는 것만으로도 `finalize` 메소드에서 해야 할 일을 훨씬 잘 처리할 수 있다. `finalize` 메소드가 더 나을 수 있는 유일한 예는 바로 네이티브 메소드에서 확보했던 자원을 사용하는 객체 정도밖에 없다. 여기에서 언급한 이런저런 이유를 생각하고 보면 웬만해서는 `finalize` 메소드를 사용하지 말고 다른 방법으로 처리하며, `finalize` 메소드를 사용하도록 되어 있는 클래스도 멀리하는 편이 좋겠다(자바 플랫폼 라이브러리에 포함된 클래스는 예외이다) [EJ Item 6].

---

9. (Boehm, 2005)를 참조하면 finalize 메소드를 사용하는 몇 가지 도전적인 경우를 살펴볼 수 있다.

finalize 메소드는 사용하지 마라.

요약

작업, 스레드, 서비스, 애플리케이션 등이 할 일을 모두 마치고 종료되는 시점을 적절하게 관리하려면 프로그램이 훨씬 복잡해질 수 있다. 자바에서는 선점적으로 작업을 중단하거나 스레드를 종료시킬 수 있는 방법을 제공하지 않는다. 그 대신 인터럽트라는 방법을 사용해 스레드 간의 협력 과정을 거쳐 작업 중단 기능을 구현하도록 하고 있으며, 작업 중단 기능을 구현하고 전체 프로그램에 일관적으로 적용하는 일은 모두 개발자의 몫이다. `FutureTask`나 `Executor` 등의 프레임웍을 사용하면 작업이나 서비스를 실행 도중에 중단할 수 있는 기능을 쉽게 구현할 수 있다는 점을 알아두자.

08 스레드 풀 활용

6장에서는 작업과 스레드 등의 라이프 사이클을 쉽게 전반적으로 관리할 수 있으며 작업을 정의하는 부분과 작업을 실행하는 부분을 구조적으로 분리할 수 있도록 도와주는 작업 실행 프레임웍에 대해서 살펴봤다. 7장에서는 실제 애플리케이션을 작성할 때 작업 실행 프레임웍을 사용하면서 쉽게 눈에 띄는 작업과 스레드의 라이프 사이클 문제를 좀더 상세하게 다뤘다. 이번 8장에서는 스레드 풀을 설정하고 튜닝하는 데 사용할 수 있는 고급 옵션을 살펴보고, 작업 실행 프레임웍을 사용할 때 흔히 발생할 수 있는 난관을 헤쳐 나갈 수 있는 방법과 함께 `Executor`를 사용하는 고급 예제 몇 가지도 소개한다.

8.1 작업과 실행 정책 간의 보이지 않는 연결 관계

`Executor` 프레임웍이 작업의 정의 부분과 실행 부분을 서로 분리시켜 준다는 사실은 이미 여러 번 언급했다. 복잡한 처리 과정을 분리시키려는 여러 가지 시도에서 볼 수 있는 것처럼 작업의 정의 부분과 실행 부분을 분리하는 일도 약간 과장된 면이 없지 않다. 이를테면 `Executor` 프레임웍이 나름대로 실행 정책을 정하거나 변경하는 데 있어서 어느 정도의 유연성을 갖고 있긴 하지만 특정 형태의 실행 정책에서는 실행할 수 없는 작업이 있기도 하다. 일정한 조건을 갖춘 실행 정책이 필요한 작업에는 다음과 같은 것들이 있다.

의존성이 있는 작업: 독립적인 작업은 대부분 문제 없이 잘 동작한다. 독립적인 작업은 타이밍이나 작업 결과, 다른 작업이 실행하는 데서 발생하는 부수적인 요건에 관계없이 동작하는 작업을 말한다. 이와 같이 독립적인 작업을 스레드 풀에서 실행시키면 아무런 문제 없이 풀의 크기와 설정을 마음대로 변경할 수 있으며, 설정을 아무리 바꿔도 성능 외에 다른 변화가 생기거나 문제가 발생하지 않는다. 반면에 다른 작업에 의존성을 갖는 작업을 스레드 풀에 올려 실행하려는 경우에는 실행 정책에 보이지 않는

조건을 거는 셈이다. 스레드 풀이 동작하는 동안 활동성 문제liveness problem가 발생하지 않도록 하려면 실행 정책에 대한 이와 같은 보이지 않는 조건을 면밀하게 조사하고 관리해야 한다(8.1.1절 참조).

스레드 한정 기법을 사용하는 작업: 단일 스레드로 동작하는 스레드 풀은 여러 스레드가 동작하는 경우보다 병렬 프로그램 입장에서 훨씬 안전하게 동작한다. 단일 스레드로 동작하기 때문에 등록된 작업이 동시에 동작하지 않는다는 점을 보장할 수 있고, 따라서 작업 정의 내용을 훨씬 쉽게 구현할 수 있다. 작업에서 사용하는 객체를 스레드 수준에 맞춰 한정할 수 있으므로, 같은 스레드에 한정되어 있는 객체라면 해당 객체가 스레드 안전성을 갖추고 있지 않다해도 얼마든지 마음대로 사용할 수 있다. 따라서 해당 작업을 실행하려면 Executor 프레임웍이 단일 스레드로 동작해야 한다는 조건[1]이 생기기 때문에 작업과 실행 정책 간에 보이지 않는 연결 고리가 걸려 있는 상황이다. 이런 경우에 단일 스레드를 사용하는 풀 대신 여러 개의 스레드를 사용하는 풀로 변경하면, 스레드 안전성을 쉽게 잃을 수 있다.

응답 시간이 민감한 작업: GUI 애플리케이션은 응답 시간이 중요하다. 버튼을 클릭하고 나서 그에 대응하는 응답이 눈에 빨리 들어오지 않으면 사용자는 금방 짜증을 느낀다. 단일 스레드로 동작하는 Executor에 오랫동안 실행될 작업을 등록하거나, 서너개의 스레드로 동작하는 풀에 실행 시간이 긴 작업을 몇 개만 등록하더라도 해당 Executor를 중심으로 움직이는 화면 관련 부분은 응답 성능이 크게 떨어질 수밖에 없다.

ThreadLocal을 사용하는 작업: ThreadLocal을 사용하면 각 스레드에서 같은 이름의 값을 각자의 버전으로 유지할 수 있다. 그런데 Executor는 상황이 되는대로 기존 스레드를 최대한 재사용한다. 기본으로 포함된 Executor는 처리해야 할 작업의 수가 적을 때는 쉬고 있는 스레드를 제거하기도 하고, 작업량이 많을 때는 새로운 스레드를 만들어 사용하기도 한다. 더군다나 작업을 실행하는 도중에 예외가 발생해 스레드를 더 이상 사용할 수 없는 상황에서는 새로운 스레드로 대치시키기도 한다. 스레드 풀에 속한 스레드에서 ThreadLocal을 사용할 때에는 현재 실행 중인 작업이 끝나면 더 이상 사용하지 않을 값만 보관해야 한다. ThreadLocal을 편법으로 활용해 작업 간에 값을 전달하는 용도로 사용해서는 안 된다.

1. 이 조건이 반드시 갖춰져야 하는 것은 아니다. 등록된 작업이 동시에 동작하지 않으며 적절하게 동기화되어 있어 실행된 작업이 사용했던 메모리를 다음 작업에서 올바로 사용할 수 있도록 되어 있으면 충분하다. 물론 newSingleThreadExecutor 메소드로 생성한 스레드 풀은 이런 부분이 보장된다.

스레드 풀은 동일하고 서로 독립적인 다수의 작업을 실행할 때 가장 효과적이다. 실행 시간이 오래 걸리는 작업과 금방 끝나는 작업을 섞어서 실행하도록 하면 풀의 크기가 굉장히 크지 않은 한 작업 실행을 방해하는 것과 비슷한 상황이 발생한다. 또한 크기가 제한되어 있는 스레드 풀에 다른 작업의 내용에 의존성을 갖고 있는 작업을 등록하면 데드락이 발생할 가능성이 높다. 다행스럽게도 일반적인 네트웍 기반의 서버 애플리케이션(웹 서버, 메일 서버, 파일 서버 등)은 작업이 서로 동일하면서 독립적이어야 한다는 조건을 대부분 만족한다.

특정 작업을 실행하고자 할 때 그에 맞는 실행 정책을 요구하는 경우도 있고, 특정 실행 정책 아래에서는 실행되지 않는 경우도 있다. 다른 작업에 의존성이 있는 작업을 실행해야 할 때는 스레드 풀의 크기를 충분히 크게 잡아서 작업이 큐에서 대기하거나 등록되지 못하는 상황이 없도록 해야 한다. 스레드 한정 기법을 사용하는 작업은 반드시 순차적으로 실행돼야 한다. 작업을 구현할 때는 나중에 유지보수를 진행할 때 해당 작업과 호환되지 않는 실행 정책 아래에서 실행하도록 변경해 애플리케이션의 안전성을 해치거나 실행되지 않는 경우를 막을 수 있도록 실행 정책과 관련된 내용을 문서로 남겨야 한다.

8.1.1 스레드 부족 데드락

스레드 풀에서 다른 작업에 의존성을 갖고 있는 작업을 실행시킨다면 데드락에 걸릴 가능성이 높다. 단일 스레드로 동작하는 Executor에서 다른 작업을 큐에 등록하고 해당 작업이 실행된 결과를 가져다 사용하는 작업을 실행하면, 데드락이 제대로 걸린다. 이전 작업이 추가한 두 번째 작업은 큐에 쌓인 상태로 이전 작업이 끝나기를 기다릴 것이고, 이전 작업은 추가된 작업이 실행되어 그 결과를 알려주기를 기다릴 것이기 때문이다. 스레드 풀의 크기가 크더라도 실행되는 모든 스레드가 큐에 쌓여 아직 실행되지 않은 작업의 결과를 받으려고 대기 중이라면 이와 동일한 상황이 발생할 수 있다. 이런 현상을 바로 스레드 부족 데드락thread starvation deadlock이라고 하며, 특정 자원을 확보하고자 계속해서 대기하거나 풀 내부의 다른 작업이 실행돼야 알 수 있는 조건이 만족하기를 기다리는 것처럼 끝없이 계속 대기할 가능성이 있는 기능을 사용하는 작업이 풀에 등록된 경우에는 언제든지 발생할 수 있다. 필요한 작업을 데드락 없이 실행시킬 수 있을 만큼 풀의 크기가 충분히 크다면 물론 문제가 없을 수도 있다.

예제 8.1의 ThreadDeadlock 클래스에서 스레드 부족 데드락 문제가 어떻게 발생하는지를 볼 수 있다. RenderPageTask 클래스는 페이지의 머리글과 꼬리글을 가져오는 작업을 Executor에 등록하고, 페이지 본문을 화면에 그려내고, 머리글과 꼬리글을 가져오기를 기다렸다가 머리글과 꼬리글을 가져오면 머리글, 본문, 꼬리글을 하나로 모아 최종 페이지를 만들어 낸다. Executor에서 스레드를 하나만 쓰도록 구현한다면 ThreadDeadlock 클래스는 항상 데드락에 걸린다. 이것처럼 배리어barrier를 사용해 서로의 동작을 조율하는 작업 역시 풀의 크기가 충분히 크지 않다면 스레드 부족 데드락이 발생할 수 있다.

> 완전히 독립적이지 않은 작업을 Executor에 등록할 때는 항상 스레드 부족 데드락이 발생할 수 있다는 사실을 염두에 둬야 하며, 작업을 구현한 코드나 Executor를 설정하는 설정 파일 등에 항상 스레드 풀의 크기나 설정에 대한 내용을 설명해야 한다.

스레드 풀의 크기는 직접적으로 지정하는 것 이외에도 스레드 풀에서 필요로 하는 자원이 제한되어 원하는 크기보다 작은 수준에서 동작하는 경우도 있다. 예를 들어 애플리케이션에서 10개짜리 JDBC 풀을 사용하며 스레드 풀에서 실행되는 각 작업이 각각 하나씩의 JDBC 연결을 사용해야 한다면, 결국은 스레드 풀의 크기가 10보다 크다 해도 실제로 실행될 수 있는 양은 JDBC 풀의 크기인 10개에 불과하다는 점을 주의하자.

```
public class ThreadDeadlock {
    ExecutorService exec = Executors.newSingleThreadExecutor();

    public class RenderPageTask implements Callable<String> {
        public String call() throws Exception {
            Future<String> header, footer;
            header = exec.submit(new LoadFileTask("header.html"));
            footer = exec.submit(new LoadFileTask("footer.html"));
            String page = renderBody();
            // 데드락 발생
            return header.get() + page + footer.get();
        }
    }
}
```

예제 8.1 단일 스레드 Executor에서 데드락이 발생하는 작업 구조. 이런 코드는 금물!

8.1.2 오래 실행되는 작업

데드락이 발생하지 않는다 하더라도, 특정 작업이 예상보다 긴 시간동안 종료되지 않고 실행된다면 스레드 풀의 응답 속도에 문제점이 생긴다. 오래 실행되는 작업이 있다면 스레드 풀은 전체적인 작업 실행 과정에 어려움을 겪게 되며 금방 끝나는 작업이 실행되는 속도에도 영향을 미친다. 오래 실행될 것이라고 예상되는 작업이 대략 몇 개인지를 알고 있을 때 그 개수에 비해 스레드 풀의 크기가 상당히 작은 수준이라면, 시간이 지나면서 스레드 풀에 속한 스레드 가운데 상당수가 오래 실행되는 작업에 잡혀 있을 가능성이 크다. 이런 상황에 다다르면 스레드 풀의 응답 속도가 크게 느려진다.

제한 없이 계속해서 대기하는 기능 대신 일정 시간 동안만 대기하는 메소드를 사용할 수 있다면, 오래 실행되는 작업이 주는 악영향을 줄일 수 있는 하나의 방법으로 볼 수 있다. 자바 플랫폼 라이브러리에서 제공하는 대부분의 블로킹 메소드는 시간이 제한되지 않은 것과 시간이 제한된 것이 함께 만들어져 있다. 예를 들어 `Thread.join` 메소드, `BlockingQueue.put` 메소드, `CountDownLatch.await` 메소드, `Selector.select` 메소드 등이 그렇다. 대기하는 도중에 지정한 시간이 지나면 해당 작업이 제대로 실행되지 못했다고 기록해두고 일단 종료시킨 다음 큐의 맨 뒤에 다시 추가하는 등의 대책을 세울 수 있다. 이렇게 해두면 성공하건 성공하지 못하건 간에 작업은 뭔가 계속해서 움직이는 모습을 보여줄 것이며, 큐에 쌓여 있던 금방 끝나는 작업을 실행할 수 있도록 스레드를 비워주는 효과가 있다. 스레드 풀을 사용하는 도중에 모든 스레드에서 실행 중인 작업이 대기 상태에 빠지는 경우가 자주 발생한다면, 스레드 풀의 크기가 작다는 것으로 이해할 수도 있겠다.

8.2 스레드 풀 크기 조절

스레드 풀의 가장 이상적인 크기는 스레드 풀에서 실행할 작업의 종류와 스레드 풀을 활용할 애플리케이션의 특성에 따라 결정된다. 스레드 풀의 크기를 하드코딩해 고정시키는 것은 그다지 좋은 방법이 아니며, 스레드 풀의 크기는 설정 파일이나 `Runtime.availableProcessors` 등의 메소드 결과 값에 따라 동적으로 지정되도록 해야 한다.

스레드 풀의 크기를 결정하는 데 특별한 공식이 있지는 않다. 다만 "너무 크다"거나 "너무 작다"는 등의 극단적인 크기만 아니면 된다. 스레드 풀의 크기가 너무 크게 설정되어 있다면 스레드는 CPU나 메모리 등의 자원을 조금이라도 더 확보하기 위해 경쟁하게 되고, 그러다 보면 CPU에는 부하가 걸리고 메모리는 모자라 금방 자원 부족에 시달릴 것이다. 반대로 스레드 풀의 크기가 너무 작다면 작업량은 계속해서 쌓이는데 CPU나 메모리는 남아돌면서 작업 처리 속도가 떨어질 수 있다.

스레드 풀의 크기를 적절하게 산정하려면 현재 컴퓨터 환경이 어느 정도인지 확인해야 하고, 확보하고 있는 자원의 양도 알아야 하며, 해야 할 작업이 어떻게 동작하는지도 정확하게 알아야 한다. 애플리케이션을 실제로 탑재해 동작할 하드웨어에 CPU가 몇 개나 꽂혀 있는지? 메모리는 얼마나 꽂혀 있는지? 실행하는 작업이 CPU 연산을 많이 하는지 아니면 I/O 작업을 많이 하는지? 아니면 CPU와 I/O 작업을 비슷하게 많이 사용하는지? 그다지 많이 확보할 수 없는 JDBC 연결과 같은 자원을 얼마나 사용하는지? 게다가 처리할 작업의 종류가 다양하다면 각자의 작업 부하에 따라 섬세하게 성능을 조절할 수 있도록 여러 개의 스레드 풀을 만들어 활용하는 방법도 사용해볼 수 있겠다.

CPU를 많이 사용하는 작업의 경우 N개의 CPU를 탑재하고 있는 하드웨어에서 스레드 풀을 사용할 때는 스레드의 개수를 N+1개로 맞추면 최적의 성능을 발휘한다고 알려져 있다(CPU를 많이 사용하는 스레드에서도 페이징 오류가 발생하거나 기타 여러 가지 원인으로 인해 스레드가 멈추는 경우가 있기 때문에 1개의 추가 스레드를 마련해 두면 스레드 가운데 하나에 문제가 발생했을 때 CPU가 쉬지 않고 계속해서 일을 할 수 있다). I/O 작업이 많거나 기타 다른 블로킹 작업을 해야 하는 경우라면 어느 순간에는 모든 스레드가 대기 상태에 들어가 전체적인 진행이 멈출 수 있기 때문에 스레드 풀의 크기를 훨씬 크게 잡아야 할 필요가 있다. 어쨌거나 스레드 풀의 크기를 정하려면 처리해야 할 작업이 시작해서 끝날 때까지 실제 작업하는 시간 대비 대기 시간의 비율을 구해봐야 한다. 그 비율이 아주 정확해야 할 필요는 없으며, 몇 가지 성능 측정 툴을 사용하거나 기타 단순한 방법으로 비율을 구해볼 수도 있다. 아니면 스레드 풀의 크기를 바꿔가면서 애플리케이션을 자꾸 실행시켜 보면서 스레드 풀의 크기가 어느 수준일 때 CPU가 가장 열심히 일을 하는지 알아볼 수도 있다.

다음과 같은 수치를 정의해보자.

N_{cpu} = CPU의 개수

U_{cpu} = 목표로 하는 CPU 활용도. Ucpu 값은 0보다 크거나 같고, 1보다 작거나 같다.

$\frac{W}{C}$ = 작업 시간 대비 대기 시간의 비율

위의 수치를 갖고 있을 때 CPU가 원하는 활용도를 유지할 수 있는 스레드 풀의 크기는 다음 수식으로 구할 수 있다.

$$N_{threads} = N_{cpu} * U_{cpu} * \left(1+\frac{W}{C}\right)$$

CPU의 개수는 `Runtime` 클래스의 `availableProcessors` 메소드로 다음과 같이 알아낼 수 있다.

```
int N_CPUS = Runtime.getRuntime().availableProcessors();
```

물론 스레드 풀을 사용해서 CPU의 사용량만을 조절할 수 있는 것은 아니다. 스레드 풀을 적용하면 메모리, 파일 핸들, 소켓 핸들, 데이터베이스 연결과 같은 자원의 사용량도 적절하게 조절할 수 있다. CPU가 아닌 이런 자원을 대상으로 하는 스레드 풀의 크기를 정하는 일은 CPU 때보다 훨씬 쉬운데, 각 작업에서 실제로 필요한 자원의 양을 모두 더한 값을 자원의 전체 개수로 나눠주면 된다. 이 값이 바로 스레드 풀의 최대 크기에 해당된다.

스레드 풀에서 동작하는 작업 내부에서 데이터베이스 연결과 같은 자원을 사용해야 한다면 스레드 풀의 크기와 자원 풀의 크기가 서로에게 영향을 미친다. 각 작업 하나가 데이터베이스 연결 하나를 사용한다고 가정하면 스레드 풀의 실제 크기는 데이터베이스 연결 풀의 크기로 제한되는 셈이다. 이와 반대로 데이터베이스 연결 풀을 특정 스레드 풀에서만 사용한다고 하면 데이터베이스 연결 풀에 확보된 연결 가운데 실제로 스레드 풀의 크기에 해당하는 연결만 사용될 것이다.

8.3 ThreadPoolExecutor 설정

`ThreadPoolExecutor`는 `Executors` 클래스에 들어 있는 `newCachedThreadPool`, `newFixedThreadPool`, `newScheduledThreadPool`과 같은 팩토리 메소드에서 생성해주는 `Executor`에 대한 기본적인 내용이 구현되어 있는 클래스이다. `ThreadPoolExecutor` 클래스는 유연하면서도 안정적이고 여러 가지 설정을 통해 입맛에 맞게 바꿔 사용할 수 있도록 되어 있다.

팩토리 메소드를 사용해 만들어진 스레드 풀의 기본 실행 정책이 요구 사항에 잘 맞지 않는다면 `ThreadPoolExecutor` 클래스의 생성 메소드를 직접 호출해 스레드 풀을 생성할 수 있으며 생성 메소드에 넘겨주는 값을 통해 스레드 풀의 설정을 마음대로 조절할 수 있다. 자바 플랫폼에 들어 있는 Executors 클래스의 소스코드를 들여다 보면 각종 기본 팩토리 메소드에서 ThreadPoolExecutor 클래스에 어떤 설정을 적용하는지 쉽게 알아볼 수 있으니 참조하자. ThreadPoolExecutor 클래스에는 생성 메소드가 여러 개 있으며 예제 8.2에 가장 범용적인 생성 메소드가 나타나 있다.

8.3.1 스레드 생성과 제거

풀의 코어core 크기나 최대maximum 크기, 스레드 유지keep-alive 시간 등의 값을 통해 스레드가 생성되고 제거되는 과정을 조절할 수 있다. 코어 크기는 스레드 풀을 사용할 때 원하는 스레드의 개수라고 볼 수 있다. 스레드 풀 클래스는 실행할 작업이 없다 하더라도 스레드의 개수를 최대한 코어 크기에 맞추도록 되어 있다.[2] 또한 큐에 작업이 가득 차지 않는 이상 스레드의 수가 코어 크기를 넘지 않는다.[3] 풀의 최대 크기는 동시에 얼마나 많은 개수의 스레드가 동작할 수 있는지를 제한하는 최대 값이다. 지정한 스레드 유지 시간 이상 아무런 작업 없이 대기하고 있던 스레드는 제거 대상 목록에 올라가며, 풀의 스레드 개수가 코어 크기를 넘어설 때 제거될 수 있다.

```
public ThreadPoolExecutor (int corePoolSize,
                           int maximumPoolSize,
                           long keepAliveTime,
                           TimeUnit unit,
                           BlockingQueue<Runnable> workQueue,
                           ThreadFactory threadFactory,
                           RejectedExecutionHandler handler) { ... }
```

예제 8.2 ThreadPoolExecutor의 범용 생성 메소드

따라서 코어 크기와 스레드 유지 시간을 적절하게 조절하면 작업 없이 쉬고 있는 스레

2. 최초에 ThreadPoolExecutor를 생성한 이후에도 prestartAllCoreThreads 메소드를 호출하지 않는 한 코어 크기만큼의 스레드가 미리 만들어지지는 않는다. 작업이 실행되면서 코어 크기까지의 스레드가 차례로 생성된다.

3. 프로그램을 작성하다 보면 개발자 입장에서는 스레드 풀의 코어 크기를 0으로 맞춰 처리할 작업이 없을 때 스레드가 모두 사라지도록 하면 결국 JVM이 종료되려는 시점에 남아있는 스레드 때문에 JVM이 종료되지 않는 현상이 발생하지 않도록 할 수 있지 않을까라는 생각을 할 수 있다. 그런데 (newCachedThreadPool 메소드로 생성한 풀과 같이) SynchronousQueue가 아닌 다른 큐를 사용하는 스레드 풀의 경우 코어 크기를 0으로 잡아두면 굉장히 이상한 현상이 발생할 수 있다. ThreadPoolExecutor는 풀의 스레드 개수가 코어 크기에 다다르고 그와 동시에 작업 큐가 가득 찬 경우에만 새로운 스레드를 생성한다. 따라서 코어 크기가 0보다 크며 크기가 제한되지 않은 작업 큐를 사용하는 스레드 풀에서는 등록된 작업이 제대로 실행되지 않게 된다. 자바 6 버전에서는 allowCoreThreadTimeOut 메소드를 사용해 풀 내부의 모든 스레드가 시간 제한에 걸리도록 할 수 있다. 즉 특정 크기의 스레드와 크기가 제한된 작업 큐를 사용하는 스레드 풀에서 allowCoreThreadTimeOut 기능을 활용하는 동시에 코어 크기를 0보다 큰 값으로 지정하면 처리할 작업이 없을 때 스레드가 점차 사라지도록 해 원하는 결과를 얻을 수 있다.

드가 차지하고 있는 자원을 프로그램의 다른 부분에서 활용하게 반납하도록 할 수 있다(언제나 그렇지만 이 경우에도 장단점이 있다. 스레드를 한 번 종료하고 나면 나중에 스레드가 필요해서 생성해야 하는 시점에 스레드를 생성하는 만큼의 시간이 더 필요한 단점이 있다).

newFixedThreadPool 팩토리 메소드는 결과로 생성할 스레드 풀의 코어 크기와 최대 크기를 newFixedThreadPool 메소드에 지정한 값으로 동일하게 지정하며, 시간 제한은 무제한으로 설정되는 것과 같다. newCachedThreadPool 팩토리 메소드는 스레드 풀의 최대 크기를 Integer.MAX_VALUE 값으로 지정하고 코어 크기를 0으로, 스레드 유지 시간을 1분으로 지정한다. 따라서 newCachedThreadPool에서 만들어 낸 스레드 풀은 끝없이 크기가 늘어날 수 있으며, 사용량이 줄어들면 스레드 개수가 적당히 줄어드는 효과가 있다. 물론 앞에서 언급한 것처럼 ThreadPoolExecutor 클래스의 생성 메소드를 직접 호출해 코어 크기, 최대 크기, 스레드 유지 시간을 원하는 대로 지정하면 얼마든지 다양한 조합을 만들어 낼 수 있다.

8.3.2 큐에 쌓인 작업 관리

크기가 제한된 스레드 풀에서는 동시에 실행될 수 있는 스레드의 개수가 제한되어 있다(단일 스레드로 동작하는 풀은 일종의 특별 케이스라고 볼 수 있겠는데, 이런 스레드 풀은 스레드가 하나 뿐이기 때문에 병렬로 실행되는 경우가 없으며, 스레드 한정 기법을 사용하는 경우 스레드 안전성을 보장할 수 있다).

앞서 6.1.2절에서는 제한 없이 스레드를 계속 생성했을 때 안정적이지 못한 상황이 발생할 수 있다는 점을 확인했으며, 이렇게 불안정한 문제를 해결하려면 요청이 들어올 때마다 매번 스레드를 생성하기보다는 고정된 크기의 스레드 풀을 만들어 사용하는 것이 좋다는 것도 알아봤다. 그런데 고정된 크기의 스레드 풀을 사용하는 방법도 완벽한 해법은 아니었다. 스레드 풀을 사용하더라도 애플리케이션에 부하가 많이 걸리는 경우에는 자원을 모두 잡아먹는 상태에 이를 수 있으며, 단지 스레드 풀을 사용하지 않는 경우보다 문제가 훨씬 적게 발생할 뿐이다. 작업을 처리할 수 있는 능력보다 많은 양의 요청이 들어오면 처리하지 못한 요청이 큐에 계속해서 쌓인다. 스레드 풀을 사용하는 경우에는 Executor 클래스에서 관리하는 큐에 Runnable로 정의된 작업이 계속해서 쌓일 뿐이며, 스레드 풀 없이 스레드가 계속해서 생성됐을 때 각 스레드가 CPU를 확보하기 위해 대기하는 것과 다를 바 없는 상황이 발생한다. 대기 중인 작업을 Runnable로 표현하고 Runnable의 묶음을 List 형태로 관리하면 스레드를 생성하는 것보다 자원을 덜 소모하기는 하지만, 애플리케이션이 처리할 수 있는 것보다 많은 양의 작업이 들어올 때 시스템 자원이 모자라는 것은 같다는 말이다.

일반적인 경우에는 작업이 추가되는 속도가 굉장히 일정한 편이지만, 간혹 어느 순간에 한꺼번에 대량의 작업이 추가되기도 한다. 큐를 사용하면 대량의 작업이 갑자기 들어오는 경우에 좀더 유연하게 대응할 수 있기는 하지만, 계속해서 처리하는 속도보다 빠른 속도로 작업이 추가되면 속도 조절 기능을 사용해 메모리가 가득 차는 현상을 막아야 할 것이다.[4] 아직 메모리에 공간이 남아 가득 찬 상태가 아니라 하더라도, 큐에 작업이 쌓이면 쌓일수록 작업을 처리해 응답해주는 시간은 점점 길어질 것이다.

ThreadPoolExecutor를 생성할 때 작업을 쌓아둘 큐로 BlockingQueue를 지정할 수 있다. 스레드 풀에서 작업을 쌓아둘 큐에 적용할 수 있는 전략에는 세 가지가 있다. 첫 번째는 큐에 크기 제한을 두지 않는 방법이고, 두 번째는 큐의 크기를 제한하는 방법, 세 번째는 작업을 스레드에게 직접 넘겨주는 방법이다. 작업을 쌓는 방법 역시 풀의 크기를 지정하는 것과 같은 여러 가지 설정과 연관되어 있다.

newFixedThreadPool 메소드와 newSingleThreadExecutor 메소드에서 생성하는 풀은 기본 설정으로 크기가 제한되지 않은 LinkedBlockingQueue를 사용한다. 스레드 풀의 모든 작업 스레드가 실행 중일 때 작업이 등록되면 해당 작업은 큐에 쌓이게 되며, 작업이 처리되는 속도보다 작업이 추가되는 속도가 빠르면 큐에 끝없이 계속해서 작업이 쌓일 수 있다.

자원 관리 측면에서 ArrayBlockingQueue 또는 크기가 제한된 LinkedBlockingQueue나 PriorityBlockingQueue와 같이 큐의 크기를 제한시켜 사용하는 방법이 훨씬 안정적이다. 크기가 제한된 큐를 사용하면 자원 사용량을 한정시킬 수 있다는 장점이 있지만, 큐가 가득 찼을 때 새로운 작업을 등록하려는 상황을 어떻게 처리해야 하는지에 대한 문제가 생긴다(8.3.3절에서는 이런 문제를 해결할 수 있는 여러 가지 집중 대응 정책에 대해 설명한다). 작업 큐의 크기를 제한한 상태에서는 큐의 크기와 스레드의 개수를 동시에 튜닝해야 한다. 스레드의 개수는 줄이면서 큐의 크기를 늘려주면 메모리와 CPU 사용량을 줄이면서 컨텍스트 스위칭 횟수를 줄일 수 있지만, 전체적인 성능에는 제한이 생길 수 있다.

스레드의 개수가 굉장히 많거나 제한이 거의 없는 상태인 경우에는 작업을 큐에 쌓는 절차를 생략할 수도 있을텐데, 이럴때는 SynchronousQueue를 사용해 프로듀서에서 생성한 작업을 컨슈머인 스레드에게 직접 전달할 수 있다. SynchronousQueue는 따지고 보면 큐가 아니며 단지 스레드 간에 작업을 넘겨주는 기능을 담당한다고 볼 수도 있다. SynchronousQueue에 작업을 추가하려면 컨슈머인 스레드가 이미 작업을 받

4. 일반적인 컴퓨터 통신에서 말하는 흐름 제어(flow control)과는 약간 다른 개념이다. 일정량의 작업은 버퍼에 쌓아둘 수 있겠지만, 결국은 클라이언트 측에서 더 이상 요청을 보내지 않도록 하는 방법이 필요할 수도 있고, 아니면 양에 넘치게 들어온 요청은 일단 무시하고 버린 다음 클라이언트에게 나중에 다시 보내달라고 응답을 보내는 방법도 있다.

기 위해 대기하고 있어야만 한다. 대기 중인 스레드가 없는 상태에서 스레드의 개수가 최대 크기보다 작다면 ThreadPoolExecutor는 새로운 스레드를 생성해 동작시킨다. 반면 스레드의 개수가 최대 크기에 다다른 상태라면 집중 대응 정책saturation policy에 따라 작업을 거부하도록 되어 있다. 처리할 작업을 큐에 일단 쌓고 쌓인 작업을 쉬는 스레드가 가져가도록 하는 것보다는 쉬고 있는 스레드에게 처리할 작업을 직접 넘겨주는 방법이 있다면 훨씬 효율적일 수 있다. SynchronousQueue는 스레드의 개수가 제한이 없는 상태이거나 넘치는 작업을 마음대로 거부할 수 있는 상황이어야 적용할 만한 방법이다. newCachedThreadPool 팩토리 메소드에서는 스레드 풀에 SynchronousQueue를 적용한다.

LinkedBlockingQueue나 ArrayBlockingQueue와 같은 FIFO 큐를 사용하면 작업이 등록된 순서에 맞춰 실행된다. 작업이 실행되는 순서를 좀더 조절하고자 한다면 PriorityBlockingQueue를 사용해 작업에 지정된 우선 순위에 따라 실행되도록 할 수 있다. 작업의 우선 순위는 기본 순서(natural order, 작업 클래스에서 Comparable을 구현하는 경우)를 따르거나 Comparator를 지정해 원하는 순서로 배치할 수 있다.

> 크기가 고정된 풀보다는 newCachedThreadPool 팩토리 메소드가 생성해주는 Executor가 나은 선택일 수 있다.[5] 크기가 고정된 스레드 풀은 자원 관리 측면에서 동시에 실행되는 스레드의 수를 제한해야 하는 경우에 현명한 선택이 될 수 있다. 예를 들어 네트웍으로 클라이언트의 요청을 받아 처리하는 애플리케이션과 같은 경우, 크기가 고정되어 있지 않다면 요청이 많아져 부하가 걸릴 때 문제가 커진다.

스레드 풀에서 실행할 작업이 서로 독립적인 경우에만 스레드의 개수나 작업 큐의 크기를 제한할 수 있다. 다른 작업에 의존성을 갖는 작업을 실행해야 할 때 스레드나 큐의 크기가 제한되어 있다면 스레드 부족 데드락에 걸릴 가능성이 높다. 이럴 때는 newCachedThreadPool 메소드에서 생성하는 것과 같이 크기가 제한되지 않은 풀을 사용해야 한다.[6]

---

5. 여기에서 언급한 성능의 차이는 LinkedBlockingQueue 대신 SynchronousQueue를 사용하는 점에서 나타난다. 자바 6 버전에서는 블로킹 되지 않는 방법으로 동작하도록 SynchronousQueue를 개선했으며, 따라서 Executor에 SynchronousQueue를 적용했을 때 자바 5 버전에 비해 세 배 이상의 성능을 발휘한다(Scherer et al., 2006).

6. 또 다른 작업을 큐에 쌓고 그 작업의 결과를 기다리도록 만들어져 있는 작업을 실행하려는 경우에 적용할 수 있는 방법이 또 있긴 하다. 스레드의 개수를 제한하고, 작업 큐로는 SynchronousQueue를 사용하고, 집중 대응 정책으로 호출자 실행 전략을 사용하면 된다.

8.3.3 집중 대응 정책

크기가 제한된 큐에 작업이 가득 차면 집중 대응 정책saturation policy이 동작한다. ThreadPoolExecutor의 집중 대응 정책은 setRejectedExecutionHandler 메소드를 사용해 원하는 정책으로 변경할 수 있다(집중 대응 정책은 이미 종료된 스레드 풀에 작업을 등록하려는 경우에도 동작한다). 여러 가지 종류의 RejectedExecutionHandler를 사용해 다양한 집중 대응 정책을 적용할 수 있다. RejectedExecutionHandler에는 AbortPolicy, CallerRunsPolicy, DiscardPolicy, DiscardOldestPolicy 등이 있다.

기본적으로 사용하는 집중 대응 정책은 중단abort 정책이며, execute 메소드에서 RuntimeException을 상속받은 RejectedExecutionException을 던진다. execute 메소드를 호출하는 스레드는 RejectedExcutionException을 잡아서 작업을 더 이상 추가할 수 없는 상황에 직접 대응해야 한다. 제거discard 정책은 큐에 작업을 더 이상 쌓을 수 없다면 방금 추가시키려고 했던 정책을 아무 반응 없이 제거해버린다. 이와 비슷한 오래된 항목 제거discard oldest 정책은 큐에 쌓은 항목 중 가장 오래되어 다음 번에 실행될 예정이던 작업을 제거하고, 추가하고자 했던 작업을 큐에 다시 추가해본다(작업 큐가 우선 순위에 따라 동작한다면 오래된 항목 제거 정책을 사용하는 경우에 큐에 들어 있는 항목 가운데 우선 순위가 가장 높은 항목을 제거한다. 따라서 오래된 항목을 제거하는 정책과 함께 작업 큐로 우선 순위 큐를 사용하는 것은 보기 좋은 조합이 아니다).

호출자 실행caller runs 정책은 작업을 제거해 버리거나 예외를 던지지 않으면서 큐의 크기를 초과하는 작업을 프로듀서에게 거꾸로 넘겨 작업 추가 속도를 늦출 수 있도록 일종의 속도 조절 방법으로 사용된다. 다시 말해 새로 등록하려고 했던 작업을 스레드 풀의 작업 스레드로 실행하지 않고, execute 메소드를 호출해 작업을 등록하려 했던 스레드에서 실행시킨다. 이전에 구현했던 WebServer 클래스에서 작업 큐의 크기를 제한하고 호출자 실행 정책을 사용하도록 변경했다고 가정하고, 풀의 작업 스레드가 모두 동작 중이고 작업 큐가 가득 찬 상태라고 생각해보자. 이런 상황에서 메인 스레드가 스레드 풀의 execute를 호출해 새로운 작업을 실행하려 하면 execute 메소드 내부에서 메인 스레드가 직접 해당 작업을 실행하게 된다. 프로듀서인 메인 스레드가 추가하려던 작업을 직접 처리하게 되면, 해당 작업 하나를 실행하는 동안에는 또 다른 새 작업을 추가할 수 없으므로 자연스럽게 스레드 풀이 큐에 쌓인 작업을 처리할 시간을 약간 벌 수 있다. 웹 서버의 메인 스레드가 직접 작업을 처리하기 때문에 소켓의 accept 메소드도 호출할 수 없으므로 원격 클라이언트가 접속했을 때 네트웍으로 누군가 접속했다는 사실을 웹 서버 프로그램이 알기 전에 웹 서버보다 훨씬 낮은 TCP 계층에서 해당 접속 요청을 자체 큐에 쌓아 대기시킨다. TCP 계층의 큐에도 네트웍 접속 요청이 계속해서 쌓이다 보면 TCP 계층 역시 더 이상의 연결을 큐에 쌓지 못하고 연결 요청을 거부하기 시작한다. 이처럼 웹 서버에 부하가 걸리기 시작하면 부하가 웹 서버 내부에서 점점 밖으로 드러나기 시작한다. 가장 먼저 웹 서버 내부의 스레드 풀에서 부하가 나타나고, 서버가 동작하는 시스템의 TCP 계층에서 부하가 나타나며, 결국 클라이언트가 부하를 직접 느끼게 된다. 이렇게 여러 단계를 거쳐 부하가 전달되기 때문에 부하가 걸린 상태에서도 애플리케이션의 전체적인 성능이 점진적으로 떨어지도록 조절할 수 있다.

스레드 풀에 적용할 집중 대응 정책을 선택하거나 실행 정책의 다른 여러 가지 설정을 변경하는 일은 모두 Executor를 생성할 때 지정할 수 있다. 예제 8.3을 보면 호출자 실행 정책을 사용하며 크기가 고정된 스레드 풀을 생성하는 예가 나타나 있다.

```
ThreadPoolExecutor executor
    = new ThreadPoolExecutor(N_THREADS, N_THREADS,
        0L, TimeUnit.MILLISECONDS,
        new LinkedBlockingQueue<Runnable>(CAPACITY));
executor.setRejectedExecutionHandler(
    new ThreadPoolExecutor.CallerRunsPolicy());
```

예제 8.3 스레드의 개수와 작업 큐의 크기가 제한된 스레드 풀을 만들면서 호출자 실행 정책을 지정하는 모습

작업 큐가 가득 찼을 때 execute 메소드가 그저 대기하도록 하는 집중 대응 정책은 따로 만들진 것이 없다. 하지만 예제 8.4의 BoundedExecutor 클래스와 같이 Semaphore를 사용하면 작업 추가 속도를 적절한 범위 내에서 제한할 수 있다. 이런 방법을 사용하려면 큐의 크기에 제한을 두지 않아야 하고(큐의 크기를 제한하면서 동시에 작업 추가 속도를 제한해야 할 필요는 없다고 본다) 스레드 풀의 스래드 개수와 큐에서 대기하도록 허용하고자 하는 최대 작업 개수를 더한 값을 세마포어의 크기로 지정하면 된다. 여기에서는 세마포어가 현재 실행 중이거나 실행되기를 기다리는 작업의 개수를 더해 한꺼번에 제한할 수 있다는 점을 활용하고 있다.

8.3.4 스레드 팩토리

스레드 풀에서 새로운 스레드를 생성해야 할 시점이 되면, 새로운 스레드는 항상 스레드 팩토리를 통해 생성한다(예제 8.5 참조). 기본 값으로 설정된 스레드 팩토리에서는 데몬이 아니면서 아무런 설정도 변경하지 않은 새로운 스레드를 생성하도록 되어 있다.

스레드 팩토리를 직접 작성해 적용하면 스레드 풀에서 사용할 스레드의 설정을 원하는 대로 지정할 수 있다. ThreadFactory 클래스에는 newThread라는 메소드 하나만 정의되어 있으며, 스레드 풀에서 새로운 스레드를 생성할 때에는 항상 newThread 메소드를 호출한다.

스레드 팩토리를 직접 작성해 사용해야 하는 경우로 여러 가지 상황을 생각해 볼 수 있다. 스레드 풀에서 사용하는 스레드에 UncaughtExceptionHandler를 직접 지정하고자 할 경우도 있을 것이고, Thread 클래스를 상속받은 또 다른 스레드를 생성해 사용하고자 하는 경우(예를 들어 디버깅을 위한 메시지를 출력하는 기능을 추가하는 등의 경우)도 있을 수 있다. 새로 생성한 스레드의 실행 우선 순위를 조절(그다지 권장할 만한 기능은 아니다. 10.3.1절을 참조하자)하고자 할 수도 있고, 데몬 상태를 직접 지정(이 역시 그다지 권장할 만한 기능이 아니다. 7.4.2절을 참조하자)할 수도 있다. 아니면 스레드 풀에서 사용하는 스레드마다 의미가 있는 이름을 지정해 오류가 발생했을 때 나타나는 덤프 파일이나 직접 작성한 로그 파일에서 스레드 이름이 표시되도록 할 수도 있다.

```
@ThreadSafe
public class BoundedExecutor {
    private final Executor exec;
    private final Semaphore semaphore;

    public BoundedExecutor(Executor exec, int bound) {
        this.exec = exec;
        this.semaphore = new Semaphore(bound);
    }

    public void submitTask(final Runnable command)
            throws InterruptedException {
        semaphore.acquire();
        try {
            exec.execute(new Runnable() {
                public void run() {
                    try {
                        command.run();
                    } finally {
                        semaphore.release();
                    }
                }
```

```
            });
        } catch (RejectedExecutionException e) {
            semaphore.release();
        }
    }
}
```

예제 8.4 Semaphore를 사용해 작업 실행 속도를 조절

```
public interface ThreadFactory {
    Thread newThread(Runnable r);
}
```

예제 8.5 ThreadFactory 인터페이스

예제 8.6의 MyThreadFactory 클래스는 ThreadFactory를 상속받아 스레드 풀에서 원하는 방법으로 스레드를 생성해 사용하도록 할 수 있다. MyThreadFactory는 MyAppThread를 생성하는데, MyAppThread를 생성할 때 생성 메소드에 스레드 풀의 이름을 넘겨 스레드 덤프 파일이나 로그 파일에서 특정 스레드가 어떤 스레드 풀에 속해 동작하는지를 확인할 수 있도록 했다. MyAppThread는 MyThreadFactory뿐만 아니라 애플리케이션의 어디에서든지 사용할 수 있으며, 덤프 파일이나 로그 파일에 의미 없는 스레드 일련번호 대신 스레드의 이름이 직접 출력되기 때문에 디버깅할 때 아주 요긴하다.

```
public class MyThreadFactory implements ThreadFactory {
    private final String poolName;

    public MyThreadFactory(String poolName) {
        this.poolName = poolName;
    }

    public Thread newThread(Runnable runnable) {
        return new MyAppThread(runnable, poolName);
    }
}
```

예제 8.6 직접 작성한 스레드 팩토리

예제 8.7에 소개되어 있는 MyAppThread에서는 예제 8.6에서 살펴봤던 것보다 좀더 많은 기법을 적용했다. 예를 들어 스레드의 이름을 지정하는 것을 포함해 작업 실행 중에 오류가 발생했을 때 해당 오류 내역을 Logger 클래스를 통해 로그로 남겨주는 UncaughtExceptionHandler를 직접 지정했고, 스레드가 몇 개나 생성되고 제거됐는지에 대한 간단한 통계 값도 보관하며, 스레드가 생성되고 종료될 때 디버깅용 메시지도 출력하도록 되어 있다.

애플리케이션에서 보안 정책security policy를 사용해 각 부분마다 권한을 따로 지정하고 있다면, Executors에 포함되어 있는 privilegedThreadFactory 팩토리 메소드를 사용해 스레드 팩토리를 만들어 사용할 수 있겠다. privilegedThreadFactory에서 만들어 낸 스레드 팩토리는 privilegedThreadFactory 메소드를 호출한 스레드와 동일한 권한, 동일한 AccessControlContext, 동일한 contextClassLoader 결과를 갖는 스레드를 생성한다. 그렇지 않다면 스레드 풀의 executor나 submit 메소드를 호출할 때 스레드를 그 즉시 생성하는 경우도 많은데, 이럴 때 execute나 submit을 호출한 클라이언트 스레드의 권한을 사용한다면 여러 클라이언트가 다양한 보안 정책을 갖고 있을 수 있기 때문에 혼동이 생길 수 있다. 보안의 측면에서 볼 때 이런 상황은 바람직하다고 볼 수 없다.

8.3.5 ThreadPoolExecutor 생성 이후 설정 변경

ThreadPoolExecutor를 생성할 때 생성 메소드에 넘겨줬던 설정 값은 대부분 여러 가지 set 메소드를 사용해 생성된 이후에도 얼마든지 변경할 수 있다(예를 들어 코어 스레드 개수, 최대 스레드 개수, 스레드 유지 시간, 스레드 팩토리, 작업 거부 처리 정책 등). Executors 클래스에서 기본적으로 제공하는 여러 가지 메소드(newSingleThreadExecutor 메소드는 제외)를 사용해 Executor를 생성한 경우에는 예제 8.8과 같이 스레드 풀을 Executor를 ThreadPoolExecutor로 형변환해 여러 가지 set 메소드를 사용할 수 있다.

Executors에는 unconfigurableExecutorService 메소드가 있는데, 현재 만들어져 있는 ExecutorService를 넘겨 받은 다음 ExecutorService의 메소드만을 외부에 노출하고 나머지는 가리도록 한꺼풀 덮어 씌워 더 이상은 설정을 변경하지 못하도록 할 수 있다. 스레드 풀을 사용하지 않는 newSingleThreadExecutor 메소드는 ThreadPoolExecutor 인스턴스를 만들어 주는 대신 단일 스레드라는 기능에 맞춰 한꺼풀 덮어 씌운 ExecutorService를 생성한다. 단일 스레드로 실행하는 Executor가 ExecutorService 대신 하나의 스레드를 사용하는 스레드 풀을 사용한다 해도, 두 개 이상의 작업이 병렬로 동시에 처리되어서는 안 된다는 규칙은 그대로 보장한다. 그런데 단일 스레드로 실행하는 Executor의 풀 크기를 마음대로 변경했다고 하면, 원래 의도했던 실행 정책에 악영향을 미치게 된다.

```
public class MyAppThread extends Thread {
    public static final String DEFAULT_NAME = "MyAppThread";
    private static volatile boolean debugLifecycle = false;
    private static final AtomicInteger created = new AtomicInteger();
    private static final AtomicInteger alive = new AtomicInteger();
    private static final Logger log = Logger.getAnonymousLogger();

    public MyAppThread(Runnable r) { this(r, DEFAULT_NAME); }

    public MyAppThread(Runnable runnable, String name) {
        super(runnable, name + "-" + created.incrementAndGet());
        setUncaughtExceptionHandler(
            new Thread.UncaughtExceptionHandler() {
                public void uncaughtException (Thread t,
                                               Throwable e) {
                    log.log(Level.SEVERE,
                        "UNCAUGHT in thread " + t.getName(), e);
                }
            });
    }

    public void run() {
        // debug 플래그를 복사해 계속해서 동일한 값을 갖도록 한다.
        boolean debug = debugLifecycle ;
        if (debug) log.log(Level.FINE, "Created "+getName());
        try {
            alive.incrementAndGet();
            super.run();
        } finally {
            alive.decrementAndGet();
            if (debug) log.log(Level.FINE, "Exiting "+getName());
        }
    }

    public static int getThreadsCreated() { return created.get(); }
```

```
    public static int getThreadsAlive() { return alive.get(); }
    public static boolean getDebug() { return debugLifecycle; }
    public static void setDebug(boolean b) { debugLifecycle = b; }
}
```

예제 8.7 직접 작성한 스레드 클래스

```
ExecutorService exec = Executors.newCachedThreadPool();
if (exec instanceof ThreadPoolExecutor)
    ((ThreadPoolExecutor ) exec).setCorePoolSize(10);
else
    throw new AssertionError("Oops, bad assumption");
```

예제 8.8 기본 팩토리 메소드로 만들어진 Executor의 설정 변경 모습

지금까지 소개했던 기법을 활용하면 직접 구현한 Executor의 실행 정책이 변경되는 것을 막을 수 있다. 설정을 변경할 가능성이 있는 외부 코드에서도 직접 구현한 Executor 클래스의 설정을 변경하지 못하도록 하려면 앞서 소개했던 unconfigurableExecutorService 메소드를 사용해보자.

8.4 ThreadPoolExecutor 상속

ThreadPoolExecutor는 애초부터 상속받아 기능을 추가할 수 있도록 만들어졌다. 특히 상속받은 하위 클래스가 오버라이드해 사용할 수 있도록 beforeExecute, afterExecute, terminated와 같은 여러 가지 훅hook도 제공하고 있으며, 이런 훅을 사용하면 훨씬 다양한 기능을 구사할 수 있다.

beforeExecute 메소드와 afterExecute 메소드는 작업을 실행할 스레드의 내부에서 호출하도록 되어 있으며, 로그 메시지를 남기거나 작업 실행 시점이 언제인지 기록해두거나 실행 상태를 모니터링하거나 기타 다양한 통계 값을 뽑는 등의 작업을 하기에 적당하다. 특히 afterExecute 훅 메소드는 run 메소드가 정상적으로 종료되거나 아니면 예외가 발생해 Exception을 던지고 종료되는 등의 어떤 상황에서도 항상 호출된다(만약 Exception보다 심각한 오류인 Error 때문에 작업이 중단되면 afterExecute 메소드가 실행되지 않는다는 점을 알아두자). 만약 beforeExecute 메소드에서 RuntimeException

이 발생하면 해당 작업도 실행되지 않을 뿐더러 afterExecute 메소드 역시 실행되지 않으니 주의하자.

스레드 풀이 종료 절차를 마무리한 이후, 즉 모든 작업과 모든 스레드가 종료되고 나면 terminated 훅 메소드를 호출한다. terminated 메소드에서는 Executor가 동작하는 과정에서 사용했던 각종 자원을 반납하는 등의 일을 처리하거나 여러 가지 알람이나 로그 출력, 다양한 통계 값을 확보하는 등의 작업을 진행하기에 적당한 메소드이다.

8.4.1 예제: 스레드 풀에 통계 확인 기능 추가

예제 8.9의 TimingThreadPool 클래스는 beforeExecute, afterExecute, terminated 등의 훅 메소드를 활용해 로그를 출력하고 통계 값을 수집하는 작업을 하도록 구현된 예제이다. 작업이 얼마나 오랫동안 실행되는지를 측정할 수 있도록 beforeExecute 메소드에서 시작 시간을 기록해두고 afterExecute 메소드에서는 시작할 때 기록해뒀던 시간을 참조해 작업이 실행된 시간을 알아낸다. 이와 같은 훅 메소드 역시 작업을 실행했던 바로 그 스레드에서 호출하기 때문에 beforeExecute 메소드에서 측정한 값을 ThreadLocal에 보관해두면 afterExecute 메소드에서 안전하게 찾아낼 수 있다. TimingThreadPool은 실행된 총 작업의 개수와 작업을 실행하는 데 얼마만큼의 시간이 걸렸는지를 두 개의 AtomicLong 변수에 보관한다. 그리고 terminated 훅 메소드에서 AtomicLong에 보관해뒀던 값을 가져와 개별 작업당 평균 실행 시간을 로그 메시지로 출력한다.

```
public class TimingThreadPool extends ThreadPoolExecutor {
    private final ThreadLocal<Long> startTime
            = new ThreadLocal<Long>();
    private final Logger log = Logger.getLogger("TimingThreadPool");
    private final AtomicLong numTasks = new AtomicLong();
    private final AtomicLong totalTime = new AtomicLong();

    protected void beforeExecute(Thread t, Runnable r) {
        super.beforeExecute(t, r);
        log.fine(String.format("Thread %s: start %s", t, r));
        startTime.set(System.nanoTime());
    }
```

```
    protected void afterExecute(Runnable r, Throwable t) {
        try {
            long endTime = System.nanoTime();
            long taskTime = endTime - startTime.get();
            numTasks.incrementAndGet();
            totalTime.addAndGet(taskTime);
            log.fine(String.format("Thread %s: end %s, time=%dns",
                    t, r, taskTime));
        } finally {
            super.afterExecute(r, t);
        }
    }

    protected void terminated() {
        try {
            log.info(String.format("Terminated: avg time=%dns",
                    totalTime.get() / numTasks.get()));
        } finally {
            super.terminated();
        }
    }
}
```

예제 8.9 ThreadPoolExecutor를 상속받아 로그와 시간 측정 기능을 추가한 클래스

8.5 재귀 함수 병렬화

6.3절의 페이지 렌더링 예제에서는 가장 적절한 병렬화 방법이 어떤 것인지를 찾아 점차 변해가는 모습을 살펴봤었다. 가장 먼저 시도했던 방법은 병렬성이 전혀 없는 순차적인 방법이었다. 두 번째 방법은 두 개의 스레드를 사용해 병렬화시켰지만 이미지를 다운로드 받는 스레드 내부에서는 역시 순차적으로 처리하게 되어 있었다. 마지막 세 번째 버전에서는 이미지를 다운로드하는 기능을 독립된 작업으로 구성해 훨씬 높은 병렬성을 확보할 수 있었다. 반복문 내부에서 복잡한 연산을 수행하거나 블로킹 I/O 메소드를 호출하는 등의 작업을 진행하는 부분이 있고, 각 반복 작업이 이전 회차와 독립적이라면 병렬화할 수 있는 좋은 대상으로 생각할 수 있다.

반복문의 각 차수에 해당하는 작업이 서로 독립적이라고 한다면 반복문 내부의 작업이 순차적으로 실행되어 끝나기를 기다릴 필요가 없으며, Executor를 활용하면 순차적으로 실행되던 반복문을 병렬 프로그램으로 쉽게 변경할 수 있다. 예제 8.10의 processSequentially 메소드와 processInParallel 메소드를 비교해보자.

```
void processSequentially(List<Element> elements) {
    for (Element e : elements)
        process(e);
}

void processInParallel(Executor exec, List<Element> elements) {
    for (final Element e : elements)
        exec.execute(new Runnable() {
            public void run() { process(e); }
        });
}
```

예제 8.10 순차적인 실행 구조를 병렬화

예제 8.10의 두 가지 메소드 가운데 processInParallel을 호출하면 지정된 Executor에 실행할 작업을 모두 등록하기만 하고 리턴되기 때문에 processSequentially 메소드보다 훨씬 빨리 실행된다. 한 묶음의 작업을 한꺼번에 등록하고 그 작업들이 모두 종료될 때까지 대기하고자 한다면 ExecutorService.invokeAll 메소드를 사용해보자. 작업의 결과를 확보하는 시점에 그 결과를 알고 싶다면 199쪽의 Renderer에서 사용했던 CompletionService를 적용해 보는 것이 좋겠다.

> 특정 작업을 여러 번 실행하는 반복문이 있을 때, 반복되는 각 작업이 서로 독립적이라면 병렬화해서 성능의 이점을 얻을 수 있다. 특히 반복문 내부의 작업을 개별적인 작업으로 구분해 실행하느라 추가되는 약간의 부하가 부담되지 않을 만큼 적지 않은 시간이 걸리는 작업이라야 더 효과를 볼 수 있다.

반복문을 병렬화하는 작업은 일부 재귀recursive 함수 처리 부분에도 적용할 수 있다. 재귀 함수를 구현할 때 반복문을 사용하는 경우가 적지 않으며, 이렇게 반복문을 사용하는 경우에 예제 8.10과 같이 병렬화할 수 있는 조건을 충분히 만족하기도 한다. 반복문의 각 단계에서 실행되는 작업이 그 내부에서 재귀적으로 호출했던 작업의 실행 결과를 사용할 필요가 없는 경우가 가장 간단하다. 예를 들어 예제 8.11의 sequentialRecursive 메소드는 트리 구조를 대상으로 깊이 우선 탐색depth-first traversal을 실행하면서 각 노드에서 연산 작업을 처리하고 연산 결과를 컬렉션에 담도록 되어 있다. sequentialRecursive 메소드를 병렬화한 parallelRecursive 메소드 역시 깊이 우선 탐색을 진행하지만 각 노드를 방문할 때마다 필요한 결과를 계산하는 것이 아니라, 노드별 값을 계산하는 작업을 생성해 Executor에 등록시킨다.

```
public<T> void sequentialRecursive(List<Node<T>> nodes,
                                    Collection<T> results) {
    for (Node<T> n : nodes) {
        results.add(n.compute());
        sequentialRecursive(n.getChildren(), results);
    }
}

public<T> void parallelRecursive(final Executor exec,
                                  List<Node<T>> nodes,
                                  final Collection<T> results) {
    for (final Node<T> n : nodes) {
        exec.execute(new Runnable() {
            public void run() {
                results.add(n.compute());
            }
        });
        parallelRecursive(exec, n.getChildren(), results);
    }
}
```

예제 8.11 순차적인 재귀 함수를 병렬화한 모습

parallelRecursive 메소드가 리턴되고 난 직후에는 트리의 모든 노드를 한 번씩 방문(각 노드를 방문하는 과정은 여전히 순차적이며, compute 메소드를 호출하는 부분만 병렬로 동작한다)한 상태이며 각 노드별로 필요한 연산 작업은 지정된 Executor에 등록된 상태이다. parallelRecursive 메소드를 호출하는 스레드는 예제 8.12와 같이 parallelRecursive 메소드에서 사용할 전용 Executor를 하나 생성해 parallelRecursive 메소드를 호출한 다음, Executor의 shutdown 메소드와

awaitTermination 메소드를 차례로 호출해 모든 연산 작업이 마무리되기를 기다릴 수 있다.

```
public<T> Collection<T> getParallelResults(List<Node<T>> nodes)
        throws InterruptedException {
    ExecutorService exec = Executors.newCachedThreadPool();
    Queue<T> resultQueue = new ConcurrentLinkedQueue<T>();
    parallelRecursive(exec, nodes, resultQueue);
    exec.shutdown();
    exec.awaitTermination(Long.MAX_VALUE, TimeUnit.SECONDS);
    return resultQueue;
}
```

예제 8.12 병렬 연산 작업이 모두 끝나기를 기다리는 예제

8.5.1 예제: 퍼즐 프레임웍

이런 병렬화 방법을 적용하기에 괜찮아 보이는 예제 가운데 하나는 바로 퍼즐을 푸는 프로그램이다. 물론 여기에서 살펴볼 예는 최초 상태에서 시작해 몇 가지 변환 과정을 거쳐 최종 목표 단계까지 이동하는 일련의 과정으로 표현할 수 있는 퍼즐이다. 이런 퍼즐에는 '블록 이동 퍼즐',[7] 'Hi-Q', 'Instant Insanity' 등의 게임이나 기타 다른 솔리테어 게임이 해당된다.

이런 퍼즐을 프로그램으로 풀어 내려면, 먼저 '퍼즐'이라는 대상을 초기 위치, 목표 위치, 정상적인 이동 규칙 등의 세 가지로 추상화하고, 세 가지의 개념을 묶어 퍼즐이라고 정의하자. 이동 규칙은 두 가지 부분으로 나뉘는데, 첫 번째는 현재 위치에서 규정에 맞춰 움직일 수 있는 방향에 몇 가지 안이 있는지를 모두 찾아내는 부분이고, 두 번째는 특정 위치로 이동시키고 난 결과를 계산하는 부분이다. 여기에서 설명한 퍼즐의 구성 요소는 예제 8.13의 Puzzle 인터페이스에 담겨 있다. P와 M 등의 형인자type parameter는 각각 위치와 이동 방향을 나타내는 클래스이다. 퍼즐 인터페이스를 활용하면 지정된 퍼즐의 게임 공간을 돌아다니면서 원하는 답을 얻거나 아니면 더 이상 찾아볼 공간이 없을 때까지 단순하게 순차적으로 반복하는 퍼즐 해결 프로그램을 구성할 수 있다.

7. http://www.puzzleworld.org/SlidingBlockPuzzles 페이지를 참조하자.

```
public interface Puzzle<P, M> {
    P initialPosition();
    boolean isGoal(P position);
    Set<M> legalMoves(P position);
    P move(P position, M move);
}
```

예제 8.13 '블록 이동 퍼즐'과 같은 퍼즐을 풀기 위한 인터페이스

예제 8.14의 Node 클래스는 이동 과정을 거쳐 도착한 특정 위치를 표현하며, 해당 위치로 오게 했던 이동 규칙과 바로 직전의 위치를 가리키는 Node에 대한 참조를 갖고 있다. 따라서 Node 클래스가 갖고 있는 이전 Node에 대한 참조를 계속해서 따라가면 처음 시작한 이후 어떤 과정을 거쳐 현재 위치까지 오게 됐는지를 알 수 있다.

예제 8.15의 SequentialPuzzleSolver 클래스는 순차적인 방법으로 퍼즐을 해결하는 프로그램이다. SequentialPuzzleSolver는 주어진 퍼즐의 게임 공간을 깊이 우선 탐색 방법으로 돌아보도록 되어 있으며, 전체 게임 공간을 탐색하다가 원하는 답을 찾으면 멈춘다(아마도 원하는 답을 얻는 가장 빠른 방법은 아닐 가능성이 높다).

퍼즐 푸는 프로그램에서 병렬화할 수 있는 부분을 찾아 최대한 활용한다면 다음 이동할 위치를 계산하고 목표 조건에 이르렀는지 계산하는 부분을 병렬로 실행시킬 수 있을 것이다. 물론 다음 이동할 위치를 계산하는 작업이 이동 위치를 찾는 다른 작업과 '거의' 독립적으로 동작할 수 있기 때문에 이렇게 병렬화 할 수 있다(여기에서 '거의'라고 얘기한 건 이미 이동했던 위치에 대한 기록 등의 변경 가능한 정보를 병렬로 동작하는 여러 스레드에서 공유할 가능성이 있기 때문이다). 하드웨어적으로 여러 개의 CPU를 장착하고 있다면 이렇게 병렬화했을 때 목표한 답을 더 빨리 찾을 수 있을 것이다.

예제 8.16의 ConcurrentPuzzleSolver 클래스는 Node 클래스를 상속받고 Runnable 인터페이스를 구현한 SolverTask라는 내부inner 클래스를 사용한다. 현재 상태에서 이동할 수 있는 다음 위치를 모두 찾는 작업, 가능한 모든 이동 위치 가운데 이미 가봤던 위치를 확인해 이동 대상에서 제외하는 작업, 목표한 위치에 도달했는지를 확인하기 위한 연산 작업, 이동해야 할 대상 위치를 Executor에게 넘겨주는 등의 대부분의 작업은 run 메소드에서 처리하도록 되어 있다.

혹시라도 무한 반복하는 부분이 발생하지 않도록 순차적으로 퍼즐을 풀던 프로그램에서는 Set 컬렉션에 이미 방문했던 위치 정보를 모두 기록했었는데, ConcurrentPuzzleSolver 클래스에서는 Set 대신 ConcurrentHashMap을 사용한다.

ConcurrentHashMap을 사용하면 컬렉션 내부의 정보에 대해 스레드 안전성을 확보할 수 있고 putIfAbsent와 같은 단일 연산 메소드를 사용해 여러 스레드에서 같은 이름으로 값을 저장하려 할 때 발생할 수 있는 경쟁 상황을 예방할 수 있다. ConcurrentPuzzleSolver 클래스는 검색 상태를 호출 스택에 보관하는 대신 스레드 풀 내부의 작업 큐를 사용한다.

```
@Immutable
static class Node<P, M> {
    final P pos;
    final M move;
    final Node<P, M> prev;

    Node(P pos, M move, Node<P, M> prev) {...}

    List<M> asMoveList() {
        List<M> solution = new LinkedList<M>();
        for (Node<P, M> n = this; n.move != null; n = n.prev)
            solution.add(0, n.move);
        return solution;
    }
}
```

예제 8.14 퍼즐 풀기 프레임웍의 Node 클래스

병렬로 구현한 퍼즐 프로그램은 기존 프로그램에서 사용하던 방법과 다른 방법을 사용하기 때문에 기존 프로그램이 갖고 있던 제약 사항에 신경 쓰지 않아도 된다. 이를테면 기존의 순차적인 프로그램은 깊이 우선 탐색을 하기 때문에 애플리케이션의 스택 크기에 영향을 받았다. 하지만 새로운 프로그램은 너비 우선 탐색breadth-first search을 하기 때문에 애플리케이션의 스택 용량에 영향을 받지 않는다(너비 우선 탐색을 한다 해도 탐색해야 할 대상의 크기가 애플리케이션 메모리에서 감당할 수 있는 양을 초과하는 상황이 발생할 가능성은 있다).

목표한 결과에 도달했을 때 더 이상 탐색하지 않고 프로그램을 종료시키려면 동작 중인 스레드 가운데 아직 목표한 지점에 도달하지 못한 스레드가 있는지 알아낼 방법이 있어야 한다. 여러 스레드에서 찾아 낸 첫 번째 해결 방법을 결과로 채택한다고 하면, 아직 어느 스레드에서도 결과를 찾지 못했는지를 알 수 있어야 한다. 최종 결과와

관련된 이런 조건을 처리하기에 적절한 방법은 바로 래치latch(5.5.1절 참조)이며, 특히 이번 프로그램에 적절한 방법은 바로 결과 값을 표현하는 래치이다. 14장에서 소개할 방법을 사용해 결과 값을 표현하는 블로킹 래치를 쉽게 구현할 수도 있겠지만, 이런 저런 방법을 사용해 필요한 기능을 직접 만드는 것보다 이미 만들어진 것을 활용할 수 있다면 오류도 줄이면서 훨씬 쉽게 프로그램을 작성할 수 있다. 예제 8.17의 ValueLatch 클래스는 CountDownLatch를 사용해 퍼즐 프로그램에서 필요로 하는 래치 기능을 구현하며, 락을 적절히 활용해 결과를 단 한 번만 설정할 수 있도록 되어 있다.

각 작업은 먼저 결과 래치의 상태를 확인한 다음 이미 최종 결과가 만들어져 있다면 작업을 중단한다. 메인 스레드는 최종 결과를 찾을 때까지 대기해야 할텐데, ValueLatch 클래스의 getValue 메소드를 호출해 어느 스레드건 간에 최종 결과 값을 설정하기를 기다린다. ValueLatch 클래스는 값을 설정하는 메소드를 처음 호출할 때의 그 값만 보관하며, 외부 클래스에서 ValueLatch에 설정된 값이 있는지를 확인할 수 있고, 값이 설정될 때까지 대기할 수도 있다. setValue 메소드를 처음 호출하면 ValueLatch 내부의 값이 설정되며 CountDownLatch의 카운트가 하나 낮아지고 그 동안 getValue 메소드를 호출하고 기다리던 메인 스레드가 대기 상태에서 풀려난다.

최종 결과를 가장 먼저 찾아낸 스레드는 Executor를 종료시켜 더 이상의 작업이 등록되지 않도록 막는다. 등록된 작업을 바로 제거하는 기능의 클래스를 RejectedExecutionHandler로 등록하면 RejectedExecutionException을 따로 처리할 필요가 없도록 할 수 있다. 그러면 아직 실행 중이던 작업은 모두 조만간 종료될 것이며 다음 작업을 실행하려고 하면 별다른 오류 상황 없이 조용히 실패한 것으로 처리된다(작업이 일반적인 경우보다 오래 실행된다면 단순하게 작업이 끝나기를 기다리는 대신 적절한 방법으로 인터럽트를 걸어 작업을 미리 중단시킬 수도 있겠다).

```
public class SequentialPuzzleSolver<P, M> {
    private final Puzzle<P, M> puzzle;
    private final Set<P> seen = new HashSet<P>();

    public SequentialPuzzleSolver(Puzzle<P, M> puzzle) {
        this.puzzle = puzzle;
    }

    public List<M> solve() {
        P pos = puzzle.initialPosition();
```

```
        return search(new Node<P, M>(pos, null, null));
    }

    private List<M> search(Node<P, M> node) {
        if (!seen.contains(node.pos)) {
            seen.add(node.pos);
            if (puzzle.isGoal(node.pos))
                return node.asMoveList();
            for (M move : puzzle.legalMoves(node.pos)) {
                P pos = puzzle.move(node.pos, move);
                Node<P, M> child = new Node<P, M>(pos, move, node);
                List<M> result = search(child);
                if (result != null)
                    return result;
            }
        }
        return null;
    }

    static class Node<P, M> { /* 예제 8.14 */ }
}
```

예제 8.15 순차적으로 동작하는 퍼즐 풀기 프로그램

```
public class ConcurrentPuzzleSolver<P, M> {
    private final Puzzle<P, M> puzzle;
    private final ExecutorService exec;
    private final ConcurrentMap<P, Boolean> seen;
    final ValueLatch<Node<P, M>> solution
            = new ValueLatch<Node<P, M>>();
    ...
    public List<M> solve() throws InterruptedException {
        try {
            P p = puzzle.initialPosition();
            exec.execute(newTask(p, null, null));
            // 최종 결과를 찾을 때까지 대기
            Node<P, M> solnNode = solution.getValue();
```

```
            return (solnNode == null) ? null : solnNode.asMoveList();
        } finally {
            exec.shutdown();
        }
    }

    protected Runnable newTask(P p, M m, Node<P,M> n) {
        return new SolverTask(p, m, n);
    }

    class SolverTask extends Node<P, M> implements Runnable {
        ...
        public void run() {
            if (solution.isSet()
                    || seen.putIfAbsent(pos, true) != null)
                return; // 최종 결과를 구했거나 해당 위치를 이미 탐색했던 경우
            if (puzzle.isGoal(pos))
                solution.setValue(this);
            else
                for (M m : puzzle.legalMoves(pos))
                    exec.execute(
                        newTask(puzzle.move(pos, m), m, this));
        }
    }
}
```

예제 8.16 병렬로 동작하는 퍼즐 풀기 프로그램

```
@ThreadSafe
public class ValueLatch<T> {
    @GuardedBy("this") private T value = null;
    private final CountDownLatch done = new CountDownLatch(1);

    public boolean isSet() {
        return (done.getCount() == 0);
    }
```

```
    public synchronized void setValue(T newValue) {
        if (!isSet()) {
            value = newValue;
            done.countDown();
        }
    }

    public T getValue() throws InterruptedException {
        done.await();
        synchronized(this) {
            return value;
        }
    }
}
```

예제 8.17 ConcurrentPuzzleSolver에서 사용했던 결과 값을 포함하는 래치

ConcurrentPuzzleSolver에도 한 가지 문제점이 있는데 풀고자 하는 퍼즐에 해답이 없을 경우에 제대로 대처하지 못한다. 가능한 모든 이동 방법을 모두 탐색하고 확인해 봐도 원하는 결과를 얻지 못한 경우에는 solve 메소드가 getSolution 메소드를 호출한 부분에서 계속해서 대기하게 된다. 이전에 만들었던 순차적인 퍼즐 프로그램은 검색 대상 공간을 모두 돌아보고 난 이후에는 자연스럽게 종료했었지만, 병렬 프로그램에서는 프로그램을 종료할 시점을 정확하게 판단하기 어려울 경우가 많다. 병렬 프로그램이 원하는 결과를 얻지 못했을 때 종료시키려면 예제 8.18과 같이 작업을 실행하고 있는 스레드의 개수를 세고 있다가 더 이상 아무도 작업을 하지 않는 시점이 됐을 때 결과 값으로 null을 설정하는 방법도 사용해볼만하다.

최종 결과를 찾기까지 걸리는 시간이 예상했던 것보다 훨씬 오래 걸릴 수도 있을텐데, 퍼즐 프로그램에 몇 가지 추가적인 종료 조건을 넣어두고 효과를 볼 수 있다. 예를 들어 전체 실행 시간에 제한을 둘 수도 있을텐데, 시간 제한 기능은 ValueLatch 클래스의 getValue 메소드에 제한 시간을 넘겨주도록 간단하게 바꿔볼 수 있다 (getValue 메소드 내부에서는 시간 제한을 걸 수 있는 await 메소드를 사용하기만 하면 된다). 그러면 getValue 메소드에서 시간 제한이 걸렸을 때 Executor를 종료하고 실패했다고 알려주면 되겠다. 또 다른 방법으로는 퍼즐마다 다른 제한을 생각해 볼 수 있는데, 예를 들어 일정 횟수까지만 이동할 수 있다는 등의 제약을 두는 것이다. 아니면 퍼즐 프

로그램이 언제든지 작업을 중단할 수 있도록 준비해둔 다음, 퍼즐을 풀라고 요청하는 클라이언트 측에서 원하는 시점에 중단 요청을 보내도록 하는 방법도 효과적이다.

```
public class PuzzleSolver<P,M> extends ConcurrentPuzzleSolver<P,M> {
    ...
    private final AtomicInteger taskCount = new AtomicInteger(0);

    protected Runnable newTask(P p, M m, Node<P,M> n) {
        return new CountingSolverTask(p, m, n);
    }

    class CountingSolverTask extends SolverTask {
        CountingSolverTask(P pos, M move, Node<P, M> prev) {
            super(pos, move, prev);
            taskCount.incrementAndGet();
        }
        public void run() {
            try {
                super.run();
            } finally {
                if (taskCount.decrementAndGet() == 0)
                    solution.setValue(null);
            }
        }
    }
}
```

예제 8.18 최종 결과가 없다는 사실을 확인하는 기능이 추가된 버전

요약

Executor 프레임웍은 작업을 병렬로 동작시킬 수 있는 강력함과 유연성을 고루 갖추고 있다. 스레드를 생성하거나 제거하는 정책이나 큐에 쌓인 작업을 처리하는 방법, 작업이 밀려 있을 때 밀린 작업을 처리하는 방법 등의 조건을 설정해 입맛에 맞게 튜닝할 수 있는 옵션도 제공하고 있으며, 여러 가지의 훅 메소드를 사용해 필요한 기능을 확장해 사용할 수 있다. 강력하면서 유연성이 높은 프레임웍에서 자주 발생하는 일이지만, 여러 가지 설정 가운데 서로 잘 맞지 않는 설정이 있을 수 있다. 예를 들어 특정 종류의 작업은 일정한 실행 정책 아래에서만 제대로 동작하기도 하고, 특이한 조합을 사용하면 예측할 수 없는 이상한 형태로 작업이 실행되기도 한다는 점을 주의하자.

09 GUI 애플리케이션

스윙을 사용해 GUI 애플리케이션을 작성해 본 경험이 있다면 GUI 애플리케이션만의 특이한 스레드 관련 문제를 겪어 봤을 것이다. 프로그램이 안정적으로 동작하도록 하려면 특정 작업은 반드시 스윙의 이벤트 스레드에서 실행돼야 한다. 그렇다고 해서 시간이 많이 걸리는 작업을 이벤트 스레드에서 동작시킬 수도 없는 것이 애플리케이션의 화면 응답이 멈출 수 있기 때문이다. 더군다나 스윙에서 사용하는 자료 구조가 스레드 안전성을 확보하지 못하고 있기 때문에 작업을 구현할 때 해당 작업이 이벤트 스레드에 제한돼 작동하도록 주의 깊게 만들어야 한다.

스윙이나 SWT 등을 포함한 거의 모든 GUI 툴킷은 GUI 관련 작업이 모두 단일 스레드에서 일어나는 단일 스레드 서브시스템single thread subsystem으로 구현돼 있다. 만들고자 하는 프로그램이 완벽하게 단일 스레드상에서 동작할 것이 아닌 이상에야 프로그램에서 필요한 작업 가운데 일부는 이벤트 스레드에서 실행될 것이고, 또 나머지는 일반 애플리케이션 스레드에서 실행될 것이다. 스레드 관련 문제가 대부분 그렇듯이 이벤트 스레드와 애플리케이션 스레드를 잘못 구분하고 혼동해 사용한다면 단순히 애플리케이션이 다운되는 문제뿐만 아니라 어떨 때는 동작하고 어느 경우에는 동작하지 않아 그 원인을 찾기 어려운 상태가 발생하기 쉽다. 물론 GUI 부분만을 떼어놓고 보자면 단일 스레드로 동작하겠지만, 전체 애플리케이션을 놓고 보면 단일 스레드로 동작하지 않는 경우가 거의 전부이기 때문에 GUI 프로그램을 작성할 때는 항상 스레드 관련 문제가 발생하지 않도록 세심하게 신경을 써야 한다.

9.1 GUI는 왜 단일 스레드로 동작하는가?

예전에는 GUI 애플리케이션이 단일 스레드로 동작했으며, GUI 이벤트는 애플리케이션의 메인 이벤트 반복문main event loop에서 처리했었다. 하지만 최근에 등장한 GUI 프레임웍은 약간 다른 구조로 만들어져 있는데, 이를테면 이벤트 처리 스레드EDT, event dispatch thread에서 GUI 이벤트를 전담해서 처리하도록 돼 있다.

자바에서만 GUI 프레임웍을 단일 스레드로 구성한 것은 아니다. Qt, 넥스트스텝NextStep, Mac OS의 코코아Cocoa, X윈도우 등을 포함한 대부분의 GUI 프레임웍이 단일 스레드로 동작하도록 돼 있다. 그렇다고 해서 아무도 단일 스레드를 벗어나려는 시도를 하지 않았던 것은 아니다. GUI 프레임웍에서 여러 개의 스레드를 사용하고자 하는 시도는 많았지만, 대부분 경쟁 조건race condition과 데드락deadlock 등의 문제가 계속해서 발생했다. 결국 대부분의 프레임웍이 이벤트 처리용 전담 스레드를 만들고, 전담 스레드는 큐에 쌓여 있는 이벤트를 가져와 애플리케이션에 준비돼 있는 이벤트 처리 메소드를 호출해 기능을 동작시키는 단일 스레드 이벤트 큐 모델에 정착한 셈이다(AWT는 멀티스레드에서 훨씬 자유롭게 활용할 수 있도록 구성돼 있었지만, 스윙을 설계할 때에는 AWT에서의 경험을 살려 여러 단점을 없앨 수 있도록 단일 스레드로 만들었다).

멀티스레드로 구현된 GUI 프레임웍은 특히나 데드락 상황에 빠지기 쉬울 수밖에 없는데, 입력된 이벤트를 처리하는 과정과 GUI 컴포넌트를 구성한 객체 지향적인 구조가 어긋나는 경우가 많기 때문이다. 사용자가 취한 행동은 항상 운영체제에서 해당 애플리케이션으로 한 단계씩 넘어오게 돼 있다. 예를 들어 사용자가 마우스를 클릭하면 먼저 운영체제의 GUI 프레임웍에서 클릭 이벤트를 생성하고, 해당 애플리케이션의 이벤트 리스너에게 "버튼을 눌렀다"는 등의 이벤트를 넘겨준다. 반대로 애플리케이션에서 시작된 동작은 운영체제에게 한 단계씩 넘어간다. 예를 들어 특정 컴포넌트의 배경 색을 변경하는 동작이라면, 먼저 애플리케이션에서 동작을 취하고, 그 동작이 해당 컴포넌트를 거쳐 결국 운영체제로 넘어가 색을 칠하게 된다. GUI 애플리케이션의 작업은 대부분 이와 같이 하나의 GUI 컴포넌트를 놓고 양방향으로 움직이는 과정을 거치게 돼 있는데 이 과정에 속한 객체가 스레드 안전하도록 동기화시키다 보니 락이 배치되는 순서가 적절하지 않은 경우가 많아진다. 이처럼 락이 잘못된 순서와 구조로 배치되면 데드락에 걸릴 수밖에 없다(10장 참조). 이런 증상과 그 원인은 대부분의 GUI 프레임웍을 개발하는 과정에서 경험적으로 깨닫게 됐다.

멀티스레드를 사용하는 GUI 프레임웍에서 데드락이 발생하곤 하는 또 다른 이유 가운데 하나는 바로 최근 널리 사용하는 MVCmodel-view-controller 패턴이다. 사용자 인터페이스를 모델, 뷰, 컨트롤러 객체가 협업하면서 움직이는 구조로 나누면 GUI 애플리케이션을 구현하는 단계는 굉장히 간편하게 작업할 수 있지만, 락의 순서가 올바르지 않게 배치될 가능성이 높다. 컨트롤러는 모델 내부의 값을 불러다 사용하고, 변경된 내용은 뷰를 통해 화면에 표시한다. 반대로 컨트롤러에서 뷰의 기능을 호출하면서 모델 내부의 상태를 확인하기 위해 모델의 기능을 호출하기도 한다. 그러다보니 객체마다 락이 걸리는 순서가 잘못 맞물려 데드락에 걸릴 가능성이 높다.

썬마이크로시스템즈의 부사장인 그레이엄 해밀턴Graham Hamilton은 자신의 블로그[1]에 멀티스레드 GUI 프레임웍이 컴퓨터 과학 역사상 여러 가지 "이룰 수 없는 꿈" 가운데 하나라고 설명하고 있다.

> 멀티스레드 GUI 프레임웍을 사용하더라도 다음과 같은 조건이 만족한다면 프로그램을 제대로 작성할 수 있다. 일단 GUI 프레임웍이 굉장히 세심하게 설계돼 있어야 하고, 내부적인 락과 동기화 방법을 아주 사소한 부분까지 공개해야 하고, 개발자가 굉장히 똑똑하면서 주의 깊은 사람이어야 하고, 그 개발자가 GUI 프레임웍의 내부 구조에 대해서 처음부터 끝까지 꿰뚫고 있어야 한다. 위에서 언급한 여러 가지 조건 가운데 하나라도 약간 틀어진다면 프로그램이 대충 동작하는 것처럼 보이겠지만, 데드락 때문에 프로그램이 종종 멈추거나 경쟁 상황 때문에 여러 문제가 생길 것이다. 멀티스레드를 사용하는 방법은 GUI 프레임웍을 설계하는 일에 직접 참여했던 개발자만이 제대로 활용할 수 있을 것이다.
>
> 불행한 일이지만 멀티스레드 GUI 프레임웍의 이런 특성을 보면 상용 애플리케이션에 널리 사용되지 못할 것이 분명하다. 똑똑한 개발자를 데려다 애플리케이션을 만들고 나면 결국에는 원인도 제대로 찾을 수 없는 이상한 오류가 발생하면서 불안정하게 동작하는 결과를 얻을 가능성이 높다. 그러면 개발자 기분만 상하고 오류가 발생하지 않을까 겁을 내게 되는 데다 괜한 GUI 프레임웍에 대고 욕이나 하게 될 것이다.

단일 스레드 GUI 프레임웍은 스레드 제한 기법으로 스레드 안전성을 보장한다. 화면 컴포넌트나 데이터 모델과 같은 모든 GUI 객체는 항상 이벤트 스레드에서 독점적으로 사용한다. 물론 이런 구조로 동작하다보니 애플리케이션을 작성하는 개발자는 각종 객체가 이벤트 스레드에 적절하게 제한돼 동작하도록 만들어야 하는 부담을 가질 수밖에 없다.

9.1.1 순차적 이벤트 처리

GUI 애플리케이션은 마우스 클릭, 키보드 입력, 타임아웃 등의 세밀한 이벤트를 처리하는 기능 위주로 만들게 된다. 이벤트는 이를테면 일종의 작업이라고 볼 수 있겠다. 특히 스윙이나 AWT에서 이벤트를 처리하도록 만들어진 구조를 살펴보면 `Executor`에서 작업을 실행하는 것과 많이 닮아 있다는 사실을 알 수 있다.

---

1. http://weblogs.java.net/blog/kgh/archive/2004/10 페이지를 참조하자.

GUI 이벤트를 처리하는 스레드는 단 하나밖에 없기 때문에 이벤트는 항상 순차적으로 실행된다. 이벤트 하나를 처리해야 다음 이벤트를 처리하며, 두 개 이상의 이벤트를 동시에 처리하는 일은 없다. 이런 기본적인 정보를 머릿속에서 놓치지 않는다면 다른 작업에 맞물려 올바르게 동작하지 않을 가능성을 배제하고 이벤트 처리 코드를 훨씬 쉽게 작성할 수 있다.

작업을 순차적으로 처리하는 방법의 단점이라면 특정 작업을 실행하는 데 시간이 오래 걸리는 경우 그 이후에 실행할 작업은 이전 작업이 끝날 때까지 오랜 시간을 기다려야 한다는 점이다. 더군다나 오랜 시간 실행될 작업 뒤에서 대기하는 작업이 사용자의 입력에 반응하는 작업이거나 화면에 뭔가를 표시하는 작업이라면, 해당 애플리케이션 전체적으로 동작을 멈추고 다운된 듯한 현상이 벌어진다. 예를 들어 오래 실행될 작업이 일단 시작되고 나면 사용자는 '취소' 버튼을 클릭할 수조차 없게 되며, 취소 버튼을 클릭해 발생했던 이벤트 역시 오래 실행되는 작업이 끝난 이후에나 처리된다. 따라서 이런 문제를 방지하려면 이벤트 스레드에서 실행되는 작업은 반드시 작업을 빨리 끝마치고 제어권을 이벤트 스레드에게 재빠르게 넘겨야 한다. 대량의 문서를 대상으로 맞춤법 검사를 한다거나, 파일 시스템의 내용을 검색한다거나, 네트웍상의 정보를 가져오는 등의 작업을 할 때는 해당 작업을 이벤트 스레드가 아닌 독립 스레드에서 동작시키고, 이벤트 스레드에 제어권을 바로 넘기도록 해야 한다. 오래 실행되는 작업이 얼마나 실행됐는지를 화면에 표시하거나, 작업이 완료됐을 때 완료됐다는 메시지를 화면에 표시하고자 한다면 해당 화면 표시 작업은 이벤트 스레드 내부에서 실행되도록 해야 한다. 오래 실행될 작업은 이런 방법으로 처리해야 하기 때문에 코드가 금방 복잡해지곤 한다.

9.1.2 스윙의 스레드 한정

`JButton`이나 `JTable`과 같은 모든 스윙 컴포넌트와 `TableModel`, `TreeModel` 등의 데이터 모델 객체는 이벤트 스레드에 한정되도록 만들어져 있다. 따라서 이와 같은 컴포넌트나 모델 객체는 항상 이벤트 스레드 내부에서만 사용해야 한다. GUI 객체는 동기화 기법 대신 스레드 한정 기법을 사용해 스레드 안전성을 확보한다. 이럴 경우 이벤트 스레드 내부에서 실행되는 작업이 자료를 사용할 때 더 이상 동기화에 대해 걱정할 필요가 없다는 장점이 있다. 반대로 GUI 관련 객체를 이벤트 스레드 외부에서는 절대 건드려서는 안 된다는 단점이 있다.

스윙의 단일 스레드 규칙: 스윙 컴포넌트와 모델 객체는 이벤트 스레드 내부에서만 생성하고, 변경하고, 사용할 수 있다.

물론 모든 규칙이 그렇듯 몇 가지 예외가 있다. 스윙 내부의 메소드 가운데 몇 가지는 이벤트 스레드 외부에서도 얼마든지 호출할 수 있으며, 이런 메소드를 항상 스레드 안전하게 외부에서 호출할 수 있다는 점은 API 문서에도 잘 설명돼 있다. 이런 예외 메소드에는 다음과 같은 것들이 있다.

- `SwingUtilities.isEventDispatchThread` 메소드는 현재 스레드가 이벤트 스레드인지를 알려주는 메소드이다.
- `SwingUtilities.invokeLater` 메소드는 `Runnable`을 등록해 이벤트 스레드에서 실행되도록 해준다(이벤트 스레드 외부에서도 얼마든지 호출할 수 있다).
- `SwingUtilities.invokeAndWait` 메소드는 `Runnable`을 등록해 이벤트 스레드에서 실행되도록 하며, 해당 작업이 끝날 때까지 대기한다(GUI 스레드가 아닌 스레드에서만 호출할 수 있다).
- 화면을 다시 그리거나repaint 재정비revalidation하는 요청을 이벤트 큐에 쌓는 메소드는 이벤트 스레드 외부에서도 얼마든지 호출할 수 있다.
- 마지막으로 이벤트 리스너를 추가하거나 제거하는 메소드 역시 이벤트 스레드 외부에서도 얼마든지 호출할 수 있다. 단, 리스너의 메소드는 이벤트 스레드에서만 호출한다.

`invokeLater`와 `invokeAndWait` 메소드는 `Executor`의 기능과 굉장히 유사한 모습으로 동작한다. 실제로 예제 9.1과 같이 `SwingUtilities` 클래스의 스레드 관련 메소드를 단일 스레드 `Executor`로 쉽게 구현할 수 있다. 스윙이 `Executor` 프레임웍보다 훨씬 전에 만들어져 `SwingUtilities` 내부에서 단일 스레드 `Executor`를 사용하지는 않는 것으로 알려져 있지만, 스윙을 최근에 새로 구현했다고 하면 아마도 단일 스레드 `Executor`를 사용했을 것이다.

스윙 이벤트 스레드는 이벤트 큐에 쌓여 있는 작업을 순차적으로 처리하는 단일 스레드 `Executor`라고 볼 수 있다. 스레드 풀에서 봤던 것처럼 간혹 작업 스레드가 비정상적으로 종료돼 새로운 스레드로 대치되기도 하지만, 이런 일은 작업의 관점에서 아무런 변화 없이 진행돼야 한다. 순차적인 단일 스레드 실행 방법은 각 작업이 짧게 실행되며, 스케줄된 상황을 예측할 필요가 없고, 작업을 동시에 실행시킬 필요성이 없는 경우에 쓸모있는 방법이다.

예제 9.2의 GuiExecutor 클래스는 작업을 SwingUtilities에 넘겨 실행하도록 하는 Executor의 하위 클래스이다. GuiExecutor 클래스는 스윙뿐만 아니라 다른 GUI 프레임웍을 사용해도 얼마든지 구현할 수 있다. 예를 들어 SWT에는 스윙의 invokeLater와 비슷한 Display.asyncExec 메소드가 있다.

9.2 짧게 실행되는 GUI 작업

GUI 애플리케이션에서는 이벤트 스레드에서 이벤트가 시작돼 애플리케이션에 만들어져 있는 리스너에게 전파된다. 리스너가 이벤트를 받으면 화면에 뭔가를 표시하는 객체를 사용해 동작한다. 예를 들어 짧은 시간 동안만 실행되는 작업은 작업 전체가 이벤트 스레드 내부에서 실행돼도 큰 문제는 없다. 하지만 오랜 시간 동안 실행되는 작업은 이벤트 스레드가 아닌 외부의 다른 스레드에서 실행하도록 해야 맞다.

간단한 예를 보자면, 화면 표시용 객체를 이벤트 스레드 내부에서만 사용하도록 제한하는 것은 아주 당연하다. 예제 9.3에서는 클릭할 때마다 계속해서 자신의 색깔이 아무렇게나 변하도록 만든 버튼 클래스가 나타나 있다. 사용자가 버튼을 클릭하면 GUI 프레임웍은 이벤트 스레드를 통해 버튼을 클릭했을 때 발생한 ActionEvent 이벤트 클래스를 등록돼 있는 모든 동작action 리스너에게 전달한다. ActionEvent가 전달되면 그에 대한 응답으로 임의의 색깔을 하나 골라서 그 색을 버튼의 배경 색으로 지정하게 돼 있다. 결국 이벤트는 맨 처음 GUI 프레임웍에서 발생해서 애플리케이션으로 전달되고, 애플리케이션은 이벤트에 해당하는 대응 작업으로 GUI 프레임웍에 포함된 내용을 변경한다. 그림 9.1에서 소개했던 것과 같이 통제권이 이벤트 스레드 내부에서만 동작하고 있다.

방금 소개했던 간단한 예제만 보더라도 GUI 프레임웍과 GUI 프레임웍을 사용하는 애플리케이션 간에 어떤 작업이 일어나는지를 쉽게 이해할 수 있다. 따라서 처리할 작업이 금방 처리되는 작업이면서 GUI 객체(또는 스레드에 한정되도록 만들어진 다른 클래스나 스레드 안전한 객체도 포함)에서만 실행하는 작업이라고 한다면 스레드에 대해 아무런 신경 쓸 필요 없이 모든 작업을 이벤트 스레드 내부에서 처리하도록 해도 별 문제가 없고, 프로그램은 항상 예상했던 대로 동작할 것이다.

```
public class SwingUtilities {
    private static final ExecutorService exec =
        Executors.newSingleThreadExecutor(new SwingThreadFactory());
```

```
    private static volatile Thread swingThread;

    private static class SwingThreadFactory implements ThreadFactory {
        public Thread newThread(Runnable r) {
            swingThread = new Thread(r);
            return swingThread;
        }
    }

    public static boolean isEventDispatchThread() {
        return Thread.currentThread() == swingThread;
    }

    public static void invokeLater(Runnable task) {
        exec.execute(task);
    }

    public static void invokeAndWait(Runnable task)
            throws InterruptedException , InvocationTargetException {
        Future f = exec.submit(task);
        try {
            f.get();
        } catch (ExecutionException e) {
            throw new InvocationTargetException(e);
        }
    }
}
```

예제 9.1 Executor를 사용해 구현한 SwingUtilities

```
public class GuiExecutor extends AbstractExecutorService {
    // 싱글턴 객체의 생성 메소드는 private이고, public인 팩토리 메소드를 사용
    private static final GuiExecutor instance = new GuiExecutor();

    private GuiExecutor() { }

    public static GuiExecutor instance() { return instance; }
```

```
    public void execute(Runnable r) {
        if (SwingUtilities.isEventDispatchThread())
            r.run();
        else
            SwingUtilities.invokeLater(r);
    }

    // Executor의 몇 가지 기본 메소드는 생략
}
```

예제 9.2 SwingUtilities를 활용하는 Executor

```
final Random random = new Random();
final JButton button = new JButton("Change Color");
...
button.addActionListener(new ActionListener() {
    public void actionPerformed(ActionEvent e) {
        button.setBackground(new Color(random.nextInt()));
    }
} );
```

예제 9.3 간단한 이벤트 리스너

그림 9.1 버튼을 클릭했을 때의 흐름

그림 9.2를 보면 위에서 소개했던 것과 동일하지만 TableModel이나 TreeModel 등의 표준 데이터 모델을 적용해 약간 더 복잡하게 구성된 작업 흐름도가 나타나 있다. 스윙에서는 대부분의 화면 표시 객체가 두 개의 부분으로 나뉘어 있는데, 바로 모델model과 뷰view이다. 화면에 표시돼야 할 데이터는 모델에 보관돼 있으며, 모델에 들어 있는 데이터를 화면에 어떻게 표시해야 할지는 뷰에서 결정한다. 모델에서 갖고 있는 데이터가 변경되면 데이터가 변경됐다는 이벤트를 발생시키게 되고, 뷰에서는 모델에서 발생하는 이벤트에 대한 리스너가 대기 중이다. 대기 중이던 뷰의 리스너가 모델의 데

이터가 변경됐다는 이벤트를 받으면 모델에서 변경된 내역을 받아온 다음 변경된 해당 내용을 화면에 표시한다. 따라서 표 내부의 데이터를 변경하는 기능을 맡은 버튼의 리스너 가운데 동작 리스너는 먼저 모델의 데이터를 새 값으로 바꿔 넣고 fireXxx 메소드 몇 가지를 호출한다. fireXxx 메소드를 호출하면 뷰에서 대기하고 있는 리스너를 호출하는 셈이며, 결국 뷰의 화면에 새로운 값이 표시된다. 다시 말하지만 제어권은 이벤트 스레드를 떠난 적이 없다(스윙 프레임웍의 fireXxx 메소드는 해당하는 이벤트를 이벤트 큐에 쌓는 대신 리스너를 직접 호출하도록 돼 있다. 따라서 fireXxx 메소드를 이벤트 스레드 외부에서 호출하게 해서는 안 된다).

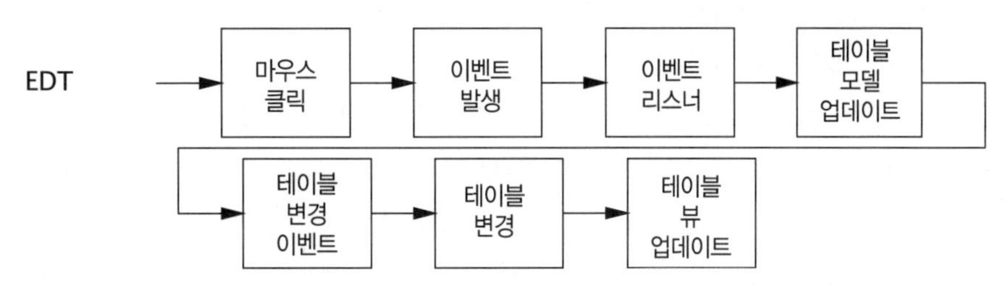

그림 9.2 모델과 뷰 객체가 분리됐을 때의 작업 흐름

9.3 장시간 실행되는 GUI 작업

애플리케이션에서 실행하는 모든 작업이 금방 끝나는 작업이면서 GUI와 관련 없는 작업이 많지 않다면 애플리케이션의 모든 작업을 이벤트 스레드에서 실행해도 별 무리가 없으며 아무런 신경을 쓰지 않아도 큰 문제가 발생하지는 않는다. 하지만 GUI를 잘 구성해 둔 애플리케이션은 맞춤법 검사 기능이나 백그라운드 컴파일 작업이나 원격 서버에서 자료를 가져오는 것과 같이 사용자가 기다리는 시간이 길어질 수 있는 작업을 사용하는 경우도 많아진다. 이처럼 시간이 오래 걸리는 작업을 이벤트 스레드와 달리 독립된 스레드에서 실행하도록 하면 작업 도중에 GUI 화면이 얼어버리지 않게 할 수 있다.

스윙에서는 원하는 작업을 이벤트 스레드 내부에서는 쉽게 실행하도록 돼 있었지만, (자바 6 이전에는) GUI에서 작업을 실행할 때 이벤트 스레드 외부의 독립 스레드에서 다른 작업을 실행할 수 있는 방법이 없었다. 그렇다고 해서 스윙에서 이런 기능을 제공할 때까지 기다려야 할 필요는 없다. Executor를 직접 생성해 두고, 시간이 많이 걸리는 작업을 실행시키면 된다. 이처럼 GUI 애플리케이션에서 시간이 오래 걸리는 작업을 처리하는 데는 newCachedThreadPool 메소드로 생성한 Executor가 제격이다.

GUI 애플리케이션에서 시간이 오래 걸릴 작업을 기계적으로 대량 생성하는 일은 거의 없기 때문에 스레드 풀의 크기가 무한정 늘어날 가능성은 거의 없기 때문이다.

일단 작업 중단 기능이나 진행 상태 안내 등의 기능이 들어 있지 않으면서 작업이 끝나도 GUI 화면에 결과를 표시하는 기능도 없는 간단한 작업을 먼저 만들어 보고, 그 이후에 필요한 기능을 하나씩 붙여보자. 예제 9.4를 보면 화면상의 컴포넌트에 연결돼 있으면서 Executor를 사용해 장시간 실행될 작업을 시작시키는 이벤트 리스너의 코드가 들어 있다. 내부 클래스를 사용했기 때문에 대충 보면 복잡해 보일 수도 있지만, 그 구조는 굉장히 간단하다. 이벤트 스레드에서는 UI의 이벤트를 처리하는 이벤트 리스너를 호출하고, 이벤트 리스너는 작업을 담당하는 Runnable 인스턴스를 생성해 스레드 풀에서 실행시킨다.

예제 9.4의 코드는 이벤트 스레드에서 처리해야 할 작업을 넘겨 받고는 '실행하고 관심을 끊어버리는(fire and forget)' 전략을 취하고 있는데, 실제 상황에서 사용하기에는 무리가 있는 방법이다. 일반적으로 장시간 실행되는 작업이 종료되고 나면 화면상에 어떤 방법으로든 실행이 끝났다는 것을 표시하는 게 보통이다. 하지만 백그라운드에서 동작하는 스레드에서 화면상의 컴포넌트를 직접 사용할 수는 없기 때문에 장시간 실행된 작업이 종료되면, 사용자 인터페이스에 종료 결과를 반영하는 기능의 작업을 생성해 이벤트 스레드에서 실행되도록 해야 한다.

```
ExecutorService backgroundExec = Executors.newCachedThreadPool();
...
button.addActionListener(new ActionListener() {
    public void actionPerformed(ActionEvent e) {
        backgroundExec.execute(new Runnable() {
            public void run() { doBigComputation(); }
        });
}});
```

예제 9.4 화면에서 이벤트가 발생했을 때 장시간 실행되는 작업을 시작하는 방법

이처럼 종료 결과를 반영하는 코드는 예제 9.5에서 볼 수 있다. 이제 내부 클래스를 3중으로 쓰고 있으니 예제 9.4의 내용보다 복잡해졌다. 이벤트 리스너는 먼저 버튼을 클릭할 수 없도록 회색으로 변경하고 작업이 진행 중이라는 메시지를 레이블에 설정한다. 그 다음에는 백그라운드로 동작하는 Executor에게 새로운 작업을 등록한다. 등록된 작업은 자신이 맡은 일을 모두 끝내고 나면 화면을 원상태로 복귀시키는 새로운 작

업을 이벤트 스레드에 등록한다. 이 새로운 작업은 회색으로 만들었던 버튼을 원래대로 되돌려 클릭할 수 있도록 하고, 레이블에 설정돼 있던 작업 중 메시지를 제거한다.

```
button.addActionListener(new ActionListener() {
    public void actionPerformed(ActionEvent e) {
        button.setEnabled(false);
        label.setText("busy");
        backgroundExec.execute(new Runnable() {
            public void run() {
                try {
                    doBigComputation();
                } finally {
                    GuiExecutor.instance().execute(new Runnable() {
                        public void run() {
                            button.setEnabled(true);
                            label.setText("idle");
                        }
                    });
                }
            }
        });
    }
});
```

예제 9.5 장시간 실행되는 작업의 결과를 화면에 표시하는 코드

버튼을 클릭했을 때 실행된 작업은 이벤트 스레드와 백그라운드 스레드에서 번갈아가며 실행되는 세 가지 작업으로 나뉘어져 있다. 첫 번째 내부 작업은 화면을 통해 장시간 실행될 작업이 시작됐음을 알려주는 기능을 담당하고, 두 번째 내부 작업이 백그라운드 스레드에서 동작하도록 실행한다. 두 번째 내부 작업이 끝나고 나면 장시간 실행된 작업이 마무리됐음을 화면에 반영하는 기능의 세 번째 내부 작업이 이벤트 스레드에서 동작할 수 있도록 큐에 쌓는다. 이와 같이 '스레드를 넘어다니는' 방법은 GUI 애플리케이션에서 오래 걸리는 작업을 처리해야 할 때 자주 사용하는 방법이다.

9.3.1 작업 중단

독립적인 스레드를 사용해서 실행시켜야 할 만큼 오래 실행되는 작업은 사용자가 취소하고 싶은 생각이 들 때까지의 시간도 오래 걸리는 경우가 많다. 스레드 인터럽트 기능을 사용해 작업 중단 기능을 구현할 수도 있겠지만, 중단 가능한 작업을 만들 수 있도록 설계돼 있는 Future를 활용하면 훨씬 간편하게 구현할 수 있다.

Future 인터페이스의 cancel 메소드를 호출할 때 mayInterruptIfRunning 값을 true로 설정했다면 Future를 구현한 클래스는 작업이 특정 스레드에서 시작됐을 경우 해당 스레드에 인터럽트를 걸게 돼 있다. 만약 등록한 작업이 인터럽트에 적절하게 대응하도록 만들어져 있다면 작업을 중단하고 얼마 지나지 않아 금방 멈출 것이다. 예제 9.6을 보면 스레드의 인터럽트 상태를 주기적으로 확인하고, 인터럽트가 걸렸다면 하던 작업을 마무리하고 바로 멈추도록 구현된 모습을 볼 수 있다.

```
Future<?> runningTask = null; // 스레드 한정
...
startButton.addActionListener(new ActionListener() {
    public void actionPerformed(ActionEvent e) {
        if (runningTask == null) {
            runningTask = backgroundExec.submit(new Runnable() {
                public void run() {
                    while (moreWork()) {
                        if (Thread.interrupted()) {
                            cleanUpPartialWork();
                            break;
                        }
                        doSomeWork();
                    }
                }
            });
    };
}});

cancelButton.addActionListener(new ActionListener() {
    public void actionPerformed(ActionEvent event) {
        if (runningTask != null)
            runningTask.cancel(true);
}});
```

예제 9.6 장시간 실행되는 작업 중단하기

runningTask 변수가 이벤트 스레드에 한정돼 있기 때문에 runningTask 변수를 사용할 때 다른 동기화 기법을 적용할 필요는 없다. 작업 시작 버튼에 연결돼 있는 이벤트 리스너는 내부적으로 한 번에 백그라운드 작업이 단 하나만 동작하도록 구현돼 있다. 어찌됐건 작업이 정상적으로 종료되고 나면 사용자에게 어떤 방법으로건 작업이 끝났다는 점을 알려줄 필요는 있다. 예를 들면 취소Cancel 버튼을 사용하지 못하도록 막을 수도 있겠다. 다음 절에서 이와 관련된 내용을 살펴보자.

9.3.2 진행 상태 및 완료 알림

Future 인터페이스를 활용하면 장시간 실행되는 작업을 중단하는 일도 굉장히 간단하게 구현할 수 있었다. FutureTask 클래스에 포함돼 있는 done이라는 훅 메소드를 사용하면 작업이 끝났음을 알려주는 기능도 중단 기능처럼 간단하게 구현할 수 있다. 백그라운드로 실행되던 Callable 작업이 완료되면 항상 done 메소드가 호출된다. done 메소드에서 작업이 완료됐다는 정보를 화면에 표시하는 기능을 이벤트 스레드에 등록하도록 한다면, 예제 9.7과 같이 이벤트 스레드에서 호출하는 onCompletion 메소드를 갖고 있는 BackgroundTask 클래스를 만들어 볼 수 있겠다.

BackgroundTask 클래스는 작업 진행 상태를 표시하는 기능도 갖고 있다. BackgroundTask의 compute 메소드는 현재 진행 상태를 숫자로 환산해 setProgress 메소드를 호출할 수 있다. 그러면 이벤트 스레드에서 onProgress 메소드가 호출되고, onProgress 메소드는 현재 진행 상태를 화면에 표시할 수 있다.

BackgroundTask를 구현하려면 기본적으로 compute 메소드만 구현하면 되고, compute 메소드는 백그라운드 스레드에서 자동으로 호출한다. 물론 필요한 경우에는 이벤트 스레드에서 호출하게 돼 있는 onCompletion과 onProgress 메소드를 오버라이드해도 좋다.

BackgroundTask 클래스는 FutureTask를 그대로 활용하기 때문에 작업 중단 기능도 쉽게 구현하고 있다. 작업을 실행하는 스레드의 인터럽트 상태를 폴링하는 대신 compute 메소드 내부에서 Future.isCancelled 메소드를 호출해 중단 상태를 직접 확인할 수 있다. 예제 9.8은 예제 9.6에 BackgroundTask를 적용해 새로 구현한 코드이다.

```
abstract class BackgroundTask<V> implements Runnable, Future<V> {
    private final FutureTask<V> computation = new Computation();

    private class Computation extends FutureTask<V> {
```

```
        public Computation() {
            super(new Callable<V>() {
                public V call() throws Exception {
                    return BackgroundTask.this.compute();
                }
            });
        }
        protected final void done() {
            GuiExecutor.instance().execute(new Runnable() {
                public void run() {
                    V value = null;
                    Throwable thrown = null;
                    boolean cancelled = false;
                    try {
                        value = get();
                    } catch (ExecutionException e) {
                        thrown = e.getCause();
                    } catch (CancellationException e) {
                        cancelled = true;
                    } catch (InterruptedException consumed) {
                    } finally {
                        onCompletion(value, thrown, cancelled);
                    }
                };
            });
        }
    }
    protected void setProgress(final int current, final int max) {
        GuiExecutor.instance().execute(new Runnable() {
            public void run() { onProgress(current, max); }
        });
    }
    // 백그라운드 작업 스레드에서 호출함
    protected abstract V compute() throws Exception;
    // 이벤트 스레드에서 호출함
    protected void onCompletion(V result, Throwable exception,
                                        boolean cancelled) { }
    protected void onProgress(int current, int max) { }
    // 기타 여러 가지 Future 메소드
}
```

예제 9.7 작업 중단, 작업 중단 알림, 진행 상태 알림 등의 기능을 갖고 있는 작업 클래스

```
startButton.addActionListener(new ActionListener() {
    public void actionPerformed(ActionEvent e) {
        class CancelListener implements ActionListener {
            BackgroundTask<?> task;
            public void actionPerformed(ActionEvent event) {
                if (task != null)
                    task.cancel(true);
            }
        }
        final CancelListener listener = new CancelListener();
        listener.task = new BackgroundTask<Void>() {
            public Void compute() {
                while (moreWork() && !isCancelled())
                    doSomeWork();
                return null;
            }
            public void onCompletion(boolean cancelled, String s,
                                     Throwable exception) {
                cancelButton.removeActionListener(listener);
                label.setText("done");
            }
        };
        cancelButton.addActionListener(listener);
        backgroundExec.execute(listener.task);
    }
});
```

예제 9.8 BackgroundTask를 활용해 장시간 실행되며 중단 가능한 작업 실행

9.3.3 SwingWorker

지금까지 FutureTask와 Executor를 활용해 GUI의 응답 속도를 떨어뜨리지 않으면서 시간이 오래 걸리는 작업을 백그라운드에서 쉽게 처리할 수 있도록 해주는 프레임웍을 구현해봤다. 이와 같은 테크닉은 스윙뿐만 아니라 단일 스레드로 동작하는 모든 종류의 GUI 프레임웍에 적용할 수 있는 방법이다. 스윙에서는 작업 중단, 작업 완료 알림, 작업 진행 상태 알림과 같이 위에서 개발했던 프레임웍이 갖고 있는 기능의 대

부분을 SwingWorker를 통해 제공하고 있다. 스윙 컨넥션The Swing Connection이나 자바 튜토리얼The Java Tutorial 등을 통해 여러 가지 버전의 SwingWorker가 소개된 바 있으며, 자바 6에는 가장 최신 버전이 포함돼 있다.

9.4 데이터 공유 모델

TableModel이나 TreeModel과 같은 데이터 모델 객체를 포함해 스윙의 화면 표시 객체는 이벤트 스레드에 제한돼 있다. 일반적인 간단한 GUI 애플리케이션에서는 변경 가능한 상태 변수가 모두 화면 표시 객체에 담겨 있고 이벤트 스레드를 제외하고는 프로그램이 실행된 메인 스레드만이 동작하는 경우가 많다. 이와 같은 프로그램에서는 단일 스레드 규칙을 쉽게 적용할 수 있다. 바로 '메인 스레드에서는 데이터 모델이나 화면 표시 객체를 건드리지 말라'는 간단한 규칙으로 충분하다. 하지만 이보다 복잡한 구조로 여러 개의 스레드를 사용해 파일 시스템이나 데이터베이스와 같은 데이터 저장소에서 값을 가져오거나 저장해야 하지만, 그 동안에도 화면 응답 속도에는 영향을 주지 않아야 하는 애플리케이션도 있다.

가장 간단한 경우를 생각해보면, 데이터 모델에 들어 있는 값을 이벤트 스레드가 아닌 다른 스레드에서 전혀 건드리지 않았다고 가정해보자. 그러면 그 데이터는 사용자가 직접 입력했거나 애플리케이션이 시작될 때 파일이나 기타 다른 저장소에서 가져온 값일 수밖에 없다. 하지만 일부 화면 표시 객체의 데이터 모델에 들어 있는 값은 데이터베이스, 파일 시스템, 아니면 원격지의 서비스에서 가져온 값을 단순히 보여주기만 하는 경우도 있다. 이럴 때는 데이터가 애플리케이션으로 들어오고 나가는 과정에 두 개 이상의 스레드가 관여하기도 한다.

예를 들어 트리 컨트롤을 사용해 원격 컴퓨터의 파일 시스템에 어떤 내용이 들어 있는지를 표시한다고 해보자. 아마도 트리 컨트롤을 표시하기 전에 원격 컴퓨터의 모든 디렉토리 구조를 전부 받아와서 트리에 한꺼번에 집어 넣으려고 하지는 않을 것이다. 만약 한꺼번에 표시하도록 한다면 감당하기 어려울 만큼 오랜 시간이 걸리고 상당량의 메모리도 필요하기 때문이다. 이런 방법 대신 트리의 각 항목을 확장하는 순간 해당 디렉토리 바로 아래의 정보만을 가져와 트리에 추가할 수 있겠다. 물론 디렉토리 하나의 파일 목록을 가져오는 것이라 해도 시간이 오래 걸릴 수 있기 때문에 디렉토리를 가져오는 작업은 백그라운드에서 실행하도록 해야 한다. 디렉토리를 가져오는 백그라운드 작업이 완료되면 가져온 데이터를 트리 모델에 적절하게 추가해 화면에 표시되도록 할 수 있다. 데이터를 트리 모델에 추가하는 작업은 백그라운드 작업에서 얻은 결과를 이벤트 스레드에서 트리 모델에 추가하도록 `invokeLater` 메소드를 사용하도록 한다. 아니면 이벤트 스레드에서 주기적으로 추가된 데이터가 있는지를 폴링하도록 하는 방법도 있겠다.

9.4.1 스레드 안전한 데이터 모델

동기화된 부분에서 스레드가 대기하는 상황 때문에 GUI의 응답 속도가 형편없이 떨어지는 수준이 아니라면, 특정 데이터를 놓고 여러 스레드가 동시에 동작하는 상황은 스레드에 안전한 데이터 모델을 사용해 쉽게 해결할 수 있다. 사용하고자 하는 데이터 모델에서 동시 사용성을 높은 수준으로 지원한다면 응답 속도 문제 없이 이벤트 스레드와 작업용 백그라운드 스레드에서 데이터를 충분히 공유할 수 있다. 예를 들어 111쪽에서 소개했던 `DelegatingVehicleTracker` 클래스에서 내부적으로 높은 수준의 동시 사용성을 갖고 있는 `ConcurrentHashMap`을 사용하는 모습을 되새겨 보자. 이런 방법을 사용했을 때 발생하는 단점은 특정 시점에 어떤 값을 갖고 있었는지를 안정적으로 정확하게 알기 어렵다는 점이다. 물론 경우에 따라 특정 시점의 값을 정확하게 알아야 할 수도 있고, 그럴 필요가 없을 수도 있다. 스레드 안전한 데이터 모델은 모델의 내용이 업데이트 됐을 때 이벤트를 발생시키기도 하며, 이런 이벤트를 받아 처리하도록 하면 데이터가 바뀌었을 때 변경된 정보를 화면에 즉시 표시할 수 있다.

일부 상황에서는 `CopyOnWriteArrayList`와 같은 버전 데이터 모델versioned data model을 사용해 스레드 안전성과 데이터 안정성과 높은 응답 속도를 한꺼번에 얻을 수도 있다[CPJ 2.2.3.3]. 예를 들어 `CopyOnWriteXXX` 컬렉션에서는 `Iterator` 반복문도 해당 `Iterator`가 생성되던 시점의 내용을 그대로 보존하고 반복한다. 하지만 `CopyOnWriteXXX` 컬렉션은 데이터를 추가하거나 제거하는 기능보다 반복문을 훨씬 많이 사용하는 경우에만 정상적인 성능을 얻을 수 있다. 이런 조건 때문에 필요한 곳마다 매번 적용하지 못하는 경우가 많은데, 아마도 차량 추적 시스템과 같은 경우에는 적절하지 않은 방법이라고 본다. 고도의 동기화 기법을 사용한 컬렉션 클래스를 활용한다면 이와 같은 제약 사항을 뛰어 넘을 수도 있겠지만, 병렬 환경에서 원활하게 동작하고 오래된 버전의 데이터를 적절한 시점에 자동으로 제거하는 등의 효율적인 기능을 갖추도록 하는 것은 그다지 쉬운 일이 아니다. 이런 부분은 다른 모든 방법을 동원해도 원하는 결과를 얻을 수 없을 때 생각해 봐도 늦지 않다.

9.4.2 분할 데이터 모델

GUI 입장에서 보면 `TableModel`이나 `TreeModel`과 같은 스윙 내부의 데이터 모델 클래스는 화면에 표시할 데이터를 저장하는 공식 저장소와 같은 역할을 하고 있다. 그런데 따지고 보면 `TableModel`이나 `TreeModel` 역시 애플리케이션이 관리하는 다른 데이터 저장소에 대한 '뷰'에 불과할 수도 있다. 이처럼 화면 표시 부분(presentation-domain)과 애플리케이션 부분(application-domain)의 데이터 모델을 구분해 사용하는 모양을 분할 데이터 모델이라고 한다 (Fowler, 2005).

분할 데이터 모델 환경에서 화면 표시 부분의 데이터 모델은 항상 이벤트 스레드 내부에 제한돼 있고, 흔히 공유 모델shared model이라고 하는 애플리케이션 부분의 모델은 이벤트 스레드와 애플리케이션 스레드에서 동시에 사용할 수 있기 때문에 스레드 안전성을 고려한 구조를 갖고 있다. 화면 표시 모델은 공유 모델에 이벤트 리스너를 등록해 변경 사항이 발생했을 때 변경된 내용을 알 수 있다. 화면 표시 모델은 이벤트 공유 모델에 변경 사항이 있을 때 이벤트 리스너를 통해 공유 모델의 스냅샷을 받아와 화면에 반영할 수도 있겠고, 아니면 뭔가 바뀌었다는 이벤트만을 받은 이후 직접 공유 모델에 접근해 필요한 데이터를 뽑아 갈 수도 있다.

위에서 소개했던 스냅샷 방법은 간편하긴 하지만 단점이 있다. 공유 모델이 갖고 있는 데이터의 규모가 작고 공유 모델의 변경 빈도가 높지 않아야 하며 공유 모델과 화면 표시 모델의 데이터 구조가 비슷해야 하는 등의 제약 사항이 바로 단점이라고 볼 수 있다. 만약 공유 모델이 갖고 있는 데이터의 규모가 크고 업데이트가 빈번하게 이뤄진다거나, 한쪽 또는 양쪽 모두의 모델에서 서로 사용할 수 없도록 제한된 데이터를 갖고 있다면 전체 스냅샷을 보내는 대신 변경된 부분만을 추려서 보내는 방법이 훨씬 효율적이다. 이렇게 변경된 부분만을 전송하는 증분 업데이트incremental update 방법은 공유 모델의 변경된 부분을 직렬화serialize해서 화면 표시 모델에 보내고, 화면 표시 모델의 이벤트 스레드에서 직렬화된 데이터를 풀어내는 형태로 동작하게 된다. 증분 업데이트를 하면 어떤 부분이 변경됐는지를 정확하게 알 수 있기 때문에 화면에 정보를 보여줄 때 사용자 인터페이스의 품질을 높일 수 있다. 예를 들어 차량 추적 시스템에서 차량 한 대가 이동했을 뿐인데 전체 화면을 모두 새로 그릴 필요 없이 위치가 변경된 차량과 관련된 부분만 새로 그리도록 하면 성능을 크게 향상시킬 수 있다.

> 데이터 모델을 여러 개의 스레드에서 공유해야 하는 경우라면 분할 데이터 모델을 사용하는 방법을 고려해보자. 스레드 안전하게 공유할 수 있는 데이터 모델을 만들어 사용하고자 할 때 대기 상태에 들어가는 블로킹 문제, 일관성 문제, 구현하기에 복잡하다는 이유 등이 있다면 스레드 안전한 모델 대신 분할 데이터 모델을 추천한다.

9.5 다른 형태의 단일 스레드 서브시스템

스레드 제한 기법은 GUI에서만 사용하는 것은 아니고, 어떤 기능이건 간에 단일 스레드의 형태로 구현된 경우에는 언제든지 적용할 수 있다. 간혹 보면 동기화 작업이나 데드락 등에 신경 쓸 필요가 없다는 이유만으로 개발자가 단일 스레드를 고집하는 경우도 있다. 예를 들어 일부 네이티브 라이브러리는 System.loadLibrary 메소드로 불러온다 해도 항상 동일한 스레드에서만 사용해야 한다고 제한하기도 한다.

네이티브 라이브러리의 기능을 활용하는 부분에 GUI 프레임웍에서 활용했던 기법을 적용해보자. 먼저 네이티브 라이브러리를 독점 사용하는 전용 스레드나 단일 스레드 Executor를 준비한다. 네이티브 라이브러리를 사용하려면 프록시proxy 객체의 메소드를 호출하고, 프록시 객체는 메소드에 해당하는 이벤트를 전용 스레드에 등록해 실행되도록 할 수 있다. Future와 newSingleThreadExecutor를 활용하면 이 정도의 기능은 다음과 같이 쉽게 구현할 수 있다. 특정 기능에 대한 프록시 클래스의 메소드에서는 원하는 기능에 맞는 이벤트(작업)를 생성해 submit하고, 그 즉시 Future.get을 호출해 결과를 얻을 때까지 대기한다(만약 스레드 한정될 객체가 특정 인터페이스를 구현하도록 설계한다면, 동적인 프록시를 활용해 각 메소드에서 Callable 작업을 생성하고 백그라운드 Executor에 등록해 그 결과가 나오기를 기다리는 과정을 자동화할 수 있다).

요약

GUI 프레임웍은 거의 대부분 단일 스레드 서브시스템으로 구현돼 있으며, 화면 표시 부분과 관련된 기능이 모두 이벤트 스레드에서 작업의 형태로 실행되도록 만들어져 있다. 장시간 실행돼야 할 작업이 있는 경우 이벤트 스레드가 하나밖에 없기 때문에 전체적인 사용자 인터페이스의 응답 속도가 떨어질 수밖에 없다. 따라서 장시간 실행될 작업은 이벤트 스레드가 아닌 백그라운드 스레드에서 실행시켜야 한다. 스윙에 포함돼 있는 SwingWorker나 직접 구현해 본 BackgroundTask와 같이 작업 중단, 작업 진행 상태 안내, 작업 완료 안내 등의 기능을 갖춘 도우미 클래스를 사용하면 GUI 프레임웍 내부에서 오래 실행되는 작업을 쉽게 처리할 수 있다.

3부 활동성, 성능, 테스트

10 활동성을 최대로 높이기

안전성safety과 활동성liveness의 사이에는 밀고 당기는 힘이 존재하는 경우가 많다. 스레드의 안전성을 확보하기 위해서 락을 사용하곤 하는데, 락이 우연찮게 일정한 순서로 동작하다 보면 락 순서에 따라 데드락이 발생하기도 한다. 락과 비슷한 관점에서 시스템 자원 사용량을 적절한 수준에서 제한하고자 할 때 스레드 풀이나 세마포어를 사용하기도 하는데 스레드 풀이나 세마포어가 동작하는 구조를 정확하게 이해하지 못하고 있다면 더 이상 자원을 할당받지 못하는 또 다른 형태의 데드락이 발생할 수 있다. 자바 애플리케이션은 데드락 상태에서 회복할 수 없기 때문에 항상 프로그램의 실행 구조상 데드락이 발생할 가능성이 없는지 먼저 확인해야 한다. 10장에서는 데드락과 같이 활동성에 문제가 되는 상황에는 어떤 것이 있는지 살펴보고, 그런 상황을 미연에 방지하는 방법을 알아본다.

10.1 데드락

데드락은 예전부터 '식사하는 철학자dining philosophers' 문제로 널리 알려져 왔다. 다섯 명의 철학자가 중국 음식점에 저녁 식사를 하러 가서 둥그런 테이블에 앉았다. 테이블에는 다섯 개의 젓가락(다섯 쌍이 아닌 다섯 개)이 개인별 접시 사이에 하나씩 놓여 있다. 철학자는 '먹는' 동작과 '생각하는' 동작을 차례대로 반복한다. 먹는 동안에는 접시 양쪽에 있는 젓가락 두 개를 모아 한 쌍을 만들어야 자신의 접시에 놓인 음식을 먹을 수 있고, 음식을 먹은 이후에는 젓가락을 다시 양쪽에 하나씩 내려 놓고 생각을 시작한다. 이런 상황에서는 젓가락 사용 순서를 관리하는 방법이 필요하다. 예를 들어 각자가 약간의 시간 규칙에 맞춰 음식을 먹도록 할 수도 있다. 즉 음식을 먹고자 하는 철학자가 양쪽의 젓가락을 집으려 할 텐데, 한쪽을 집은 상태에서 다른 한쪽이 이미 사용 중이라면 먼저 잡은 한쪽을 내려 놓고 잠시 기다린다. 그러면 모두들 조금씩 식사를 할 수 있다. 아니면 모든 철학자가 각자 자기 왼쪽에 있는 젓가락을 집은 다음 오른쪽 젓가락을 사용할 수 있을 때까지 기다렸다가 오른쪽 젓가락을 집어서 식사를 한다면, 모든 철학자가 더 이상 먹지 못하는 상황에 다다를 수 있다. 철학자 모두가 먹지 못하는 후자의 상황은 음식을 먹는 데 필요한 자원을 모두 다른 곳에서 확보하고 놓지 않기 때문에 모두가 서로 상대방이 자원을 놓기만을 기다리는, 이른바 데드락이 걸린다.

스레드 하나가 특정 락을 놓지 않고 계속해서 잡고 있으면 그 락을 확보해야 하는 다른 스레드는 락이 풀리기를 영원히 기다리는 수밖에 없다. 스레드 A가 락 L을 확보한 상태에서 두 번째 락 M을 확보하려고 대기하고 있고, 그와 동시에 스레드 B는 락 M을 확보한 상태에서 락 L을 확보하려고 대기하고 있다면, 양쪽 스레드 A와 B는 서로가 락을 풀기를 영원히 기다린다. 이런 모습은 데드락의 가장 간단한 경우에 해당하며, 여러 개의 스레드가 사이클을 이루면서 상대방이 확보한 락을 얻으려 대기하는 상태의 데드락도 자주 발생한다. 지향 그래프directed graph를 예로 들어보면, 그래프의 노드는 스레드 하나를 의미하고, 그래프의 에지edge는 '스레드 B가 확보한 독점 자원을 스레드 A가 가져가려고 대기하는 상태'를 나타낸다. 만약 이런 지향 그래프에서 사이클이 나타난다면 데드락이 발생하는 것과 동일하다.

데이터베이스 시스템은 데드락을 검출한 다음 데드락 상황에서 복구하는 기능을 갖추고 있다. 데이터베이스의 트랜잭션transaction을 활용하다 보면 여러 개의 락이 필요할 수 있으며, 락은 해당 트랜잭션이 커밋commit 될 때까지 풀리지 않는다. 따라서 그다지 흔하지는 않지만 두 개 이상의 트랜잭션이 데드락 상태에 빠지는 일이 충분히 가능하다. 외부에서의 조치가 없다면 해당 트랜잭션은 영원이 끝나지 않고 대기할 수밖에 없다(서로 다른 트랜잭션에 필요한 락을 확보하고 풀어주지 않는 상태). 하지만 데이터베이스 서버가 이렇게 데드락이 발생한 채로 시스템이 멈추도록 방치하지는 않는다. 데이터베이스 서버가 트랜잭션 간에 데드락이 발생했다는 사실을 확인하고 나면(데드락 확인 작업에는 보통 대기 상태를 나타내는 그래프에서 사이클이 발생하는지를 확인하는 방법을 사용한다), 데드락이 걸린 트랜잭션 가운데 희생양을 하나 선택해 해당 트랜잭션을 강제 종료시킨다. 이렇게 특정 트랜잭션이 강제로 종료되고 나면 남아 있는 다른 트랜잭션은 락을 확보하고 계속 진행할 수 있다. 만약 트랜잭션을 요청했던 애플리케이션에서 중단된 트랜잭션을 재시도하도록 돼 있었다면, 재시도한 트랜잭션은 데드락이 걸릴 수 있는 상대방 트랜잭션이 모두 끝난 상태이기 때문에 문제 없이 결과를 얻을 수 있게 된다.

자바 가상 머신Java Virtual Machine은 데이터베이스 서버와 같이 데드락 상태를 추적하는 기능은 갖고 있지 않다. 따라서 만약 자바 프로그램에서 데드락이 발생하면 그 순간 게임은 끝이다. 해당 스레드는 프로그램 자체를 강제로 종료하기 전에는 영원히 멈춘 상태로 유지된다. 데드락이 걸린 스레드가 뭘 하는 스레드이냐에 따라 애플리케이션 자체가 완전히 멈춰버릴 수도 있고, 아니면 멈추는 범위가 줄어 일부 모듈만 동작을 멈출 수도 있고, 아니면 전체적인 성능이 떨어지는 정도의 영향을 미칠 수도 있다. 데드락이 걸린 상태에서 애플리케이션을 정상적인 상태로 되돌릴 수 있는 방법은 애플리케이션을 종료하고 다시 실행하는 것밖에 없고, 다시는 같은 데드락이 발생하지 않기를 바라는 수밖에 없다.

병렬 프로그램에서 나타나기 쉬운 여러 가지 다른 문제점과 마찬가지로 데드락 역시 처음에는 그 모습을 거의 드러내지 않는다. 프로그램의 일부에 데드락이 발생할 가능성이 있다고 해서 데드락이 실제로 발생하리라는 보장도 없고, 단지 그럴 가능성이 있다는 것뿐이다. 데드락은 상용 서비스를 시작하고 나서 시스템에 부하가 걸리는 경우와 같이 항상 최악의 상황에서 그 모습을 드러내곤 한다.

10.1.1 락 순서에 의한 데드락

예제 10.1의 `LeftRightDeadlock` 클래스에는 데드락이 발생할 위험이 있다. `leftRight` 메소드와 `rightLeft` 메소드는 각각 `left`와 `right` 락을 확보하게 돼 있다. 한쪽 스레드에서 `leftRight` 메소드를 호출하고 다른 스레드에서 `rightLeft` 메소드를 호출하는데, 양쪽 스레드의 동작이 그림 10.1과 같이 서로 엮이는 경우에 데드락이 발생한다.

`LeftRightDeadlock` 클래스에서 발생하는 데드락의 원인은 두 개의 스레드가 서로 다른 순서로 동일한 락을 확보하려 하기 때문이다. 만약 양쪽 스레드에서 같은 순서로 락을 확보하도록 돼 있다면 종속성 그래프에서 사이클이 발생하지 않기 때문에 데드락이 생기지 않는다. 프로그램 내부의 모든 스레드에서 락 L과 락 M을 사용하는데, 모든 경우에 L과 M을 동일한 순서로 사용한다는 점이 확실하다면 L과 M이 원인이 되는 데드락은 발생하지 않는다.

> 프로그램 내부의 모든 스레드에서 필요한 락을 모두 같은 순서로만 사용한다면, 락 순서에 의한 데드락은 발생하지 않는다.

락을 사용하는 순서가 일정한지를 확인하려면 프로그램 내부에서 락을 사용하는 패턴과 방법을 전반적으로 검증해야 한다. 여러 개의 락을 각자 불러다 사용하는 코드에서 어떤 순서로 실행되는지를 확인하는 것만으로는 충분하지 않을 수 있다. `leftRight` 메소드와 `rightLeft` 메소드 모두 '상식적인' 방법으로 두 개의 락을 사용하고 있는데, 단지 양쪽의 방법이 서로 호환되지 않을 뿐이다. 락을 공유하는 상황에서 데드락을 방지하려면 오른손이 하는 일을 왼손이 알고 있어야 한다.

```
// 데드락 위험!
public class LeftRightDeadlock {
    private final Object left = new Object();
    private final Object right = new Object();

    public void leftRight() {
        synchronized (left) {
            synchronized (right) {
                doSomething();
            }
        }
    }

    public void rightLeft() {
        synchronized (right) {
            synchronized (left) {
                doSomethingElse ();
            }
        }
    }
}
```

예제 10.1 락 순서에 의한 데드락. 이런 코드는 금물!

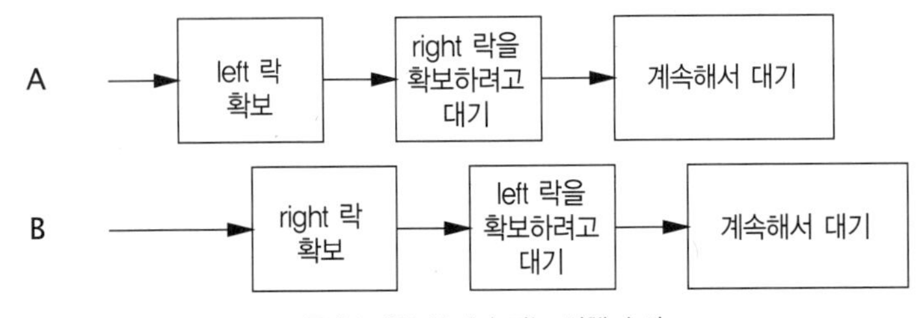

그림 10.1 LeftRightDeadlock 클래스에서 문제가 되는 실행 순서

10.1.2 동적인 락 순서에 의한 데드락

물론 프로그램을 작성하다 보면 데드락을 방지할 수 있을 만큼 락을 사용하는 순서를 충분히 조절하지 못할 수도 있다. 예제 10.2와 같이 특정 계좌에 들어 있는 돈을 다른

계좌로 이체하는 코드를 살펴보자. 척 보기에는 데드락이 발생할 것이라고 예상되는 부분은 없다. 자금을 이체하기 전에 양쪽 계좌에 대한 락을 확보하고, 양쪽 계좌의 잔고를 단일 연산으로 변경하면서 "계좌의 잔고는 0보다 작을 수 없다"는 등의 조건도 확인한다.

그렇다면 transferMoney 메소드는 어떻게 데드락에 걸릴까? 모든 스레드가 락을 동일한 순서로 확보하려 할 때 데드락이 발생할 수 있는데, 여기에서 락을 확보하는 순서는 전적으로 transferMoney 메소드를 호출할 때 넘겨주는 인자의 순서에 달렸다. 따라서 두 개의 스레드가 transferMoney 메소드를 동시에 호출하되, 한쪽 스레드는 X 계좌에서 Y 계좌로 자금을 이체하고, 다른 쪽 스레드는 Y 계좌에서 X 계좌로 자금을 이체하도록 할 때 데드락이 발생한다.

```
A : transferMoney(myAccount, yourAccount, 10);
B : transferMoney(yourAccount, myAccount, 20);
```

타이밍까지 딱 맞아 떨어진다면 A 스레드는 먼저 myAccount에 대한 락을 확보한 다음 yourAccount 락을 확보하려 할 것이고, B 스레드는 yourAccount 락을 확보한 다음 myAccount 락을 확보하려 할 것이다.

```
// 데드락 위험!
public void transferMoney (Account fromAccount,
                           Account toAccount,
                           DollarAmount amount)
        throws InsufficientFundsException {
    synchronized (fromAccount) {
        synchronized (toAccount) {
            if (fromAccount.getBalance().compareTo(amount) < 0)
                throw new InsufficientFundsException();
            else {
                fromAccount.debit(amount);
                toAccount.credit(amount);
            }
        }
    }
}
```

예제 10.2 동적인 락 순서에 의한 데드락. 이런 코드는 금물!

예제 10.2와 같은 데드락도 예제 10.1의 데드락을 찾아내는 것과 동일한 방법으로 검출할 수 있다. 바로 중첩된 구조에서 락을 가져가려는 상황을 찾아내는 것이다. 락을 확보하려는 순서를 내부적으로 제어할 수 없기 때문에 여기에서 데드락을 방지하려면 락을 특정 순서에 맞춰 확보하도록 해야 하고, 락을 확보하는 순서를 프로그램 전반적으로 동일하게 적용해야 한다.

객체에 순서를 부여할 수 있는 방법 중에 하나는 바로 System.identityHashCode를 사용하는 방법인데, identityHashCode 메소드는 해당 객체의 Object.hashCode 메소드를 호출했을 때의 값을 알려준다. 예제 10.3에는 System.indentityHashCode 메소드를 사용해 락 순서를 조절하도록 변경한 transferMoney 메소드가 나타나 있다. 코드 몇 줄을 추가했을 뿐이지만, 데드락의 위험은 없어진 상태이다.

거의 발생하지 않는 일이지만 두 개의 객체가 같은 hashCode 값을 갖고 있는 경우에는 또 다른 방법을 사용해 락 확보 순서를 조절해야 하며, 그렇지 않은 경우에는 역시 데드락이 발생할 가능성이 있다. 이와 같은 경우에 락 순서가 일정하지 않을 수 있다는 문제점을 제거하려면 세 번째 타이 브레이킹tie-breaking 락을 사용하는 방법이 있다. 이를테면 계좌에 대한 락을 확보하기 전에 먼저 타이 브레이킹 락을 확보하는데, 타이 브레이킹 락을 확보한다는 것은 두 개의 락을 임의의 순서로 확보하는 위험한 작업을 특정 순간에 하나의 스레드에서만 할 수 있도록 막는다는 의미이다. 따라서 데드락이 발생하는 경우가 생기지 않도록 예방할 수 있다(물론 타이 브레이킹 락을 사용하는 방법 역시 프로그램 전체에 동일하게 적용해야 한다). 그런데 hashCode가 동일한 값을 갖는 경우가 자주 발생한다면 타이 브레이킹 락을 확보하는 부분이 일종의 병목bottleneck으로 작용할 가능성도 있다. 하지만 System.identityHashCode 값이 충돌하는 경우는 거의 없다고 봐도 좋기 때문에 타이 브레이킹 방법을 쓰지 않더라도 최소한의 비용으로 최대의 결과를 얻을 수 있다.

```
private static final Object tieLock = new Object();

public void transferMoney(final Account fromAcct,
                          final Account toAcct,
                          final DollarAmount amount)
        throws InsufficientFundsException {
    class Helper {
        public void transfer() throws InsufficientFundsException {
            if (fromAcct.getBalance().compareTo(amount) < 0)
                throw new InsufficientFundsException();
```

```
            else {
                fromAcct.debit(amount);
                toAcct.credit(amount);
            }
        }
    }
    int fromHash = System.identityHashCode(fromAcct);
    int toHash = System.identityHashCode(toAcct);

    if (fromHash < toHash) {
        synchronized (fromAcct) {
            synchronized (toAcct) {
                new Helper().transfer();
            }
        }
    } else if (fromHash > toHash) {
        synchronized (toAcct) {
            synchronized (fromAcct) {
                new Helper().transfer();
            }
        }
    } else {
        synchronized (tieLock) {
            synchronized (fromAcct) {
                synchronized (toAcct) {
                    new Helper().transfer();
                }
            }
        }
    }
}
```

예제 10.3 데드락을 방지하기 위해 락을 순서대로 확보하는 모습

Account 클래스 내부에 계좌 번호와 같이 유일unique하면서 불변immutable이고 비교도 가능한 값을 키로 갖고 있다면 한결 쉬운 방법으로 락 순서를 지정할 수 있다. Account 객체를 그 내부의 키를 기준으로 정렬한 다음 정렬한 순서대로 락을 확보한다면 타이 브레이킹 방법을 사용하지 않고도 전체 프로그램을 통털어 계좌를 사용할 때 락이 걸리는 순서를 일정하게 유지할 수 있다.

일반적으로 락은 아주 짧은 시간 동안만 사용하고 풀어놓은 경우가 대부분이기 때문에, 지금까지 데드락이 얼마나 위험한지에 대해 너무 과장시켜 소개한 것이 아닌가라고 여길 수도 있다. 하지만 실제 상용 시스템에서 데드락은 아주 심각한 문제 가운데 하나이다. 상용 애플리케이션은 하루 24시간만 생각해봐도 락을 확보하고 풀어놓는 과정을 수만 번 아니 수억 번을 처리할 수도 있다. 이 가운데 단 한 건이라도 타이밍이 올바르지 않다면 애플리케이션을 데드락 상태로 몰고 간다. 더군다나 아주 심도 있는 방법으로 부하 테스트load-testing을 진행했다 하더라도 발생 가능한 데드락을 모두 찾아낼 수는 없다.[1] 예제 10.4[2]의 DemonstratedDeadlock 클래스는 대부분의 시스템에서 아주 금방 데드락 상태에 빠지는 예를 보여준다.

```
public class DemonstrateDeadlock {
    private static final int NUM_THREADS = 20;
    private static final int NUM_ACCOUNTS = 5;
    private static final int NUM_ITERATIONS = 1000000;

    public static void main(String[] args) {
        final Random rnd = new Random();
        final Account[] accounts = new Account[NUM_ACCOUNTS];

        for (int i = 0; i < accounts.length; i++)
            accounts[i] = new Account();

        class TransferThread extends Thread {
            public void run() {
                for (int i=0; i<NUM_ITERATIONS; i++) {
                    int fromAcct = rnd.nextInt(NUM_ACCOUNTS);
                    int toAcct = rnd.nextInt(NUM_ACCOUNTS);
                    DollarAmount amount =
                        new DollarAmount(rnd.nextInt(1000));
                    transferMoney(accounts[fromAcct],
                                  accounts[toAcct], amount);
                }
            }
```

1. 락을 짧은 시간 동안만 사용할수록 락 때문에 문제가 생기는 경우가 줄어들겠지만, 반대로 테스트 과정에서 데드락이 걸리는 문제를 찾아내기가 더 힘들어진다.

2. 예제를 간결하게 소개하기 위해 계좌의 잔고가 0보다 작은 값을 갖지 못하게 막는 부분은 포함돼 있지 않다.

```
        }
        for (int i = 0; i < NUM_THREADS; i++)
            new TransferThread().start();
    }
}
```

예제 10.4 일반적으로 데드락에 빠지는 반복문

10.1.3 객체 간의 데드락

프로그램에서 여러 개의 락을 확보할 때, 두 개의 락을 여러 메소드에서 확보하는 경우도 많기 때문에 LeftRightDeadlock이나 transferMoney 예제와 같이 문제점이 항상 눈에 잘 띄는 것은 아니다. 예제 10.5와 같이 택시를 배차하는 간단한 예제에서 함께 동작하는 객체들을 생각해보자. Taxi는 현재 위치와 이동 중인 목적지를 속성으로 갖는 개별 택시를 의미하는 클래스이고, Dispatcher는 한 무리의 택시를 의미한다.

두 개의 락을 모두 사용해야 하는 메소드는 하나도 없음에도 불구하고 setLocation 메소드와 getImage 메소드를 호출하는 클래스는 두 개의 락을 사용하는 셈이 된다. 어떤 스레드가 GPS 수신기에서 받은 위치를 값을 setLocation 메소드에 넘기면 먼저 택시의 위치를 새로운 값으로 업데이트하고 원하는 목적지에 도착했는지 확인한다. 목적지에 도착했다면 Dispatcher에게 새로운 목적지를 알려달라고 요청한다. setLocation과 notifyAvailable 메소드 모두 synchronized로 묶여 있기 때문에 setLocation 메소드를 호출하는 클래스는 Taxi에 대한 락을 확보하는 셈이고, 그 다음으로 Dispatcher 락을 확보한다. 이와 비슷하게 getImage 메소드를 호출하는 스레드 역시 Dispatcher 락을 확보해야 하고, 그 다음으로 Taxi 락을 잡아야 한다 (한 번에 하나씩). 그러면 LeftRightDeadlock에서 일어났던 일과 동일하게 두 개의 스레드에서 두 개의 락을 서로 다른 순서로 가져가려는 상황, 즉 데드락이 발생한다.

LeftRightDeadlock이나 transferMoney 메소드의 경우에는 메소드 내부에서 두 개의 락을 한꺼번에 사용하는지 확인할 수 있었기 때문에 데드락이 발생할 가능성을 알아보는 일이 비교적 쉬웠다. 하지만 Taxi와 Dispatcher의 경우에는 이전과 달리 데드락이 발생할 수 있는 부분을 찾아내기가 훨씬 어려워졌다. 이럴 때에는 락을 확보한 상태에서 에일리언 메소드(76쪽에서 정의한 적이 있다)를 호출하는지 확인하면 도움이 된다.

> 락을 확보한 상태에서 에일리언 메소드를 호출한다면 가용성에 문제가 생길 수 있다. 에일리언 메소드 내부에서 다른 락을 확보하려고 하거나, 아니면 예상하지 못한 만큼 오랜 시간 동안 계속해서 실행된다면 호출하기 전에 확보했던 락이 필요한 다른 스레드가 계속해서 대기해야 하는 경우도 생길 수 있다.

10.1.4 오픈 호출

물론 당연한 얘기지만 Taxi와 Dispatcher는 데드락이 발생한 상황에서 자신 각자가 데드락의 원인이라는 사실을 알지 못하며, 알지 못해야만 한다. 메소드 호출이라는 것이 그 너머에서 어떤 일이 일어나는지 모르게 막아주는 추상화 방법이기 때문이다. 하지만 호출한 메소드 내부에서 어떤 일이 일어나는지 알지 못하기 때문에 특정 락을 확보한 상태에서 에일리언 메소드를 호출한다는 건 파급 효과를 분석하기가 굉장히 어렵고, 따라서 위험도가 높은 일이다.

락을 전혀 확보하지 않은 상태에서 메소드를 호출하는 것을 오픈 호출open call [CPJ 2.4.1.3]이라고 하며, 메소드를 호출하는 부분이 모두 오픈 호출로만 이뤄진 클래스는 락을 확보한 채로 메소드를 호출하는 클래스보다 훨씬 안정적이며 다른 곳에서 불러다 쓰기도 좋다. 데드락을 미연에 방지하고자 오픈 호출을 사용하는 것은 스레드 안전성을 확보하기 위해 캡슐화 기법encapsulation을 사용하는 것과 비슷하다고 볼 수 있다. 캡슐화 기법을 전혀 사용하지 않고도 스레드 안전한 프로그램을 작성할 수는 있지만, 캡슐화 기법을 사용해 작성한 프로그램과 비교할 때 스레드 안전성을 분석하는 일이 훨씬 어려울 수 있다. 이처럼 활동성이 확실한지를 분석하는 경우에도 오픈 호출 기법을 적용한 프로그램이라면 그렇지 않은 프로그램보다 분석 작업이 훨씬 간편하다. 항상 오픈 호출만 사용한다는 점을 염두에 두고 있다면 여러 개의 락을 사용하는 프로그램의 코드 실행 경로를 쉽게 확인할 수 있고 따라서 언제나 일정한 순서로 락을 확보하도록 만들기도 쉽다.[3]

```
// 데드락 위험!
class Taxi {
    @GuardedBy("this") private Point location, destination;
    private final Dispatcher dispatcher;
```

3. 오픈 호출만을 사용해야 한다거나 락을 확보하는 순서를 주의 깊게 정해야 한다는 사실은, 여러 객체가 조합된 코드의 동기화를 맞추는 것보다 동기화가 맞춰진 객체를 조합해 사용하는 것이 훨씬 복잡하다는 것을 의미한다.

```
    public Taxi(Dispatcher dispatcher) {
        this.dispatcher = dispatcher;
    }

    public synchronized Point getLocation() {
        return location;
    }

    public synchronized void setLocation(Point location) {
        this.location = location;
        if (location.equals(destination))
            dispatcher.notifyAvailable(this);
    }
}

class Dispatcher {
    @GuardedBy("this") private final Set<Taxi> taxis;
    @GuardedBy("this") private final Set<Taxi> availableTaxis;

    public Dispatcher() {
        taxis = new HashSet<Taxi>();
        availableTaxis = new HashSet<Taxi>();
    }

    public synchronized void notifyAvailable(Taxi taxi) {
        availableTaxis.add(taxi);
    }

    public synchronized Image getImage() {
        Image image = new Image();
        for (Taxi t : taxis)
            image.drawMarker(t.getLocation());
        return image;
    }
}
```

예제 10.5 객체 간에 발생하는 락 순서에 의한 데드락. 이런 코드는 금물!

예제 10.5의 Taxi와 Dispatcher 클래스는 오픈 호출을 사용하도록 쉽게 리팩토링할 수 있으며, 그 결과로 데드락의 위험을 막을 수 있다. 리팩토링 작업에는 예제 10.6과 같이 synchronized 블록의 범위를 최대한 줄여 공유된 상태 변수가 직접 관련된 부분에서만 락을 확보하도록 하는 작업도 포함된다. 예제 10.5에서 발생하던 것과 비슷한 문제는 문법이 간결하다거나 사용하기 편하다는 이유로 꼭 필요한 부분에만 synchronized 블록을 사용하는 대신 습관적으로 메소드 전체에 synchronized 구문으로 동기화를 걸어주는 것이 원인일 수 있다(더군다나 꼭 필요한 최소한의 부분에만 synchronized 블록을 사용하면 확장성에서도 이득을 볼 수 있다. synchronized 블록의 범위를 지정하는 방법에 대해서는 11.4.1절에서 가이드라인을 제시한다).

프로그램을 작성할 때 최대한 오픈 호출 방법을 사용하도록 한다. 내부의 모든 부분에서 오픈 호출을 사용하는 프로그램은 락을 확보한 상태로 메소드를 호출하곤 하는 프로그램보다 데드락 문제를 찾아내기 위한 분석 작업을 훨씬 간편하게 해준다.

synchronized 블록의 구조를 변경해 오픈 호출 방법을 사용하도록 하면 원래 단일 연산으로 실행되던 코드를 여러 개로 쪼개 실행하기 때문에 예상치 못했던 상황에 빠지기도 한다. 일반적으로는 연산의 단일성을 잃는다 해도 별다른 문제가 생기지는 않는다. 예를 들어 택시의 위치를 업데이트하는 기능과 새로운 목적지를 받을 준비가 됐다는 사실을 Dispatcher에게 알리는 두 개의 기능을 반드시 하나로 뭉쳐 단일 연산으로 실행해야 할 필요는 없다. 아니면 연산의 단일성을 해제함으로써 눈에 띌 만큼 변화가 생길 수는 있지만, 논리적인 기능에는 여전히 아무런 문제가 없을 수 있다. 앞에서 소개했던 데드락의 위험이 있는 예제에서 getImage 메소드는 실행되던 단일 시점의 전체 택시의 위치를 완벽하게 표현한다. 하지만 리팩토링 작업이 반영된 코드의 getImage 메소드는 각 택시의 위치를 아주 미세하지만 서로 다른 시간에 해당하는 위치를 표현할 수도 있다.

연산의 단일성을 잃는다는 것이 일부 상황에서는 큰 문제가 되기도 하며, 따라서 이번에는 연산의 단일성을 확보하는 또 다른 방법을 소개하고자 한다. 연산의 단일성을 확보하는 방법 가운데 하나는 오픈 호출된 이후에 실행될 코드가 한 번에 단 하나씩만 실행되도록 객체의 구조를 정의하는 방법이다. 이를테면 어떤 서비스를 종료한다고 할 때 현재 실행되고 있는 작업이 완료될 때까지 대기하려 할 것이고, 완료된 이후에 서비스에서 사용하던 자원을 모두 반환하는 절차를 밟을 것이다. 만약 서비스 내부에서 확보하게 될 락을 밖에서 미리 확보하고는 작업이 완료될 때까지 대기하는 구조로 돼 있다면 데드락의 위험을 벗어날 수 없다. 하지만 서비스 종료 절차를 시작하기 전에 서비스 내부에서 사용할 락을 풀어준다면 종료 절차가 진행되고 있다는 것을 알아차리지 못한 다른 스레드가 새로운 작업을 시작할 가능성도 있다. 이런 진퇴양난의 상황에 대한 해결책은 먼저 서비스의 상태를 '종료 중' 이라고 설정할 동안만 락을 쥐고 있으면서 다른 스레드가 새로운 작업을 시작하거나 아니면 서비스 종료 절차를 시작하지 못하도록 미리 예방해두는 방법이다. 그러고 나면 종료 절차가 모두 끝날 때까지 대기할 것이고, 오픈 호출이 모두 끝나고 나면 서비스의 종료 절차를 진행하는 스레드만이 서비스에 대한 모든 상태를 사용할 수 있도록 정리할 수 있다. 즉 코드 가운데 크리티컬 섹션critical section에 다른 스레드가 들어오지 못하도록 하기 위해 락을 사용하는 대신 이와 같이 스레드 간의 약속을 정해 다른 스레드가 작업을 방해하지 않도록 하는 방법이 있다는 점을 알아두자.

```
@ThreadSafe
class Taxi {
    @GuardedBy("this") private Point location, destination;
    private final Dispatcher dispatcher;
    ...
    public synchronized Point getLocation() {
        return location;
    }

    public void setLocation(Point location) {
        boolean reachedDestination;
        synchronized (this) {
            this.location = location;
            reachedDestination = location.equals(destination);
        }
        if (reachedDestination )
            dispatcher.notifyAvailable(this);
    }
}

@ThreadSafe
class Dispatcher {
    @GuardedBy("this") private final Set<Taxi> taxis;
    @GuardedBy("this") private final Set<Taxi> availableTaxis;
```

```
    ...
    public synchronized void notifyAvailable(Taxi taxi) {
        availableTaxis.add(taxi);
    }

    public Image getImage() {
        Set<Taxi> copy;
        synchronized (this) {
            copy = new HashSet<Taxi>(taxis);
        }
        Image image = new Image();
        for (Taxi t : copy)
            image.drawMarker(t.getLocation());
        return image;
    }
}
```

예제 10.6 객체 간의 데드락을 방지하기 위해 오픈 호출을 사용하는 모습

10.1.5 리소스 데드락

스레드가 서로 상대방이 이미 확보하고 앞으로 놓지 않을 락을 기다리느라 서로 데드락에 빠질 수 있는 것처럼, 필요한 자원을 사용하기 위해 대기하는 과정에도 데드락이 발생할 수 있다. 예를 들어 풀에 두 개의 데이터베이스에 대한 연결과 같은 자원을 각각의 풀pool로 확보해 놓았다고 가정해보자. 자원 풀은 풀이 비어 있을 때 풀 내부의 자원을 달라고 요청하는 객체가 대기하도록 만들기 위해 일반적으로 세마포어(5.5.3절 참조)를 사용해 구현하는 경우가 많다. 그런데 특정 작업을 실행하려면 양쪽 데이터베이스에 대한 연결이 모두 필요하고, 양쪽 데이터베이스 연결을 항상 같은 순서로 받아와 사용하지는 않는다고 해보자. 다시 말해, 스레드 A는 데이터베이스 D_1에 대한 연결을 확보한 상태에서 데이터베이스 D_2에 대한 연결을 확보하고자 하고, 스레드 B는 데이터베이스 D_2에 대한 연결을 확보한 상태에서 D_1에 대한 연결을 확보하고자 할 수 있다(풀의 크기가 크면 클수록 이와 같은 문제가 발생할 확률이 줄어들기는 한다. 만약 양쪽 풀에 각각 N개의 연결을 확보하고 있다면, 위와 같이 타이밍이 딱 맞는 상황이 총 N번 발생해야 데드락이 걸린다).

자원과 관련해 발생할 수 있는 또 다른 데드락 상황은 스레드 부족 데드락thread-starvation deadlock이다. 이런 문제에 대한 예는 이미 8.1.1절에서 살펴본 바가 있는데,

단일 스레드로 동작하는 Executor에서 현재 실행 중인 작업이 또 다른 작업을 큐에 쌓고는 그 작업이 끝날 때까지 대기하는 데드락 상황이었다. 이런 경우에는 첫 번째 작업이 영원히 대기할 수밖에 없고, Executor에 등록돼 있던 다른 모든 작업 역시 영원히 대기하게 된다. 다른 작업의 실행 결과를 사용해야만 하는 작업이 있다면 스레드 소모성 데드락의 원인이 되기 쉽다. 크기가 제한된 풀과 다른 작업과 연동돼 동작하는 작업은 잘못 사용하면 이와 같은 문제를 일으킬 수 있다.

10.2 데드락 방지 및 원인 추적

한 번에 하나 이상의 락을 사용하지 않는 프로그램은 락의 순서에 의한 데드락이 발생하지 않는다. 물론 그다지 실용적이지 않은 방법일 수 있지만, 가능하다면 한 번에 하나 이상의 락을 사용하지 않도록 프로그램을 만들어 보는 것도 좋다. 작업량을 많이 줄일 수 있기 때문이다. 여러 개의 락을 사용해야만 한다면 락을 사용하는 순서 역시 설계 단계부터 충분히 고려해야 한다. 설계 과정에서 여러 개의 락이 서로 함께 동작하는 부분을 최대한 줄이고, 락의 순서를 지정하는 규칙을 정해 문서로 남기고 그 규칙을 정확하게 따라서 프로그램을 작성해야 한다.

세세한 수준에서 락을 관리하는 프로그램에서는 두 단계의 전략으로 데드락 발생 가능성이 없는지를 확인해보자. 첫 번째 단계는 여러 개의 락을 확보해야 하는 부분이 어디인지를 찾아내는(우선 너무 많은 곳에서 여러 개의 락을 사용하지 않도록 해보자) 단계이고, 그 다음으로는 이와 같은 부분에 대한 전반적인 분석 작업을 진행해 프로그램 어디에서건 락을 지정된 순서에 맞춰 사용하도록 해야 한다. 가능한 부분에서는 최대한 오픈 호출 방법을 사용하면 이와 같은 분석과 확인 작업이 조금 간편해질 수 있다. 오픈 호출을 사용하지 않는 경우라면 코드 리뷰 과정을 거치거나 자동화된 방법으로 바이트 코드나 소스코드를 분석하는 방법으로 여러 개의 락을 사용하는 부분을 뽑아 낼 수 있다.

10.2.1 락의 시간 제한

데드락 상태를 검출하고 데드락에서 복구하는 또 다른 방법으로는 synchronized 등의 구문으로 암묵적인 락을 사용하는 대신 Lock 클래스(13장 참조)의 메소드 가운데 시간을 제한할 수 있는 tryLock 메소드를 사용하는 방법이 있다. 암묵적인 락은 락을 확보할 때까지 영원히 기다리지만, Lock 클래스 등의 명시적인 락은 일정 시간을 정해두고 그 시간 동안 락을 확보하지 못한다면 tryLock 메소드가 오류를 발생시키도록 할 수 있다. 락을 확보하는 데 걸릴 것이라고 예상되는 시간보다 훨씬 큰 값을 타임아웃으로 정해두고 tryLock을 호출하면, 뭔가 일반적이지 않은 상황이 발생했을 때 제어권을 다시 되돌려 받을 수 있다(409쪽의 예제 13.3을 보면 확률적 데드락 예방 기법, 즉 폴링과 같이 tryLock을 호출하는 방법을 활용해 transferMoney 메소드를 새로 작성한 코드를 볼 수 있다).

만약 지정한 시간이 다 되도록 락을 확보하지 못한다 해도, 락을 왜 확보하지 못했는지는 일부러 알려하지 않아도 좋다. 데드락 상황이 발생했을 수도 있고, 특정 스레드의 버그로 인해 락을 확보한 채로 무한 반복에 빠지는 경우도 있을 수 있고, 아니면 단순하게 락을 확보하고 실행되는 작업이 처음 예상했던 것보다 아주 느리게 동작하기 때문일 수도 있다. 어쨌거나 명시적인 락을 사용하면 락을 확보하려고 했지만 실패했다는 사실을 기록해 둘 기회는 갖는 셈이고, 그동안 발생했던 내용을 로그 파일로 남길 수도 있다. 그러고 나면 프로그램 전체를 종료했다가 재시작하는 대신, 프로그램 내부에서 필요한 작업을 재시도하도록 할 수도 있다.

여러 개의 락을 확보할 때 이와 같이 타임아웃을 지정하는 방법을 적용하면, 프로그램 전체에서 모두 타임아웃을 사용하지 않는다 해도 데드락을 방지하는 네 효과를 볼 수 있다. 락을 확보하려는 시점에서 시간 제한이 걸리면 이미 확보했던 락을 풀어주고 잠시 기다리다가 다시 작업을 시도해 볼 수 있다. 그러면 잠시 기다리는 동안 데드락이 발생할 수 있는 상황이 지나가고, 프로그램은 다시 정상적으로 동작한다(이 방법은 두 개의 락을 한꺼번에 확보해야 하는 경우에 사용할 수 있다. 만약 여러 개의 락을 여러 메소드에 걸쳐 확보하도록 돼 있다면, 미리 확보했던 락을 쉽게 풀어줄 수 없기 때문이다).

10.2.2 스레드 덤프를 활용한 데드락 분석

물론 데드락을 방지하는 것이 프로그램을 작성할 때 최우선 목표이겠지만, 일단 데드락이 발생했을 때는 JVM이 만들어 내는 스레드 덤프thread dump를 활용해 데드락이 발생한 위치를 확인하는 데 도움을 얻을 수 있다. 스레드 덤프에는 실행 중인 모든 스레드의 스택 트레이스stack trace가 담겨 있다. 스레드 덤프에는 락과 관련된 정보도 담겨 있는데, 각 스레드마다 어떤 락을 확보하고 있는지, 스택의 어느 부분에서 락을 확보했는지, 그리고 대기 중인 스레드가 어느 락을 확보하려고 대기 중이었는지 등에 대한 정보를 갖고 있다.[4] JVM은 스레드 덤프를 생성하기 전에 락 대기 상태 그래프에서 사이클이 발생했는지, 즉 데드락이 발생한 부분이 있는지 확인한다. 만약 데드락이 있었

4. 이런 정보는 데드락이 발생하지 않았다 해도 프로그램의 오류를 디버그해야 할 때 많은 도움이 된다. 가끔씩 스레드 덤프를 출력해보면 프로그램 내부에서 락이 어떻게 동작하는지를 들여다 볼 수 있다.

다고 판단되면 어느 락과 어느 스레드가 데드락에 관여하고 있는지, 프로그램 내부의 어느 부분에서 락 확보 규칙을 깨고 있는지에 대한 정보도 스레드 덤프에 포함시킨다.

JVM이 스레드 덤프를 생성하도록 하려면 Unix 플랫폼에서는 JVM 프로세스에 SIGQUIT 시그널(kill -3)을 전송하거나 Ctrl-\ 키를 누르면 되고, 윈도우 환경에서는 Ctrl-Break 키를 누른다. 스레드 덤프를 뽑아내는 기능을 내장하고 있는 통합 개발 환경(IDE)도 많다.

암묵적인 락 대신 명시적으로 Lock 클래스를 사용하고 있을 때, 자바 5.0 버전에서는 해당 Lock에 지정된 정보는 스레드 덤프에 포함시키지 않는다. 다시 말해 자바 5.0에서는 명시적인 Lock에 대한 기록은 스레드 덤프에 포함되지 않는다는 얘기이다. 하지만 자바 6에서는 명시적인 Lock을 사용해도 스레드 덤프에 포함될 뿐 아니라 데드락을 검출할 때 명시적인 락을 포함하는 데드락도 검출해준다. 하지만 락을 어디에서 확보했는지에 대해 출력되는 정보는 암묵적인 락에 대한 내용만큼 정확하지는 않다. 암묵적인 락은 락을 확보하는 시점의 스택 프레임에 연결돼 있지만, 명시적인 락은 락을 확보한 스레드와 연결돼 있기 때문이다.

예제 10.7을 보면 제품화 돼 있는 J2EE 애플리케이션에서 뽑아낸 스레드 덤프의 일부분이 나타나 있다. 예제를 보면 데드락 오류를 발생시킨 원인에는 세 개의 컴포넌트, 즉 J2EE 애플리케이션, J2EE 컨테이너, JDBC 드라이버가 관련돼 있음을 알 수 있다. 물론 세 개의 컴포넌트는 각자 다른 업체에서 제작한 소프트웨어이다(제품의 문제점이 있다고 알려질 수 있으니, 각 컴포넌트의 이름은 적절히 숨겼다). 세 개 컴포넌트 모두 상용 제품이었으며 각자의 업체에서 상당한 수준의 테스팅 과정을 거친 제품이다. 어쨌거나 각 제품 모두 약간의 버그를 갖고 있었는데, 그 버그가 서로 모여 서버 시스템이 멈추는 심각한 오류를 발생시키는 원인이 됐다.

여기에서는 스레드 덤프에서 데드락을 찾아내는 데 도움이 되는 아주 적은 부분만을 소개했다. 실제로 JVM은 데드락을 추적하는 데 도움이 되는 정보를 주기 위해 많은 내용을 준비하고 있다. 예를 들면 문제점을 일으킨 락이 어느 것인지, 어느 스레드가 관련돼 있는지, 관련된 스레드에서 확보하고 있는 다른 락에는 어떤 것이 있는지, 문제점으로 인해 다른 스레드가 간접적으로라도 불편함을 겪고 있는지에 대한 정보를 제공한다. 스레드 하나가 MumbleDBConnection에 대한 락을 확보하고 있고 그와 동시에 MumbleDBCallableStatement에 대한 락을 확보하려고 대기하고 있다. 또 다른 스레드는 MumbleDBCallableStatement 락을 확보한 상태로 MumbleDBConnection 락을 확보하려 하고 있다.

```
Found one Java-level deadlock:
=============================
"ApplicationServerThread":
  waiting to lock monitor 0x080f0cdc (a MumbleDBConnection),
  which is held by "ApplicationServerThread"
"ApplicationServerThread":
  waiting to lock monitor 0x080f0ed4 (a MumbleDBCallableStatement),
  which is held by "ApplicationServerThread"

Java stack information for the threads listed above:
"ApplicationServerThread":
        at MumbleDBConnection.remove_statement
        - waiting to lock <0x650f7f30> (a MumbleDBConnection)
        at MumbleDBStatement.close
        - locked <0x6024ffb0> (a MumbleDBCallableStatement)
    ...

"ApplicationServerThread":
        at MumbleDBCallableStatement.sendBatch
        - waiting to lock <0x6024ffb0> (a MumbleDBCallableStatement)
        at MumbleDBConnection.commit
        - locked <0x650f7f30> (a MumbleDBConnection)
    ...
```

예제 10.7 데드락이 발생한 스레드 덤프의 일부분

위의 스레드 덤프를 보면 명백하게 JDBC 드라이버에 락 순서가 일정하지 않다는 버그가 있다. 즉 JDBC 드라이버의 기능을 여러 가지 방법으로 호출해 사용하는데, 호출하는 방법에 따라 락을 사용하는 순서가 서로 다르다는 것이다. 하지만 이런 문제점은 다른 버그, 즉 여러 스레드에서 하나의 JDBC 연결을 동시에 사용하려는 버그가 아니었다면 그 모습을 드러내지 않았을 수 있다. 하나의 JDBC 연결을 여러 스레드에서 동시에 사용하는 것 역시 애플리케이션 서버 입장에서 볼 때 일어나서는 안 될 버그였다. 애플리케이션 서버 개발팀은 하나의 JDBC 연결을 두 개 이상의 스레드에서 사용하는 모습을 보고 적잖이 놀랐을 것이다. 물론 JDBC 표준을 보면 Connection 클래스가 스레드 안전성을 확보해야 한다는 어떤 설명도 들어 있지 않고, 일반적으로 Connection 클래스를 특정 스레드에 한정시켜 사용하는 경우가 많다. 어쨌거나 JDBC 드라이버

업체는 스레드 덤프라는 증거물에서 확인한 것처럼, Connection 객체가 스레드 안전성을 확보하도록 만들고자 했다. 하지만 스레드 동기화를 맞추는 부분에서 락을 확보하는 순서에 대해 미처 생각하지 못했기 때문에 JDBC 드라이버를 사용하다 보면 데드락 상황에 직면할 가능성이 있었다. 상용 제품이 그대로 멈춰버리는 심각한 오류가 발생한 원인은 이와 같이 데드락이 발생할 가능성이 있는 JDBC 드라이버와 애플리케이션 서버에서 Connection을 제대로 사용하지 못한 작은 오류였다. 각 컴포넌트가 갖고 있던 오류는 양쪽을 각자 테스트할 때에는 발견할 수 없는 문제점이었기 때문에, 상당한 테스트 과정을 거친 이후에도 여전히 잡히지 않고 남아있었다.

10.3 그 밖의 활동성 문제점

프로그램이 동작하는 데 활동성을 떨어뜨리는 주된 원인은 역시 데드락이지만, 병렬 프로그램을 작성하다 보면 소모starvation, 놓친 신호, 라이브락livelock 등과 같이 다양한 원인을 마주치게 된다(놓친 신호는 14.2.3절에서 상세하게 다룬다).

10.3.1 소모

소모starvarion 상태는 스레드가 작업을 진행하는 데 꼭 필요한 자원을 영영 할당받지 못하는 경우에 발생한다. 소모 상태를 일으키는 가장 흔한 원인은 바로 CPU이다. 자바 애플리케이션에서 소모 상황이 발생하는 원인는 대부분 스레드의 우선 순위priority를 적절치 못하게 올리거나 내리는 부분에 있다. 또한 락을 확보한 채로 종료되지 않는 코드(무한 반복문이나 확보할 수 없는 자원을 갖고자 대기하는 등)를 실행할 때, 다른 스레드에서 해당 락을 가져갈 수 없기 때문에 소모 상황이 발생한다.

자바의 스레드 관련 API에서 제공하는 우선 순위 개념은 단지 스레드 스케줄링과 관련된 약간의 힌트를 제공하는 것뿐이다. 자바의 스레드 API는 총 10단계의 스레드 우선 순위를 지정할 수 있도록 돼 있으며, JVM은 지정된 10단계의 우선 순위를 하위 운영체제의 스케줄링 우선 순위에 적절히 대응시키는 정도로만 사용한다. 이처럼 자바의 스레드 우선 순위를 운영체제의 우선 순위에 대응시키는 기능은 플랫폼마다 다르게 적용되기 때문에 특정 시스템에서는 두 개의 스레드 우선 순위가 같은 값으로 지정될 수도 있고, 다른 운영체제에서는 또 다른 값으로 지정될 수 있다. 일부 운영체제는 10보다 작은 개수의 스레드 우선 순위를 제공하는 경우도 있으며, 이럴 때는 어쩔 수 없이 두 개 이상의 자바 스레드 우선 순위가 값은 값의 운영체제 스레드 우선 순위로 대응되는 수밖에 없다.

운영체제의 스레드 스케줄러는 자바 언어 명세Java Language Specification에서 명시하고 있는 스레드 스케줄링의 공평성fairness과 활동성liveness을 지원하기 위해 여러 가지 방법을 사용한다. 대부분의 자바 애플리케이션을 보면 애플리케이션 내부에서 동작하는 모든 스레드가 같은 우선 순위로 동작하는데, 바로 우선 순위의 기본 값인 Thread.NORM_PRIORITY이다. 스레드 우선 순위라는 것이 약간 무뎌 보일 뿐더러 우선 순위를 변경했다고 해서 그 효과가 뚜렷하게 나타나지 않는 경우도 많다. 다시 말해 스레드의 우선 순위를 위로 올린다고 해도 아무런 변화가 없거나, 아니면 우선 순위가 높은 스레드만 우선적으로 실행시켜 다른 스레드가 제대로 실행되지 못하게 될 수도 있다. 만약 후자의 모습으로 진행된다면 소모 상황이 쉽게 발생할 수 있다.

일반적인 상황에서는 스레드 우선 순위를 변경하지 않고 그대로 사용하는 방법이 가장 현명하다고 할 수 있다. 스레드의 우선 순위를 조절하기 시작하는 순간 프로그램은 실행되는 플랫폼마다 그 실행 모습이 달라질 것이고, 소모 상황이 발생할 위험도 떠안아야 한다. 약간 이해할 수 없는 위치에서 Thread.sleep 메소드나 Thread.yield 메소드를 호출해 우선 순위가 낮은 스레드에게 실행할 기회를 주려는 부분이 있는지를 찾아보면, 우선 순위를 원상 복귀시키거나 기타 다른 응답성 문제를 해소해야 할 프로그램인지를 쉽게 가려낼 수 있다.[5]

> 스레드 우선 순위를 변경하고 싶다 해도 꾹 참아라. 우선 순위를 변경하고 나면 플랫폼에 종속적인 부분이 많아지며, 따라서 활동성 문제를 일으키기 쉽다. 대부분의 병렬 애플리케이션은 모든 스레드의 우선 순위에 기본값을 사용하고 있다.

10.3.2 형편 없는 응답성

소모 상황보다 약간 나은 경우는 바로 응답성이 떨어지는 상황이다. 응답성이 떨어지는 경우는 백그라운드 스레드를 사용하는 GUI 애플리케이션에서 굉장히 일상적이다. 9장에서는 사용자 인터페이스 화면이 멈춰서 동작하지 않을 만큼 오래 걸리는 작업은 백그라운드 스레드에서 실행시키도록 넘겨주는 기능을 갖고 있는 GUI 프레임웍을 만든 바가 있다. 백그라운드 작업이 CPU를 많이 활용한다면 여전히 이벤트 스레드와 서로 CPU를 차지하겠다고 다투는 통에 사용자 화면의 응답성이 떨어질 수도 있다. 만약

5. Thread.yield와 Thread.sleep(0) 메소드의 정확한 의미는 [JLS 17.9]에도 별로 나타나 있지 않다. JVM은 yield나 sleep(0) 메소드를 구현할 때 더미 명령을 실행하거나 아니면 단순하게 스케줄링에 도움을 주는 힌트로 사용하기도 한다. 특히 Unix 시스템에서 sleep(0)이라는 기능을 갖고 있어야 할 필요도 없다. 단지 현재 실행 중인 스레드를 운영체제 작업 큐의 맨 뒤에 쌓아 두고, 동일한 우선 순위를 갖는 다른 스레드가 먼저 동작할 수 있도록 한다. 실제로 몇몇 JVM은 yield 메소드의 기능을 이와 같은 방법으로 처리하도록 돼 있다.

스레드의 우선 순위를 조절해야 하는 부분이 있다면, 바로 지금과 같이 백그라운드에서 실행되고 있는 기능이 CPU를 많이 사용해 응답성을 저해하는 부분이 해당된다. 특정 스레드에서 동작하는 기능이 백그라운드로 동작하는 게 효율적이라면, 해당 백그라운드 스레드의 우선 순위를 낮춰 화면 응답성을 훨씬 높여 줄 수 있다.

애플리케이션의 응답성이 떨어진다면 락을 제대로 관리하지 못하는 것이 원인일 수 있다. 특정 스레드가 대량의 데이터를 넘겨 받아 처리하느라 필요 이상으로 긴 시간 동안 락을 확보하고 있다면 넘겨준 대량의 데이터를 사용해야 하는 다른 스레드는 데이터를 받아올 때까지 상당히 긴 시간동안 대기해야 한다.

10.3.3 라이브락

라이브락livelock도 일종의 활동성 문제 가운데 하나인데, 대기 중인 상태가 아니었다 해도 특정 작업의 결과를 받아와야 다음 단계로 넘어갈 수 있는 작업이 실패할 수밖에 없는 기능을 계속해서 재시도하는 경우에 쉽게 찾아 볼 수 있다. 라이브락은 메시지를 제대로 전송하지 못했을 때 해당 전송 트랜잭션을 롤백roll back하고 실패한 메시지를 큐의 맨 뒤에 쌓아두는 트랜잭션 메시지 전송 애플리케이션에서 자주 나타난다. 만약 메시지를 처리하는 핸들러에서 특정 타입의 메시지를 제대로 처리하지 못하고 실패한 것으로 처리하는 버그가 있다면, 특정 메시지를 큐에서 뽑아 핸들러에 넘겼을 때 핸들러는 같은 결과를 내면서 계속해서 호출될 것이다(이런 모습으로 동작하기 때문에 독약 메시지(poison message) 문제라고 부르기도 한다). 메시지를 처리하는 스레드가 대기 상태에 들어가지는 않았지만, 다음 작업으로 진행하지도 못하는 상태에 빠진 것이다. 이런 형태의 라이브락은 에러를 너무 완벽하게 처리하고자 회복 불가능한 오류를 회복 가능하다고 판단해 계속해서 재시도하는 과정에 나타난다.

라이브락은 여러 스레드가 함께 동작하는 환경에서 각 스레드가 다른 스레드의 응답에 따라 각자의 상태를 계속해서 변경하느라 실제 작업은 전혀 진전시키지 못하는 경우에 발생하기도 한다. 이런 문제점은 너무나 친절한 두 사람이 길을 걷다 마주쳤을 때, 한 명이 옆으로 비켜나면 그와 동시에 상대방도 옆으로 비켜나고, 다시 옆으로 비켜서면 상대방도 같은 방향으로 비켜서느라 서로 앞으로 가지 못하는 상황과 비슷하다.

이런 형태의 라이브락을 해결하려면 작업을 재시도하는 부분에 약간의 규칙적이지 않는 구조를 넣어두면 된다. 예를 들어 이더넷 네트웍으로 연결돼 있는 두 개의 컴퓨터에서 하나의 랜 선을 통해 동시에 서로 신호를 보내고자 한다면, 양쪽에서 보낸 패킷이 서로 충돌한다. 양쪽 컴퓨터에서 충돌이 일어났음을 검출하고 나면, 양쪽 모두 같은 신호를 다시 보내고자 재시도한다. 그런데 양쪽 컴퓨터가 충돌을 감지한 이후 정확하게 1초 후에 똑같이 재시도한다면 패킷이 다시 충돌할 수밖에 없고, 또 1초 후에 재시도하면 역시 충돌할 수밖에 없다. 이런 문제를 해결하기 위해 재시도할 때까지 잠시 기다리는 시간을 서로 임의로 지정하게 한다(실제 이더넷 프로토콜은 충돌이 반복적으로 일어났을 때 지수 함수를 활용해 대기 시간을 산출한다. 따라서 패킷이 넘쳐나는 일도 막을 수 있고, 충돌이 발생했던 컴퓨터 간에 또 다시 충돌이 일어날 위험을 줄이고 있다). 임의의 시간 동안 기다리다가 재시도하는 방법은 이더넷뿐 아니라 일반적인 병렬 프로그램에서도 라이브락을 방지하고자 할 때 사용할 수 있는 훌륭한 해결 방법이다.

요약

활동성과 관련된 문제는 심각한 경우가 많은데, 활동성 문제를 해결하려면 일반적으로 애플리케이션을 종료하는 것 외에는 별다른 방법이 없다는 데 심각성의 원인이 있다. 가장 흔한 형태의 활동성 문제는 바로 락 순서에 의한 데드락이다. 락 순서에 의한 데드락을 방지하려면 애플리케이션을 설계하는 단계부터 여러 개의 락을 사용하는 부분에 대해 충분히 고려해야 한다. 애플리케이션 내부의 스레드에서 두 개 이상의 락을 한꺼번에 사용해야 하는 부분이 있다면, 항상 일정한 순서를 두고 여러 개의 락을 확보해야만 한다. 이런 문제에 대한 가장 효과적인 해결 방법은 항상 오픈 호출 방법을 사용해 메소드를 호출하는 것이다. 오픈 호출을 사용하면 한 번에 여러 개의 락을 사용하는 경우를 엄청나게 줄일 수 있고, 따라서 여러 개의 락을 사용하는 부분이 어디인지 쉽게 찾아낼 수 있다.

11 성능, 확장성

스레드를 사용하는 가장 큰 목적은 바로 성능을 높이고자 하는 것이다.[1] 스레드를 사용하면 시스템의 자원을 훨씬 효율적으로 활용할 수 있고, 애플리케이션으로 하여금 시스템이 갖고 있는 능력을 최대한 사용하게 할 수 있다. 그와 동시에 기존 작업이 실행되고 있는 동안에라도 새로 등록된 작업을 즉시 실행할 수 있는 준비를 갖추고 있기 때문에 애플리케이션의 응답 속도를 향상시킬 수 있다.

11장에서는 병렬 프로그램의 성능을 분석하고, 모니터링하고, 그 결과로 성능을 향상시킬 수 있는 방법에 대해 알아본다. 애플리케이션의 성능을 높이는 일이 간단하지만은 않은 것이 성능을 높이는 방법은 대부분 애플리케이션의 내부 구조를 복잡하게 만들어야 하는 경우가 많고, 따라서 안전성과 활동성에 문제가 생길 가능성도 적지 않다. 최악의 경우에는 성능을 높이기 위해 적용한 프로그래밍 기법 때문에 프로그램의 다른 부분에서 역효과를 가져오거나 성능상에 문제를 일으킬 수도 있다. 일반적인 경우에는 물론 성능이 높은 것이 좋고 성능을 높이고 나면 만족스러운 경우가 많지만, 그렇다 해도 성능 때문에 안전성을 해칠 수는 없다. 일단 프로그램이 정상적으로 동작하도록 만들어 놓고 난 다음, 프로그램이 빠르게 동작하도록 만드는 편이 낫다고 본다. 더군다나 예상했던 성능 기준이 있었다면, 그 기준에 미치지 못할 경우에만 성능 문제를 살펴보는 것으로도 충분하다. 병렬 애플리케이션을 설계하는 동안에는 성능을 최대한으로 끌어올리는 일이 큰 부분을 차지하지 않을 때가 많다.

11.1 성능에 대해

성능을 높인다는 것은 더 적은 자원을 사용하면서 더 많은 일을 하도록 한다는 말이다. 여기에서 '자원'이라는 단어에는 여러 가지 뜻이 있을 수 있는데, 처리해야 할 작업이 있을 때 CPU, 메모리, 네트워크 속도, 디스크 속도, 데이터베이스 처리 속도, 디스

1. 물론 스레드를 사용해 발생하는 그 모든 복잡한 문제를 참아내도록 하는 유일한 목적이라고 평가하는 사람도 있겠다.

크 용량 등의 자원 가운데 어느 것이 될지 모르지만 항상 모자라는 부분이 발생할 것이다. 어떤 작업을 실행할 때 충분하지 못한 특정 자원 때문에 성능이 떨어지는 현상이 나타난다면, 작업의 성능이 해당 자원에 좌우된다고 한다. CPU에 좌우될 수도 있고, 데이터베이스 속도에 좌우될 수도 있다.

어쨌거나 목적은 전체적인 성능을 모두 높이는 것일테지만, 여러 개의 스레드를 사용하려 한다면 항상 단일 스레드를 사용할 때보다 성능상의 비용을 지불해야만 한다. 스레드 간의 작업 내용을 조율하는 데 필요한 오버헤드(락 걸기, 신호 보내기, 메모리 동기화하기 등)도 이런 비용이라고 볼 수 있고, 컨텍스트 스위칭이 자주 발생한다는 점, 스레드를 생성하거나 제거하는 일이 빈번하다는 점, 여러 스레드를 효율적으로 스케줄링해야 한다는 등의 부분도 모두 비용이라고 할 수 있다. 이와 같은 비용을 지불한다 해도 스레드를 효율적으로 잘 적용하면 성능이나 응답성이 높아지고 처리 용량도 커지는 등의 여러 장점을 얻을 수 있다. 반대로 잘못 설계된 병렬 애플리케이션은 순차적으로 작업을 처리하는 프로그램보다 오히려 느리게 동작하는 경우도 간혹 생긴다.[2]

더 나은 성능을 목표로 해서 프로그램이 병렬로 동작하도록 만들 때는 두 가지 부분을 우선적으로 생각해야 한다. 먼저 프로그램이 확보할 수 있는 모든 자원을 최대한 활용해야 하고, 남는 자원이 생길 때마다 그 자원 역시 최대한 활용할 수 있도록 해야 한다. 프로그램의 성능을 모니터링하는 관점에서 얘기해보자면, 앞에서 언급한 부분은 바로 CPU가 최대한 바쁘게 동작해야 한다는 것과 동일하게 생각할 수 있다(물론 쓸데없는 일을 하느라 CPU가 불이 나게 실행되는 것은 의미가 없고, 반드시 꼭 필요한 일을 하느라 바쁜 상황을 말한다). 프로그램의 실행 속도가 계산 부분의 속도에 집중돼 있다면 하드웨어적으로 CPU를 더 꽂아 전체적인 성능을 높일 수도 있다. 반대로 프로그램을 실행하는데 CPU에 여유가 있다면, CPU를 더 꽂는다 해도 프로그램의 성능에는 별 도움이 되지 않을 게 분명하다. 프로그램에서 스레드를 활용하면 작업을 잘게 나눠 시스템에 꽂힌 CPU가 충분히 열심히 동작해야 할 만큼의 작업을 실행시켜 노는 CPU가 없을 만큼 작업 실행 성능을 높일 수 있다.

2. 친구에게 다음과 같은 비화를 들은 적이 있다. 그 친구가 한번은 비싸고 복잡한 애플리케이션의 테스트를 담당했던 적이 있는데, 그 애플리케이션은 성능을 조절할 수 있는 스레드 풀을 사용해 애플리케이션 내부의 작업을 관리하도록 돼 있었다고 한다. 일단 시스템을 구축하고 나서 스레드 풀의 크기가 얼마일 때 가장 최적의 성능을 내는지를 테스트해봤는데, 결론은 스레드 풀의 스레드가 1개일 때 성능이 가장 좋았다고 한다. 그 애플리케이션을 실행시킬 하드웨어에는 CPU가 하나만 들어 있었고, 애플리케이션은 CPU에 전적으로 의존하는 기능이 대부분이었다고 하는데, 그렇다면 이런 결과는 애초에 충분히 예상할 수 있지 않았을까.

11.1.1 성능 대 확장성

애플리케이션의 성능은 여러 가지 측면에서 자료를 수집해 측정할 수 있는데, 이를테면 서비스 시간, 대기 시간, 처리량, 효율성, 확장성, 용량 등의 수치를 뽑아 낼 수 있다. 이런 수치 가운데 일부(서비스 시간, 대기 시간 등)는 특정 작업을 처리하는 속도가 "얼마나 빠르냐"를 말해주고, 또 다른 수치(용량, 처리량)는 동일한 자원을 갖고 있을 때 "얼마나 많은" 양의 일을 할 수 있는지 알려준다.

> 확장성(scalability)은 CPU, 메모리, 디스크, I/O 처리 장치 등의 추가적인 장비를 사용해 처리량이나 용량을 얼마나 쉽게 키울 수 있는지를 말한다.

병렬 프로그램 환경에서 확장성을 충분히 가질 수 있도록 애플리케이션을 설계하고 튜닝하는 방법은 기존에 해오던 일반적인 성능 최적화 방법과 다른 부분이 많다. 성능을 높이기 위해 튜닝 작업을 하는 경우에 그 목적은 어쨌건 동일한 일을 더 적은 노력으로 하고자 하는 것이다. 예를 들어 이미 계산했던 결과를 캐싱해서 실행 속도를 높이거나, $O(n^2)$의 시간이 걸리는 알고리즘을 $O(n \log n)$ 시간에 처리할 수 있는 알고리즘으로 바꾸는 등의 작업이 바로 성능 튜닝을 의미한다. 확장성을 목표로 튜닝을 한다면 처리해야 할 작업을 병렬화해 시스템의 가용 자원을 더 많이 끌어다 사용하면서 더 많은 일을 처리할 수 있도록 하는 방법을 많이 사용하게 된다.

이처럼 성능이라는 단어에 포함된 '얼마나 빠르게'와 '얼마나 많이'라는 두 가지의 의미는 완전히 다른 뜻을 가지며, 심지어 어떤 경우에는 서로 화합할 수 없는 상황도 발생한다. 더 높은 확장성을 확보하거나 하드웨어의 자원을 더 많이 활용하도록 하다 보면, 앞서 큰 작업 하나를 작은 여러 개의 작업으로 분할해 처리하는 것처럼 개별 작업을 처리하는 데 필요한 작업의 양을 늘리는 결과를 얻을 때가 많다. 우습게도 단일 스레드 애플리케이션에서 사용하던 성능 개선 방안은 대부분 확장성의 측면에서 효과적이지 않다(11.4.4절에서 그 예를 살펴본다).

흔히 많이 사용하는 3-티어 모델(3개의 티어는 각각 프리젠테이션 티어, 비즈니스 로직 티어, 스토리지 티어로 나뉘고, 각 티어는 서로 다른 시스템이 관리한다)을 보면 시스템의 확장성을 높이도록 변경하려 할 때 성능의 측면에서 얼마나 많은 손해를 보는 경우가 많은지 쉽게 알 수 있다. 프리젠테이션, 비즈니스 로직, 스토리지의 세 가지 부분이 하나로 통합돼 있는 단일 애플리케이션을 다중 티어 애플리케이션과 비교해 보면, 다중 티어 애플리케이션이 웬만큼 잘 만들어졌다 하더라도 별다른 튜닝을 하지 않은 단일 애플리케이션의 성능이 훨씬 나을 가능성이 많다. 그도 그럴 것이, 단일 구조의 애플리케이션은 서로 다른 티어 간에 작업을 주고받는 도중에 발생하는 네트웍 시간 지연 현상도 없을 것이고, 연산 작업을 서로 다른 추상적인 계층을 통과시켜가며 처리하는 데 드는 부하(메시지를 큐에 쌓아두고 처리해야 하거나, 작업 순서를 조율하는 데 드는 추가 비용, 작업과 함께 데이터가 물리적으로 복사되는 데 필요한 비용 등)가 적기 때문에 당연한 결과라고 볼 수 있다.

하지만 단일 구조의 애플리케이션이 처리할 수 있었던 최대 부하를 넘어서는 작업량을 감당해야 하는 순간이 오면, 문제는 심각해진다. 처리 용량을 단시간에 급격하게 증가시키는 일이 절대적으로 어렵기 때문이다. 그래서 할 수 없이 더 많은 부하에 견딜 수 있도록 시스템 자원을 계속 투입하면서도 서비스 시간이 훨씬 길어지거나 단위 작업당 필요한 하드웨어 자원의 양이 크게 늘어나는 일을 감수해야 한다.

그러다 보니 서버 애플리케이션을 만들 때는 성능의 여러 가지 측면 가운데 '얼마나 빠르게' 라는 측면보다 '얼마나 많이' 라는 측면, 즉 확장성과 처리량과 용량이라는 세 개의 측면을 훨씬 중요하게 생각하는 경우가 많다(사용자와의 직접적인 상호 작용이 일어나는 애플리케이션이라면 대기 시간이라는 값이 훨씬 중요해진다. 대기 시간을 줄여야 사용자가 진행 상태를 보면서 실제로 무슨 일이 일어나는지 궁금해하며 무작정 기다리는 시간이 줄어 들기 때문이다). 11장에서는 단일 스레드 상황에서의 성능보다는 확장성을 중점적으로 다룬다.

11.1.2 성능 트레이드 오프 측정

공학적인 모든 선택의 순간에는 항상 트레이드 오프trade off가 존재하기 마련이다. 강 위에 다리를 건설할 때 좀더 두꺼운 강판을 사용하면 다리가 수용할 수 있는 용량이 늘어나고 안전성도 높아지겠지만 건설 비용 역시 크게 증가할 수밖에 없다. 소프트웨어 공학이라는 관점에서 보면 다리 건설 문제와 같이 자금과 실생활에서의 위험 요소 사이에서 트레이드 오프가 발생할 일은 별로 없지만, 트레이드 오프에서 어떤 부분을 선택해야 할지를 결정하는 데 필요한 정보가 그다지 충분하지 않은 경우가 많다. 예를 들어 '퀵소트' 알고리즘은 대량의 자료를 정렬할 때는 효율이 높지만, 자료의 양이 많지 않을 때에는 훨씬 기초적인 '버블 소트' 알고리즘이 더 효율적이기도 하다. 프로그램을 작성하는 도중에 효율적인 정렬 기능을 구현해야 할 필요가 있다면, 먼저 정렬할 대상 데이터의 규모가 어느 정도인지 먼저 알아낼 필요가 있고, 평균적인 처리 시간을 중점적으로 최적화할지, 최악의 경우에 중점을 둬야 할지, 아니면 예측성에 중점을 둬야 하는지에 대한 결정을 내릴 수 있도록 추가적인 자료를 뽑아내는 것도 좋다. 하지만 일반적으로는 정렬 기능을 라이브러리로 구현하는 입장에서 알 수 있는 정보는 굉장히 제한적이다. 그러다 보니, 요구 사항을 충분히 받지 못해 정확하게 구현하지 못한 상태에서 효과가 없다고 판단하는 경우가 많기 때문에 어쩔 수 없이 최적화 기법을 잘 적용하지 못하는 원인이 된다.

> 최적화 기법을 너무 이른 시점에 적용하지 말아야 한다. 일단 제대로 동작하게 만들고 난 다음에 빠르게 동작하도록 최적화해야 하며, 예상한 것보다 심각하게 성능이 떨어지는 경우에만 최적화 기법을 적용하는 것으로도 충분하다.

공학적인 결정을 내려야 하는 시점에는 어떤 효과를 얻고자 할 때 다른 비용을 지출해야만 할 수 있고(예를 들어 서비스 시간을 단축시키기 위해 메모리를 늘려야 하는 경우), 또 어떤 경우에는 안전성을 확보하기 위해 비용을 지불해야 할 수도 있다. 여기서 말하는 안전성이 앞서 소개했던 다리 건설의 예에서와 같이 인간 생활에서의 실제적인 위험을 뜻하지는 않는다. 성능을 최적화하는 다수의 경우에 코드의 가독성과 유지보수의 용이함을 비용으로 지불한다. 즉, 좀더 '최적화' 되거나 동작하는 모습이 덜 분명한 코드일수록 이해하기가 어렵고 유지보수하기도 어렵다. 일부 최적화 기법을 사용하다 보면, 캡슐화된 구조를 깨야만 하는 것처럼 훌륭한 객체 지향적인 설계 원칙에서 벗어나야만 하는 경우도 있다. 속도가 빠른 알고리즘은 복잡한 경우가 많은데, 그러다 보니 오류가 발생할 위험도 한 층 높아진다(여기에서 설명하는 비용이나 위험을 정확하게 이해하지 못하고 있다면, 다음 내용으로 계속 진행할 만큼 충분히 생각을 해보지 않았을 수 있다).

성능을 높이기 위한 대부분의 결정 사항에는 다양한 변수가 관여하곤 하고 처한 상황에 따라 결정 사항이 크게 달라진다. 특정 방법이 다른 방법보다 "빠르다"고 말하기 전에 다음과 같은 질문에 대답해 볼 필요가 있다.

- '빠르다' 단어가 무엇을 의미하는가?
- 어떤 조건을 갖춰야 이 방법이 실제로 '빠르게' 동작할 것인가? 부하가 적을 때? 아니면 부하가 걸릴 때? 데이터가 많을 때? 아니면 적을 때? 이런 질문에 대한 대답에 명확한 수치를 보여줄 수 있는가?
- 위의 조건에 해당하는 경우가 얼마나 많이 발생하는가? 이 질문에 대한 대답에 명확한 수치를 보여줄 수 있는가?
- 조건이 달라지는 다른 상황에서도 같은 코드를 사용할 수 있는가?
- 이 방법으로 성능을 개선하고자 할 때, 숨겨진 비용, 즉 개발 비용이나 유지 보수 비용이 증가하는 부분이 어느 정도인지? 과연 그런 비용을 감수하면서까지 성능 개선 작업을 해야 하는가?

이와 같은 판단 기준은 성능과 관련된 설계와 개발에 대한 결정 사항이라면 어디에든 적용해 볼 수 있지만, 병렬 프로그래밍의 입장에서도 한 번 생각해보자. 최적화를 하는 데 과연 위와 같이 보수적인 방법을 취해야 할까? 병렬 프로그래밍에서 발생하는 오류의 가장 큰 원인이 바로 성능을 높이려는 여러 가지 기법에서 비롯된다고 봐도 무리가 아니다. 일단 단순한 동기화 방법이 "너무 느리다"고 전제하고는, 직접적인 동기화 구문을 덜 사용할 수 있게 해주고 아주 훌륭한 모습을 갖추긴 했지만 위험성을 많이 내포하고 있는 여러 가지 방법(16.2.4절에서 소개할 더블 체크 락과 같은 방법)이 공개돼 있으며, 이런 방법이 동기화 구문과 관련된 여러 가지 규칙을 사용하지 않아도 된다는 핑곗거리로 자주 소개되곤 한다. 병렬 프로그램에서 발생하는 버그는 추적하고 발견해 수정하기가 어렵다고 정평이 나 있지만, 버그의 원인이 될 가능성이 조금이라도 있는 위험도 높은 코드는 매우 주의 깊게 살펴봐야 한다.

성능을 높이기 위해 안전성을 떨어뜨리는 것은 최악의 상황이며, 결국 안전성과 성능 둘 다를 놓치는 결과를 얻을 뿐이다. 특히 병렬 프로그램의 관점에서, 성능 문제가 어디에 존재하며 어떤 방법을 사용해야 성능을 높일 수 있다거나 확장성을 높일 수 있다고 다수의 개발자가 알고 있는 직관적인 지식 가운데 상당수가 올바르지 않다고 봐야 한다. 따라서 성능을 튜닝하는 모든 과정에서 항상 성능 목표에 대한 명확한 요구 사항이 있어야 하며, 그래야 어느 부분을 튜닝하고 어느 시점에서 튜닝을 그만 둬야 하는지 판단할 수 있다. 또한 매우 실제적인 환경에서 실제와 같은 사용자 부하의 특성을 동일하게 나타낼 수 있는 성능 측정 도구가 있어야 한다. 그리고 성능 튜닝 작업을 한 다음에는 반드시 원하는 목표치를 달성했는지 다시 한 번 측정 값을 뽑아내야 한다. 여러 가지 최적화 기법을 적용할 때는 안전성이 떨어지고 유지보수의 어려움이 불가피하게 나타나기 마련이다. 따라서 특별히 성능을 높이기를 원하지 않는다면, 이와 같은 안전성이나 유지보수 문제에 대한 비용을 일부러 지불해 가면서 성능을 높일 필요가 없다. 더군다나 비용을 지불해도 원하는 결과를 충분히 얻을 수 없다면, 더더욱 비용을 지불할 필요가 없다.

> 추측하지 말고, 실제로 측정해보라.

시장에 나온 성능 측정용 제품을 보면 소프트웨어의 성능을 굉장히 세밀하게 측정해 주고, 성능을 떨어뜨리는 병목이 어디에 있는지 눈으로 직접 볼 수 있게 해준다. 하지만 프로그램이 어떻게 동작하는지를 알기 위해 비싼 돈을 들여야만 하는 것은 아니다. 예를 들어 `perfbar`라는 무료 애플리케이션을 사용하면 CPU가 얼마나 바쁘게 동작하는지를 쉽게 보여준다. 따라서 CPU가 열심히 움직이도록 만드는 게 성능 튜닝의 큰 목표라고 한다면, perfbar 역시 성능을 더 높여야 하는지 또는 튜닝의 결과가 얼마나 효과적인지에 대한 결과를 알려줄 수 있는 좋은 방법이다.

11.2 암달의 법칙

일부 작업은 자원을 많이 투입하면 더 빨리 처리할 수 있다. 예를 들어, 곡식을 추수할 때 작업 인력이 더 많으면 추수 작업을 더 빨리 끝낼 수 있다. 어떤 작업은 기본적으로 순차적으로 처리해야만 한다. 예를 들어, 곡식이 자라는 과정은 작업 인력을 더 투입한다고 해서 빠르게 할 수 있는 일이 아니다. 프로그램을 작성할 때 스레드를 사용하려는 주된 이유가 멀티프로세서의 성능을 최대한 활용하려는 것이라면, 프로그램에서 처리하는 내용이 병렬화를 할 수 있는 일인지 확실히 해둬야 하고, 작업을 병렬화했을 때 그 가능성을 최대한 활용할 수 있어야 한다.

대부분의 병렬 프로그램에는 병렬화할 수 있는 작업과 순차적으로 처리해야 하는 작업이 뒤섞인 단위 작업의 덩어리를 갖고 있다. 암달의 법칙Amdahl's law을 사용하면 병렬 작업과 순차 작업의 비율에 따라 하드웨어 자원을 추가로 투입했을 때 이론적으로 속도가 얼마나 빨라질지에 대한 예측 값을 얻을 수 있다. 암달의 법칙에 따르면, 순차적으로 실행돼야 하는 작업의 비율을 F라고 하고 하드웨어에 꽂혀 있는 프로세서의 개수를 N이라고 할 때, 다음의 수식에 해당하는 정도까지 속도를 증가시킬 수 있다.

$$\text{속도 증가량} \le \frac{1}{F + \frac{(1-F)}{N}}$$

N이 무한대까지 증가할수록 속도 증가량은 최고 1/F 까지 증가한다. 1/F라는 속도 증가량은 순차적으로 실행돼야 하는 부분이 전체 작업의 50%를 차지한다고 할 때 프로세서를 아무리 많이 꽂는다 해도 겨우 두 배 빨라진다는 결과이다. 그리고 순차적으로 실행해야 하는 부분이 전체의 10%에 해당한다면 최고 10배까지 속도를 증가시킬 수 있다고 예측할 수 있다. 암달의 법칙을 활용하면 작업을 순차적으로 처리하는 부분이 많아질 때 느려지는 정도가 얼마만큼인지를 수치화할 수 있다. 하드웨어에 CPU가 10개 꽂혀 있을 때, 10%의 순차 작업을 갖고 있는 프로그램은 최고 5.3배 만큼의 속도를 증가(CPU 활용도는 5.3배/10개=0.53, 즉 53%)시킬 수 있다. 같은 상황에서 CPU를 100개를 꽂는다면 최대 9.2배까지 속도가 증가(CPU 활용도는 9.2배/100개=0.092, 즉 9.2%)할

것이라고 예상할 수 있다. 그러다 보니, 속도를 최대 10배까지 증가시키려면 CPU의 활용도가 너무나 비효율적으로 떨어질 수밖에 없다.

그림 11.1을 보면 순차적인 작업의 비율과 프로세서의 개수를 놓고 볼 때 프로세서 활용도가 어떻게 변하는지를 한눈에 볼 수 있다(CPU 활용도는 속도 증가량을 프로세서의 개수로 나눈 값이라고 정의한다). 암달의 법칙에 따르면 프로세서의 개수가 증가하면 할 수록, 순차적으로 실행해야 하는 부분이 아주 조금이라도 늘어나면 프로세서 개수에 비해 얻을 수 있는 속도 증가량이 크게 떨어진다.

애플리케이션의 작업을 작은 단위 작업으로 분할하는 방법에 대해서는 이미 6장에서 살펴본 바가 있다. 하지만 멀티프로세서 시스템에서 애플리케이션을 실행할 때 속도가 얼마만큼 빨라질 것인지에 대한 예측을 해보려면, 애플리케이션 내부에서 순차적으로 처리해야 하는 작업이 얼마나 되는지를 먼저 확인해야 한다.

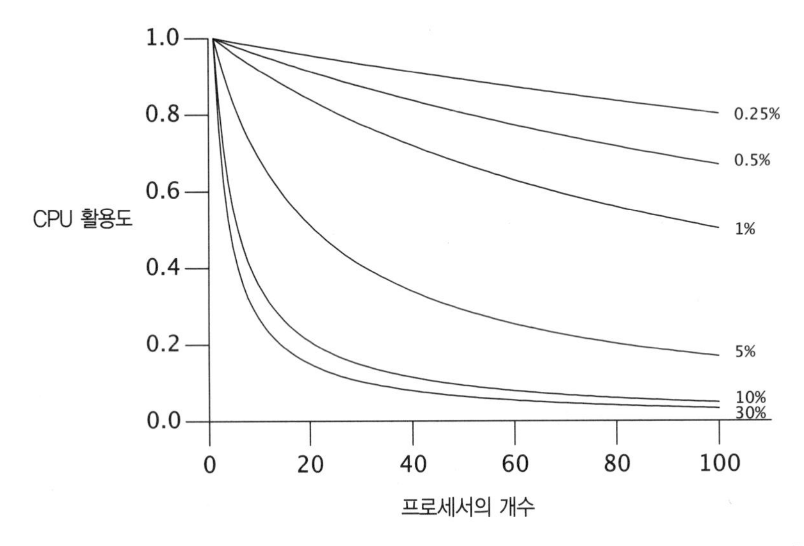

그림 11.1 프로세서의 개수와 순차 작업의 비율을 기준으로 볼 때, 암달의 법칙으로 뽑아낼 수 있는 CPU 활용도 예측치의 변화

예제 11.1의 코드에서 `doWork` 메소드를 N개의 스레드가 동시에 실행한다고 해보자. `doWork` 메소드는 공유돼 있는 작업 큐에 쌓인 작업을 가져와서 처리하게 돼 있다. 그리고 각 작업은 다른 스레드나 다른 작업과 아무런 관련 없이 독립적으로 동작한다고 가정하자. 큐에 작업을 어떻게 쌓아 둘 것인가에 대한 고민도 일단은 접어둔다면, 프로세서를 더 장착할 때마다 애플리케이션이 얼마나 높아질까? 척 들여다 보면 애플리케이션의 모든 작업을 완벽하게 병렬화했다고 생각할 수 있고, 따라서 프로세서를 더 꽂을수록 더 많은 작업을 병렬로 실행할 수 있다. 하지만 내부를 잘 살펴보면 순차적으로

처리해야만 하는 부분이 있다. 바로 작업 큐에서 작업을 하나씩 뽑아 내는 부분이다. 작업 큐는 모든 작업 스레드에서 사용할 수 있게 공유돼 있으므로, 여러 스레드가 동시 다발적으로 큐를 사용하려 할 때 안전성을 잃지 않도록 적당한 양의 동기화 작업이 선행돼야 한다. 예를 들어 큐의 상태를 안정적으로 유지하고자 락을 사용했다면, 특정 스레드가 큐에서 작업을 하나 뽑아 내는 그 시점에, 역시 큐에서 작업을 가져가고자 하는 다른 모든 스레드는 큐를 독점적으로 사용할 수 있을 때까지 대기해야만 한다. 따라서 작업 큐와 관련된 부분에서는 프로그램이 순차적으로 처리될 수밖에 없다.

단일 작업 하나가 실행되는 시간에는 Runnable을 실행하는 데 드는 시간뿐만 아니라 공유돼 있는 작업 큐에서 작업을 뽑아내는 데 필요한 시간도 포함돼 있다. 작업 큐로 LinkedBlockingQueue를 사용하고 있다면, 큐에서 작업을 뽑아낼 때 대기하는 시간이 동기화된 LinkedList를 사용할 때보다 훨씬 적게 든다. LinkedBlockingQueue는 동기화된 LinkedList보다 훨씬 확장성이 좋은 알고리즘을 사용하고 있기 때문이다. 하지만 어찌됐건 간에 데이터를 한 군데에 공유해두고 사용하는 모든 부분은 항상 순차적으로 처리해야만 한다.

더군다나 이 예제에는 흔히 사용하는 또 다른 순차적인 처리 부분이 빠져 있는데, 바로 단위 작업의 처리 결과를 취합하는 부분이다. 단위 작업을 실행하고 나면 항상 뭔가 그 결과가 있게 마련이고, 만약 의미 있는 결과를 내놓지 않는 작업이라면 아예 프로그램에서 제거하는 게 맞을 수도 있다. 자바의 Runnable 인터페이스는 기본적으로 작업을 실행한 결과를 처리하는 방법에 대해서는 아무것도 언급하지 않고 있다. 따라서 Runnable 작업은 항상 실행 결과를 로그 파일에 적어두거나, 특정 데이터 구조에 실행 결과를 쌓아두도록 돼 있다. 그렇다면 로그 파일이나 결과를 저장하는 기타 데이터 구조 모두 여러 작업이 무작위 순서로 만들어내는 결과를 받아들일 수 있어야 하기 때문에 역시 순차적으로 처리해야만 하는 부분이라고 볼 수 있다. 만약 실행 결과를 공유하지 않고 각 작업이 스스로 보관하고 있는다고 해도, 모든 작업이 끝난 이후에 작업마다 쌓여 있는 결과를 취합하는 과정이 역시 순차적으로 처리해야만 하는 부분이 되겠다.

```
public class WorkerThread extends Thread {
    private final BlockingQueue<Runnable> queue;

    public WorkerThread(BlockingQueue<Runnable> queue) {
        this.queue = queue;
```

```
    }

    public void run() {
        while (true) {
            try {
                Runnable task = queue.take();
                task.run();
            } catch (InterruptedException e) {
                break; /* 스레드를 종료시킨다 */
            }
        }
    }
}
```

예제 11.1 작업 큐에 대한 순차적인 접근

모든 병렬 프로그램에는 항상 순차적으로 실행돼야만 하는 부분이 존재한다. 만약 그런 부분이 없다고 생각한다면, 프로그램 코드를 다시 한 번 들여다보라.

11.2.1 예제: 프레임웍 내부에 감춰져 있는 순차적 실행 구조

애플리케이션의 내부 구조에 순차적으로 처리해야 하는 구조가 어떻게 숨겨져 있는지를 알아보려면, 스레드 개수를 증가시킬 때마다 성능이 얼마나 빨라지는지를 기록해 두고, 성능상의 차이점을 기반으로 순차적으로 처리하는 부분이 얼마만큼인지 추측해 볼 수 있다. 그림 11.2를 보면 예제 11.1과 같이 공유돼 있는 Queue가 있을 때 여러 개의 스레드가 값을 하나씩 뽑아낸 다음 뭔가 작업을 실행하는 일을 계속해서 반복하는 간단한 애플리케이션의 실행 속도 측정 결과를 볼 수 있다. 작업을 처리하는 단계에는 단순하게 스레드 내부에서만 동작하는 연산 과정이 진행된다. 큐가 비었다는 사실을 스레드가 알게 되면, 해당 스레드는 큐에 일정 개수의 작업을 추가해서 작업을 가져가려는 다른 스레드가 계속해서 실행할 수 있도록 했다. 물론 여러 스레드가 작업을 가져가기 위해 공유된 큐에 동시에 접근하는 부분에는 순차적인 처리 부분이 들어가지만, 작업 간에 공유하는 데이터는 없기 때문에 실제로 작업을 실행하는 부분은 완벽하게 병렬화가 가능하다.

그림 11.2에 나타나 있는 여러 곡선을 보면 스레드 안전성이 보장된 두 가지의 Queue 구현 클래스의 성능을 한눈에 볼 수 있다. 하나는 synchronizedList 메소드로 동기화한 LinkedList 클래스이고, 다른 하나는 ConcurrentLinkedQueue 클래스이다. 실행 테스트는 8개의 CPU가 장착되고 솔라리스 운영체제가 설치돼 있는 Sparc V88o 서버에서 이뤄졌다. 각 실행 단위가 동일한 양의 '작업'을 처리해야 한다고 할 때, 단순히 적절한 큐 구현 클래스를 사용하는 것만으로도 확장성을 크게 높일 수 있다는 사실을 알 수 있다.

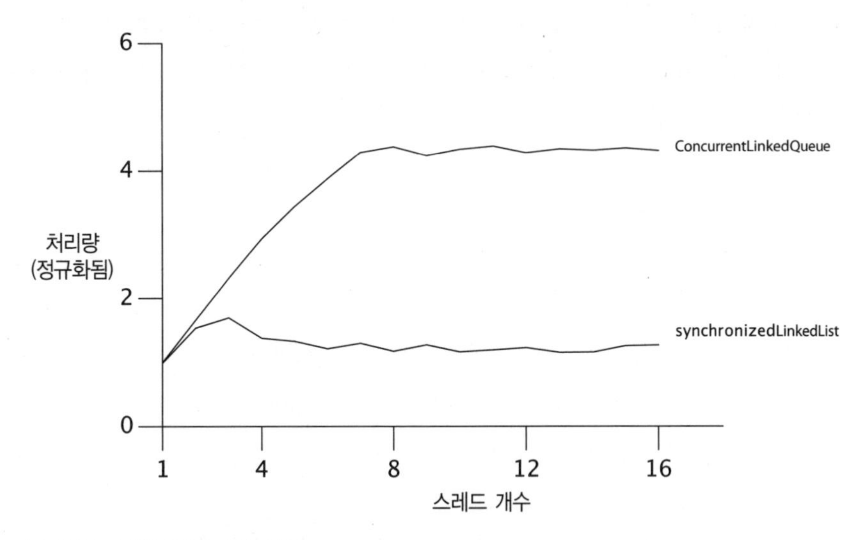

그림 11.2 큐 구현 클래스 성능 비교

ConcurrentLinkedQueue 클래스의 처리량은 계속해서 증가하다가 프로세서의 개수에 해당하는 수치에 다다르면 더 이상 증가하지 않고 일정하게 유지되는 경향을 보인다. 반대로 동기화된 LinkedList 클래스의 성능은 스레드가 3개 정도까지는 증가하다가 그 이후에는 동기화 관련 부하가 늘어나서 성능이 떨어진다. 스레드 개수가 4개나 5개만 돼도 스레드 간에 큐에 들어 있는 락을 차지하려는 경쟁이 치열해지면서 컨텍스트 스위칭을 하느라 성능에 큰 영향을 주게 된다.

여기에서 처리량의 차이점이 발생하는 원인을 살펴보면 바로 두 개의 큐 구현 클래스가 작업을 순차적으로 처리하는 정도의 차이점에 원인이 있음을 알 수 있다. 동기화된 LinkedList 클래스는 전체 큐의 상태를 하나의 락으로 동기화하고 있으며, 따라서 offer나 remove 메소드를 호출하는 동안 전체 큐가 모두 락에 걸린다. 반면 ConcurrentLinkedQueue 클래스는 정교한 큐 알고리즘(15.4.2절 참조), 즉 개별 링크 포인터마다 단일 연산으로 업데이트하는 방법을 사용해 대기 상태에 들어가는 경우를 최소화한다. 따라서 동기화된 `LinkedList`에서는 추가 작업과 삭제 작업이 모두 순차적으로 처리돼야 하지만, `ConcurrentLinkedQueue`에서는 개별 포인터에 대한 업데이트 연산만 순차적으로 처리하면 된다.

11.2.2 정성적인 암달의 법칙 적용 방법

암달의 법칙을 사용하면 프로그램 내부에서 순차적으로 처리돼야만 하는 부분의 비율을 알고 있을 때, 하드웨어를 추가함에 따라 얼마만큼 처리 속도가 증가할 것인지를 수치화해서 예측할 수 있다. 물론 프로그램 내부에서 순차적으로 처리돼야 하는 부분의 비율을 정확하게 알아내는 일이 쉽지는 않지만, 그 비율을 알지 못한다 해도 경우에 따라 암달의 법칙을 유용하게 사용할 수 있다.

사람의 생각은 항상 환경에서 큰 영향을 받게 마련인데, 대부분의 경우 멀티프로세서 시스템이라 하면 두 개나 네 개의 프로세서가 달린 경우를 떠올리고, 자금에 여유가 있다면 잘해야 열 몇 개의 프로세서를 장착하는 정도밖에 생각하지 못한다. 하지만 멀티코어 CPU가 대중적으로 많이 보급되면서, 이제는 수백 개에서 수천 개의 프로세서를 장착한 시스템을 어렵지 않게 생각하게 됐다.[3] 이런 환경에서 4개의 프로세서가 장착된 하드웨어에서 확장성이 충분하다고 생각됐던 알고리즘이 훨씬 규모가 큰 시스템을 대상으로 본다면 지금까지 알지 못했던 확장성에서의 병목을 맞닥뜨리게 될 가능성도 높다.

수백 개 또는 수천 개의 프로세서가 동작하는 상황까지 가정한 상태에서 프로그램의 알고리즘을 평가한다면, 어느 시점쯤에서 확장성의 한계가 나타날 것인지를 예측해 볼 수 있다. 예를 들어 11.4.2절과 11.4.3절에서는 락의 적용 범위를 줄이는 방법, 즉 락 분할lock splitting(하나의 락을 두 개로 분리) 방법과 락 스트라이핑lock striping(하나의 락을 여러 개로 분리)에 대해서 알아볼 것이다. 락의 적용 범위를 줄이는 이와 같은 방법을 암달의 법칙이라는 측면에서 바라보면, 락을 두 개로 분할하는 정도로는 다수의 프로세서를 충분히 활용하기 어렵다는 결론을 얻을 수 있다. 하지만 락 스트라이핑 방법을 사용할 때는 프로세서의 수가 늘어남에 따라 분할 개수를 같이 증가시킬 수 있기 때문에 확장성을 얻을 수 있는 훨씬 믿을만한 방법이라고 할 수 있다(물론 성능 최적화 문제는 원하는 성능 요구 사항의 수준에 따라 적용하는 것만으로도 충분하다. 예를 들어 락을 두 개로 분리하는 락 분할 방법만 사용해도 원하는 성능을 충분히 발휘할 수 있다).

---

3. 이 책의 원고를 작성하는 시점에도, 썬 사에서는 8개의 프로세서 코어를 갖고 있는 Niagara 프로세서를 장착한 저가형 서버 시스템을 판매하고 있고, Azul에서는 24개 프로세서 코어 기반의 Vega 프로세서를 장착한 고사양의 서버 시스템을 판매하고 있다.

11.3 스레드와 비용

단일 스레드 프로그램은 스케줄링 문제가 발생하지도 않거니와 동기화 문제나 그에 따른 부하도 발생하지 않는다. 게다가 내부 자료의 일관성을 유지하기 위해 락으로 동기화할 필요도 없다. 실행 스케줄링과 스레드 간의 조율을 하다 보면 성능에 부정적인 비용이 발생한다. 따라서 스레드를 사용하는 경우, 병렬로 실행함으로써 얻을 수 있는 이득이 병렬로 실행하느라 드는 비용을 넘어서야 성능을 향상시킬 수 있다.

11.3.1 컨텍스트 스위칭

다른 스레드 없이 메인 스레드 하나만 스케줄링한다고 하면, 메인 스레드는 항상 실행될 것이다. 반대로 CPU 개수보다 실행 중인 스레드의 개수가 많다고 하면, 운영체제가 특정 스레드의 실행 스케줄을 선점하고 다른 스레드가 실행될 수 있도록 스케줄을 잡는다. 이처럼 하나의 스레드가 실행되다가 다른 스레드가 실행되는 순간 컨텍스트 스위칭context switching이 일어난다. 컨텍스트 스위칭이 일어나는 상세한 구조를 보면, 먼저 현재 실행 중인 스레드의 실행 상태를 보관해두고, 다음 번에 실행되기로 스케줄된 다른 스레드의 실행 상태를 다시 읽어들인다.

컨텍스트 스위칭은 단숨에 공짜로 일어나는 일이 아니다. 스레드 스케줄링을 하려면 운영체제와 JVM 내부의 공용 자료 구조를 다뤄야 한다는 문제가 있다. 운영체제와 JVM 역시 프로그램 스레드가 사용하는 것과 같은 CPU를 함께 사용하고 있다. 따라서 운영체제나 JVM이 CPU를 많이 사용하면 할수록 실제 프로그램 스레드가 사용할 수 있는 CPU의 양은 줄어든다. 물론 컨텍스트 스위칭에 운영체제와 JVM이 사용하는 CPU 부분만 관련된 건 아니다. 컨텍스트가 변경되면서 다른 스레드를 실행하려면 해당 스레드가 사용하던 데이터가 프로세서의 캐시 메모리에 들어 있지 않을 확률도 높다. 그러면 캐시에서 찾지 못한 내용을 다른 저장소에서 찾아와야 하기 때문에 원래 예정된 것보다 느리게 실행되는 셈이다. 이런 경우에 대비하고자 대부분의 스레드 스케줄러는 실행 대기 중인 스레드가 밀려 있다고 해도, 현재 실행 중인 스레드에게 최소한의 실행 시간을 보장해주는 정책을 취하고 있다. 그러면 컨텍스트 스위칭에 들어가는 시간과 비용을 나누는 효과를 볼 수 있고, 그 결과 인터럽트 받지 않고 실행할 수 있는 최소한의 시간을 보장받기 때문에 전체적인 성능이 향상되는 효과를 볼 수 있다(물론 응답 속도에는 어느 정도 손해를 감수해야 한다).

```
synchronized (new Object()) {
    // 작업 진행
}
```

예제 11.2 아무런 의미가 없는 동기화 구문. 이런 코드는 금물!

스레드가 실행하다가 락을 확보하기 위해 대기하기 시작하면, 일반적으로 JVM은 해당 스레드를 일시적으로 정지시키고 다른 스레드가 실행되도록 한다. 특정 스레드가 빈번하게 대기 상태에 들어간다고 하면 스레드별로 할당된 최소 실행 시간조차 사용하지 못한 경우도 있다. 대기 상태에 들어가는 연산을 많이 사용하는 프로그램(블로킹 I/O를 사용하거나, 락 대기 시간이 길거나, 상태 변수의 값을 기다리는 등)은 CPU를 주로 활용하는 프로그램보다 컨텍스트 스위칭 횟수가 훨씬 많아지고, 따라서 스케줄링 부하가 늘어나면서 전체적인 처리량이 줄어든다(넌블로킹 알고리즘을 사용하면 컨텍스트 스위칭에 소모되는 부하를 줄일 수 있다. 15장을 참조하자).

컨텍스트 스위칭에 필요한 부하와 비용은 플랫폼마다 다르지만, 대략 살펴본 바에 따르면 최근 사용되는 프로세서상에서 5,000~10,000 클럭 사이클 또는 수 마이크로초 동안의 시간을 소모한다고 알려져 있다.

유닉스 시스템의 vmstat 명령이나 윈도우 시스템의 perfmon 유틸리티를 사용하면 컨텍스트 스위칭이 일어난 횟수를 확인할 수 있으며, 커널 수준에서 얼마만큼의 시간을 소모했는지 알아볼 수 있다. 커널 활용도가 10%가 넘는 높은 값을 갖고 있다면 스케줄링에 부하가 걸린다는 의미이며, 아마도 애플리케이션 내부에서 I/O 작업이나 락 관련 동기화 부분 때문에 대기 상태에 들어가는 부분이 원인일 가능성이 높다.

11.3.2 메모리 동기화

동기화에 필요한 비용은 여러 곳에서 발생하기 마련이다. synchronized와 volatile 키워드를 사용해 얻을 수 있는 가시성을 통해 메모리 배리어memory barrier라는 특별한 명령어를 사용할 수 있다. 메모리 배리어는 캐시를 플러시하거나 무효화하고, 하드웨어와 관련된 쓰기 버퍼를 플러시하고, 실행 파이프라인을 늦출 수도 있다. 메모리 배리어를 사용하면 컴파일러가 제공하는 여러 가지 최적화 기법을 제대로 사용할 수 없게 돼 간접적인 성능 문제를 가져올 수 있다. 메모리 배리어를 사용하면 명령어 재배치를 대부분 할 수 없게 되기 때문이다.

동기화가 성능에 미치는 영향을 파악하려면 동기화 작업이 경쟁적인지, 비경쟁적인지 확인해야 한다. synchronized 키워드가 동작하는 방법은 비경쟁적인 경우

(volatile은 항상 비경쟁적이다)에 최적화돼 있기 때문에 '빠른 경로 fast-path'의 비경쟁적인 동기화 방법은 대부분의 시스템에서 20~250클럭 사이클을 사용한다고 알려져 있다. 물론 클럭 사이클을 전혀 사용하지 않는 것은 아니지만, 전반적인 애플리케이션 성능의 측면에서 봤을 때 비경쟁적이면서 꼭 필요한 동기화 방법은 성능에 그다지 큰 영향이 없다고 할 수 있겠다. 더군다나 비경쟁적인 동기화 방법을 피하느라 다른 방법을 사용하다 보면, 애플리케이션의 안전성을 크게 해치는 결과를 얻을 수 있으며, 나중에 찾기 어려운 심각한 동기화 관련 버그를 찾느라 크게 고생할 가능성도 있다.

최근에 사용하는 JVM은 대부분 다른 스레드와 경쟁할 가능성이 없다고 판단되는 부분에 락이 걸려 있다면 최적화 과정에서 해당 락을 사용하지 않도록 방지하는 기능을 제공하기도 한다. 예를 들어 락을 거는 객체가 특정 스레드 내부에 한정돼 있다면, 해당 락을 다른 스레드에서 사용하며 경쟁 조건에 들어갈 수 없기 때문에 JVM은 자동으로 해당 락은 무시하고 넘어간다. 즉 예제 11.2와 같은 코드를 실행할 때 JVM은 락을 사용하지 않는다.

훨씬 정교하게 만들어진 JVM의 경우에는 유출 분석 escape analysis을 통해 로컬 변수가 외부로 공개된 적이 있는지 없는지, 다시 말해 해당 변수가 스레드 내부에서만 사용되는지를 판단하기도 한다. 예를 들어 예제 11.3의 getStoogeNames 메소드를 보면 List 형의 값을 가리키는 변수는 메소드 내부에 선언된 stooges뿐이다. 그리고 물론 메소드 내부에서 선언된 변수는 항상 스레드 내부에 종속돼 있다. 좀 허술한 JVM에서 예제 11.3을 실행시키면 Vector 객체에 add하는 부분과 toString을 호출하는 부분을 더해 총 4번 락을 잡았다 놓았다 반복하게 된다. 반면 정교한 고급 컴파일러와 JVM은 stooges 변수가 메소드 외부에 유출된 적이 없다는 것을 판단하고 락을 4번이나 잡았다 놓는 과정 없이 빠르게 실행시킨다.[4]

```
public String getStoogeNames() {
    List<String> stooges = new Vector<String>();
    stooges.add("Moe");
    stooges.add("Larry");
    stooges.add("Curly");
    return stooges.toString();
}
```

예제 11.3 락 제거 대상

4. 이런 류의 최적화 방법은 흔히 락 생략(lock elision)이라고 부르며, IBM의 JVM에서 사용하는 방법으로, 자바 7 버전의 핫스팟 VM에서도 지원할 예정이다.

유출 분석을 사용하지 않는 경우라면, 락 확장lock coarsening, 즉 연달아 붙어 있는 여러 개의 synchronized 블록을 하나의 락으로 묶는 방법을 사용하기도 한다. 락 확장 기능을 갖고 있는 JVM에서 예제 11.3의 getStoogeNames 메소드를 실행한다면 add 메소드를 3번 호출하는 부분과 toString을 호출하는 부분을 하나로 묶어 락을 한 번만 확보하고 해제한다. 물론 락 확장 기능을 사용하는 JVM은 락을 확보하고 해제하는 데 걸리는 시간과 synchronized 블록 내부의 작업에 걸리는 시간을 살펴보고, 락을 확장하는 것이 효율적이라고 판단되는 경우에만 확장하기도 한다.[5] 락 확장 방법을 사용하면 동기화 관련 부하를 줄이는 데 도움을 줄 뿐만 아니라 최적화 모듈이 좀더 큰 단위의 블록을 대상으로 추가적인 최적화 작업을 진행할 기회가 생기기도 한다.

> 경쟁 조건에 들어가지 않는 동기화 블록에 대해서는 그다지 걱정하지 않아도 좋다. 동기화 블록의 기본적인 구조가 상당히 빠르게 동작할 뿐만 아니라 JVM 수준에서 동기화와 관련한 추가적인 최적화 작업을 진행하기 때문에 동기화 관련 부하를 줄이거나 아예 없애주기도 한다. 대신 경쟁 조건이 발생하는 동기화 블록을 어떻게 최적화할지에 대해서 고민하자.

특정 스레드에서 진행되는 동기화 작업으로 인해 다른 스레드의 성능이 영향을 받을 수 있다. 동기화 작업은 공유돼 있는 메모리로 통하는 버스에 많은 트래픽을 유발하기 때문이다. 공유 메모리로 통하는 버스는 제한적인 대역폭을 갖고 있으며, 여러 개의 프로세서가 공유한다. 특정 스레드가 동기화 작업을 진행하느라 공유 메모리로 통하는 버스의 대역폭을 꽉 잡고 있다면, 동기화 작업을 진행해야 할 다른 스레드는 성능이 떨어질 수밖에 없다.[6]

11.3.3 블로킹

경쟁하지 않는 상태에서의 동기화 작업은 전적으로 JVM 내부에서 처리할 수 있다 (Bacon et al., 1998). 하지만 경쟁 조건가 발생할 때에는 동기화 작업에 운영체제가 관여해야 할 수 있는데, 운영체제가 관여하는 부분은 모두 일정량의 자원을 소모한다. 락을 놓고 경쟁하고 있다면, 락을 확보하지 못한 스레드는 항상 대기 상태에 들어가야 한다. JVM은 스레드를 대기 상태에 둘 때 두 가지 방법을 사용할 수 있는데, 첫 번째

5. 굉장히 잘 만들어진 컴파일러라면 getStoogeNames 메소드가 항상 같은 값을 리턴한다는 사실을 파악할 수 있다. 그러면 처음 한 번 실행된 이후에는 항상 처음 실행했던 결과를 리턴하도록 메소드의 내용을 새로 컴파일 해두기도 한다.

6. 이런 관점에서 보자면 넌블로킹 알고리즘을 사용한다고 해서 아무런 단점 없이 원활하게 사용할 수 있다는 의견에 반대되는 면이 있다. 다시 말해 경쟁이 많이 벌어지는 상황에서는 락을 중점적으로 사용하는 알고리즘보다 넌블로킹 알고리즘이 동기화 관련 메모리 버스의 트래픽을 많이 점유할 수 있다는 것이다. 좀더 자세한 내용은 15장을 참조하자.

방법은 스핀 대기spin waiting, 즉 락을 확보할 때까지 계속해서 재시도하는 방법이고, 두 번째 방법은 운영체제가 제공하는 기능을 사용해 스레드를 실제 대기 상태로 두는 방법이다. 두 개의 방법 가운데 어느 쪽이 효율적이냐 하는 문제의 답은 컨텍스트 스위칭에 필요한 자원의 양과, 락을 확보할 때까지 걸리는 시간에 크게 좌우된다. 대기 시간을 놓고 보면, 대기 시간이 짧은 경우에는 스핀 대기 방법이 효과적이고, 대기 시간이 긴 경우에는 운영체제의 기능을 호출하는 편이 효율적이라고 한다. 일부 JVM은 이전에 실행되던 패턴을 분석한 결과를 놓고 두 가지 방법 가운데 좀더 효과적인 방법을 선택해 사용하기도 하지만, 대부분의 경우에는 운영체제의 기능을 호출하는 방법을 사용한다.

락을 확보하지 못했거나 I/O 관련 작업을 사용 중이라거나 기타 여러 가지 조건에 걸려 스레드가 대기 상태에 들어갈 때는 두 번의 컨텍스트 스위칭 작업이 일어나며, 이 과정에는 운영체제와 각종 캐시 등의 모듈이 연결돼 있다. 첫 번째 컨텍스트 스위칭은 실행하도록 할당된 시간 이전에 대기 상태에 들어가느라 발생하는 것이고, 두 번째는 락이나 기타 필요한 조건이 충족됐을 때 다시 실행 상태로 돌아오는 컨텍스트 스위칭이다(락을 확보하고자 경쟁하다가 대기 상태에 들어갈 때, 락을 확보하고 있는 스레드에게도 부하가 생긴다. 필요한 작업을 마치고 락을 해제할 때 운영체제에게 대기 상태에 들어간 스레드를 동작시키라고 요청해야 하기 때문이다).

11.4 락 경쟁 줄이기

작업을 순차적으로 처리하면 확장성scalability을 놓치고, 작업을 병렬로 처리하면 컨텍스트 스위칭에서 성능performance에 악영향을 준다. 그런데 락을 놓고 경쟁하는 상황이 벌어지면 순차적으로 처리함과 동시에 컨텍스트 스위칭도 많이 일어나므로 확장성과 성능을 동시에 떨어뜨리는 원인이 된다. 따라서 락 경쟁을 줄이면 줄일수록 확장성과 성능을 함께 높일 수 있다.

락으로 사용 제한이 걸려 있는 독점적인 자원을 사용하려는 모든 스레드는 해당 자원을 한 번에 하나의 스레드만 사용할 수 있기 때문에 순차적으로 처리될 수밖에 없다. 물론 락을 사용해야 하는 분명한 이유가 있기는 하다. 즉 공유된 데이터가 망가지지 않게 보호해준다는 분명한 목적이 있지만, 그에 따르는 대가 역시 분명하다. 락을 확보하고자 지속적으로 경쟁하는 상황에서는 확장성에 문제가 생긴다.

> 병렬 애플리케이션에서 확장성에 가장 큰 위협이 되는 존재는 바로 특정 자원을 독점적으로 사용하도록 제한하는 락이다.

락을 두고 발생하는 경쟁 상황에는 크게 두 가지의 원인을 생각해 볼 수 있겠다. 즉 락을 얼마나 빈번하게 확보하려고 하는지, 그리고 한 번 확보하고 나면 해제할 때까지 얼마나 오래 사용하는지가 중요한 요인이다.[7] 이 두 가지 요인을 곱한 값이 충분히 작은 값이라면, 락을 두고 경쟁하는 상황 때문에 확장성에 심각한 문제가 생기지는 않을 것이다. 반대로 락을 필요로 하는 굉장히 많은 수의 스레드가 경쟁을 하고 있다면 락을 확보하지 못한 다수의 스레드가 계속 대기 상태에 머물러야 하며, 특히 심각한 경우에는 작업할 내용이 쌓여 있음에도 불구하고 CPU는 실제로 놀고 있을 가능성도 있다.

> 락 경쟁 조건를 줄일 수 있는 몇 가지 방법이 있다.
> - 락을 확보한 채로 유지되는 시간을 최대한 줄여라.
> - 락을 확보하고자 요청하는 횟수를 최대한 줄여라.
> - 독점적인 락 대신 병렬성을 크게 높여주는 여러 가지 조율 방법을 사용하라.

11.4.1 락 구역 좁히기

락 경쟁이 발생할 가능성을 줄이는 효과적인 방법 가운데 하나는 바로 락을 유지하는 시간을 줄이는 방법이다. 락이 꼭 필요하지 않은 코드를 `synchronized` 블록 밖으로 뽑아내어 락이 영향을 미치는 구역을 좁히면 락을 유지하는 시간을 줄일 수 있다. 특히 I/O 작업과 같이 대기 시간이 발생할 수 있는 코드는 최대한 `synchronized` 블록 밖으로 끄집어내자.

서로 확보하고자 난리가 난 락을 특정 스레드가 오래 잡고 있는 경우에 시스템의 확장성이 얼마나 떨어지는지는 쉽게 확인할 수 있다. 이미 2장의 `SynchronizedFactorizer` 예제에서 살펴본 바가 있다. 만약 락을 확보하는 시간이 2밀리초이고 모든 스레드가 해당 락을 사용해야 한다면, CPU가 아무리 많이 꽂혀 있다 하더라도 1초에 최대 500건 미만의 작업만 처리할 수 있다. 그런데 락을 확보하고 유지하는 시간을 2밀리초에서 1밀리초로 단축시키면 락 때문에 막혀 있던 처리량을 최

7. 큐잉 이론을 보면 안정적인 시스템의 사용자 수는 사용자가 접속하는 평균 비율과 사용자가 접속을 끊을 때까지의 평균 사용 시간을 곱한 값과 같다는 리틀의 법칙(Little's Law, Little, 1961)이 있다. 그리고 리틀의 법칙에 따르면 이런 현상은 당연하다.

대 1초에 1000건까지도 넘볼 수 있다.[8]

예제 11.4의 AttributeStore 클래스를 보면 필요 이상으로 락을 계속 확보하고 있는 상황을 볼 수 있다. userLocationMatches 메소드는 Map에서 사용자의 위치를 찾아보고, Map에 들어 있던 값이 주어진 정규표현식에 맞는지를 검사한다. 코드를 보면 userLocationMatches 메소드 전체가 synchronized 블록으로 막혀 있다. 하지만 코드를 면밀히 들여다보면 synchronized로 막아야 할 부분은 Map.get 메소드를 호출하는 부분뿐이다.

```
@ThreadSafe
public class AttributeStore {
    @GuardedBy("this") private final Map<String, String>
            attributes = new HashMap<String, String>();

    public synchronized boolean userLocationMatches(String name,
                                                    String regexp) {
        String key = "users." + name + ".location";
        String location = attributes.get(key);
        if (location == null)
            return false;
        else
            return Pattern.matches(regexp, location);
    }
}
```

예제 11.4 필요 이상으로 락을 잡고 있는 모습

예제 11.5의 BetterAttributeStore 클래스는 AttributeStore 클래스에 비해 락 점유 시간을 엄청나게 줄인 버전이다. 먼저 Map 객체에서 사용자의 현재 위치를 가져올 때 필요한 키를 생성한다. 키는 users.[사용자 이름].location 의 형태를 갖는다. Map의 키를 생성할 때 여러 문자열을 + 연산자로 연결하고 있는데, 내부적으로는 StringBuilder 인스턴스를 만들어 동작하며, + 연산자로 연결된 문자열을 StringBuilder에 모두 append 하고, 최종 결과 문자열을 String 인스턴스로 생성한다. 키를 사용해 사용자의 위치를 가져오고 나면 지정된 정규표현식에 맞는지 검사한

8. 물론 여기에서 계산한 처리량은 락 경쟁이 심해지면서 더욱 커지는 컨텍스트 스위칭 부하에 대해서는 고려하지 않은 값이라는 점을 알아두자.

다. 그런데 자세히 보면 문자열을 연결해 키를 생성하는 작업이나, 정규표현식에 문자열을 매치시키는 작업은 공유된 데이터를 사용하지 않으므로 락 블록 내부에서 실행시킬 필요가 없다. BetterAttributeStore 클래스는 이와 같이 공유된 데이터를 사용하지 않는 부분을 락 블록 밖으로 뽑아내 락이 확보된 상태로 실행되는 시간을 최대한으로 줄였다.

```
@ThreadSafe
public class BetterAttributeStore {
    @GuardedBy("this") private final Map<String, String>
            attributes = new HashMap<String, String>();

    public boolean userLocationMatches(String name, String regexp) {
        String key = "users." + name + ".location";
        String location;
        synchronized (this) {
            location = attributes.get(key);
        }
        if (location == null)
            return false;
        else
            return Pattern.matches(regexp, location);
    }
}
```

예제 11.5 락 점유 시간 단축

userLocationMatches 메소드에서 락 블록의 범위를 축소한 결과 락을 확보한 상태에서 실행돼야 하는 명령어의 수를 줄일 수 있었다. 암달의 법칙을 통해 보면 순차적으로 처리돼야 하는 코드의 양이 줄어드는 효과가 있기 때문에 애플리케이션의 확장성을 저해하는 요소를 줄이는 결과도 기대할 수 있다.

AttributeStore 클래스에는 공유된 상태 변수가 attributes 단 하나이기 때문에 스레드 안전성 위임delegating thread safety(4.3절 참조) 방법을 사용해 좀더 개선해 볼 여지가 있다. 즉 attributes 변수를 일반 HashMap 대신 스레드 안전성이 확보된 클래스(Hashtable, synchronizedMap, ConcurrentHashMap 등)를 사용하면 AttributeStore 클래스의 스레드 안전성을 모두 attributes 변수에게 위임할 수 있다. 그러면 이미 스레드 안전성을 확보하고 있기 때문에 AttributeStore 클래스는 따로 동기화나 락에 대해 신경 쓰지 않아도 좋으며, 그와 함께 락을 점유하는 시간을 최소화하는 셈이다. 더군다나 나중에 다른 개발자가 유지보수를 해야 할 상황이 발생해도, attribute에 대해 락을 제대로 사용하지 못해 오류가 발생하는 경우를 미연에 방지할 수도 있다.

synchronized 블록을 줄이면 줄일수록 애플리케이션의 확장성을 늘일 수 있다고는 하지만, 그렇다고 해서 단일 연산으로 실행돼야 할 명령어까지 synchronized 블록 밖으로 빼내거나 해서는 안 된다. 또한 synchronized 블록에서 동기화를 맞추는 데도 자원이 필요하기 때문에 하나의 synchronized 블록을 두 개 이상으로 쪼개는 일(물론 쪼개도 올바로 동작한다는 가정하에)도 어느 한도를 넘어서면 성능의 측면에서 오히려 악영향을 미칠 수 있다.[9] 물론 가장 최적의 설정은 항상 플랫폼마다 다를 수 있다는 점을 알아두자. 대신 일반적으로 볼 때 대기 상태에 들어 갈 수 있는 연산뿐만 아니라 '아주 작은' 연산까지 최대한 synchronized 블록 밖으로 빼내는 정도로 충분하다.

11.4.2 락 정밀도 높이기

락을 점유하고 있는 시간을 최대한 줄이고, 따라서 락을 확보하기 위해 경쟁하는 시간을 줄일 수 있는 또 다른 방법으로는 바로 스레드에서 해당 락을 덜 사용하도록 변경하는 방법이 있다. 이런 방법에는 락 분할splitting과 락 스트라이핑striping 방법이 있는데, 두 가지 모두 하나의 락으로 여러 개의 상태 변수를 한번에 묶어두지 않고, 서로 다른 락을 사용해 여러 개의 독립적인 상태 변수를 각자 묶어두는 방법이다. 두 가지 기법을 활용하면 락으로 묶이는 프로그램의 범위를 조밀하게 나누는 효과가 있으며, 따라서 결국 애플리케이션의 확장성이 높아지는 결과를 기대할 수 있다. 하지만 반대로 락의 개수가 많아질수록 데드락이 발생할 위험도 높아진다는 점을 주의해야 한다.

간단하게 머릿속에서 실험을 해보자. 예를 들어 애플리케이션에서 각 객체마다 서로 다른 락을 사용하는 대신 전체를 대상으로 단 하나의 락만을 사용한다고 가정하면 어떤 일이 일어날지 생각해보자. 그렇다면 synchronized 블록으로 둘러싸인 모든 코드가 전부 순차적으로 실행될 것이라고 쉽게 예상할 수 있다. 애플리케이션 내부의 여러 스레드가 하나뿐인 락을 확보하기 위해 서로 엄청나게 경쟁을 할 것이고, 두 개 이상의 스레드가 동시에 락을 확보하려는 경우가 많아질 것이다. 반대로 다수의 락을 사용해 각 객체별로 필요한 만큼만 락을 확보하도록 하면 스레드 간의 경쟁을 크게 줄일

9. JVM에서 락 확장(lock coarsening) 기법을 사용한다면, 개발자가 일부러 쪼갠 synchronized 블록이 결국은 하나로 합쳐진 것처럼 동작할 가능성도 있다.

수 있다. 따라서 경쟁이 줄어들면 락을 확보하고자 대기하는 경우 역시 줄어들기 때문에 애플리케이션의 확장성이 늘어날 것이라고 예상할 수 있다.

락이 두 개 이상의 독립적인 상태 변수를 한번에 묶어서 동기화하고 있다면 해당하는 코드 블록을 상태 변수에 맞춰 두 개 이상의 락으로 동기화하도록 분할해 확장성을 높일 수 있다. 락을 확보하고자 대기하는 경우를 줄일 수 있기 때문이다.

예제 11.6의 ServerStatus 클래스를 보면 데이터베이스 서버를 모니터링하는 인터페이스의 코드 일부가 나타나 있는데, ServerStatus에서는 현재 데이터베이스에 로그인돼 있는 사용자 목록을 관리하고 그와 함께 현재 실행 중인 데이터베이스 쿼리가 어떤 것인지도 관리한다. 사용자가 로그인하고 로그아웃하는 경우, 그리고 쿼리가 실행을 시작하고 실행을 끝마치는 각 순간마다 각자 add 또는 remove 메소드를 사용해 상태 정보가 업데이트된다. 여기에서 사용자 정보와 실행 중인 쿼리 정보는 완전히 독립적인 정보라고 볼 수 있으며, 따라서 ServerStatus는 기능에 문제가 생기지 않는 범위에서 심지어는 두 개의 클래스로 분리해 구현할 수도 있다.

ServerStatus라는 락 하나를 갖고 users 변수와 queries 변수를 한번에 동기화하는 대신 예제 11.7과 같이 각 상태 변수를 각자의 락으로 동기화하도록 해보자. 이렇게 락을 분할하고 나면, 락의 정밀도가 높아졌다고 볼 수 있고 분할하기 전에 정밀도가 적은 방법보다 대기 상태에 들어가는 경우가 크게 줄어든다(또한 users와 queries 상태 변수에 스레드 안전성이 확보된 Set 클래스를 사용해 동기화 작업을 위임하는 것 역시 락 분할 방법을 적용하는 것과 같다. 각 Set 클래스 내부에서 스스로가 갖고 있는 내부의 변수를 보호하기 위해 각자의 락을 적절히 사용하고 있을 것이기 때문이다).

락을 하나에서 둘로 분할하는 방법은 경쟁 조건가 아주 심하지는 않지만 그래도 어느 정도 경쟁이 발생하고 있는 경우에 가장 큰 효과를 볼 수 있다. 반대로 경쟁 상황이 거의 발생하지 않는 경우에는 락을 분할한다고 해서 큰 효과를 보지는 못하지만, 부하가 걸리면서 경쟁이 발생하기 시작했을 때 성능이 떨어지는 시점을 늦출 수도 있다. 어느 정도의 경쟁이 발생하는 상황에서 락을 두 개 이상으로 분할하면 대부분의 동기화 블록에서 락 경쟁이 일어나지 않도록 할 수 있으며, 따라서 처리량과 확장성의 측면에서 큰 이득을 얻을 수 있다.

```
@ThreadSafe
public class ServerStatus {
    @GuardedBy("this") public final Set<String> users;
    @GuardedBy("this") public final Set<String> queries;
    ...
```

```
    public synchronized void addUser(String u) { users.add(u); }
    public synchronized void addQuery(String q) { queries.add(q); }
    public synchronized void removeUser(String u) {
        users.remove(u);
    }
    public synchronized void removeQuery(String q) {
        queries.remove(q);
    }
}
```

예제 11.6 락 분할 대상

```
@ThreadSafe
public class ServerStatus {
    @GuardedBy("users") public final Set<String> users;
    @GuardedBy("queries") public final Set<String> queries;
    ...
    public void addUser(String u) {
        synchronized (users) {
            users.add(u);
        }
    }

    public void addQuery(String q) {
        synchronized (queries) {
            queries.add(q);
        }
    }
    // remove 메소드 역시 락을 분할시켜 만들 수 있다.
}
```

예제 11.7 락이 분할된 ServerStatus 클래스

11.4.3 락 스트라이핑

만약 경쟁 조건가 굉장히 심한 락을 두 개로 분할하고 나면, 결국 경쟁이 심한 락이 두 개가 생기는 모양새가 될 수 있다. 물론 두 개의 스레드가 동시에 실행될 수 있으니 확장성이 약간 늘어난다고 볼 수 있지만 여러 개의 CPU를 사용하는 시스템에서 병렬성

concurrency을 크게 높여주지는 못한다. 앞서 ServerStatus 클래스에서 살펴봤던 락 분할 방법만 가지고는 더 이상 락을 쪼갤 수 있는 방법이 없었다.

락 분할 방법은 때에 따라 독립적인 객체를 여러 가지 크기의 단위로 묶어내고, 묶인 블록을 단위로 락을 나누는 방법을 사용할 수도 있는데, 이런 방법을 락 스트라이핑lock striping이라고 한다. 예를 들어 ConcurrentHashMap 클래스가 구현된 소스코드를 보면 16개의 락을 배열로 마련해두고 16개의 락 각자가 전체 해시 범위의 1/16에 대한 락을 담당한다. 따라서 N번째 해시 값은 락 배열에서 N mod 16의 값에 해당하는 락으로 동기화된다. ConcurrentHashMap에서 사용하는 해시 함수가 적당한 수준 이상으로 맵에 들어 있는 항목을 분산시켜 준다는 가정하에 락 경쟁이 발생할 확률을 1/16으로 낮추는 효과가 있다. 결국 ConcurrentHashMap은 최대 16개의 스레드에서 경쟁 없이 동시에 맵에 들어 있는 데이터를 사용할 수 있도록 구현돼 있는 셈이다(CPU의 개수가 많은 하드웨어를 사용하는 경우 병렬성을 높이기 위해 락의 개수를 더 늘려볼 수도 있다. 하지만 적절한 수치 이상의 많은 경쟁 조건이 발생한다고 확인된 경우에만 기본값인 16보다 더 큰 값을 사용하도록 한다).

락 스트라이핑을 사용하다 보면 여러 개의 락을 사용하도록 쪼개놓은 컬렉션 전체를 한꺼번에 독점적으로 사용해야 할 필요가 있을 수 있는데, 이런 경우에는 단일 락을 사용할 때보다 동기화시키기가 어렵고 자원도 많이 소모한다는 단점이 있다. 대부분의 작업을 처리할 때는 쪼개진 락 하나만 확보하는 것으로도 충분하지만, ConcurrentHashMap 클래스에서 해시 공간의 크기를 늘리고 해시 함수를 새롭게 적용하는 작업과 같이 간혹 전체 컬렉션을 독점적으로 사용해야 하는 경우가 생긴다. 이런 경우에는 보통 쪼개진 락을 전부 확보한 이후에 처리하도록 구현한다.[10]

예제 11.8의 StripedMap 클래스는 락 스트라이핑을 사용하는 해시 기반의 맵 클래스이다. N_LOCKS만큼의 락을 생성하고, N_LOCKS개의 락이 각자의 범위에 해당하는 해시 공간에 대한 동기화를 담당한다. get 메소드와 같은 대부분의 메소드는 N_LOCKS개의 락 가운데 하나만 확보하는 것으로 충분하다. 물론 N_LOCKS개의 락을 한꺼번에 모두 확보해야 하는 경우가 있긴 하지만, clear 메소드에 구현돼 있는 것과 같이 N_LOCKS개의 락을 한꺼번에 확보하지 않고 처리할 수 있는 방법이 있을 수도 있다.[11]

10. 암묵적인 락을 한꺼번에 확보하려면 재귀 호출 방법을 사용할 수밖에 없다.

11. 이런 방법으로 clear 메소드를 구현하면 clear 메소드의 기능을 단일 연산으로 구현하지 못한다. 따라서 clear했음에도 불구하고 다른 스레드에서 계속해서 객체를 추가하고 있다면 실제로 clear 메소드로 맵 내부를 비우지 못할 수도 있다. 당연한 말이지만 clear 연산을 단일화하려면 한꺼번에 모든 락을 확보하도록 해야 한다. 어쨌거나 전체에 대한 독점적인 락을 제공하지 않는 병렬 컬렉션을 사용할 때는 size 메소드나 isEmpty 메소드와 같이 맵 내부의 상태를 알려주는 메소드의 결과가 내부 상태를 정확하게 알려주지 못할 수 있다. 그럼에도 불구하고 내부의 상태를 정확하게 알려주지 못한다는 단점이 그다지 문제되는 경우는 거의 없다.

11.4.4 핫 필드 최소화

락 분할 방법과 락 스트라이핑은 여러 개의 스레드가 각자 방해받지 않으면서 독립적인 데이터(또는 같은 데이터 구조 내부에서 서로 다른 부분)를 사용할 수 있도록 해주기 때문에 애플리케이션의 확장성을 높여준다. 애플리케이션의 내부를 살펴봤을 때 락으로 동기화시킨 데이터에 대한 경쟁보다 락 자체에 대한 경쟁이 더 심한 상태인 경우에 락 분할 방법으로 확장성에 이득을 얻을 수 있다. 하나의 락으로 두 개의 독립적인 변수 X와 Y를 동기화하고 있고, 스레드 A는 변수 X를 사용하려고 하고 스레드 B는 변수 Y를 사용하려고 한다고 해보자(ServerStatus 클래스에서 한쪽 스레드는 addUser 메소드를 호출하고 또 다른 스레드는 addQuery 메소드를 호출하는 것과 동일한 상황이다). 그러면 스레드 A와 스레드 B는 서로 독립적인 데이터를 사용하기 때문에 데이터를 두고 경쟁하지는 않지만, 하나의 락으로 동기화돼 있기 때문에 락을 확보하기 위해 경쟁하게 된다.

모든 연산에 꼭 필요한 변수가 있다면 락의 정밀도granularity를 세밀하게 쪼개는 방법을 적용할 수 없다. 이 부분은 성능과 확장성이 서로 공존하기 어렵게 만드는 또 다른 요인이라고 볼 수 있겠다. 예를 들어 자주 계산하고 사용하는 값을 캐시에 저장해 두도록 최적화한다면 확장성을 떨어뜨릴 수밖에 없는 '핫 필드hot fields' 가 나타난다.

HashMap 클래스를 구현한다고 하면 맵 내부에 들어 있는 항목의 개수를 세는 size 메소드를 어떻게 구현할 것인지 선택해야 한다. 가장 간단한 방법은 size 메소드를 호출할 때마다 항목의 수를 매번 새로 계산하는 방법이다. 약간 더 최적화된 방법 가운데 흔히 사용하는 방법은 항목의 개수 카운터를 두고 항목이 추가되거나 제거될 때마다 카운트를 증가시키거나 감소시키는 방법이다. 이 방법을 사용하면 항목을 추가하거나 삭제할 때 카운트를 정확한 값으로 맞추느라 약간의 시간이 더 필요하겠지만 size 메소드의 실행 시간을 $O(n)$에서 $O(1)$으로 크게 줄일 수 있다.

항목의 개수를 따로 관리하는 방법으로 최적화해 size 메소드나 isEmpty 메소드 등의 처리 속도를 높이면 단일 스레드 애플리케이션이나 완전히 동기화된 애플리케이션에서는 문제없이 잘 동작한다. 하지만 맵 내부의 항목을 변경하는 모든 기능을 호출할 때 공유된 변수인 개수 카운터의 값을 변경해야 하기 때문에 멀티스레드 애플리케이션에서는 확장성을 높이는 일이 굉장히 어려워진다. 해시 맵을 관리하는 부분에 락 분할 방법을 사용한다 해도 카운터 변수에 접근하는 부분을 동기화해야 하므로 전체 맵을 놓고 독점적으로 락을 걸어야만 하는 상황이 생긴다. 결국 성능의 측면에서 최적화라고 생각했던 기법, 즉 맵 내부의 항목을 캐시해두는 방법이 확장성의 발목을 잡는 셈이다. 이와 같이 모든 연산을 수행할 때마다 한 번씩 사용해야 하는 카운터 변수와 같은 부분을 '핫 필드' 라고 부른다.

JDK에 포함된 ConcurrentHashMap 클래스는 전체 카운트를 하나의 변수에 두지 않고, 락으로 분배된 각 부분마다 카운터 변수를 따로 두고 관리하면서 size 메소드를 호출하면 각 카운터 변수의 합을 알려주는 방법을 사용한다. 즉 ConcurrentHashMap은 모든 항목의 개수를 하나씩 세는 대신 각 락이 담당하는 부분마다 카운터를 두고 있으며, 해당 부분은 락으로 이미 동기화돼 있기 때문에 추가적인 락을 사용할 필요가 없다.[12]

```
@ThreadSafe
public class StripedMap {
    // 동기화 정책: buckets[n]은 locks[n%N_LOCKS] 락으로 동기화한다.
    private static final int N_LOCKS = 16;
    private final Node[] buckets;
    private final Object[] locks;

    private static class Node { ... }

    public StripedMap(int numBuckets) {
        buckets = new Node[numBuckets];
        locks = new Object[N_LOCKS];
        for (int i = 0; i < N_LOCKS; i++)
            locks[i] = new Object();
    }

    private final int hash(Object key) {
        return Math.abs(key.hashCode() % buckets.length);
    }

    public Object get(Object key) {
        int hash = hash(key);
        synchronized (locks[hash % N_LOCKS]) {
            for (Node m = buckets[hash]; m != null; m = m.next)
                if (m.key.equals(key))
                    return m.value;
```

12. 다른 내용 변경 기능보다 size 메소드가 훨씬 빈번하게 호출된다면 한 번 size를 호출했을 때 그 결과 값을 volatile 변수에 캐시해둘 수 있겠다. 컬렉션의 내용이 변경될 때마다 캐시된 값을 -1로 변경하면 그 이후에 size 메소드를 호출할 때 캐시된 개수가 -1임을 확인하고 개수를 다시 계산한다.

```
        }
        return null;
    }

    public void clear() {
        for (int i = 0; i < buckets.length; i++) {
            synchronized (locks[i % N_LOCKS]) {
                buckets[i] = null;
            }
        }
    }
    ...
}
```

예제 11.8 락 스트라이핑을 사용하는 해시 기반의 맵

11.4.5 독점적인 락을 최소화하는 다른 방법

락 경쟁 때문에 발생하는 문제점을 줄일 수 있는 또 다른 방법은 바로 좀더 높은 병렬성으로 공유된 변수를 관리하는 방법을 도입해 독점적인 락을 사용하는 부분을 줄이는 것이다. 예를 들어 병렬 컬렉션 클래스를 사용하거나 읽기-쓰기read-write 락을 사용하거나 불변immutable 객체를 사용하고 단일 연산 변수를 사용하는 등의 방법이 여기에 해당된다.

ReadWriteLock(13장 참조) 클래스를 사용하면 여러 개의 reader가 있고 하나의 writer가 있는 상황으로 문제를 압축할 수 있다. 다시 말해 여러 개의 스레드에서 공유된 변수의 내용을 읽어가려고 하고 대신 값을 변경하지는 못한다. 그리고 값을 변경할 수 있는 단 하나의 스레드는 값을 쓸 때 락을 독점적으로 확보한다. ReadWriteLock은 읽기 연산이 대부분을 차지하는 데이터 구조에 적용하기가 알맞으며, 전체적으로 독점적인 락을 사용하는 경우보다 병렬성 측면에서 확장성을 크게 높여준다. 만약 읽기 전용의 데이터 구조라면 불변 클래스의 형태를 유지하는 것만으로도 동기화 코드를 완전히 제거해 버릴 수 있다.

단일 연산 변수atomic variable(15장 참조)를 사용하면 통계 값을 위한 카운터 변수나 일련번호 생성 모듈, 링크로 구성된 데이터 구조에서 첫 번째 항목을 가리키는 링크와 같은 '핫 필드'가 존재할 때 핫 필드의 값을 손쉽게 변경할 수 있게 해준다(이미 2장의 서블릿 예제에서 페이지 카운터를 관리하는 부분에 AtomicLong 변수를 사용한 예가 있다). 단일 연산

클래스는 숫자나 객체에 대한 참조 등을 대상으로 굉장히 정밀도가 높은(따라서 확장성에 무리를 주지 않는) 단일 연산 기능을 제공하며, 그 내부적으로는 CPU 프로세서에서 제공하는 저수준의 병렬처리 기능(이를테면 비교 후 치환 기법 등)을 활용하고 있다. 작성 중인 클래스 내부에 다른 변수와의 불변조건에 관여하지 않는 핫 필드가 몇 개 정도 있다면 해당하는 핫 필드를 단일 연산 변수로 변경하는 것만으로도 확장성에 이득을 볼 수 있다(클래스 내부에서 사용하는 핫 필드의 개수를 줄이면 애플리케이션의 확장성을 더 높일 수 있다. 단일 연산 변수를 사용한다고 해도 핫 필드와 관련해 소모되는 자원을 줄여줄 뿐 자원 소모를 아예 없애지는 못하기 때문이다).

11.4.6 CPU 활용도 모니터링

애플리케이션의 확장성을 테스트할 때 그 목적은 대부분 CPU를 최대한 활용하는 데 있다. 유닉스 환경의 vmstat이나 mpstat과 같은 유틸리티, 또는 윈도우 환경의 perfmon과 같은 유틸리티를 사용하면 CPU가 얼마나 열심히 일하는지를 확인할 수 있다.

만약 두 개 이상의 CPU가 장착된 시스템에서 일부 CPU만 열심히 일하고 나머지는 놀고 있다면, 가장 먼저 해야 할 일은 프로그램의 병렬성을 높이는 방법을 찾아 적용하는 일이다. 특정 CPU만 열심히 일하는 경우는 상당 부분의 연산 작업이 특정 스레드에서만 일어난다는 것을 뜻하며, 따라서 CPU가 여러 개 장착된 하드웨어를 애플리케이션에서 충분히 활용하지 못한다고 볼 수 있다.

CPU를 충분히 활용하지 못하고 있다면, 일반적인 몇 가지 원인을 생각해 볼 수 있다.

부하가 부족하다: 가장 기본적으로 볼 때 테스트하는 프로그램이 CPU 사용량을 측정할 만큼 충분한 부하 상황을 만들지 않은 것일 수 있다. 그러면 부하를 점점 늘려가면서 CPU 사용률이나 응답 시간이나 서비스 시간 등의 항목이 어떻게 증가하는지를 측정해 볼 수 있겠다. 애플리케이션이 허덕거릴 만큼의 부하를 만들어 내는 일이 쉽지 않을 수도 있다. 즉 테스트를 당하고 있는 서버가 문제가 아니라 클라이언트 시스템 쪽이 문제일 수 있다.

I/O 제약: iostat이나 perfmon 등의 유틸리티를 사용하면 애플리케이션의 성능 가운데 디스크 관련 부분이 얼마나 되는지를 살펴볼 수 있다. 그리고 네트웍의 트래픽 수준을 모니터링하면 대역폭을 얼마나 사용하고 있는지도 쉽게 파악할 수 있다.

외부 제약 사항: 애플리케이션에서 외부 데이터베이스 또는 웹 서비스 등을 사용하고 있다면 성능의 발목을 잡는 병목이 외부에 있을 가능성도 높다. 이와 같은 외부적인 부분은 프로파일러profiler를 활용하거나 데이터베이스 모니터링 도구를 사용하면 외부 작업을 처리하는 데 얼마만큼의 시간이 소모되는지 확인이 가능하다.

락 경쟁: 각종 프로파일링 도구를 활용하면 애플리케이션 내부에서 락 경쟁 조건가 얼마나 발생하는지 알아볼 수 있으며, 어느 락이 가장 빈번하게 경쟁의 목표가 되는지도 알 수 있다. 프로파일러를 사용하지 않는다 해도 랜덤 샘플링random sampling, 즉 특정 시점에 스레드 상태를 덤프dump해서 락을 확보하기 위해 경쟁 중인 스레드가 어느 정도인지를 확인할 수 있다. 특정 스레드가 락을 확보하기 위해 대기 중이라면 스레드 덤프를 뽑아 봤을 때 해당 스레드 부분에 "`waiting to lock monitor ...`"와 같은 메시지가 표시된다. 경쟁의 대상이 되는 경우가 적은 락일수록 스레드 덤프로 봤을 때 눈에 잘 띄지 않는다. 반대로 경쟁의 대상이 되는 락은 최소한 하나 이상의 스레드가 해당 락을 확보하기 위해 대기하고 있을 것이기 때문에 스레드 덤프에서 쉽게 확인할 수 있다.

애플리케이션이 CPU를 적절한 수준 이상으로 충분히 사용하고 있다고 생각되면, 위에 소개했던 여러 가지 모니터링 방법을 사용해서 CPU를 추가했을 때 얼마나 이득을 볼 수 있을 것인지 예측해 볼 수 있다. 스레드를 총 4개만 활용하는 애플리케이션이 있다고 하면 4개의 CPU를 사용하는 시스템에서 하드웨어를 충분히 활용할 수 있겠지만, 만약 8개의 CPU를 갖고 있는 시스템이라면 동시에 더 많은 스레드를 돌릴 수 있지만 애플리케이션은 4개의 스레드만 사용하기 때문에 하드웨어를 제대로 활용하지 못한다(물론 애플리케이션의 설정, 예를 들어 스레드 풀의 크기를 더 크게 지정해 작업을 분산시키는 방법도 좋다). `vmstat`으로 보는 화면의 한쪽 컬럼에는 실행 상태에 놓여 있지만 CPU가 모자라 실행하지 못하는 스레드의 수가 표시된다. 만약 CPU 사용량이 지속적으로 높게 유지되면서 남는 CPU가 나타나기를 기다리는 스레드가 많아진다면 CPU를 더 장착하는 것으로 성능을 높일 수 있다.

11.4.7 객체 풀링은 하지 말자

초기 버전의 JVM에서는 객체를 새로 메모리에 할당하는 작업과 가비지 컬렉션 작업이 상당히 느린 편이었지만,[13] 그 이후에는 성능이 크게 개선됐다. 실제로 최근에 자바 프로그램에서 메모리를 할당하는 작업이 C 언어의 `malloc` 함수보다 빨라졌다. 게

13. 다 그런 것이겠지만 스레드 동기화, 그래픽 관련 모듈, JVM 시동 시간, 리플렉션 등의 기능도 모두 실험적인 기능으로 초기에 발표되던 시점에는 다들 그랬을 것이다.

다가 핫스팟 1.4.x 버전과 5.0 버전에서 `new Object` 명령을 수행하는 데 필요한 CPU 인스트럭션은 겨우 10개 정도에 불과하다.

예전에 객체 관련 할당과 제거 작업이 느렸을 때는 객체를 더 이상 사용하지 않는다 해도 가비지 컬렉터에 넘기는 대신 재사용할 수 있게 보관해두고, 꼭 필요한 경우에만 새로운 객체를 생성하는 객체 풀object pool을 많이 활용했었다. 이런 방법을 사용해 가비지 컬렉션에 소모되는 시간을 줄일 수 있다고는 하지만, 그렇다 해도 단일 스레드 애플리케이션에서 아주 무겁고 큰 객체를 제외하고는 일반적으로 성능에 좋지 않은 영향을 미치는 것으로 알려져 있다.[14] 게다가 크기가 작거나 중간 크기인 객체를 풀로 관리하는 일은 오히려 상당한 자원을 소모하는 것으로 알려져 있다(Click, 2005).

병렬 애플리케이션에서는 객체 풀링을 사용했을 때 훨씬 많은 비용을 지불해야 할 수도 있다. 스레드 내부에서 필요로 하는 객체를 새로 생성할 때에는 힙 데이터 구조를 사용할 때 동기화해야 하는 부분을 건너뛸 수 있도록 스레드 내부의 할당 블록을 사용하기 때문에 스레드 간에 조율해야 할 일이 거의 없다고 볼 수 있다. 그런데 이와 같은 스레드에서 공통의 객체 풀 하나를 놓고 객체를 재사용한다면 풀에 들어 있는 객체를 사용하고자 할 때마다 모종의 동기화 방법을 사용해야 하며, 따라서 락을 확보하기 위해 스레드가 대기 상태에 들어가야 할 가능성이 생긴다. 그런데 스레드가 락 경쟁에 밀려 대기 상태에 들어가 기다리는 작업 흐름은 메모리에 객체를 할당하는 일보다 훨씬 자원을 많이 소모하는 일이기 때문에 아주 작은 양이라 해도 객체 풀 때문에 발생하는 락 경쟁 상황은 애플리케이션의 확장성에 지대한 영향을 미치는 병목이 될 수 있다(경쟁 조건가 거의 발생하지 않는 동기화 기법이라 해도 메모리에 객체를 할당하는 것보다는 더 많은 자원을 소모한다). 객체 풀 역시 성능을 최적화할 수 있는 방법 가운데 하나라고 생각하기도 하지만, 반대로 확장성에는 심각한 문제를 일으킬 수 있다. 객체 풀은 그것만의 적절한 용도가 있으며,[15] 성능을 최적화하는 데 사용하기에는 그다지 적절한 방법이 아니다.

> 스레드 동기화하는 것보다 메모리에 객체를 할당하는 일이 훨씬 부담이 적다.

---

14. 객체 풀은 단순하게 CPU의 시간을 소모하는 것 뿐만 아니라 여러 가지 다른 문제점을 안고 있는데, 예를 들어 객체 풀의 크기를 제대로 정하는 일도 간단한 일이 아니다. 풀의 크기를 너무 작게 잡으면 객체 풀을 사용하는 의미를 잃게 되고, 반대로 풀의 크기가 너무 크면 당장 쓰지 않을 객체를 확보하고 있는 바람에 가비지 컬렉터가 필요한 메모리를 확보하는데 어려움을 겪을 수 있다. 또한 객체를 재사용할 때 객체를 새로 생성한 것과 같은 초기 상태로 제대로 돌려놓지 못해 이상한 버그가 발생할 위험도 있다. 또한 특정 스레드가 객체를 풀에 반환한 이후에도 계속해서 반환한 스레드를 사용하느라 오류가 발생할 위험도 적지 않다. 더군다나 세대 단위로 동작하는 가비지 컬렉터의 경우 올드(old) 세대에서 젊은(young) 세대로 이어지는 참조가 많이 발생해 가비지 컬렉션 작업에 부하가 걸릴 수도 있다.

15. J2ME(Java 2 Micro Edition)이나 RTSJ(Real-Time Specification for Java)와 같이 매우 제한된 환경에서는 메모리 관리의 측면이나 응답 속도를 관리하는 측면에서 객체 풀이 꼭 필요하기도 하다.

11.5 예제: Map 객체의 성능 분석

단일 스레드 환경에서 ConcurrentHashMap은 동기화된 HashMap보다 약간 성능이 빠르다. 하지만 병렬 처리 환경에서는 ConcurrentHashMap의 성능이 빛을 발한다. ConcurrentHashMap의 구현 내용을 살펴보면 가장 많이 사용하는 기능이 현재 맵 내부에 갖고 있는 값을 찾아내 가져가는 연산이라고 가정하고 있으며, 따라서 ConcurrentHashMap은 여러 개의 스레드에서 get 메소드를 연달아 호출하는 경우에 가장 빠른 속도를 낸다.

동기화된 HashMap 클래스가 속도가 떨어지는 가장 큰 이유는 물론 맵 전체가 하나의 락으로 동기화돼 있다는 점이고, 따라서 한 번에 단 하나의 스레드만이 맵을 사용할 수 있다. 또한 ConcurrentHashMap은 대부분의 읽기 연산에는 락을 걸지 않고 있으며 쓰기 연산과 일부 읽기 연산에는 락 스트라이핑을 활용하고 있다. 이런 기법에 힘입어 대부분의 경우 대기 상태에 들어가지 않고도 다수의 스레드가 동시에 ConcurrentHashMap의 기능을 사용할 수 있다.

그림 11.3을 보면 여러 가지 종류의 Map, 즉 ConcurrentHashMap, ConcurrentSkipListMap, synchronizedMap으로 처리한 HashMap과 TreeMap과 같이 구현 방법을 놓고 봤을 때 각자가 얼마나 확장성을 갖고 있는지 나타나 있다. ConcurrentHashMap과 ConcurrentSkipListMap은 애초에 설계할 때부터 멀티스레드 환경에서 사용하는 것을 목표로 만들어졌고, synchronizedMap을 활용해 동기화시킨 HashMap과 TreeMap은 아주 단순하게 강제로 동기화를 맞춘 것이라고 볼 수 있다. 성능을 측정하는 각 경우마다 N개의 스레드가 임의의 키를 선택한 다음 그 키에 해당하는 값을 맵에서 읽어오는 단순한 코드를 반복적으로 실행한다. 만약 키에 해당하는 값이 맵에 들어 있지 않은 경우에는 p=0.6의 확률로 임의의 값을 맵에 추가하게 돼 있다. 그리고 키에 대한 값이 존재하면 p=0.02의 확률로 해당하는 값을 맵에서 제거한다. 테스트 프로그램은 8개 CPU가 장착된 V88o 장비에서 릴리즈되기 전의 자바 6 버전으로 실행했다. 또한 그래프에 표시된 값은 1개 스레드로 ConcurrentHashMap을 테스트할 때의 값으로 정규화돼 있다는 점을 참고하자(자바 5.0에서의 같은 테스트를 해보면 synchronizedMap으로 동기화된 맵과 원래 멀티스레드에 대응하도록 만들어진 컬렉션 간의 속도 차이가 훨씬 크다).

ConcurrentHashMap과 ConcurrentSkipListMap에 대한 결과를 보면 스레드 수가 늘어남에 따라 성능이 잘 따라와 준다는 사실을 알 수 있다. 스레드 개수가 늘어남에 따라 처리량도 함께 늘어나고 있다. 그림 11.3에 표시된 스레드 개수가 그다지 크지 않아 보일 수도 있지만, 여기에 사용했던 테스트 프로그램은 반복문 내부가 맵의 기능을 활용하는 코드로만 가득 채워져 있기 때문에 다른 작업을 많이 수행하는 일반적인 애플리케이션의 코드보다 락 경쟁이 훨씬 많이 발생하는 구조로 돼 있다는 점을 알아두자.

보다시피 synchronizedMap으로 동기화된 맵이 보여주는 성능 수치는 그다지 훌륭하지 않다. 단일 스레드로 동작할 때에는 ConcurrentHashMap과 대등한 속도를 보여주지만, 경쟁 조건이 발생하지 않는 상황에서 경쟁이 발생하는 상황으로 넘어가면 성능이 급격하게 저하하는 것을 볼 수 있다. 이런 성능 저하는 락 경쟁을 제대로 막지 못하는 경우에 흔히 발생한다. 경쟁이 많이 발생하지 않는 상황에서는 연산하는 데 필요한 시간이 실제 작업에 필요한 시간과 크게 차이나지 않으며, 스레드가 추가될수록 성능도 함께 증가한다. 하지만 한 번 경쟁이 발생하기 시작하면 연산에 필요한 시간의 대부분이 컨텍스트 스위칭과 스케줄링에 필요한 대기 시간으로 소모되며, 스레드를 추가한다 해도 성능을 거의 끌어올리지 못한다.

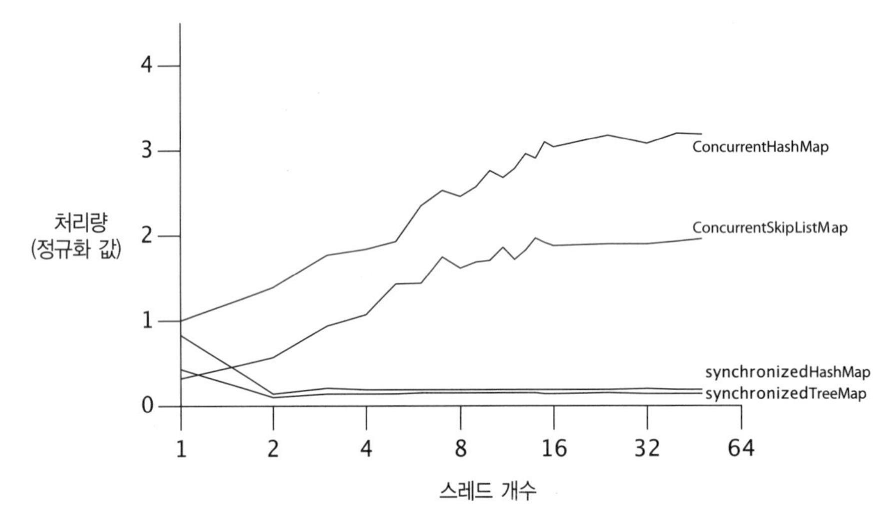

그림 11.3 Map 구현 방법 간의 확장성 비교

11.6 컨텍스트 스위치 부하 줄이기

다양한 종류의 연산이 대기 상태에 들어갈 수밖에 없는 특성을 갖고 있다. 이렇게 실행과 대기의 두 가지 상태를 옮겨 다니는 것을 컨텍스트 스위치라고 한다. 서버 애플리케이션에서 대기 상태에 들어가기 쉬운 경우는 예를 들어 요청을 처리하는 가운데

출력할 로그 메시지를 생성하는 작업을 들 수 있다. 컨텍스트 스위치 횟수를 줄이면 서버의 처리량에 어떤 변화가 있는지를 확인하기 위해 두 가지의 로그 출력 방법을 적용했을 때의 처리 속도를 비교해 보도록 하자.

대부분의 로그 출력 프레임웍은 println 문장을 적당히 감싸고 있을 뿐이다. 만약 로그로 출력하고자 하는 내용이 있다면 필요한 곳마다 여기저기에서 println 문장을 호출하면 된다. 또 다른 방법은 229쪽에서 소개했던 LogWriter와 같은 모습인데, 로그 출력 작업이 로그 출력만을 전담으로 하는 백그라운드 스레드에 의해서 진행되며, 실제로 로그 메시지를 출력하고자 했던 스레드는 실제로 로그를 출력하지는 않는다. 개발자의 입장에서는 두 가지 방법에 별 다른 차이점이 없어 보일 수도 있다. 하지만 두 가지 방법을 봤을 때 성능에 차이가 있을 수 있는데, 출력되는 로그 메시지의 양이나 로그 메시지를 몇 개의 스레드에서 출력하는지, 아니면 컨텍스트 스위치를 하는 데 얼마만큼의 자원이 필요한지 등에 의해 차이가 발생한다.[16]

어떤 추가 작업이 있든지 간에 로그 출력 기능에 걸리는 시간은 항상 I/O 스트림 클래스와 관련된 모든 작업 시간을 포함한다. 즉 I/O 연산이 대기 상태에 들어가면 해당 스레드가 대기 중인 시간까지 전체 작업 시간에 포함된다. 그러면 운영체제는 I/O 작업이 끝날 때까지, 또는 그보다 조금 더 긴 시간까지 해당 스레드를 대기 상태에 집어 넣는다. I/O 작업이 마무리되고 나면, 다른 스레드가 아직 동작 중일 수 있으며 해당 스레드가 할당받은 정도의 시간까지는 계속 실행될 것이고, 어떤 스레드는 스케줄링 큐에 먼저 들어가서 대기 중일 수도 있다. 그러면 서비스 시간이 조금 더 늘어나는 셈이다. 아니면 다수의 스레드가 동시다발적으로 로그 메시지를 출력하고자 한다면 메시지를 출력하는 출력 스트림 객체에 대한 락을 두고 경쟁이 발생할 수 있다. 그러면 블로킹 blocking I/O의 경우와 같이 스레드가 락을 확보하기 위해 대기 상태에 들어가면서 컨텍스트 스위치가 발생하는 결과가 나타난다. 정리해보면, 로그 메시지를 그 즉시 출력하는 방법은 I/O 연산과 스트림에 대한 락에 직접적으로 연결돼 있으며, 따라서 컨텍스트 스위치가 빈번하게 발생할 가능성이 높고 서비스 시간은 점점 늘어난다.

요청에 대한 서비스 시간이 늘어나는 일은 여러 가지 측면에서 좋지 않은 상태이다. 가장 먼저 서비스 시간은 서비스의 품질과 직접적으로 연관돼 있다. 서비스 시간

16. I/O 작업을 다른 스레드에 넘기는 방법으로 동작하는 로그 출력기를 구현하면 성능을 높여줄 수 있지만, 실제 적용했을 때 발생할 수 있는 복잡하고 다양한 문제점에 대한 준비를 설계 단계에서 미리 해둬야 한다. 예를 들어 인터럽트가 걸린 경우(로그 메시지를 출력하느라 대기 상태에 들어가 있을 때 인터럽트가 걸리면 어떻게 되는지?), 로그를 확실하게 출력해주는지(일단 출력할 내용으로 쌓여 있는 메시지는 애플리케이션이 종료되기 전에 모두 출력할 수 있는지?), 로그 출력 속도는 빠른지(출력할 수 있는 양보다 더 많은 양의 메시지가 쌓인다면 어떻게 할 것인지?), 서비스의 라이프 사이클 문제(로그 서비스를 어떻게 종료할 것인지? 로그 서비스의 실행 상태를 로그 출력 코드에 어떻게 알려줄 수 있을 것인지?) 등도 충분히 고려해야 한다.

이 길어진다는 얘기는 바로 누군가가 서비스의 결과를 얻기 위해 오랫동안 기다린다는 말과 같다. 더욱 심각한 문제는 서비스 시간이 길어질수록 락 경쟁을 심화시킨다는 점이다. 11.4.1절에서 소개했던 원칙을 되새겨 보면, 락을 오랫동안 확보하고 있을수록 락에 대한 경쟁이 발생할 가능성이 높아지기 때문에 락을 확보하고 있는 시간은 최대한 줄여야 한다. 특정 스레드가 락을 확보한 상태에서 I/O 연산이 끝날 때까지 대기 상태에 들어가 있다면, 실행 중인 다른 스레드가 이미 누군가가 확보하고 있는 락을 필요로 할 가능성이 높다. 락을 놓고 경쟁하고 있다는 말은 컨텍스트 스위치가 많이 일어나고 있다는 말과 같으므로, 병렬 처리 시스템은 대부분의 락을 대상으로 경쟁이 발생하지 않는 경우에 훨씬 높은 성능을 보여준다. 만약 컨텍스트 스위치가 자주 일어나는 방법으로 프로그램을 작성하는 버릇이 있다면 전반적인 성능이 저하될 수밖에 없다.

요청을 처리하는 스레드의 외부로 I/O 작업을 뽑아내는 방법은 요청을 처리하는 평균 시간을 줄여주는 좋은 방법이다. `log` 메소드를 호출하는 스레드는 더 이상 출력 스트림에 대한 락을 확보할 필요도 없고 I/O 작업이 완료될 때까지 대기하지 않아도 된다. 단지 출력할 로그 메시지를 큐에 쌓아두는 즉시 리턴돼 본연의 작업을 계속해서 진행할 수 있다. 반대로 메시지 큐를 사용하기 위한 경쟁이 발생할 가능성이 높긴 하지만, 메시지를 큐에 쌓는 `put` 연산이 실제로 출력 스트림에 메시지를 출력하는 연산(시스템 콜이 필요할 수도 있다)보다 훨씬 가벼운 연산임은 분명하다. 따라서 실제 상황에서 로그를 출력하고자 할 때 스레드가 대기 상태에 들어갈 일은 거의 없다고 봐도 좋고, 로그 메시지를 출력하느라 컨텍스트 스위치가 발생할 확률도 줄일 수 있다. 이런 작업을 통해서 I/O 작업과 락 경쟁이 발생할 수 있는 복잡하면서 불확실한 코드를 깔끔하게 쭉 뻗은 코드로 변경할 수 있겠다.

따지고 보면 작업이 실제로 처리되는 위치를 옮기고 있을 뿐이고, 사용자가 직접 그 속도를 느끼기 어려운 위치로 I/O 작업을 이동시켰을 뿐이다. 로그 관련 I/O 작업을 모두 단 하나의 스레드에서 처리하도록 넘기고 있기 때문에 로그 출력 스트림을 공유하지 않아도 되고, 따라서 대기 상태에 들어갈 수 있는 원인을 미연에 방지하고 있다. 이런 구조를 갖춰두면 스케줄링, 컨텍스트 스위칭, 락 관리와 같은 각 부분에서 사용하는 자원의 양을 크게 줄일 수 있기 때문에 전반적인 성능을 높일 수 있다.

로그를 출력하고자 요청하는 다수의 스레드에서 발생할 I/O 연산을 단 하나의 스레드에서 처리하도록 한군데로 몰아두는 일은, 불을 끄고자 할 때 서로 양동이를 들고 뛰어다니는 경우와 줄을 맞춰 서서 양동이를 넘겨주는 방법bucket-brigade으로 불을 끄는 방법의 차이로 비유해 볼 수 있겠다. "수십 명의 사람이 양동이를 들고 바쁘게 뛰어

다니는" 방법을 생각해보면 양동이에 물을 받는 부분과 물을 뿌리고자 하는 화재 발생 지점 양쪽에서 사람들 사이에 경쟁이 발생할 수밖에 없다(결국 화재 발생 지점에 뿌려지는 물의 양이 줄어든다). 게다가 각 사람이 여러 종류의 작업(양동이에 물 받고, 달려가서, 물을 뿌리고, 다시 달리는)을 모두 처리해야 하기 때문에 비효율적이기도 하다. 하지만 줄서서 양동이를 넘겨주는 방법을 사용하면 물을 받는 부분에서 화재 발생 지점까지 양동이를 일정한 속도로 넘겨줄 수 있으므로 물을 옮기는 데 에너지를 더 적게 소모하고, 작업자 각각이 자신이 맡은 일만 집중적으로 할 수 있다. 사람이 일을 하는 경우에도 각종 인터럽트가 발생하면 효율이 떨어지는 것과 동일하게, 스레드의 입장에서는 대기 상태에 들어가거나 컨텍스트 스위치가 일어나는 일이 원래 작업을 처리하는 데 상당한 방해가 된다.

요약

멀티스레드를 사용하는 큰 이유 중의 하나가 바로 다중 CPU 하드웨어를 충분히 활용하고자 하는 것이다. 병렬 처리 애플리케이션의 성능에 대해 논의하면서 실제적인 서비스 시간 보다는 애플리케이션의 데이터 처리량이나 확장성을 좀더 집중적으로 살펴봤다. 암달의 법칙에 따르면 애플리케이션의 확장성은 반드시 순차적으로 실행돼야만 하는 코드가 전체에서 얼마만큼의 비율을 차지하냐에 달렸다고 한다. 자바 프로그램의 내부에서 순차적으로 처리해야만 하는 가장 주요한 부분은 바로 독점적인 락을 사용하는 부분이기 때문에, 락으로 동기화하는 범위를 세분화해 정밀도를 높이거나 락을 확보하는 시간을 최소한으로 줄이는 기법을 사용해 락을 최소한만 사용해야 한다. 그리고 독점적인 락 대신 독점적이지 않은 방법을 사용하거나 대기 상태에 들어가지 않는 방법을 사용하는 것도 중요하다.

12 병렬 프로그램 테스트

병렬 프로그램 역시 순차적으로 처리하는 프로그램과 유사한 디자인 패턴을 가져다 쓰는 경우가 많다. 병렬 프로그램은 단지 순차적인 프로그램에 비해 곳곳에 작동 내용을 확인하기 어려운 부분을 포함하고 있다는 차이점이 있다. 따라서 순차적인 프로그램에 비해 각 부분 간의 상호 작용이 훨씬 복잡하며, 미리 예상하고 분석해야 할 가능한 오류 상황도 훨씬 많다.

프로그램 자체도 그렇지만 테스팅 방법 역시 순차적인 프로그램을 테스트하던 방법을 대부분 그대로 가져와 사용한다. 순차적인 프로그램의 정확성과 성능을 측정하던 방법을 병렬 프로그램에도 그대로 적용해 볼 수 있지만, 테스트 결과로 얻을 수 있는 값의 범위가 순차적인 프로그램보다 훨씬 다양하다는 특징이 있다. 병렬 프로그램을 테스트하는 프로그램을 작성할 때 처음 부딪히는 부분은 바로 순차적인 프로그램보다 문제 상황이 발생할 확률이 훨씬 적다는 데 있다. 결국 발생 확률이 훨씬 떨어지는 결과를 제대로 확인해야 하기 때문에 테스트 프로그램에서 대상 애플리케이션을 훨씬 강하게 밀어붙여야 하고, 순차적인 프로그램보다 긴 시간동안 테스트하는 일이 많다.

병렬 프로그램을 테스트한 결과는 전통적으로 사용해왔던 문제 상황인 안전성safety과 활동성liveness의 문제로 귀결된다. 이미 1장에서 '안 좋은 일이 발생하지 않는 상황'을 안전성이라고 하고, '결국 좋은 일이 발생하는 상황'을 활동성이라고 정의한 바 있다.

클래스가 동작하는 형태가 설계했던 모습 그대로 움직이는지를 확인하는 안전성 테스트는 대부분 변수의 값이 정확한지를 확인하는 것부터 시작한다. 이를테면 갖고 있는 항목의 개수를 독립 변수에 캐시하고 변경 사항이 발생할 때마다 업데이트하도록 만들어진 연결 리스트linked list를 구현하고 있다면, 갖고 있는 항목의 개수와 캐시된 변수의 값이 일치하는지를 확인하는 부분이 가장 기본적인 안전성 테스트라고 볼 수 있다. 단일 스레드 환경에서는 리스트에 들어 있는 항목이 테스트 도중에 변경될 수 없기 때문에 굉장히 쉽게 테스트할 수 있다. 하지만 다수의 스레드가 동작하는 병렬 처리 환경에서는 항목의 개수를 세는 작업과 세어진 개수가 캐시된 변수의 값과 일치하는지를 확인하는 두 가지 작업을 단일 연산으로 수행하지 않는 한 올바르지 않은 결과가 속출할 것이다. 이런 테스트를 병렬 환경에서 올바르게 진행하려면 대상 리스트를 독점적으로 사용할 수 있도록 준비해야 한다. 예를 들어 구현하고 있는 리스트 클래스에서 현재 항목의 목록에 대한 스냅샷snapshot을 뽑아주는 기능을 구현하거나, 테스트 프로그램이 값을 제대로 비교하거나 테스트 코드를 안전하게 실행할 수 있도록 '테스트 포인트test point'를 마련하는 방법도 있다.

지금까지 이 책에서는 올바르게 구현되지 않은 클래스에서 '불행히도 딱 맞아 떨어지는' 오류 상황을 표현하기 위해 타이밍 다이어그램timing diagram을 사용하곤 했다. 테스트 프로그램은 물론 발생 가능한 상황을 최대한 넓게 지나다니면서 불행하게 타이밍이 딱 맞는 상황을 놓치지 않아야 한다. 반대로 안 좋은 타이밍을 만들어 내기 위해 준비한 테스트 프로그램이 오히려 실제로 발생할 수 있는 상황을 표현하지 못해 오류를 남겨두는 경우도 생길 수 있다.[1]

활동성liveness은 그 특성상 테스트하기에 어려운 점이 많다. 활동성 테스트를 하다 보면 진행 중progress인 상태와 진행이 멈춘 상태nonprogress를 테스트 하는 경우가 많다. 예를 들면 특정 메소드를 테스트하는 도중에 더 이상 실행되지 않는 것처럼 보이는 경우가 생기면, 단순히 실행 속도가 너무 느린 것으로 봐야 할지, 아니면 실행 도중에 멈추는 오류가 발생한 것인지를 확인해야 한다. 이와 비슷하게 프로그램을 구현할 때 적용한 특정 알고리즘이 데드락에 걸리지 않는다고 어떻게 보장할 것인가? 프로그램에 오류가 있다고 판단하기 전까지 얼마나 오랫동안 느리게 실행되는 프로그램을 참아줘야 하는가?

활동성 문제를 테스트하는 것은 성능 문제를 테스트하는 것과 밀접한 관련이 있다. 알다시피 성능이라는 것은 여러 가지 측면에서 수치화해 측정할 수 있다.

처리량(throughput): 병렬로 실행되는 여러 개의 작업이 각자가 할 일을 끝내는 속도

응답성(responsiveness): 요청이 들어온 이후 작업을 마치고 결과를 줄 때까지의 시간. 지연 시간latency이라고도 한다.

확장성(scalability): 자원을 더 많이 확보할 때마다 그에 따라 처리할 수 있는 작업량이 늘어나는 정도

1. 오류를 확인하기 위해 디버깅 관련 코드를 추가하면 사라져 버리는 류의 버그를 우스개소리로 하이젠버그(Heisenbugs)라고 하기도 한다.(양자 물리학에서 불확실성 이론을 확립한 독일의 물리학자 하이젠베르그(Heisenberg)의 이름에서 따온 것이다. - 옮긴이)

12.1 정확성 테스트

병렬 프로그램을 테스트하기 위한 테스트 프로그램을 작성할 때는 순차적인 프로그램을 테스트하는 경우와 똑같은 분석 작업으로 시작한다. 올바른 값을 정확하게 알고 있는 변수가 어떤 것이 있는지, 그 변수가 최종적으로 어떤 값을 가져야 하는지 등의 내용을 확인해야 한다. 만약 설계가 충분히 이뤄진 경우에는 이와 같은 변수에 대한 사항이 설계 문서에 포함돼 있을 수 있다. 테스트 프로그램을 작성하는 나머지 시간은 전부 설계 과정에서 놓친 기능 명세를 찾아가는 과정이다.

정확성 테스트에 대해 확실하게 이해할 수 있는 예제로 크기가 제한된 버퍼 클래스에 대한 테스트 케이스를 구현해 보자. 먼저 예제 12.1을 보면 테스트할 대상이 될 BoundedBuffer 클래스의 소스코드가 나타나 있다. 예제 12.1의 BoundedBuffer 클래스는 Semaphore를 사용해 크기를 제한하고 제한된 크기를 초과한 경우에 대기 상태에 들어가도록 하고 있다.

BoundedBuffer 클래스의 내부를 보면 배열을 기반으로 하는 큐의 형태로 구현돼 있고, 대기 상태에 들어갈 수 있는 put 메소드와 take 메소드를 갖고 있다. put과 take 메소드는 개수가 지정된 세마포어를 사용해 동기화를 맞추고 있다. availableItems라는 세마포어를 보면 현재 버퍼 내부에서 뽑아낼 수 있는 항목의 개수를 담고 있으며, 물론 버퍼를 생성한 최초 시점에는 0이라는 값을 갖는다(최초에는 버퍼가 비어 있을테니 당연하다). 이와 비슷하게 availableSpaces는 버퍼에 추가할 수 있는 항목의 개수가 몇 개인지를 담고 있고, 그 값은 버퍼가 생성되는 최초 시점에 버퍼의 크기에 맞춰져 있다.

take 메소드는 먼저 availableItems 세마포어에서 가져갈 항목이 있는지에 대한 확인을 받아야 한다. 만약 버퍼에 항목이 하나 이상 들어 있었다면 즉시 확인에 성공하고, 버퍼가 비어 있었다면 버퍼에 항목이 추가될 때까지 대기 상태에 들어간다. availableItems에서 확인을 받고 나면 버퍼의 다음 항목을 뽑아내고 availableSpaces의 값이 늘어나게 된다.[2] put 메소드는 take 메소드와는 반대로 구성돼 있으며, 결국 put 메소드나 take 메소드를 호출한 이후 리턴된 이후에는 항상 양쪽 세마포어가 갖고 있는 값의 합이 항상 버퍼의 크기와 일치한다(실제로 크기가 제한된 버퍼를 구현해 사용하고자 한다면 ArrayBlockingQueue 클래스나 LinkedBlockingQueue 클래스를 사용하는 게 올바른 방법이다. 하지만 여기에서 버퍼를 구현하면서 이런 기법을 사용한 것은 추가와 삭제 작업을 다른 데이터 구조를 사용해 구현할 수도 있다는 점을 보여주고자 함이다).

---

2. 개수가 지정된 세마포어를 사용할 때 실제로 '허가'를 받는 것은 아니다. acquire 메소드를 호출해 리턴되면 해당 세마포어에 '허가'를 받은 셈이고, release 메소드를 호출해 리턴되면 '허가'를 반납한 셈이다.

```java
@ThreadSafe
public class BoundedBuffer<E> {
    private final Semaphore availableItems, availableSpaces;
    @GuardedBy("this") private final E[] items;
    @GuardedBy("this") private int putPosition = 0, takePosition = 0;

    public BoundedBuffer(int capacity) {
        availableItems = new Semaphore(0);
        availableSpaces = new Semaphore(capacity);
        items = (E[]) new Object[capacity];
    }
    public boolean isEmpty() {
        return availableItems.availablePermits() == 0;
    }
    public boolean isFull() {
        return availableSpaces.availablePermits() == 0;
    }

    public void put(E x) throws InterruptedException {
        availableSpaces.acquire();
        doInsert(x);
        availableItems.release();
    }
    public E take() throws InterruptedException {
        availableItems.acquire();
        E item = doExtract();
        availableSpaces.release();
        return item;
    }

    private synchronized void doInsert(E x) {
        int i = putPosition;
        items[i] = x;
        putPosition = (++i == items.length)? 0 : i;
    }
    private synchronized E doExtract() {
        int i = takePosition;
        E x = items[i];
```

```
            items[i] = null;
            takePosition = (++i == items.length)? 0 : i;
            return x;
        }
    }
```

예제 12.1 세마포어를 사용한 BoundedBuffer 클래스

12.1.1 가장 기본적인 단위 테스트

BoundedBuffer 클래스를 테스트하기 위한 가장 기본적인 단위 테스트unit test 클래스는 순차적인 개념으로 생각했을 때의 방법과 별로 다르지 않다. BoundedBuffer 인스턴스를 하나 생성하고, 메소드를 이것저것 호출해보고, 최종적인 상태와 변수의 값 등을 확인해 보는 방법이다. 예를 들어 BoundedBuffer 인스턴스를 생성한 직후에는 자신이 데이터를 하나도 갖고 있지 않으며 가득 차지도 않았다는 점을 표현해야만 한다. 이보다 약간 더 복잡한 예를 들어본다면, 용량이 N인 BoundedBuffer 클래스에 N개의 항목을 추가(대기 상태에 들어가는 일 없이 추가할 수 있어야 한다)하고, 버퍼 클래스 스스로가 용량이 가득 찼다고 표현해야만 한다. 이와 같은 내용을 테스트하는 테스트 케이스가 예제 12.2에 나타나 있다.

```
class BoundedBufferTest extends TestCase {
    void testIsEmptyWhenConstructed() {
        BoundedBuffer<Integer> bb = new BoundedBuffer<Integer>(10);
        assertTrue(bb.isEmpty());
        assertFalse(bb.isFull());
    }

    void testIsFullAfterPuts() throws InterruptedException {
        BoundedBuffer<Integer> bb = new BoundedBuffer<Integer>(10);
        for (int i = 0; i < 10; i++)
            bb.put(i);
        assertTrue(bb.isFull());
        assertFalse(bb.isEmpty());
    }
}
```

예제 12.2 BoundedBuffer 클래스의 기능을 테스트하는 기본 테스트 케이스

예제 12.2에서 본 테스트 메소드는 전적으로 순차적으로 동작하는 상황을 테스트한다. 이와 같이 순차적으로 동작하는 테스트 케이스를 작성해두면 데이터를 놓고 경쟁이 발생하는 상황을 테스트하기 이전에 테스트 케이스에서 발생한 오류가 멀티스레드 환경에서 발생하는 오류가 아니라는 점을 확인할 수 있다는 점에서 유용한 면이 있다.

12.1.2 블로킹 메소드 테스트

병렬로 동작하는 상황을 테스트하고자 한다면 스레드를 두 개 이상 실행시켜야 하는 경우가 대부분이다. 그런데 테스트를 도와주는 프레임웍은 대부분 병렬 처리 환경에 적절히 대응하지 못하는 경우가 많다. 예를 들어 스레드를 생성하는 기능이나 실행된 스레드가 의도하지 않은 방법으로 종료되는 일이 있는지를 모니터링하는 등의 기능을 제공하지 않는다는 말이다. 만약 테스트 케이스 내부에서 생성한 도우미 스레드가 오류 상태를 확인했다 해도 프레임웍 입장에서는 스레드가 발견한 오류가 정확하게 어떤 테스트와 연관돼 있는지조차 제대로 알아내기가 어렵다. 따라서 따로 실행되고 있는 스레드에서 성공과 실패 여부를 파악하는 경우에, 파악된 성공 또는 실패 여부를 다시 원래 테스트 케이스의 메소드에 알려줄 수 있는 방법이 마련돼 있어야 테스트 결과를 단위 테스트 프레임웍에서 제대로 리포팅할 수 있다.

`java.util.concurrent` 패키지에 대한 표준 부합 테스트를 진행할 때 실패 건이 발생하는 경우 어떤 테스트에서 실패했는지를 정확하게 파악하는 일이 굉장히 중요했다. 따라서 JSR 166 전문가 그룹expert group에서는 테스트 케이스에서 실패 상황이 발생했을 때 해당 건을 모아 뒀다가 `tearDown` 메소드에서 모든 오류 상황을 표시하는 기능을 구현한 기반 클래스[3]를 하나 구현했다. 단 이 기반 클래스를 사용할 때에는 모든 테스트를 진행할 때 항상 특정 테스트에서 생성된 스레드는 해당 테스트가 종료되기 직전에 모두 종료돼야 한다는 조건을 만족해야 한다. 물론 `JSR166TestCase` 클래스의 소스코드를 전부 들여다 볼 필요는 없다. 중요한 점은 테스트가 오류 없이 정상적으로 끝났는지, 아니면 오류가 발생했을 때 오류를 제대로 찾아내 수정할 수 있도록 오류 관련 정보를 충분히 출력해줘야 한다는 점이다.

만약 특정 메소드가 어떤 상황에서는 반드시 대기 상태에 들어가야 한다고 하면, 해당 기능에 대한 테스트는 테스트를 담당했던 스레드가 더 이상 실행하지 않고 멈춰야만 테스트가 성공이라고 볼 수 있다. 대기 상태에 들어가는 메소드를 테스트하는 것

3. http://gee.cs.oswego.edu/cgi-bin/viewcvs.cgi/jsr166/src/test/tck/JSR166TestCase.java

은 반드시 예외 상황이 발생해야 하는 메소드를 테스트하는 것과 비슷하다. 만약 대상 메소드가 리턴돼 버린다면 테스트는 실패한 것이다.

대기 상태에 들어가는 메소드를 테스트할 때에는 여러 가지 복잡한 사항이 있다. 대상 메소드를 호출해서 제대로 대기 상태에 들어갔다고 하면, 어떤 방법으로건 대기 상태를 풀어서 대기 상태에 들어갔었음을 확인해야 한다. 이런 테스트를 할 수 있는 가장 확실한 방법은 바로 인터럽트를 거는 방법이다. 예를 들어 대기 상태에 들어가야 하는 메소드를 호출할 때는 따로 스레드를 실행시켜 호출하고, 해당 스레드가 대기 상태에 들어갈 때까지 기다리고 있다가 대기 상태에 들어가면 인터럽트를 걸고, 원하는 연산을 제대로 처리했는지 확인하는 순서로 진행한다. 물론 이와 같이 인터럽트를 활용해 테스트하려면 대기 상태에 들어갈 대상 메소드가 인터럽트에 적절하게 대응하도록, 다시 말해 인터럽트가 걸리는 즉시 리턴되거나 InterruptedException을 던지는 등의 행동을 하도록 만들어져 있어야 한다.

'스레드가 대기 상태에 들어갈 때까지 기다리는' 방법은 일단 말로 표현하기는 쉽지만, 실제로는 그다지 간단하지 않다. 대기 상태에 들어가기 전에 배치된 프로그램 코드가 실행되는 데 얼마만큼의 시간이 걸릴 것인지를 예측하고 있어야 하고, 그보다 오래 기다려 보는 수밖에 없다. 만약 기다리도록 지정한 시간이 예상보다 짧아서 테스트가 제대로 이뤄지지 않는다면 기다리는 시간을 언제든지 늘릴 수 있도록 테스트 프로그램을 준비해둬야 한다.

예제 12.3의 코드를 보면 대기 상태에 들어가는 메소드를 테스트하는 방법의 예를 볼 수 있다. 예제 12.3의 코드를 보면 먼저 비어 있는 버퍼의 take 메소드를 호출하는 taker 스레드를 생성하도록 돼 있다. taker 스레드가 호출한 take 메소드가 리턴된다면 taker 스레드는 오류가 발생했다는 사실을 기록해둔다. 테스트 프로그램을 실행하면 먼저 taker 스레드를 실행하고 적당량 이상 오래 기다려 보고, 그 다음에는 taker 스레드에 인터럽트를 건다. 만약 taker 스레드가 take 메소드에서 정상적으로 대기 상태에 들어가 있었다면 인터럽트가 걸렸을 때 InterruptedException을 띄울 것이고, InterruptedException을 받은 catch 구문에서는 예외가 발생한 상황이 정상이라고 판단하고 스레드를 그대로 종료시킨다. 그러면 taker 스레드를 실행시켰던 테스트 프로그램은 taker 스레드가 종료될 때까지 join 메소드로 기다리고, Thread.isAlive 메소드를 사용해 join 메소드가 정상적으로 종료됐는지를 확인한다. 다시 말해, taker 스레드가 정상적으로 인터럽트에 응답했다면 join 메소드가 즉시 종료돼야 맞다.

일반적인 join 메소드 대신 타임아웃을 지정하는 join 메소드를 사용하면 take 메소드가 예상치 못한 상황에 걸려 응답하지 않는 경우에도 테스트 프로그램을 제대로 종료시킬 수 있다. 여기에 소개된 테스트 메소드만으로도 take 메소드의 여러 가지 특성을 테스트할 수 있다. 즉 아무것도 없을 때 take 메소드를 호출하면 대기 상태에 들어가야 한다는 것뿐만 아니라 대기 중에 인터럽트가 걸리면 InterruptedException을 발생시켜야 한다는 기능도 테스트할 수 있다. 이처럼 join 메소드를 사용해 정상적으로 종료되는지를 확인하는 작업은 Runnable 인터페이스를 구현하는 대신 Thread 클래스를 직접 상속받아 사용하는 편이 더 나은 몇 안 되는 방법 가운데 하나이다. 또한 이와 같은 방법을 사용하면 테스트 프로그램에서 버퍼에 항목을 직접 추가하면서 항목이 추가되는 시점에 대기 상태에 들어가 있던 taker 스레드가 정상적으로 대기 상태에서 빠져나오는지도 확인할 수 있다.

Thread.getState 메소드를 사용해 스레드가 특정 조건에 맞춰 대기 상태에 들어가 있는지를 확인하고자 하는 마음이 없지 않겠지만, Thread.getState 메소드를 사용하는 방법은 그다지 믿을만하지 못하다. 스레드가 대기 상태에 들어갈 때 JVM의 구현 방법에 따라 스핀 대기spin waiting 기법을 활용할 수도 있으므로, 특정 스레드가 대기 상태에 들어갔다고 해서 항상 스레드가 WAITING 또는 TIMED_WAITING 상태에 놓여 있다고 볼 수 없기 때문이다. Object.wait 메소드나 Condition.await 메소드에서 정상적이지는 않지만 예정보다 일찍 리턴될 수가 있는데(14장을 참조하자), 원래 대기하게 된 원인 조건이 아직 해소되지 않았음에도 불구하고 스레드의 상태가 WAITING 또는 TIMED_WAITING에서 일시적으로 RUNNABLE 상태로 전환될 가능성도 있다. 이런 세부적인 구현상의 문제를 차치하고라도 대상 스레드가 대기 상태에 들어간 이후에 대기 상태에 안정적으로 자리잡기까지 약간의 시간이 걸릴 수도 있다. 따라서 병렬성concurrency을 제어하는 용도로 Thread.getState 메소드를 사용하지는 말아야 하며, 일반적으로 테스트 프로그램에서도 그다지 유용하지 않다. Thread.getState 메소드는 디버깅 정보를 얻어내는 용도로 사용하는 일이 거의 전부이다.

```
void testTakeBlocksWhenEmpty () {
    final BoundedBuffer<Integer> bb = new BoundedBuffer<Integer>(10);
    Thread taker = new Thread() {
        public void run() {
            try {
                int unused = bb.take();
                fail(); // 여기에 들어오면 오류!
            } catch (InterruptedException success) { }
        }};
    try {
```

```
            taker.start();
            Thread.sleep(LOCKUP_DETECT_TIMEOUT);
            taker.interrupt();
            taker.join(LOCKUP_DETECT_TIMEOUT);
            assertFalse(taker.isAlive());
        } catch (Exception unexpected) {
            fail();
        }
    }
```

예제 12.3 대기 상태와 인터럽트에 대한 대응을 테스트하는 루틴

12.1.3 안전성 테스트

예제 12.2와 예제 12.3에서 소개하는 테스트 루틴은 크기가 제한된 버퍼의 여러 가지 속성을 테스트한다. 하지만 공유된 데이터를 서로 사용하고자 경쟁하는 데서 발생하는 오류는 제대로 테스트하지 못한다. 병렬 처리 환경에서 동작하는 클래스의 기능을 동시 다발적으로 호출할 때 발생하는 문제를 제대로 테스트하려면, put 메소드나 take 메소드를 호출하는 여러 개의 스레드를 충분한 시간 동안 동작시킨 다음 테스트 대상 클래스의 상태가 올바른지, 잘못된 값이 들어 있지는 않은지 확인해야 한다.

병렬 실행 환경에서 발생하는 오류를 확인하는 프로그램을 작성하다 보면 닭이 먼저냐 달걀이 먼저냐하는 문제에 걸리게 된다. 즉 테스트 프로그램 자체가 병렬 프로그램이 돼야 하기 때문이다. 심지어는 올바른 테스트 프로그램을 작성하는 일이 테스트 대상 클래스 자체를 구현하는 일보다 훨씬 어려운 경우도 있다.

> 안전성을 테스트하는 프로그램을 효과적으로 작성하려면 뭔가 문제가 발생했을 때 잘못 사용되는 속성을 '높은 확률로' 찾아내는 작업을 해야 함과 동시에 오류를 확인하는 코드가 테스트 대상의 병렬성을 인위적으로 제한해서는 안 된다는 점을 고려해야 한다. 테스트하는 대상 속성의 값을 확인할 때 추가적인 동기화 작업을 하지 않아도 된다면 가장 좋은 상태라고 볼 수 있다.

(BoundedBuffer 클래스와 같이) 프로듀서-컨슈머 디자인 패턴을 사용해 동작하는 클래스에 가장 적합한 방법은 바로 큐나 버퍼에 추가된 항목을 모두 그대로 뽑아 낼 수 있는지 확인하고, 그 외에는 아무런 일도 하지 않는지 확인하는 방법이다. 이런 방법을 아무런 생각 없이 구현하려면 테스트 대상과 함께 똑같은 내용을 담을 제2의 리스

트를 마련해 두고, 큐나 버퍼에 항목이 추가될 때 제2의 리스트에도 같은 항목을 추가한다. 그리고 큐나 버퍼에서 항목을 제거할 때 제2의 리스트에서도 항목을 제거하고, 큐나 버퍼에서 항목을 모두 제거했을 때 제2의 리스트도 역시 깔끔하게 비어 있는지를 확인할 수 있겠다. 하지만 이런 방법은 제2의 리스트에 항목을 추가하고 제거하는 과정에 스레드 동기화 작업이 필요하기 때문에 테스트 스레드의 스케줄링 부분이 약간 꼬여버릴 가능성이 있다.

또 다른 방법을 보면 큐에 들어가고 나오는 항목의 체크섬checksum을 구한 다음 순서를 유지하는 체크섬의 형태로 관리하고, 쌓인 체크섬을 비교해 확인하는 방법이 있다. 만약 체크섬을 비교해 양쪽이 동일하다면 테스트를 통과한다. 이 방법은 버퍼에 집어 넣을 항목을 생성하는 프로듀서가 하나만 동작하고 하나의 컨슈머가 버퍼의 내용을 가져다 사용하는 구조에서 가장 효과가 큰 테스트 방법이다. 올바른 항목을 뽑아내는지 테스트하는 것과 더불어 올바른 순서로 항목을 가져올 수 있는지도 테스트할 수 있기 때문이다.

이 방법을 다수의 프로듀서와 다수의 컨슈머가 연결돼 있는 구조에서 테스트하는 프로그램까지 확장시켜 적용하려면 항목이 추가되는 순서에 상관없는 체크섬 방법을 사용해야 하며, 결국 마지막에 체크섬을 모두 합해 볼 수 있어야 한다. 그렇지 않으면 체크섬을 계산하는 부분을 동기화하느라 확장성 측면에서 병목이 나타날 수 있고, 그러다 보면 테스트에 걸린 시간을 제대로 측정할 수 없게 된다(더하기 연산이나 XOR 연산과 같이 교환 법칙을 만족하는 연산 방법이라면 체크섬 용도로 활용할 수 있겠다).

작성한 테스트 프로그램이 실제로 원하는 내용을 테스트하는지 확인하려면 사용하고 있는 체크섬 연산을 컴파일러가 예측할 수 없는 연산인지도 확인해야 한다. 예를 들어 테스트용 데이터로 일련번호를 사용하면 일단 결과가 항상 동일할 것이고, 컴파일러가 최적화를 충분히 할 수 있는 능력이 있다면 결과를 미리 계산해 버릴 수도 있다.

너무 똑똑한 컴파일러 때문에 발생하는 문제를 해결하려면 테스트에 사용할 데이터를 일련번호 대신 임의의 숫자를 생성해 사용해야 한다. 하지만 너무 허술한 난수 발생기RNG, random number generator를 사용하면 이 또한 테스트 결과가 잘못 나올 수도 있다. 허술한 난수 발생기는 현재 시간과 클래스 간에 종속성이 있는 난수를 생성하는 경우가 있는데, 대부분의 난수 발생기가 스레드 안전성을 확보한 상태이고 추가적인 동기화 작업이 필요하기 때문이다.[4] 각 테스트 스레드마다 독립적인 난수 발생기 인스

4. 대부분의 속도 측정 벤치마크 프로그램을 보면 결국 난수 발생기가 얼마나 심각한 병목 현상을 야기하는지를 테스트하는 경우가 많으며, 개발자나 사용자 모두 이런 일이 벌어진다는 사실을 잘 알지 못하는 일이 많다.

턴스를 사용하도록 하면 스레드 안전성 때문에 동기화하느라 성능의 병목을 야기하는 경우를 막을 수 있다.

범용 난수 발생기를 사용하는 대신 아주 간단한 난수 발생기를 사용하는 것도 좋은 방법이다. 이런 테스트 프로그램을 만드는 데 아주 품질 좋은 난수 발생기를 사용해야만 할 필요는 없기 때문이다. 그저 테스트 프로그램을 실행할 때마다 어느 정도 적절한 임의성randomness만 확보하면 된다. 예제 12.4의 xorShift 메소드(Marsaglia, 2003)는 싼 값에 중급의 품질을 제공하는 난수 발생기다. 클래스 인스턴스의 hashCode 값과 nanoTime 값을 사용해 xorShift 메소드를 사용하면 거의 예측할 수 없을 뿐더러 실행할 때마다 새로운 난수를 생성할 수 있다.

```
static int xorShift(int y) {
    y ^= (y << 6);
    y ^= (y >>> 21);
    y ^= (y << 7);
    return y;
}
```

예제 12.4 테스트 프로그램에 적합한 중간 품질의 난수 발생기

예제 12.5와 예제 12.6의 PutTakeTest 클래스는 항목을 생성해서 큐에 쌓는 프로듀서 스레드를 N개 생성해 실행시키고, 큐에 쌓인 항목을 뽑아내는 N개의 컨슈머 스레드 역시 생성해 실행한다. 각 스레드는 큐에 항목을 추가하거나 제거할 때마다 각 스레드마다 나눠져 있는 각자의 체크섬을 업데이트하고, 각자의 체크섬은 테스트가 끝나는 시점에 하나로 합해 결과가 올바른지 테스트한다. 이렇게 각 스레드마다 체크섬을 따로 운영하면 따로 동기화할 필요도 없고 따라서 경쟁이 발생하지 않으므로 실제로 원하는 테스트에만 집중할 수 있다.

플랫폼마다 다르지만 스레드를 생성하고 실행하는 일이 상당히 부하가 걸리는 작업일 가능성도 있다. 스레드가 처리할 작업이 굉장히 짧은 시간이면 충분한 작업일 때, 이와 같은 스레드를 반복문 내부에서 차례로 생성해 실행시킨다면 결국 최악의 경우에는 각 스레드가 병렬로 실행되는 대신 순차적으로 실행될 가능성도 있다. 아주 최악의 상황이 아니라 해도 처음 실행되는 스레드가 다른 스레드보다 먼저 실행된다는 사실을 놓고 보면 여러 개의 스레드가 함께 실행되는 시간이 예상보다 훨씬 적어진다. 예를 들어 최초에 실행된 스레드는 한동안 혼자만 실행될 것이고, 그 다음 스레드가 실행되면 일부분만 두 개의 스레드가 함께 실행되며, 마지막 스레드까지 모두 실행된

이후에야 모든 스레드가 병렬로 동작하게 된다(이런 모양은 테스트가 끝나가는 과정에서도 나타난다. 먼저 시작한 스레드가 먼저 종료돼 버릴 것이기 때문이다).

이와 같은 문제를 해결하는 방법은 이미 5.5.1절에서 소개한 바 있는데, 바로 CountDownLatch를 사용해 모든 스레드가 준비될 때까지 대기하고, 또 다른 CountDownLatch를 사용해 모든 스레드가 완료할 때까지 대기하는 방법이었다. CyclicBarrier를 사용해도 이와 같은 효과를 낼 수 있는데, 전체 작업 스레드의 개수에 1을 더한 크기로 초기화해두고 작업 스레드와 테스트 프로그램이 시작하는 시점에 모두 동시에 시작할 수 있도록 대기하고, 끝나는 시점에서도 한꺼번에 끝내도록 대기하는 방법이다. 이런 류의 방법을 사용하면 모든 스레드가 생성돼 실제 작업을 시작할 준비가 끝나기 전에는 누구도 작업을 시작하지 않는다. PutTakeTest 역시 이와 같은 방법을 사용해 작업 스레드가 한꺼번에 시작하고 한꺼번에 종료하도록 하고 있으며, 여러 개의 스레드가 병렬로 처리되는 상황을 훨씬 잘 묘사할 수 있다. 그렇다 해도 그 내부에서 스케줄러가 작업 스레드를 순차적으로 실행시키지 않는다는 보장은 어디에도 없다. 하지만 실행 시간을 충분히 길게 잡으면 스케줄러의 구현 방법에 따라 테스트 결과가 예상치 못하게 꼬여 나오는 경우를 줄일 수 있다.

PutTakeTest에 적용돼 있는 마지막 테크닉은 테스트가 끝났음을 알리느라 스레드 간에 통신 기능을 구현하는 대신, 테스트를 시작할 때 이미 종료 조건을 결정지어 두는 방법이다. test 메소드가 시작되면 동일한 숫자의 프로듀서와 컨슈머가 생성된다. 각 프로듀서는 항목을 추가하고, 각 컨슈머는 항목을 뽑아내기 때문에 전체적으로 추가된 항목의 수와 제거된 항목의 수는 일치한다.

PutTakeTest와 같은 유형의 테스트 프로그램은 테스트 대상의 안전성을 확인하기에 좋다. 예를 들어 세마포어로 제어하는 버퍼를 구현할 때 범하기 쉬운 오류 중의 하나는 바로 항목을 추가하거나 뽑아내는 작업이 (synchronized 구문이나 ReentrantLock과 같은) 상호 배타적인 상태에서 이뤄져야 한다는 점을 잊은 채 동기화를 빼먹고 구현하는 부분이다. 만약 doInsert 메소드와 doExtract 메소드의 동기화 구분을 빼먹은 버전의 BoundedBuffer를 대상으로 PutTakeTest 테스트 프로그램을 돌려보면 얼마 지나지 않아 바로 오류를 찾아낼 수 있다. 따라서 수십 개의 스레드를 사용하도록 설정하고, 각 스레드마다 수백 만개의 put 또는 take 연산을 실행하도록 하며, 버퍼의 크기도 다양하게 지정해보고, 다양한 플랫폼에서 PutTakeTest 프로그램으로 테스트를 거친다면 put과 take 메소드에 관한 한 부족함이 없는 완벽한 테스트 결과를 얻을 수 있을 것이다.

테스트 프로그램은 스레드가 교차 실행되는 경우의 수를 최대한 많이 확보할 수 있도록 CPU가 여러 개 장착된 시스템에서 돌려보는 게 좋다. 그렇다고 CPU가 수십 개 달렸다고 해서 서너 개의 CPU가 장착된 시스템에 비해 테스트 효율이 좋아진다고 보기는 어렵다. 절묘한 타이밍에 공유된 데이터를 사용하다 나타나는 오류를 찾으려면 CPU가 많이 있는 것보다 스레드를 더 많이 돌리는 편이 낫다. 스레드가 많아지면 실행 중인 스레드와 대기 상태에 들어간 스레드가 서로 교차하면서 스레드 간의 상호 작용이 발생하는 경우의 수가 많아지기 때문이다.

```
public class PutTakeTest {
    private static final ExecutorService pool
            = Executors.newCachedThreadPool();
    private final AtomicInteger putSum = new AtomicInteger(0);
    private final AtomicInteger takeSum = new AtomicInteger(0);
    private final CyclicBarrier barrier;
    private final BoundedBuffer<Integer> bb;
    private final int nTrials, nPairs;

    public static void main(String[] args) {
        new PutTakeTest(10, 10, 100000).test(); // 예제 인자 값
        pool.shutdown();
    }

    PutTakeTest(int capacity, int npairs, int ntrials) {
        this.bb = new BoundedBuffer<Integer>(capacity);
        this.nTrials = ntrials;
        this.nPairs = npairs;
        this.barrier = new CyclicBarrier(npairs * 2 + 1);
    }

    void test() {
        try {
            for (int i = 0; i < nPairs; i++) {
                pool.execute(new Producer());
                pool.execute(new Consumer());
            }
            barrier.await(); // 모든 스레드가 준비될 때까지 대기
            barrier.await(); // 모든 스레드의 작업이 끝날 때까지 대기
```

```
            assertEquals(putSum.get(), takeSum.get());
        } catch (Exception e) {
            throw new RuntimeException(e);
        }
    }

    class Producer implements Runnable { /* 예제 12.6 */ }

    class Consumer implements Runnable { /* 예제 12.6 */ }
}
```

예제 12.5 BoundedBuffer를 테스트하는 프로듀서-컨슈머 구조의 테스트 프로그램

```
/* PutTakeTest(예제 12.5)의 내부 클래스 */
class Producer implements Runnable {
    public void run() {
        try {
            int seed = (this.hashCode() ^ (int)System.nanoTime());
            int sum = 0;
            barrier.await();
            for (int i = nTrials; i > 0; --i) {
                bb.put(seed);
                sum += seed;
                seed = xorShift(seed);
            }
            putSum.getAndAdd(sum);
            barrier.await();
        } catch (Exception e) {
            throw new RuntimeException(e);
        }
    }
}

class Consumer implements Runnable {
    public void run() {
        try {
            barrier.await();
            int sum = 0;
            for (int i = nTrials; i > 0; --i) {
```

```
                sum += bb.take();
            }
            takeSum.getAndAdd(sum);
            barrier.await();
        } catch (Exception e) {
            throw new RuntimeException(e);
        }
    }
}
```

예제 12.6 PutTakeTest에서 사용한 프로듀서 클래스와 컨슈머 클래스

미리 지정된 개수만큼의 연산을 실행하고 테스트를 마치는 프로그램은 테스트 도중에 테스트 대상 클래스의 버그로 인해 예외가 발생하는 등의 상황에 맞닥뜨리면 테스트 프로그램이 종료되지 않고 계속해서 실행될 가능성이 있다. 이런 위험을 방지할 수 있는 가장 간편한 방법은 테스트 프로그램이 동작하는 시간에 제한을 두고 제한된 시간이 넘어가도 프로그램이 종료되지 않으면 테스트를 중단하도록 하는 방법이다. 얼마나 오래 기다려야 하는지는 주로 경험적인 시간으로 정하는 수밖에 없고, 만약 제한 시간을 넘기는 문제가 발생한다면 실제로 프로그램에 오류가 있는 것인지 아니면 좀 더 오래 기다렸어야 하는지를 분석해서 확인해야 한다(이런 문제는 병렬 프로그램을 테스트할 때만 발생하는 문제는 아니다. 순차적으로 실행되는 프로그램이라 해도 무한 반복에 빠진 경우와 실행 시간이 오래 걸리는 경우를 구분해야 한다).

12.1.4 자원 관리 테스트

지금까지 테스트하고자 했던 목적은 모두 대상 클래스가 미리 정의된 스펙에 명시된 기능을 올바르게 수행할 수 있는지를 테스트하고자 함이었다. 말하자면 해야 할 일을 하는지 확인하는 테스트였다. 테스트 프로그램으로 테스트하고자 하는 두 번째 측면이 있는데, 바로 하지 말아야 할 일을 실제로 하지 않는지 테스트하는 일이다. 예를 들어 자원을 유출하는 등의 일을 해서는 안 될 것이다. 다른 객체를 사용하거나 관리하는 모든 객체는 더 이상 필요하지 않은 객체에 대한 참조를 필요 이상으로 긴 시간동안 갖고 있어서는 안 된다. 이처럼 데이터를 갖고 있는 객체의 참조를 해제하지 않고 유출되면 가비지 컬렉터가 메모리(또는 스레드, 파일 핸들, 네트웍 소켓, 데이터베이스 연결, 기타 여러 가지 제한적인 자원)를 확보할 수 없다. 따라서 결국에는 자원이 모자라게 되고 프로그램에서는 오류가 발생한다.

자원을 관리하는 문제는 BoundedBuffer와 같은 클래스에서 더욱 큰 문제이다. 버퍼의 크기를 제한하는 이유는 오로지 프로듀서가 컨슈머보다 빨리 동작해서 자원이 고갈되는 상황을 방지하고자 하는 것뿐이기 때문이다. 버퍼의 크기를 제한해두면 너무 활발하게 동작하는 프로듀서의 활동을 필요한 만큼 멈추도록 할 수 있으며, 그 결과 메모리와 기타 자원을 계속해서 소모하지 않도록 막을 수 있다.

메모리를 원하지 않음에도 불구하고 계속해서 잡고 있는 경우가 있는지 확인하려면 애플리케이션이 사용하는 메모리의 상황을 들여다 볼 수 있는 힙 조사heap inspection용 도구를 사용해볼 만하다. 상용으로 판매하고 있거나 오픈소스로 공개돼 있는 여러 가지 도구를 사용하면 애플리케이션의 힙 사용 정도를 상세하게 확인할 수 있다. 예제 12.7의 testLeak 메소드는 힙 조사 도구가 코드를 넣을 수 있는 위치를 준비하고 있다. 해당하는 위치에는 힙 조사 도구가 생성한 코드가 들어가는데, 힙 조사 도구가 추가한 코드는 가비지 컬렉션을 강제로 실행[5]하고 힙 사용량과 기타 메모리 사용 현황을 불러오는 기능을 담당한다.

testLeak 메소드는 크기가 제한된 버퍼에 상당한 메모리를 차지하는 객체를 여러 개 추가하고, 추가된 객체를 제거한다. 그러면 버퍼에는 아무런 내용이 없기 때문에 2번 자리에서 측정한 메모리 사용량이 1번 위치에서 측정한 메모리 사용량과 비교할 때 거의 차이가 없어야 한다. 그런데 예를 들어 doExtract 메소드에서 뽑혀 나간 객체를 담고 있던 부분의 참조를 null로 세팅(items[i]=null)하지 않았다면 양쪽 지점에서 측정한 메모리 사용량이 분명히 다를 것이다(이런 부분은 참조 변수에 직접 null을 설정해야 하는 몇 안 되는 경우에 해당된다. 대부분의 경우에는 참조에 null을 설정하는 일이 도움이 되지 않을 뿐더러 오히려 피해가 생길 수 있다[EJ Item 5]).

12.1.5 콜백 사용

클라이언트가 제공하는 코드에 콜백 구조를 적용하면 테스트 케이스를 구현하는 데 도움이 된다. 콜백 함수는 객체를 사용하는 동안 중요한 시점마다 그 내부의 값을 확인시켜주는 좋은 기회로 사용할 수 있다. ThreadPoolExecutor 클래스가 작업을 담당하는 Runnable과 스레드를 생성하는 ThreadFactory의 여러 콜백 함수를 호출하는 예를 들면 알기 쉽다.

---

5. 기술적으로 보면 가비지 컬렉션을 강제로 하게 할 수는 없다. System.gc 메소드는 그저 JVM에게 가비지 컬렉션을 지금 하는 게 어떠냐 하고 부탁을 할 뿐이다. 특히나 핫스팟 VM은 -XX:+DisableExplicitGC 옵션을 사용해 System.gc 메소드에 반응하지 않도록 설정할 수도 있다.

```
class Big { double[] data = new double[100000]; }

void testLeak() throws InterruptedException {
    BoundedBuffer<Big> bb = new BoundedBuffer<Big>(CAPACITY);
    int heapSize1 = /* 힙 스냅샷 */;
    for (int i = 0; i < CAPACITY; i++)
        bb.put(new Big());
    for (int i = 0; i < CAPACITY; i++)
        bb.take();
    int heapSize2 = /* 힙 스냅샷 */;
    assertTrue(Math.abs(heapSize1-heapSize2) < THRESHOLD);
}
```

예제 12.7 자원 유출 테스트

스레드 풀이 제대로 동작하는지 테스트하려면 실행 정책에 맞게 여러 측면에서 적절한 수치를 뽑아낼 수 있는지를 테스트하면 된다. 예를 들어 스레드를 생성해야 할 시점이라면 스레드가 생성돼야 하고, 스레드 생성 시점이 아니라면 스레드가 생성돼서는 안 된다. 원하는 기능 모두를 완벽하게 테스트할 수 있는 프로그램을 작성하려면 상당한 양의 노력을 들여야 할 수 있다. 하지만 테스트하고자 하는 기능 가운데 대부분은 그 테스트 프로그램을 상대적으로 간단하게 작성할 수 있는 경우가 많다.

먼저 ThreadPoolExecutor 클래스에서 테스트용으로 작성한 TestingThreadFactory를 사용해 스레드를 생성하도록 해보자. 예제 12.8의 TestingThreadFactory 클래스는 생성된 스레드의 개수를 세는 기능을 갖고 있고, 실제 테스트 케이스에서는 TestingThreadFactory가 알고 있는 스레드의 개수가 올바른지를 확인해 볼 수 있다. 이에 더해 기능이 추가된 Thread 객체를 생성하도록 TestingThreadFactory를 좀더 변경하면 생성된 스레드가 언제 종료되는지를 추적할 수 있다. 그러면 테스트 케이스는 없어져야 할 스레드가 적절한 시점에 올바르게 사라지는지도 확인할 수 있다.

```
class TestingThreadFactory implements ThreadFactory {
    public final AtomicInteger numCreated = new AtomicInteger();
    private final ThreadFactory factory
            = Executors.defaultThreadFactory();

    public Thread newThread(Runnable r) {
```

```
            numCreated.incrementAndGet();
            return factory.newThread(r);
        }
    }
```

예제 12.8 ThreadPoolExecutor를 테스트하기 위한 TestingThreadFactory

예를 들어 코어 풀 크기core pool size가 최대 풀 크기maximum pool size보다 작게 설정돼 있다면 실행할 대상이 늘어날 때마다 스레드의 개수가 함께 늘어나야 한다. 스레드 풀에 오래 실행될 작업을 많이 추가해두면, 예제 12.9에서 보다시피 스레드 개수가 올바르게 늘어나는지 등의 수치를 확인하기에 충분할 만큼 어느 정도 시간을 벌어주는 역할을 한다.

```
public void testPoolExpansion() throws InterruptedException {
    int MAX_SIZE = 10;
    TestingThreadFactory threadFactory = new TestingThreadFactory();
    ExecutorService exec
            = Executors.newFixedThreadPool(MAX_SIZE, threadFactory);

    for (int i = 0; i < 10 * MAX_SIZE; i++)
        exec.execute(new Runnable() {
            public void run() {
                try {
                    Thread.sleep(Long.MAX_VALUE);
                } catch (InterruptedException e) {
                    Thread.currentThread().interrupt();
                }
            }
        });
    for (int i = 0;
         i < 20 && threadFactory.numCreated.get() < MAX_SIZE;
         i++)
        Thread.sleep(100);
    assertEquals(threadFactory.numCreated.get(), MAX_SIZE);
    exec.shutdownNow();
}
```

예제 12.9 스레드 풀의 스레드 개수가 제대로 늘어나는지를 확인할 수 있는 테스트 케이스

12.1.6 스레드 교차 실행량 확대

병렬 프로그램에서 나타나는 오류는 대부분 발생 확률이 상당히 낮은 경우가 많다. 따라서 병렬 프로그램의 오류를 찾아내는 테스트 과정은 수치와의 싸움이긴 하지만, 그래도 확률을 높여 좀더 많은 기회를 만들어 낼 방법이 없는 것은 아니다. 이미 몇 개의 CPU 프로세서가 장착된 하드웨어에서 CPU의 개수보다 많은 수의 스레드로 동작하는 프로그램이 단일 CPU 하드웨어나 CPU의 개수가 많은 하드웨어에서 동작하는 프로그램보다 교차 실행interleaving되는 양이 훨씬 많다는 점을 언급했었다. 이와 비슷하게 CPU 프로세서의 개수, 운영체제, 프로세서 아키텍처 등을 다양하게 변경하면서 테스트해보면 특정 시스템에서만 발생하는 오류를 찾아낼 수 있다.

스레드의 교차 실행 정도를 크게 높이고 그와 동시에 테스트할 대상 공간을 크게 확대시킬 수 있는 트릭이 있는데, 바로 공유된 자원을 사용하는 부분에서 Thread. yield 메소드를 호출해 컨텍스트 스위치가 많이 발생하도록 유도할 수 있다(JVM 표준에 따르면 Thread.yield 메소드를 구현할 때 아무런 동작이 없는 no-op 인스트럭션으로 구현할 수도 있도록 돼 있기 때문에 이 방법은 플랫폼별로 그 양상이 다르게 나타날 수 있다[JLS 17.9]. 그 대신 0보다 크지만 아주 짧은 시간동안 실행을 멈추도록 Thread.sleep 메소드를 호출하는 방법을 사용하면 전체적인 실행 속도가 약간 떨어질 수 있지만 컨텍스트 스위칭을 일으키는 효과는 훨씬 명확하게 나타날 수 있다). 예제 12.10에 나타난 코드를 보면 한쪽 계좌에서 일정 금액을 다른 계좌로 이체하는데, 값을 변경하는 두 번의 연산 가운데 "양쪽 계좌 잔액의 합은 항상 0이다"라는 명제가 일치하지 않는 시점이 존재한다. 작업 도중에 Thread.yield 메소드를 호출해주면 공유된 데이터를 사용할 때 적절한 동기화 방법을 사용하지 않은 경우 특정한 타이밍에 발생할 수 있는 버그가 실제로 노출되는 가능성을 높일 수 있다. Thread.yield 메소드를 호출하는 코드와 같이 테스트할 때는 사용하다가 상용으로 사용할 때는 해당 코드를 제거해야 하는 경우에는 관점 지향 프로그래밍AOP, Aspect Oriented Programming 기법을 활용해 간편하게 처리할 수 있다.

```
public synchronized void transferCredits (Account from,
                                          Account to,
                                          int amount) {
    from.setBalance(from.getBalance() - amount);
    if (random.nextInt(1000) > THRESHOLD)
        Thread.yield();
    to.setBalance(to.getBalance() + amount);
}
```

예제 12.10 Thread.yield 메소드를 사용해 교차 실행 가능성을 높이는 방법

12.2 성능 테스트

성능 테스트 프로그램은 대부분 기능 테스트의 확장된 버전인 경우가 많다. 물론 오류가 있는 코드의 성능을 테스트하는 우스운 상황을 미연에 방지하려면 성능 테스트 프로그램에 최소한의 기본적인 기능 테스트 코드를 추가해 두는 것도 좋은 방법이다.

성능 테스트와 기능 테스트 프로그램 간에는 중복되는 부분이 있을 수밖에 없기는 하지만 양쪽의 목표는 확연하게 서로 다르다. 성능 테스트는 특정한 사용 환경 시나리오를 정해두고, 해당 시나리오를 통과하는 데 얼마만큼의 시간이 걸리는지를 측정하고자 하는 데 목적이 있다. 여기에서 의미가 있는 사용 환경 시나리오를 찾아내는 일이 그다지 쉬운 일은 아니다. 가장 이상적인 시나리오라면 테스트하고자 하는 대상 클래스가 실제 애플리케이션에서 사용되는 환경을 최대한 동일하게 반영해야 한다.

일부 상황에서는 테스트해야 할 시나리오가 명확하게 눈에 보이기도 한다. 크기가 제한된 버퍼는 거의 모든 경우에 프로듀서-컨슈머 패턴에 사용된다. 따라서 프로듀서가 생성한 데이터가 컨슈머에게 얼마나 빠르게 넘어가는지를 테스트하면 된다. 이런 경우라면 기존의 PutTakeTest 클래스를 좀더 확장시켜 바로 성능 테스트로 활용할 수 있다.

성능 테스트의 두 번째 목적은 바로 성능과 관련된 스레드의 개수, 버퍼의 크기 등과 같은 각종 수치를 뽑아내고자 함이다. 이와 같은 수치는 플랫폼의 특성(예를 들어 CPU 프로세서의 종류, CPU 프로세서의 스텝 레벨(stepping level), CPU의 개수, 메모리 용량 등)에 따라 민감하게 바뀔 수도 있으므로 동적으로 수치를 알아내 적용할 수 있다면 가장 좋겠지만, 일반적으로는 적절한 값을 사용하면 대부분의 플랫폼에서 거의 비슷한 결과를 얻을 수 있다고 널리 알려져 있다.

12.2.1 PutTakeTest에 시간 측정 부분 추가

지금부터 PutTakeTest에 추가할 가장 중요한 기능은 바로 실행하는 데 걸린 시간을 측정하는 기능이다. 단일 연산을 실행한 이후 해당 연산에 대한 시간을 구하기보다는, 단일 연산을 굉장히 많이 실행시켜 전체 실행 시간을 구한 다음 실행했던 연산의 개수로 나눠 단일 연산을 실행하는 데 걸린 평균 시간을 찾는 방법이 더 정확하다. 작업 스레드가 시작하고 종료하는 부분에 이미 CyclicBarrier를 적용해뒀기 때문에, 예제 12.11과 같이 배리어barrier가 적용되는 부분에서 시작 시간과 종료 시간을 측정할 수 있도록 기존 클래스를 확장할 수 있다.

배리어에서 시간을 측정하는 기능을 갖고 있는 배리어 액션barrier action을 사용하도록 하려면 CyclicBarrier를 초기화하는 부분에 다음과 같이 원하는 배리어 액션을 지정한다.

```
this.timer = new BarrierTimer();
this.barrier = new CyclicBarrier(npairs * 2 + 1, timer);
```

배리어 기반의 타이머를 사용하도록 변경한 test 메소드는 예제 12.12에서 볼 수 있다.

```
public class BarrierTimer implements Runnable {
    private boolean started;
    private long startTime, endTime;

    public synchronized void run() {
        long t = System.nanoTime();
        if (!started) {
            started = true;
            startTime = t;
        } else
            endTime = t;
    }
    public synchronized void clear() {
        started = false;
    }
    public synchronized long getTime() {
        return endTime - startTime;
    }
}
```

예제 12.11 배리어 기반의 타이머

TimedPutTakeTest를 실행해보면 몇 가지 결과를 얻을 수 있다. 먼저 여러 가지 설정을 사용했을 때 프로듀서와 컨슈머 간에 데이터를 얼마나 빠르게 넘겨줄 수 있느냐 하는 수치를 얻을 수 있다. 그리고 스레드의 개수가 많아질 때 크기가 제한된 버퍼가 얼마나 확장성을 받쳐주는지 알아볼 수 있다. 또한 버퍼의 크기를 얼마로 제한해야 최고의 성능을 내는지도 알아볼 수 있다. 이런 궁금증을 풀어내려면 여러 가지 인자에 다양한 값을 설정하면서 테스트 프로그램을 실행해봐야 하는데, 예제 12.13과 같은 테스트 실행 프로그램을 사용하면 편리하다.

그림 12.1을 보면 CPU가 4개 장착된 하드웨어에서 버퍼의 크기를 1, 10, 100, 1000으로 변경하면서 실행한 결과가 그래프로 나타나 있다. 일단 버퍼 크기를 1로 지정한 경우에는 성능이 크게 떨어진다는 사실을 쉽게 알 수 있다. 버퍼 크기가 1인 경우 각 스레드가 대기 상태에 들어가고 나오면서 아주 적은 양의 작업밖에 할 수 없기 때문에 성능이 떨어지는 것은 당연한다. 여기에서 버퍼의 크기만 늘려주면 성능은 빠르게 증가하지만, 10을 넘는 크기를 지정하면 버퍼의 크기에 비해 성능이 향상되는 정도가 떨어지는 것을 볼 수 있다.

스레드의 개수를 크게 늘린다 해도 성능이 별로 떨어지지 않는다는 수치를 보고 나면 약간 혼동스러운 결과라고 생각할 수도 있겠다. 그 원인은 테스트 프로그램의 결과만으로는 이해하기가 어렵고, 테스트 프로그램이 실행되는 동안 `perfbar` 등의 유틸리티를 사용해 CPU의 성능을 보다 보면 쉽게 이해할 수 있다. 스레드가 많이 실행되고 있다 하더라도, 실제 작업을 하는 양은 그다지 많지 않고 대신 스레드가 대기 상태에 들어갔다 나왔다하는 동기화를 맞추느라 CPU 용량의 대부분을 사용하기 때문이다. 그러다보니 더 많은 스레드를 사용해 동일한 작업을 처리하도록 해도 성능에는 별 악영향이 없다는 섣부른 판단을 내리는 경우도 많다.

하지만 이와 같은 결과를 놓고 크기가 제한된 버퍼를 사용하는 프로듀서-컨슈머 패턴의 구조라면 언제든지 스레드를 추가해도 좋다는 방향으로 해석하기 전에 조심해야 한다. 여기서 사용했던 테스트 프로그램은 실제 애플리케이션을 시뮬레이션하기에는 너무나 인공적으로 만들어졌기 때문이다. 프로듀서는 큐에 쌓을 항목을 생성할 때 거의 아무런 작업 없이 계속해서 객체만 생성한다. 컨슈머 역시 큐에서 가져온 항목을 사용한다는 말이 무색할 정도로 아무 작업을 하지 않는다. 프로듀서-컨슈머 패턴으로 움직이는 실제 애플리케이션을 생각한다면 항목을 생성하고 사용하는 과정에서 무시할 수 없을 만큼 상당한 양의 작업이 이뤄질 것이다. 그럼 테스트 프로그램에서 봤던 여유가 줄어들 것이며 스레드를 너무 많이 추가했다는 여파를 눈으로 직접 확인할 수 있게 된다. `TimedPutTakeTest`의 주 목적은 프로듀서-컨슈머 패턴의 프로그램에서 프로듀서와 컨슈머 간에 값을 넘겨줄 때 얼마만큼의 성능을 낼 수 있는지, 병목이 있다면 어디에 있는지를 알아내는 정도에 그친다는 사실을 알아두자.

```
public void test() {
    try {
        timer.clear();
        for (int i = 0; i < nPairs; i++) {
            pool.execute(new Producer());
```

```
            pool.execute(new Consumer());
        }
        barrier.await();
        barrier.await();
        long nsPerItem = timer.getTime() / (nPairs * (long)nTrials);
        System.out.print("Throughput: " + nsPerItem + " ns/item");
        assertEquals(putSum.get(), takeSum.get());
    } catch (Exception e) {
        throw new RuntimeException(e);
    }
}
```

예제 12.12 배리어 기반 타이머를 사용한 테스트

```
public static void main(String[] args) throws Exception {
    int tpt = 100000; // 스레드별 실행 횟수
    for (int cap = 1; cap <= 1000; cap *= 10) {
        System.out.println("Capacity: "+ cap);
        for (int pairs = 1; pairs <= 128; pairs *= 2) {
            TimedPutTakeTest t =
                new TimedPutTakeTest(cap, pairs, tpt);
            System.out.print("Pairs: " + pairs + "\t");
            t.test();
            System.out.print("\t");
            Thread.sleep(1000);
            t.test();
            System.out.println();
            Thread.sleep(1000);
        }
    }
    pool.shutdown();
}
```

예제 12.13 TimedPutTakeTest 실행 프로그램

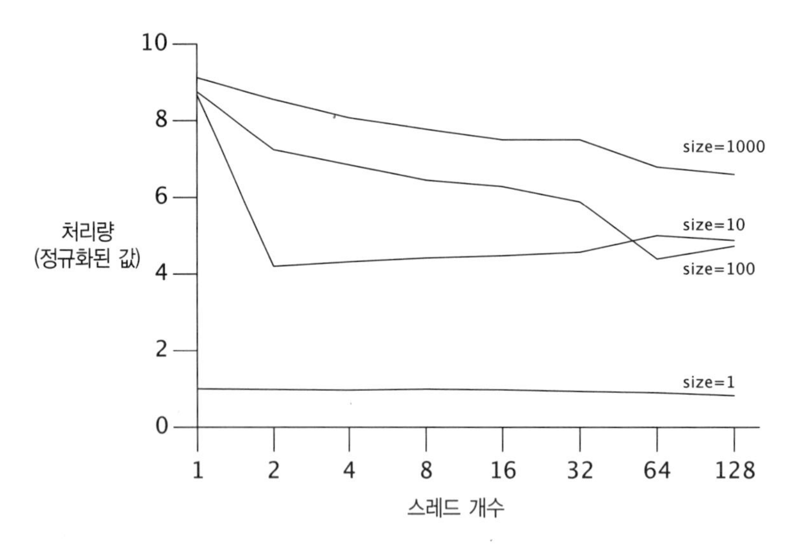

그림 12.1 다양한 크기의 버퍼를 적용했을 때 TimedPutTakeTest 실행 결과

12.2.2 다양한 알고리즘 비교

BoundedBuffer 클래스가 꽤나 탄탄하고 성능도 괜찮게 구현돼 있음은 분명하지만, ArrayBlockingQueue나 LinkedBlockingQueue 등의 클래스에 비해서는 성능이 떨어진다(성능이 떨어지다보니 JDK 라이브러리에 포함되지 못한 것이 아니겠는가?). java.util.concurrent 패키지에 포함돼 있는 클래스의 알고리즘은 주의 깊게 선택하고 튜닝돼 있다. 튜닝 과정에는 물론 여기에서 소개한 것과 같은 테스트 프로그램이 일부 활용됐을 것이며, 상식적으로 생각할 수 있는 최고의 성능을 낼 수 있으면서 다양한 종류의 기능을 제공한다.[6] BoundedBuffer 클래스의 속도가 떨어지는 가장 큰 이유는 바로 put과 take 연산 양쪽에서 모두 스레드 경쟁을 유발할 수 있는 연산, 예를 들어 세마포어를 확보하거나 락을 확보하고 세마포어를 다시 해제하는 등의 연산을 사용하기 때문이다. 고성능 클래스가 사용하는 알고리즘을 보면 스레드 간의 경쟁을 유발할 수 있는 부분이 훨씬 적다.

그림 12.2를 보자. TimedPutTakeTest 테스트 프로그램을 약간 변형시키고, 듀얼 하이퍼스레드 CPU가 장착된 하드웨어에서 버퍼 크기가 256인 클래스 3개를 비교 실행한 결과이다. 이 테스트 결과를 보면 LinkedBlockingQueue 클래스가 ArrayBlockingQueue보다 확장성이 약간 더 좋다고 보이는데, 언뜻 생각하기에는 약

6. 병렬 프로그램에 익숙한 전문가라면 물론 일부 기능을 제외하면서 원하는 기능의 속도를 높이도록 새로운 클래스를 구현할 수도 있을 것이다.

간 이상한 결과라고 의심이 될 수도 있다. 연결 큐linked queue는 새로운 항목을 추가할 때마다 버퍼 항목을 메모리에 새로 할당받아야 하며, 따라서 배열 기반의 큐보다 더 많은 일을 해야 하기 때문이다. 그런데 객체를 할당하는 부하가 더 크고 가비지 컬렉션에도 부하가 더 걸린다고 해도, 잘 튜닝된 연결 리스트 알고리즘을 사용하면 큐의 처음과 끝 부분에 서로 다른 스레드가 동시에 접근해 사용할 수 있다. 따라서 연결 리스트 기반의 큐는 put과 take 연산에 대해서 배열 기반의 큐보다 병렬 처리 환경에서 훨씬 안정적으로 동작한다. 그리고 메모리 할당 작업은 일반적으로 스레드 내부에 한정돼 있기 때문에 메모리를 할당한다 해도 스레드 간의 경쟁을 줄일 수 있는 알고리즘의 확장성이 더 높을 수밖에 없다(전통적인 성능 튜닝 방법과 관련해 알고 있던 상식이 확장성의 측면에서는 오히려 성능이 떨어지는 결과를 가져올 수 있는 사례이다).

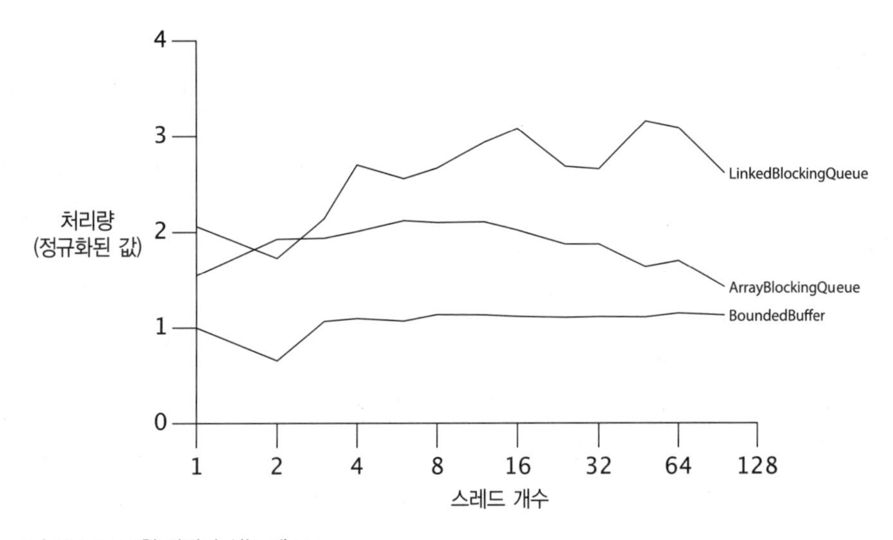

그림 12.2 큐 구현 방법별 성능 테스트

12.2.3 응답성 측정

지금까지 병렬 프로그램의 성능을 측정할 때 가장 중요한 항목인 처리량을 측정하는 방법에 대해서 살펴봤다. 하지만 일부 상황에서는 단일 작업을 처리하는 데 얼마만큼의 시간이 걸리는지를 측정하는 일이 더 중요한 경우도 있다. 그리고 단일 작업 처리 시간을 측정할 때는 보통 측정 값의 분산variance을 중요한 수치로 생각한다. 간혹 평균 처리 시간은 길지만 처리 시간의 분산이 작은 값을 유지하는 일이 더 중요할 수 있기 때문이다. 즉 '예측성' 역시 중요한 성능 지표 가운데 하나임을 알아야 한다. 처리 시간에 대한 분산을 구해보면 "100밀리초 안에 작업을 끝내는 비율이 몇 % 정도인가?"

와 같은 서비스 품질quality of service에 대한 수치를 결과로 제시할 수 있다.

서비스 시간에 대한 분산을 시각적으로 표현할 수 있는 가장 효과적인 방법은 바로 작업을 처리하는 데 걸린 시간을 히스토그램으로 그려보는 방법이다. 분산은 사실 평균을 구하는 것보다 아주 조금 더 복잡한 난이도를 갖고 있다. 다시 말해 작업 처리 시간을 모두 더할 뿐만 아니라 각 처리 시간을 목록으로 관리하고 있어야 한다. 그런데 개별 작업을 처리하는 속도가 아주 빠르다면 통계 값에 오류가 생기기 쉽다(예를 들어 컴퓨터가 갖고 있는 시간 측정의 최소 단위와 비슷한 시간 안에 작업을 처리할 수 있다면 작업 처리 시간을 제대로 측정할 수가 없다). 이런 오류를 방지할 수 있도록 put과 take 등의 연산을 일정 개수로 묶어 일괄 처리하고, 일괄 처리하는 데 걸린 시간을 하나의 작업 시간으로 묶어서 생각하도록 하자.

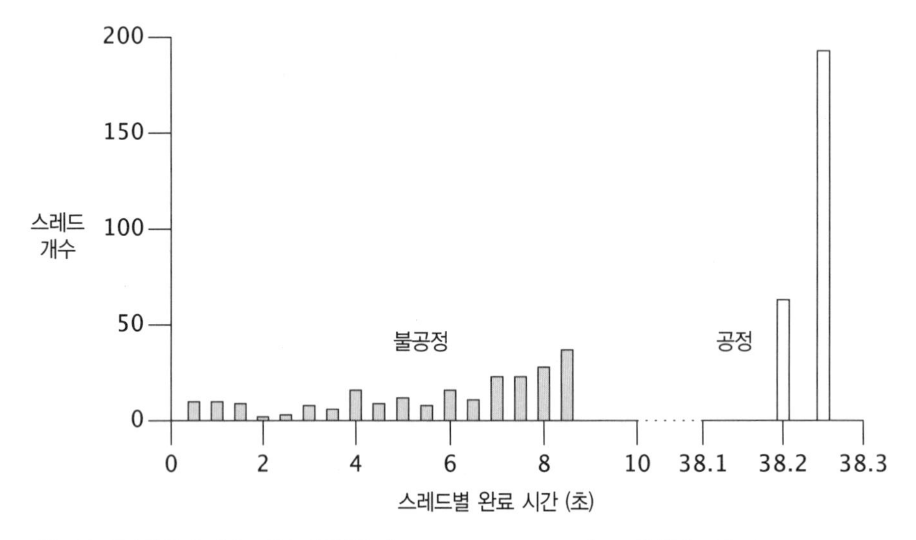

그림 12.3 공정/불공정 세마포어를 사용했을 때 TimedPutTakeTest 테스트의 실행 시간 비교

그림 12.3을 보면 버퍼의 크기를 1000으로 지정하고 256개의 병렬 작업이 각각 1000개의 항목을 버퍼에 넣는데, 한쪽은 공정한 세마포어를 사용(회색 부분)하고 다른쪽은 불공정 세마포어를 사용(흰색 부분)해 테스트한 결과가 나타나 있다(락이나 세마포어를 사용할 때 공정(fair)한 방법과 불공정(non fair)한 방법에 대한 설명은 13.3절에서 다룬다). 불공정한 방법을 사용한 테스트 결과에는 작업 처리 시간이 최소 104밀리초에서 최대 8,714밀리초까지 걸렸다. 보다시피 최소 시간과 최대 시간의 차이가 80배가 넘는다. 최소 시간과 최대 시간의 차이를 줄이려면 동기화 코드에 공정성을 높이면 된다. BoundedBuffer의 경우 세마포어를 생성할 때 공정한 모드로 초기화시켜 공정성을 높일 수 있다. 그림 12.3에서 보다시피 이렇게 동기화 부분에 공정성을 높이고 나면 처리 시간의 분산 값

을 엄청나게 줄여주는 효과(이제 최소 38,194밀리초에서 최대 38,207밀리초 사이에 처리된다)를 볼 수 있지만 처리 속도가 크게 떨어진다는 역효과를 가져온다(좀더 일반적인 종류의 테스트를 더 오랜 시간 동안 실행시켜 그 결과를 받아보면 아마도 성능 저하가 훨씬 크게 나타날 것이다).

만약 버퍼 크기를 굉장히 작게 잡고 사용한다면 매번 연산마다 모두 컨텍스트 스위칭이 발생하고, 따라서 컨텍스트 스위칭 부하가 엄청나게 늘어나서 결국 불공정 동기화 방법을 사용한다 해도 실행 속도가 크게 느려진다는 사실을 살펴본 바 있다. 공정하기 때문에 속도가 느려지는 상황은 스레드가 대기 상태에 들어가기 때문이라고 생각할 수 있다. 따라서 이번 테스트에서 버퍼 크기를 1로 지정하고 다시 실행해보면 불공정한 세마포어를 사용해도 공정한 세마포어를 사용한 경우와 거의 비슷한 속도로 느려진다는 결과를 얻는다. 그림 12.4를 보면 이 경우에 공정함의 문제가 평균 실행 시간을 크게 늦추거나 실행 시간의 분산을 훨씬 낮게 바꿔주지는 못한다는 사실이 나타나 있다.

결국 스레드가 아주 빡빡한 동기화 요구사항 때문에 계속해서 대기 상태에 들어가는 상황이 아니라면 불공정한 세마포어를 사용해 처리 속도를 크게 높일 수 있고, 반대로 공정한 세마포어를 사용해 처리 시간의 분산을 낮출 수 있다. 공정성 문제로 속도가 빨라지거나 분산 값이 줄어드는 정도가 굉장히 심한 편이기 때문에 세마포어를 사용할 때는 항상 어느 방법을 사용할 것인지 결정해야만 한다.

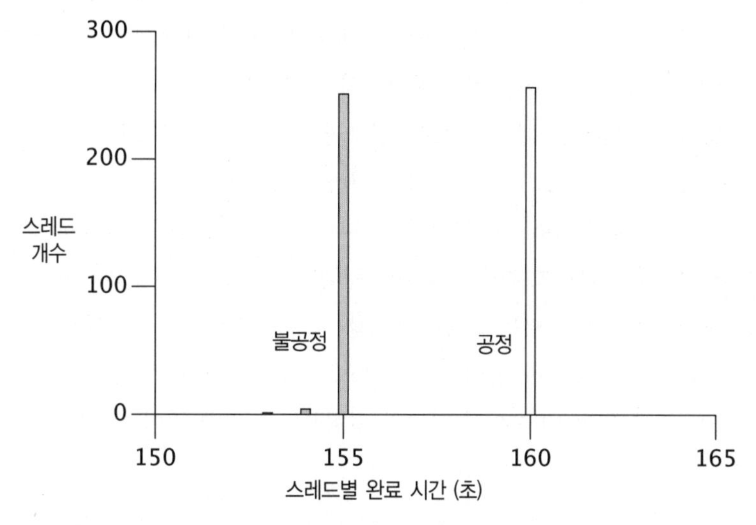

그림 12.4 버퍼 크기를 1로 지정하고 TimedPutTakeTest를 실행했을 때의 실행 시간 히스토그램

12.3 성능 측정의 함정 피하기

이론적으로는 성능 테스트 프로그램을 작성하는 일은 그다지 어렵지 않다. 일반적인 사용 시나리오를 알아보고, 알아낸 사용 시나리오를 여러 차례 실행시키고, 실행하는 데 걸린 시간을 측정하면 된다. 하지만 실제로 테스트 프로그램을 작성할 때는 성능을 올바로 나타내지 못하는 잘못된 수치를 뽑아내는 잘못된 코딩 방법으로 프로그램을 작성하지 않도록 주의해야 한다.

12.3.1 가비지 컬렉션

가비지 컬렉션이 언제 실행될 것인지는 미리 알고 있을 수가 없으며, 따라서 시간을 측정하는 테스트 프로그램이 동작하는 동안 가비지 컬렉션 작업이 진행될 가능성도 높다. 테스트 프로그램이 총 N번의 작업을 실행하는데 N번의 작업을 실행하는 동안은 가비지 컬렉션이 진행되지 않았다 해도 N+1번째에 가비지 컬렉션이 진행될 수도 있다. 따라서 테스트 실행 횟수를 살짝 변경하기만 해도 테스트당 실행 시간은 엉터리 값으로 크게 바뀔 수 있다.

가비지 컬렉션 때문에 테스트 결과가 올바르지 않게 나오는 경우를 막을 수 있는 두 가지 방법을 생각해보자. 먼저 테스트가 진행되는 동안 가비지 컬렉션 작업이 실행되지 않도록 하는 방법이 있을 수 있겠고, 아니면 테스트가 진행되는 동안 가비지 컬렉션이 여러 번 실행된다는 사실을 명확히 하고 테스트 결과에 객체 생성 부분이나 가비지 컬렉션 부분을 적절하게 반영하도록 하는 방법이 있겠다. 일반적으로는 후자의 방법이 많이 사용되는데, 테스트 프로그램을 훨씬 긴 시간동안 실행할 수 있으며 실제 상황에서 나타나는 성능을 좀더 가깝게 반영하기 때문이다.

프로듀서-컨슈머 패턴으로 구성된 대부분의 애플리케이션은 상당한 양의 객체를 메모리에 할당하고 가비지 컬렉션 부하도 큰 편이다. 프로듀서는 계속해서 큐에 쌓을 항목을 생성해내고, 컨슈머는 큐에서 뽑아낸 항목을 사용하는 구조이기에 어쩔 수 없다. 따라서 `BoundedBuffer` 클래스를 대상으로 테스트 프로그램을 적당히 오랜 시간동안 동작시키면 일정 횟수 이상 가비지 컬렉션이 동작할 것이며, 실제 적용할 때와 유사한 성능 결과를 얻을 수 있겠다.

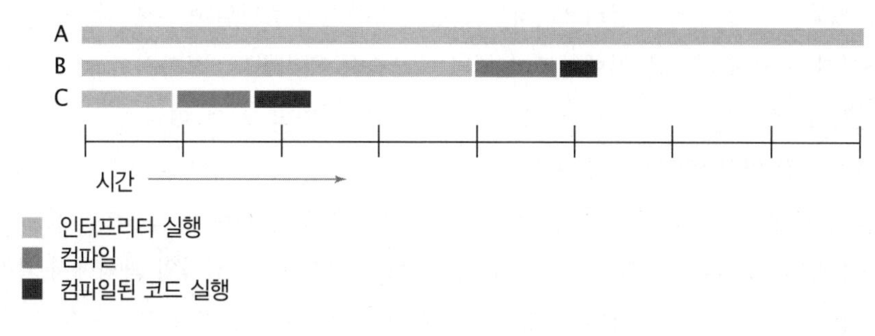

그림 12.5 동적 컴파일로 발생한 성능 결과 오류

12.3.2 동적 컴파일

자바 언어와 같이 동적으로 컴파일하면서 실행되는 언어로 작성된 프로그램은 C나 C++와 같이 정적으로 컴파일된 상태에서 실행되는 언어로 만들어진 프로그램보다 그 성능을 측정하는 테스트 프로그램을 작성하기도 어렵거니와 결과를 해석하기도 어려운 면이 있다. 핫스팟HotSpot JVM이나 기타 최근 사용되는 JVM은 바이트코드byte code 인터프리트interprete 방식과 동적 컴파일dynamic compilation 방법을 혼용해 사용한다. 예를 들어 클래스의 바이트코드를 처음 읽어들인 이후에는 인터프리터를 통해 바이트코드를 실행한다. 그리고 일정 시점이 지난 이후 메소드가 특정 횟수 이상 자주 실행된다는 판단이 들면 동적 컴파일러가 해당 메소드를 기계어 코드로 컴파일한다. 컴파일이 완료되면 그 이후에는 인터프리트하는 대신 컴파일된 코드를 직접 실행시킨다.

그런데 컴파일 작업이 언제 실행되는지는 알 수 없다. 실행 시간을 측정하는 테스트 프로그램은 대상 클래스의 코드가 모두 컴파일된 이후에 실행돼야 마땅하다. 대부분의 애플리케이션은 실제 사용할 때 필요한 거의 모든 메소드가 컴파일된 상태에서 실행된다고 봐야 하는데, 이런 상황에서 인터프리트되는 코드의 실행 속도는 측정할 가치가 거의 없기 때문이다. 하지만 테스트 프로그램이 시간을 측정하는 도중에 컴파일러가 동적으로 메소드 코드를 컴파일하도록 놔둔다면 두 가지 측면에서 테스트 결과에 오류가 생길 가능성이 있다. 먼저 컴파일하는 과정에서 CPU를 상당 부분 소모할 것이 분명하며, 또한 인터프리트되는 코드와 컴파일된 코드, 컴파일하는 시간을 모두 테스트 결과에 포함시키면 일관성이 부족한 결과 값을 얻을 수밖에 없다. 그림 12.5를 보면 동적 컴파일과 관련한 여러 가지 요소가 테스트 결과 값을 어떻게 뒤섞어 놓는지 알 수 있다. 그림 12.5에 나타난 세 가지 항목은 각각의 조건에서 동일한 횟수의 테스트 모듈을 실행하는 과정을 보여준다. A는 컴파일하지 않고 계속해서 인터프리터로 실행하는 모습을, B는 인터프리터로 실행하다 중간에 컴파일해 실행되는 모습을, C는 B보다 먼저 컴파일을 진행하고 실행되는 모습을 의미한다. 보다시피 컴파일 작업이 언제 실행되는지가 전체 실행 시간에 큰 영향을 미치고, 그에 따라 단일 연산에 소모되는 시간 역시 영향을 미친다.[7]

컴파일된 프로그램 코드는 때에 따라 디컴파일(인터프리트하는 코드로 복원)하고 다시 재컴파일하는 과정을 거치는 경우도 있다. 예를 들어 이전 컴파일 과정에서 가정했던 사항이 변경됐거나, 아니면 실제로 실행해보면서 얻은 성능 평가 결과를 놓고 다른 최적화 방법을 적용해 다시 컴파일하도록 하기도 한다.

컴파일된 코드와 컴파일되지 않은 코드 때문에 성능 측정치가 올바르지 않게 나타나는 상황을 예방하는 가장 간단한 방법은 테스트 프로그램을 긴 시간(최소한 몇 분 이상) 동안 실행시켜 컴파일될 부분은 모두 컴파일되고, 추가로 컴파일하거나 인터프리터로 실행되는 코드를 최소화하는 방법이다. 또 다른 방법으로는 시간을 측정하지 않는 '워밍업' 하는 테스트를 한 번 미리 실행시켜 필요한 코드를 모두 컴파일시키고, 그 이후에 시간을 측정하는 실제 테스트 프로그램을 실행시켜 성능 측정치를 뽑아내는 방법도 있다. 핫스팟 JVM을 사용하는 경우라면 `-XX:+PrintCompilation` 옵션을 사용해 동적 컴파일 작업이 실행될 때 메시지를 출력시킬 수 있다. 이렇게 메시지를 출력시켜보면 컴파일이 모두 끝나고 성능을 측정하기 좋은 시간이 언제쯤인지 추정해볼 수 있다.

동일한 테스트 프로그램을 하나의 JVM에서 여러 번 실행해보면 그 가운데 적당한 테스트 결과를 골라낼 수 있다. 초기에 실행했던 결과는 워밍업 과정이라고 보고 제외하고, 그 이후의 측정 결과를 봤을 때 측정 값의 변동이 크다면 똑같은 테스트를 실행하는 데 걸리는 시간이 왜 일정하게 유지되지 않는지에 대한 원인을 찾아봐야 할 것이다.

JVM은 일상적인 내부 작업을 처리하기 위해 여러 개의 백그라운드 스레드를 사용한다. 서로 관련되지 않으면서 한번에 CPU를 중점적으로 사용하는 기능을 테스트하고자 한다면 테스트를 여러 번 실행하는 사이마다 약간의 쉬는 시간을 두어 JVM이 일상 작업을 처리할 수 있도록 배려하는 게 좋다. 그래야 시간을 측정하는 테스트가 진행될 때 꼭 해야 하는 JVM 내부 작업을 처리하느라 CPU를 소모하고 그로 인해 테스트 실행 시간 결과 값에 오류가 발생하는 일이 줄어든다(반대로 동일한 테스트를 여러 번 실행하는 것과 같이 서로 관련 있는 여러 건의 작업을 테스트할 때 JVM이 일상적인 작업을 할 수 있도록 시간을 배려하도록 하면 실제 상황보다 훨씬 낙관적인 결과를 얻을 가능성이 있다).

7. JVM에 따라 애플리케이션 스레드에서 컴파일하기도 하고, 백그라운드 스레드에서 컴파일하기도 한다. 어느 방법이건 성능 테스트에 서로 다른 양상으로 영향을 준다.

12.3.3 비현실적인 코드 경로 샘플링

런타임 컴파일러는 컴파일할 코드에 대한 최적화 정보를 얻기 위해 실행 과정에서 여러 가지 성능 값을 추출한다. JVM은 더 나은 코드를 생성할 수 있도록 프로그램 실행에 관련된 특정 정보를 사용하기도 한다. 예를 들어 특정 프로그램에서 사용하는 메소드 M을 컴파일했을 때의 결과 코드와 다른 프로그램에서 사용하는 동일한 메소드를 컴파일한 결과가 다를 수 있다. 특히 어떤 경우에는 JVM이 코드를 컴파일할 때 일시적으로만 효과를 발휘할 수 있는 몇 가지 가정을 설정하고 그에 따라 컴파일하기도 한다. 그리고 만약 설정했던 가정이 어느 시점 이후에 올바르지 않은 가정이라고 판단되면 컴파일한 코드를 무효로 하고 새로 컴파일하기도 한다.[8]

따라서 특정 애플리케이션에서 사용하는 시나리오 패턴만을 묘사해 테스트하는 것보다는 그와 유사한 다른 시나리오 패턴도 한데 묶어서 테스트하는 일도 중요한 부분이다. 이렇게 테스트하지 않았다면, 예를 들어 완전히 단일 스레드에서 동작했어야 할 테스트 프로그램에 동적 컴파일러가 일반적인 서버 애플리케이션처럼 최소한의 병렬성을 필요로 하는 상황에 맞게 특별한 최적화 기법을 사용해 코드를 컴파일해 문제가 발생할 수도 있다. 그래서 단일 스레드 프로그램의 성능을 테스트하고자 할 때도 단일 스레드 프로그램의 성능뿐만 아니라 멀티스레드 애플리케이션의 성능도 함께 테스트하는 것이 좋다(TimedPutTakeTest에서는 테스트할 때 필요한 최소 스레드 개수가 2개이기 때문에 이런 문제가 발생하지 않는다).

12.3.4 비현실적인 경쟁 수준

병렬 애플리케이션은 두 종류의 작업을 번갈아가며 실행하는 구조로 동작한다. 여러 스레드가 공유하는 큐에서 다음 처리할 작업을 뽑아내는 것과 같이 공유된 데이터에 접근하는 종류의 작업이 있고, 큐에서 가져온 작업을 실행하는 것과 같이 스레드 내부의 데이터만을 갖고 실행되는 작업이 있다(물론 큐에서 가져온 작업을 처리할 때 공유된 데이터를 사용하지 않아야 한다). 전체 작업을 두 종류의 작업으로 구분해 봤을 때 각각 얼마만큼의 비율을 차지하는지에 따라 경쟁의 수준이 달라지고 성능과 확장성 측면에서 굉장히 다른 결과를 내놓게 된다.

이를테면 N개의 스레드가 서로 공유하는 작업 큐에서 작업을 가져다 실행한다고

8. 예를 들어 JVM은 단형 호출 전환(monomorphic call transformation)이라는 방법을 사용하기도 하는데, 현재 읽어들인 모든 클래스 가운데 특정 메소드를 상속받아 오버라이드하는 클래스가 없다면 가상 메소드 호출 부분을 직접 메소드 호출로 변경해 동작시킨다. 그런데 나중에 추가로 읽어들인 클래스 가운데 해당 메소드를 상속받아 오버라이드하는 클래스가 있다면 이전에 컴파일돼 있던 내용을 무효화한다.

하고, 각 작업은 CPU 중심의 작업이며 오랜 시간 동안 실행된다고 하면(그리고 공유된 데이터는 별로 사용하지 않는다면) 스레드 간의 경쟁이 거의 발생하지 않을 것이다. 실행 성능은 CPU의 처리 속도에 굉장히 의존하게 된다. 반대로 개별 작업이 아주 짧은 시간 안에 빠르게 실행된다면 작업 큐에서 서로 작업을 가져가려고 경쟁이 많이 발생할 것이며 전체적인 실행 성능은 동기화 방법에 따라 좌지우지된다.

병렬 테스트 프로그램에서 실제 상황과 유사한 결과를 얻으려면 직접적으로 알고자 하는 부분, 즉 병렬 처리 작업을 조율하는 동기화 부분의 성능과 함께 스레드 내부에서 실행되는 작업의 형태도 실제 애플리케이션과 비슷한 특성을 띠고 있어야 한다. 실제 애플리케이션의 작업 스레드가 처리하는 개별 작업이 테스트 프로그램의 가상 개별 작업과 다른 특성을 갖고 있다면 성능상의 병목이 어느 지점인지를 파악할 때 전혀 엉뚱한 지점을 지목하게 될 수도 있다. 이미 11.5절에서 살펴본 바가 있지만, synchronizedMap 메소드로 생성한 락 동기화 기반의 Map을 놓고 봤을 때 락을 확보하려는 부분에서 스레드 간의 경쟁이 많이 발생하느냐 별로 발생하지 않느냐의 차이가 성능 측정치에 지대한 영향을 미친다. 11.5절에서 실행해봤던 테스트는 Map 클래스를 마구 사용해보는 수준일 뿐이었다. 그런데 단 2개의 스레드만을 사용하는 경우에도 Map에 접근하려는 거의 모든 경우에 스레드 간의 경쟁이 발생했다. 어찌됐건 애플리케이션의 작업 구조상 공유된 데이터에 접근해 사용하는 부분보다 스레드 내부 작업의 양이 상대적으로 많다고 하면 스레드 경쟁 정도가 크게 떨어지고, 경쟁이 적어지니 전반적으로 괜찮은 성능을 낼 수 있을 것이다.

이런 관점에서 보면 TimedPutTakeTest 테스트 프로그램에서 사용했던 모델은 일부 애플리케이션의 구조를 묘사하기에는 그다지 훌륭하지 못하다고 볼 수 있다. 스레드 내부에서 별다른 작업을 하지 않기 때문에 성능 측정치는 스레드 간의 경쟁 정도에 좌우되며, 프로듀서와 컨슈머 간에 큐를 사용해 데이터를 주고받는 애플리케이션 모두가 이와 같이 스레드 내부의 작업이 적다고 볼 수는 없기 때문이다.

12.3.5 의미 없는 코드 제거

(어떤 프로그래밍 언어를 사용하든 간에) 최적화 컴파일러는 의미 없는 코드dead code(실행 결과에 영향을 주지 않는 코드)를 제거하는 데 뛰어난 능력을 갖고 있으며, 따라서 훌륭한 성능 측정 프로그램을 작성하는 일이 그다지 쉬운 일은 아니다. 일반적으로 성능 측정을 하는 동안에는 실제적인 계산 작업을 거의 하지 않기 때문에 최적화 컴파일러 입장에서는 1차 제거 대상이 될 수 있다. 대부분의 경우에는 최적화 컴파일러가 의미 없는 코드를 자동으로 제거해주면 그보다 더 좋은 일이 있겠냐마는, 성능 측정 프로그램을 실

행하는 경우에는 최적화된 이후 예상했던 것보다 훨씬 적은 코드만이 실행될 수 있기 때문에 큰 문제가 되기도 한다. 운이 좋다면 최적화 컴파일러가 실행 코드 대부분을 제거해버리고 너무나 빠르게 실행된다는 성능 측정 결과를 내놓을 수도 있는데, 이런 경우에는 결과 값을 보고 값이 이상하다는 걸 한눈에 알 수 있을테니 그나마 다행이다. 그렇지 않다면 어느 정도의 코드만 제거되고 빠르게 실행된다는 결과를 내놓고, 테스터는 뭔가 다른 그럴싸한 이유를 붙여 성능이 잘 나온다고 판단하는 오류를 범할지도 모른다.

의미 없는 코드 제거 기능은 정적으로 컴파일하는 언어로 성능을 측정하는 경우에도 비슷한 문제점을 발생시킬 수 있다. 하지만 컴파일 과정을 미리 진행하기 때문에 생성된 기계어 코드를 들여다보면 컴파일러가 최적화 과정에서 코드를 얼마만큼 제거해 버렸는지를 정확하게 파악할 수 있다. 반대로 동적인 컴파일 방법을 사용하는 언어의 경우에는 이와 같이 컴파일된 기계어 코드를 살펴보기 어려워 이런 정보를 얻기가 어렵다.

여러 가지 성능 테스트를 실행해보면 핫스팟 JVM의 클라이언트 모드(-client)보다 서버 모드(-server)로 실행했을 때의 결과가 훨씬 좋다. 서버 모드의 동적 컴파일러가 클라이언트 모드의 컴파일러보다 더 효율적인 코드를 생성할 수 있다는 것 뿐만 아니라 의미 없는 코드를 최적화하는 능력도 더 낫기 때문이다. 다만 성능을 측정할 때 잘 동작해 의미 없는 코드를 대부분 최적화하곤 했지만, 실제 애플리케이션을 실행할 때는 그다지 최적화하지 못할 수도 있다. 그래도 CPU가 여러 개 장착된 시스템에서는 상용 서비스를 실행하거나 성능 측정 프로그램을 실행하는 경우 모두 -client 대신 -server 옵션을 지정하는 게 좋다. 그저 의미 없는 코드로 제거돼 버리지 않고 제대로 실행돼 올바른 결과를 낼 수 있도록 테스트 프로그램을 주의 깊게 작성하기만 하면 된다.

> 훌륭한 성능 측정 프로그램을 작성하려면 최적화 컴파일러가 의미 없는 코드를 제거하는 과정에 성능 측정상 필요한 부분까지 제거하지 않도록 약간의 편법을 써야 할 필요가 있다. 그러려면 프로그램 코드가 만들어내는 모든 결과 값을 프로그램 어디에선가 사용하도록 해야 한다. 물론 그 때문에 추가적으로 동기화를 해야 하거나 더 많은 자원을 소모하도록 하지는 않는 것이 좋다.

예를 들어 PutTakeTest에서 큐에 추가하거나 큐에서 제거하는 모든 항목마다 체크섬 값을 계산하고, 나중에 모든 스레드의 체크섬을 합산해 올바르게 동작했는지 확인하는 부분이 있었다. 이처럼 올바르게 동작하는지 여부를 확인하기 위해 사용했던 체크섬 값도 결국 실제로 사용하는 부분은 없기 때문에 최적화 컴파일러에 의해 의미 없는 코드로 제거될 가능성이 있는 부분이다. 원래 이 체크섬 부분은 버퍼 알고리즘이 정상적으로 동작하는지를 확인하기 위한 것이었지만, 콘솔에 출력하는 기능을 넣어서 실제로 사용하는 값이라는 사실을 최적화 컴파일러에게 알려주자. 그렇다 해도 I/O 기능을 호출하면 성능 측정 값에 영향을 줄 수 있기 때문에 성능 테스트를 실행하는 동안에, 특히 시간을 측정하는 동안에는 I/O 기능을 사용하지 않는 편이 좋다.

I/O를 사용해야 하지만 성능에 영향을 줄 수 있으니 사용하기도 곤란할 때는 다음과 같은 방법을 써보자. 아래 코드와 같이 hashCode 메소드로 현재 클래스의 해시 값을 가져오고, 그 해시 값과 임의의 숫자, 예를 들어 System.nanoTime과 같은 값을 비교하도록 한다. 그러면 두 값이 거의 일치할 일이 없을 것이며, 비교문 안에 I/O를 사용하는 출력문을 적어두면 성능 측정에 영향을 줄 만한 작업은 하지 않으면서 최적화 컴파일러가 의미 없는 코드로 판단해 제거해 버리는 일을 방지할 수 있다.

```
if (foo.x.hashCode() == System.nanoTime())
    System.out.print(" ");
```

보다시피 위의 코드에서 사용했던 비교 구문이 참일 가능성은 거의 없다. 만약 비교 구문이 참이 된다 해도 그저 콘솔에 의미 없는 공백 문자 하나를 출력할 뿐이다(print 메소드는 println 메소드를 호출할 때까지 메모리에 버퍼링하도록 돼 있으므로 hashCode 값과 System.nanoTime 값이 일치하는 경우가 발생한다 해도 실제로 공백 문자열이 콘솔에 즉시 출력되는 일은 없다).

프로그램 내부에서 계산했던 모든 값을 어떤 방법으로건 사용해야 할 뿐만 아니라 그 사용처를 추측할 수 없어야 한다. 괜찮은 최적화 컴파일러가 동작하고 있을 때 만약 결과 값을 예측할 수 있었다면 최적화 컴파일러가 매번 계산 과정을 실행하는 대신 미리 계산된 값을 사용하기도 한다. 이번에 PutTakeTest 프로그램을 작성할 때는 이런 가능성을 고려하고 작업했지만 정적인 입력 값을 갖고 동작하는 테스트 프로그램은 항상 최적화 컴파일러가 미리 계산된 값을 사용할 수 있다는 사실을 주의해야 한다.

12.4 보조적인 테스트 방법

훌륭한 테스트 프로그램을 작성하면 테스트 프로그램을 통해 "모든 버그를 찾아낼 수 있다"고 믿고 싶겠지만, 그런 프로그램은 현실에 존재하지 않는다. NASA에서는 어떤 상용 업체가 흔히 할 수 있는 것보다 훨씬 많은 엔지니어링 자원을 개발보다 테스트 부분에 더 많이 투자하고 있다고 하지만(개발자 1명당 20여 명의 테스트 인력이 있다고 한다),

그래도 NASA에서 만든 프로그램 역시 버그가 있다. 프로그램이 조금만 복잡해진다면 아무리 테스트를 많이 한다고 해도 오류를 모두 잡아내는 일이 불가능하다.

테스팅의 목적은 '오류를 찾는 일'이 아니라 대상 프로그램이 처음 작성할 때 설계했던 대로 동작한다는, 즉 '신뢰성을 높이는 작업'이라고 봐야 한다. 결국 모든 버그를 찾아내는 일이 불가능하기 때문에, 품질보증QA, quality assurance 전략으로는 항상 가능한 테스트 자원 내에서 최대한의 신뢰성을 끌어낼 수 있도록 방향을 잡아야 한다. 순차적으로 실행되는 프로그램에 비해 병렬 프로그램은 오류가 발생할 가능성이 더 높기 때문에 병렬 프로그램에서 순차적 프로그램과 비슷한 수준의 신뢰도를 확보하려면 훨씬 많이 테스트해야 한다. 지금까지는 단위 테스트와 성능 테스트를 효과적으로 작성할 수 있는 방법을 중점적으로 살펴봤다. 테스팅 작업은 병렬 프로그램이 제대로 동작한다는 신뢰도를 높이는 과정에서 아주 중요한 역할을 담당하고는 있지만, 사용할 수 있는 여러 가지 QA 방법 가운데 하나로 인식해야 한다.

QA 방법론에도 여러 가지가 있는데, 각 방법을 적절하게 활용하면 오류의 유형에 따라 좀더 효율적으로 오류를 발견할 수 있다. 코드 리뷰code review나 정적 분석static analysis과 같이 상호 보완적인 여러 가지 테스트 방법을 사용하면 한두 가지 방법만 사용했을 때보다 프로그램에 대한 신뢰도를 크게 높일 수 있다.

12.4.1 코드 리뷰

병렬 프로그램의 오류를 찾아내고자 할 때 단위 테스트와 성능 테스트만큼이나 중요하고 또 효과적인 테스트 방법은 바로 여러 명이 모여서 코드를 하나하나 살펴보는 코드 리뷰이다(물론 코드 리뷰가 테스팅 자체를 대신할 수 있는 일은 아니다). 병렬 프로그램에 대한 테스트 프로그램을 작성해 안전성 오류를 최대한 찾아내도록 하는 일이나, 테스트 프로그램을 자주 실행하면서 계속해서 오류가 없다는 사실을 확인하는 것 외에도 코드를 직접 작성하지 않은 다른 사람에게 코드를 살펴보도록 하는 일도 게을리해서는 안 된다. 병렬 프로그램 전문가라 해도 항상 오류를 범할 수 있기 때문이다. 시간을 충분히 들여 다른 사람에게 프로그램 코드를 보여주는 일은 항상 시간과 노력을 들인 만큼의 가치를 안겨주는 일이다. 아주 사소한 경쟁 조건race condition을 찾아내는 등의 일은 여러 개의 테스트 프로그램을 작성하는 것보다 병렬 프로그램 전문가가 코드를 들여다 보는 것으로 더 쉽게 찾아내는 경우가 많다(게다가 JVM의 구현 방법에 따라 다를 수 있는 세밀한 부분이나 프로세서 메모리 모델과 같은 문제 때문에 특정 하드웨어나 소프트웨어상에서는 오류가 발생하지 않을 수 있기 때문에 더 그렇다). 코드 리뷰를 하다 보면 그 외에도 더 많은 이득을 볼 수 있다. 예를 들어 단순하게 문제점을 찾아내는 것뿐만 아니라 코드 리뷰와 함께 소스코드의 주석문에 코드에 대한 더 자세한 설명을 추가하는 일을 함께 하면서 나중에 반드시 발생할 유지보수 비용을 낮출 수도 있다.

12.4.2 정적 분석 도구

이 책을 쓰는 시점에 정적 분석 도구static analysis tools가 점점 발전하면서 형식적인 테스팅은 물론 코드 리뷰에서 활용할 수 있는 효과적인 도구가 돼가고 있다. 정적 코드 분석 방법은 코드를 실행하지 않고 그 자체로 분석하며, 코드 감사audit 도구를 사용하면 클래스 파일 내부에 흔히 알려진 여러 가지 버그 패턴bug patterns 가운데 해당하는 부분이 있는지를 확인해준다. 오픈소스로 공개된 FindBugs[9]와 같은 정적 분석 도구에는 버그 패턴 감지기bug pattern detector가 포함돼 있고, 단위 테스트나 성능 테스트, 코드 리뷰 등의 과정에서 빼먹기 쉬운 다양한 종류의 일반적인 코딩 오류를 발견할 수 있다.

정적 분석 도구를 실행시키면 경고할만한 부분을 목록으로 리포팅 해주며, 리포팅된 부분이 오류인지 아닌지는 반드시 사람이 직접 확인해야 한다. 전통적으로 보자면 `lint`와 같은 도구를 사용했을 때 개발자가 겁이나 먹게 만드는 너무나 많은 잘못된 경고 리포트를 출력하곤 했지만, FindBugs와 같은 도구는 잘못된 경고를 최대한 줄일 수 있도록 상당 부분 튜닝을 거쳤다. 정적 분석 도구는 아직 굉장히 초창기를 벗어나지 못하고 있지만(특히 개발 툴과 연동하거나 개발 과정에 쉽게 통합되기 어려운 점 등), 프로그램 테스트 과정에서 상당히 쓸모있는 도구라고 인식되고 있다.

현 시점에서 FindBugs에는 다음과 같은 일반적인 병렬 프로그램의 오류에 대한 감지기detector를 내장하고 있으며, 새로운 감지기가 계속해서 추가되고 또 업그레이드되고 있다.

일관적이지 않은 동기화: 다수의 클래스는 클래스 내부의 변수를 자신의 암묵적인 락으로 동기화한다는 동기화 정책을 사용한다. 그런데 특정 변수가 동기화 블록 내부에서 사용되는 경우가 많으면서 일부는 동기화 블록 외부에서도 사용되는 경우가 있다면 해당 변수에 대해 동기화 정책이 정확하게 적용되지 않은 경우일 수 있다.

지금까지는 자바 클래스에 구체적인 병렬 처리 스펙을 갖고 있지 않기 때문에 정적 분석 도구는 동기화 정책에 대해서 추측할 수밖에 없다. 나중에 `@GuardedBy`와 같은 어노테이션annotation이 표준화된 이후에는 감사 도구에서 변수와 락 간의 관계를 분석하는 등의 방법으로 동기화 정책을 추측하는 대신 어노테이션을 직접 분석해 정적 분석 결과의 품질을 향상시킬 수 있을 것이다.

9. http://findbugs.sourceforge.net/

Thread.run 호출: Thread 클래스는 Runnable 인터페이스를 구현하고 있기 때문에 run 메소드를 갖고 있다. 그렇지만 일반적으로 Thread.start 메소드를 호출하는 대신 Thread.run 메소드를 호출하는 일은 잘못된 방법인 경우가 많다.

해제되지 않은 락: 암묵적인 락 대신 명시적인 락explicit lock(13장 참조)은 해당 락을 확보한 블록이 실행을 마치고 빠져나갔다 해도 락이 자동으로 해제되지 않는다. 표준적으로 사용해야 하는 방법은 확보했던 락을 finally 구문에서 해제하는 방법이지만, 그렇지 않은 경우 실행 도중에 예외 상황이 발생했을 때 락이 해제되지 않을 가능성이 있다.

빈 synchronized 블록: 자바 메모리 모델상에서는 비어 있는 synchronized 블록이 의미가 있을 수 있겠지만, 실제로는 대부분 잘못 사용된 경우가 많다. 그리고 개발자가 어떤 의도에서 빈 synchronized 블록을 사용했는지는 모르겠지만, 대부분의 경우 빈 synchronized 블록 대신 사용할만한 다른 방법이 있기 마련이다.

더블 체크 락(double-checked lock): 더블 체크 락은 늦은 초기화lazy initialization (16.2.4절 참조) 방법에서 발생하는 동기화 부하를 줄이기 위한 방법이다. 하지만 동기화 능력이 부족하기 때문에 공유된 변경 가능한 값을 읽어가는 등의 경우가 발생할 가능성이 있다.

생성 메소드에서 스레드 실행: 생성 메소드에서 새로운 스레드를 실행시키도록 한다면, 해당 클래스를 상속받았을 때 문제가 생길 수 있고, 또한 this 변수를 스레드에게 노출시킬 수 있다는 위험도 있다.

알림 오류: notify나 notifyAll 메소드는 해당하는 조건 큐에서 대기하고 있는 스레드가 있다면, 객체의 상태가 변경돼 대기 중인 스레드가 대기 상태에서 풀려나도 좋다는 것을 알려주는 메소드이다. notify와 notifyAll 메소드는 항상 해당 조건과 관련된 상태가 변경됐을 때만 사용해야 한다. 예를 들어 synchronized 블록 내부에서 notify나 notifyAll 메소드를 호출하지만 상태를 변경하지 않은 상태라면 오류일 가능성이 높다(14장 참조).

조건부 대기 오류: 조건 큐condition queue에서 대기할 때는 필요한 락을 확보한 상태에서 상태 변수를 확인한 이후에 Object.wait나 Condition.await 메소드를 반복문으로 감싸는 구조로 구현해야 한다(14장 참조). 락을 확보하지 않은 상태이거나, 반복문으로 감싸지 않은 상태이거나, 상태 변수를 제대로 확인하는 않은 상황에서 Object.wait 메소드나 Condition.await 메소드를 호출하도록 돼 있다면 오류일 가능성이 높다.

Lock과 Condition의 오용: synchronized 블록에 락 인자를 넣을 때 Lock이라는 클래스 이름을 지정한다거나, 아니면 Condition.await 메소드를 호출하는 대신 Condition.wait 메소드를 호출하는 등의 경우는 오타로 인해 동기화 구문을 잘못 작성하는 예이다(후자의 경우에는 실행할 때 애초에 IllegalMonitorStateException 예외를 띄울 것이기 때문에 테스트 프로그램을 통해 발견할 확률도 높다).

락을 확보하고 대기 상태 진입: 락을 확보한 상태에서 Thread.sleep 메소드를 호출하면 락을 필요로하는 다른 스레드 역시 아무 일도 못하고 멍하니 대기 상태에 들어가게 할 수 있으며, 따라서 나중에 활동성liveness에 심각한 영향을 줄 수 있다. 락을 두 개 확보한 상태에서 Object.wait 메소드를 호출하거나 Condition.await 메소드를 호출하는 경우 역시 비슷한 문제의 원인이 될 수 있다.

스핀 반복문: 아무런 일도 하지 않으면서 특정 변수의 값이 원하는 상태에 도달할 때까지 계속해서 반복하기만 하는 반복문(스핀 반복, spin loop)을 사용하면 CPU 자원을 엄청나게 소모할 뿐만 아니라 해당 변수가 volatile이 아니라면 심지어는 무한 반복에 빠질 수도 있다. 원하는 형태로 상태 변수 값이 변경되기를 기다리는 경우에는 래치latch나 여러 가지 조건부 대기 기능을 활용하는 편이 안전하다.

12.4.3 관점 지향 테스트 방법

지금 시점까지는 관점 지향 프로그래밍(AOP) 기법이 병렬 프로그래밍 분야에 적용되는 사례는 굉장히 제한적이었다. AOP 도구가 아직은 동기화 관련 지점에서 포인트컷pointcut을 지원하지 않고 있기 때문이다. 그렇다 해도 AOP를 사용하면 상태 변수의 값이 동기화 정책에 잘 맞는지를 확인하는 등의 작업을 하도록 적용해 볼 수 있겠다. 예를 들어 (Laddad, 2003)을 보면 스레드 안전성이 보장되지 않는 스윙Swing 메소드를 호출하는 모든 부분에 관점을 적용해 항상 이벤트 스레드에서만 스윙 클래스의 메소드를 호출하는지 확인하는 사례를 볼 수 있다. AOP의 특성상 코드를 따로 변경해야 할 필요가 없으니 이런 기법은 적용하기에도 간편하고, 사소한 변수 공개publication 상황이나 스레드 한정confinement 오류와 같은 부분을 찾아내기에 좋다.

12.4.4 프로파일러와 모니터링 도구

대부분의 상용 프로파일링 도구에는 스레드의 동작 상황을 살펴볼 수 있는 모듈이 포함돼 있다. 각 제품마다 기능과 효율성 등이 서로 다르긴 하지만 테스트 대상 프로그램이 도대체 무슨 일을 하고 있는지에 대한 내부적인 정보를 들여다 보는 좋은 방법이다(대부분의 프로파일링 도구는 대상 프로그램의 실행 성능과 실행 양상에 많은 악영향을 주는 단점이 있을 수도 있다). 대부분 각 스레드의 실행 상태(실행 가능 상태, 락 대기 상태, I/O 대기 상태 등)를 여러 가지 색으로 구분해 시간이 지나감에 따라 어떻게 실행되는지를 표시하는 기능을 갖고 있다. 이와 같은 결과 그래프를 보면 프로그램이 CPU를 얼마나 충분하게 활용하고 있으며, 만약 CPU를 충분히 사용하지 못한다면 어디에 그 원인이 있는지도 대략 알려준다(다수의 프로파일러는 또한 어느 락이 스레드 간의 경쟁을 유발하고 있는지도 알려준다고 한다. 하지만 이런 기능은 프로그램의 락 양상을 분석할 수 있을 만큼 날카로운 결과를 보여주지는 못한다고 생각된다).

자바에 내장된 JMX 에이전트를 사용하는 것도 제한적이나마 스레드의 상태를 모니터링할 수 있는 방법이다. `ThreadInfo` 클래스를 보면 스레드의 현재 상태 ID를 갖고 있고, 만약 스레드가 대기 상태에 들어가 있다면 어떤 락을 놓고 대기 중인지도 알 수 있다. 그리고 '스레드 경쟁 모니터링' 기능이 켜져 있다면(성능이 크게 떨어질 수 있기 때문에 기본 값으로는 꺼져 있다) 락이나 알림을 대상으로 몇 번이나 대기 상태에 들어갔었는지의 값을 `ThreadInfo` 클래스에 저장하고, 대기 상태에서 소모한 시간의 전체 누적 값도 보관한다.

요약

병렬 프로그램이 올바르게 동작하는지 테스트하는 일은 굉장히 어려운 작업이다. 병렬 프로그램에서 발생하는 오류는 대부분 발생 확률이 아주 작은 타이밍 문제, 부하 문제, 아니면 기타 쉽게 발현되지 않는 여러 원인에 의해 발생하기 때문이다. 더군다나 테스트하는 대상에는 문제가 있었지만, 테스트 프로그램에서 발생하는 동기화 문제나 타이밍 문제 때문에 원래 테스트 대상이 갖고 있던 문제를 발견하지 못할 수도 있다. 병렬 프로그램이 충분한 성능을 내는지 테스트하는 작업도 굉장히 어렵다. 게다가 정적으로 컴파일되는 C와 같은 언어에 비해 동적으로 컴파일되는 자바 언어로 작성된 병렬 처리 프로그램은 성능을 측정하기가 더 어렵다. 성능을 측정할 때의 실행 시간이 동적인 컴파일, 가비지 컬렉션, 그리고 각종 최적화 방법 때문에 크게 변경될 수 있으며, 따라서 의도했던 대로 시간을 측정하기가 어렵기 때문이다.

숨어 있는 버그를 상용 서비스 이전에 발견할 수 있는 가장 좋은 방법은 바로 전통적인 테스트 방법(물론 이 장에서 소개했던 테스트 과정에서의 여러 가지 함정을 잘 피해야 한다)과 함께 코드 리뷰나 자동화된 분석 도구를 사용하는 방법이다. 각 방법은 모두 다른 방법이 잘 찾아내지 못하는 오류를 찾아낼 수 있으니, 다양한 방법을 동원해 테스트해야 오류를 최대한 줄일 수 있다.

4부

고급 주제

public class NoVisibility {
private static boolean ready;
private static int number;
private static class ReaderThread extends Thread
public void run() {
while (!ready)
Thread.yield();
System.out.println(number);
}
}
public static void main(String[] args) {
new ReaderThread().start();
number = 42;
ready = true;
}
}

명시적인 락

13

자바 5.0이 발표되기 전에는 공유된 데이터에 여러 스레드가 접근하려 할 때 조율할 수 있는 방법이라고는 synchronized 블록과 volatile 키워드뿐이었다. 이제 자바 5.0에는 또 다른 방법이 추가됐는데, 바로 ReentrantLock이다. 처음에는 마치 ReentrantLock이 암묵적인 락의 대용품인 정도로 생각할 수도 있겠지만, 암묵적인 락으로 할 수 없는 일도 처리할 수 있도록 여러 가지 고급 기능을 갖고 있다.

13.1 Lock과 ReentrantLock

예제 13.1에서 볼 수 있는 Lock 인터페이스는 여러 가지 락 관련 기능에 대한 추상 메소드abstract method를 정의하고 있다. Lock 인터페이스는 암묵적인 락과 달리 조건 없는unconditional 락, 폴링 락, 타임아웃이 있는 락, 락 확보 대기 상태에 인터럽트를 걸 수 있는 방법 등이 포함돼 있으며, 락을 확보하고 해제하는 모든 작업이 명시적이다. Lock을 구현하는 클래스는 항상 암묵적인 락과 비교해서 동일한 메모리 가시성memory visibility을 제공해야 하지만, 락을 거는 의미나 스케줄링 알고리즘, 순서를 지켜주는 기능, 성능 등의 측면에서 다른 면모를 갖고 있다(Lock.newCondition 메소드는 14장에서 살펴본다).

```
public interface Lock {
    void lock();
    void lockInterruptibly() throws InterruptedException;
    boolean tryLock();
    boolean tryLock(long timeout, TimeUnit unit)
        throws InterruptedException;
    void unlock();
    Condition newCondition();
}
```

예제 13.1 Lock 인터페이스

ReentrantLock 클래스 역시 Lock 인터페이스를 구현하며, synchronized 구문과 동일한 메모리 가시성과 상호 배제 기능을 제공한다. ReentrantLock을 확보한다는 것은 synchronized 블록에 진입하는 것과 동일한 효과를 갖고 있고, ReentrantLock을 해제한다는 것은 synchronized 블록에서 빠져나가는 것과 동일한 효과를 갖는다(메모리 가시성에 대한 문제는 3.1절과 16장에 소개돼 있다). 그리고 ReentrantLock 역시 synchronized 키워드와 동일하게 재진입이 가능하도록 허용하고 있다(2.3.2절 참조). ReentrantLock은 Lock에 정의돼 있는 락 확보 방법을 모두 지원한다. 따라서 락을 제대로 확보하기 어려운 시점에 synchronized 블록을 사용할 때보다 훨씬 능동적으로 대처할 수 있다.

이미 암묵적인 락 기능이 있는데 뭐하러 명시적인 락 클래스를 따로 만들었을까? 암묵적인 락만 사용해도 대부분의 경우에 별 문제 없이 사용할 수 있지만 기능적으로 제한되는 경우가 간혹 발생한다. 예를 들어 락을 확보하고자 대기하고 있는 상태의 스레드에는 인터럽트 거는 일이 불가능하고, 대기 상태에 들어가지 않으면서 락을 확보하는 방법 등이 꼭 필요한 상황이 있기 때문이다. 암묵적인 락은 또한 synchronized 블록이 끝나는 시점에 반드시 해제되도록 돼 있는데, 이런 구조는 코딩하기에 간편하고 예외 처리 루틴과 잘 맞아 떨어지는 구조이긴 하지만 블록의 구조를 갖추지 않은 상황에서 락을 걸어야 하는 경우에는 적용하기가 불가능했다. 이런 단점이 있다고 해서 synchronized 키워드를 없애버려야 하는 것은 물론 아니지만, 일부 상황에서는 성능과 활동성liveness을 높이려면 synchronized 구문보다 유연성이 높은 락 방법이 필요하다.

예제 13.2를 보면 Lock을 사용하는 가장 기본적인 방법이 나타나 있다. 사용할 때 꼭 지켜야 하는, synchronized를 사용하는 암묵적인 락보다 좀 복잡한 규칙도 있는데 바로 finally 블록에서 반드시 락을 해제해야 한다는 점이다. 락을 finally 블록에서 해제하지 않으면 try 구문 내부에서 예외가 발생했을 때 락이 해제되지 않는 경우가 발생한다. 이처럼 락을 사용할 때는 try 블록 내부에서 예외가 발생했을 때 어떤 일이 발생할 수 있는지에 대해 반드시 고민해봐야 한다. 만약 예외 때문에 해당 객체가 불안정한 상태가 될 수 있다면 try-catch 구문이나 try-finally 구문을 추가로 지정해 안정적인 상태를 유지하도록 해야 한다(명시적인 락뿐만 아니라 암묵적인 락을 사용할 때도 예외가 발생했을 때 어떤 결과가 수반될 수 있는지에 대해서 항상 고민해야 한다).

락을 해제하는 기능을 finally 구문에 넣어두지 않은 코드는 언제 터질지 모르는 시한폭탄과 같다. 일단 그 상태로 만들고 나면 어디에서 언제 락을 해제해야 하는지에 대한 내용을 문서로 잘 남겨두지 않은 이상 나중에 폭탄이 터질 시점에 그 원인을 찾느라 코드를 모두 뒤져야 할 수도 있다. synchronized 구문을 제거하는 대신 기계적으로 ReentrantLock으로 대치하는 작업을 하지 말아야 하는 이유는 바로 이것이다. 즉 ReentrantLock을 사용하면 해당하는 블록의 실행이 끝나고 통제권이 해당 블록을 떠나는 순간 락을 자동으로 해제하지 않기 때문에 굉장히 위험한 코드가 될 가능성이 높다. 락을 블록이 끝나는 시점에 finally 블록을 사용해 해제해야 한다는 사실은 행동으로 지키기도 어렵지 않을 뿐더러 절대 잊어서는 안 되는 일이기도 하다.[1]

```
Lock lock = new ReentrantLock();
...
lock.lock();
try {
    // 객체 내부 값을 사용
    // 예외가 발생한 경우, 적절하게 내부 값을 복원해야 할 수도 있음
} finally {
    lock.unlock();
}
```

예제 13.2 ReentrantLock을 사용한 객체 동기화

13.1.1 폴링과 시간 제한이 있는 락 확보 방법

tryLock 메소드가 지원하는 폴링 락 확보 방법이나 시간 제한이 있는 락 확보 방법은 오류가 발생했을 때 무조건적으로 락을 확보하는 방법보다 오류를 잡아내기에 훨씬 깔끔한 방법이라고 볼 수 있다. 암묵적인 락을 사용할 때에는 데드락이 발생하면 프로그램이 멈춰버리는 치명적인 상황에 이른다. 멈춘 프로그램을 다시 동작시키는 방법은 종료하고 다시 실행하는 방법뿐이고, 프로그램이 멈추지 않도록 하려면 올바르지 않은 락 순서를 제대로 맞춰 데드락이 발생하지 않도록 하는 수밖에 없다. 그런데 락을 확보할 때 시간 제한을 두거나 폴링을 하도록 하면 다른 방법, 즉 확률적으로 데드락을 회피할 수 있는 방법을 사용할 수 있다.

락을 확보할 때 시간 제한을 두거나 폴링 방법(tryLock)을 사용하면 락을 확보하지 못하는 상황에도 통제권을 다시 얻을 수 있으며, 그러면 미리 확보하고 있던 락을 해

1. FindBugs 프로그램에는 '해제되지 않은 락'을 검출하는 기능, 즉 블록이 끝날 때 단 한 가지 경우라도 락이 해제되지 않을 가능성이 있는 부분을 찾아내는 기능이 포함돼 있다.

제하는 등의 작업을 처리한 이후 락을 다시 확보하도록 재시도할 수 있다(아니면 최소한 데드락이 발생했다는 오류를 남기고 계속해서 실행하기라도 할 수 있다). 10.1.2절에서 소개했던 동적인 락 정렬 문제로 인해 데드락이 발생했을 때 이런 상황을 피해갈 수 있는 방법이 예제 13.3에 소개돼 있다. 먼저 tryLock 메소드로 양쪽 락을 모두 확보하도록 돼 있지만, 만약 양쪽 모두 확보할 수 없다면 잠시 대기했다가 재시도하도록 돼 있다. 대기하는 시간 간격은 라이브락livelock이 발생할 확률을 최대한 줄일 수 있도록 고정된 시간 또는 임의의 시간만큼 대기한다. 만약 지정된 시간 이내에 락을 확보하지 못했다면 transferMoney 메소드는 오류가 발생했다는 정보를 리턴해주고, 적절한 통제하에서 오류를 처리할 수 있다([CPJ 2.5.1.2]와 [CPJ 2.5.1.3] 등을 살펴보면 데드락을 예방할 수 있도록 폴링하는 방법에 대한 좀더 다양한 예제를 참조할 수 있다).

일정한 시간을 두고 객체를 관리하는 기능을 구현할 때 시간 제한이 있는 락을 적용하면 유용하다(6.3.7절 참조). 일정 시간 이내에 실행돼야 하는 코드에서 대기 상태에 들어갈 수 있는 블로킹 메소드를 호출해야 한다면 지정된 시간에서 현재 남아있는 시간만큼을 타임아웃으로 지정할 수 있겠다. 그러면 지정된 시간 이내에 결과를 내지 못하는 상황이 되면 알아서 기능을 멈추고 종료되도록 만들 수 있다. 반면 암묵적인 락을 사용했다면 일단 락을 확보하고자 시도하게 되면 멈출 수가 없기 때문에 정해진 시간 안에 처리해야 하는 작업을 맡기기엔 위험도가 높다.

예제 6.17의 여행 정보 포털 예제를 보면 각 렌트카 업체별 입찰 정보를 수집해 올 때 각 업체별로 독립적인 작업을 실행시키도록 돼 있었다. 입찰 정보를 수집하는 작업은 필수적으로 웹 서비스와 같은 네트웍 통신을 통해 자료를 가져올 수밖에 없다. 반면 입찰 정보를 수집할 때 충분히 확보하지 못한 자원을 사용해야 할 수도 있는데, 예를 들어 특정 업체와 전용 통신선으로 연결돼 있을 경우도 있다.

9.5절에서 특정 자원에 대해 순차적으로 접근하도록 작업 과정을 직렬화하는 방법을 살펴본 바 있다. 바로 단일 스레드로 동작하는 Executor이다. 단일 스레드로 동작하는 Executor 외에 독점적인 락을 사용해 특정 자원을 동시에 사용하지 못하도록 막는 방법도 있다. 예제 13.4의 코드를 보면 Lock으로 막혀 있는 공유된 통신 자원을 통해 메시지를 전송하는 방법이 소개돼 있다. 또한 일정 시간 이내에 작업을 처리하지 못하면 무리없이 적절한 방법으로 오류로 처리한다. tryLock 메소드에 타임아웃을 지정해 사용하면 시간이 제한된 작업 구조에 락을 함께 적용해 활용하기 좋다.

13.1.2 인터럽트 걸 수 있는 락 확보 방법

일정 시간 안에 처리해야 하는 작업을 실행하고 있을 때 타임아웃을 걸 수 있는 락 확보 방법을 유용하게 사용할 수 있는 것처럼, 작업 도중 취소시킬 수 있어야 하는 작업인 경우에는 인터럽트를 걸 수 있는 락 확보 방법을 유용하게 사용할 수 있다. 7.1.6절에서 살펴본 것처럼 암묵적인 락을 확보하는 것과 같은 작업은 인터럽트에 전혀 반응하지 않는다. 이처럼 인터럽트에 전혀 반응하지 않는 방법밖에 없다면 작업 도중 취소시킬 수 있어야만 하는 기능을 구현할 때 굉장히 복잡해진다. `lockInterruptibly` 메소드를 사용하면 인터럽트는 그대로 처리할 수 있는 상태에서 락을 확보한다. 그리고 `Lock` 인터페이스에 `lockInterruptibly` 메소드를 포함하고 있기 때문에 인터럽트에 반응하지 않는 또 다른 종류의 블로킹 구조를 만들어야 할 필요가 없게 됐다.

```
public boolean transferMoney(Account fromAcct,
                             Account toAcct,
                             DollarAmount amount,
                             long timeout,
                             TimeUnit unit)
        throws InsufficientFundsException, InterruptedException {
    long fixedDelay = getFixedDelayComponentNanos(timeout, unit);
    long randMod = getRandomDelayModulusNanos(timeout, unit);
    long stopTime = System.nanoTime() + unit.toNanos(timeout);

    while (true) {
        if (fromAcct.lock.tryLock()) {
            try {
                if (toAcct.lock.tryLock()) {
                    try {
                        if (fromAcct.getBalance().compareTo(amount)
                                < 0)
                            throw new InsufficientFundsException();
                        else {
                            fromAcct.debit(amount);
                            toAcct.credit(amount);
                            return true;
                        }
                    } finally {
                        toAcct.lock.unlock();
```

```
                    }
                }
            } finally {
                fromAcct.lock.unlock();
            }
        }
        if (System.nanoTime() >= stopTime)
            return false;
        NANOSECONDS.sleep(fixedDelay + rnd.nextLong() % randMod);
    }
}
```

예제 13.3 tryLock 메소드로 락 정렬 문제 해결

```
public boolean trySendOnSharedLine(String message,
                                   long timeout, TimeUnit unit)
                                   throws InterruptedException {
    long nanosToLock = unit.toNanos(timeout)
                     - estimatedNanosToSend(message);
    if (!lock.tryLock(nanosToLock, NANOSECONDS))
        return false;
    try {
        return sendOnSharedLine(message);
    } finally {
        lock.unlock();
    }
}
```

예제 13.4 일정 시간 이내에 락을 확보하는 모습

인터럽트에 대응할 수 있는 방법으로 락을 확보하는 코드의 구조는 일반적으로 락을 확보하는 모습보다 약간 복잡하긴 한데, 두 개의 try 구문을 사용해야 한다(인터럽트를 걸 수 있는 락 확보 방법에서 InterruptedException 예외를 던질 수 있도록 돼 있다면 표준적인 try-finally 락 구조를 그대로 사용할 수 있다). 예제 13.5를 보면 lockInterruptibly를 사용해 예제 13.4에서 구현했던 sendOnSharedLine 메소드를 구현했으며, 취소 가능한 작업으로 실행된다. 타임아웃을 지정하는 tryLock 메소드 역시 인터럽트를 걸면

반응하도록 돼 있으며, 인터럽트를 걸어 취소시킬 수도 있어야 하면서 동시에 타임아웃을 지정할 수 있어야 한다면 tryLock을 사용하는 것만으로 충분하다.

```
public boolean sendOnSharedLine(String message)
        throws InterruptedException {
    lock.lockInterruptibly();
    try {
        return cancellableSendOnSharedLine(message);
    } finally {
        lock.unlock();
    }
}

private boolean cancellableSendOnSharedLine(String message)
    throws InterruptedException { ... }
```

예제 13.5 인터럽트를 걸 수 있는 락 확보 방법

13.1.3 블록을 벗어나는 구조의 락

암묵적인 락을 사용하는 경우에는 락을 확보하고 해제하는 부분이 완벽하게 블록의 구조에 맞춰져 있으며, 블록을 어떤 상태로 떠나는지에 관계 없이 락은 항상 자신을 확보했던 블록이 끝나는 시점에 자동으로 해제된다. 이렇게 자동으로 락을 해제하도록 돼 있으면 프로그램 코드 분석 과정을 간략하게 줄일 수도 있고, 실수로 락을 해제하지 않아 발생하는 코드상의 오류를 줄일 수도 있다. 하지만 좀더 복잡한 구조의 프로그램에 락을 적용해야 할 때는 이보다 훨씬 유연한 방법으로 락을 걸 수 있어야 한다.

이미 11장에서 락을 적용하는 코드를 세분화할수록 애플리케이션의 확장성이 얼마나 높아질 수 있는지에 대해서 알아봤다. 락 스트라이핑striping 방법을 적용하면 해시 기반의 컬렉션 클래스에서 여러 개의 해시 블록을 구성해 블록별로 다른 락을 사용하기도 했다. 또한 연결 리스트linked list 역시 해시 컬렉션과 마찬가지로 락을 세분화할 수 있는데, 예를 들어 각각의 개별 노드마다 서로 다른 락을 적용할 수 있겠다. 그러면 각 스레드가 연결 리스트의 서로 다른 부분에 동시에 접근해 사용할 수 있다. 특정 노드에 대한 락은 해당 노드가 갖고 있는 링크 포인터와 실제 값을 보호한다. 따라서 링크를 따라가는 알고리즘을 실행하거나 리스트 연결 구조를 변경할 때는 특정 노

드에 대한 락을 먼저 확보하고, 그 노드에 연결된 다른 노드에 대한 락을 확보한 다음 원래 노드에 대한 락을 해제해야 한다. 이런 방법은 핸드 오버 락hand-over-hand locking 또는 락 커플링lock coupling이라고 부르며 [CPJ 2.5.1.4]에서 이 방법에 대한 예제를 살펴볼 수 있다.

13.2 성능에 대한 고려 사항

자바 5.0과 함께 ReentrantLock이 처음 소개됐을 때 암묵적인 락에 비해 훨씬 나은 경쟁 성능contended performance을 보여줬다. 여러 가지 동기화 기법에 있어서 경쟁 성능은 확장성을 높이는 데 가장 중요한 요소이다. 락과 그에 관련한 스케줄링을 관리하느라 컴퓨터의 자원을 많이 소모하면 할수록 실제 애플리케이션이 사용할 수 있는 자원은 줄어들 수밖에 없다. 좀더 잘 만들어진 동기화 기법일수록 시스템 호출을 더 적게 사용하고, 컨텍스트 스위치 횟수를 줄이고, 공유된 메모리 버스에 메모리 동기화 트래픽을 덜 사용하도록 하고, 시간을 많이 소모하는 작업을 줄여주며, 연산 자원을 프로그램에서 우회시킬 수도 있다.

자바 6에서는 암묵적인 락을 관리하는 부분에 ReentrantLock에서 사용하는 것과 같이 좀더 향상된 알고리즘을 사용하며, 그에 따라 확장성에서 큰 차이가 나던 것이 많이 비슷해졌다. 그림 13.1을 보면 솔라리스 운영체제가 설치된 옵테론Opteron 프로세서 4개가 장착된 하드웨어에서 자바 5.0과 릴리즈 직전의 자바 6에서 각각 암묵적인 락과 ReentrantLock의 성능을 비교한 결과를 볼 수 있다. 그림에 표시된 곡선은 특정 자바 버전에서 암묵적인 락에 비해 ReentrantLock의 성능이 얼마나 좋아지는지를 그려내고 있다. 자바 5.0에서는 ReentrantLock의 성능이 훨씬 낫다는 점을 알 수 있지만, 자바 6에서는 ReentrantLock과 암묵적인 락의 차이가 많이 줄었다는 사실을 알 수 있다.[2] 테스트 프로그램은 11.5절에서 사용했던 것과 거의 동일하며, 이번에는 암묵적인 락과 ReentrantLock으로 동기화시킨 HashMap 클래스의 성능을 측정했다.

자바 5.0에서는 암묵적인 락을 사용할 때 스레드 수가 1일 때(경쟁 없음)보다 스레드 개수가 늘어나면 성능이 크게 떨어진다. 대신 ReentrantLock을 사용하면 성능이 떨어지는 정도가 훨씬 덜하며, 따라서 확장성이 더 낫다고 볼 수 있겠다. 반면 자바 6에서는 얘기가 다르다. 암묵적인 락을 사용했다 해도 스레드 간의 경쟁이 있는 상황에

2. 현재 그림에서 직접적으로 볼 수는 없지만 자바 5.0과 자바 6의 확장성이 차이가 나는 근본적인 원인은 ReentrantLock 클래스의 성능이 떨어진 것이 아니라 암묵적인 락의 관리 성능이 높아졌다는 것에 기인한다고 봐야 한다.

서 성능이 그다지 떨어지지 않고, ReentrantLock을 사용할 때와 별반 차이가 없다.

그림 13.1을 보면 "X가 Y보다 더 빠르다"는 명제가 그다지 오래 가지 못한다는 사실을 알 수 있다. 성능과 확장성은 모두 CPU의 종류, CPU의 개수, 캐시의 크기, JVM의 여러 가지 특성 등에 따라 굉장히 민감하게 바뀌기 때문이며, 성능과 확장성에 영향을 주는 여러 가지 요인은 시간이 지나면서 계속해서 바뀌게 마련이다.[3]

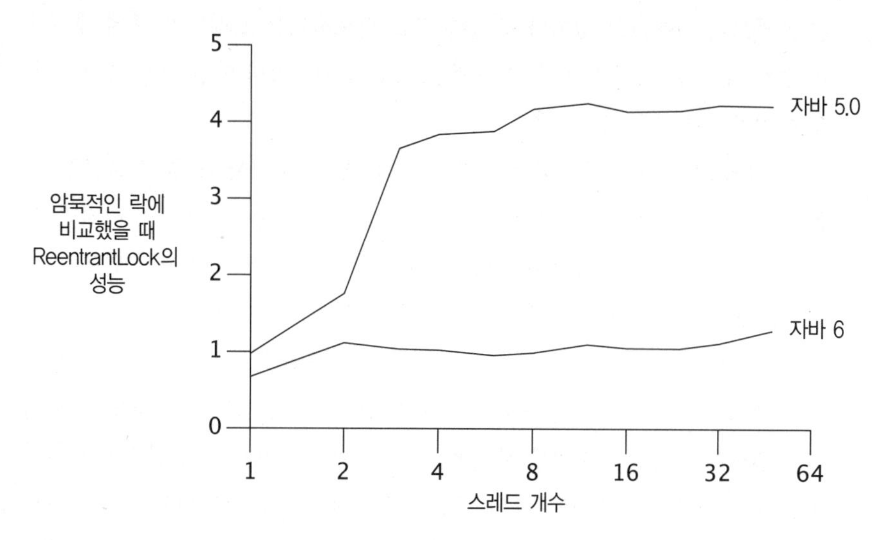

그림 13.1 자바 5.0과 자바 6에서 암묵적인 락과 ReentrantLock의 성능 비교

> 성능 측정 결과는 움직이는 대상이다. 바로 어제 X가 Y보다 빠르다는 결과를 산출했던 성능 테스트를 오늘 실행해보면 다른 결과를 얻을 수도 있다.

13.3 공정성

ReentrantLock 클래스는 두 종류의 공정성 설정을 지원한다. 하나는 불공정nonfair 락 방법이고, 다른 하나는 공정fair한 방법이다(기본 값은 불공정). 공정한 방법을 사용할 때는 요청한 순서를 지켜가면서 락을 확보하게 된다. 반면 불공정한 방법을 사용하는 경우에는 순서 뛰어넘기barging가 일어나기도 하는데, 락을 확보하려고 대기하는 큐에

3. 책을 쓰기 시작할 시점에만 보더라도 ReentrantLock이 락과 동기화 부분에서 가장 좋은 성능을 내리라고 생각했었다. 그런데 채 1년도 지나지 않아서 암묵적인 락이 ReentrantLock과 비슷한 성능과 확장성을 제공하게 됐다. 성능은 그저 변화하는 것이 아니라, 빠르게 변화하는 대상이다.

대기 중인 스레드가 있다 하더라도 해제된 락이 있으면 대기자 목록을 뛰어 넘어 락을 확보할 수 있다(Semaphore 클래스 역시 공정하거나 불공정한 방법을 사용하도록 설정할 수 있다). 그렇다고 해서 불공정한 ReentrantLock이 일부러 순서를 뛰어넘도록 하지는 않으며, 대신 딱 맞는 타이밍에 락이 해제된다 해도 큐의 뒤쪽에 있어야 할 스레드가 순서를 뛰어넘지 못하게 제한하지 않을 뿐이다. 공정한 방법을 사용하면 확보하려는 락을 다른 스레드가 사용하고 있거나 동일한 락을 확보하려는 스레드가 큐에 대기하고 있으면 항상 큐의 맨 뒤에 쌓인다. 불공정한 방법이라면 락이 당장 사용 중인 경우에만 큐의 대기자 목록에 들어간다.[4]

그런데 모든 락은 공정해야 하지 않을까? 일단 공정한 게 좋고 불공정한 건 좋지 않을 것 같은데, 락에서도 통하는 것일까?(아이들에게도 한 번 물어보자) 하지만 락을 관리하는 입장에서 봤을 때 공정하게만 처리하다 보면 스레드를 반드시 멈추고 다시 실행시키는 동안에 성능에 큰 지장을 줄 수 있다. 실제로 보면 통계적인 공정함(대기 상태에 들어간 스레드는 언젠가는 반드시 락을 확보할 수 있다) 정도만으로도 충분히 괜찮은 결과를 얻을 수 있고, 그와 더불어 성능에도 훨씬 악영향이 적다. 일부 알고리즘은 제대로 동작하기 위해서는 반드시 순서를 지켜야 하는 경우도 있지만, 항상 공정하게 순서를 지켜야만 하는 것은 아니다. 대부분의 경우 공정하게 순서를 관리해서 얻는 장점보다 불공정하게 처리해서 얻는 성능상의 이점이 크다.

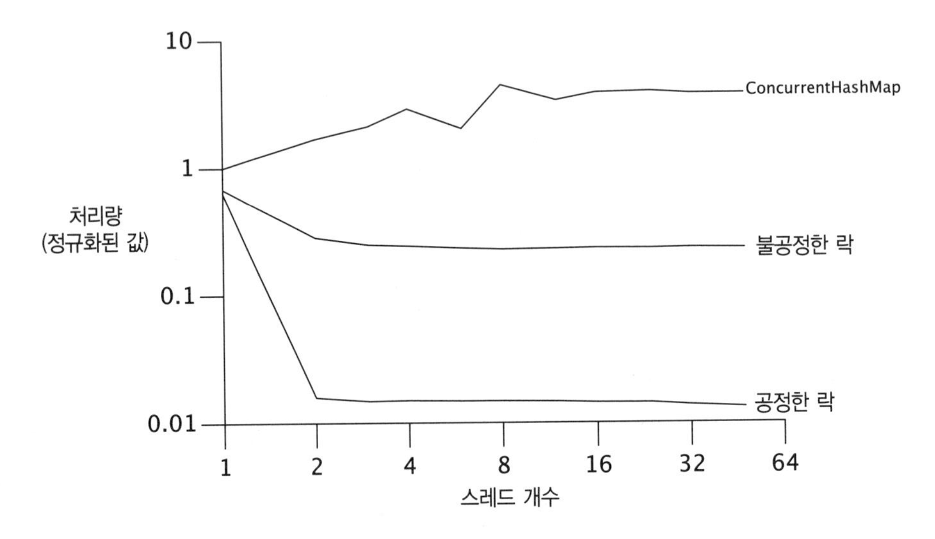

그림 13.2 공정한 락과 불공정한 락의 성능 비교

4. tryLock 메소드를 통해 폴링하면 공정한 설정을 사용하고 있다고 해도 항상 순서 뛰어넘기가 가능하다.

그림 13.2를 보면 또 다른 성능 테스트 결과가 나타나 있다. 역시 Map을 대상으로 테스트 했는데 이번에는 HashMap을 놓고 공정한 락과 불공정한 락을 사용한 결과를 측정했다. 하드웨어는 4개의 옵테론 CPU가 장착되고 솔라리스가 설치된 시스템을 사용했으며, 결과 수치는 로그 스케일로 표시했다는 점을 알아두자.[5] 공정함을 얻기 위한 성능의 제약은 거의 두 자리수에 해당하는 수치이다. 꼭 그래야만 하는 경우가 아니라면 공정성을 일부러 지정해 성능을 떨어뜨리는 결과를 얻을 필요는 없다.

스레드 간의 경쟁이 심하게 나타나는 상황에서 락을 공정하게 관리하는 것보다 불공정하게 관리하는 방법의 성능이 훨씬 빠른 이유는 대기 상태에 있던 스레드가 다시 실행 상태로 돌아가고 또한 실제로 실행되기까지는 상당한 시간이 걸리기 때문이다. 예를 들어 스레드 A가 락을 확보하고 있는 상태에서 스레드 B가 락을 확보하고자 한다고 해보자. 락은 현재 누군가가 사용하고 있기 때문에 스레드 B는 일단 대기 상태에 들어간다. 그리고 스레드 A가 락을 해제하면 스레드 B가 대기 상태에서 풀리면서 다시 락을 확보하고자 요청한다. 그러는 동안 스레드 C가 끼어들면서 동일한 락을 확보하고자 한다면 스레드 B 대신 스레드 C가 락을 미리 확보해버릴 확률이 꽤 높고, 더군다나 스레드 B가 본격적으로 실행되기 전에 스레드 C는 이미 실행을 마치고 락을 다시 해제시키는 경우도 가능하다. 이런 경우라면 모든 스레드가 원하는 성능을 충분히 발휘하면서 실행된 셈이다. 스레드 B는 사용할 수 있는 시점에 락을 확보할 수 있고, 스레드 C는 이보다 먼저 락을 사용할 수 있으니 처리량은 크게 늘어난다.

공정한 방법으로 락을 관리할 때는 락을 확보하고 사용하는 시간이 상대적으로 길거나 락 요청이 발생하는 시간 간격이 긴 경우에 유리하다. 락 사용 시간이 길거나 요청 간의 시간 간격이 길면 순서 뛰어넘기 방법으로 성능상의 이득을 얻을 수 있는 상태, 즉 락이 해제돼 있는 상태에서 다른 스레드가 해당 락을 확보하고자 대기 상태에서 깨어나고 있는 상태가 상대적으로 훨씬 덜 발생하기 때문이다.

기본 ReentrantLock과 같이 암묵적인 락 역시 공정성에 대해 아무런 보장을 하지 않는다. 하지만 통계적으로 공정하다는 사실을 놓고 보면 대부분의 락 구현 방법을 거의 모든 상황에 무리 없이 적용할 수 있다. 자바 언어 명세를 보면 JVM이 암묵적인 락

5. 스레드 개수가 4에서 8개 사이일 때 ConcurrentHashMap의 그래프가 출렁이는 모습을 볼 수 있다. 이렇게 결과 값에 변동이 생긴 이유는 측정상의 오류인 경우라고 생각되며, 우연히도 HashMap에 추가하는 항목의 해시 코드 값이 맞아 떨어지거나, 스레드 스케줄링에 약간 변화가 있거나, HashMap의 크기를 변경하는 작업이 진행됐거나, 가비지 컬렉션이 동작했거나, 기타 메모리 시스템에서 발생할 수 있는 추가 작업이 있었을 수 있다. 아니면 테스트가 실행되는 도중에 운영체제가 내부적으로 처리할 작업이 생겨서 실행 시간에 영향이 있었을 수도 있다. 실제로 성능을 테스트하는 경우에는 온갖 종류의 변수가 작용하기 마련이며, 이런 변수의 대부분은 그다지 신경 쓰거나 고려할 필요가 없는 종류이다. 실제 환경에서 테스트를 진행하면 이런 변수가 작용하지 않을 때가 없을 만큼 성능 측정 결과에는 항상 잡음이 섞이기 마련이며, 따라서 이 책에서 소개하는 성능 테스트 결과와 그래프도 인위적으로 값을 수정하지 않았다는 점을 알려둔다.

을 구현할 때 반드시 공정하게 구현해야 한다고 명시하지는 않으며, 실제로 제품화돼 있는 JVM 가운데 공정하게 구현돼 있는 경우는 없다고 볼 수 있다. ReentrantLock 클래스가 공정성 문제를 불러 일으킨 건 아니다. 단지 계속 존재했던 문제를 명확하게 표현했을 뿐이다.

13.4 synchronized 또는 ReentrantLock 선택

ReentrantLock은 락 능력이나 메모리 측면에서 synchronized 블록과 동일한 형태로 동작하면서도 락을 확보할 때 타임아웃을 지정하거나 대기 상태에서 인터럽트에 잘 반응하고 공정성 여부를 지정할 수도 있으며 블록의 구조를 갖추고 있지 않은 경우에도 락을 적용할 수 있는 유연함을 갖고 있다. ReentrantLock을 사용했을 때의 성능이 synchronized를 사용했을 때보다 낫다고 판단되는데, 자바 5.0에서는 아주 큰 차이로 성능이 앞섰지만 자바 6에서는 그다지 큰 차이가 있지는 않았다. 그렇다면 synchronized를 더 이상 사용하지 말고 모든 코드에서 ReentrantLock을 사용하도록 권장해야 하지 않을까? 일부 책이나 자료를 보면 이미 synchronized 블록을 '낡은' 방법이라고 보고 ReentrantLock을 사용하라고 권장하는 경우가 있다. 하지만 아직은 ReentrantLock의 장점을 너무 좋게 평가한 것이 아닐까 생각된다.

암묵적인 락은 여전이 명시적인 락에 비해서 상당한 장점을 갖고 있다. 코드에 나타나는 표현 방법도 훨씬 익숙하면서 간결하고, 현재 만들어져 있는 대다수의 프로그램이 암묵적인 락을 사용하고 있으니 암묵적인 락과 명시적인 락을 섞어 쓴다고 하면 코드를 읽을 때 굉장히 혼동될 뿐만 아니라 오류가 발생할 가능성도 더 높아진다. 분명히 ReentrantLock은 암묵적인 락에 비해 더 위험할 수도 있다. 만약 finally 블록에 unlock 메소드를 넣어 락을 해제하도록 하지 않는다면 일단 프로그램이 제대로 동작하는듯 싶다가도 어디에선가 언젠가 분명히 터지고야 말 시한 폭탄을 심어두는 셈이다. ReentrantLock은 synchronized 블록에서 제공하지 않는 특별한 기능이 꼭 필요할 때만 사용하는 편이 안전하다고 본다.

> ReentrantLock은 암묵적인 락만으로는 해결할 수 없는 복잡한 상황에서 사용하기 위한 고급 동기화 기능이다. 다음과 같은 고급 동기화 기법을 사용해야 하는 경우에만 ReentrantLock을 사용하도록 하자. 1) 락을 확보할 때 타임아웃을 지정해야 하는 경우, 2) 폴링의 형태로 락을 확보하고자 하는 경우, 3) 락을 확보하느라 대기 상태에 들어가 있을 때 인터럽트를 걸 수 있어야 하는 경우, 4) 대기 상태 큐 처리 방법을 공정하게 해야 하는 경우, 5) 코드가 단일 블록의 형태를 넘어서는 경우. 그 외의 경우에는 synchronized 블록을 사용하도록 하자.

자바 5.0에서는 synchronized 블록이 ReentrantLock에 비해 갖고 있는 장점이 하나 더 있다. 스레드 덤프를 떠보면 어느 스레드의 어느 메소드에서 어느 락을 확보하고 있고, 데드락에 걸린 스레드가 있는지, 어디에서 데드락에 걸렸는지도 표시해준다. 반면에 JVM 입장에서는 ReentrantLock이 어느 스레드에서 사용됐는지를 알 수 없기 때문에 동기화 관련 문제가 발생했을 때 JVM을 통해서 문제를 해결하는 데 도움이 될 정보를 얻기가 어렵다. 자바 6에서는 ReentrantLock의 이런 장점이 해소됐는데, 락이 등록할 수 있는 관리 및 모니터링 인터페이스가 추가됐다. 락을 관리 및 모니터링 인터페이스에 등록되고 나면 스레드 덤프에서 ReentrantLock의 상황을 알 수 있을 뿐만 아니라 외부의 관리나 디버깅 인터페이스를 통해 락의 움직임을 확인할 수도 있다. 이와 같은 정보를 디버깅에 활용할 수 있었다는 건 synchronized가 잠깐 동안이라도 가졌던 약간의 장점이긴 했다. 스레드 덤프에 출력되는 락 관련 정보가 없었더라면 많은 개발자가 오류를 찾지 못해 막막해 한숨만 쉬는 경우가 많았을 것이다. 암묵적인 락을 사용할 때는 항상 특정 스택 프레임에 락이 연관돼 있었지만, ReentrantLock은 블록을 벗어나는 범위에도 사용할 수 있으며 따라서 특정 스택 프레임에 연결되지 않는다.

이제 좀더 성능이 최적화되면 synchronized를 사용해도 ReentrantLock보다 성능이 더 나아지지 않을까 기대해본다. 특히 synchronized 구문은 JVM 내부에 내장돼 있기 때문에 ReentrantLock에 비해서 여러 가지 최적화를 적용하기가 쉽다. 예를 들어 스레드에 한정된 락 객체를 대상으로는 락 생략 기법을 적용할 수 있겠고, 락 확장 기법을 적용해 암묵적인 락으로 동기화된 부분에서 락을 사용하지 않도록 할 수도 있다(11.3.2절을 참조하자). 자바 라이브러리에 포함된 클래스(ReentrantLock을 말한다)를 상대로 이런 최적화 기법을 적용한다는 것은 실현 가능성이 떨어진다. 머지 않은 시점에 자바 5.0으로 넘어갈 예정이거나 자바 5.0에서 ReentrantLock이 제공하는 확장성을 꼭 사용해야만 하는 경우가 아니라면, 다시 말해 단순히 성능이 나아지기를 기대하면서 synchronized 대신 ReentrantLock을 사용하는 일은 그다지 좋은 선택이 아니다.

13.5 읽기-쓰기 락

ReentrantLock은 표준적인 상호 배제mutual exclusion 락을 구현하고 있다. 즉 한 시점에 단 하나의 스레드만이 락을 확보할 수 있다. 하지만 이와 같은 상호 배제 규칙은 일반적으로 데이터의 완전성을 보장하는 데 충분한 정도를 넘어서는 너무 엄격한 특징을 갖고 있으며, 따라서 병렬 프로그램의 장점을 필요 이상으로 제한하기도 한다. 상호 배제 규칙은 다시 말하자면 너무 보수적인 규칙이며, 쓰기 연산과 쓰기 연산이 동시에 일어나거나 쓰기와 읽기 연산이 동시에 일어나는 경우를 제한할 뿐만 아니라 읽기와 읽기 연산이 동시에 일어나는 경우도 제한한다. 그런데 대부분의 경우 사용하는 데이터 구조는 읽기 작업이 많이 일어난다. 즉 데이터 내용은 변경될 수 있으며 간혹 변경되기도 하지만 대다수의 작업은 데이터 변경이 아닌 데이터 읽기 작업이다. 이런 상황에서는 락의 조건을 좀 풀어서 읽기 연산은 여러 스레드에서 동시에 실행할 수 있도록 해주면 성능을 크게 높일 수 있지 않을까? 해당 데이터 구조를 사용하는 모든 스레드가 가장 최신의 값을 사용하도록 보장해주고, 데이터를 읽거나 보고 있는 상태에서는 다른 스레드가 변경하지 못하도록 하면 아무런 문제가 없겠다. 이런 작업, 즉 읽기 작업은 여러 개를 한꺼번에 처리할 수 있지만 쓰기 작업은 혼자만 동작할 수 있는 구조의 동기화를 처리해주는 락이 바로 읽기-쓰기 락read-write lock이다.

예제 13.6에 소개돼 있는 ReadWriteLock을 보면 두 개의 Lock 객체를 볼 수 있다. 하나는 읽기 작업용 락이고 다른 하나는 쓰기 작업용 락이다. ReadWriteLock으로 동기화된 데이터를 읽어가려면 읽기 락을 확보해야 하고, 해당 데이터를 변경하고자 한다면 쓰기 락을 확보해야 한다. 메소드 모양만 본다면 두 개의 락 객체가 있는 게 아닌가 싶기도 하지만, 실제로 내부적으로는 하나의 ReadWriteLock 객체가 사용된다.

```
public interface ReadWriteLock {
    Lock readLock();
    Lock writeLock();
}
```

예제 13.6 ReadWriteLock 인터페이스

ReadWriteLock에서 구현하고 있는 동기화 정책은 이미 소개한 것처럼 여러 개의 읽기 작업은 동시에 처리할 수 있지만, 쓰기 작업은 한 번에 단 하나만 동작할 수 있다. Lock 인터페이스와 같이 ReadWriteLock 역시 성능이나 스케줄링 특성, 락 확보 방법의 특성, 공정성 문제, 기타 다른 락 관련 의미가 서로 다르게 반영되도록 새로운 클래스를 구현할 수 있게 돼 있다.

ReadWriteLock은 특정 상황에서 병렬 프로그램의 성능을 크게 높일 수 있도록 최적화된 형태로 설계된 락이다. 실제로 멀티 CPU 시스템에서 읽기 작업을 많이 사용하는 데이터 구조에 ReadWriteLock을 사용하면 성능을 크게 높일 수 있다. 하지만 ReadWriteLock은 구현상의 복잡도가 약간 높기 때문에 최적화된 상황이 아닌 곳에

적용하면 상호 배제시키는 일반적인 락에 비해서 성능이 약간 떨어지기도 한다. 특정 상황을 놓고 ReadWriteLock을 사용하는 것이 적절한 것인지에 대한 대답은 성능 프로파일링을 통해서만 얻을 수 있다. 또한 ReadWriteLock 역시 읽기와 쓰기 작업을 동기화하는 부분에 Lock을 사용하기 때문에 성능을 측정해봤을 때 ReadWriteLock이 더 느리다고 판단되면 손쉽게 ReadWriteLock을 걷어내고 일반 Lock을 사용하도록 변경할 수 있다.

읽기 락과 쓰기 락 간의 상호작용을 잘 활용하면 여러 가지 특성을 갖는 다양한 ReadWriteLock을 구현할 수 있다. ReadWriteLock을 구현할 때 적용할 수 있는 특성에는 다음과 같은 것이 있다.

락 해제 방법: 쓰기 작업에서 락을 해제했을 때, 대기 큐에 읽기 작업뿐만 아니라 쓰기 작업도 대기중이었다고 하면 누구에게 락을 먼저 넘겨줄 것인가의 문제. 읽기 작업을 먼저 할 것인지, 쓰기 작업을 먼저 처리할 것인지, 아니면 그냥 큐에 먼저 대기하고 있던 작업을 먼저 처리하도록 해도 좋다.

읽기 순서 뛰어넘기: 읽기 작업에서 락을 사용하고 있고 대기 큐에 쓰기 작업이 대기하고 있다면, 읽기 작업이 추가로 실행됐을 때 읽기 작업을 그냥 실행할 것인지? 아니면 대기 큐의 쓰기 작업 뒤에서 대기하도록 할 것인지 정할 수 있다.

재진입 특성: 읽기 작업과 쓰기 작업 모두 재진입reentrant이 가능한지?

다운그레이드: 특정 스레드에서 쓰기 락을 확보하고 있을 때, 쓰기 락을 해제하지 않고도 읽기 락을 확보할 수 있는지? 만약 가능하다면 쓰기 작업을 하던 스레드가 읽기 락을 직접 확보하고 읽기 작업을 할 수 있다. 즉 읽기 락을 확보하려는 사이에 다른 쓰기 작업이 실행되지 못하게 할 수 있다.

업그레이드: 읽기 락을 확보하고 있는 상태에서 쓰기 락을 확보하고자 할 때 대기 큐에 들어 있는 다른 스레드보다 먼저 쓰기 락을 확보하게 할 것인지? 직접적인 업그레이드 연산을 제공하지 않는 한 자동으로 업그레이드가 일어나면 데드락의 위험이 높기 때문에 ReadWriteLock을 구현하는 대부분의 경우에 업그레이드를 지원하지는 않는다(읽기 작업을 진행하던 두 개의 스레드가 동시에 쓰기 락으로 업그레이드하고자 한다면 양쪽 모두 읽기 락을 놓지 않게 된다).

ReentrantReadWriteLock 클래스를 사용하면 읽기 락과 쓰기 락 모두에게 재진입 가능한 락 기능을 제공한다. ReentrantReadWriteLock 역시 ReentrantLock처럼 공정성 여부도 지정할 수 있다(기본 값은 불공정). 공정하게 설정한 락을 사용하는 경우에는 대기 큐에서 대기한 시간이 가장 긴 스레드에게 우선권이 돌아가는데, 즉 읽기 락을 확보하고 있는 상태에서 다른 스레드가 쓰기 락을 요청하는 경우, 쓰기 락을 요청한 스레드가 쓰기 락을 확보하고 해제하기 전에는 다른 스레드에서 읽기 락을 가져가지 못한다. 불공정하게 설정된 락을 사용하면 어느 스레드가 락을 가져가게 될지 알 수 없다. 쓰기 락을 확보한 상태에서 읽기 락을 사용하는 다운그레이드는 허용되며, 읽기 락을 확보한 상태에서 쓰기 락을 사용하는 업그레이드는 제한된다(업그레이드를 시도하면 데드락이 발생한다).

ReentrantLock과 동일하게 ReentrantReadWriteLock 역시 쓰기 락을 확보한 스레드가 명확하게 존재하며, 쓰기 락을 확보한 스레드만이 쓰기 락을 해제할 수 있다. 자바 5.0에서 읽기 락은 락이라기보다는 Semaphore와 같이 동작하는데, 즉 읽기 작업을 하고 있는 스레드의 개수만 세고 실제로 어느 스레드가 읽고 있는지는 상관없다. 이런 특성은 자바 6에서 변경됐는데, 자바 6에서는 어느 스레드가 읽기 락을 확보했는지 추적하도록 돼 있다.[6]

읽기-쓰기 락은 락을 확보하는 시간이 약간은 길면서 쓰기 락을 요청하는 경우가 적을 때에 병렬성concurrency을 크게 높여준다. 예제 13.7의 ReadWriteMap 클래스는 ReentrantReadWriteLock을 사용해 Map에 대한 접근을 제한한다. ReadWriteLock을 사용하기 때문에 Map의 값을 읽어가는 작업은 얼마든지 한꺼번에 실행될 수 있지만 읽기와 쓰기 작업이 겹치거나 쓰기 작업이 서로 겹치는 경우는 없도록 제한된다.[7] 하지만 실제로 병렬로 사용할 수 있는 해시 기반의 Map 클래스가 필요했던 것이라면 ReadWriteMap을 사용하는 것보다 ConcurrentHashMap만 사용해도 충분히 괜찮은 성능을 낼 수 있다. 여러 스레드에서 동시에 사용해야 하지만 ConcurrentHashMap과 약간 다른 LinkedHashMap 같은 기능이 필요하다면 ReadWriteLock을 사용해 필요한 만큼의 성능을 뽑아낼 수 있다.

---

6. 이렇게 변경된 이유는 자바 5.0에서는 읽기 락을 최초로 요청했는지, 아니면 재진입 상황에서 읽기 락을 요청하는 것인지 구분이 되지 않았다. 그러면 락을 공정하게 동작하도록 설정했을 때 읽기-쓰기 락에서 데드락이 발생할 위험이 높다.

7. ReadWriteMap은 실제로 Map 인터페이스를 구현하고 있지 않은데, entrySet이나 values와 같은 뷰(view) 메소드는 구현하기가 꽤나 까다로울 것이며, 쉽게 구현할 수 있는 메소드만으로도 기본적인 기능은 충분히 사용할 수 있기 때문이다.

```
public class ReadWriteMap<K,V> {
    private final Map<K,V> map;
    private final ReadWriteLock lock = new ReentrantReadWriteLock();
    private final Lock r = lock.readLock();
    private final Lock w = lock.writeLock();

    public ReadWriteMap(Map<K,V> map) {
        this.map = map;
    }

    public V put(K key, V value) {
        w.lock();
        try {
            return map.put(key, value);
        } finally {
            w.unlock();
        }
    }
    // remove(), putAll(), clear() 메소드도 put()과 동일하게 구현

    public V get(Object key) {
        r.lock();
        try {
            return map.get(key);
        } finally {
            r.unlock();
        }
    }
    // 다른 읽기 메소드도 get()과 동일하게 구현
}
```

예제 13.7 읽기-쓰기 락을 사용해 Map을 확장

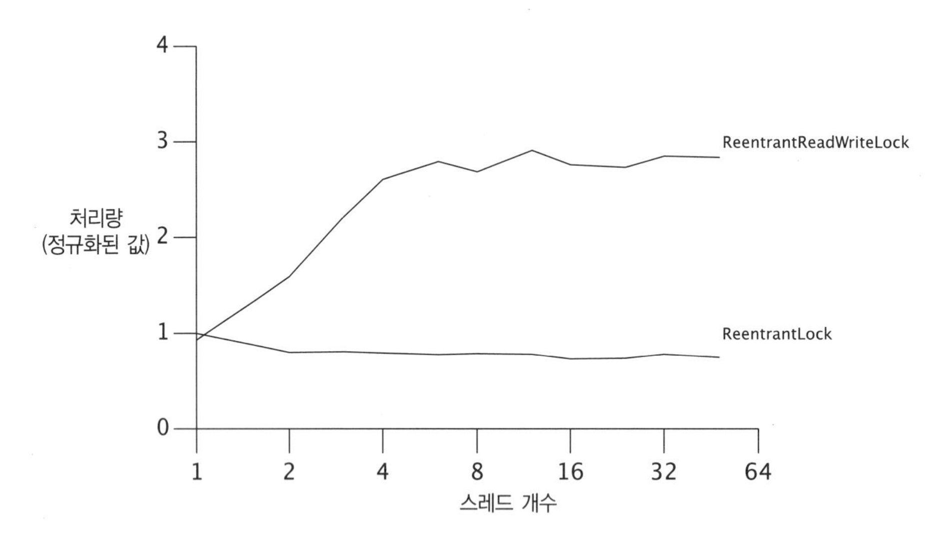

그림 13.3 읽기-쓰기 락의 성능

그림 13.3을 보면 ArrayList를 ReentrantLock으로 동기화시킨 클래스와 ReadWriteLock으로 동기화시킨 클래스의 실행 속도를 비교하고 있다. 양쪽 모두 4개의 옵테론Opteron 프로세서가 장착된 시스템에 솔라리스 운영체제가 설치된 상태에서 테스트했다. 여기에서 사용한 성능 측정 프로그램 역시 앞에서 계속 사용해오던 것과 거의 그대로 사용했다. 각 작업마다 값을 하나 선택한 다음 Map 내부에 해당하는 값이 들어 있는지 찾아보고, 일부 몇 개의 작업은 Map에 들어있는 내용을 변경하기도 한다.

요약

명시적으로 Lock 클래스를 사용해 스레드를 동기화하면 암묵적인 락보다 더 많은 기능을 활용할 수 있다. 예를 들어 락을 확보할 수 없는 상황에 유연하게 대처하는 방법이나 대기 큐에서 기다리는 방법과 규칙도 원하는 대로 정할 수 있다. 그렇다고해서 synchronized 구문 대신 기계적으로 ReentrantLock을 사용해야 할 필요는 없고, 단지 ReentrantLock에서만 제공되고 synchronized 구문은 제공하지 않는 동기화 관련 기능이 꼭 필요한 경우에만 ReentrantLock을 사용하도록 하자.

읽기-쓰기 락을 사용하면 읽기 작업만 처리하는 다수의 스레드는 동기화된 값을 얼마든지 동시에 읽어갈 수 있다. 따라서 읽기 작업이 대부분인 데이터 구조에 읽기-쓰기 락을 사용하면 확장성을 높여주는 훌륭한 도구가 된다.

14 동기화 클래스 구현

FutureTask, Semaphore, BlockingQueue 등과 같이 JDK 라이브러리에는 상태 의존적으로 움직이는, 즉 상태 기반 선행 조건을 갖고 있는 클래스가 여럿 있다. 예를 들어 비어 있는 큐에서는 항목을 끄집어 낼 수 없으며, 아직 실행이 끝나지 않은 작업의 결과는 얻어갈 수 없다. 원하는 작업을 하려면 큐에 값이 들어오는 상태나 작업이 완료됐다는 상태에 들어갈 때까지 기다려야만 한다.

상태 의존적인 클래스를 새로 구현하는 가장 간단한 방법은 이미 만들어져 있는 상태 의존적인 클래스를 활용해 필요한 기능을 구현하는 것이다. 이미 278쪽에서 ValueLatch 클래스를 구현할 때 CountDownLatch를 사용해 필요한 동기화 기능을 구현했었다. 그런데 만약 원하는 기능을 제공하는 클래스가 JDK 라이브러리에 포함돼 있지 않다면 자바 언어와 JDK 라이브러리에서 제공하는 저수준의 기능을 활용해 원하는 기능을 만들어 사용할 수도 있다. 여기서 저수준의 기능이라 함은 암묵적인 조건 큐condition queue, 명시적인 Condition 객체, AbstractQueuedSynchronizer 프레임웍 등을 말한다. 14장에서는 상태 종속성을 만들어 낼 수 있는 다양한 방법에 대해서 알아보고, 자바 플랫폼에서 제공하는 상태 종속성에 적용되는 여러 가지 규칙에 대해서도 살펴본다.

14.1 상태 종속성 관리

단일 스레드로 동작하는 프로그램에서는 메소드를 호출했을 때 상태 기반의 조건(예를 들어 "연결 풀에 남는 연결 인스턴스가 있는지?")이 만족되지 않는다면, 해당 조건은 앞으로도 절대로 만족될 가능성이 없다. 따라서 순차적으로 실행되는 프로그램은 원하는 상태를 만족시키지 못하는 부분이 있다면 반드시 오류가 발생하게 된다. 하지만 병렬 프로그램에서는 상태 기반의 조건은 다른 스레드를 통해서 언제든지 마음대로 변경될 수 있다. 바로 직전에 실행할 때는 비어 있던 풀에 다른 스레드가 사용하고 남은 객체가 반환돼 풀에 항목이 들어오기도 한다. 병렬 객체의 상태 종속적인 메소드는 선행 조건이 만족하지 않았을 때 오류가 발생하는 문제에서 비켜날 수도 있겠지만, 비켜나는 일보다는 선행 조건을 만족할 때까지 대기하는 경우가 많아진다.

상태 종속적인 기능을 구현할 때 원하는 선행 조건이 만족할 때까지 작업을 멈추고 대기하도록 하면 조건이 맞지 않았을 때 프로그램이 멈춰버리는 방법보다 훨씬 간편하고 오류도 적게 발생한다. 자바에 내장된 조건 큐 메커니즘condition queue mechanism은 실행 중인 스레드가 특정 객체가 원하는 상태에 진입할 때까지 대기할 수 있도록 도와주며, 원하는 상태에 도달해서 스레드가 계속해서 실행할 수 있게 되면 대기 상태에 들어가 있던 스레드를 깨워주는 역할도 담당한다. 조건 큐에 대한 내용은 14.2절에서 상세하게 다루지만, 원하는 상태에 다다를 때까지 폴링하고 잠깐 기다리고 다시 폴링하고 다시 잠깐 기다리는 (고통스러운) 반복문을 사용하는 대신 조건 큐를 사용하면 얼마나 많은 이득을 얻을 수 있는지를 약간 소개하고자 한다.

상태 종속적인 블로킹blocking 작업은 예제 14.1과 같은 모양을 갖고 있다. 락을 활용하는 형태가 그다지 일반적이지 않은데, 이를테면 작업하고자 확보했던 락을 그 내부에서 다시 풀어주고 또 다시 확보하는 우스꽝스런 모습이다. 어쨌거나 선행 조건에 해당하는 클래스 내부의 상태 변수는 값을 확인하는 동안에도 적절한 락으로 반드시 동기화해야 올바른 값을 확인할 수 있다. 하지만 일단 선행 조건을 만족하지 않았다면 락을 다시 풀어줘야 다른 스레드에서 상태 변수를 변경할 수 있다. 만약 락을 풀어주지 않고 계속 잡고 있다면 다른 스레드에서 상태 변수의 값을 변경할 수 없기 때문에 선행 조건을 영원히 만족시키지 못한다. 물론 다음 번에 선행 조건을 확인하기 직전에는 락을 다시 확보해야만 한다.

```
void blockingAction() throws InterruptedException {
    상태 변수에 대한 락 확보
    while (선행 조건이 만족하지 않음) {
        확보했던 락을 풀어줌
        선행 조건이 만족할만한 시간만큼 대기
        인터럽트에 걸리거나 타임아웃이 걸리면 멈춤
        락을 다시 확보
    }
    작업 실행
    락 해제
}
```

예제 14.1 상태 종속적인 작업의 동기화 구조

프로듀서-컨슈머 패턴으로 구현된 애플리케이션에서는 ArrayBlockingQueue와 같이 크기가 제한된 큐를 많이 사용한다. 크기가 제한된 큐는 put과 take 메소드를 제공하며, put과 take 메소드에는 다음과 같은 선행 조건이 있다. 버퍼 내부가 비어 있다면 값을 take 할 수 없고, 버퍼가 가득 차 있다면 값을 put 할 수 없다. 상태 종속적인 메소드에서 선행 조건과 관련한 오류가 발생하면 예외를 발생시키거나 오류 값을 리턴하기도 하고(이 두가지 경우는 호출한 쪽에서 오류로 처리해야 한다), 아니면 선행 조건이 원하는 상태에 도달할 때까지 대기하기도 한다.

여기에서는 선행 조건에 오류가 발생했을 때 오류를 처리하는 여러 가지 방법을 적용해 서로 다른 버전의 크기가 제한된 버퍼를 만들어 볼 예정이다. 여기에서 만들 클래스는 모두 예제 14.2의 BaseBoundedBuffer 클래스를 상속받는다. 예제 14.2의 BaseBoundedBuffer 클래스는 전통적인 배열 기반의 원형 버퍼로 구성돼 있으며, 버퍼 내부의 상태 변수(buf, head, tail, count 등)는 synchronized 키워드를 사용해 동기화하고 있다. BaseBoundedBuffer는 하위 클래스에서 put 메소드와 take 메소드를 구현할 때 사용할 수 있도록 doPut 메소드와 doTake 메소드를 제공하고, 내부적으로 갖고 있는 상태 변수는 외부에 공개하지 않는다.

14.1.1 예제: 선행 조건 오류를 호출자에게 그대로 전달

예제 14.3의 GrumpyBoundedBuffer는 원하는 버퍼를 구현하고자 하는 첫 단계이며 섬세하지 못하고 굉장히 거친 모습을 갖고 있다. put 메소드와 take 메소드는 확인하고 동작하는(check-then-act)구조로 구현했기 때문에 synchronized 키워드를 적용해 버퍼 내부의 상태 변수에 동기화된 상태로 접근하게 돼 있다.

이렇게 구현하면 만들기는 간단하고 편리하지만 사용할 때는 여간 짜증나는 게 아니다. 예외는 예외적인 상황에서만 사용하는게 정상이다[EJ Item 39]. "버퍼가 가득 찼다"는 건 크기가 제한된 버퍼에서는 당연히 발생할 수 있는 일이기 때문에 그다지 예외적인 상황이라고 볼 수 없다. 버퍼를 구현할 때 아주 간단하게 구현하긴 했지만 그걸 사용할 때는 그다지 간단하지 않다. 즉 GrumpyBoundedBuffer를 사용하는 외부의 클래스는 put이나 take 메소드를 호출할 때마다 발생할 가능성이 있는 예외 상황을 매번 처리해줘야 한다.[1] GrumpyBoundedBuffer 클래스의 take 메소드를 호출하는 일반적인 구조가 예제 14.4에 소개돼 있다. 프로그램 여기저기에서 put 메소드와 take 메소드를 사용한다면 그다지 깔끔하지 않을 게 분명하다.

1. 이처럼 상태 종속성을 호출자에게 넘기는 방법을 쓰면 FIFO 큐에서 값의 순서를 정확하게 유지하는 것과 같은 일이 불가능해진다. 외부의 호출자가 계속해서 재시도해야 하기 때문에 어느 값이 먼저 도착했는지를 제대로 알아낼 수 없다.

```
@ThreadSafe
public abstract class BaseBoundedBuffer<V> {
    @GuardedBy("this") private final V[] buf;
    @GuardedBy("this") private int tail;
    @GuardedBy("this") private int head;
    @GuardedBy("this") private int count;

    protected BaseBoundedBuffer(int capacity) {
        this.buf = (V[]) new Object[capacity];
    }

    protected synchronized final void doPut(V v) {
        buf[tail] = v;
        if (++tail == buf.length)
            tail = 0;
        ++count;
    }

    protected synchronized final V doTake() {
        V v = buf[head];
        buf[head] = null;
        if (++head == buf.length)
            head = 0;
        --count;
        return v;
    }

    public synchronized final boolean isFull() {
        return count == buf.length;
    }

    public synchronized final boolean isEmpty() {
        return count == 0;
    }
}
```

예제 14.2 크기가 제한된 버퍼의 기반 클래스

```
@ThreadSafe
public class GrumpyBoundedBuffer<V> extends BaseBoundedBuffer<V> {
    public GrumpyBoundedBuffer(int size) { super(size); }

    public synchronized void put(V v) throws BufferFullException {
        if (isFull())
            throw new BufferFullException();
        doPut(v);
    }

    public synchronized V take() throws BufferEmptyException {
        if (isEmpty())
            throw new BufferEmptyException();
        return doTake();
    }
}
```

예제 14.3 선행 조건이 맞지 않으면 그냥 멈춰버리는 버퍼 클래스

```
while (true) {
    try {
        V item = buffer.take();
        // 값을 사용한다
        break;
    } catch (BufferEmptyException e) {
        Thread.sleep(SLEEP_GRANULARITY);
    }
}
```

예제 14.4 GrumpyBoundedBuffer를 호출하기 위한 호출자 측의 코드

이와 유사한 또 다른 방법으로는 원하는 상태가 아닐 때 오류 값을 리턴하는 방법이 있다. 오류 값을 리턴하는 방법은 예외 상황이 아님에도 불구하고 "미안합니다 다시 시도하세요"라는 의미로 예외를 던지지는 않으니 약간 나은 방법이라고 볼 수도 있겠다. 하지만 선행 조건이 맞지 않다고 해서 호출자가 오류를 맡아서 처리해야 하는 원론적인 방법상의 문제를 해결하지는 못한다.[2]

재시도하는 논리를 구현하는 방법에 있어서 예제 14.4의 호출자 측 코드 말고 다른 방법도 있다. 호출자가 잠자는 대기 시간 없이 take 메소드를 즉시 다시 호출하는 방법인데, 흔히 스핀 대기spin waiting 또는 busy waiting 방법이라고 한다. 이 방법을 사용했는데 버퍼의 상태가 원하는 값으로 얼른 돌아오지 않는다면 상당한 양의 CPU 자원을 소모하게 된다. 반대로 CPU 자원을 덜 소모하도록 하고자 일정 시간 동안 대기하게 할 수 있는데, 이렇게 하면 버퍼의 상태가 원하는 값으로 돌아왔음에도 불구하고 계속해서 대기 상태에 빠져있는 '과다 대기' 문제가 생기기도 한다. 따라서 호출자는 CPU를 덜 사용하되 응답성에서 손해를 보거나, 응답성은 좋지만 CPU를 엄청나게 소모하는 두 가지 방법 가운데 어느 것을 사용할지 선택해야 한다(Thread 클래스의 yield 메소드를 호출하면 시스템의 스케줄러에게 '다른 스레드를 실행하려면 지금이 괜찮은 시점이다' 라는 사실을 알리는 것과 같다. 따라서 Thread.yield 메소드를 반복문 내부에서 매번 호출하는 방법도 생각해 볼 수 있겠는데, 이 방법은 스핀 대기 방법과 '과다 대기' 방법의 사이에 존재한다고 봐도 되겠다. 즉 다른 스레드가 뭔가 작업을 해주기를 기다리고 있는 상태라면 할당받은 스케줄 시간을 모두 사용하기 전에 다른 스레드를 먼저 실행시키는 방법도 나쁘지는 않다).

14.1.2 예제: 폴링과 대기를 반복하는 세련되지 못한 대기 상태

예제 14.5의 SleepyBoundedBuffer 클래스는 '폴링하고 대기하는' 재시도 반복문을 put 메소드와 take 메소드 내부에 내장시켜서 외부의 호출 클래스가 매번 직접 재시도 반복문을 만들어 사용해야 하는 불편함을 줄여주고자 하고 있다. 만약 버퍼가 비어 있다면 take 메소드는 다른 스레드가 버퍼에 값을 집어 넣을 때까지 대기하고, 버퍼가 가득 차 있다면 put 메소드는 다른 스레드가 값을 꺼내 버퍼에 빈 공간이 생길 때까지 대기한다. 이 방법은 선행 조건 관리하는 부분을 버퍼 내부에 내장했기 때문에 외부에서 버퍼를 훨씬 간편하게 사용할 수 있다. 외부에서 간단하게 사용할 수 있다는건 버퍼를 구현하는 입장에서 굉장히 중요하고 그래야만 하는 요건이다.

SleepyBoundedBuffer 클래스의 구현 내용을 보면 이전에 구현했던 방법보다 약간 더 복잡한 모양을 갖추고 있다.[3] 버퍼 내부를 보면 상태 조건을 나타내는 변수가 버퍼 락으로 동기화돼 있기 때문에 버퍼의 락을 확보한 상태에서 상태 조건이 적절한지

---

2. JDK 라이브러리의 Queue 클래스는 두 가지 방법을 모두 사용할 수 있도록 하고 있다. 큐가 비어 있는 경우에 poll 메소드는 null을 리턴하고 remove 메소드는 예외를 던진다. 하지만 프로듀서-컨슈머 패턴에서는 Queue를 사용하는 것이 그다지 적절하지는 않다. 프로듀서-컨슈머 패턴에는 BlockingQueue와 같이 작업을 계속 진행하기에 적절한 상태가 아니라면 계속해서 대기하는 클래스가 더 적당한 선택이다.

3. 이와 같이 크기가 제한된 버퍼를 다양한 방법으로 구현하는 일은 여러분께 맡긴다. 예를 들어 SneezyBoundedBuffer와 같은 클래스를 생각해 봄직하다.

먼저 확인한다. 만약 상태 조건이 적절하지 않다면 실행 중이던 스레드가 잠시 대기 상태에 들어가고, 대기 상태에 들어가기 직전에 락을 풀어서 다른 스레드가 버퍼의 상태 변수를 사용할 수 있도록 한다.[4] 대기 상태에 있던 스레드가 깨어나면 락을 다시 확보한 다음 상태 조건을 다시 확인한다. 이렇게 잠시 대기하고 상태 조건을 확인하는 반복문을 계속해서 실행하다 조건이 적절해지면 반복문을 빠져나와 작업을 처리한다.

기능을 호출하는 호출자의 입장에서 보면 일단 그럴듯하게 동작한다. 만약 상태 조건이 이미 적절하게 갖춰져 있었다면 작업 역시 즉시 실행할 수 있고, 그렇지 않다면 대기 상태에 들어간다. 물론 호출자는 반복문 내부의 구조를 알아야 할 필요도 없고 오류가 발생하는지 보다가 재시도해야 할 필요도 없다. 잠자기 대기 상태에 들어가는 시간을 길게 잡거나 짧게 잡으면 응답 속도와 CPU 사용량 간의 트레이드 오프trade off가 발생한다. 대기 시간을 짧게 잡으면 응답성은 좋아지지만 CPU 사용량은 크게 높아지고, 대기 시간을 길게 잡으면 CPU 사용량은 줄어들지만 응답 속도가 떨어진다. 그림 14.1을 보면 대기 시간에 따라 응답 속도가 어떻게 변하는지를 그래프로 보여주고 있다. 버퍼에 공간이 생긴 이후에 스레드가 대기 상태에서 빠져나와 상태 조건을 확인하기까지 약간의 시간 차이가 발생하기도 한다는 점을 주의하자.

```
@ThreadSafe
public class SleepyBoundedBuffer<V> extends BaseBoundedBuffer<V> {
    public SleepyBoundedBuffer(int size) { super(size); }

    public void put(V v) throws InterruptedException {
        while (true) {
            synchronized (this) {
                if (!isFull()) {
                    doPut(v);
                    return;
                }
            }
            Thread.sleep(SLEEP_GRANULARITY);
        }
    }
```

4. 일반적으로 락을 확보한 상태에서 sleep 메소드를 호출하거나 기타 여러 가지 방법으로 대기 상태에 들어가는 일은 그다지 추천하지 않으며, 특히나 지금 보고 있는 버퍼의 경우에는 락을 확보하고 있는 한 다른 스레드가 상태 변수의 값을 변경할 수 없기 때문에 원하는 상태 조건(예를 들어 버퍼에 값이 들어오거나, 버퍼에 빈 공간이 생기는 일)에 도달할 수 없다.

```
    public V take() throws InterruptedException {
        while (true) {
            synchronized (this) {
                if (!isEmpty())
                    return doTake();
            }
            Thread.sleep(SLEEP_GRANULARITY);
        }
    }
}
```

예제 14.5 세련되지 못한 대기 방법을 사용하는 SleepyBoundedBuffer

SleepyBoundedBuffer를 사용하는 호출자는 챙겨야 할 일이 하나 더 있다. 바로 InterruptedException이 발생하는 경우를 처리하는 일이다. 메소드 내부에서 원하는 조건을 만족할 때까지 대기해야 한다면 작업을 취소할 수 있는 기능을 제공하는 편이 좋다(7장 참조). 대부분의 깔끔하게 만들어진 JDK 라이브러리 메소드처럼 SleepyBoundedBuffer 역시 인터럽트를 걸면 즉시 리턴되면서 InterruptedException을 던지는 작업 취소 방법을 적용하고 있다.

이와 같이 폴링하고 대기하는 반복 작업을 통해 블로킹 연산을 구현하는 일은 상당히 고생스러운 일이다. 조건이 맞지 않으면 스레드를 멈추지만, 만약 원하는 조건에 도달(버퍼에 빈 공간이 생겨서 put 할 수 있게 되는 상태)하면 그 즉시 스레드를 다시 실행시킬 수 있는 방법이 있다면 좋지 않을까? 이런 일을 담당하는 구조가 바로 조건 큐condition queue이다.

14.1.3 조건 큐 - 문제 해결사

조건 큐는 주방에 놓여 있는 토스트 기계에서 "토스트가 다 됐습니다"라고 울리는 벨과 같다. 토스트가 구워지는 동안 벨 소리에 귀를 기울이고 있다가 토스트가 다 구워지면 즉시 알 수 있다. 그러면 현재 하던 신문 보는 일을 멈추고(또는 신문을 먼저 모두 읽어도 상관 없다.) 토스트를 꺼내 맛있게 먹을 수 있다. 그런데 토스트 기계의 벨 소리에 신경을 쓰지 않고 있다면(예를 들어 신문을 가지러 잠시 밖에 나갔다고 해보자) 벨 소리를 놓칠 수도 있다. 하지만 주방에 돌아와서 토스터의 상태를 확인할 수 있고, 상태를 본 결과 토스트가 다 구워졌으면 꺼내고, 아니면 다시 벨 소리에 귀를 기울이고 대기 상태에 들어갈 수 있다.

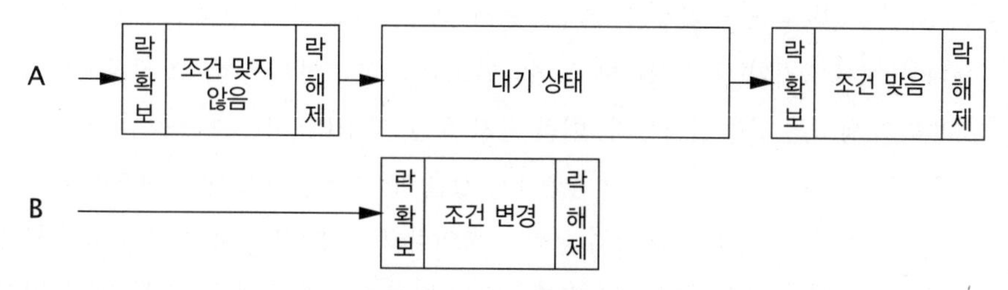

그림 14.1 스레드가 대기 상태에 들어간 직후에 조건이 맞아 떨어져 과다 대기 상태에 들어가는 모습

조건 큐는 여러 스레드를 한 덩어리(대기 집합 wait set이라고 부른다)로 묶어 특정 조건이 만족할 때까지 한꺼번에 대기할 수 있는 방법을 제공하기 때문에 '조건 큐'라는 이름으로 불린다. 데이터 값으로 일반적인 객체를 담아두는 보통의 큐와 달리 조건 큐에는 특정 조건이 만족할 때까지 대기해야 하는 스레드가 값으로 들어간다.

자바 언어에서 사용하는 모든 객체를 락으로 활용할 수 있는 것처럼 모든 객체는 스스로를 조건 큐로 사용할 수 있으며, 모든 객체가 갖고 있는 `wait`, `notify`, `notifyAll` 메소드는 조건 큐의 암묵적인 API라고 봐도 좋다. 자바 객체의 암묵적인 락과 암묵적인 조건 큐는 서로 관련돼 있는 부분이 있는데, 이를테면 X라는 객체의 조건 큐 API를 호출하고자 하면 반드시 객체 X의 암묵적인 락을 확보하고 있어야만 한다. 상태 기반의 조건이 만족하기를 기다리도록 구현된 부분이 객체 내부의 상태를 일관적으로 유지하도록 구현된 코드와 필연적으로 굉장히 밀접하게 관련돼 있기 때문이다. 객체 내부의 상태를 확인하기 전에는 조건이 만족할 때까지 대기할 수가 없고, 객체 내부의 상태를 변경하지 못하는 한 해당 객체의 조건 큐에서 대기하고 있는 객체를 풀어줄 수 없으니 당연하다.

`Object.wait` 메소드는 현재 확보하고 있는 락을 자동으로 해제하면서 운영체제에게 현재 스레드를 멈춰달라고 요청하고, 따라서 다른 스레드가 락을 확보해 객체 내부의 상태를 변경할 수 있도록 해준다. 대기 상태에서 깨어나는 순간에는 해제했던 락을 다시 확보한다. 풀어서 말하자면 `Object.wait` 메소드는 "나는 대기 상태에 들어갈 예정인데, 만약 뭔가 재미있는 일이 생기면 깨워주기 바랍니다"라는 뜻이다. 이와 유사하게 `notify` 또는 `notifyAll` 메소드는 "뭔가 재미있는 일이 발생했습니다"라고 알려주는 셈이다.

예제 14.6의 `BoundedBuffer` 클래스는 `wait`와 `notifyAll` 메소드를 사용해 크기가 제한된 버퍼를 구현하고 있다. 이전에 `sleep` 메소드로 대기 상태에 들어가던 메소드보다 구현하기도 훨씬 간편하고, 훨씬 효율적(버퍼의 내부 상태가 변하지 않으면 거의 깨어나지 않는다)이면서 응답성도 훨씬 좋다(버퍼 내부 상태에 봐야할 만한 변화가 발생하면 그 즉시 깨어난다). 이런 구조는 굉장히 많이 발전한 모습이라고 할 수 있지만, 조건 큐를 사용했다고 해서 잠자기 대기 상태에 들어가던 버전과 비교해봤을 때 그 작동하는 모습에는 변화가 없다는 점을 알아두자. 여러 가지 측면, 즉 CPU 사용의 효율성, 컨텍스트 스위치 관련 부하, 응답 속도 등의 측면에서 봤을 때 그저 잠자기 대기 상태에 들어가던 버전에 비해 몇 가지 최적화 작업을 한 것뿐이라고 봐야 한다. 다시 말해 조건 큐를 사용한다고 해서 폴링과 대기 상태를 반복하던 버전에서 할 수 없던 일을 할 수 있게 되는 경우는 없다.[5] 하지만 조건 큐를 사용하면 상태 종속성을 관리하거나 표현하는 데 있어서 훨씬 효율적이면서 간편한 방법이긴 하다.

```
@ThreadSafe
public class BoundedBuffer<V> extends BaseBoundedBuffer<V> {
    // 조건 서술어: not-full (!isFull())
    // 조건 서술어: not-empty (!isEmpty())

    public BoundedBuffer(int size) { super(size); }

    // 만족할 때까지 대기: not-full
    public synchronized void put(V v) throws InterruptedException {
        while (isFull())
            wait();
        doPut(v);
        notifyAll();
    }

    // 만족할 때까지 대기: not-empty
    public synchronized V take() throws InterruptedException {
        while (isEmpty())
            wait();
        V v = doTake();
        notifyAll();
        return v;
    }
}
```

예제 14.6 조건 큐를 사용해 구현한 BoundedBuffer

5. 알고보면 이 말이 딱 맞는 것도 아니다. 공정한 조건 큐는 대기 집합에서 어느 스레드가 먼저 풀려 나오는지의 순서가 공정하게 보장된다. 반면 암묵적인 락과 같이 암묵적인 조건 큐 역시 공정한 큐를 제공하지는 않는다. 만약 공정한 조건 큐를 사용해야만 하는 경우라면 Condition 클래스를 사용해 공정함 또는 불공정함을 선택할 수 있다.

BoundedBuffer는 이제 쓸만하게 구현됐다. 사용하기도 편리하고 상태 종속성도 깔끔하게 관리한다.[6] 상용으로 활용할 버전에는 put 메소드와 take 메소드에 타임아웃을 걸 수 있는 기능도 추가해서 일정 시간 동안 작업을 처리하지 못할 경우 대기 중이던 작업을 자동으로 멈출 수 있도록 준비하는 것도 좋다. 오버로드된 Object.wait 메소드 가운데 타임아웃을 지정할 수 있는 메소드도 있는데, 이 메소드를 사용하면 put과 take 메소드에 타임아웃을 쉽게 추가할 수 있다.

14.2 조건 큐 활용

조건 큐를 사용하면 효율적이면서 응답속도도 빠른 상태 종속적인 클래스를 구현할 수 있지만, 올바르지 않은 방법으로 사용할 가능성도 높다. 컴파일러나 자바 플랫폼에서 정의하고 있지는 않지만, 조건 큐를 제대로 활용하려면 꼭 지켜야만 하는 몇 가지 규칙이 있다(가능한 한 LinkedBlockingQueue, CountDownLatch, Semaphore, FutureTask 등의 클래스를 기반으로 원하는 기능을 구현하라고 하는데 바로 이런 원인이 있다. 만약 이런 클래스만으로 원하는 기능을 구현할 수 있다면, 프로그래밍 작업이 굉장히 간편해진다).

14.2.1 조건 서술어

조건 큐를 올바로 사용하기 위한 가장 핵심적인 요소는 바로 해당 객체가 대기하게 될 조건 서술어predicate를 명확하게 구분해내는 일이다. wait와 notify를 사용함에 있어서 가장 많은 혼란을 줄 수 있는 요소가 바로 조건 서술어인데, JDK 라이브러리 API에도 전혀 언급되지 않고, 조건 서술어를 올바르게 사용하는 데 꼭 필요한 내용이 자바 언어 명세나 JVM 구현 메뉴얼 어디에도 소개돼 있지 않기 때문이다. 실제로 자바 언어 명세나 API 문서에 조건 서술어라는 단어가 전혀 명시된 바가 없다. 하지만 조건 서술어가 없으면 조건부 대기 기능이 동작할 수 없다.

조건 서술어는 애초에 특정 기능이 상태 종속적이 되도록 만드는 선행 조건을 의미한다. 크기가 제한된 버퍼를 예로 들면 take 메소드는 버퍼에 값이 들어있는 경우에만 작업을 진행할 수 있고, 버퍼가 비어 있다면 대기해야 한다. 그러면 take 메소드의 입장에서는 작업을 진행하기 전에 확인해야만 하는 "버퍼에 값이 있어야 한다"는 것이 조건 서술어이다. 이와 유사하게 put 메소드의 입장에서 조건 서술어는 바로 "버퍼에

---

6. 14.3절의 ConditionBoundedBuffer는 이런 면에서 좀더 개선된 버전이다. ConditionBoundedBuffer는 notifyAll 대신 notify를 사용하기 때문에 더 효율적이라고 볼 수 있다.

빈 공간이 있다"는 것이다. 조건 서술어는 클래스 내부의 상태 변수에서 유추할 수 있는 표현식이다. BaseBoundedBuffer 클래스는 "버퍼에 값이 있어야 한다"는 조건 서술어에 대해 count 변수가 0보다 큰지 비교하고, "버퍼에 빈 공간이 있어야 한다"는 조건 서술어에 대해서는 count 변수의 값이 버퍼의 크기보다 작은지를 확인한다.

조건 큐와 연결된 조건 서술어를 항상 문서로 남겨야 하며, 그 조건 서술어에 영향을 받는 메소드가 어느 것인지도 명시해야 한다.

조건부 대기와 관련된 락과 wait 메소드와 조건 서술어는 중요한 삼각 관계를 유지하고 있다. 조건 서술어는 상태 변수를 기반으로 하고 있고, 상태 변수는 락으로 동기화돼 있으니 조건 서술어를 만족하는지 확인하려면 반드시 락을 확보해야만 한다. 또한 락 객체와 조건 큐 객체(wait와 notify 메소드를 호출하는 대상 객체)는 반드시 동일한 객체여야만 한다.

BoundedBuffer 클래스는 버퍼 락으로 버퍼의 상태를 동기화하고 있으며 버퍼 객체 자체를 조건 큐로 사용하고 있다. take 메소드를 보면 먼저 버퍼 락을 확보한 다음 조건 서술어(버퍼에 값이 있어야 한다)를 확인한다. 만약 버퍼에 값이 하나라도 있었다면 take 메소드는 첫 번째 값을 뽑아내는데, 값을 뽑아내는 작업 역시 이미 락을 확보하고 있기 때문에 버퍼의 상태를 올바르게 유지하면서 문제없이 처리할 수 있다.

반대로 조건 서술어를 확인해봤을 때 만족하지 않았다면(버퍼에 값이 없었다) take 메소드는 다른 스레드에서 put 메소드를 통해 버퍼에 값을 추가할 때까지 대기해야 한다. take 메소드는 이렇게 대기하는 방법으로 해당 버퍼 객체의 wait 메소드를 호출해 암묵적인 조건 큐를 활용하며, 이 작업을 하는 과정에도 역시 조건 큐 객체에 대한 락을 확보한 상태여야 한다. 주의 깊게 설계하면 당연히 그렇겠지만 take 메소드는 이미 조건 서술어를 확인하는 시점에 필요한 락을 확보한 상태이다(물론 조건 서술어를 만족해 원하는 작업을 수행할 때에도 이미 락을 확보하고 있었기 때문에 단일 연산으로 해당 작업을 처리할 수 있다). wait 메소드는 먼저 락을 해제하고 현재 스레드를 대기 상태에 두고, 일정 시간 이후에 타임아웃이 발생하거나 스레드에 인터럽트가 걸리거나 notify 또는 notifyAll을 통해 알림을 받을 때까지 대기한다. 대기 상태에 있던 스레드가 깨어나면 wait 메소드는 리턴되기 전에 락을 다시 확보한다. wait 메소드에서 깨어나는 스레드라고 해도 락을 다시 확보함에 있어서 별다른 우선 순위를 갖지는 않으며, 일반적인 다른 스레드와 같이 락을 확보하는 경쟁에 참여해 공정하거나 불공정한 방법을 거쳐 락을 확보한다.

> wait 메소드를 호출하는 모든 경우에는 항상 조건 서술어가 연결돼 있다. 특정 조건 서술어를 놓고 wait 메소드를 호출할 때, 호출자는 항상 해당하는 조건 큐에 대한 락을 이미 확보한 상태여야 한다. 또한 확보한 락은 조건 서술어를 확인하는 데 필요한 모든 상태 변수를 동기화하고 있어야 한다.

14.2.2 너무 일찍 깨어나기

앞에서 락과 조건 서술어와 조건 큐 간의 삼각 관계가 있음을 어렵지 않게 이해할 수 있었다. wait 메소드를 호출하고 리턴됐다고 해서 반드시 해당 스레드가 대기하고 있던 조건 서술어를 만족한다는 것은 아니다.

하나의 암묵적인 조건 큐를 두 개 이상의 조건 서술어를 대상으로 사용할 수도 있다. 어디에선가 notifyAll을 호출해서 대기 상태에 있던 스레드가 깨어났다면, wait 메소드가 리턴됐다고 해서 wait하기 직전에 확인했던 조건 서술어를 만족하게 됐다는 것으로 이해해서는 안 된다(이것은 마치 토스터와 커피 메이커가 하나의 벨을 공유해 사용하는 것과 비슷하다. 벨이 울렸다고 해서 어느 작업이 끝난 건지 알 수는 없으며, 어느 작업이 끝났는지를 확인하려면 직접 확인하는 과정을 거쳐야 한다).[7] 게다가 wait 메소드는 누군가가 notify 해주지 않아도 리턴되는 경우까지 있다.[8]

wait 메소드를 호출했던 스레드가 대기 상태에서 깨어나 다시 실행된다고 보면, 조건 큐와 연결돼 있는 락을 다시 확보한 상태이다. 그렇다면 조건 서술어는 이제 만족됐는가? 그럴 수도 있다. 다른 스레드가 notifyAll을 호출하는 시점에는 조건 서술어가 만족하는 상태였다고 할 수도 있지만, 락을 확보하고 보니 다시 조건 서술어를 만족하지 않는 상태가 됐을 가능성도 있다. 다시 말해서 스레드가 깨어난 이후 락을 다시 확보하기 직전까지 다른 스레드가 락을 미리 확보하고는 조건 서술어와 관련된 상태 변수의 값을 변경시킬 가능성도 있기 때문이다. 아니면 아예 wait 메소드를 처음 호출한 이후 한 번도 조건 서술어를 만족했던 적이 없었을 수도 있다. 다른 스레드가 notify 또는 notifyAll 메소드를 왜 호출했는지는 알 방법이 없다. 아마도 동일한 조건 큐를 대상으로 하는 다른 조건 서술어가 만족돼 호출한 것일 수 있다. 이처럼 하나의 조건 큐에 여러 개의 조건 서술어를 연결해 사용하는 일은 굉장히 흔한 방법이다.

---

7. 팀(저자 가운데 한명)의 주방에서는 이런 일이 빈번하게 일어난다고 하는데, 벨소리가 들리면 토스터에서 난 소리인지 아니면 전자레인지인지 커피 메이커인지 아니면 벨소리를 낼 수 있는 여러 가지 다른 기계는 아닌지 직접 확인하는 수밖에 없다.

8. 토스터 예제를 계속 들어본다면, 토스터 내부에 약간 느슨하게 풀어진 부분이 있어서 간혹 빵이 제대로 구워지지 않았음에도 불구하고 벨을 울려버리는 경우가 발생한다고 볼 수 있지 않을까.

BoundedBuffer 역시 하나의 조건 큐를 놓고 "버퍼에 값이 있어야 한다"와 "버퍼에 빈 공간이 있다"는 두 개의 조건 서술어를 한꺼번에 연결해 사용하고 있다.[9]

이런 모든 원인 때문에 wait 메소드가 깨어나 리턴되고 나면 조건 서술어를 한 번 더 확인해야만 하며, 만약 이번에도 조건 서술어를 만족하지 않으면 물론 다시 wait 메소드를 호출해 대기 상태에 들어가야 한다. 또한 조건 서술어를 만족하지 않은 상태에서 wait 메소드가 여러 차례 리턴될 가능성도 있기 때문에 wait 메소드를 반복문 안에 넣어 사용해야 하며, 매번 반복할 때마다 계속해서 조건 서술어를 확인해야 한다. 조건부 wait 메소드를 사용하는 표준적인 방법이 예제 14.7에 소개돼 있다.

```
void stateDependentMethod() throws InterruptedException {
    // 조건 서술어는 반드시 락으로 동기화된 이후에 확인해야 한다.
    synchronized(lock) {
        while (!conditionPredicate())
            lock.wait();
        // 객체가 원하는 상태에 맞춰졌다.
    }
}
```

예제 14.7 상태 종속적인 메소드의 표준적인 형태

조건부 wait 메소드(Object.wait 또는 Condition.wait)를 사용할 때에는,

- 항상 조건 서술어(작업을 계속 진행하기 전에 반드시 확인해야 하는 확인 절차)를 명시해야 한다.
- wait 메소드를 호출하기 전에 조건 서술어를 확인하고, wait에서 리턴된 이후에도 조건 서술어를 확인해야 한다.
- wait 메소드는 항상 반복문 내부에서 호출해야 한다.
- 조건 서술어를 확인하는 데 관련된 모든 상태 변수는 해당 조건 큐의 락에 의해 동기화돼 있어야 한다.
- wait, notify, notifyAll 메소드를 호출할 때는 조건 큐에 해당하는 락을 확보하고 있어야 한다.
- 조건 서술어를 확인한 이후 실제로 작업을 실행해 작업이 끝날 때까지 락을 해제해서는 안 된다.

9. 더군다나 "버퍼에 빈 공간이 있다"는 조건과 "버퍼에 값이 있어야 한다"는 양쪽 조건 모두에 스레드가 대기할 수도 있다. 이런 현상은 프로듀서-컨슈머 패턴에서 프로듀서와 컨슈머의 개수가 버퍼의 용량을 초과할 때 발생하는 경우가 있다.

14.2.3 놓친 신호

앞서 10장에서는 데드락deadlock이나 라이브락livelock과 같은 활동성 문제에 대해서 살펴봤었다. 이번에 또다른 활동성 문제를 소개할 차례인데, 바로 놓친 신호missed signal 문제이다. 특정 스레드가 이미 참true을 만족하는 조건을 놓고 조건 서술어를 제대로 확인하지 못해 대기 상태에 들어가는 상황을 놓친 신호라고 한다. 즉 놓친 신호 문제가 발생한 스레드는 이미 지나간 일에 대한 알림을 받으려 대기하게 된다. 말하자면 토스트 기계에 빵을 올려놓고는 신문을 가지러 밖으로 나가고, 밖에서 돌아오기 전에 토스트가 끝나 벨이 울렸는데 돌아온 이후에도 계속해서 벨소리가 들릴 때까지 기다리는 것과 같다. 아마도 상당히 긴 시간을 기다리게 될 수도 있고, 심지어는 영원히 대기 상태에서 나오지 않을 수도 있다.[10] 이런 놓친 신호 현상이 발생하는 원인은 스레드에 대한 알림이 일시적이라는 데에 있다. 스레드 A가 조건 큐에 신호를 보내주고, 신호가 지나간 이후에 스레드 B가 동일한 조건 큐에서 대기한다면 스레드 B는 대기 상태에서 깨어나지 못한다. 스레드 B가 대기 상태에서 빠져나오려면 신호가 한 번 더 지나가야 한다. 놓친 신호는 프로그램을 작성할 때 앞에서 소개한 여러 가지 주의 사항을 지키지 않아서 발생한다. 예를 들어 `wait` 메소드를 호출하기 전에 조건 서술어를 확인하지 못하는 경우가 생길 수 있다면 놓친 신호 문제가 발생할 가능성도 있다. `wait` 메소드를 호출하기 전에 조건을 확인하는 부분은 예제 14.7과 같은 형태로 작성하면 놓친 신호 문제에 대해서 걱정하지 않아도 된다.

14.2.4 알림

지금까지는 조건부 대기 관련 기능에서 '대기'라는 한쪽에 해당하는 부분을 살펴봤다. '대기'가 아닌 다른 한쪽은 바로 '알림notification'이다. 크기가 제한된 버퍼 클래스에 값이 전혀 들어 있지 않은 상태에서 `take` 메소드를 호출하면 대기 상태에 들어간다. `take` 메소드가 대기 상태에 들어간 이후 버퍼 클래스에 값이 들어왔을 때 대기 상태에서 다시 빠져나오게 하려면 버퍼 클래스에 값이 추가되는 모든 실행 경로의 코드에서 뭔가 알림 조치를 취해야 한다. `BoundedBuffer` 클래스에는 값이 추가되는 코드가 딱 한군데 있는데, 바로 `put` 메소드이다. `put` 메소드의 코드를 보면 값을 성공적으로 추가한 이후에 `notifyAll` 메소드를 호출하게 돼 있다. 이와 비슷하게 `take` 메소드

10. 이와 같은 대기 상태에서 빠져나오려면 다른 누군가가 토스트 기계를 다시 동작시켜야 할 텐데, 아마도 그렇게 되면 토스트 기계 속에 있는 빵의 주인이 누구인지를 놓고 다투게 될지도 모른다.

역시 버퍼에서 값을 뽑아낸 직후에 `notifyAll` 메소드를 호출하도록 돼 있는데, 이는 `take`에서 값을 제거해 공간이 남기 때문에 공간이 모자라 값을 추가하지 못하고 대기 상태에 들어가 있던 스레드에게 추가 작업을 다시 시도해 보라는 의미이다.

> **특정 조건을 놓고 wait 메소드를 호출해 대기 상태에 들어간다면, 해당 조건을 만족하게 된 이후에 반드시 알림 메소드를 사용해 대기 상태에서 빠져나오도록 해야 한다.**

조건 큐 API에서 알림 기능을 제공하는 메소드에는 두 가지가 있는데 하나는 `notify`이고 다른 하나는 `notifyAll`이다. `notify` 또는 `notifyAll` 어느 메소드를 호출하더라도 해당하는 조건 큐 객체에 대한 락을 확보한 상태에서만 호출할 수 있다. `notify` 메소드를 호출하면 JVM은 해당하는 조건 큐에서 대기 상태에 들어가 있는 다른 스레드 하나를 골라 대기 상태를 풀어준다. `notifyAll`을 호출하면 해당하는 조건 큐에서 대기 상태에 들어가 있는 모든 스레드를 풀어준다. `notify`나 `notifyAll`을 호출할 때는 반드시 해당하는 조건 큐 객체에 대한 락을 확보해야 하고 `wait` 메소드를 호출했던 스레드 역시 조건 큐에 대한 락을 확보하지 못하면 대기 상태에서 깨어날 수 없기 때문에 `notify` 또는 `notifyAll`을 호출한 이후에는 최대한 빨리 락을 풀어줘야 대기 상태에서 깨어난 스레드가 얼른 동작할 수 있다.

여러 개의 스레드가 하나의 조건 큐를 놓고 대기 상태에 들어갈 수 있는데, 대기 상태에 들어간 조건이 서로 다를 수 있기 때문에 `notifyAll` 대신 `notify` 메소드를 사용해 대기 상태를 풀어주는 방법은 위험성이 높다. 단 한번만 알림 메시지를 전달하게 되면 앞서 소개했던 '놓친 신호'와 유사한 문제가 생길 가능성이 높다.

`BoundedBuffer` 클래스를 보면 특별한 경우가 아닌 이상 `notify` 메소드 대신 `notifyAll` 메소드를 사용하는 편이 안전한 이유를 쉽게 알 수 있다. 즉 `BoundedBuffer`에서 대기 상태에 들어가는 조건으로 "버퍼에 공간이 없다"와 "버퍼가 비어 있다"는 두 가지를 사용하고 있다. A라는 스레드가 P_A라는 조건을 놓고 조건 큐에서 대기 중이고, 스레드 B는 P_B 조건을 놓고 동일한 조건 큐에서 대기 중이라고 가정해보자. 그런데 조건 P_B가 먼저 만족하게 되고 스레드 C가 `notify` 메소드를 호출한다. 그러면 JVM은 조건 큐에서 대기 중인 스레드 하나를 골라서 깨우는데, 만약 스레드 A를 깨운다면 스레드 A는 조건 P_A를 확인해보고 조건을 만족하지 않는다는 사실을 확인하고는 다시 대기 상태에 들어간다. 그러는 동안 실제로 작업을 진행할 수 있는 상태가 된 스레드 B는 깨지도 못한 상태에서 계속 대기해야 한다. 이런 상황이 앞서 설명했던 '놓친 신호'와 일치하는 상황은 아니지만(오히려 '빼앗긴 신호'라고 해야 맞겠

다) 그 결과 발생하는 문제, 즉 이미 발생해서 날아가버린 신호를 기다리느라 대기 상태에서 깨어나지 못한다는 문제는 동일하다.

> notifyAll 대신 notify 메소드를 사용하려면 다음과 같은 조건에 해당하는 경우에만 사용하는 것이 좋다.
>
> **단일 조건에 따른 대기 상태에서 깨우는 경우**: 해당하는 조건 큐에 단 하나의 조건만 사용하고 있는 경우이고, 따라서 각 스레드는 wait 메소드에서 리턴될 때 동일한 방법으로 실행된다.
>
> **한 번에 하나씩 처리하는 경우**: 조건 변수에 대한 알림 메소드를 호출하면 하나의 스레드만 실행시킬 수 있는 경우

BoundedBuffer 클래스는 한 번에 하나씩 처리하는(one-in, one-out) 조건은 만족하지만 "공간이 없다" 또는 "비어 있다"는 두 가지 조건을 사용하기 때문에 단일 조건에 따라 대기 상태에 들어가는 경우라는 조건에는 해당되지 않는다. 154쪽의 TestHarness 클래스에서 사용했던 '시작 게이트' 래치는 하나의 이벤트로 여러 스레드를 모두 풀어줄 수 있는데, 시작 게이트를 열었을 때 여러 개의 스레드가 동작할 수 있기 때문에 one-in, one-out 조건을 만족하지 못한다.

대부분의 클래스는 위의 두 가지 조건을 모두 만족하지는 못한다. 따라서 일반적인 경우에는 notify 대신 notifyAll을 사용하는 편이 더 낫다. 물론 notifyAll 메소드가 notify보다 덜 효율적일 수는 있으나 클래스를 제대로 동작시키려면 notify를 사용하기보다 notifyAll을 사용하는 쪽이 더 쉽다.

이런 일반적인 방법을 쓰려고 보니 아무래도 마음에 걸리는 사람도 있을 것이며 마음에 걸리는 충분한 이유를 갖고 있기도 하다. 대기 상태에 들어간 스레드 가운데 단 하나의 스레드만이 동작할 수 있는 상황이라면 notifyAll을 사용하는 게 비효율적이라고 볼 수 있다. 어떨 때는 그나마 효율성이 덜 떨어질 수도 있지만, 효율성이 상당히 떨어지기도 한다. 조건 큐에서 열 개의 스레드가 대기하고 있는 상태인데 notifyAll을 호출하면 열 개의 스레드가 모두 깨어나서 다시 락을 잡으려고 경쟁하게 된다. 그리고 락을 확보한 하나의 스레드를 제외하고는 모두 다시 대기 상태에 들어간다. 그러면 단지 하나의 스레드만 대기 상태에서 깨우려는 목적을 달성하기 위해 대기 중인 스레드를 모두 깨우면서 컨텍스트 스위칭이 빈번하게 일어나고, 상당량의 락 확보 경쟁이 벌어진다(최악의 경우에는 n이 충분히 큰 값일 때 notifyAll을 호출하면 최고 $O(n^2)$ 만큼 대기 상태에서 깨어나는 경우도 생길 수 있다). 이런 상황은 성능을 높이거나 안전성을 높이는 두 가지 목표가 서로 상충되는 상황이라고 볼 수 있다.

BoundedBuffer 클래스의 put과 take 메소드에서 실행되는 알림 기능은 보수적인 편이다. 즉 버퍼에 객체가 들어가거나 객체를 뽑아낼 때마다 무조건 알림 메소드를 호출한다. 여기에서 버퍼가 비어 있다가 값이 들어오거나 가득 찬 상태에서 값을 뽑아내는 경우에만 대기 상태에서 빠져나올 수 있다는 점을 활용해 take나 put 메소드가 대기 상태에서 빠져나올 수 있는 상태를 만들어주는 경우에만 알림 메소드를 호출하도록 하면 이런 보수적인 측면을 최적화할 수 있다. 이런 최적화 방법을 조건부 알림conditional notification이라고 부른다. 조건부 알림 방법을 사용하면 성능은 향상시킬 수 있겠지만 제대로 동작하도록 만드는 과정은 꽤나 복잡하고 섬세한 면이 있다(더군다나 해당 클래스를 상속받은 하위 클래스를 구현해야 하는 시점에는 훨씬 더 복잡해지기도 한다). 따라서 조건부 알림 방법은 굉장히 조심스럽게 사용해야 한다. 예제 14.8을 보면 BoundedBuffer 클래스의 put 메소드에 조건부 알림 방법을 적용한 모습을 볼 수 있다.

단일 알림 방법이나 조건부 알림 방법은 일반적인 방법이라기보다는 최적화된 방법이다. 단일 알림 방법이나 조건부 알림 방법을 사용하기 전에 항상 그랬던 것처럼 "일단 제대로 동작하게 만들어라. 그리고 필요한 만큼 속도가 나지 않는 경우에만 최적화를 진행하라"는 원칙을 먼저 지킬 필요가 있다. 최적화 방법을 적절치 못하게 적용하고 나면 이상하게 발생하는 프로그램 오류를 만나게 될지도 모른다.

```
public synchronized void put(V v) throws InterruptedException {
    while (isFull())
        wait();
    boolean wasEmpty = isEmpty();
    doPut(v);
    if (wasEmpty)
        notifyAll();
}
```

예제 14.8 BoundedBuffer.put 메소드에 조건부 알림 방법을 적용한 모습

14.2.5 예제: 게이트 클래스

154쪽에서 살펴봤던 시작 게이트 래치는 최초에 1이라는 값을 갖고 있으며 바이너리 래치로 동작하도록 설계돼 있다. 여기서 바이너리 래치라 함은 초기와 종료의 두 가지 상태를 갖는다는 의미이다. 시작 게이트 래치는 문이 열리기 전까지는 모든 스레드가 통과하지 못하도록 막고 있다가 특정 조건이 만족하는 시점에 한꺼번에 통과하도록

문을 열어준다. 대부분의 경우에는 이와 같이 동작하는 래치만 갖고 충분히 사용할 수가 있지만 이와 같은 형태의 래치는 한 번 열리고 나면 다시는 닫을 수 없다는 특징이 있다.

예제 14.9에서 보다시피 조건부 대기 기능을 활용하면 여러 번 닫을 수 있는 ThreadGate와 같은 클래스를 어렵지 않게 구현할 수 있다. ThreadGate 클래스는 문을 열었다 닫았다 할 수 있는 구조로 돼 있으며, 문이 열릴 때까지 대기하도록 하는 await 메소드를 제공한다. open 메소드에서 스레드를 대기 상태에서 풀어줄 때 알림 방법으로 notifyAll 메소드를 사용하는데 앞서 설명했던 한 번에 하나씩 처리하는 조건에 해당되지 않기 때문에 notify 메소드를 사용할 수는 없다.

await 메소드에서 사용하는 조건은 단순하게 isOpen 메소드를 사용해 문이 열렸는지를 확인하는 것보다 좀더 복잡하게 돼 있다. 문이 열리는 시점에 N개의 스레드가 문이 열리기를 기다리고 있었다면 대기 중이던 스레드 N개가 모두 대기 상태에서 빠져나오도록 해야 한다. 하지만 문이 열린 이후 굉장히 짧은 시간 후에 다시 닫히는 상황이 발생하면 await 메소드에서 단순하게 isOpen 메소드만을 기준으로 대기 상태에서 깨어나도록 하는 방법이 충분하지 않을 수 있다. 다시 말해서 대기 중이던 스레드가 알림을 받고는 대기 상태에서 깨어나 락을 확보하고 wait 메소드에서 리턴하고 나니 이미 isOpen 값이 다시 '닫힘'으로 바뀌어 있을 수 있다는 말이다. 그래서 ThreadGate에서는 좀더 복잡한 조건을 사용한다. 일단 문이 닫힐 때마다 ThreadGate 클래스는 내부의 일련번호 값을 증가시킨다. 그리고 isOpen 값이 '열림'으로 설정돼 있거나 일련번호를 사용해 해당 스레드가 문 앞에 온 이후에 문이 열려 있었는지 확인하고, 문이 열려 있었다면 await 메소드를 그냥 통과한다.

ThreadGate 클래스는 문이 열릴 때까지 대기하는 기능만 갖고 있으므로 알림 기능은 open 메소드에서만 호출한다. 만약 '문이 열리기를 기다림'이나 '문이 닫히기를 기다림'의 두 가지 기능을 모두 지원하려면 open과 close 양쪽에서 알림 메소드를 호출해야 할 수 있다. 이런 면에서 보면 내부에 상태를 관리하는 클래스를 유지보수하기가 쉽지 않은 이유를 알 수 있다. 즉 클래스 내부 상태를 기반으로 하는 기능을 하나 추가하려면 해당 기능이 제대로 돌아가도록 상당 부분의 클래스 코드를 수정할 필요가 있기 때문이다.

14.2.6 하위 클래스 안전성 문제

조건부 알림 기능이나 단일 알림 기능을 사용하고 나면 해당 클래스의 하위 클래스를 구현할 때 상당히 복잡해지는 문제가 생길 수 있다[CPJ 3.3.3.3]. 일단 하위 클래스를 구현할 수 있도록 하려면 상위 클래스를 구현할 때 상위 클래스에서 구현했던 조건부 또는 단일 알림 방법을 벗어나는 방법을 사용해야만 하는 경우가 있을 수 있으며, 이런 경우에 상위 클래스 대신 하위 클래스에서 적절한 알림 방법을 사용할 수 있도록 구조를 갖춰둬야 한다.

```
@ThreadSafe
public class ThreadGate {
    // 조건 서술어: opened-since(n) (isOpen || generation>n)
    @GuardedBy("this") private boolean isOpen;
    @GuardedBy("this") private int generation;

    public synchronized void close() {
        isOpen = false;
    }

    public synchronized void open() {
        ++generation;
        isOpen = true;
        notifyAll();
    }

    // 만족할 때까지 대기: opened-since(generation on entry)
    public synchronized void await() throws InterruptedException {
        int arrivalGeneration = generation;
        while (!isOpen && arrivalGeneration == generation)
            wait();
    }
}
```

예제 14.9 wait와 notifyAll을 사용해 다시 닫을 수 있도록 구현한 ThreadGate 클래스

상태 기반으로 동작하는 클래스는 하위 클래스에게 대기와 알림 구조를 완전하게 공개하고 그 구조를 문서로 남기거나, 아니면 아예 하위 클래스에서 대기와 알림 구조에 전혀 접근할 수 없도록 깔끔하게 제한해야 한다(이 부분은 "하위 클래스에서 사용하기 좋게 설계하고 구현하거나, 아니면 아예 막아버려라"는 원칙의 확장판인 셈이다[EJ Item 15]). 최소한 상태 기반으로 동작하면서 하위 클래스가 상속받을 가능성이 높은 클래스를 구현하려면 조

건 큐와 락 객체 등을 하위 클래스에게 노출시켜 사용할 수 있도록 해야 하고, 그와 함께 조건과 동기화 정책 등을 문서로 남겨둬야 한다. 그러다보면 조건 큐와 락 객체뿐만 아니라 상태 변수 자체를 하위 클래스에게 열어줘야 할 가능성도 있다(상태 기반의 클래스를 구현할 때 저지를 수 있는 가장 큰 잘못은 클래스 내부의 상태를 하위 클래스가 볼 수 있도록 열어둔 상태에서 대기하거나 알림으로 깨어나는 규칙을 전혀 설명하지 않는 것이다. 이런 상황은 클래스의 상태 변수를 외부에 노출시켜두고 그에 대한 사용 조건을 전혀 명시하지 않는 것과 같다).

클래스를 상속받는 과정에서 발생할 수 있는 오류를 막을 수 있는 간단한 방법 가운데 하나는 클래스를 `final`로 선언해 상속 자체를 금지하거나 조건 큐, 락, 상태 변수 등을 하위 클래스에서 접근할 수 없도록 막아두는 방법이 있다. 이런 조치를 취해두지 않았다면 하위 클래스가 상위 클래스에서 `notify` 메소드를 호출하는 방법을 추적해 잘못 사용하는 경우가 생기고, 잘못 움직여버린 상태 변수의 값을 고쳐야 할 수도 있다. 예를 들어 크기에 제한이 없는 스택 클래스를 생각해보자. 크기 제한이 없기 때문에 스택에서 값을 뽑아내는 `pop` 연산은 스택이 비어 있는 경우에 대기 상태에 들어가도록 돼 있고, 값을 추가하는 `push` 연산은 언제든지 대기 상태에 들어가지 않으면서 실행될 수 있다. 이런 스택 자체는 단일 알림 방법을 사용할 수 있는 조건에 부합된다. 그래서 단일 알림 방법을 사용해 스택을 구현한 이후, 하위 클래스에서 "두 개의 값을 한꺼번에 `pop`하는" 메소드를 새로 추가한다고 해보자. 그러면 대기 상태에 들어가는 조건이 두 가지로 늘어난다. 하나는 값이 하나 이상 있을 때까지 대기하는 기존 조건이고, 새로 추가된 메소드 때문에 두 개 이상의 값이 남아 있을 때까지 대기하는 조건이 더 생긴다. 만약 상위 클래스에서 조건 큐와 대기 및 알림 규칙을 잘 설명해뒀다면 하위 클래스에서는 `push` 메소드에서 `notify` 대신 `notifyAll`을 사용해 프로그램의 안전성을 유지할 수 있다.

14.2.7 조건 큐 캡슐화

일반적으로 조건 큐를 클래스 내부에 캡슐화해서 클래스 상속 구조의 외부에서는 해당 조건 큐를 사용할 수 없도록 막는 게 좋다. 그렇지 않으면 클래스를 사용하는 외부 프로그램에서 조건 큐에 대한 대기와 알림 규칙을 '추측'한 상태에서 클래스를 처음 구현할 때 설계했던 방법과 다른 방법으로 호출할 가능성이 있다(조건 큐를 외부에서 사용하지 못하도록 막지 않는 이상 대기 상태에 들어가는 모든 스레드에게 단일 알림 방법을 기준으로 동작한다는 점을 강제할 방법은 전혀 없다. 외부의 프로그램이 조건 큐에 접근할 수 있다고 하면 의도하지 않은 스레드가 내부의 조건 큐를 대상으로 대기 상태에 들어갈 수 있고, 그러다보면 알림 규칙을 흐트러뜨리거나 '빼앗긴 신호' 문제점을 발생시킬 수 있다).

하지만 조건 큐로 사용하는 객체를 클래스 내부에 캡슐화하라는 방법은 스레드 안전한 클래스를 구현할 때 적용되는 일반적인 디자인 패턴과 비교해 볼 때 일관적이지 않은 부분이 있다. 다시 말해, 해당하는 객체 내부에서 객체 자체를 기준으로 한 암묵적인 락을 사용하는 경우가 바로 그렇다. BoundedBuffer 클래스 역시 버퍼 객체 자체가 락이고 또한 조건 큐로 동작하는 일반적인 패턴으로 구현돼 있다. 어쨌거나 BoundedBuffer 클래스도 객체 자체 대신 그 내부에 락과 조건 큐로 사용할 객체를 따로 두는 모습으로 구현 형태를 쉽게 변경할 수 있다. 대신 내부에 락 객체를 따로 두게 되면 어떤 형태로든 클라이언트 측 락 기능을 제공하지는 못한다.

14.2.8 진입 규칙과 완료 규칙

웰링스Wellings(Wellings 2004)는 wait와 notify를 적용하는 규칙을 진입 규칙과 완료 규칙으로 표현하고 있다. 즉 상태를 기반으로 하는 모든 연산과 상태에 의존성을 갖고 있는 또 다른 상태를 변경하는 연산을 수행하는 경우에는 항상 진입 규칙과 완료 규칙을 정의하고 문서화해야 한다는 말이다. 진입 규칙은 해당 연산의 조건을 뜻한다. 완료 규칙은 해당 연산으로 인해 변경됐을 모든 상태 값이 변경되는 시점에 다른 연산의 조건도 함께 변경됐을 가능성이 있으므로, 만약 다른 연산의 조건도 함께 변경됐다면 해당 조건 큐에 알림 메시지를 보내야 한다는 규칙이다.

java.util.concurrent 패키지에 들어 있는 대부분의 상태 기반 클래스를 하위 클래스로 거느리고 있는 AbstractQueuedSynchronizer 클래스(14.4절 참조)를 보면 완료 규칙의 개념을 좀더 쉽게 이해할 수 있다. 동기화 클래스에서 직접 스스로의 규칙에 따라서 알림 기능을 실행하도록 하는 대신 동기화 클래스의 메소드에서 기능을 실행한 결과로 하나 이상의 대기 중인 스레드가 깨어났는지의 여부를 넘겨주도록 하고 있다. API가 이와 같이 정의돼 있기 때문에 일부 상태 변화 과정에서 알림 메소드를 호출하는 일을 '까먹는' 일이 훨씬 줄어든다.

14.3 명시적인 조건 객체

13장에서 소개했던 것처럼 명시적으로 Lock 객체를 사용하면 암묵적인 락이 활용 형태가 지극히 제한돼 있어 처리할 수 없던 동기화 기능도 수행할 수 있다. 암묵적인 락을 일반화한 형태가 Lock 클래스인 것처럼 암묵적인 조건 큐를 일반화한 형태는 바로 Condition 클래스(예제 14.10 참조)이다.

암묵적인 조건 큐에는 여러 가지 단점이 있다. 모든 암묵적인 락 하나는 조건 큐를 단 하나만 가질 수 있다. 따라서 BoundedBuffer와 같은 클래스에서 여러 개의 스레드가 하나의 조건 큐를 놓고 여러 가지 조건을 기준으로 삼아 대기 상태에 들어갈 수 있다는 말이다. 그리고 락과 관련해 가장 많이 사용되는 패턴을 보면 바로 조건 큐 객체를 스레드에게 노출시키도록 돼 있다. 이 두 가지를 놓고 보면 notify를 사용할 수 있도록 해주는 조건 가운데 하나인 단일 대기 조건을 만족시키기가 불가능하다. 암묵적인 락이나 조건 큐 대신 Lock 클래스와 Condition 클래스를 활용하면 여러 가지 종류의 조건을 사용하는 병렬 처리 객체를 구현하거나 조건 큐를 노출시키는 것에 대한 공부를 할 때 훨씬 유연하게 대처할 수 있다.

암묵적인 조건 큐가 암묵적인 락 객체를 사용해 동기화하는 것처럼 Condition 클래스 역시 내부적으로 하나의 Lock 클래스를 사용해 동기화를 맞춘다. Condition 인스턴스를 생성하려면 Lock.newCondition 메소드를 호출한다. 앞서 설명했지만 Lock 클래스가 암묵적인 락보다 훨씬 다양한 기능을 제공하는 것처럼 Condition 클래스 역시 하나의 락에 여러 조건으로 대기하게 할 수 있고 또한 인터럽트에 반응하거나 반응하지 않는 대기 상태, 데드라인을 정해둔 대기 상태, 공정하거나 공정하지 않은 큐 처리 방법 등 암묵적인 조건 큐보다 훨씬 다양한 기능을 제공한다.

```
public interface Condition {
    void await() throws InterruptedException ;
    boolean await(long time, TimeUnit unit)
            throws InterruptedException ;
    long awaitNanos(long nanosTimeout) throws InterruptedException;
    void awaitUninterruptibly();
    boolean awaitUntil(Date deadline) throws InterruptedException;

    void signal();
    void signalAll();
}
```

예제 14.10 Condition 인터페이스

Condition 객체는 암묵적인 조건 큐와 달리 Lock 하나를 대상으로 필요한 만큼 몇 개라도 만들 수 있다. Condition 객체는 자신을 생성해준 Lock 객체의 공정성을 그대로 물려받는데, 이를테면 공정한 Lock에서 생성된 Condition 객체의 경우에는 Condition.await 메소드에서 리턴될 때 정확하게 FIFO 순서를 따른다.

> **위험성 경고:** 암묵적인 락에서 사용하던 wait, notify, notifyAll 메소드의 기능은 Condition 클래스에서는 각각 await, signal, signalAll 메소드이다. 자바에서 모든 클래스가 그렇지만 Condition 클래스 역시 Object를 상속받기 때문에 Condition 객체에도 wait, notify, notifyAll 메소드가 포함돼 있다. 따라서 실수로 await 대신 wait 메소드를 사용하거나 notify 대신 singal 메소드를 사용하면 동기화 기능에 큰 문제가 생길 수 있다.

예제 14.11에는 크기가 제한된 버퍼를 또 다른 형태로 구현한 예가 있다. 여기에 구현된 내용을 보면 두 개의 `Condition` 객체를 사용해 "버퍼가 가득 차지 않았다"는 `notFull` 조건과 "버퍼가 비어 있지 않다"는 `notEmpty` 조건을 처리한다. 버퍼의 `take` 메소드에서 버퍼의 큐가 비어서 대기해야 한다면 `notEmpty` 조건에서 대기한다. 그러면 `put` 메소드에서는 `notEmpty` 조건에 신호를 보내서 대기 중이던 `take` 메소드를 대기 상태에서 깨운다.

`ConditionBoundedBuffer`가 동작하는 모습은 기존의 `BoundedBuffer` 클래스와 동일하지만, 내부적으로 조건 큐를 사용하는 모습은 훨씬 읽기 좋게 작성돼 있다. 하나의 암묵적인 조건 큐를 사용해 여러 개의 조건을 처리하느라 복잡해지는 것보다 조건별로 각각의 `Condition` 객체를 생성해 사용하면 클래스 구조를 분석하기도 쉽다. `Condition` 객체를 활용하면 대기 조건들을 각각의 조건 큐로 나눠 대기하도록 할 수 있기 때문에 단일 알림 조건을 간단하게 만족시킬 수 있다. 따라서 `signalAll` 대신 그보다 더 효율적인 `signal` 메소드를 사용해 동일한 기능을 처리할 수 있으므로, 컨텍스트 스위치 횟수도 줄일 수 있고 버퍼의 기능이 동작하는 동안 각 스레드가 락을 확보하는 횟수 역시 줄일 수 있다.

암묵적인 락이나 조건 큐와 같이 `Lock` 클래스와 `Condition` 객체를 사용하는 경우에도 락과 조건과 조건 변수 간의 관계가 동일하게 유지돼야 한다. 조건에 관련된 모든 변수는 `Lock`의 보호 아래 동기화돼 있어야 하고, 조건을 확인하거나 `await` 또는 `signal` 메소드를 호출하는 시점에는 반드시 `Lock`을 확보한 상태여야 한다.[11]

`Condition` 객체를 사용할 것이냐 아니면 암묵적인 조건 큐를 사용할 것이냐의 문제는 `ReentrantLock`을 사용할 것이냐 아니면 `synchronized` 구문을 사용할 것이냐의 선택과 같은 문제이다. 공정한 큐 관리 방법이나 하나의 락에서 여러 개의 조건 큐를 사용할 필요가 있는 경우라면 `Condition` 객체를 사용하고, 그럴 필요가 없다면 암

---

11. ReentrantLock 클래스에서 생성한 Condition 객체의 signal 또는 signalAll 메소드를 호출할 때는 반드시 Lock을 확보한 상태여야 한다. 하지만 Lock 클래스에서 이와 같이 signal 또는 signalAll을 호출할 때 반드시 Lock을 확보한 상태여야 한다는 조건이 없는 Condition 객체를 생성할 수도 있다.

묵적인 조건 큐를 사용하는 편이 더 낫다(이미 이런 요구사항 때문에 암묵적인 락 대신 ReentrantLock을 사용하고 있었다면, 이미 답이 나온 것이나 다름 없다).

14.4 동기화 클래스의 내부 구조

ReentrantLock과 Semaphore의 인터페이스는 비슷한 부분이 많다. 양쪽 클래스 모두 일종의 '문'의 역할을 하며, 특정 시점에 제한된 개수의 스레드만이 문을 통과할 수 있다. 문 앞에 도착한 스레드는 문을 통과할 수도 있고(lock 또는 acquire 메소드가 성공적으로 리턴된 경우), 문 앞에서 대기해야 할 수도 있고(lock 또는 acquire 메소드에서 대기하는 경우), 아니면 문 앞에서 되돌아 가야 할 수도 있다(지정된 시간 안에 조건을 만족하지 않아서 tryLock 또는 tryAcquire 메소드가 false 값을 리턴한 경우). 또한 양쪽 클래스 모두 인터럽트가 가능하거나 아니면 인터럽트를 걸 수 없는 조건 확인 기능을 제공하며, 조건 확인에 시간을 지정할 수도 있고, 큐 관리 방법의 공정성 역시 지정할 수 있다.

이렇게 중복되는 부분이 많다보니 혹시라도 ReentrantLock을 기반으로 Semaphore를 만든 것은 아닌가, 반대로 Semaphore를 기반으로 ReentrantLock을 만든건 아닌가 하고 의심할 수도 있겠다. 이런 의심은 굉장히 현실적인 면이 있는데, 락을 사용해 카운팅 세마포어counting semaphore를 쉽게 만들 수 있다거나(예제 14.12의 SemaphoreOnLock 클래스를 살펴보자) 카운팅 세마포어를 사용해 락을 구현할 수 있다는 점은 이미 널리 알려진 사실이다.

실제로 양쪽 클래스 모두 다른 여러 동기화 클래스와 같이 AbstractQueuedSynchronizer(AQS)를 상속받아 구현돼 있다. AQS는 락이나 기타 동기화 클래스를 만들수 있는 프레임웍 역할을 하며 AQS를 기반으로 하면 엄청나게 다양한 종류의 동기화 클래스를 간단하면서 효율적으로 구현할 수 있다. ReentrantLock이나 Semaphore 클래스뿐만 아니라 CountDownLatch, ReentrantReadWriteLock, SynchronousQueue,[12] FutureTask 등의 클래스 역시 AQS 기반으로 만들어져 있다.

```
@ThreadSafe
public class ConditionBoundedBuffer<T> {
    protected final Lock lock = new ReentrantLock();
```

12. 자바 6에서는 SynchronousQueue가 AQS 기반 대신 대기 상태에 들어가지 않아 훨씬 확장성이 좋은 구조로 변경됐다.

```
    // 조건 서술어: notFull (count < items.length)
    private final Condition notFull = lock.newCondition();
    // 조건 서술어: notEmpty (count > 0)
    private final Condition notEmpty = lock.newCondition();
    @GuardedBy("lock")
    private final T[] items = (T[]) new Object[BUFFER_SIZE];
    @GuardedBy("lock") private int tail, head, count;

    // 만족할 때까지 대기: notFull
    public void put(T x) throws InterruptedException {
        lock.lock();
        try {
            while (count == items.length)
                notFull.await();
            items[tail] = x;
            if (++tail == items.length)
                tail = 0;
            ++count;
            notEmpty.signal();
        } finally {
            lock.unlock();
        }
    }

    // 만족할 때까지 대기: notEmpty
    public T take() throws InterruptedException {
        lock.lock();
        try {
            while (count == 0)
                notEmpty.await();
            T x = items[head];
            items[head] = null;
            if (++head == items.length)
                head = 0;
            --count;
            notFull.signal();
            return x;
        } finally {
```

```
            lock.unlock();
        }
    }
}
```

예제 14.11 명시적인 조건 큐를 활용해 작성한 크기가 제한된 버퍼

```
// java.util.concurrent.Semaphore 클래스가 실제로 이렇게 구현되어 있지는 않다.
@ThreadSafe
public class SemaphoreOnLock {
    private final Lock lock = new ReentrantLock();
    // 조건 서술어: permitsAvailable (permits > 0)
    private final Condition permitsAvailable = lock.newCondition();
    @GuardedBy("lock") private int permits;

    SemaphoreOnLock (int initialPermits ) {
        lock.lock();
        try {
            permits = initialPermits;
        } finally {
            lock.unlock();
        }
    }

    // 만족할 때까지 대기: permitsAvailable
    public void acquire() throws InterruptedException {
        lock.lock();
        try {
            while (permits <= 0)
                permitsAvailable.await();
            --permits;
        } finally {
            lock.unlock();
        }
    }

    public void release() {
```

```
        lock.lock();
        try {
            ++permits;
            permitsAvailable.signal();
        } finally {
            lock.unlock();
        }
    }
}
```

예제 14.12 Lock을 사용해 구현한 카운팅 세마포어

AQS를 사용해보면 동기화 클래스를 구현할 때 필요한 다양한 잡무, 예를 들어 대기 중인 스레드를 FIFO 큐에서 관리하는 기능 등을 AQS에서 처리해준다. AQS 기반으로 만들어진 개별 동기화 클래스는 스레드가 대기 상태에 들어가야 하는지 아니면 그냥 통과해야 하는지의 조건을 유연하게 정의할 수 있다.

동기화 클래스를 작성할 때 AQS 기반으로 작성하면 여러 가지 장점이 있다. 구현할 때 필요한 노력을 좀 줄여준다는 장점뿐만 아니라 동기화 클래스 하나를 기반으로 다른 동기화 클래스를 구현할 때 여러 면에서 신경 써야 하는 부분이 줄어든다. `SemaphoreOnLock` 클래스를 보면 허가를 받을 때 대기 상태에 들어갈 수 있는 지점이 두 군데에 있다. 한 곳은 락으로 세마포어의 상태를 동기화시키는 지점이고, 다른 쪽은 허가를 내주지 못하는 경우에 대기하는 지점을 말한다. AQS 기반으로 만들어진 동기화 클래스는 대기 상태에 들어갈 수 있는 지점이 단 한군데이기 때문에 컨텍스트 스위칭 부하를 줄일 수 있고 결과적으로 전체적인 성능을 높일 수 있다. AQS 자체도 원래부터 확장성을 염두에 두고 만들어졌으며, AQS를 기반으로 만들어진 `java.util.concurrent` 패키지의 동기화 클래스 모두가 이런 장점을 그대로 물려받았다.

14.5 AbstractQueuedSynchronizer

개발자가 AQS를 직접 사용할 일은 거의 없을 것이다. JDK에 들어 있는 표준 동기화 클래스만으로도 거의 모든 경우의 상황에 대처할 수 있기 때문이다. 그렇다 해도 표준 동기화 클래스가 어떻게 만들어졌는지를 살펴본다면 좋은 공부가 되겠다.

AQS 기반의 동기화 클래스가 담당하는 작업 가운데 가장 기본이 되는 연산은 바로 확보acquire와 해제release이다. 확보 연산은 상태 기반으로 동작하며 항상 대기 상태

에 들어갈 가능성이 있다. 락이나 세마포어 등의 입장에서는 확보라는 연산은 락이나 퍼밋을 확보한다는 것으로 그 의미가 굉장히 명확하다. 이 연산을 사용하는 호출자는 항상 원하는 상태에 다다를 때까지 대기할 수 있다는 가능성을 염두에 둬야 한다. CountDownLatch 클래스를 놓고 보면 확보라는 연산은 "래치가 완료 상태에 다다를 때까지 대기하라"는 의미이다. 그리고 FutureTask 클래스에서는 확보가 "작업이 끝날 때까지 대기하라"는 뜻이다. 해제 연산은 대기 상태에 들어가지 않으며, 대신 확보 연산에서 대기 중인 스레드를 풀어주는 역할을 한다.

특정 클래스가 상태 기반으로 동작하라면 반드시 상태 변수를 하나 이상 갖고 있어야 한다. AQS는 동기화 클래스의 상태 변수를 관리하는 작업도 어느 정도 담당하는데 getState, setState, compareAndSetState 등의 메소드를 통해 단일 int 변수 기반의 상태 정보를 관리해준다. 이 기능만 사용해도 다양한 상태를 간단하게 표현할 수 있다. 예를 들어 ReentrantLock 클래스는 이 상태를 사용해 소속된 스레드에서 락을 몇 번이나 확보했었는지를 관리하고, Semaphore 클래스는 남아 있는 퍼밋의 개수를 관리하고, FutureTask 클래스는 작업의 실행 상태(시작 전, 실행 중, 완료, 취소)를 관리한다. 동기화 클래스는 int 상태 변수 말고도 각자 필요한 상태 변수를 추가해 관리한다. 예를 들어 ReentrantLock 클래스는 락을 다시 확보하려는 것인지reentrant 아니면 서로 다른 스레드가 경쟁하고 있는 상태인지contended를 확인할 수 있도록 현재 락을 확보하고 있는 스레드의 목록을 관리한다.

AQS 내부의 확보와 해제 연산은 예제 14.13에 소개한 것과 같은 형태를 갖고 있다. AQS를 구현한 동기화 클래스에 따라 다르지만 확보 연산은 ReentrantLock에서와 같이 배타적exclusive으로 동작할 수도 있고, Semaphore나 CountDownLatch 클래스에서와 같이 배타적이지 않을 수도 있다. 확보 연산은 두 가지 부분으로 나눠 볼 수 있다. 첫 번째 부분은 동기화 클래스에서 확보 연산을 허용할 수 있는 상태인지 확인하는 부분이다. 만약 허용할 수 있는 상태라면 해당 스레드는 작업을 계속 진행하게 되고, 그렇지 않다면 확보 연산에서 대기 상태에 들어가거나 실패하게 된다. 이와 같은 판단은 동기화 클래스의 특성에 따라 다르게 나타난다. 예를 들어 락이 풀려 있는 경우에는 락을 확보하는 연산이 성공하고, 래치가 완료 상태에 도달해 있었다면 래치 확보 연산이 성공한다.

두 번째 부분은 동기화 클래스 내부의 상태를 업데이트 하는 부분이다. 특정 스레드 하나가 동기화 클래스의 확보 연산을 호출하면 다른 스레드가 해당 동기화 클래스의 확보 연산을 호출했을 때 성공할지의 여부가 달라질 수 있다. 예를 들어 락을 확보하면 락의 상태가 "해제됨"에서 "확보됨"으로 변한다. 또한 Semaphore에서 퍼밋을 확보하면 남은 퍼밋의 개수가 줄어든다. 반면 스레드 하나가 래치의 확보 연산을 호출했다는 것으로는 다른 스레드가 해당 래치의 확보 연산을 호출하는 결과에 영향을 주지 못하므로, 래치에 대한 확보 연산은 그 내부의 상태 변수를 변경하지 않는다.

```
boolean acquire() throws InterruptedException {
    while (확보 연산을 처리할 수 없는 상태이다) {
        if (확보 연산을 처리할 때까지 대기하길 원한다) {
            현재 스레드가 큐에 들어 있지 않다면 스레드를 큐에 넣는다
            대기 상태에 들어간다
        }
        else
            return 실패
    }
    상황에 따라 동기화 상태 업데이트
    스레드가 큐에 들어 있었다면 큐에서 제거한다
    return 성공
}

void release() {
    동기화 상태 업데이트
    if (업데이트된 상태에서 대기 중인 스레드를 풀어줄 수 있다)
        큐에 쌓여 있는 하나 이상의 스레드를 풀어준다
}
```

예제 14.13 AQS에서 확보와 해제 연산이 동작하는 구조

배타적인 확보 기능을 제공하는 동기화 클래스는 tryAcquire, tryRelease, isHeldExclusively 등의 메소드를 지원해야 하며, 배타적이지 않은 확보 기능을 지원하는 동기화 클래스는 tryAcquireShared, tryReleaseShared 메소드를 제공해야 한다. AQS에 들어 있는 acquire, acquireShared, release, releaseShared 메소드는 해당 연산을 실행할 수 있는지를 확인할 때 상속받은 클래스에 들어 있는 메소드 가운데 이름 앞에 try가 붙은 메소드를 호출한다. 동기화 클래스는 물론 getState, setState, compareAndSetState 등의 메소드를 사용해 자신의 확보와 해제 조건에 맞춰 상태 변수 값을 읽어가거나 변경할 수 있다. 그리고 확보나 해제 작업이 끝난 후에는 시도했던 연산이 성공적이었는지를 리턴 값으로 알려준다. 예를 들어 tryAcquireShared 메소드에서 리턴 값으로 0보다 작은 값이 넘어오면 확보 연산이

실패했다는 의미이고, 0을 리턴하면 배타적인 확보 연산이 성공했다는 의미이고, 마지막으로 0보다 큰 값을 리턴하면 배타적이지 않은 확보 연산이 성공했다는 의미이다. tryRelease와 tryReleaseShared 메소드는 해제 연산을 통해 확보 연산을 하려던 스레드를 풀어줄 수 있는 상황이라면 true 값을 리턴해야 한다.

AQS에서는 조건 큐 기능을 지원하는 락(예를 들면 ReentrantLock과 같이)을 간단하게 구현할 수 있도록 동기화 클래스와 연동된 조건 변수를 생성하는 방법을 제공한다.

14.5.1 간단한 래치

예제 14.14의 OneShotLatch 클래스는 AQS를 기반으로 구현한 바이너리 래치이다. OneShotLatch 클래스에는 두 개의 public 메소드가 있는데 하나는 확보 연산을 실행하는 await이고 다른 하나는 해제 연산을 담당하는 signal이다. OneShotLatch 클래스는 초기에 닫힌 상태로 생성된다. await 메소드를 호출하는 모든 스레드는 래치가 열린 상태로 넘어가기 전까지 모두 대기 상태에 들어간다. 누군가가 signal을 호출해 해제 연산을 실행하면 그 동안 await에서 대기하던 스레드가 모두 해제되고 signal 호출 이후에 await를 호출하는 스레드는 대기 상태에 들어가지 않고 바로 실행된다.

```
@ThreadSafe
public class OneShotLatch {
    private final Sync sync = new Sync();

    public void signal() { sync.releaseShared(0); }

    public void await() throws InterruptedException {
        sync.acquireSharedInterruptibly(0);
    }

    private class Sync extends AbstractQueuedSynchronizer {
        protected int tryAcquireShared(int ignored) {
            // 래치가 열려 있는 상태(state==1)라면 성공, 아니면 실패
            return (getState() == 1) ? 1 : -1;
        }

        protected boolean tryReleaseShared(int ignored) {
            setState(1); // 래치가 열렸다
            return true; // 다른 스레드에서 확보 연산에 성공할 가능성이 있다
```

```
        }
    }
}
```

예제 14.14 AbstractQueuedSynchronizer를 활용한 바이너리 래치 클래스

OneShotLatch 클래스에서는 래치의 상태를 AQS 상태 변수로 표현하는데, 0이면 닫힌 상태이고 1이면 열린 상태이다. await 메소드는 내부에서 AQS의 acquireSharedInterruptibly 메소드를 호출하며, acquireSharedInterruptibly 메소드는 결국 OneShotLatch 클래스의 tryAcquireShared 메소드를 호출해 그 기능을 사용한다. 앞서 설명했지만 tryAcquireShared 메소드는 확보 연산을 진행할 수 있는 상태인지 확인해서 그 여부를 리턴해줘야 한다. 만약 래치가 이전에 열려 있던 상태였다면 확보 연산을 진행하도록 결과를 리턴해 스레드가 진행할 수 있도록 하고, 아니면 확보 연산이 실패했다는 결과를 리턴한다. 확보 연산이 실패한 경우는 acquireShared Interruptibly 메소드에서 현재 스레드가 대기 큐에 들어가야 하는 상황으로 해석한다. 이와 비슷하게 signal 메소드는 releaseShared 메소드를 호출하고, releaseShared 메소드는 tryReleaseShared 메소드를 호출한다. tryReleaseShared 메소드는 래치의 상태를 무조건 '열림'으로 돌려놓고 래치 클래스가 완전히 열린 상태라는 결과를 리턴 값으로 알려준다. 그러면 AQS는 대기하던 모든 스레드에게 확보 연산을 실행하라는 신호를 보낼 것이고, 이제부터는 tryAcquireShared 메소드에서 확보 연산이 성공했다는 결과를 리턴할 것이다.

OneShotLatch는 겨우 20여 줄의 코드만으로 구현돼 있지만 정의된 기능을 모두 구현하고 있으며 제품 구현 작업에 직접 사용해도 좋고 성능도 충분한 동기화 클래스이다. 물론 몇 가지 추가해볼 만한 기능이 더 있기는 하다. 예를 들어 시간 제한을 걸고 확보 연산을 실행하는 기능이라든가 래치의 현재 상태를 확인하는 기능 등이 가능하겠다. AQS에는 확보 연산에 시간 제한을 할 수 있는 기능이나 몇 가지 상태 확인 기능 역시 만들어져 있는 상태이기 때문에 이런 추가 기능 역시 간단하게 구현할 수 있다.

OneShotLatch는 AQS의 핵심 기능을 위임delegate하는 형식으로 구현했는데, 대신 AQS를 직접 상속받는 방법으로 구현하는 것도 가능하다. 하지만 이런 경우에 상속을 통한 구현 방법은 그다지 권장할만하지 않다(EJ Item 14). 만약 AQS를 직접 상속받아 구현했다면 지금의 OneShotLatch와 같이 단 2개의 메소드로 이뤄져 있다는 단순함을 잃을 수밖에 없으며, AQS에 정의돼 있지만 사용하지는 않는 메소드가 public

으로 노출돼 있기 때문에 여러 가지 비슷한 메소드에 혼동돼 잘못 사용할 위험도 높다. 실제로 java.util.concurrent 패키지에 들어 있는 동기화 클래스 가운데 AQS를 직접 상속받는 클래스는 하나도 없고, 모두 AQS를 private인 내부 클래스로 선언해 위임 기법을 사용하고 있다.

14.6 java.util.concurrent 패키지의 동기화 클래스에서 AQS 활용 모습

java.util.concurrent 패키지에 들어 있는 ReentrantLock, Semaphore, ReentrantReadWriteLock, CountDownLatch, SynchronousQueue, FutureTask 등의 클래스와 같이 대기 상태에 들어갈 수 있는 클래스는 AQS를 기반으로 구현돼 있다. 너무 깊게 들어갈 필요는 없겠지만, 각 클래스가 AQS를 어떻게 활용하고 있는지 죽 훑어보자(소스코드는 JDK와 함께 다운로드 받을 수 있다[13]).

14.6.1 ReentrantLock

ReentrantLock은 배타적인 확보 연산만 제공하기 때문에 tryAcquire, tryRelease, isHeldExclusively와 같은 메소드만 구현하고 있다. 공정하지 않은 형태로 동작하는 tryAcquire 메소드의 코드는 예제 14.15에서 볼 수 있다. ReentrantLock에서는 동기화 상태 값을 확보된 락의 개수를 확인하는 데 사용하고, owner라는 변수를 통해 락을 가져간 스레드가 어느 스레드인지도 관리한다. owner 변수에는 현재 스레드에서 락을 확보할 때 현재 스레드를 추가하고, 해제되는 시점에 owner에서 현재 스레드를 제거하도록 돼 있다.[14] tryRelease 메소드에서는 unlock 메소드를 호출하기 전에 owner 변수에 들어 있는 내용을 들여다보고 해당 락을 확보하고 있는 스레드가 현재 스레드인지를 확인한다. tryAcquire 메소드에서는 락을 확보하려는 시도가 재진입 시도인지 아니면 최초로 락을 확보하려는 것인지 구분하기 위한 용도로 owner 변수의 내용을 사용한다.

---

13. JDK와 관련된 라이센스 문제가 걸린다면 http://gee.cs.oswego.edu/dl/concurrency-interest 페이지에서도 관련 소스코드를 볼 수 있다.

14. 내부 상태를 변경하는 외부에 노출되지 않은 메소드가 volatile 메모리 특성을 갖고 있으며, ReentrantLock 역시 getState 메소드를 호출한 이후에만 owner 변수의 값을 읽어가고 setState 메소드를 호출하기 전에 owner 변수에 값을 추가하도록 섬세하게 구현돼 있다. 이렇게 ReentrantLock은 동기화 상태가 메모리에서 동작하는 구조를 잘 활용하고 있으며, 따라서 추가적인 동기화 구조를 갖추지 않아도 충분하다. 좀더 자세한 내용을 보려면 16.1.4절을 참조하자.

스레드에서 락을 확보하려고 하면 tryAcquire 메소드는 먼저 락의 상태를 확인한다. 락이 풀려 있는 상태라면 락을 확보했다는 사실을 알릴 수 있도록 상태 값을 업데이트해본다. 락의 상태를 확인하고 값을 업데이트하는 동안에 다른 스레드에서 락의 상태를 변경할 가능성이 있기 때문에 tryAcquire 메소드는 compareAndSetState 메소드를 사용해 상태 값을 단일 연산으로 업데이트하며, 이런 방법을 사용하면 락 확보 여부를 확인하고 값을 업데이트하는 사이에 다른 스레드에서 값을 사용하는 경우를 방지할 수 있다(15.3절에 소개돼 있는 compareAndSet 메소드에 대한 설명을 참조하자). 락의 상태를 확인했는데 이미 확보된 상태라고 판단되면, 락을 확보하고 있는 스레드가 현재 스레드인지를 확인하고 만약 그렇다면 락 확보 개수를 증가시킨다. 만약 락을 확보하고 있는 스레드가 현재 스레드가 아니라면 확보 시도가 실패한 것으로 처리한다.

```
protected boolean tryAcquire(int ignored) {
    final Thread current = Thread.currentThread();
    int c = getState();
    if (c == 0) {
        if (compareAndSetState (0, 1)) {
            owner = current;
            return true;
        }
    } else if (current == owner) {
        setState(c+1);
        return true;
    }
    return false;
}
```

예제 14.15 공정하지 않은 ReentrantLock 클래스의 tryAcquire 메소드 내부

ReentrantLock은 AQS가 기본적으로 제공하는 기능이라고 할 수 있는 다중 조건 변수와 대기 큐도 그대로 사용하고 있다. Lock.newCondition 메소드를 호출하면 AQS의 내부 클래스인 ConditionObject 객체를 받아서 사용할 수 있다.

14.6.2 Semaphore와 CountDownLatch

Semaphore는 AQS의 동기화 상태를 사용해 현재 남아 있는 퍼밋의 개수를 관리한다. 예제 14.16에 소개돼 있는 tryAcquireShared 메소드는 먼저 현재 남아 있는 퍼밋의

개수를 알아내고, 남아 있는 퍼밋의 개수가 모자란다면 확보에 실패했다는 결과를 리턴한다. 반대로 충분한 개수의 퍼밋이 남아 있었다면 compareAndSetState 메소드를 사용해 단일 연산으로 퍼밋의 개수를 필요한 만큼 줄인다. 퍼밋의 개수를 줄이는 작업이 성공하면(다시 말해 퍼밋의 개수를 확인한 이후에 개수를 줄이는 작업이 시작되기 전에 다른 스레드에서 퍼밋을 사용해 버리지 않았다면) 확보 연산이 성공했다는 결과를 리턴한다. 리턴되는 결과 값에는 성공 여부와 함께 다른 스레드에서 실행하던 확보 연산을 처리할 수 있을지의 여부도 포함돼 있는데, 그렇다면 다른 스레드 역시 대기 상태에서 풀려날 수 있다.

메소드 내부의 while 반복문은 충분한 개수의 퍼밋이 없거나 tryAcquireShared 메소드가 확보 연산의 결과로 퍼밋 개수를 단일 연산으로 변경할 수 있을 때까지 반복한다. compareAndSetState 메소드를 호출했을 때 다른 스레드와 경쟁하는 상태였다면 값을 변경하지 못하고 실패할 수도 있으며(15.3절을 참조하자), 실패했다면 계속해서 재시도하게 되고, 허용할만한 횟수 이내에서 재시도를 하다 보면 위의 두 가지 조건 가운데 하나라도 만족하게 된다. 이와 비슷하게 tryReleaseShared 메소드는 퍼밋의 개수를 증가시키며, 따라서 현재 대기 상태에 들어가 있는 스레드를 풀어줄 가능성도 있고, 성공할 때까지 상태 값 변경 연산을 재시도한다. tryReleaseShared 메소드의 리턴 결과를 보면 해제 연산에 따라 다른 스레드가 대기 상태에서 풀려났을 가능성 여부를 알 수 있다.

CountDownLatch 클래스도 동기화 상태 값을 현재 개수로 사용하는, Semaphore와 비슷한 형태로 AQS를 활용한다. countDown 메소드는 release 메소드를 호출하고, release 메소드에서는 개수 값을 줄이고 개수가 0에 이르렀다면 대기 중이던 스레드를 대기 상태에서 풀어준다. await 메소드는 acquire 메소드를 호출하며 클래스 내부의 개수가 0이라면 즉시 리턴되고, 0보다 큰 값이라면 대기 상태에 들어간다.

```
protected int tryAcquireShared(int acquires) {
    while (true) {
        int available = getState();
        int remaining = available - acquires;
        if (remaining < 0
                || compareAndSetState(available, remaining))
            return remaining;
    }
}


protected boolean tryReleaseShared(int releases) {
```

```
    while (true) {
        int p = getState();
        if (compareAndSetState(p, p + releases))
            return true;
    }
}
```

예제 14.16 Semaphore 클래스의 tryAcquireShared 메소드와 tryReleaseShared 메소드

14.6.3 FutureTask

그냥 겉으로 보기에 `FutureTask` 클래스는 동기화 클래스가 아닌 것처럼 보인다. 하지만 `Future.get` 메소드를 보면 래치 클래스와 굉장히 비슷한 기능을 갖고 있다. 바로 특정 이벤트(`FutureTask`가 담당하고 있는 작업이 완료되거나 아니면 취소되는 이벤트)가 발생하면 해당 스레드가 계속 진행할 수 있고, 아니면 원하는 이벤트가 발생할 때까지 스레드가 대기 상태에 들어간다.

`FutureTask`는 작업의 실행 상황, 즉 실행 중이거나 완료됐거나 취소되는 등의 상황을 관리하는 데 AQS 내부의 동기화 상태를 활용한다. 그에 덧붙여 작업이 끝나면서 만들어낸 결과 값이나 작업에서 오류가 발생했을 때 해당하는 예외 객체를 담아둘 수 있는 추가적인 상태 변수도 가지고 있다. 게다가 실제 작업을 처리하고 있는 스레드에 대한 참조(현재 작업이 실행 중인 상태라면)도 갖고 있으며, 그래야만 인터럽트 요청이 들어왔을 때 해당 스레드에 인터럽트를 걸 수 있다.

14.6.4 ReentrantReadWriteLock

`ReadWriteLock` 인터페이스를 보면 읽기 작업용과 쓰기 작업용의 두 개의 락을 사용하고 있다고 추측해 볼 수 있다. 하지만 AQS를 기반으로 구현된 `ReentrantReadWriteLock` 클래스는 AQS 하위 클래스 하나로 읽기 작업과 쓰기 작업을 모두 담당한다. `ReentrantReadWriteLock`은 상태 변수의 32개 비트 가운데 16비트로는 쓰기 락에 대한 개수를 관리하고, 나머지 16비트로는 읽기 락의 개수를 관리한다. 읽기 락에 대한 기능은 독점적이지 않은 확보와 해제 연산으로 구현돼 있고, 쓰기 락에 대한 기능은 독점적인 확보와 해제 연산을 사용한다.

내부적으로 보면 AQS를 상속받은 클래스는 대기 중인 스레드의 큐를 관리하고, 스레드가 독점적인 연산을 요청했는지 아니면 독점적이지 않은 연산을 요청했는지도

관리한다. ReentrantReadWriteLock은 락에 여유가 생겼을 때 대기 큐의 맨 앞에 들어 있는 스레드가 쓰기 락을 요청한 상태였다면 해당 스레드가 락을 독점적으로 가져가고, 만약 맨 앞에 있는 스레드가 읽기 락을 요청한 상태였다면 쓰기 락을 요청한 다음 스레드가 나타나기 전까지 읽기 락을 요청하는 모든 스레드가 독점적이지 않은 락을 가져간다.[15]

요약

상태 기반으로 동작하는 클래스, 즉 메소드 가운데 하나라도 상태 값에 따라 대기 상태에 들어갈 가능성이 있는 클래스를 작성해야 할 때 가장 좋은 방법은 바로 278쪽의 ValueLatch 예제에서 본 것처럼 기존에 만들어져 있는 Semaphore, BlockingQueue, CountDownLatch 등을 활용해 구현하는 방법이다. 이미 많은 종류의 동기화 클래스가 제공되고 있음에도 불구하고 적절한 기능을 찾을 수 없다면, 암묵적인 조건 큐나 명시적인 Condition 클래스 또는 AbstractQueuedSynchronizer 클래스 등을 활용해 직접 원하는 기능의 동기화 클래스를 작성할 수도 있겠다. 상태 의존성을 관리하는 작업은 상태의 일관성을 유지하는 방법과 맞물려 있기 때문에 암묵적인 조건 큐 역시 암묵적인 락과 굉장히 밀접하게 관련돼 있다. 이와 비슷하게 명시적인 조건 큐인 Condition 클래스도 명시적인 Lock 클래스와 밀접하게 관련돼 있으며, 락 하나에서 다수의 대기 큐를 활용하거나 대기 상태에서 인터럽트에 어떻게 반응하는지를 지정하는 기능, 스레드 대기 큐의 관리 방법에 대한 공정성 여부를 지정하는 기능, 대기 상태에서 머무르는 시간을 제한할 수 있는 기능 등과 같이 암묵적인 버전의 조건 큐나 락보다 훨씬 다양한 기능을 제공한다.

15. 읽기 스레드나 쓰기 스레드 어느 한쪽에 우선 순위를 주는 최적화 기능을 지원하는 읽기-쓰기 락이 있긴 하지만, 여기에서 설명한 ReentrantReadWriteLock과 같은 구조에서는 읽기와 쓰기 어느 쪽에도 우선 순위를 주기가 쉽지 않다. 이런 최적화 기능을 제공하려면 AQS에서 제공하는 스레드 대기 큐가 단순한 FIFO 구조가 아닌 다른 형태로 구현돼 있거나, 아니면 아예 읽기 작업을 요청하는 스레드용 대기 큐와 쓰기 작업용 대기 큐를 따로 운영해야 할 수도 있다. 어쨌거나 이와 같은 기능을 꼭 필요로 하는 경우는 거의 없다고 봐도 좋다고 생각된다. 만약 공정하지 않은 버전의 ReentrantReadWriteLock 클래스에서 적절한 수준의 활동성을 제공하지 못한다면, 공정한 버전을 사용해보자. 그러면 작업 스레드가 진행되는 순서에도 만족할 수 있을 것이고 또한 읽기 스레드와 쓰기 스레드 어느 쪽도 멈춰서는 일이 발생하지 않는다는 점을 보장한다.

단일 연산 변수와 넌블로킹 동기화 15

Semaphore, ConcurrentLinkedQueue와 같이 java.util.concurrent 패키지에 들어 있는 다수의 클래스는 단순하게 synchronized 구문으로 동기화를 맞춰 사용하는 것에 비교하면 속도도 빠르게 확장성도 좋다. 15장에서는 이와 같은 클래스의 성능이 좋아진 원인이라고 볼 수 있는 단일 연산 변수atomic variable와 대기 상태에 들어가지 않는 넌블로킹 동기화 기법을 살펴볼 예정이다.

병렬 알고리즘과 관련한 최근의 연구 결과를 보면 대부분이 넌블로킹 알고리즘, 즉 여러 스레드가 동작하는 환경에서 데이터의 안정성을 보장하는 방법으로 락을 사용하는 대신 저수준의 하드웨어에서 제공하는 비교 후 교환compare-and-swap 등의 명령을 사용하는 알고리즘을 다루고 있다. 넌블로킹 알고리즘은 운영체제나 JVM에서 프로세스나 스레드를 스케줄링 하거나 가비지 컬렉션 작업, 그리고 락이나 기타 병렬 자료 구조를 구현하는 부분에서 굉장히 많이 사용하고 있다.

넌블로킹 알고리즘은 락을 기반으로 하는 방법보다 설계와 구현 모두 훨씬 복잡하며, 대신 확장성과 활동성을 엄청나게 높여준다. 넌블로킹 알고리즘은 훨씬 세밀한 수준에서 동작하며, 여러 스레드가 동일한 자료를 놓고 경쟁하는 과정에서 대기 상태에 들어가는 일이 없기 때문에 스케줄링 부하를 대폭 줄여준다. 더군다나 데드락이나 기타 활동성 문제가 발생할 위험도 없다. 락을 기반으로 하는 알고리즘은 특정 스레드가 락을 확보한 상태에서 잠자기 상태에 들어가거나 반복문을 실행하면 다른 스레드는 그 시간 동안 각자의 작업 가운데 락이 필요한 부분을 전혀 실행할 수 없다. 반면 넌블로킹 알고리즘을 사용하는 경우에는 개별 스레드에서 발생하는 오류에 의해 영향을 받는 일이 없다. 자바 5.0부터는 AtomicInteger나 AtomicReference 등의 단일 연산 변수atomic variable를 사용해 넌블로킹 알고리즘을 효율적으로 구현할 수 있게 됐다.

단일 연산 변수는 본격적인 넌블로킹 알고리즘을 구현하는 일이 아니라 해도 '더 나은 volatile 변수'의 역할만으로 사용할 수도 있다. 단일 연산 변수는 volatile 변수와 동일한 메모리 유형을 갖고 있으며 이에 덧붙여 단일 연산으로 값을 변경할 수 있는 기능을 갖고 있다. 따라서 이런 특성을 사용해 숫자 카운터, 일련번호 생성기, 통계 수치 추출기 등으로 활용하면 락 기반의 구조에 비해 높은 확장성을 얻을 수 있다.

15.1 락의 단점

공유된 상태에 접근하려는 스레드에 일관적인 락 구조를 적용해 동기화하면 특정 변수를 보호하고 있는 락을 확보한 스레드가 해당 변수에 대한 독점적인 접근 권한을 갖게 되며, 변수의 값을 변경했다고 하면 다음 스레드가 락을 확보했을 때 모든 변경된 사항을 완벽하게 볼 수 있다.

최근 사용하는 JVM은 스레드 간의 경쟁이 없는 상태에서 락을 확보하는 부분을 최적화하는 기능을 갖고 있으며 락을 해제하는 부분도 굉장히 효율적이다. 하지만 락 확보 경쟁이 벌어지는 상황에서는 JVM 역시 운영체제의 도움을 받는다. 이런 경우 락을 확보하지 못한 스레드는 실행을 멈춰야 하며 나중에 조건이 충족되면 다시 실행시켜야 한다.[1] 실행을 잠시 멈추고 있던 스레드가 다시 실행하게 됐다 해도 실제 CPU를 할당받기 전에 이미 CPU를 사용하고 있는 다른 스레드가 CPU 할당량을 모두 사용하고 CPU 스케줄을 넘겨줄 때까지 대기해야 할 수도 있다. 이와 같이 스레드의 실행을 중단했다가 계속해서 실행하는 작업은 상당한 부하를 발생시키며 일반적으로 적지 않은 시간 동안 작업이 중단되게 된다. 락을 기반으로 세밀한 작업(예를 들어 대부분의 메소드가 몇 줄 되지 않는 짧은 코드로 동작하는 컬렉션 클래스의 동기화를 맞추는 등)을 주로 하도록 구현돼 있는 클래스는 락에 대한 경쟁이 심해질수록 실제로 필요한 작업을 처리하는 시간 대비 동기화 작업에 필요한 시간의 비율이 상당한 수치로 높아질 가능성이 있다.

`volatile` 변수는 락과 비교해 봤을 때 컨텍스트 스위칭이나 스레드 스케줄링과 아무런 연관이 없기 때문에 락보다 훨씬 가벼운 동기화 방법이라고 볼 수 있다. 반면 `volatile` 변수는 락과 비교할 때 가시성 측면에서는 비슷한 수준을 보장하긴 하지만, 복합 연산을 하나의 단일 연산으로 처리할 수 있게 해주는 기능은 전혀 갖고 있지 않다. 따라서 하나의 변수가 다른 변수와 관련된 상태로 사용해야 하거나, 하나의 변수라도 해당 변수의 새로운 값이 이전 값과 관련이 있다면 `volatile` 변수를 사용할 수가 없다. 이런 특성 때문에 `volatile` 변수로는 카운터나 뮤텍스mutex를 구현할 수 없

1. 최적화된 JVM이라면 락 확보 경쟁에서 밀려난 스레드라 해도 반드시 실행을 멈추지 않기도 한다. 즉 이전에 동일한 코드를 실행하는 데 얼마만큼의 시간이 걸렸는지를 파악한 다음 경쟁에서 밀린 스레드의 실행을 잠시 멈출 것인지, 아니면 임시로 반복문을 추가해 실행을 중단한 효과만 내도록 할 것인지를 결정해서 동작한다.

으며, 따라서 전체적으로 volatile 변수를 사용할 수 있는 부분이 상당히 제한된다.[2]

예를 들어 (++i)와 같은 증가 연산이 단일 연산인 것처럼 보이기는 하지만, 실제로는 1) 변수의 현재 값을 읽어오고, 2) 읽어온 값에 1을 더하고, 3) 더해진 값을 변수에 다시 설정하는 세 가지 연산의 조합으로 구현돼 있다. 여러 스레드가 동작하는 과정에서 값을 제대로 변경하려면 읽고 변경하고 쓰는 세 가지 작업 전체가 하나의 단일 연산으로 동작해야 한다. 지금까지는 두 개 이상의 작업을 하나의 단일 연산으로 묶으려면 98쪽에서 봤던 Counter 예제와 같이 락을 사용해야만 했다.

Counter 클래스는 스레드에 안전한 구조를 갖고 있으며, 스레드 간의 경쟁이 없거나 경쟁이 많지 않은 상황에서는 성능이 괜찮게 나온다. 하지만 경쟁이 심한 상황이 되면 컨텍스트 스위칭 부하와 함께 스케줄링 관련 지연 현상이 발생하면서 성능이 떨어진다. 락을 아주 짧은 시간만 사용하기 때문에 그 작업을 위해서 스레드를 대기 상태에 들어가게 하는 일이 굉장한 단점이 될 수 있다.

락 기반의 동기화 방법에는 또 다른 단점도 있다. 스레드가 락을 확보하기 위해 대기하고 있는 상태에서 대기 중인 스레드는 다른 작업을 전혀 못한다. 이런 상태에서 락을 확보하고 있는 스레드의 작업이 지연되면(메모리 페이징이나 스케줄링 문제 등에 의해 지연될 가능성이 충분히 있다) 해당 락을 확보하기 위해 대기하고 있는 모든 스레드의 작업이 전부 지연된다. 더군다나 락을 확보하고 지연되는 스레드의 우선 순위가 떨어지고 대기 상태에 있는 스레드의 우선 순위가 높다면 프로그램의 성능에 심각한 영향을 미칠 수 있으며, 이런 현상을 우선 순위 역전priority inversion이라고 부른다. 즉 대기 중인 스레드의 우선 순위가 높음에도 불구하고 락이 해제될 때까지 대기해야 하며, 결과적으로 락을 확보하고 있는 스레드의 우선 순위보다 더 낮은 우선 순위를 가진 것처럼 동작한다. 최악의 상황에서 락을 확보하고 있던 스레드가 영원히 멈추는 상황(무한 반복문에 빠지거나 데드락이 걸리거나 기타 다른 활동성 문제)이 발생하면 대기 중이던 모든 스레드 역시 영원히 대기하고 동작을 멈추게 된다.

이와 같은 오류까지 생각하지 않더라도 카운터 값을 증가시키는 등의 세밀한 작은 연산을 동기화하기에는 락이 너무 무거운 방법이다. 따라서 스레드 간의 경쟁을 관리할 수 있는 훨씬 가볍고 세밀한 연산에도 적당한 방법이 있으면 좋지 않을까? 다시 말해 volatile 변수와 같이 가벼우면서 단일 연산 조건까지 충족시키는 그런 방법 말이다. 다행스럽게도 요즘 사용되는 대부분의 프로세서는 그와 같은 방법을 제공하고 있다.

---

2. volatile 변수를 사용한다 해도 뮤텍스나 기타 다른 동기화 구조를 구현하지 못하는 것은 아니다. 단지 이론적으로 구현이 가능하긴 하지만 전혀 실용적이지 못할 뿐이다. (Raynal, 1986)을 참고하자.

15.2 병렬 연산을 위한 하드웨어적인 지원

배타적인 락 방법은 보수적인 동기화 기법이다. 즉 가장 최악의 상황을 가정하고 완전하게 확실한 조치를 취하기 전에는 더 이상 진행하지 않는 방법을 택하고 있는데, 바로 락을 확보하고 나면 다른 스레드가 절대 간섭하지 못하는 구조이다.

세밀하고 단순한 작업을 처리하는 경우에는 일반적으로 훨씬 효율적으로 동작할 수 있는 낙관적인 방법이 있는데, 일단 값을 변경하고 다른 스레드의 간섭 없이 값이 제대로 변경되는 방법이다. 이 방법에는 충돌 검출collision detection 방법을 사용해 값을 변경하는 동안 다른 스레드에서 간섭이 있었는지를 확인할 수 있으며, 만약 간섭이 있었다면 해당 연산이 실패하게 되고 이후에 재시도하거나 아예 재시도조차 하지 않기도 한다. 이 방법은 어른들이 "허락을 받기보다는 나중에 용서를 구하는 편이 더 쉽다"라고 하는 말씀에서 "쉽다" 대신 "더 효율적이다"를 사용한 것과 같다.

멀티프로세서 연산을 염두에 두고 만들어진 프로세서는 공유된 변수를 놓고 동시에 여러 작업을 해야 하는 상황을 간단하게 관리할 수 있도록 특별한 명령어를 제공한다. 초기의 프로세서는 확인하고 값 설정test-and-set, 값을 읽어와서 증가fetch-and-increment, 치환swap 등의 단일 연산을 하드웨어적으로 제공했으며, 이런 연산을 기반으로 더 복잡한 병렬 클래스를 쉽게 만드는 데 도움이 되는 뮤텍스mutex를 충분히 구현할 수 있었다. 최근에는 거의 모든 프로세서에서 읽고-변경하고-쓰는 단일 연산을 하드웨어적으로 제공하고 있다. 예를 들어 비교하고 치환compare-and-swap, LL load-linked/SC store-conditional 등의 연산 등이 있다. 운영체제와 JVM은 모두 이와 같은 연산을 사용해 락과 여러 가지 병렬 자료 구조를 작성했지만, 자바 5.0 이전에는 자바 클래스에서 직접 이런 기능을 사용할 수는 없었다.

15.2.1 비교 후 치환

IA32나 Sparc과 같은 프로세서에서 채택하고 있는 방법은 비교 후 치환CAS, compare and swap 명령을 제공하는 방법이다(PowerPC와 같은 다른 프로세서에서는 CAS와 동일한 기능을 LL/SC와 같이 두 개의 단일 연산으로 제공한다). CAS 연산에는 3개의 인자를 넘겨주는데, 작업할 대상 메모리의 위치인 V, 예상하는 기존 값인 A, 새로 설정할 값인 B의 3개이다. CAS 연산은 V 위치에 있는 값이 A와 같은 경우에 B로 변경하는 단일 연산이다. 만약 이전 값이 A와 달랐다면 아무런 동작도 하지 않는다. 그리고 값을 B로 변경했건 못했건 간에 어떤 경우라도 현재 V의 값을 리턴한다(비교 후 설정(compare and set)이라는 약간 다른 연산의 경우 리턴되는 값은 설정 연산이 성공했는지의 여부라는 점을 참고하자). 즉 CAS 연산의 동작하는 모습을 말로 풀어보면, "V에 들어 있는 값이 A라고 생각되며, 만약 실제로 V의 값이 A라면 B라는 값으로 바꿔 넣어라. 만약 V의 값이 A가 아니라면 아무 작업도 하지 말고, V의 값이 뭔지를 알려달라"는 것이다. 앞서 소개한 것처럼 CAS 연산은 낙관적인 기법이다. 다시 말해 일단 성공적으로 치환할 수 있을 것이라고 희망하는 상태에서 연산을 실행해보고, 값을 마지막으로 확인한 이후에 다른 스레드가 해당하는 값을 변경했다면 그런 사실이 있는지를 확인이나 하자는 의미이다. 예제 15.1의 `SimulatedCAS` 클래스를 보면 CAS가 동작하는 내부 구조를 볼 수 있다(실제 구현된 모습도 아니고 충분히 성능을 내는 방법도 아니라는 점을 알아두자).

만약 여러 스레드가 동시에 CAS 연산을 사용해 한 변수의 값을 변경하려고 한다면, 스레드 가운데 하나만 성공적으로 값을 변경할 것이고, 다른 나머지 스레드는 모두 실패한다. 대신 값을 변경하지 못했다고 해서 락을 확보하는 것처럼 대기 상태에 들어가는 대신, 이번에는 값을 변경하지 못했지만 다시 시도할 수 있다고 통보를 받는 셈이다. CAS 연산에 실패한 스레드도 대기 상태에 들어가지 않기 때문에 스레드마다 CAS 연산을 다시 시도할 것인지, 아니면 다른 방법을 취할 것인지, 아니면 아예 아무 조치도 취하지 않을 것인지를 결정할 수 있다.[3] 이와 같은 CAS 연산의 유연성 때문에 락을 사용하면서 발생할 수밖에 없었던 여러 가지 활동성 문제(물론 10.3.3절에서 살펴봤던 라이브러락과 같이 특이한 경우가 생기기도 한다)를 미연에 방지할 수 있다.

CAS를 활용하는 일반적인 방법은 먼저 V에 들어 있는 값 A를 읽어내고, A 값을 바탕으로 새로운 값 B를 만들어 내고, CAS 연산을 사용해 V에 들어 있는 A 값을 B 값으로 변경하도록 시도한다. 그러면 다른 스레드에서 그 사이에 V의 값을 A가 아닌 다른 값으로 변경하지 않은 한 CAS 연산이 성공하게 된다. 이처럼 CAS 연산을 사용하면 다른 스레드와 간섭이 발생했는지를 확인할 수 있기 때문에 락을 사용하지 않으면서도 읽고-변경하고-쓰는 연산을 단일 연산으로 구현해야 한다는 문제를 간단하게 해결해준다.

```
@ThreadSafe
public class SimulatedCAS {
    @GuardedBy("this") private int value;

    public synchronized int get() { return value; }
```

3. 15.4.2절의 연결 큐 알고리즘과 같이 CAS 연산이 실패했을 때 아무 조치도 취하지 않는 방법이야말로 올바른 처리 방법일 수 있다. CAS 연산에서 실패했다는 건 바로 현재 스레드에서 하려고 했던 일을 다른 스레드에서 먼저 처리했다는 결과로 받아들일 수 있기 때문이다.

```
    public synchronized int compareAndSwap(int expectedValue ,
                                           int newValue) {
        int oldValue = value;
        if (oldValue == expectedValue)
            value = newValue;
        return oldValue;
    }

    public synchronized boolean compareAndSet(int expectedValue ,
                                              int newValue) {
        return (expectedValue
                == compareAndSwap(expectedValue, newValue));
    }
}
```

예제 15.1 CAS 연산을 그대로 구현한 코드

15.2.2 넌블로킹 카운터

예제 15.2의 `CasCounter` 클래스는 CAS 연산을 사용해 대기 상태에 들어가지 않으면서도 스레드 경쟁에 안전한 카운터 클래스이다. 카운터 증가 연산은 표준적인 형태를 그대로 따른다. 즉 이전 값을 가져오고, 1을 더해 새로운 값으로 변경하고, CAS 연산으로 새 값을 설정한다. 만약 CAS 연산이 실패하면 그 즉시 전체 작업을 재시도한다. 스레드 간의 경쟁이 심한 경우에는 물론 라이브락 현상을 방지할 수 있도록 잠시 대기 상태에 들어가거나 약간 물러서는 전략을 취하는 방법이 좋을 수도 있지만, 그럼에도 불구하고 계속해서 재시도하는 전략도 괜찮은 방법이다.

`CasCounter` 클래스는 대기 상태에 들어가는 일이 없는데 그 대신 다른 스레드에서 역시 같은 카운터 객체를 계속해서 업데이트하고 있다면 여러 차례 재시도[4] 해야 할 수도 있다(필요로 하는 기능이 카운터나 일련번호를 생성하는 기능이라면 `AtomicInteger`나 `AtomicLong` 클래스를 사용하는 편이 좋다. 이런 클래스는 몇 가지 산술 연산을 이미 단일 연산으로 구현해 갖고 있다).

4. 이론적으로는 다른 스레드가 CAS 연산에서 계속 이기기만 하는 상황이 오면 굉장히 여러 번 재시도해야 할 수도 있지만, 이런 경우는 거의 발생하지 않는다.

```
@ThreadSafe
public class CasCounter {
    private SimulatedCAS value;

    public int getValue() {
        return value.get();
    }

    public int increment() {
        int v;
        do {
            v = value.get();
        }
        while (v != value.compareAndSwap(v, v + 1));
        return v + 1;
    }
}
```

예제 15.2 CAS 기반으로 구현한 넌블로킹 카운터 클래스

그냥 보기에는 CAS 기반의 카운터 클래스가 락 기반의 카운터 클래스보다 훨씬 성능이 떨어질 것처럼 보인다. 코드도 훨씬 길고 코드의 흐름도 더 복잡한데다 복잡한 CAS 연산까지 사용하고 있다. 하지만 실제 사용한 예를 보면 많지 않은 양의 경쟁이 있는 상황에서도 CAS 기반의 클래스가 락 기반의 클래스보다 성능이 훨씬 좋고, 경쟁이 없는 경우에도 락 기반의 방법보다 나은 경우가 있다. 경쟁이 없는 상태에서 락을 확보하는 가장 빠른 경로를 생각해보면 최소한 한 번의 CAS 연산이 실행돼야 하고 락과 관련된 기본적인 작업 몇 가지도 함께 실행해야 한다. 따라서 락 기반으로 구현한 카운터 클래스에서 가장 최적의 조건으로 실행되는 경우에도 CAS 기반의 카운터 클래스에서 일반적인 경우에 해당하는 경우보다 더 많은 작업을 하는 셈이다. (경쟁이 적거나 어느 정도의 경쟁이 발생할 때까지는) CAS 연산은 대부분 성공하는 경우가 많기 때문에 하드웨어에서 분기 지점과 흐름을 예측해 코드에 들어 있는 `while` 반복문을 포함한 복잡한 논리적인 작업 흐름 구조에서 발생할 수 있는 부하를 최소화할 수 있다.

락 기반의 프로그램을 보면 언어적인 문법은 훨씬 간결하지만, JVM과 운영체제가 그 락을 처리하기 위한 작업은 겉보기와 달리 그렇게 간단하지 않다. 락을 사용하면 JVM 내부에서 상당히 복잡한 코드 경로를 따라 실행하게 되고, 운영체제 수준의 락이

나 스레드 대기, 컨텍스트 스위칭 등의 기능을 불러다 쓰기도 한다. 최적의 경우라면 락을 사용한 부분에서 CAS 연산을 단 한 번만 사용하면 되는데, 이와 같은 최적의 경우에는 락을 사용해서 CAS 연산을 눈에 보이지 않는 부분에 숨기긴 했지만 그래서는 실행상의 어떤 이점도 얻을 수 없다. 반면 CAS 연산을 프로그램에서 직접 사용하면 JVM에서 특별한 루틴을 실행해야 할 필요도 없고, 운영체제의 함수를 호출해야 할 필요도 없고, 스케줄링 관련 작업을 따로 조절해야 할 필요도 없다. 애플리케이션 수준에서는 코드가 더 복잡해 보이지만, JVM이나 운영체제의 입장에서는 훨씬 적은 양의 프로그램만 실행하는 셈이다. CAS 연산의 가장 큰 단점은 호출하는 프로그램에서 직접 스레드 경쟁 조건에 대한 처리(즉 재시도하거나 나중에 처리하거나 무시해 버리는 등)를 해야 한다는 점이 있는데, 반면 락을 사용하면 락을 사용할 수 있을 때까지 대기 상태에 들어가도록 하면서 스레드 경쟁 문제를 알아서 처리해준다는 차이점이 있다.[5]

CAS 연산의 성능은 프로세서마다 크게 차이가 난다. CPU가 하나인 시스템에서는 CAS 연산을 수행할 때 다중 시스템과 같이 CPU 간의 동기화 작업이 필요 없기 때문에 몇 번의 CPU 사이클이면 충분하다. 이 글을 쓰는 시점에 다중 CPU 시스템에서 스레드 간의 경쟁이 없는 경우에 CAS 연산은 약 10~150번의 CPU 사이클을 소모한다. CAS 연산의 성능은 프로세서의 구조나 심지어는 같은 프로세서의 서로 다른 버전 간에도 너무나 다양한 차이를 보이고 있다. 여러 종류의 프로세서가 경쟁을 벌이다보면 앞으로 수년간은 CAS 연산의 성능이 크게 나아질 것으로 예상된다. 대략 정리하자면 스레드 간의 경쟁이 없는 상태에서 락을 가장 빠른 경로로 확보하고 해제하는 데 드는 자원은 CAS 연산을 사용할 때보다 약 2배 정도 된다고 보면 무리가 없다.

15.2.3 JVM에서의 CAS 연산 지원

그렇다면 자바 프로그램에서 어떻게 하드웨어 프로세서의 CAS 연산을 호출할 수 있을까? 자바 5.0 이전에는 짧더라도 네이티브 코드를 작성하지 않는 한 불가능한 일이었다. 자바 5.0부터는 `int`, `long` 그리고 모든 객체의 참조를 대상으로 CAS 연산이 가능하도록 기능이 추가됐고, JVM은 CAS 연산을 호출받았을 때 해당하는 하드웨어에 적당한 가장 효과적인 방법으로 처리하도록 돼 있다. CAS 연산을 직접 지원하는 플랫폼의 경우라면 자바 프로그램을 실행할 때 CAS 연산 호출 부분을 직접 해당하는 기계어 코드로 변환해 실행한다. 하드웨어에서 CAS 연산을 지원하지 않는 최악의 경우에는 JVM 자체적으로 스핀 락을 사용해 CAS 연산을 구현한다. 이와 같은 저수준의 CAS 연산은 단일

5. 실제적으로 CAS를 사용할 때 가장 큰 단점은 CAS 연산 주변의 프로그램 흐름을 올바르게 구현하기가 어렵다는 점이다.

연산 변수 클래스, 즉 AtomicInteger와 같이 java.util.concurrent.atomic 패키지의 AtomicXxx 클래스를 통해 제공한다. java.util.concurrent 패키지의 클래스 대부분을 구현할 때 이와 같은 AtomicXxx 클래스가 직간접적으로 사용됐다.

15.3 단일 연산 변수 클래스

단일 연산 변수atomic variable는 락보다 훨씬 가벼우면서 세밀한 구조를 갖고 있으며, 멀티프로세서 시스템에서 고성능의 병렬 프로그램을 작성하고자 할 때 핵심적인 역할을 한다. 단일 연산 변수를 사용하면 스레드가 경쟁하는 범위를 하나의 변수로 좁혀주는 효과가 있으며, 이 정도의 범위는 프로그램에서 할 수 있는 가장 세밀한 범위이다(사용하는 알고리즘이 개별 변수 수준으로 세밀한 연산을 필요로 하는 경우에만 해당되는 말이긴 하다). 경쟁이 없는 상태에서 단일 연산 변수의 값을 변경하는 실행 경로는 락을 확보하는 가장 빠른 코드 실행 경로보다 느릴 수 없으며, 대부분 단일 연산 변수 쪽이 더 빠르게 실행된다. 느리게 실행되는 경우를 비교해보면, 락을 사용해 구현된 부분과 같이 대기 상태에 들어가거나 스레드 스케줄링과 관련된 문제가 발생하지 않기 때문에 단일 연산 변수를 사용하는 쪽이 명백하게 더 빠르게 실행된다. 따라서 락 대신 단일 연산 변수를 기반의 알고리즘으로 구현된 프로그램은 내부의 스레드가 지연되는 현상이 거의 없으며, 스레드 간의 경쟁이 발생한다 해도 훨씬 쉽게 경쟁 상황을 헤쳐나갈 수 있다.

단일 연산 변수 클래스는 volatile 변수에서 읽고-변경하고-쓰는 것과 같은 조건부 단일 연산을 지원하도록 일반화한 구조이다. AtomicInteger 클래스는 int 값을 나타내며, 일반적인 volatile 변수로 사용할 때 변수의 값을 읽거나 쓰는 연산과 동일한 기능을 하는 get 메소드와 set 메소드를 제공한다. 또한 단일 연산으로 실행되는 compareAndSet 메소드(volatile 변수를 놓고 읽기 연산과 쓰기 연산을 실행한 것과 동일한 기능이다)도 제공하며, 그 외의 편의 사항인 단일 연산으로 값을 더하거나, 증가시키거나, 감소시키는 등의 메소드도 제공한다. 겉으로 보기에 AtomicInteger는 Counter 클래스와 굉장히 비슷한 모습을 갖고 있다. 하지만 동기화를 위한 하드웨어의 기능을 직접적으로 활용할 수 있기 때문에 경쟁이 발생하는 상황에서 훨씬 높은 확장성을 제공한다.

일단 12개의 단일 연산 변수 클래스가 제공되며, 대략 일반 변수, 필드 업데이터field updater, 배열, 그리고 조합 변수의 4개 그룹으로 나눠 볼 수 있다. 가장 많이 사용하는 형태는 바로 일반 변수의 형태를 그대로 갖고 있는 AtomicInteger, AtomicLong, AtomicBoolean, AtomicReference 클래스이다. 네 가지 모두 CAS 연산을 제공하며 AtomicInteger나 AtomicLong은 간단한 산술 기능도 제공한다(제공되지 않는 형태의 변수를 단일 연산 변수로 사용하려면, short나 byte의 경우에는 int로 강제 형변환해서 읽거나 쓰면 되고, 정수가 아닌 숫자를 사용하려는 경우에는 Float.floatToIntBits 메소드나 Double.doubleToLongBits 메소드를 사용하면 된다).

단일 연산 배열 변수 클래스(Integer 형, Long 형, 그리고 Reference 형이 준비돼 있다)는 배열의 각 항목을 단일 연산으로 업데이트할 수 있도록 구성돼 있는 배열 클래스이다. 단일 연산 배열 클래스는 배열의 각 항목에 대해 volatile 변수와 같은 구조의 접근 방법을 제공하며, 일반적인 배열에서는 제공하지 않는 기능이다. 다시 말해 일반적인 배열 변수가 volatile이라 해도 배열 변수 자체에 대한 참조가 volatile일 뿐 각 항목까지 volatile 특성을 갖고 있지는 않았다(다른 종류의 단일 변수 그룹에 대해서는 15.4.3절과 15.4.4절에서 다룬다).

단일 연산 변수가 Number 클래스를 상속받고 있기는 하지만 Integer나 Long과 같은 클래스는 상속받지 않고 있다. 사실 Integer나 Long을 상속받을 수는 없다는 것이 정확한 표현이다. Integer나 Long과 같은 클래스는 변경 불가능한 클래스이지만, AtomicInteger나 AtomicLong과 같은 단일 연산 클래스는 그 값을 변경할 수 있는 특징이 있기 때문이다. 단일 연산 클래스는 또한 hashCode 메소드나 equals 메소드를 재정의하고 있지는 않으며, 모든 인스턴스가 서로 다르다. 내부 값을 변경할 수 있는 모든 클래스가 그렇지만, 해시 값을 기반으로 하는 컬렉션 클래스에 키 값으로 사용하기에는 적절하지 않다는 점도 잊지 말자.

15.3.1 '더 나은 volatile' 변수로의 단일 연산 클래스

3.4.2절에서 다중 상태 변수의 값을 단일 연산으로 변경하고자 할 때 변경 불가능한 객체에 대한 참조를 volatile로 선언해 사용했었다. 그때 소개했던 예제는 확인하고 동작하는 연산check-then-act을 기반으로 하고 있었는데, 간혹 값을 제대로 업데이트하지 못하더라도 전혀 신경을 쓰지 않았기 때문에 경쟁 조건에서도 아무런 문제가 없었다. 하지만 다른 대부분의 경우에는 이와 같은 확인하고 동작하는 연산이 문제가 되며, 데이터의 안정성을 심각하게 훼손할 것이다. 예를 들어 114쪽의 NumberRange 클래스를 보면 큰 값과 작은 값을 갖고 있는 변경 불가능한 변수에 대한 volatile 참조만으로는 안전하게 구현할 수 없었으며, 범위 제한 값에 단일 연산 변수를 사용한다 해도 마찬가지다. 범위라는 조건은 항상 두 변수의 값을 동시에 사용해야 하며 필요한 조건을 만족하면서 그와 동시에 양쪽 범위 값을 동시에 업데이트할 수는 없기 때문에

volatile 참조를 사용하거나 AtomicInteger를 사용한다 해도 확인하고 동작하는 연산을 안전하게 수행할 수 없다.

OneValueCache 예제에서 단일 연산 참조 변수를 사용했던 기법을 적용하면 이와 같이 두 개의 값을 갖고 있는 변경 불가능한 변수에 대한 참조를 '단일 연산으로' 변경할 때 경쟁 조건이 발생하지 않도록 할 수 있다. 예제 15.3의 CasNumberRange 클래스는 범위 양쪽에 해당하는 숫자 두 개를 갖고 있는 IntPair 클래스에 AtomicReference 클래스를 적용했다. 그리고 compareAndSet 메소드를 사용해 NumberRange와 같은 경쟁 조건이 발생하지 않게 하면서 범위를 표현하는 값 두 개를 한꺼번에 변경할 수 있다.

```
public class CasNumberRange {
    @Immutable
    private static class IntPair {
        final int lower; // 불변조건: lower <= upper
        final int upper;
        ...
    }
    private final AtomicReference<IntPair> values =
        new AtomicReference<IntPair>(new IntPair(0, 0));

    public int getLower() { return values.get().lower; }
    public int getUpper() { return values.get().upper; }

    public void setLower(int i) {
        while (true) {
            IntPair oldv = values.get();
            if (i > oldv.upper)
                throw new IllegalArgumentException(
                    "Can't set lower to " + i + " > upper");
            IntPair newv = new IntPair(i, oldv.upper);
            if (values.compareAndSet(oldv, newv))
                return;
        }
    }
    // setUpper 메소드도 setLower와 비슷하다.
}
```

예제 15.3 CAS를 사용해 다중 변수의 안전성을 보장하는 예

15.3.2 성능 비교: 락과 단일 연산 변수

락과 단일 연산 변수 간의 확장성의 차이점을 확인할 수 있도록 여러 가지 방법으로 구현한 난수 발생기PRNG, pseudo random number generator의 처리 속도를 비교하는 벤치마크 테스트를 준비했다. 난수 발생기에서 만들어내는 다음 '임의'의 난수는 이전에 발생했던 난수를 기반으로 확정적인 함수deterministic function를 통해 만들어낸 결과 값이다. 따라서 난수 발생기는 항상 이전 결과 값을 내부 상태로 보존하고 있어야 한다.

예제 15.4와 15.5를 보면 스레드 안전한 난수 발생 함수의 코드가 소개돼 있는데, 하나는 ReentrantLock을 사용해 구현했고, 또 하나는 AtomicInteger를 사용해 구현했다. 난수 발생기 테스트 프로그램은 각각의 함수를 계속해서 호출하며, 매번 반복할 때마다 난수 하나를 생성하고(난수 발생 작업은 공유된 seed 변수의 값을 읽어와서 변경하는 형태로 구성돼 있다), 스레드 내부의 값만을 사용해 '복잡한 작업'에 해당하는 반복 작업도 수행한다. 이렇게 구성돼 있는 이유는 공유된 자원을 놓고 동작하는 부분과 스레드 내부의 값만을 갖고 동작하는 부분을 함께 갖고 있는 일반적인 작업 형태를 묘사하기 위함이다.

그림 15.1과 15.2를 보면 매번 반복될 때마다 각각 적은 양과 많은 양에 해당하는 작업을 처리하는 경우의 성능을 볼 수 있다. 스레드 내부의 데이터만으로 처리하는 작업량이 적은 경우에는 락이나 단일 연산 변수 쪽에서 상당한 경쟁 상황을 겪고, 반대로 스레드 내부 작업의 양이 많아지면 상대적으로 락이나 단일 연산 변수에서 경쟁 상황이 덜 벌어진다.

```
@ThreadSafe
public class ReentrantLockPseudoRandom extends PseudoRandom {
    private final Lock lock = new ReentrantLock(false);
    private int seed;

    ReentrantLockPseudoRandom(int seed) {
        this.seed = seed;
    }

    public int nextInt(int n) {
        lock.lock();
        try {
            int s = seed;
            seed = calculateNext(s);
```

```
            int remainder = s % n;
            return remainder > 0 ? remainder : remainder + n;
        } finally {
            lock.unlock();
        }
    }
}
```

예제 15.4 ReentrantLock을 사용해 구현한 난수 발생기

```
@ThreadSafe
public class AtomicPseudoRandom extends PseudoRandom {
    private AtomicInteger seed;

    AtomicPseudoRandom(int seed) {
        this.seed = new AtomicInteger(seed);
    }

    public int nextInt(int n) {
        while (true) {
            int s = seed.get();
            int nextSeed = calculateNext(s);
            if (seed.compareAndSet(s, nextSeed)) {
                int remainder = s % n;
                return remainder > 0 ? remainder : remainder + n;
            }
        }
    }
}
```

예제 15.5 AtomicInteger를 사용해 구현한 난수 발생기

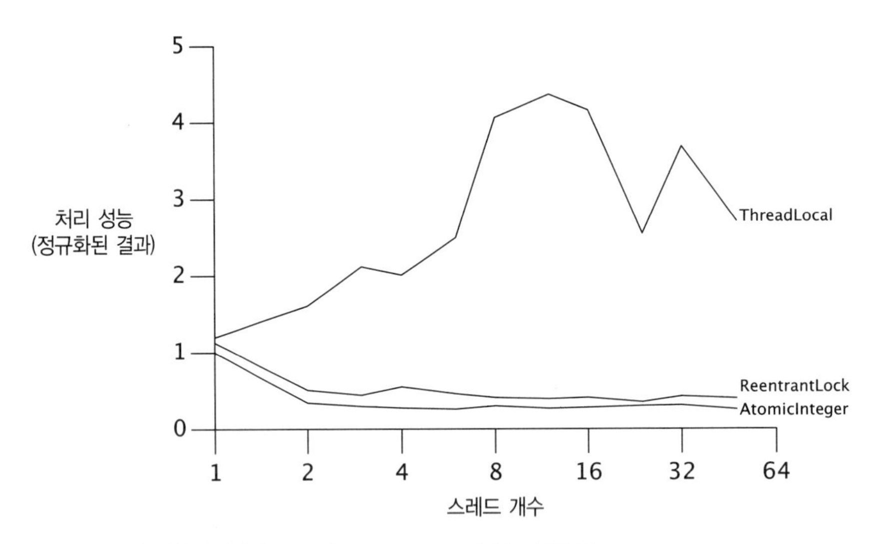

그림 15.1 경쟁이 많은 상태에서 Lock과 AtomicInteger의 성능 측정 결과

그래프에서 보다시피 경쟁이 많은 상황에서는 단일 연산 변수보다 락이 더 빠르게 처리되는 모습을 볼 수 있지만, 훨씬 실제적인 경쟁 상황에서는 단일 연산 변수가 락보다 성능이 더 좋다.[6] 이런 현상은 락의 특성 때문에 나타난다. 즉 락을 두고 경쟁이 발생하면 대기 상태에 들어가는 스레드가 나타나는데, 일부 스레드가 대기 상태에 들어가면 전체적인 CPU 사용률과 공유된 메모리 버스의 동기화 트래픽이 줄어드는 효과에 의해 처리 속도가 높아진다(이런 작업 흐름은 프로듀서-컨슈머 디자인 패턴에서 프로듀서가 잠시 대기 상태에 들어가면 그로 인해 컨슈머에게 돌아가는 부하가 줄어들고 큐에 쌓여 있는 작업을 처리하는 기회가 되는 것과 비슷한 구조라고 볼 수 있다). 반면 단일 연산 변수를 사용하면 경쟁 조건에 대한 처리 작업의 책임이 경쟁하는 스레드에게 넘어간다. CAS 연산 기반의 알고리즘이 대부분 그렇지만 `AtomicPseudoRandom` 클래스는 경쟁이 발생하면 그 즉시 재시도하는 것으로 대응하며, 일반적으로는 괜찮은 방법이긴 하지만 경쟁이 심한 경우에는 경쟁을 계속해서 심하게 만드는 요인이 되기도 한다.

`AtomicPseudoRandom` 클래스가 잘못 만들어졌다거나 단일 연산 변수가 락에 비해서 좋지 않은 선택이라고 단정짓고 탓하기 전에, 그림 15.1의 결과를 만들었던 경쟁의 수준이 비상식적으로 높았다는 점을 알아야 한다. 정상적인 프로그램에서는 아무 일도 하지 않으면서 락이나 단일 연산 변수에 경쟁 상황만 만들어 내는 경우는 없다고

6. 이런 결과는 전혀 다른 분야에서도 동일하게 나타난다. 예를 들어 교차로에 교통량이 많은 상황에는 신호등을 설치하는 것이 교통 소통에 도움이 되고, 교통량이 적은 경우에는 로터리 구조로 만드는 것이 도움이 된다. 이더넷 네트웍에서 사용하는 경쟁 처리 알고리즘은 네트웍 트래픽의 양이 많지 않을 때 효과적이지만, 토큰링 네트웍에서 사용하는 토큰 전달 알고리즘을 사용하면 트래픽이 많은 경우에 더 효과적이다.

봐야 한다. 실제로 단일 연산 변수는 일반적인 경쟁 수준에서 경쟁 상황을 더 효율적으로 처리하기 때문에 단일 연산 변수가 락에 비해서 확장성이 좋다.

어쨌거나 경쟁 수준에 따라 락과 단일 연산 변수의 처리 능력이 변화하는 모습을 보면 각각의 장점과 단점을 쉽게 파악할 수 있다. 경쟁이 적거나 보통의 경쟁 수준에서는 단일 연산 변수를 사용해야 확장성을 높일 수 있다. 경쟁 수준이 아주 높은 상황에서는 락을 사용하는 쪽이 경쟁에 더 잘 대응하는 모습을 보인다(단일 CPU 시스템에서는 CAS 연산의 읽고-변경하고-쓰는 과정에서 해당 스레드가 멈춰버리지 않는 이상 CAS 연산이 항상 성공하기 때문에, 단일 CPU 시스템에서는 CAS 기반의 알고리즘이 락 기반의 알고리즘보다 성능이 더 좋게 나타난다).

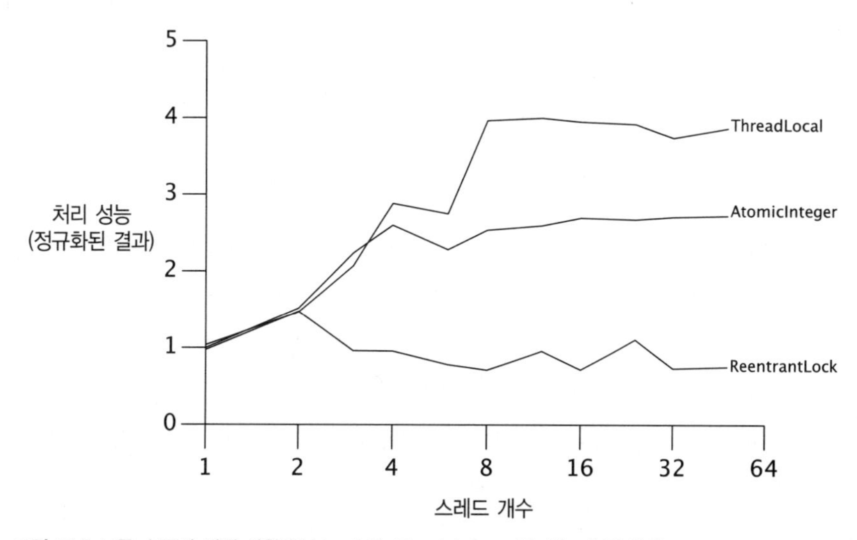

그림 15.2 보통 수준의 경쟁 상황에서 Lock과 AtomicInteger의 성능 측정 결과

그림 15.1과 15.2 양쪽 모두 `ReentrantLock`과 `AtomicInteger` 말고 세 번째의 수치가 나타나 있다. 바로 `Lock`이나 `Atomic` 변수를 사용하지 않고 대신 `ThreadLocal`을 사용해 난수 발생기의 내부 상태를 유지한 수치이다. `ThreadLocal`을 사용하면 난수 발생 기능이 동작하는 구조를 변경하는 셈이다. 즉 락이나 단일 연산 변수를 사용하는 구조에서 하나의 값을 모든 스레드가 공유하는 것과 달리 각 스레드는 서로 각자에게 소속된 난수만을 볼 수 있다. 결국 상태 변수를 공유하지 않고 동작하는 방법이 있다면 최대한 공유하지 않는 쪽이 더 낫다는 사실을 보여준다. 스레드 간의 경쟁을 최대한 적절하게 처리하면 확장성을 어느 정도 향상시킬 수 있다. 하지만 최종적으로 확장성을 가장 높일 수 있는 방법은 스레드 간의 경쟁이 발생하지 않도록 미연에 방지하는 방법이라는 점을 알아두자.

15.4 넌블로킹 알고리즘

락 기반으로 동작하는 알고리즘은 항상 다양한 종류의 가용성 문제에 직면할 위험이 있다. 락을 현재 확보하고 있는 스레드가 I/O 작업 때문에 대기 중이라거나, 메모리 페이징 때문에 대기 중이라거나, 기타 어떤 원인 때문에라도 대기 상태에 들어간다면 다른 모든 스레드가 전부 대기 상태에 들어갈 가능성이 있다. 특정 스레드에서 작업이 실패하거나 또는 대기 상태에 들어가는 경우에, 다른 어떤 스레드라도 그로 인해 실패하거나 대기 상태에 들어가지 않는 알고리즘을 넌블로킹non-blocking 알고리즘이라고 한다. 또한 각 작업 단계마다 일부 스레드는 항상 작업을 진행할 수 있는 경우 락 프리lock-free 알고리즘이라고 한다. 스레드 간의 작업 조율을 위해 CAS 연산을 독점적으로 사용하는 알고리즘을 올바로 구현한 경우에는 대기 상태에 들어가지 않는 특성과 락 프리 특성을 함께 가지게 된다. 여러 스레드가 경쟁하지 않는 상황이라면 CAS 연산은 항상 성공하고, 여러 스레드가 경쟁을 한다고 해도 최소한 하나의 스레드는 반드시 성공하기 때문에 성공한 스레드는 작업을 진행할 수 있다. 넌블로킹 알고리즘은 데드락이나 우선 순위 역전priority inversion 등의 문제점이 발생하지 않는다(물론 지속적으로 재시도만 하고 있을 가능성도 있기 때문에 라이브락 등의 문제점이 발생할 가능성도 있기는 하다). 지금까지 넌블로킹 알고리즘 하나를 소개한 적이 있는데, 바로 `CasCounter` 클래스이다. 스택, 큐, 우선순위 큐, 해시 테이블 등과 같은 일반적인 데이터 구조를 구현할 때 대기 상태에 들어가지 않는 좋은 알고리즘이 많이 공개돼 있다. 아주 특별한 경우에 새로운 알고리즘을 개발하는 일은 전문가에게 맡기는 편이 좋다.

15.4.1 넌블로킹 스택

대기 상태에 들어가지 않도록 구현한 알고리즘은 락 기반으로 구현한 알고리즘에 비해 상당히 복잡한 경우가 많다. 넌블로킹 알고리즘을 구성할 때 가장 핵심이 되는 부분은 바로 데이터의 일관성을 유지하면서 단일 연산 변경 작업의 범위를 단 하나의 변수로 제한하는 부분이다. 큐와 같이 연결된 구조를 갖는 컬렉션 클래스에서는 상태 전환을 개별적인 링크에 대한 변경 작업이라고 간주하고, `AtomicReference`로 각 연결 부분을 관리해서 단일 연산으로만 변경할 수 있도록 하면 어느 정도 구현이 가능하다.

스택은 연결 구조를 갖는 자료 구조 가운데 가장 간단한 편에 속한다. 각 항목은 각자 단 하나의 다른 항목만을 연결하고 있고, 반대로 각 항목은 단 하나의 항목에서만 참조된다. 예제 15.6의 `ConcurrentStack` 클래스는 단일 연산 참조를 사용해 스택을 어떻게 구현하는지를 보여주는 좋은 예이다. 스택 자체는 Node 클래스로 구성된 연결 리스트이며, 최초 항목은 top 변수에 들어 있고, 각 항목마다 자신의 값과 다음 항목에 대한 참조를 갖고 있다. push 메소드에서는 새로운 Node 인스턴스를 생성하고, 새 Node의 next 연결 값으로 현재의 top 항목을 설정한 다음, CAS 연산을 통해 새로운 Node를 스택의 top으로 설정한다. CAS 연산을 시작하기 전에 알고 있던 top 항목이 CAS 연산을 시작한 이후에도 동일한 값이었다면 CAS 연산이 성공한다. 반대로 다른 스레드에서 그 사이에 top 항목을 변경했다면 CAS 연산이 실패하며, 현재의 top 항목을 기준으로 다시 새로운 Node 인스턴스를 top으로 설정하기 위해 CAS 연산을 재시도한다. CAS 연산이 성공하거나 실패하는 어떤 경우라 해도 스택은 항상 안정적인 상태를 유지한다.

CasCounter와 ConcurrentStack 클래스는 대기 상태에 들어가지 않는 알고리즘의 여러 가지 특성을 모두 보여주고 있다. 즉, 작업이 항상 성공하는 것은 아니며, 재시도해야 할 수도 있다. ConcurrentStack에서는 새로 추가된 항목을 나타내는 Node 인스턴스를 새로 만들 때 next 변수에 지정한 항목이 스택에 모두 연결된 이후에도 정상적인 항목으로 연결돼 있기를 기대하고 있는 셈이고, 다만 경쟁이 있는 상황이라면 그렇지 못할 수도 있으니 재시도할 준비를 하고 있을 뿐이다.

ConcurrentStack에서와 같이 대기 상태에 들어가지 않는 알고리즘은 락과 같이 compareAndSet 연산을 통해 단일 연산 특성과 가시성을 보장하기 때문에 스레드 안전성을 보장한다. 특정 스레드에서 스택의 상태를 변경했다면 상태를 변경할 때 volatile 쓰기 특성이 있는 compareAndSet 연산을 사용해야만 한다. 특정 스레드에서 스택의 값을 읽어간다면 변경을 가할 때와 동일한 AtomicReference 객체에 대해서 get 메소드를 호출하게 되며, 이는 정확하게 volatile 읽기 특성을 갖고 있다. 따라서 어느 스레드에서건 스택의 내용을 변경하면 스택의 내용을 확인하는 모든 스레드가 변경된 내용을 즉시 볼 수 있다. 그리고 스택 내부의 리스트는 단일 연산으로 top 항목을 변경하거나 또는 다른 스레드와의 경쟁 관계에서 아예 실패하는 compareAndSet 메소드를 사용해 변경하도록 돼 있다.

15.4.2 넌블로킹 연결 리스트

지금까지 카운터와 스택이라는 두 가지 자료 구조를 놓고 대기 상태에 들어가지 않는 알고리즘을 살펴봤다. 양쪽 모두 반드시 성공하리라는 보장이 없는 CAS 연산을 사용해 값을 변경하고 만약 변경하지 못했다면 재시도하는, CAS 연산을 사용하는 알고리즘이 갖고 있는 일반적인 구조를 살펴봤다. 앞서 설명했지만 넌블로킹 알고리즘을 작성할 때의 핵심은 바로 단일 연산의 범위를 단 하나의 변수로 제한하는 부분이다. 그런데 카운터 정도의 클래스를 구현할 때는 단일 연산의 범위를 좁히는 일이 간단했고, 스택의 경우에도 그다지 어려운 편은 아니었다. 하지만 큐, 해시 테이블 또는 트리와 같이 약간 복잡한 구조를 놓고 보면 복잡하면서도 편법을 많이 사용하게 된다.

연결 큐는 리스트의 머리와 꼬리 부분에 직접적으로 접근할 수 있어야 하기 때문에 스택보다 훨씬 복잡한 구조를 갖고 있다. 일단 머리와 꼬리 부분에 직접 접근하려면 각 항목에 대한 참조를 서로 다른 두 개의 변수에 각자 보관해야 한다. 따라서 꼬리 항목을 가리키는 참조가 두개가 존재하게 되는데, 하나는 현재 가장 마지막에 있는 항목의 next 값이고, 또 하나는 직접 접근하기 위해 따로 보관하고 있는 변수이다. 새로운 항목을 연결 큐에 추가하려면 마지막 항목을 가리키는 두 개의 참조가 동시에 단일 연산으로 변경돼야 한다. 일단 생각하기에 이런 작업은 단일 연산 변수로는 처리할 수가 없다. 두 개의 참조를 업데이트할 때 두 번의 CAS 연산이 필요한데, 만약 첫 번째 CAS 연산은 성공했지만 두 번째 CAS 연산은 실패했다고 하면 연결 큐가 올바르지 않은 상태에 놓이게 된다. 따라서 연결 큐를 대기 상태에 들어가지 않도록 구현할 수 있는 알고리즘은 이와 같은 두 가지 경우를 모두 처리할 수 있어야 한다.

```
@ThreadSafe
public class ConcurrentStack <E> {
    AtomicReference<Node<E>> top = new AtomicReference<Node<E>>();

    public void push(E item) {
        Node<E> newHead = new Node<E>(item);
        Node<E> oldHead;
        do {
            oldHead = top.get();
            newHead.next = oldHead;
        } while (!top.compareAndSet(oldHead, newHead));
    }

    public E pop() {
        Node<E> oldHead;
        Node<E> newHead;
        do {
            oldHead = top.get();
            if (oldHead == null)
                return null;
```

```
            newHead = oldHead.next;
        } while (!top.compareAndSet(oldHead, newHead));
        return oldHead.item;
    }

    private static class Node <E> {
        public final E item;
        public Node<E> next;

        public Node(E item) {
        this.item = item;
        }
    }
}
```

예제 15.6 트라이버(Treiber) 알고리즘으로 대기 상태에 들어가지 않도록 구현한 스택(Treiber, 1986)

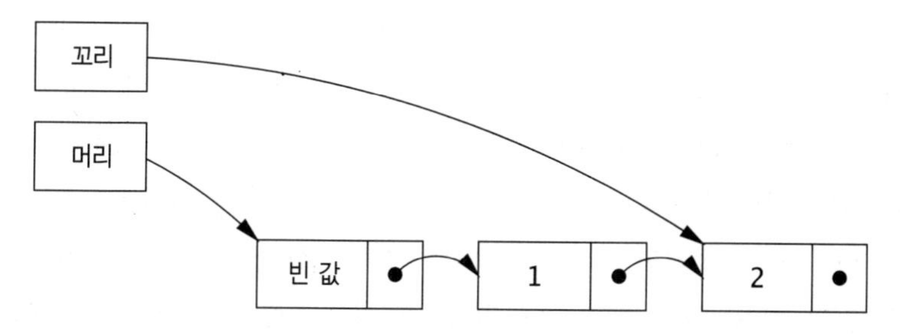

그림 15.3 두 개의 항목을 갖고 있는 평온한 상태의 연결 큐

이와 같은 기능을 구현하려면 여러 가지 전략을 동원해야 한다. 첫 번째로는 데이터 구조가 여러 단계의 변경 작업을 거치는 과정을 포함해 언제라도 일관적인 상태를 유지하도록 해야 한다. 그래야만 스레드 B가 등장하는 시점에 스레드 A가 값을 변경하고 있었다고 해도 현재 다른 스레드에서 변경 작업을 진행 중이라는 사실을 스레드 B가 알 수 있어야 하며, 스레드 B가 하고자 하는 변경 작업을 당장 시작하지 않도록 조율할 수 있어야 한다. 다시 말해 스레드 B는 스레드 A의 변경 작업이 마무리 될 때까지 기다리도록 하면 (반복적으로 큐의 상태를 확인하면서) 한쪽 스레드에서 변경 작업을 하고 있을 때 다른 스레드가 끼어들지 않게 된다.

일단 이런 전략을 사용하면 일단 여러 스레드가 큐 내부의 데이터를 흐트러뜨리지 않으면서 차례대로 데이터에 접근할 수 있기는 하지만, 만약 차례대로 작업 중인 스레드 하나에서 오류가 발생한다면 다음 차례로 대기하던 스레드는 큐의 데이터를 사용하지 못하게 된다. 알고리즘이 실제로 대기 상태에 들어가지 않도록 구현하려면 특정 스레드에서 오류가 발생한다 해도 다른 스레드의 작업을 멈추게 해서는 안 된다는 점을 보장해야 한다. 따라서 두 번째 전략은 스레드 A가 값을 변경하는 와중에 스레드 B가 데이터 구조를 사용하고자 접근하는 경우에 "스레드 A가 처리 중인 작업을 마쳐야 한다"는 사실을 알 수 있는 충분한 정보를 데이터 구조에 넣어두는 방법이다. 만약 스레드 A가 해야 할 마무리 작업을 스레드 B가 대신 '도와줄' 수 있다면 스레드 B는 스레드 A가 작업을 마칠 때까지 기다릴 필요 없이 자신이 해야 할 일을 계속해서 진행할 수 있게 된다. 그리고 스레드 A가 마무리 작업을 할 시점이 되면 스레드 B가 마무리 작업을 미리 처리했음을 알게 된다.

예제 15.7의 LinkedQueue 클래스를 보면 마이클-스콧Michael-Scott의 넌블로킹 연결 큐 알고리즘(Michael and Scott, 1996) 가운데 값을 추가하는 부분의 코드가 소개돼 있다. 마이클-스콧 알고리즘은 ConcurrentLinkedQueue 클래스에서도 사용하고 있다. 여러 종류의 큐 알고리즘이 그렇지만 값이 없는 비어 있는 큐는 '표식' 또는 '의미 없는' 노드만 갖고 있고, 머리와 꼬리 변수는 이와 같은 표식 노드를 참조하고 있다. 꼬리 변수는 항상 표식 노드, 큐의 마지막 항목, 또는 맨 뒤에서 두번째 항목(변경 작업이 진행 중인 경우)을 가리킨다. 그림 15.3을 보면 두 개의 항목을 갖고 있는 정상적인, 또는 '평온'한 상태의 큐를 볼 수 있다.

새로운 항목을 추가하려면 두 개의 참조를 변경해야 한다. 첫 번째는 현재 큐의 마지막 항목이 갖고 있는 next 참조 값을 변경해서 새로운 항목을 큐의 끝에 연결하는 작업이다. 두 번째는 꼬리를 가리키는 변수가 새로 추가된 항목을 가리키도록 참조를 변경하는 작업이다. 이 두 작업의 사이에서는 그림 15.4와 같이 큐가 '중간' 상태에 놓이게 된다. 두 번째 작업까지 처리하고 나면 큐는 다시 그림 15.5와 같은 '평온'한 상태로 돌아간다.

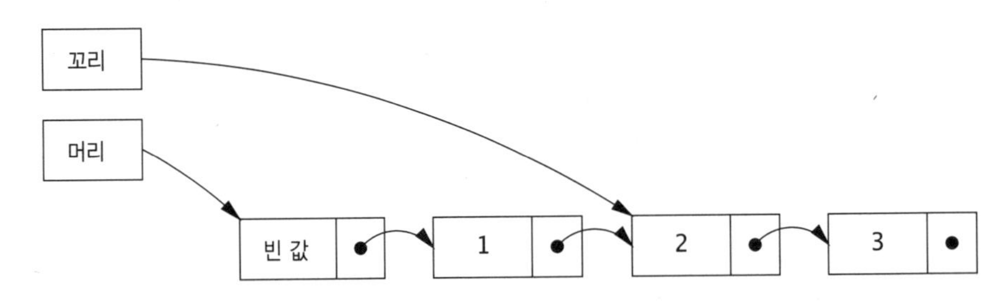

그림 15.4 큐에 값을 추가하는 중간 상태

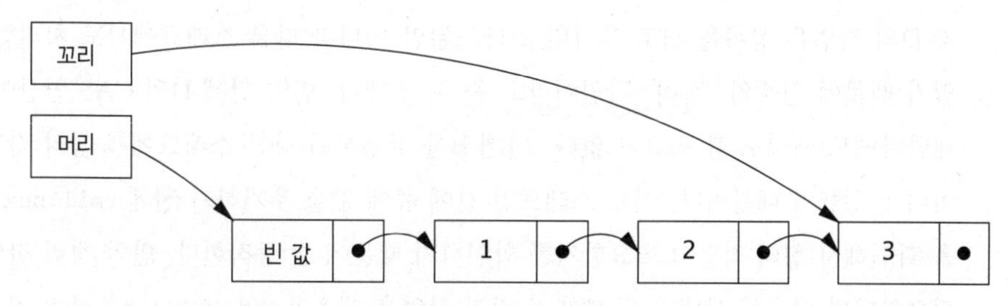

그림 15.5 추가 작업이 끝난 이후 다시 평온한 상태

위에서 소개했던 두 가지 전략을 모두 성공적으로 구현하고자 할 때 꼭 필요한 전략이 있다. 즉 큐가 평온한 상태에 있을 때 `tail` 변수가 가리키는 항목의 `next` 값이 `null`을 유지하도록 하고, 반대로 중간 상태인 경우에는 `tail`이 가리키는 항목의 `next` 값이 `null`이 아닌 값을 갖도록 하는 전략이다. 따라서 어느 스레드건 간에 `tail.next` 값을 확인해보면 해당 큐가 어떤 상태에 놓여 있는지를 확인할 수 있다. 또한 큐가 중간 상태에 있다는 사실을 알고 나면 `tail`이 바로 다음 항목을 가리키도록 변경해서 다시 평온한 상태로 돌려놓을 수 있다. 따라서 어느 스레드가 항목을 새로 추가하는 작업을 하던 간에 항상 원하는 작업을 제대로 끝마칠 수 있다.[7]

`LinkedQueue.put` 메소드는 새로운 항목을 추가하기 전에 먼저 해당하는 큐가 중간 상태인지를 확인한다(단계 A). 만약 중간 상태에 있었다면 누군가 다른 스레드에서 해당하는 큐에 값을 추가하고 있었다는 의미이다(C와 D 단계 사이의 상태). 이미 값을 추가하고 있는 다른 스레드가 작업을 마무리할 때까지 기다리기보다 처리해야 할 작업, 즉 꼬리 변수의 참조를 다음 항목으로 넘겨주는 작업을 대신 처리한다(단계 B). 작업을 대신 처리한 이후에도 다른 스레드가 또 값을 추가하기 시작했는지를 다시 확인하고, 만약 그렇다면 꼬리 변수의 참조를 한 번 더 이동시킨다. 이렇게 꼬리 변수의 참조를 끝까지 이동시켜 큐가 평온한 상태임을 확인한 이후에야 자신이 추가하려던 항목에 대한 작업을 시작한다.

새로 추가하는 항목을 큐의 끝에 연결시키는 단계 C에서는 CAS 연산을 사용하며, 두 개 이상의 스레드가 동시에 각자의 항목을 큐에 연결시키려 하면 실패하는 스레드가 발생할 수 있다. 하지만 실패하는 경우가 생긴다 해도 큐에 아무런 변경 사항을 가하지도 못했으며 현재 스레드는 꼬리 변수의 참조 값을 다시 읽어서 재시도하면 되기 때문에 큐의 상태에 아무런 문제가 생기지 않는다. 단계 C에서 작업이 성공하면 일단 항목을 연결하는데 성공한 셈이다. 단계 D에서는 두 번째 CAS 연산을 실행하는데 단

7. 이 알고리즘에 대해 좀더 상세한 설명이 필요하다면 (Michael and Scott, 1996)이나 (Herlihy and Shavit, 2006)을 참고하자.

계 D의 작업은 항목을 새로 추가한 스레드뿐만 아니라 다른 스레드에서도 처리할 수 있기 때문에 일종의 '정리' 작업이라고 볼 수 있겠다. 만약 단계 D의 CAS 연산이 실패한다해도 재시도 할 필요가 없다. 단계 B를 실행하던 다른 스레드에서 정리 작업을 이미 실행했기 때문이다. 어느 스레드건 간에 큐에 값을 추가하기 전에 `tail.next` 값을 확인해서 정리 작업이 필요한지를 확인하기 때문에 잘 동작한다. 만약 정리 작업이 필요하다면 평온한 상태가 될 때까지 정리 작업을 계속(여러 번 해야 할 수도 있다) 처리하게 된다.

```
@ThreadSafe
public class LinkedQueue <E> {
    private static class Node <E> {
        final E item;
        final AtomicReference<Node<E>> next;

        public Node(E item, Node<E> next) {
            this.item = item;
            this.next = new AtomicReference<Node<E>>(next);
        }
    }

    private final Node<E> dummy = new Node<E>(null, null);
    private final AtomicReference <Node<E>> head
            = new AtomicReference<Node<E>>(dummy);
    private final AtomicReference<Node<E>> tail
            = new AtomicReference<Node<E>>(dummy);

    public boolean put(E item) {
        Node<E> newNode = new Node<E>(item, null);
        while (true) {
            Node<E> curTail = tail.get();
            Node<E> tailNext = curTail.next.get();
            if (curTail == tail.get()) {
                if (tailNext != null) {                        Ⓐ
                    // 큐는 중간 상태이고, 꼬리 이동
                    tail.compareAndSet(curTail, tailNext);     Ⓑ
                } else {
                    // 평온한 상태에서 항목 추가 시도
```

```
                if (curTail.next.compareAndSet(null, newNode)) { Ⓒ
                    // 추가 작업 성공, 꼬리 이동 시도
                    tail.compareAndSet(curTail, newNode);       Ⓓ
                    return true;
                }
            }
        }
    }
}
}
```

예제 15.7 마이클-스콧 넌블로킹 큐 알고리즘 가운데 항목 추가 부분(Michael and Scott, 1996)

15.4.3 단일 연산 필드 업데이터

예제 15.7에는 ConcurrentLinkedQueue에서 사용하는 알고리즘의 일부가 소개돼 있지만, 실제로 구현된 내용은 약간 다른 모양을 띠고 있다. 즉 ConcurrentLinkedQueue에서는 각 Node 인스턴스를 단일 연산 참조 클래스로 연결하는 대신 일반적인 volatile 변수를 사용해 연결하고, 연결 구조를 변경할 때는 예제 15.8과 같이 리플렉션reflection 기반의 AtomicReferenceFieldUpdater 클래스를 사용해 변경한다.

```
private class Node<E> {
    private final E item;
    private volatile Node<E> next;

    public Node(E item) {
        this.item = item;
    }
}

private static AtomicReferenceFieldUpdater<Node, Node> nextUpdater
        = AtomicReferenceFieldUpdater.newUpdater(
                Node.class, Node.class, "next");
```

예제 15.8 ConcurrentLinkedQueue 클래스에서 단일 연산 필드 업데이터를 사용하는 모습 단일 연산 필드 업데이터 클래스(Integer, Long, Reference에 해당하는 버전이 준비돼 있다)는 현재 사용 중인 volatile 변수에 대한 리플렉션 기반의 '뷰'를 나타내며, 따라서 일반 volatile 변수에 대해 CAS 연산을 사용할 수 있도록 해준다. 이런 단일 연산 필드 업데이터 클래스에는 생성 메소드가 없으며, 인스턴스를 생성하려면 생성 메소드를 호출하는 대신 newUpdater라는 팩토리 메소드에 해당하는 클래스와 필드, 즉 변수의 이름을 넘겨서 생성할 수 있다. 필드 업데이터 클래스는 특정 인스턴스와 연결돼 있지 않으며, 한 번만 생성하면 지정한 클래스의 모든 인스턴스에 들어 있는 지정 변수의 값을 변경할 때 항상 사용된다. 업데이터 클래스에서 보장하는 연산의 단일성은 일반적인 단일 연산 변수보다 약하다. 다시 말해 업데이터 클래스에 지정한 클래스의 지정 변수가 업데이터 클래스를 통하지 않고 직접 변경되는 경우가 있다면 연산의 단일성을 보장할 수 없다. 따라서 필드 업데이터 클래스로 지정한 변수에 대해 연산의 단일성을 보장하려면 모든 스레드에서 해당 변수의 값을 변경할 때 항상 compareAndSet 메소드나 기타 산술 연산 메소드를 사용해야만 한다.

ConcurrentLinkedQueue 클래스에서는 Node 클래스의 next 변수 값을 변경할 때 nextUpdater의 compareAndSet 메소드를 통해 변경하게 돼 있다. 이처럼 약간 돌아가는 듯한 방법을 사용하는 이유는 전적으로 성능을 높이기 위함이다. 큐의 연결 노드와 같이 자주 생성하면서 오래 사용하지 않는 클래스가 필요한 경우에는 AtomicReference라는 클래스의 인스턴스 역시 매번 생성하고 없애는 부하가 생기게 된다. 따라서 이런 경우에는 Node 인스턴스를 매번 생성할 때마다 AtomicReference의 인스턴스를 함께 생성해야 할 필요성을 없앨 수 있으므로 추가 작업에 대한 부하를 크게 줄여준다.

어쨌거나 거의 모든 경우에는 일반적인 단일 연산 변수만 사용해도 충분하고, 단일 연산 필드 업데이터 클래스를 사용해야 하는 경우는 몇 군데에 불과하다(단일 연산 필드 업데이터 클래스는 현재 클래스의 직렬화된 형태를 그대로 유지하면서 단일 연산 작업을 수행하고자 하는 경우에도 유용하게 사용할 수 있다).

15.4.4 ABA 문제

ABA 문제는 (주로 가비지 컬렉션이 없는 환경에) 노드를 재사용하는 알고리즘에서 비교 후 치환compare-and-swap 연산을 고지식하게 사용하다보면 발생할 수 있는 이상 현상을 말한다. CAS 연산은 "V 변수의 값이 여전히 A인지?"를 확인하고 만약 그렇다면 값을 B로 변경하는 작업을 진행한다. 15장에서 소개했던 예제처럼 대부분의 경우에는 이 정도의 확인만으로 충분하다. 하지만 간혹 "V 변수의 값이 내가 마지막으로 A 값이라고 확인한 이후에 변경된 적이 있는지?"라는 질문의 답을 알아야 할 경우도 있다. 일부 알고리즘을 사용하다 보면 V 변수의 값이 A에서 B로 변경됐다가 다시 A로 변경된 경우 역시 변경 사항이 있었다는 것으로 인식하고 그에 해당하는 재시도 절차를 밟아야 할 필요가 있기도 하다.

이와 같은 ABA 문제는 연결 노드 객체에 대한 메모리 관리 부분을 직접 처리하는 알고리즘을 사용할 때 많이 발생한다. 연결 리스트의 머리 변수가 이전에 확인했던 그 객체를 참조하고 있다는 사실만으로는 해당 리스트의 내용이 변경되지 않았다고 확신할 수 없다. 그렇다고 해서 사용하지 않는 연결 노드를 가비지 컬렉터가 맡아서 처리하도록 하는 것만으로는 ABA 문제를 해결할 수 없으며, 대신 굉장히 쉬운 해결 방법이 있다. 즉 참조 값 하나만 변경하는 것이 아니라 참조와 버전 번호의 두 가지 값을 한꺼번에 변경하는 방법이다. 버전 번호를 관리하면 값이 A에서 B로 변경됐다가 다시 A로 변경된 경우라고 해도 버전 번호를 보고 변경된 상태라는 점을 알 수 있다. `AtomicStampedReference`(그리고 이와 비슷한 `AtomicMarkableReference`) 클래스는 두 개의 값에 대해 조건부 단일 연산 업데이트 기능을 제공한다. `AtomicStampedReference` 클래스는 객체에 대한 참조와 숫자 값을 함께 변경하며, 버전 번호를 사용해 ABA 문제가 발생하지 않는[8] 참조의 역할을 한다. `AtomicMarkableReference` 클래스 역시 이와 유사하게 객체에 대한 참조와 불린 값을 함께 변경하며, 일부 알고리즘에서 노드 객체를 그대로 놓아두지만 삭제된 상태임을 표시하는 기능으로 활용하기도 한다.[9]

요약

대기 상태에 들어가지 않는 넌블로킹 알고리즘은 락 대신 비교 후 치환compare-and-swap과 같은 저수준의 명령을 활용해 스레드 안전성을 유지하는 알고리즘이다. 이런 저수준의 기능은 특별하게 만들어진 단일 연산 클래스를 통해 사용할 수 있으며, 단일 연산 클래스는 '더 나은 `volatile` 변수'로써 정수형 변수나 객체에 대한 참조 등을 대상으로 단일 연산 기능을 제공하기도 한다.

---

8. 실제로 봤을 때, 이론적으로는 버전 번호가 정수형 숫자의 범위 내에서 빙빙 돌게 된다.

9. 다수의 하드웨어 프로세서에서는 용량이 두 배인, 다시 말해서 객체에 대한 참조와 정수형 값을 동시에 변경하는 CAS 연산(double-wide CAS, CAS2 또는 CASX라고 부름)을 제공하기도 하며, 이런 하드웨어적인 지원을 활용하면 AtomicStampedReference나 AtomicMarkableReference 클래스의 기능을 굉장히 효율적으로 처리할 수 있다. 하지만 자바 6에 포함된 AtomicStampedReference 클래스는 아직 용량이 큰 CAS 연산을 활용하지는 않고 있다(용량이 큰 CAS 연산은 두 개의 서로 관계없는 변수를 대상으로 동작하는 DCAS 연산과는 다르며, 이 책을 쓰는 시점에도 DCAS를 지원한다고 알려진 프로세서는 없다).

넝블로킹 알고리즘은 설계하고 구현하기는 훨씬 어렵지만 특정 조건에서는 훨씬 나은 확장성을 제공하기도 하고, 가용성 문제를 발생시키지 않는다는 장점이 있다. JVM이나 플랫폼 자체의 라이브러리에서 대기 상태에 들어가지 않는 알고리즘을 적절히 활용하는 범위가 넓어지면서 JVM의 버전이 올라갈 때마다 병렬 프로그램의 성능이 계속해서 나아지고 있다.

16 자바 메모리 모델

책 전체에 걸쳐서 저수준의 자바 메모리 모델JMM, Java Memory Model에 대한 부분은 최대한 언급을 자제했으며, 대신 안전한 공개safe publishing, 동기화 정책을 정하고 그 정책을 따르는 방법 등과 같이 중요한 상위 개념을 위주로 설명했다. 하지만 이와 같은 상위 개념이 제공하는 안전성은 모두 자바 메모리 모델을 기반으로 하고 있고 자바 메모리 모델의 내부 구조가 어떻게 동작하는지를 이해하고 있다면 상위 개념을 훨씬 효율적으로 쉽게 사용할 수 있을 것이다. 16장에서는 자바 메모리 모델을 숨겨주는 덮개를 열고 자바 메모리 모델이 보장하는 기능과 요구 사항, 그리고 이 책 전체에서 소개했던 내용이 실제로는 어떻게 동작하는지에 대한 원리를 살펴보자.

16.1 자바 메모리 모델은 무엇이며, 왜 사용해야 하는가?

특정 스레드에서 aVariable이라는 변수에 값을 할당한다고 해보자.

```
aVariable = 3;
```

자바 메모리 모델은 "스레드가 aVariable에 할당된 3이란 값을 사용할 수 있으려면 어떤 조건이 돼야 하는가?"에 대한 답을 알고 있다. 굉장히 어이 없는 질문이라고 생각되기도 하겠지만, 동기화 기법을 사용하지 않는 상태라면 특정 스레드가 값이 할당되는 즉시, 심지어는 영원히 3이라는 값을 읽어가지 못하게 하는 여러 가지 상황이 발생할 수 있다. 컴파일러에서 소스코드에 적힌 내용을 명확하게 구현하는 코드를 생성해 내지 못할 가능성도 있고, 변수의 값을 메모리에 저장하는 대신 CPU의 레지스터에 보관할 수도 있다. CPU 프로세서는 프로그램을 순차적으로 실행하거나 또는 병렬로 실행할 수도 있고, 사용하는 캐시의 형태에 따라서 할당된 값이 메모리에 실제 보관되는 시점에 차이가 있기도 하며, CPU 내부의 캐시에 보관된 할당 값이 다른 CPU의 시야에는 보이지 않을 수도 있다. 이런 원인 때문에 적절한 동기화 방법을 사용하지 않았다면, 특정 스레드에서 변수에 할당된 최신 값을 읽어가지 못할 수 있으며 따라서 다른 스레드의 시각으로 보기에 이상한 방향으로 실행될 가능성이 있다.

단일 스레드로 동작하는 환경에서는 프로그램이 동작하면서 사용했던 여러 가지 기법이 만들어낸 결과가 숨겨져 있고, 반면 그로 인해 전체적인 프로그램의 실행 속도는 상당히 빨라진다. 자바 언어 명세Java Language Specification에서는 JVM이 단일 스레드 내부에서는 순차적으로 동작하는 것과 동일하게 실행되도록 명시하고 있다. 프로그램이 완벽하게 순차적으로 실행되는 환경과 동일한 순서로 실행된 것처럼 같은 결과를 만들어 내주기만 한다면 여러 가지 기법을 사용해도 아무런 문제가 없겠다. 더군다나 실행 속도를 높이는 여러 가지 기법은 처리 속도를 높이기 위한 최근의 노력에서 중요한 위치를 차지하고 있다는 점에서 괜찮은 부분이기도 하다. 물론 CPU의 클럭 스피드가 높아진 것도 프로그램 실행 속도가 빨라지는 데 충분한 역할을 하긴 했지만, 병렬 처리 방법 역시 프로그램의 실행 속도를 크게 높여줬다. 예를 들어 파이프라인 슈퍼스칼라pilelined superscalar 실행 구조라든가 동적인 명령 스케줄링, 모험적인 실행 방법, 섬세한 다중 메모리 캐시 등이 바로 그렇다. 하드웨어 프로세서가 고급화됨에 따라 컴파일러 역시 최적의 실행 방법을 찾아내거나 전역 레지스터 할당 알고리즘과 같은 섬세한 기능을 갖추고 있다. 또한 클럭 스피드를 높이는 것만으로는 적절한 가격에 원하는 만큼 속도를 높이기가 어려워지면서, 프로세서 제조 업체에서는 멀티코어 프로세서 구조로 이동하면서 하드웨어적인 병렬 작업을 통해 속도 향상을 꾀하는 양상을 보이고 있다.

멀티스레드로 실행되는 환경에서는 성능을 크게 제한하지 않는 한 순차성이 주는 안전성과 높은 성능은 찾아보기 어렵다. 병렬 프로그램이라 하더라도 대부분의 시간은 스레드 내부에서 '각자의 작업'을 처리하기 때문에 스레드 간의 작업 조율 기능에 자원을 많이 낭비하는 일은 별 이득도 없으면서 프로그램의 성능만 떨어뜨리는 결과를 낳기 십상이다. 스레드 간의 작업을 조율하는 데 꼭 필요한 데이터만을 공유해 사용하는 것이 올바른 방법이고, JVM은 동기화 기능을 사용하는 부분에 한해서 프로그램이 스레드 간의 조율을 하고자 한다는 점을 파악할 수 있다.

JMM은 변수에 저장된 값이 어느 시점부터 다른 스레드의 가시권에 들어가는지에 대해 JVM이 해야만 하는 최소한의 보장만 할 뿐이다. JMM은 예측성에 대한 필요와 함께 높은 성능의 JVM을 다양한 종류의 프로세서 구조에서 동작하도록 해야 한다는 실제적인 요구 사항을 쉽게 구현할 수 있어야 한다는 점의 균형을 맞출 목적으로 설계됐다. 특히 JMM의 일부는 JVM에서 실행되는 프로그램의 성능을 최대한 끌어낼 수 있도록 최신 프로세서와 컴파일러에서 사용하는 여러 기법을 사용하고 있는데, 이런 부분에 약간 어려움이 있을 수도 있다.

16.1.1 플랫폼 메모리 모델

메모리를 공유하는 멀티프로세서 시스템은 보통 각자의 프로세서 안에 캐시 메모리를 갖고 있으며, 캐시 메모리의 내용은 주기적으로 메인 메모리와 동기화된다. 하드웨어 프로세서 아키텍처는 저마다 다른 캐시 일관성cache coherence을 지원한다. 일부 시스템에서는 어느 시점이건 간에 동일한 순간에 같은 메모리 위치에서 각 프로세서가 서로 다른 값을 읽어가는 경우를 허용하기도 한다. 운영체제와 컴파일러와 자바 런타임, 때로는 프로그램까지도 서로 다른 하드웨어에서 제공하는 기능과 스레드 안전성에 대한 차이점을 메울 수 있어야 한다.

멀티프로세서 시스템에서 각 프로세서가 서로 다른 프로세서가 하는 일을 모두 알 수 있도록 하려면 굉장한 부하를 안고 가야 한다. 대부분의 경우 다른 프로세서가 어떤 일을 하고 있는지에 대한 정보는 별로 필요도 없기 때문에 프로세서는 대부분 성능을 높이고자 캐시 메모리의 일관성을 약간씩 희생하곤 한다. 시스템 구조에서 말하는 메모리 모델memory model은 프로그램이 메모리 구조에서 어느 정도의 기능을 사용할 수 있을지에 대한 정보를 제공하고, 메모리의 내용을 서로 공유하고자 할 때 프로세서 간의 작업을 조율하기 위한 특별한 명령어(메모리 배리어(memory barrier) 또는 펜스(fence))로는 어떤 것들이 있으며 어떻게 사용해야 하는지에 대한 정보도 제공한다. 자바 개발자가 서로 다른 하드웨어가 갖고 있는 각자의 메모리 모델을 직접 신경 쓰지 않도록 자바는 스스로의 메모리 모델인 JMM을 구성하고 있으며, JMM과 그 기반이 되는 하드웨어 메모리 모델의 차이점은 메모리 배리어를 적절히 활용하는 방법 등으로 JVM에서 담당해 처리한다.

프로그램이 실행되는 내용을 예상하기에 가장 간편한 방법은 하드웨어 프로세서에 상관 없이 프로그램 내부에 작성된 코드가 실행되는 단 한 가지의 방법이 존재하며, 프로그램이 실행되는 과정에서 변수에 마지막으로 설정한 값을 어떤 프로세서건 간에 정확하게 읽어낼 수 있다고 가정하는 방법이다. 비현실적이긴 하지만 이처럼 꿈같이 간편한 상태를 순차적 일관성sequential consistency이라고 부른다. 소프트웨어 개발자는 무의식적으로 순차적 일관성이 존재한다고 가정해버리는 경우가 많은데, 현재 사용 중인 어떤 프로세서도 순차적 일관성을 지원하지 않으며 JMM 역시 지원하지 않는다. 역사적으로 폰 노이만 모델von Neumann model이라고 부르는 순차적인 실행 구조는 현대의 멀티프로세서 시스템이 동작하는 모습으로 본다면 명확하지 않게 실행 순서를 추정하는 정도에 해당될 뿐이다.

메모리를 공유해 사용하는 멀티프로세서 시스템(그리고 컴파일러 역시)에서는 여러 스레드에서 데이터를 공유하는 상황에서 메모리 배리어를 사용하지 않도록 일부러 지정한다면 놀랄만한 문제점이 쏟아질 것이다. 다행스럽게도 자바로 프로그램을 작성하는 과정에서 메모리 배리어를 어디에 어떻게 배치해야 하는지를 고민할 필요는 없다. 단지 프로그램 내부에서 동기화 기법을 적절히 활용해 어느 시점에서 공유된 정보를 사용하는지만 알려주면 된다.

16.1.2 재배치

2장에서 경쟁 조건race condition과 연산의 단일성 오류atomicity failure를 설명하면서 제대로 동기화되지 않은 프로그램에서 스케줄러가 작업을 겹쳐 실행하는 바람에 잘못된 결과를 만들어 내는 '운 나쁜 타이밍' 을 그림으로 소개했었다. 더군다나 JMM은 서로 다른 스레드가 각자의 상황에 맞는 순서로 명령어를 실행할 수 있도록 허용하고 있기 때문에 동기화가 돼 있지 않은 부분을 놓고 실행 순서를 예측하는 일이 훨씬 더 복잡해졌다. 특정 작업이 지연되거나 다른 순서로 실행되는 것처럼 보이는 문제는 '재배치reordering' 이라는 용어로 통일해서 표현한다.

예제 16.1의 `PossibleReordering` 클래스는 제대로 동기화되지 않은 상태라면 아주 간단한 병렬 프로그램조차 동작할 모습을 예측하기가 어렵다는 사실을 보여준다. `PossibleReordering` 클래스에서 (1,0)이나 (0,1) 아니면 (1,1)의 결과 가운데 어느 것이라도 출력될 수 있다는 점은 쉽게 예측할 수 있다. 스레드 B가 시작하기도 전에 스레드 A의 작업이 마무리 될 수도 있고, 스레드 A가 시작하기 전에 스레드 B의 작업이 끝날 수도 있고, 아니면 두 개의 스레드가 섞여서 실행될 수도 있다. 하지만 이상하게 (0,0)이라는 결과도 출력될 수 있다. 각 스레드 내부에서 일어나는 작업은 다른 스레드와의 연결 관계가 없으며, 따라서 순서가 재배치된 상태로 실행될 가능성이 있다(각 스레드의 작업이 코딩된 순서대로 실행된다고 해도 캐시에 있는 값이 메인 메모리로 이동되는 시간 차이 때문에 스레드 B의 입장에서는 스레드 A의 작업이 재배치된 상태로 실행된 것과 동일한 현상이 발생할 수도 있다). 그림 16.1을 보면 `PossibleReordering` 클래스에서 (0,0)을 출력하게 되는 실행 순서를 그림으로 소개하고 있다.

`PossibleReordering` 클래스는 굉장히 간단한 프로그램이지만 가능한 모든 결과를 예측해보는 일은 이처럼 간단한 프로그램의 경우에도 그다지 쉽지 않다. 메모리 수준에서의 재배치 현상은 프로그램이 오작동하게 만들기 십상이다. 동기화가 제대로 되지 않은 상태에서 재배치될 가능성을 예측하는 일은 너무나 어려우며, 반대로 동기화 방법을 적절하게 사용해 재배치 가능성을 없애는 편이 더 쉽다. 동기화가 잘 된 상태에서는 컴파일러, 런타임, 하드웨어 모두 JMM이 보장하는 가시성visibility 수준을 위반하는 쪽으로 메모리 관련 작업을 재배치하지 못하게 된다.[1]

```
public class PossibleReordering {
    static int x = 0, y = 0;
    static int a = 0, b = 0;

    public static void main(String[] args)
            throws InterruptedException {
        Thread one = new Thread(new Runnable() {
            public void run() {
                a = 1;
                x = b;
            }
        });
        Thread other = new Thread(new Runnable() {
            public void run() {
                b = 1;
                y = a;
        }
        });
        one.start(); other.start();
        one.join(); other.join();
        System.out.println("( "+ x + "," + y + ")");
    }
}
```

예제 16.1 제대로 동기화되지 않아 어이 없는 결과를 출력하기도 하는 프로그램. 이런 코드는 금물!

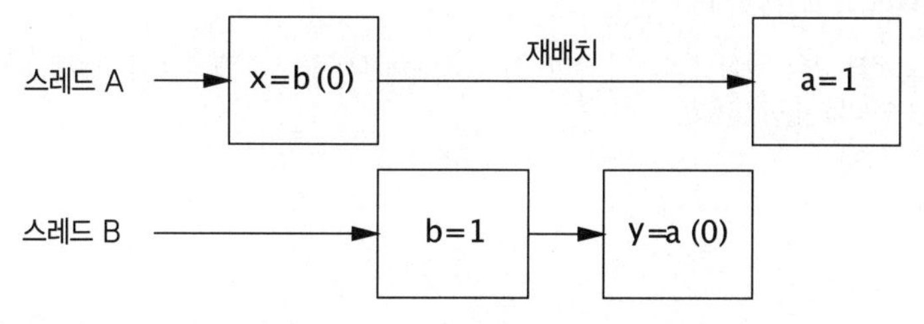

그림 16.1 PossibleReordering 클래스에서 재배치가 나타나면서 겹쳐 실행되는 모습

1. 많이 사용되는 프로세서 구조를 놓고 보면 volatile 읽기 작업이 volatile이 아닌 읽기 작업과 비슷한 수준의 성능을 낼 만큼 메모리 모델이 강력하게 구현돼 있다.

16.1.3 자바 메모리 모델을 간략하게 설명한다면

변수를 읽거나 쓰는 작업, 모니터를 잠그거나 해제하는 작업, 스레드를 시작하거나 끝나기를 기다리는 작업과 같이 여러 가지 작업에 대해 자바 메모리 모델JMM을 정의한다. JMM에서는 프로그램 내부의 모든 작업을 대상으로 미리 발생happens-before라는 부분 재배치partial reordering[2] 연산을 정의하고 있다. 작업 A가 실행된 결과를 작업 B에서 볼 수 있다는 점을 보장하기 위해 (작업 A와 B가 같은 스레드에서 실행되건 서로 다른 스레드에서 실행되건 상관 없이) 작업 A와 B 사이에는 미리 발생 관계가 갖춰져야 한다. 두 개 작업 간에 미리 발생 관계가 갖춰져 있지 않다면 JVM은 원하는 대로 해당 작업을 재배치할 수 있게 된다.

하나의 변수를 두 개 이상의 스레드에서 읽어가려고 하면서 최소한 하나 이상의 스레드에서 쓰기 작업을 하지만, 쓰기 작업과 읽기 작업 간에 미리 발생 관계가 갖춰져 있지 않은 경우에 데이터 경쟁data race 현상이 발생한다. 이와 같은 데이터 경쟁 현상이 발생하지 않는 프로그램을 '올바르게 동기화된 프로그램correctly synchronized program' 이라고 말한다. 올바르게 동기화된 프로그램은 순차적 일관성을 갖고 있으며, 다시 말해 프로그램 내부의 모든 작업이 고정된 전역 순서global order에 따라 실행된다는 것을 의미한다.

미리 발생 현상에 대한 규칙은 다음과 같다.

- **프로그램 순서 규칙**: 특정 스레드를 놓고 봤을 때 프로그램된 순서에서 앞서있는 작업은 동일 스레드에서 뒤에 실행되도록 프로그램된 작업보다 미리 발생한다.
- **모니터 잠금 규칙**: 특정 모니터 잠금 작업이 뒤이어 오는 모든 모니터 잠금 작업보다 미리 발생한다.[3]
- **volatile 변수 규칙** : volatile 변수에 대한 쓰기 작업은 이후에 따라오는 해당 변수에 대한 모든 읽기 작업보다 미리 발생한다.[4]
- **스레드 시작 규칙**: 특정 스레드에 대한 Thread.start 작업은 시작된 스레드가 갖고 있는 모든 작업보다 미리 발생한다.

---

2. < 기호로 표시하는 부분 재배치 연산은 비대칭적(antisymmetric)이고, 반사적(reflexive)이고, 전이적(transitive)이다. 하지만 대상 집합의 임의의 항목 x와 y를 놓고 항상 x<y 이거나 또는 y<x이지는 않다. 부분 재배치는 일상 생활에서도 자주 사용되는 연산이다. 예를 들어 치즈버거 대신 회를 좋아하거나 말러(Mahler)보다 모차르트(Mozart)를 더 좋아하긴 하지만, 그렇다고 해서 치즈버거와 모차르트 둘 중에 어느 것을 선호하는지는 알지 못하는 것도 부분 재배치와 유사한 개념이다.

3. 특정한 Lock 객체를 잠그거나 해제하는 연산은 암묵적인 락과 동일한 메모리 현상을 보여준다.

4. 단일 연산 변수에 대한 읽기 또는 쓰기 연산은 volatile 변수에 대한 작업과 동일한 메모리 현상을 보여준다.

- **스레드 완료 규칙**: 스레드 내부의 모든 작업은 다른 스레드에서 해당 스레드가 완료됐다는 점을 파악하는 시점보다 미리 발생한다. 특정 스레드가 완료됐는지를 판단하는 것은 Thread.join 메소드가 리턴되거나 Thread.isAlive 메소드가 false를 리턴하는지 확인하는 방법을 말한다.
- **인터럽트 규칙**: 다른 스레드를 대상으로 interrupt 메소드를 호출하는 작업은 인터럽트 당한 스레드에서 인터럽트를 당했다는 사실을 파악하는 일보다 미리 발생한다. 인터럽트를 당했다는 사실을 파악하려면 InterruptedException을 받거나 isInterrupted 메소드 또는 interrupted 메소드를 호출하는 방법을 사용할 수 있다.
- **완료 메소드(finalizer) 규칙**: 특정 객체에 대한 생성 메소드가 완료되는 시점은 완료 메소드가 시작하는 시점보다 미리 발생한다.
- **전이성(transitivity)**: A가 B보다 미리 발생하고, B가 C보다 미리 발생한다면, A는 C보다 미리 발생한다.

작업이 부분적으로만 순서가 정해져 있다고 해도, 동기화 작업(락 확보 및 해제, volatile 변수에 대한 읽기나 쓰기 작업 등)은 항상 완전하게 순서가 정해진 상태이다. 따라서 락을 확보한 이후에 연달아 일어나는 volatile 변수의 값을 읽는 작업에 대해 미리 발생 규칙을 적용하는 일도 충분히 가능하다.

그림 16.2를 보면 일반적인 락을 사용해 동기화된 두 개의 스레드 간에 미리 발생 규칙이 적용되는 모습이 나타나 있다. 스레드 A와 스레드 B의 모든 작업은 프로그램 내부의 규칙에 따라 순서가 정해져 있다. 스레드 A에서 락 M을 해제하면 스레드 B에서 해제된 락 M을 확보하며, 스레드 A에서 락을 해제하기 전에 하도록 돼 있던 모든 작업은 스레드 B에서 락을 확보한 이후에 실행되는 작업보다 먼저 실행되도록 순서가 정해진다. 두 개의 스레드가 서로 다른 락으로 동기화돼 있다면 양쪽 스레드에서 일어나는 작업의 순서에 대해 어떤 보장도 할 수 없다. 즉 양쪽 스레드의 작업 사이에는 미리 발생 관계가 전혀 존재하지 않는다.

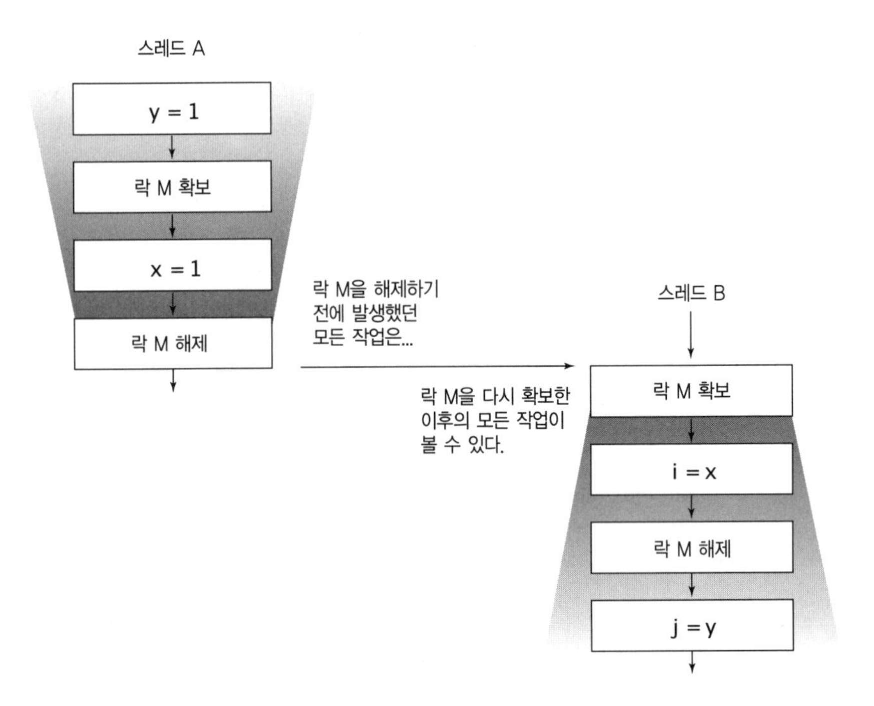

그림16.2 자바 메모리 모델에서의 미리 발생 관계

16.1.4 동기화 피기백

코드의 실행 순서를 정하는 면에서 미리 발생 규칙이 갖고 있는 능력의 수준 때문에 현재 사용 중인 동기화 기법의 가시성visibility에 얹혀가는 방법, 즉 피기백piggyback하는 방법도 있다. 다시 말해 락으로 보호돼 있지 않은 변수에 접근해 사용하는 순서를 정의할 때, 모니터 락이나 `volatile` 변수 규칙과 같은 여러 가지 순서 규칙에 미리 발생 규칙을 함께 적용해 순서를 정의하는 방법을 말한다. 이런 기법은 명령이 나열된 순서에 굉장히 민감하며 따라서 오류가 발생하기 쉽다. 이런 방법은 `ReentrantLock`과 같이 성능에 중요한 영향을 미치는 클래스에서 성능을 떨어뜨릴 수 있는 아주 작은 요인까지 완벽하게 제거해야 하는 상황이 오기 전까지는 사용하지 않는 편이 좋다.

`FutureTask` 클래스에서 `protected`로 구현하고 있는 `AbstractQueuedSynchronizer`의 메소드를 보면 이와 같은 피기백 방법을 사용하는 모습을 볼 수 있다. 알다시피 AQS는 `FutureTask`가 맡은 작업의 진행 상태, 즉 실행 중, 완료, 취소 등의 여부를 정수형으로 보관한다. `FutureTask`는 작업의 상태 외에도 완료된 작업의 결과 값 등을 보관한다. 한쪽 스레드에서 `set` 메소드를 사용해 실행한 결과를 보관하고 다른 스레드에서는 `get` 메소드를 호출해 결과 값을 가져가려고 한다고 가정해보면, `set`과 `get` 작업은 미리 발생 규칙으

로 그 순서를 정의할 수 있다. 즉 결과 값을 보관하는 변수를 volatile로 선언하는 것으로도 원하는 결과를 얻을 수 있겠지만, 기존의 동기화 방법을 잘 활용하면 훨씬 적은 자원으로 동일한 효과를 얻을 수 있다.

FutureTask는 미리 발생 규칙에 따라 tryReleaseShared 메소드의 작업이 tryAcquireShared 메소드보다 항상 먼저 실행되도록, 즉 tryReleaseShared 메소드에서 항상 tryAcquireShared 메소드가 읽어가는 변수에 쓰는 방법으로 세심하게 구현돼 있다. 작업의 결과를 보관하거나 읽어가는 기능을 담당하는 innerSet 메소드와 innerGet 메소드의 코드가 예제 16.2에 소개돼 있다. innerSet 메소드는 (결국 tryReleaseShared를 호출하는) releaseShared 메소드를 호출하기 전에 result 변수에 값을 보관하고, innerGet 메소드는(결국 tryAcquireShared를 호출하게 될) acquireShared 메소드를 호출한 이후에 result 값을 읽어간다. 이처럼 volatile 변수 규칙에 프로그램 순서 규칙을 함께 적용함으로써 innerSet 메소드에서 result 변수에 값을 쓰는 일이 innerGet 메소드에서 result 변수의 값을 읽는 작업보다 반드시 먼저 발생하도록 조절하고 있다.

```
// FutureTask의 내부 클래스
private final class Sync extends AbstractQueuedSynchronizer {
    private static final int RUNNING = 1, RAN = 2, CANCELLED = 4;
    private V result;
    private Exception exception;

    void innerSet(V v) {
        while (true) {
            int s = getState();
            if (ranOrCancelled(s))
                return;
            if (compareAndSetState (s, RAN))
                break;
        }
        result = v;
        releaseShared(0);
        done();
    }

    V innerGet() throws InterruptedException, ExecutionException {
        acquireSharedInterruptibly(0);
```

```
        if (getState() == CANCELLED)
            throw new CancellationException();
        if (exception != null)
            throw new ExecutionException(exception);
        return result;
    }
}
```

예제 16.2 동기화 피기백 방법을 사용하고 있는 FutureTask의 내부 클래스

이와 같은 방법은 X라는 객체의 값을 공개publish할 때 미리 발생 규칙을 따로 적용하기보다는, 다른 목적으로 만들어 사용하고 있는 미리 발생 순서 규칙을 X라는 객체의 가시성을 확보하는 데도 함께 사용하기 때문에 '피기백piggybacking'이라고 부른다.

FutureTask 클래스에서 사용하는 것과 같은 종류의 피기백 방법은 오류가 발생할 가능성이 크기 때문에 대충 사용해서는 안 된다. 어쨌거나 특정 클래스가 자체적인 명세의 일부로써 메소드 사이에서 미리 발생 규칙을 사용하는 경우와 같은 부분에서는 피기백 방법이 딱 들어맞는 상황도 있다. 예를 들어 BlockingQueue를 사용하는 안전한 공개 기법 역시 피기백의 한 형태라고 볼 수 있다. 큐에 값을 집어 넣는 스레드와 큐에서 값을 꺼내가는 스레드는 BlockingQueue 내부에서 적절한 동기화 구조를 통해 큐에서 값을 뽑아내는 작업이 큐에 값을 넣는 작업보다 미리 발생하도록 보장하고 있기 때문에 안전한 공개 상태에서 동작할 수 있다.

JDK 라이브러리에 들어 있는 클래스 가운데 미리 발생 관계를 보장하고 있는 클래스로는 다음과 같은 것들이 있다.

- 스레드 안전한 컬렉션 클래스에 값을 넣는 일은 해당 컬렉션 클래스에서 값을 뽑아내는 일보다 반드시 미리 발생한다.
- CountDownLatch 클래스에서 카운트를 빼는 작업은 await에서 대기하던 메소드가 리턴되는 작업보다 반드시 미리 발생한다.
- Semaphore에서 퍼밋을 해제하는 작업은 동일한 Semaphore에서 퍼밋을 확보하는 작업보다 반드시 미리 발생한다.
- Future 인스턴스에서 실행하는 작업은 해당하는 Future 인스턴스의 get 메소드가 리턴되기 전에 반드시 미리 발생한다.
- Executor 인스턴스에 Runnable이나 Callable을 등록하는 작업은 해당 Runnable이나 Callable의 작업이 시작하기 전에 미리 발생한다.

- CyclicBarrier나 Exchange 클래스에 스레드가 도착하는 일은 동일한 배리어나 교환 포인트에서 다른 스레드가 풀려나는 일보다 미리 발생한다. CyclicBarrier에서 배리어 동작을 사용하고 있었다면, 배리어에 도착하는 일이 배리어 동작보다 반드시 미리 발생하고, 배리어 동작은 또한 해당 배리어에서 다른 스레드가 풀려나기 전에 반드시 미리 발생한다.

16.2 안전한 공개

앞서 3장에서는 객체를 어떻게 하면 안전하게 공개할 수 있고, 반대로 어떻게 하면 잘못 공개될 수 있는지에 대해서 알아봤다. 3장에서 소개했던 안전한 공개 기법은 JMM이 보장하는 몇가지 항목을 기반으로 안전성을 확보하고 있다. 다시 말해 객체가 안전하지 않게 공개되는 이유는 공유 객체를 공개하는 작업과 다른 스레드에서 공개된 객체를 사용하는 작업 간의 미리 발생 관계를 제대로 적용하지 못했기 때문이다.

16.2.1 안전하지 못한 공개

미리 발생 관계를 제대로 고려하지 못한 상태에서 재배치 작업이 일어날 수 있다는 가능성을 놓고 보면, 적절한 동기화 구조를 갖추지 못하고 공개된 객체를 두고 다른 스레드에서 부분 구성된 객체partially constructed object를 볼 수밖에 없는 원인이 쉽게 설명된다. 새로운 객체를 생성하는 과정에서는 변수, 즉 새로운 객체의 필드에 값을 써 넣는 작업이 필요하다. 이와 비슷하게 객체에 대한 참조를 공개하는 과정에는 또 다른 변수, 즉 새로운 객체에 대한 참조에 값을 쓰는 작업이 동반된다. 프로그램상에서 공유된 참조를 공개하는 일이 다른 스레드에서 해당 참조를 읽어가는 일보다 미리 발생하도록 확실하게 해두지 않으면(공개된 객체를 가져다 사용하는 스레드의 입장에서 보면) 새로운 객체에 대한 참조에 값을 쓰는 작업과 객체 내부의 변수에 값을 쓰는 과정에서 재배치가 일어날 수 있다. 이와 같이 재배치가 일어나면 다른 스레드에서 객체 참조는 올바른 최신 참조 값을 사용하지만, 객체 내부의 변수 전체 또는 일부에 대해서는 아직 쓰기 작업이 끝나지 않은 상태의 예전 값을 사용할 가능성이 있다. 바로 부분 구성된 객체라는 현상이 발생하는 셈이다.

예제 16.3에서 볼 수 있는 것처럼 늦은 초기화lazy initialization 방법을 올바르게 사용하지 못하면 안전하지 않은 공개 상태에 다다르게 된다. 일단 보기에 여기에서 발생할 수 있는 문제는 2.2.2절에서 소개했던 경쟁 조건이 있다고 판단된다. 그런데 이를테면 모든 Resource 인스턴스가 동일하다는 등의 특정 상황에서는 이런 문제점

(Resource 인스턴스를 두 개 이상 생성할 가능성이 있다는 문제점도 포함)을 정확하게 파악하지 못하고 그냥 지나칠 수 있다. 더군다나 이와 같은 문제점을 그냥 넘긴다 해도 다른 스레드에서 부분 구성된 인스턴스를 볼 수 있기 때문에 UnsafeLazyInitialization 클래스는 여전히 위험성을 안고 있다.

```
@NotThreadSafe
public class UnsafeLazyInitialization {
    private static Resource resource;

    public static Resource getInstance() {
        if (resource == null)
            resource = new Resource(); // 안전하지 않은 공개
        return resource;
    }
}
```

예제 16.3 안전하지 않은 늦은 초기화. 이런 코드는 금물!

스레드 A에서 처음으로 getInstance 메소드를 호출한다고 해보자. 그러면 resource 변수가 null이라는 상태를 볼 수 있으며, 새로운 Resource 인스턴스를 생성하고, resource 변수에서 새로운 Resource 인스턴스를 참조하도록 설정한다. 나중에 스레드 B가 getInstance 메소드를 호출하면 resource 변수가 이미 null이 아닌 상태라는 점을 알게 되고, 이미 만들어져 있는 Resource 인스턴스를 그대로 사용한다. 일단 보기에는 별 문제가 없어 보이지만, 스레드 A에서 resource 변수에 새로운 참조를 설정하는 작업과 스레드 B에서 resource 변수의 값을 확인하는 작업의 사이에 미리 발생 규칙이 전혀 적용되지 않았다는 문제가 있다. 객체를 공개할 때 데이터 경쟁을 하도록 돼 있으며, 따라서 Resource 클래스가 올바른 상태에 있을 때 스레드 B가 사용하리라는 보장이 없다.

Resource 클래스의 생성 메소드는 Resource 인스턴스가 생성될 때 내부 변수의 값을 현재 값 대신 초기 값으로 재설정하도록 돼 있다(Object 클래스의 생성 메소드에서 그렇게 동작한다). 스레드 A와 B 모두 전혀 동기화 작업이 돼 있지 않기 때문에 스레드 B에서는 스레드 A가 실제로 실행하는 순서 대신 A'이라는 다른 순서로 실행되는 모습을 보게 될 수도 있다. 결국 스레드 A에서는 Resource 클래스의 인스턴스를 생성한 이후에 resource 변수에 값을 설정했지만, 스레드 B에서는 resource 변수에 값을 설정하

는 일이 Resource 인스턴스를 생성하는 일보다 먼저 실행된 것으로 파악할 수도 있다는 말이다. 그러면 스레드 B는 올바르지 않은 상태일 가능성이 높은데다, 나중에 어느 시점에 올바른 상태가 될지 모르는 부분 구성된 Resource 인스턴스를 보게 된다.

> 불변 객체가 아닌 이상, 특정 객체를 공개하는 일이 그 객체를 사용하려는 작업보다 미리 발생하도록 구성돼 있지 않다면 다른 스레드에서 생성한 객체를 사용하는 작업은 안전하지 않다.

16.2.2 안전한 공개

3장에서 소개했던 안전한 공개safe publication라는 용어는 객체를 공개하는 작업이 다른 스레드에서 해당 객체에 대한 참조를 가져다 사용하는 작업보다 미리 발생하도록 만들어져 있기 때문에 공개된 객체가 다른 스레드에게 올바른 상태로 보인다는 것을 뜻한다. 스레드 A에서 객체 X를 BlockingQueue에 추가하고 다른 스레드에서 큐의 내용을 변경하지 않으면, 객체 X를 스레드 B에서 뽑아냈을 때, 스레드 B는 스레드 A가 큐에 넣었던 그 상태 그대로의 객체를 사용할 수 있다. BlockingQueue 클래스는 내부적으로 put 작업이 take 작업보다 항상 미리 발생하도록 충분히 동기화돼 있기 때문이다. 이와 비슷하게 락으로 보호돼 있는 공유된 변수나 공유된 volatile 변수를 사용할 때는 읽기 작업과 쓰기 작업에 대한 미리 발생 관계가 항상 보장돼 있다.

이와 같이 미리 발생 관계가 보장된다는 사실은 안전한 공개에 의해 보장되는 가시성과 실행 순서보다 더 강력한 힘을 갖고 있다. X 객체가 스레드 A와 B에서 안전하게 공개됐다면, 안전한 공개라는 방법을 통해 X 객체의 상태에 대한 가시성은 보장받을 수 있지만 스레드 A가 사용했던 변수의 상태에 대해서는 아무런 보장을 하지 못한다. 하지만 스레드 A에서 X를 큐에 추가하는 일이 스레드 B가 X를 큐에서 꺼내는 작업보다 미리 발생한다고 하면, 스레드 B에서는 X를 스레드 A가 큐에 추가할 시점과 동일한 상태로 볼 수 있을 뿐만 아니라(물론 스레드 A와 B가 아닌 다른 스레드에서 큐의 내용을 변경하지 않았다고 가정한다) 스레드 A가 큐에 넣기 전에 처리했던 모든 작업을 전부 볼 수 있다(역시 A와 B가 아닌 다른 스레드에서 큐의 내용을 변경하지 않았다고 가정함).[5]

JMM은 이미 강력한 미리 발생 규칙에 따라 동작하고 있음에도 불구하고 왜 지금까지 @GuardedBy와 안전한 공개 기법에 초점을 맞춰왔을까? 일반적으로 프로그램을

5. JMM에서는 최소한 스레드 A가 쓴 최신 값을 스레드 B가 볼 수 있도록 보장해준다. 하지만 그 이후에 쓰는 내용은 볼 수도 있고 보지 못할 수도 있다.

작성할 때는 개별적으로 메모리에 쓰기 작업이 일어난 이후의 가시성을 놓고 안전성을 논하기보다는 객체의 소유권을 넘겨주고 공개하는 작업이 훨씬 적합하기 때문이다. 즉 미리 발생 규칙은 개별적인 메모리 작업의 수준에서 일어나는 순서의 문제를 다룬다. 말하자면 동기화 기법에 대한 어셈블리 언어에 해당하는 셈이다. 반대로 안전한 공개 기법은 일반적인 코드를 작성할 때와 비슷한 수준에서 동작하는 동기화 기법이다.

16.2.3 안전한 초기화를 위한 구문

생성 작업에 부하가 걸리는 객체는 실제로 해당 객체를 필요로 하는 시점이 올 때까지 초기화하지 않고 기다리는 편이 나은 면도 있지만, 이와 같은 늦은 초기화lazy initialization 기법을 잘못 사용하면 어떤 문제가 발생하는지도 잘 알고 있다. UnsafeLazyInitialization 클래스의 문제점은 예제 16.4와 같이 getInstnace 메소드에 synchronized 키워드를 추가하는 것으로 해결할 수 있다. 더군다나 getInstance 메소드 내부에서 처리하는 작업이 상당히 간결한 편(한 번의 비교 연산과 예측 가능한 분기 연산 정도)이기 때문에 여러 스레드에서 getInstance 메소드를 줄기차게 호출하지 않는 한 SafeLazyInitialization 클래스에 대한 락에 대해서는 경쟁이 그다지 많이 발생하지는 않을 것이고, 따라서 꽤 괜찮은 성능을 내 줄 것이라고 예상할 수 있다.

static으로 선언된 변수에 초기화 문장을 함께 기술하는 특별한 방법(또는 static이 아닌 변수의 내용을 static 블록에서 초기화하는 경우도 포함[JPL 2.2.1 and 2.5.3])을 사용하면 스레드 안전성을 추가적으로 보장받을 수 있다. static으로 선언된 초기화 문장은 JVM에서 해당 클래스를 읽어들이고 실제 해당 클래스를 사용하기 전에 실행된다. 이런 초기화 과정에서 JVM이 락을 확보하며 각 스레드에서 해당 클래스가 읽혀져 있는지를 확인하기 위해 락을 다시 확보하게 돼 있다. 따라서 JVM이 락을 확보한 상태에서 메모리에 쓰여진 내용은 모든 스레드가 볼 수 있다. 결국 static 구문에서 초기화하는 객체는 생성될 때나 참조될 때 언제든지 따로 동기화를 맞출 필요가 없다. 대신 이와 같은 내용은 초기화한 객체의 내용이 그대로인 상태를 가정할 때만 성립되며, 반대로 객체의 내용일 변경할 수 있다면 읽기 스레드와 쓰기 스레드가 연달아 객체의 내용을 변경할 때마다 동기화를 맞춰야 변경된 내용을 다른 스레드에서 올바르게 볼 수 있고 데이터에 오류가 발생하는 일도 막을 수 있다.

```
@ThreadSafe
public class SafeLazyInitialization {
    private static Resource resource;

    public synchronized static Resource getInstance() {
        if (resource == null)
            resource = new Resource();
        return resource;
    }
}
```

예제 16.4 스레드 안전한 초기화 방법

```
@ThreadSafe
public class EagerInitialization {
    private static Resource resource = new Resource();

    public static Resource getResource() { return resource; }
}
```

예제 16.5 성질 급한 초기화

예제 16.5와 같이 성질 급한 초기화 방법을 사용하면 `SafeLazyInitialization` 클래스에서 `getInstance`를 호출할 때마다 매번 처리해야만 했던 `synchronized` 구문을 제거할 수 있다. 이 방법은 JVM이 사용하는 늦은 클래스 로딩lazy class loading 기법과 함께 사용할 수 있으며, 자주 사용하는 코드에 대해서 동기화를 맞춰야 할 필요를 줄일 수 있다. 예제 16.6에는 오로지 `Resource` 클래스를 초기화할 목적으로 늦은 초기화 홀더 클래스lazy initialization holder class 구문[EJ Item 48]을 적용해 작성한 클래스가 소개돼 있다. JVM은 `ResourceHolder` 클래스를 실제로 사용하기 전까지는 해당 클래스를 초기화하지 않으며[JLS 12.4.1], `Resource` 클래스 역시 `static` 초기화 구문에서 초기화하기 때문에 추가적인 동기화 기법을 적용할 필요가 없다. 어느 스레드건 간에 처음 `getResource` 메소드를 호출하면 JVM에서 `ResourceHolder` 클래스를 읽어들여 초기화하고, `ResourceHolder` 클래스를 초기화하는 도중에 `Resource` 클래스 역시 초기화하게 돼 있다.

```
@ThreadSafe
public class ResourceFactory {
    private static class ResourceHolder {
        public static Resource resource = new Resource();
    }

    public static Resource getResource() {
        return ResourceHolder.resource;
    }
}
```

예제 16.6 늦은 초기화 홀더 클래스 구문

16.2.4 더블 체크 락

예제 16.7에 소개된 것처럼 악명 높은 피해야 할 패턴인 더블 체크 락DCL, double-checked locking 패턴에 대해서 소개하지 않고는 병렬 프로그래밍을 다루는 책이라 할 수 없다. 굉장히 초기에 사용하던 JVM은 경쟁이 별로 없는 상태라고 해도 동기화를 맞추려면 성능에 엄청난 영향을 주었다. 그 결과 동기화 기법이 주는 영향을 최소화하고자 하는 여러 가지 기발한(최소한 기발하게 보이는) 방법이 나타나기 시작했다. 일부 괜찮은 방법도 있었고, 안좋은 방법도 있었고, 정말 문제 많은 방법도 있었다. DCL은 정말 문제 많은 방법에 속하는 놈이다.

다시 말하지만 초창기 JVM의 성능은 굉장히 모자란 부분이 많았기 때문에 실제로 사용하지도 않으면서 자원만 많이 소모하는 기능을 제거하거나 애플리케이션의 시동 시간을 줄이는 등의 목적을 위해 늦은 초기화 기법을 많이 사용했었다. 어쨌거나 늦은 초기화 기법을 올바르게 사용하려면 적절하게 동기화돼 있어야 한다. 하지만 초창기에는 동기화 작업에 시간이 많이 걸렸으며 더 중요한 문제는 충분히 이해하지 못하는 경우가 많았다는 사실이다. 특히 배타적인 실행과 관련한 부분은 그나마 많이 알려져 있었지만, 상태의 가시성에 대한 부분은 거의 알려져 있지 않았다.

DCL은 자주 사용되는 클래스에 대해 늦은 초기화 작업을 하면서도 동기화와 관련된 자원의 손실을 막을 수 있는 꿩 먹고 알 먹는 방법으로 알려져 왔다. DCL은 먼저 동기화 구문이 없는 상태로 초기화 작업이 필요한지를 확인하고, resource 변수의 값이 null이 아니라면(다시 말해 초기화가 돼 있다면) resource 변수에 참조된 객체를 사용한다. 만약 초기화 작업이 필요하다면 동기화 구문을 사용해 락을 걸고 Resource 객체가 초기화됐는지 다시 한 번 확인하는데, 이렇게 하면 Resource 객체를 초기화하는 작업은 한 번에 하나의 스레드만 가능하긴 하다. 여기에서 가장 자주 사용하는 부분, 즉 이미 만들어진 Resource 인스턴스에 대한 참조를 가져오는 부분은 동기화돼 있지 않았다. 바로 이 부분이 문제인데, 16.2.1절에서 소개했던 것처럼 부분 구성된 Resource 인스턴스를 사용하게 될 가능성이 있다.

DCL이 갖고 있는 더 큰 문제는 동기화돼 있지 않은 상태에서 발생할 수 있는 가장 심각한 문제가 스테일 값(여기에서는 null)을 사용할 가능성이 있는 정도에 불과하다고 추정하고 있다는 점이다. 만약 stale 값을 사용하는 경우가 발생하면 락을 확보한 채로 재시도해서 문제를 해결한다. 하지만 실제 최악의 상황은 추정했던 최악의 상황보다 더 심각하다. 즉 현재 객체에 대한 참조를 제대로 본다 하더라도 객체의 상태를 볼 때 스테일 값을 보게되는 경우, 즉 참조된 객체 내부의 상태가 올바르지 않은 상태인 경우가 생길 수 있다.

(자바 5.0 이후) 수정된 JMM의 내용을 보면 resource 변수를 volatile로 선언했을 때는 DCL마저 정상적으로 동작한다. 또한 volatile 변수에 대한 읽기 연산은 volatile이 아닌 변수의 읽기 연산보다 자원을 아주 조금 더 사용할 뿐이기 때문에 성능에 미치는 영향도 미미하다.

```
@NotThreadSafe
public class DoubleCheckedLocking {
    private static Resource resource;

    public static Resource getInstance() {
        if (resource == null) {
            synchronized (DoubleCheckedLocking.class) {
                if (resource == null)
                    resource = new Resource();
            }
        }
        return resource;
    }
}
```

예제 16.7 더블 체크 락 패턴. 이런 코드는 금물!

어쨌거나 DCL이 해결하고자 했던 바(경쟁이 없을 때도 느린 동기화 구문, 시동하는 데 시간이 많이 걸리는 문제)는 이미 시대가 지나면서 대부분 사라졌으며, 더 이상 최적화의 의미를 찾기가 어려워졌다. 하지만 늦은 초기화 홀더 클래스 구문은 DCL보다 훨씬 이해하기도 쉬우면서 동일한 기능을 제공한다.

16.3 초기화 안전성

초기화 안전성initialization safety을 보장한다는 의미는 올바르게 생성된 불변 객체를 어떤 방법으로건, 심지어는 데이터 경쟁이 발생하는 방법으로 공개하더라도 여러 스레드에서 별다른 동기화 구문 없이 안전하게 사용할 수 있다는 의미이다(예를 들어 `UnsafeLazyInitialization` 클래스에서 `Resource` 클래스가 변경 불가능한 객체였다면 `UnsafeLazyInitialization` 클래스 역시 안전한 방법으로 구현됐다는 의미이다).

초기화 안전성을 확보하지 못한 상태에서는 변경 불가능하다고 알려진 `String`과 같은 클래스조차 공개하거나 다른 스레드가 사용하는 과정에서 값이 바뀌는 것처럼 보일 수도 있다. `String` 객체의 불변성을 기반으로 설계된 보안 아키텍처가 있다고 하면, 초기화 안전성을 확보하지 못하는 경우 악의적인 프로그램이 보안 검증 과정을 통과하도록 하는 보안상의 허점이 되기도 한다.

> 초기화 안전성이 확보돼 있다면 완전하게 구성된 객체를 대상으로 해당 객체가 어떻게 공개됐던 간에 생성 메소드가 지정하는 모든 final 변수의 값을 어떤 스레드건 간에 올바르게 읽어갈 수 있다는 점을 보장한다. 또한 완전하게 구성된 객체 내부에 final로 선언된 객체를 거쳐 사용할 수 있는 모든 변수(예를 들어 final로 선언된 배열의 항목 또는 final로 선언된 HashMap 내부에 들어 있는 값 등) 역시 다른 스레드에서 안전하게 볼 수 있다는 점도 보장된다.[6]

`final`로 선언된 변수를 갖고 있는 클래스는 초기화 안전성 조건 때문에 해당 인스턴스에 대한 참조를 최초로 생성하는 과정에서 재배치 작업이 일어나지 않는다. 생성 메소드에서 `final` 변수에 값을 쓰는 작업과 `final` 변수를 통해 접근 가능한 모든 변수에 값을 쓰는 작업은 생성 메소드가 종료되는 시점에 '고정' 된다. 따라서 해당 객체에 대한 참조를 가져간 모든 스레드는 최소한 고정된 상태에 있는 변수의 값은 볼 수

6. 이 조건은 생성 중인 객체 내부에 final로 선언된 변수를 통해서만 접근할 수 있는 객체에 한해 적용된다.

있다. final 변수를 통해 접근 가능한 변수에 초기화를 위해 쓰기 작업을 하는 경우 생성 메소드에서 고정되는 시점 이후에 쓰기 작업이 동작한다 해도 역시 재배치 현상이 발생하지 않는다.

안전하게 초기화한다는 말의 의미는 예제 16.8의 SafeStates 클래스와 같이 별다른 동기화도 하지 않고 스레드 안전하지 않은 HashSet을 사용한다해도, 이를 대상으로 안전하지 않은 늦은 초기화 작업을 진행하거나 동기화 구문 없이 SafeStates에 대한 참조를 public static으로 선언된 변수에 선언하는 것으로도 안전하게 공개할 수 있다는 뜻이다.

```
@ThreadSafe
public class SafeStates {
    private final Map<String, String> states;

    public SafeStates() {
        states = new HashMap<String, String>();
        states.put("alaska", "AK");
        states.put("alabama", "AL");
        ...
        states.put("wyoming", "WY");
    }

    public String getAbbreviation(String s) {
        return states.get(s);
    }
}
```

예제 16.8 불변 객체의 초기화 안전성

하지만 SafeStates 클래스에 몇 가지 조그마한 변경 사항이 가해지면 앞서 소개했던 스레드 안전성을 잃게 된다. 예를 들어 states 변수가 final로 선언되지 않았거나, 생성 메소드가 아닌 다른 메소드에서 states 변수의 내용을 변경할 수 있도록 돼 있다면 초기화 안전성이 힘을 잃으면서 동기화 구문을 추가로 사용하지 않는 한 SafeStates 클래스를 안전하게 사용할 수 없게 된다. 그리고 SafeStates 클래스에 final로 선언되지 않은 다른 변수가 더 있었다면, final이 아닌 변수에 대해서는 다른 스레드에서 올바르지 않은 값을 보게 될 수도 있다. 또한 생성 메소드가 완료되기 전에 해당 객체를 외부에서 사용할 수 있도록 유출시키는 작업 역시 초기화 안전성을 무너뜨리는 일이다.

> 초기화 안전성은 생성 메소드가 완료되는 시점에 final로 선언된 변수와 해당 변수를 거쳐 접근할 수 있는 값에 대해서만 가시성을 보장한다. final로 선언되지 않은 변수나 생성 메소드가 종료된 이후에 변경되는 값에 대해서는 별도의 동기화 구문을 적용해야 가시성을 확보할 수 있다.

요약

자바 메모리 모델은 특정 스레드에서 메모리를 대상으로 취하는 작업이 다른 스레드에게 어떻게 보이는지의 여부를 명시하고 있다. 가시성을 보장해주는 연산은 미리 발생이라는 규칙을 통해 부분적으로 실행 순서가 정렬된 상태를 유지하며, 미리 발생 규칙은 개별적인 메모리 작업이나 동기화 작업의 수준에서 정의하는 규칙이다. 충분히 동기화되지 않은 상태에서는 공유된 데이터를 여러 스레드에서 사용할 때는 굉장히 이상한 현상이 발생할 수 있다. 어쨌거나 2장과 3장에서 소개했던 `@GuardedBy`나 안전한 공개 등 고수준의 방법을 적용하면 미리 발생 규칙과 같은 저수준의 세밀한 부분까지 신경 쓰지 않는다 해도 스레드 안전성을 보장할 수 있다.

병렬 프로그램을 위한 어노테이션

부록 A

이 책에서는 @GuardedBy나 @ThreadSafe와 같은 어노테이션annotation을 사용해 스레드 안전성을 보장받을 수 있을지 또는 어떤 동기화 정책을 사용하고 있는지 등의 정보를 표시하고 있다. 부록에서는 이처럼 병렬 프로그램과 관련된 어노테이션에 대해 설명한다. 어노테이션의 소스 프로그램은 웹사이트에서 다운로드 받을 수 있다(물론 스레드 안전성과 구현상의 세부 정보 등은 여기에 설명한 최소한의 어노테이션을 사용할 뿐만 아니라 추가적으로 충분히 설명을 달아야 한다).

A.1 클래스 어노테이션

해당하는 클래스의 스레드 안전성 관련 정보를 제공할 수 있도록 @Immutable, @ThreadSafe, @NotThreadSafe라는 세 가지의 클래스 어노테이션을 사용한다. @Immutable 어노테이션은 해당 클래스가 불변immutable 클래스임을 나타내며, 따라서 자동적으로 @ThreadSafe이기도 하다. @NotThreadSafe 어노테이션은 해당 클래스가 스레드 안전성을 확보하지 못하고 있다는 의미이며, 스레드 안전성을 확보했다는 어노테이션을 달지 않은 모든 클래스는 당연하게 @NotThreadSafe이기 때문에 꼭 사용해야만 하는 것은 아니다. 다만 한눈에 알아볼 수 있도록 하려면 @NotThreadSafe 어노테이션을 달아두는 편이 좋다.

이와 같은 어노테이션은 상대적으로 방해되는 부분이 적으면서 클래스 사용자나 유지보수 담당자 모두에게 이득이 있다. 사용자는 해당 클래스가 스레드 안전성을 확보했는지 단번에 알아볼 수 있고, 유지보수 담당자는 스레드 안전성을 계속해서 유지해야 하는지를 명확하게 알 수 있다. 개발 관련 도구에서도 이런 어노테이션을 유용하게 사용할 수 있다. 정적인 코드 분석 도구는 어노테이션이 달려 있는 코드가 어노테이션의 의미에 맞게 구현되어 있는지, 예를 들어 @Immutable 어노테이션이 달려 있는 클래스가 실제로 변경 불가능한지의 여부 등을 확인할 수 있을 것이다.

A.2 필드와 메소드 어노테이션

앞서 소개한 클래스 어노테이션은 클래스를 대상으로 하는 공개 문서의 일부분이라고 볼 수 있겠다. 해당 클래스의 스레드 안전성 확보 전략의 다른 측면은 대부분 공개 문서의 일부로 사용하기 위한 것이라기보다 유지보수 담당자를 위해 필요한 부분이다.

락을 사용하는 모든 클래스는 어떤 상태 변수를 어떤 락으로 보호하고 있는지에 대한 설명을 문서에 포함시켜야 한다. 부실한 설계로 인해 스레드 안전성 확보에 실패하는 대부분의 경우를 보면, 애초에는 락을 사용해 안정적으로 상태 변수를 보호하고 있었지만 유지보수 과정에서 상태 변수가 추가되거나 변경되었을 때 해당하는 부분을 락으로 적절하게 보호하지 못했기 때문일 수도 있고, 아니면 메소드를 추가하면서 사용하는 상태 변수를 적절하게 동기화하지 못한 원인이 있을 때도 있다. 어느 상태 변수를 어느 락으로 보호하고 있는지에 대한 정보를 문서에 명확하게 표시해두면 이와 같은 종류의 문제점을 막을 수 있는 중요한 자원이 된다.

`@GuardedBy(lock)` 어노테이션은 해당 필드나 메소드를 사용하려면 반드시 지정된 락을 확보한 상태에서 사용해야 한다는 점을 의미한다. `lock` 인자는 해당 필드나 메소드를 사용하려 할 때 반드시 확보해야 할 락을 의미한다. `lock` 인자로 지정할 수 있는 값에는 아래와 같은 것들이 있다.

- `@GuardedBy("this")` 어노테이션은 해당 필드나 메소드가 들어 있는 객체에 대한 암묵적인 락을 확보해야 함을 뜻한다.
- `@GuardedBy("`*`fieldName`*`")` 어노테이션은 지정된 이름의 필드가 가리키는 객체에 의한 암묵적인 락(Lock 클래스가 아닌 모든 객체)이나 또는 명시적인 `Lock` 객체를 통해 락을 확보해야 함을 의미한다.
- `@GuardedBy("`*`ClassName.fieldName`*`")` 어노테이션은 `@GuardedBy("fieldName")`과 동일하지만 지정한 클래스의 `static` 필드를 대상으로 한다.
- `@GuardedBy("`*`methodName()`*`")` 어노테이션은 지정한 이름의 메소드를 호출한 결과로 받아온 객체에 대한 암묵적인 락을 확보해야 한다는 의미이다.
- `@GuardedBy("`*`ClassName`*`.class")` 어노테이션은 지정한 이름의 클래스 자체에 대한 락을 확보해야 한다는 의미이다.

`@GuardedBy` 어노테이션을 사용하면 락을 사용해야 할 상태 변수에 어떤 것이 있는지 한눈에 알아볼 수 있기 때문에 코드를 유지보수하는 입장에서 굉장히 중요한 정보이고, 자동화된 코드 분석 도구에서 잠재적인 스레드 안전성 관련 오류를 찾아내도록 도와줄 수 있는 기본 자료가 된다.

참고자료

Ken Arnold, James Gosling, and David Holmes. *The Java Programming Language*, Fourth Edition. Addison-Wesley, 2005.

David F.Bacon, Ravi B.Konuru, Chet Murthy, and Mauricio J. Serrano. Thin Locks: Featherweight Synchronization for Java. In *SIGPLAN Conference on Programming Language Design and Implementation*, pages 258-268, 1998. URL http://citeseer.ist.psu.edu/bacon98thin.html.

Joshua Bloch. *Effective Java Programming Language Guide*. Addison-Wesley, 2001.

Joshua Bloch and Neal Gafter. *Java Puzzlers*. Addison-Wesley, 2005.

Hans Boehm. Destructors, Finalizers, and Synchronization. In POPL '03: *Proceedings of the 30th ACM SIGPLAN-SIGACT Symposium on Principles of Programming Languages*, pages 262-272. ACM Press, 2003. URL http://doi.acm.org/10.1145/604131.604153.

Hans Boehm. Finalization, Threads, and the Java Memory Model. JavaOne presentation, 2005. URL http://developers.sun.com/learning/ javaoneonline/ 2005/coreplatform/TS-3281.pdf.

Joseph Bowbeer. The Last Word in Swing Threads, 2005. URL http://java. sun.com/products/jfc/tsc/articles/threads/threads3.html.

Cliff Click. Performance Myths Exposed. JavaOne presentation, 2003.

Cliff Click. Performance Myths Revisited. JavaOne presentation, 2005. URL http://developers.sun.com/learning/javaoneonline/2005/coreplatform/ TS-3268.pdf.

Martin Fowler. Presentation Model, 2005.
URL http://www.martinfowler.com/ eaaDev/PresentationModel.html.

Erich Gamma, Richard Helm, Ralph Johnson, and John Vlissides. Design Patterns. Addison-Wesley, 1995.

Martin Gardner. The fantastic combinations of John Conway' s new solitaire game 'Life'. Scientific American, October 1970.

James Gosling, Bill Joy, Guy Steele, and Gilad Bracha. The Java Language Specification, Third Edition. Addison-Wesley, 2005.

Tim Harris and Keir Fraser. Language Support for Lightweight Transactions. In OOPSLA '*03: Proceedings of the 18th Annual ACM SIGPLAN Conference on Object-Oriented Programming, Systems, Languages, and Applications*, pages 388-402. ACM Press, 2003. URL http://doi.acm.org/10.1145/949305.949340.

Tim Harris, Simon Marlow, Simon Peyton-Jones, and Maurice Herlihy. Composable Memory Transactions. In PPoPP '*05: Proceedings of the Tenth ACM SIGPLAN Symposium on Principles and Practice of Parallel Programming*, pages 48-60. ACM Press, 2005. URL http://doi.acm.org/10.1145/1065944.1065952.

Maurice Herlihy. Wait-Free Synchronization. *ACM Transactions on Programming Languages and Systems*, 13(1):124-149, 1991.
URL http://doi.acm.org/10.1145/114005.102808.

Maurice Herlihy and Nir Shavit. *Multiprocessor Synchronization and Concurrent Data Structures.* Morgan-Kaufman, 2006.

C. A. R. Hoare. Monitors: An Operating System Structuring Concept. *Communications of the ACM*, 17(10):549-557, 1974.
URL http://doi.acm.org/10.1145/ 355620.361161.

David Hovemeyer and William Pugh. Finding Bugs is Easy. *SIGPLAN Notices*, 39 (12):92-106, 2004. URL http://doi.acm.org/10.1145/1052883.1052895.

Ramnivas Laddad. *AspectJ in Action*. Manning, 2003.

Doug Lea. *Concurrent Programming in Java*, Second Edition. Addison-Wesley, 2000.

Doug Lea. JSR-133 Cookbook for Compiler Writers.
URL http://gee.cs. oswego.edu/dl/jmm/cookbook.html.

J. D. C. Little. A proof of the Queueing Formula L = λW". *Operations Research*, 9: 383-387, 1961.

Jeremy Manson, William Pugh, and Sarita V. Adve. The Java Memory Model. In POPL '*05: Proceedings of the 32nd ACM SIGPLAN-SIGACT Symposium on Principles of Programming Languages*, pages 378-391. ACM Press, 2005. URL http://doi.acm.org/10.1145/1040305.1040336.

George Marsaglia. XorShift RNGs. *Journal of Statistical Software*, 8(13), 2003. URL http://www.jstatsoft.org/v08/i14.

Maged M. Michael and Michael L. Scott. Simple, Fast, and Practical Non-Blocking and Blocking Concurrent Queue Algorithms. In *Symposium on Principles of Distributed Computing*, pages 267-275, 1996. URL http://citeseer. ist.psu.edu/michael96simple.html.

Mark Moir and Nir Shavit. *Concurrent Data Structures*, In *Handbook of Data Structures and Applications*, chapter 47. CRC Press, 2004.

William Pugh and Jeremy Manson. Java Memory Model and Thread Specification, 2004. URL http://www.cs.umd.edu/~pugh/java/memoryModel/jsr133. pdf.

M. Raynal. Algorithms for Mutual Exclusion. MIT Press, 1986.

William N. Scherer, Doug Lea, and Michael L. Scott. Scalable Synchronous Queues. In *11th ACM SIGPLAN Symposium on Principles and Practices of Parallel Programming (PPoPP)*, 2006.

R. K. Treiber. Systems Programming: Coping with Parallelism. Technical Report RJ 5118, IBM Almaden Research Center, April 1986.

Andrew Wellings. *Concurrent and Real-Time Programming in Java*. John Wiley & Sons, 2004.

용어 정리 옮긴이 강철구

다음에 소개한 내용은 이 책을 번역하면서 사용한 일부 단어에 대한 부연 설명입니다. 용어의 난이도를 기준으로 적은 것이 아니라, 원문을 우리말로 옮기면서 단어를 선정하기 모호했던 용어들을 위주로 설명했습니다. 해당 용어에 대한 자세한 설명은 본문을 참조하시기 바랍니다. (가나다 순)

경쟁 contention

여러 스레드가 자원을 확보하고자 다투는 상황을 의미합니다. 비슷한 말로 '경합' 이라고 표현하기도 합니다만, 이 책에서는 '경쟁' 이라는 단어를 사용했습니다. 반대로 경쟁이 없는 상황uncontended은 '비경쟁' 이라고 표현했습니다.

공개 publish

객체를 특정한 범위 밖에서 사용할 수 있도록 열어두는 모습을 말합니다. 이 책에서는 '공개' 라고 번역했습니다.

단일 연산 atomic operation

보통은 '원자 연산' 이라고 표기하는 경우가 많습니다. '단일 연산' 이라는 말은 그다지 많이 사용하지 않지만, '복합 연산', 또는 '다중 연산' 과 비교되는 말로서 atomic operation을 '단일 연산' 이라고 표현하고, atomicity는 '연산의 단일성' 으로 표현했습니다.

데드락 deadlock

흔히 '교착상태' 라는 말로 많이 표시합니다. 하지만 '교착상태' 라는 말이 일상적으로 거의 사용되지 않는 경우가 많아 '데드락' 이라고 발음을 적었습니다.

래퍼wrapper

원본을 한번 감싸서wrap 원본의 기능 가운데 필요없는 부분을 숨기거나 다른 형태로 기능을 제공하는 클래스 등을 의미합니다.

미리 발생happens-before

어떤 작업이 다른 작업보다 먼저 일어나는 경우를 의미합니다. 자바 언어 명세 등에서는 '선행' 이라는 말로 표현하고 있습니다만, 여기에서는 '미리 발생' 이라고 풀어서 표기했습니다.

병렬concurrent

'concurrent' 의 뜻은 특히 컴퓨터 용어로 쓰일 때 '동시에 실행되는 코드의 흐름' 이라고 풀어 쓸 수 있으며, '병행' 이라고 표현하기도 합니다. 원래 '병렬' 은 일반적으로 'parallel' 이라는 단어를 번역할 때 많이 사용합니다. 하지만 'parallel' 과 'concurrent' 는 의미상 약간의 차이가 있음에도 불구하고 비슷한 의미로 볼 수 있기 때문에 '병렬' 이라는 단어를 사용했습니다.

블로킹blocking

풀어쓰자면 '대기 상태에 들어간/들어가는' 이란 뜻입니다. '대기 상태' 라는 단어도 괜찮은 대안입니다만, 반대말인 'non-blocking' 을 '비대기 상태' 등의 말로 표시하기에는 깔끔하지 않은 면이 있어서 발음대로 적었습니다. 반대로 '대기 상태에 들어가지 않는' 이란 뜻의 'non-blocking' 은 '넌블로킹' 으로 적었습니다.

소모starvation

'기아' 등의 단어로 번역하기도 하지만, 특히 이 책의 경우에는 가용한 CPU나 스레드 등의 자원을 더 이상 활용할 수 없다는 의미가 많기 때문에 '소모' 를 사용했습니다.

유출escape

일부러 공개publish하지 않았는데 객체가 활동해야 할 범위를 넘어서까지 사용이 가능한 현상을 말합니다.

크리티컬 섹션critical section

공유된 데이터를 사용하는 위험한 장소이기 때문에 락을 확보한 채로 동작해야 하는 코드 블록을 뜻합니다. 흔히 '임계 영역' 등으로 번역하기도 합니다만, 발음 그대로 사용하는 경우가 많기 때문에 발음을 적었습니다.

작업task

논리적으로 '해야 할 일'을 나타내는 의미입니다. 스레드는 작업을 실행하는 수단이라고 볼 수 있습니다. 스레드는 JVM에서 제공하는 기능을 가져다 사용하지만, 작업은 개발자가 직접 원하는 기능을 프로그램으로 작성해 구현해야 합니다. 스레드와 작업을 동일한 의미로 사용하기도 합니다만, 이 책에서는 구분해 사용하고 있습니다.

피기백piggyback

남의 등에 업혀서 간다는, 즉 어떤 기능이 이미 동작하게 되어 있는데 숟가락 하나를 얹어서 다른 기능까지 함께 처리하는 모습을 의미합니다. 흔히 '피기백'이라고 발음대로 표기하는 경우가 많으며, 이 책에서도 발음대로 적었습니다.

한정confine

객체를 특정 범위 내에서만 사용하도록 가두는 방법을 말합니다. '제한'한다는 단어도 사용할 수 있겠습니다만, 특정한 범위 내에서만 허용한다는 의미로 '한정'을 사용했습니다.

활동성liveness

프로그램 또는 객체가 끝까지 멈추지 않고 원하는 결과를 만들어 낼 수 있는지를 의미합니다(데드락 등이 발생하면 활동성에 큰 제약이 생기는 셈이죠). 생존성이라고 표현하기도 합니다만, 살아있긴 하지만 동작이 멈춘 경우라는 의미도 함께 표현하는 '활동성'을 선택했습니다.

찾아보기

기호 숫자

ㄱ

ㄴ

ㄷ

ㅅ

ㅇ

ㅈ

ㅊ

ㅋ